Tafeln und Aufgaben

zur

Harmonischen Analyse und Periodogrammrechnung

Von

Dr. phil. Karl Stumpff

a. o. Professor an der Universität Berlin
Observator am Meteorologischen Institut
der Universität Berlin

Mit 18 Abbildungen

Berlin

Verlag von Julius Springer

1939

Vorwort.

Als ich vor zwei Jahren das Vorwort zu meinem Lehrbuch: *„Grundlagen und Methoden der Perioden-forschung"* niederschrieb, mußte ich bekennen, daß es infolge der Fülle des Stoffes, die ich in diesem Buche unterzubringen hatte, nicht möglich gewesen war, die dort beschriebenen Methoden der Periodenuntersuchung — von wenigen Ausnahmen abgesehen — durch numerische Beispiele zu belegen, wie es mir zu Beginn der Arbeit vorgeschwebt hatte und wie es zweifellos außerordentlich erwünscht gewesen wäre. Im Einvernehmen mit dem Verlage habe ich daher schon in jenem Vorwort angekündigt, daß ich dieses technisch bedingte Versäumnis baldigst durch die Schaffung einer Sammlung von Hilfstafeln und Musterbeispielen für die wichtigsten Methoden der Periodenrechnung nachholen würde. Daß dieser Plan ganz im Sinne der Leserschaft meines Lehrbuches lag, wurde nachdrücklichst durch die Tatsache bestätigt, daß unter den zahlreichen Besprechungen des Buches, die inzwischen veröffentlicht wurden, nur wenige an diesem Hinweis vorbeigegangen sind und nicht ausdrücklich auf die Notwendigkeit einer derartigen Tafel- und Aufgabensammlung hingewiesen haben.

Das vorliegende Werk stellt die Einlösung des damals gegebenen Versprechens dar. Zwar mußte ich, um den zur Verfügung stehenden Raum nicht zu überschreiten, auch hier wieder einige Einschränkungen machen, indem ich mich, sowohl in den Tafeln als auch in der Auswahl der Aufgaben, auf die Erfordernisse der *Harmonischen Analyse* und der aus ihr entwickelten *Periodogrammanalyse* beschränkte, während andere Methoden (z. B. die algebraischen Methoden oder die Methoden von FUHRICH, VERCELLI, LABROUSTE usw.) unberücksichtigt bleiben mußten. Diese Einschränkungen mögen auf den ersten Blick bedauerlich erscheinen, sie waren aber notwendig, da sonst der Aufgabenteil so erheblich hätte verstärkt werden müssen, daß dies nur auf Kosten der Tafelsammlung möglich gewesen wäre. Dazu konnte und wollte ich mich aber nicht entschließen. Zudem handelt es sich bei den nicht aufgenommenen Methoden entweder um solche, deren Anwendungsbereich sehr beschränkt ist, oder um neuere Verfahren, deren Ausgestaltung zur Zeit noch ganz im Fluß ist und über deren praktische Erfolge noch nicht so viele Erfahrungen vorliegen, daß man für sie Anwendungsvorschriften von der nötigen Übersichtlichkeit und von allgemeiner Anwendungsfähigkeit auf kleinem Raume unterbringen könnte.

Ganz anders liegt die Sache bei der Harmonischen Analyse und ihrer vielgestaltigen Erweiterung in der Periodogrammrechnung. Beide sind in zahlreichen praktischen Aufgaben erprobt, und wenn sie auch nicht das *einzige* Hilfsmittel der Periodenforschung geblieben sind, so ist doch durch sie dem Forscher ein *ausreichendes* Rüstzeug in die Hand gegeben, mit dessen Hilfe er *alle* Probleme zu bewältigen imstande ist, die überhaupt mit den heutigen Mitteln der Forschung zu lösen sind. Die starke Bevorzugung der Periodogrammethode, die ja auch in den „Grundlagen und Methoden der Periodenforschung" zutage tritt, wird durch alle diese Gründe gerechtfertigt.

Das vorliegende Buch zerfällt, wie schon der Titel andeutet, in zwei Hauptteile: *Tafeln* und *Aufgaben*.

Die in den sechs Abschnitten des ersten Teiles untergebrachten Tafeln und Tabellen sind nach Art und Inhalt nicht alle neu. Manche von ihnen sind aus anderen Tafelwerken entnommen — neu ist aber in allen Fällen die Zusammenstellung der Tafeln und ihre Anpassung an die Eigenart der Probleme der Periodenforschung hinsichtlich Umfang, Anordnung und Genauigkeit. Bei ihrer Auswahl befolgte ich stets den Grundsatz, dem praktischen Rechner ein möglichst vollzähliges Handwerkszeug zu liefern, dessen Benutzung bequem und übersichtlich sein mußte. Das bedingte vor allem die Beschränkung auf die Genauigkeitsstufe, die bei der Bearbeitung der in der Praxis am häufigsten wiederkehrenden Aufgaben gerade noch ausreichend ist. Die Entscheidung über die Zahl der Dezimalstellen, die in jedem einzelnen Falle noch mitzunehmen war, ist nicht immer leicht gewesen — ausschlaggebend war hier stets die Erfahrung, die mir und meinen Mitarbeitern im Institut für Periodenforschung durch jahrelange Praxis zuteil geworden ist. So ist z. B. Tafel III, die die Multiplikation der Beobachtungswerte mit den trigonometrischen Funktionen bei der Harmonischen Analyse von bis zu 40gliedrigen Reihen erleichtern soll, in ihrer Zielsetzung keineswegs ohne Vorgang: es gibt für den gleichen Zweck schon die *„Rechentafeln zur Harmonischen Analyse"* von L. W. POLLAK. Obwohl nun Multiplikationstafeln dieser Art in unserer Sammlung auf keinen Fall fehlen durften, wäre eine mehr oder weniger unveränderte Übernahme der schönen und nützlichen Pollakschen Tafeln weder aus Platzgründen möglich noch im Sinne unserer Sammlung gewesen. Die Pollakschen Tafeln, die für die Ausführung strenger Analysen mit höchster Genauigkeit berechnet sind, haben für den Periodogrammanalytiker, der sich mit Beobachtungsvorgängen aus der Natur und nicht mit rein mathematischen Problemen beschäftigt, eine viel zu große Genauigkeit — es zeigt sich, daß von den 3 Dezimalstellen der Pollakschen Produkte zwei entbehrlich sind. Dementsprechend genügt es auch, wenn man die Zahlenfaktoren nicht, wie bei POLLAK, von 1—1000, sondern von 1—100 variiert. In den Pollakschen Tafeln umfaßt jede zu einem einzelnen trigonometrischen Wert gehörige Multiplikationstabelle zwei Seiten im Großformat — die 120 verschiedenen sin- und cos-Werte, die bei Harmonischen Analysen von Beobachtungsreihen bis zur Länge 24 vorkommen, füllen also bereits ein ganzes Buch — die weiteren 208 Werte, die für 25—40-gliedrige Reihen benötigt würden, fehlen daher gänzlich. Bei der Beschränkung auf die notwendigste Genauigkeit, die ich mir bei der Zusammenstellung von Tafel III auferlegen mußte, ist es dagegen gelungen, alle notwendigen Tabellen für Analysen bis zu 40gliedrigen Reihen auf 28 Seiten unterzubringen — darüber hinaus aber konnte ich es einrichten, daß alle zu einer und derselben Gliederzahl gehörigen Tabellen stets auf zwei nebeneinanderliegenden Seiten stehen, so daß der Rechner bei der Ausführung einer Analyse nicht umzublättern braucht. Nur für eine Reihe von trigonometrischen Faktoren, die bei der Analyse von Reihen mit 8, 12, 16 und 24 Gliedern vorkommen, habe ich in Tafel IIa besondere Multiplikationstafeln mit zweistelliger Genauigkeit und für Zahlenfaktoren von 1—1000 berechnet.

Über die einzelnen Tafeln brauche ich an dieser Stelle nicht besondere Hinweise zu geben — das ist, soweit nötig, am Anfang jeder Tafel in besonderen „Erläuterungen" geschehen, die im zweiten Teil bei der Lösung der „Aufgaben" weitgehend vervollständigt werden. Nur eine Bemerkung muß hier eingefügt werden: Die vorkommenden Winkelgrößen (Phasen) sind z. T. in gewöhnlichen Graden (1 Quadrant $= 90°$), z. T. in Zentesimalgraden (Neugraden; 1 Quadrant $= 100^g$) ausgedrückt. Eine einheitliche Einteilungsweise für alle Zwecke ließ sich hier nicht durchführen: bei der Harmonischen Analyse ist die alte Gradeinteilung vorteilhafter, da $2\pi = 360°$ besonders viele ganzgradige Teiler hat, während bei der Periodogrammrechnung vielfach den Zentesimalgraden (Neugraden) der Vorzug zu geben ist. Es ist daher in jedem Falle immer diejenige Einteilung zugrunde gelegt worden, die den Bedürfnissen der Praxis am besten entspricht.

Im zweiten Teil sind 15 verschiedene Aufgaben behandelt — ein verbindender Text sorgt dafür, daß sie zusammen, vom Leichteren zum Schwereren fortschreitend, einen einheitlichen praktischen Lehrgang bilden. Es sind hier zwei Abschnitte gemacht — der erste, mit den Aufgaben 1—11, bezieht sich auf Harmonische Analyse, der zweite auf die Periodogrammrechnung. Die Aufgaben 12—15 dieses Abschnittes sind zum Teil sehr ausführlich behandelt; das Hauptgewicht ist auf das Analytische gelegt, das ja in der Praxis immer das Primäre sein wird. Auf das Statistische geht lediglich Aufgabe 15 ein, die ein einfaches Beispiel für die Anwendung des Expektanzbegriffs darstellen. Ich habe nicht nur, um den zur Verfügung stehenden Raum nicht zu überschreiten, auf weitere Beispiele dieser Art verzichtet, sondern vor allen Dingen auch deshalb, weil ich der Ansicht bin, daß die statistischen Überlegungen dieser Art nicht in feststehende Regeln und Schemata zu bringen sind. Gerade der Anfänger wird leicht verleitet, statistische Begriffe wie die *Expektanz* formal dort anzuwenden, wo die Voraussetzungen für eine solche Anwendung nicht gegeben sind. Die Verschiedenheit der möglichen Vorbedingungen a priori bei derartigen Untersuchungen ist aber so vielfältig, daß nur *der* Rechner imstande ist, sie zu übersehen und richtig anzusetzen, der mit den Lehren der praktischen Statistik und ihren Anwendungen auf die Periodenprobleme gründlich vertraut ist. Hierzu ist noch zu sagen, daß gerade die letzteren heute noch ein keineswegs abgeschlossenes Gebiet der Forschung darstellen — ich möchte bei dieser Gelegenheit auf das erst vor kurzem erschienene Buch von H. WOLD: "A Study in the Analysis of Stationary Time Series" (Uppsala 1938) hinweisen, das eine weitere Vertiefung der Gedankengänge bringt, die ich im vierten Kapitel der „Grundlagen und Methoden" behandelt habe. Der Leser, der alle diese Dinge beherrscht, wird die wenigen praktischen Beispiele, die ich meiner Aufgabensammlung vielleicht noch hätte anfügen können, nicht sonderlich entbehren — für den Anfänger aber würde eine solche unvollkommene Auswahl eine Quelle von Gefahren bilden: für ihn müßte es eine Beispielsammlung geben, die alle oder wenigstens die hauptsächlichsten statistischen Verhältnisse berücksichtigt; diese würde aber für sich allein ein Buch von mindestens dem Umfang des vorliegenden ausfüllen. Eine Aufgabensammlung der Periodenstatistik würde, wenn sie in naher Zukunft geschaffen würde, eine Lücke ausfüllen, die das vorliegende Werk noch offen läßt.

Den Abschluß dieses Buches bildet ein kleines Literaturverzeichnis von Tafelwerken und von Abhandlungen, die im Literaturverzeichnis der „Grundlagen und Methoden" noch fehlen, ferner ein kleines Verzeichnis von Berichtigungen einiger in den „Grundlagen und Methoden" stehengebliebener Fehler.

Die „Tafeln und Aufgaben" sind schon durch häufige Hinweise im Text eng mit dem Lehrbuch „Grundlagen und Methoden der Periodenforschung" verbunden und setzen daher bis zu einem gewissen Grade die Kenntnis dieses Buches voraus. (Hinweise dieser Art sind durch die Abkürzung GuM mit folgender Seitenzahl gegeben. Hinweise auf mein 1927 erschienenes Buch: „Analyse periodischer Vorgänge", Gebr. Bornträger, Berlin, durch das Zeichen ApV mit folgender Seitenzahl.) Natürlich kann aber ein Leser, dem die Grundtatsachen der Harmonischen Analyse und Periodogrammrechnung bekannt sind, auch ohne das Lehrbuch fertig werden — dafür sorgen die im Text eingefügten Erläuterungen und Formeln, wenn auch der enge Raum nicht immer eine ausführliche Begründung erlaubte.

Dem Verlage danke ich für das bereitwillige Eingehen auf meine nicht immer leicht zu befriedigenden Wünsche und für die gute Ausstattung des Buches. Bei der Berechnung der Tafeln und bei der Korrektur und Kontrolle halfen: Dr. E. Wahl und Fräulein I. Dirksen; die photographischen Periodogramme stellte Herr R. Engler her. Ihnen allen danke ich an dieser Stelle.

Berlin, Januar 1939.

K. Stumpff.

V

Inhaltsverzeichnis.

Erster Teil.

Tafel I.

Rechenschemata für die Harmonische Analyse gleichabständiger Beobachtungen (Intervallänge = p).

Tafel Ia: p ungerade (= 3, 5, . . . 39).

Erläuterungen zu Tafel Ia:

Beobachtungsreihe: $y_0, y_1, y_2, \ldots y_{p-1}$ ($p = 2n + 1$; ungerade).

Fourierkoeffizienten:

$$A_0 = p\,a_0 = \sum_{\nu=0}^{p-1} y_\nu; \quad A_\mu = \frac{p}{2}\,a_\mu = \sum_{\nu=0}^{p-1} y_\nu \cos \mu\,\nu\,\alpha \quad \left. \begin{array}{l} \alpha = \dfrac{360°}{p} \\[2mm] \mu = 1, 2, \ldots n. \end{array} \right\}$$

$$B_\mu = \frac{p}{2}\,b_\mu = \sum_{\nu=0}^{p-1} y_\nu \sin \mu\,\nu\,\alpha$$

Hilfsgrößen C_ν, S_ν werden durch einmalige Faltung der Beobachtungswerte gebildet. Faltungsschema (zwei Spalten mit $n + 1$ Zeilen) z. B. für $p = 11$ ($n = 5$):

y_0	—	$C_0 = y_0$	—
y_1	y_{10}	$C_1 = y_1 + y_{10}$	$S_1 = y_1 - y_{10}$
y_2	y_9	$C_2 = y_2 + y_9$	$S_2 = y_2 - y_9$
y_3	y_8	$C_3 = y_3 + y_8$	$S_3 = y_3 - y_8$
y_4	y_7	$C_4 = y_4 + y_7$	$S_4 = y_4 - y_7$
y_5	y_6	$C_5 = y_5 + y_6$	$S_5 = y_5 - y_6$

Die erste Zeile der zweiten Spalte bleibt unbesetzt. Die C_ν werden durch Addition, die S_ν durch Subtraktion der im Faltungsschema nebeneinanderstehenden y-Werte gebildet. Die Berechnung der Fourierkoeffizienten für die „Wellen" verschiedener Ordnung (μ) geschieht durch lineare Kombination der trigonometrischen Faktoren $\cos \nu\alpha$ bzw. $\sin \nu\alpha$ mit den C_ν bzw. S_ν in (für jede Welle verschiedener) Reihenfolge. Die Vorzeichen der cos- und sin-Faktoren sind auf die C_ν, S_ν geworfen. Nur die mit p nicht kommensurablen Wellen werden berechnet, die übrigen (s. Aufgabe 2) nach einem Schema für ein kleineres p. Vorzeichen und Index der C_ν, S_ν sind für jede Welle in der richtigen Reihenfolge angegeben. So ist für $p = 11$, Welle 3 (W. 3):

$$A_3 = \frac{11}{2}\,a_3 = C_0 + 0.841\,C_4 + 0.415\,C_3 - 0.142\,C_1 - 0.655\,C_5 - 0.959\,C_2$$

$$B_3 = \frac{11}{2}\,b_3 = \qquad 0.541\,S_4 - 0.910\,S_3 + 0.990\,S_1 + 0.756\,S_5 - 0.282\,S_2.$$

Kontrollen. Die Summen der Kontrollspalten ergeben unter a die Summe der A_μ, unter b die Summe der B_μ. Für „Teilkontrolle" erstreckt sich die Summe auf die in der Tafel angegebenen (inkommensurablen) Wellen, ohne A_0; für „Endkontrolle" auf sämtliche Wellen, einschließlich A_0.

Vollständige Rechenbeispiele siehe Aufgabe 1 und 2 im zweiten Teil.

Tafel Ia

$p=3$; $\alpha=120°$

ν	$\nu\alpha$	$\lvert\cos\nu\alpha\rvert$	$\sin\nu\alpha$	W. 1 C	W. 1 S
0	0°	1.000	—	0	—
1	120°	0.500	0.866	—1	1

$p=5$; $\alpha=72°$

ν	$\nu\alpha$	$\lvert\cos\nu\alpha\rvert$	$\sin\nu\alpha$	W. 1 C	W. 1 S	W. 2 C	W. 2 S	Endkontrolle a	b
0	0°	1.000	—	0	—	0	—	3.0 C_0	—
1	72°	0.309	0.951	1	1	2	—2	0.5 C_1	1.539 S_1
2	144°	0.809	0.588	—2	2	—1	1	0.5 C_2	—0.363 S_2

$p=7$; $\alpha=51°4286$

ν	$\nu\alpha$	$\lvert\cos\nu\alpha\rvert$	$\sin\nu\alpha$	W. 1 C	W. 1 S	W. 2 C	W. 2 S	W. 3 C	W. 3 S	Endkontrolle a	b
0	0°	1.000	—	0	—	0	—	0	—	4.0 C_0	—
1	51°43	0.623	0.782	1	1	3	—3	2	—2	0.5 C_1	2.191 S_1
2	102°86	0.223	0.975	—2	2	—1	1	—3	3	0.5 C_2	—0.241 S_2
3	154°29	0.901	0.434	—3	3	—2	—2	—1	1	0.5 C_3	0.627 S_3

$p=9$; $\alpha=40°$

ν	$\nu\alpha$	$\lvert\cos\nu\alpha\rvert$	$\sin\nu\alpha$	W. 1 C	W. 1 S	W. 2 C	W. 2 S	W. 4 C	W. 4 S	Teilkontrolle a	Teilkontrolle b	Endkontrolle a	Endkontrolle b
0	0°	1.000	—	0	—	0	—	0	—	3.0 C_0	—	5.0 C_0	—
1	40°	0.766	0.643	1	1	4	—4	2	—2	—	1.970 S_1	0.5 C_1	2.836 S_1
2	80°	0.174	0.985	2	2	1	1	4	—4	—	0.684 S_2	0.5 C_2	—0.182 S_2
3	120°	0.500	0.866	—3	3	—3	—3	—3	3	—1.5 C_3	0.866 S_3	0.5 C_3	0.866 S_3
4	160°	0.940	0.342	—4	4	—2	2	—1	1	—	—1.286 S_4	0.5 C_4	—0.420 S_4

$p=11$; $\alpha=32°7273$

ν	$\nu\alpha$	$\lvert\cos\nu\alpha\rvert$	$\sin\nu\alpha$	W. 1 C	W. 1 S	W. 2 C	W. 2 S	W. 3 C	W. 3 S	W. 4 C	W. 4 S	W. 5 C	W. 5 S	Endkontrolle a	b
0	0°	1.000	—	0	—	0	—	0	—	0	—	0	—	6.0 C_0	—
1	32°73	0.841	0.541	1	1	5	—5	4	4	3	3	2	—2	0.5 C_1	3.478 S_1
2	65°45	0.415	0.910	2	2	1	1	3	—3	5	—5	4	—4	0.5 C_2	—0.147 S_2
3	98°18	0.142	0.990	—3	3	—4	—4	—1	1	—2	—2	—5	5	0.5 C_3	1.095 S_3
4	130°91	0.655	0.756	—4	4	—2	2	—5	5	—1	1	—3	3	0.5 C_4	—0.321 S_4
5	163°64	0.959	0.282	—5	5	—3	—3	—2	—2	—4	4	—1	1	0.5 C_5	0.577 S_5

$p=13$; $\alpha=27°6923$

ν	$\nu\alpha$	$\lvert\cos\nu\alpha\rvert$	$\sin\nu\alpha$	W. 1 C	W. 1 S	W. 2 C	W. 2 S	W. 3 C	W. 3 S	W. 4 C	W. 4 S	W. 5 C	W. 5 S	W. 6 C	W. 6 S	Endkontrolle a	b
0	0°	1.000	—	0	—	0	—	0	—	0	—	0	—	0	—	7.0 C_0	—
1	27°69	0.885	0.465	1	1	6	—6	4	—4	3	—3	5	—5	2	—2	0.5 C_1	4.118 S_1
2	55°38	0.568	0.823	2	2	1	1	5	5	6	—6	3	3	4	—4	0.5 C_2	—0.124 S_2
3	83°08	0.121	0.993	3	3	5	—5	1	1	4	4	2	—2	6	—6	0.5 C_3	1.318 S_3
4	110°77	0.355	0.935	—4	4	—2	2	—3	—3	—1	1	—6	6	—5	5	0.5 C_4	—0.262 S_4
5	138°46	0.749	0.663	—5	5	—4	—4	—6	6	—2	—2	—1	1	—3	3	0.5 C_5	0.725 S_5
6	166°15	0.971	0.239	—6	6	—3	3	—2	2	—5	—5	—4	—4	—1	1	0.5 C_6	—0.443 S_6

$p=15$; $\alpha = 24°$

ν	$\nu\alpha$	$\lvert\cos\nu\alpha\rvert$	$\sin\nu\alpha$	W. 1		W. 2		W. 4		W. 7		Teilkontrolle		Endkontrolle	
				C	S	C	S	C	S	C	S	a	b	a	b
0	0°	1.000	—	0	—	0	—	0	—	0	—	$4.0\,C_0$	—	$8.0\,C_0$	—
1	24°	0.914	0.407	1	1	7	—7	4	4	2	—2	$0.5\,C_1$	$2.353\,S_1$	$0.5\,C_1$	$4.757\,S_1$
2	48°	0.669	0.743	2	2	1	1	7	—7	4	—4	$0.5\,C_2$	$1.123\,S_2$	$0.5\,C_2$	$-0.106\,S_2$
3	72°	0.309	0.951	3	3	6	—6	3	—3	6	—6	$-1.0\,C_3$	$1.176\,S_3$	$0.5\,C_3$	$1.539\,S_3$
4	96°	0.105	0.995	—4	4	—2	2	—1	1	—7	7	$0.5\,C_4$	$0.451\,S_4$	$0.5\,C_4$	$-0.223\,S_4$
5	120°	0.500	0.866	—5	5	—5	—5	—5	5	—5	5	$-2.0\,C_5$	$1.732\,S_5$	$0.5\,C_5$	$0.866\,S_5$
6	144°	0.809	0.588	—6	6	—3	3	—6	—6	—3	3	$-1.0\,C_6$	$-1.902\,S_6$	$0.5\,C_6$	$-0.363\,S_6$
7	168°	0.978	0.208	—7	7	—4	—4	—2	—2	—1	1	$0.5\,C_7$	$0.053\,S_7$	$0.5\,C_7$	$0.555\,S_7$

$p=17$; $\alpha = 21°1765$

ν	$\nu\alpha$	$\cos\nu\alpha$	$\sin\nu\alpha$	W. 1		W. 2		W. 3		W. 4		W. 5		W. 6		W. 7		W. 8		Endkontrolle	
				C	S	C	S	C	S	C	S	C	S	C	S	C	S	C	S	a	b
0	0°	1.000	—	0	—	0	—	0	—	0	—	0	—	0	—	0	—	0	—	$9.0\,C_0$	—
1	21°18	0.932	0.361	1	1	8	—8	6	6	4	—4	7	7	3	3	5	5	2	—2	$0.5\,C_1$	$5.396\,S_1$
2	42°35	0.739	0.674	2	2	1	1	5	—5	8	—8	3	—3	6	6	7	—7	4	—4	$0.5\,C_2$	$-0.093\,S_2$
3	63°53	0.446	0.895	3	3	7	—7	1	1	5	5	4	4	8	—8	2	—2	6	—6	$0.5\,C_3$	$1.757\,S_3$
4	84°71	0.092	0.996	4	4	2	2	7	7	1	1	6	—6	5	—5	3	3	8	—8	$0.5\,C_4$	$-0.194\,S_4$
5	105°88	0.274	0.962	—5	5	—6	—6	—4	—4	—3	—3	—1	1	—2	—2	—8	8	—7	7	$0.5\,C_5$	$1.004\,S_5$
6	127°06	0.603	0.798	—6	6	—3	3	—2	2	—7	—7	—8	8	—1	1	—4	—4	—5	5	$0.5\,C_6$	$-0.310\,S_6$
7	148°24	0.850	0.526	—7	7	—5	—5	—8	8	—6	6	—2	—2	—4	4	—1	1	—3	3	$0.5\,C_7$	$0.662\,S_7$
8	169°41	0.983	0.184	—8	8	—4	4	—3	—3	—2	2	—5	5	—7	7	—6	6	—1	1	$0.5\,C_8$	$-0.456\,S_8$

$p=19$; $\alpha = 18°9474$

ν	$\nu\alpha$	$\lvert\cos\nu\alpha\rvert$	$\sin\nu\alpha$	W. 1		W. 2		W. 3		W. 4		W. 5		W. 6		W. 7		W. 8		W. 9		Endkontrolle	
				C	S	C	S	C	S	C	S	C	S	C	S	C	S	C	S	C	S	a	b
0	0°	1.000	—	0	—	0	—	0	—	0	—	0	—	0	—	0	—	0	—	0	—	$10.0\,C_0$	—
1	18°95	0.946	0.325	1	1	9	—9	6	—6	5	5	4	4	3	—3	8	—8	7	—7	2	—2	$0.5\,C_1$	$6.034\,S_1$
2	37°89	0.789	0.614	2	2	1	1	7	7	9	—9	8	8	6	—6	3	3	5	5	4	—4	$0.5\,C_2$	$-0.083\,S_2$
3	56°84	0.547	0.837	3	3	8	—8	1	1	4	—4	7	—7	9	—9	5	—5	2	—2	6	—6	$0.5\,C_3$	$1.974\,S_3$
4	75°79	0.245	0.969	4	4	2	2	5	—5	1	1	3	—3	7	7	6	6	9	—9	8	—8	$0.5\,C_4$	$-0.172\,S_4$
5	94°74	0.083	0.997	—5	5	—7	—7	—8	8	—6	6	—1	1	—4	4	—2	—2	—3	3	—9	9	$0.5\,C_5$	$1.140\,S_5$
6	113°68	0.402	0.916	—6	6	—3	3	—2	2	—8	—8	—5	5	—1	1	—9	9	—4	—4	—7	7	$0.5\,C_6$	$-0.271\,S_6$
7	132°63	0.677	0.736	—7	7	—6	—6	—4	—4	—3	—3	—9	9	—2	—2	—1	1	—8	8	—5	5	$0.5\,C_7$	$0.765\,S_7$
8	151°58	0.879	0.476	—8	8	—4	4	—9	9	—2	2	—6	—6	—5	—5	—7	—7	—1	1	—3	3	$0.5\,C_8$	$-0.389\,S_8$
9	170°53	0.986	0.165	—9	9	—5	—5	—3	3	—7	7	—2	—2	—8	—8	—4	4	—6	—6	—1	1	$0.5\,C_9$	$0.543\,S_9$

Tafel I a

p = 21;

ν	$\nu\alpha$	$\lvert\cos\nu\alpha\rvert$	$\sin\nu\alpha$	W. 1 C	W. 1 S	W. 2 C	W. 2 S	W. 4 C	W. 4 S	W. 5 C	W. 5 S	W. 8 C	W. 8 S	W. 10 C	W. 10 S
0	0°	1.000	—	0	—	0	—	0	—	0	—	0	—	0	—
1	17°14	0.956	0.295	1	1	10	−10	5	− 5	4	− 4	8	8	2	− 2
2	34°29	0.826	0.563	2	2	1	1	10	−10	8	− 8	5	− 5	4	− 4
3	51°43	0.623	0.782	3	3	9	− 9	6	6	9	9	3	3	6	− 6
4	68°57	0.365	0.931	4	4	2	2	1	1	5	5	10	−10	8	− 8
5	85°71	0.075	0.997	5	5	8	− 8	4	− 4	1	1	2	− 2	10	−10
6	102°86	0.223	0.975	− 6	6	− 3	3	− 9	− 9	− 3	− 3	− 6	6	− 9	9
7	120°00	0.500	0.866	− 7	7	− 7	− 7	− 7	7	− 7	− 7	− 7	− 7	− 7	7
8	137°14	0.733	0.680	− 8	8	− 4	4	− 2	2	−10	10	− 1	1	− 5	5
9	154°29	0.901	0.434	− 9	9	− 6	− 6	− 3	− 3	− 6	6	− 9	9	− 3	3
10	171°43	0.989	0.149	−10	10	− 5	5	− 8	− 8	− 2	2	− 4	− 4	− 1	1

p = 23;

ν	$\nu\alpha$	$\lvert\cos\nu\alpha\rvert$	$\sin\nu\alpha$	W. 1 C	W. 1 S	W. 2 C	W. 2 S	W. 3 C	W. 3 S	W. 4 C	W. 4 S	W. 5 C	W. 5 S	W. 6 C	W. 6 S
0	0°	1.000	—	0	—	0	—	0	—	0	—	0	—	0	—
1	15°65	0.963	0.270	1	1	11	−11	8	8	6	6	9	− 9	4	4
2	31°30	0.854	0.520	2	2	1	1	7	− 7	11	−11	5	5	8	8
3	46°96	0.683	0.731	3	3	10	−10	1	1	5	− 5	4	− 4	11	−11
4	62°61	0.460	0.888	4	4	2	2	9	9	1	1	10	10	7	− 7
5	78°26	0.203	0.979	5	5	9	− 9	6	− 6	7	7	1	1	3	− 3
6	93°91	0.068	0.998	− 6	6	−3	3	− 2	2	−10	−10	− 8	− 8	− 1	1
7	109°57	0.335	0.942	− 7	7	−8	− 8	−10	10	− 4	− 4	− 6	6	− 5	5
8	125°22	0.577	0.817	− 8	8	−4	4	− 5	− 5	− 2	2	− 3	− 3	− 9	9
9	140°87	0.776	0.631	− 9	9	−7	− 7	− 3	3	− 8	8	−11	11	−10	−10
10	156°52	0.917	0.398	−10	10	−5	5	−11	11	− 9	− 9	− 2	2	− 6	− 6
11	172°17	0.991	0.136	−11	11	−6	− 6	− 4	− 4	− 3	− 3	− 7	− 7	− 2	− 2

p = 25;

ν	$\nu\alpha$	$\lvert\cos\nu\alpha\rvert$	$\sin\nu\alpha$	W. 1 C	W. 1 S	W. 2 C	W. 2 S	W. 3 C	W. 3 S	W. 4 C	W. 4 S	W. 6 C	W. 6 S	W. 7 C	W. 7 S	W. 8 C	W. 8 S
0	0°	1.000	—	0	—	0	—	0	—	0	—	0	—	0	—	0	—
1	14°4	0.969	0.249	1	1	12	−12	8	− 8	6	− 6	4	− 4	7	− 7	3	− 3
2	28°8	0.876	0.482	2	2	1	1	9	9	12	−12	8	− 8	11	11	6	− 6
3	43°2	0.729	0.685	3	3	11	−11	1	1	7	7	12	−12	4	4	9	− 9
4	57°6	0.536	0.844	4	4	2	2	7	− 7	1	1	9	9	3	− 3	12	−12
5	72°0	0.309	0.951	5	5	10	−10	10	10	5	− 5	5	5	10	−10	10	10
6	86°4	0.063	0.998	6	6	3	3	2	2	11	−11	1	1	8	8	7	7
7	100°8	0.187	0.982	− 7	7	−9	− 9	− 6	− 6	− 8	8	− 3	− 3	− 1	1	− 4	4
8	115°2	0.426	0.905	− 8	8	−4	4	−11	11	− 2	2	− 7	− 7	− 6	− 6	− 1	1
9	129°6	0.637	0.771	− 9	9	−8	− 8	− 3	3	− 4	− 4	−11	−11	−12	12	− 2	− 2
10	144°0	0.809	0.588	−10	10	−5	5	− 5	− 5	−10	−10	−10	10	− 5	5	− 5	− 5
11	158°4	0.930	0.368	−11	11	−7	− 7	−12	12	− 9	9	− 6	6	− 2	− 2	− 8	− 8
12	172°8	0.992	0.125	−12	12	−6	6	− 4	4	− 3	3	− 2	2	− 9	− 9	−11	−11

$\alpha = 17°1429$

Teilkontrolle		Endkontrolle	
a	b	a	b
$6.0\ C_0$	—	$11.0\ C_0$	—
$0.5\ C_1$	$3.615\ S_1$	$0.5\ C_1$	$6.672\ S_1$
$0.5\ C_2$	$1.031\ S_2$	$0.5\ C_2$	$-0.075\ S_2$
$-1.0\ C_3$	$1.564\ S_3$	$0.5\ C_3$	$2.191\ S_3$
$0.5\ C_4$	$-0.393\ S_4$	$0.5\ C_4$	$-0.154\ S_4$
$0.5\ C_5$	$1.899\ S_5$	$0.5\ C_5$	$1.274\ S_5$
$-1.0\ C_6$	$1.950\ S_6$	$0.5\ C_6$	$-0.241\ S_6$
$-3.0\ C_7$	—	$0.5\ C_7$	$0.866\ S_7$
$0.5\ C_8$	$-1.665\ S_8$	$0.5\ C_8$	$-0.341\ S_8$
$-1.0\ C_9$	$0.868\ S_9$	$0.5\ C_9$	$0.627\ S_9$
$0.5\ C_{10}$	$-1.957\ S_{10}$	$0.5\ C_{10}$	$-0.464\ S_{10}$

$\alpha = 15°6522$

W. 7		W. 8		W. 9		W. 10		W. 11		Endkontrolle	
C	S	C	S	C	S	C	S	C	S	a	b
0	—	0	—	0	—	0	—	0	—	$12.0\ C_0$	—
10	10	3	3	5	-5	7	7	2	-2	$0.5\ C_1$	$7.310\ S_1$
3	-3	6	6	10	-10	9	-9	4	-4	$0.5\ C_2$	$-0.069\ S_2$
7	7	9	9	8	8	2	-2	6	-6	$0.5\ C_3$	$2.406\ S_3$
6	-6	11	-11	3	3	5	5	8	-8	$0.5\ C_4$	$-0.140\ S_4$
4	4	8	-8	2	-2	11	-11	10	-10	$0.5\ C_5$	$-1.407\ S_5$
-9	-9	-5	-5	-7	-7	-4	-4	-11	11	$0.5\ C_6$	$-0.217\ S_6$
-1	1	-2	-2	-11	11	-3	3	-9	9	$0.5\ C_7$	$0.965\ S_7$
-11	11	-1	1	-6	6	-10	10	-7	7	$0.5\ C_8$	$-0.304\ S_8$
-2	-2	-4	4	-1	1	-6	-6	-5	5	$0.5\ C_9$	$0.708\ S_9$
-8	8	-7	7	-4	-4	-1	1	-3	3	$0.5\ C_{10}$	$-0.407\ S_{10}$
-5	-5	-10	10	-9	-9	-8	8	-1	1	$0.5\ C_{11}$	$0.535\ S_{11}$

$\alpha = 14°4$

W. 9		W. 11		W. 12		Teilkontrolle		Endkontrolle	
C	S	C	S	C	S	a	b	a	b
0	—	0	—	0	—	$10,0\ C_0$	—	$13.0\ C_0$	—
11	-11	9	-9	2	-2	—	$6.409\ S_1$	$0.5\ C_1$	$7.947\ S_1$
3	3	7	7	4	-4	—	$0.299\ S_2$	$0.5\ C_2$	$-0.063\ S_2$
8	-8	2	-2	6	-6	—	$2.259\ S_3$	$0.5\ C_3$	$2.621\ S_3$
6	6	11	-11	8	-8	—	$1.409\ S_4$	$0.5\ C_4$	$-0.128\ S_4$
5	-5	5	5	10	-10	$-2.5\ C_5$	$1.539\ S_5$	$0.5\ C_5$	$1.539\ S_5$
9	9	4	-4	12	-12	—	$-1.739\ S_6$	$0.5\ C_6$	$-0.198\ S_6$
-2	-2	-12	12	-11	11	—	$1.427\ S_7$	$0.5\ C_7$	$1.063\ S_7$
-12	12	-3	3	-9	9	—	$-0.639\ S_8$	$0.5\ C_8$	$-0.275\ S_8$
-1	1	-6	-6	-7	7	—	$2.327\ S_9$	$0.5\ C_9$	$0.788\ S_9$
-10	-10	-10	10	-5	5	$-2.5\ C_{10}$	$-0.363\ S_{10}$	$0.5\ C_{10}$	$-0.363\ S_{10}$
-4	4	-1	1	-3	3	—	$-0.935\ S_{11}$	$0.5\ C_{11}$	$0.604\ S_{11}$
-7	-7	-8	-8	-1	1	—	$-0.107\ S_{12}$	$0.5\ C_{12}$	$-0.470\ S_{12}$

p = 27;

v	$v\alpha$	$\lvert\cos v\alpha\rvert$	$\sin v\alpha$	W. 1 C	W. 1 S	W. 2 C	W. 2 S	W. 4 C	W. 4 S	W. 5 C	W. 5 S	W. 7 C	W. 7 S	W. 8 C	W. 8 S
0	0°	1.000	—	0	—	0	—	0	—	0	—	0	—	0	—
1	13°33	0.973	0.231	1	1	13	-13	7	7	11	11	4	4	10	-10
2	26°67	0.894	0.449	2	2	1	1	13	-13	5	-5	8	8	7	7
3	40°00	0.766	0.643	3	3	12	-12	6	-6	6	6	12	12	3	-3
4	53°33	0.597	0.802	4	4	2	2	1	1	10	-10	11	-11	13	-13
5	66°67	0.396	0.918	5	5	11	-11	8	8	1	1	7	-7	4	4
6	80°00	0.174	0.985	6	6	3	3	12	-12	12	12	3	-3	6	-6
7	93°33	0.058	0.998	-7	7	-10	-10	-5	-5	-4	-4	-1	1	-11	11
8	106°67	0.287	0.958	-8	8	-4	4	-2	2	-7	7	-5	5	-1	1
9	120°00	0.500	0.866	-9	9	-9	-9	-9	9	-9	-9	-9	9	-9	-9
10	133°33	0.686	0.727	-10	10	-5	5	-11	-11	-2	2	-13	13	-8	8
11	146°67	0.835	0.550	-11	11	-8	-8	-4	-4	-13	13	-10	-10	-2	-2
12	160°00	0.940	0.342	-12	12	-6	6	-3	3	-3	-3	-6	-6	-12	-12
13	173°33	0.993	0.116	-13	13	-7	-7	-10	10	-8	8	-2	-2	-5	5

p = 29;

v	$v\alpha$	$\lvert\cos v\alpha\rvert$	$\sin v\alpha$	W. 1 C	W. 1 S	W. 2 C	W. 2 S	W. 3 C	W. 3 S	W. 4 C	W. 4 S	W. 5 C	W. 5 S	W. 6 C	W. 6 S	W. 7 C	W. 7 S
0	0°	1.000	—	0	—	0	—	0	—	0	—	0	—	0	—	0	—
1	12°41	0.977	0.215	1	1	14	-14	10	10	7	-7	6	6	5	5	4	-4
2	24°83	0.908	0.420	2	2	1	1	9	-9	14	-14	12	12	10	10	8	-8
3	37°24	0.796	0.605	3	3	13	-13	1	1	8	8	11	-11	14	-14	12	-12
4	49°66	0.647	0.762	4	4	2	2	11	11	1	1	5	-5	9	-9	13	13
5	62°07	0.468	0.884	5	5	12	-12	8	-8	6	-6	1	1	4	-4	9	9
6	74°48	0.268	0.964	6	6	3	3	2	2	13	-13	7	7	1	1	5	5
7	86°90	0.054	0.999	7	7	11	-11	12	12	9	9	13	13	6	6	1	1
8	99°31	0.162	0.987	-8	8	-4	4	-7	-7	-2	2	-10	-10	-11	11	-3	-3
9	111°72	0.370	0.929	-9	9	-10	-10	-3	3	-5	-5	-4	-4	-13	-13	-7	-7
10	124°14	0.561	0.828	-10	10	-5	5	-13	13	-12	-12	-2	2	-8	-8	-11	-11
11	136°55	0.726	0.688	-11	11	-9	-9	-6	-6	-10	10	-8	8	-3	-3	-14	14
12	148°97	0.857	0,516	-12	12	-6	6	-4	4	-3	3	-14	14	-2	2	-10	10
13	161°38	0.948	0.319	-13	13	-8	-8	-14	14	-4	-4	-9	-9	-7	7	-6	6
14	173°79	0.994	0.108	-14	14	-7	7	-5	-5	-11	-11	-3	-3	-12	12	-2	2

p = 31;

v	$v\alpha$	$\lvert\cos v\alpha\rvert$	$\sin v\alpha$	W. 1 C	W. 1 S	W. 2 C	W. 2 S	W. 3 C	W. 3 S	W. 4 C	W. 4 S	W. 5 C	W. 5 S	W. 6 C	W. 6 S	W. 7 C	W. 7 S	W. 8 C	W. 8 S
0	0°	1.000	—	0	—	0	—	0	—	0	—	0	—	0	—	0	—	0	—
1	11°61	0.980	0.201	1	1	15	-15	10	-10	8	8	6	-6	5	-5	9	9	4	4
2	23°23	0.919	0.394	2	2	1	1	11	11	15	-15	12	-12	10	-10	13	-13	8	8
3	34°84	0.821	0.571	3	3	14	-14	1	1	7	-7	13	13	15	-15	4	-4	12	12
4	46°45	0.689	0.725	4	4	2	2	9	-9	1	1	7	7	11	11	5	5	15	-15
5	58°06	0.529	0.849	5	5	13	-13	12	12	9	9	1	1	6	6	14	14	11	-11
6	69°68	0.347	0.938	6	6	3	3	2	2	14	-14	5	-5	1	1	8	-8	7	-7
7	81°29	0.151	0.988	7	7	12	-12	8	-8	6	-6	11	-11	4	-4	1	1	3	-3
8	92°90	0.051	0.999	-8	8	-4	4	-13	13	-2	2	-14	14	-9	-9	-10	10	-1	1
9	104°52	0.251	0.968	-9	9	-11	-11	-3	3	-10	10	-8	8	-14	-14	-12	-12	-5	5
10	116°13	0.440	0.898	-10	10	-5	5	-7	-7	-13	-13	-2	2	-12	12	-3	-3	-9	9
11	127°74	0.612	0.791	-11	11	-10	-10	-14	14	-5	-5	-4	-4	-7	7	-6	6	-13	13
12	139°35	0.759	0.651	-12	12	-6	6	-4	4	-3	3	-10	-10	-2	2	-15	15	-14	-14
13	150°97	0.874	0.485	-13	13	-9	-9	-6	-6	-11	11	-15	15	-3	-3	-7	-7	-10	-10
14	162°58	0.954	0.299	-14	14	-7	7	-15	15	-12	-12	-9	9	-8	-8	-2	2	-6	-6
15	174°19	0.995	0.101	-15	15	-8	-8	-5	5	-4	-4	-3	3	-13	-13	-11	11	-2	-2

$\alpha = 13°3333$

W. 10		W. 11		W. 13		Teilkontrolle		Endkontrolle	
C	S	C	S	C	S	a	b	a	b
0	—	0	—	0	—	$9.0\,C_0$	—	$14.0\,C_0$	—
8	−8	5	5	2	−2	—	$5.749\,S_1$	$0.5\,C_1$	$8.585\,S_1$
11	11	10	10	4	−4	—	$0.123\,S_2$	$0.5\,C_2$	$-0.058\,S_2$
3	3	12	−12	6	−6	—	$1.970\,S_3$	$0.5\,C_3$	$2.836\,S_3$
5	−5	7	−7	8	−8	—	$0.301\,S_4$	$0.5\,C_4$	$-0.118\,S_4$
13	−13	2	−2	10	−10	—	$1.251\,S_5$	$0.5\,C_5$	$1.670\,S_5$
6	6	3	3	12	−12	—	$0.684\,S_6$	$0.5\,C_6$	$-0.182\,S_6$
−2	−2	−8	8	−13	13	—	$0.977\,S_7$	$0.5\,C_7$	$1.159\,C_7$
−10	−10	−13	13	−11	11	—	$2.583\,S_8$	$0.5\,C_8$	$-0.251\,S_8$
−9	9	−9	−9	−9	9	$-4.5\,C_9$	$0.866\,S_9$	$0.5\,C_9$	$0.866\,S_9$
−1	1	−4	−4	−7	7	—	$-3.165\,S_{10}$	$0.5\,C_{10}$	$-0.329\,S_{10}$
−7	−7	−1	1	−5	5	—	$0.855\,S_{11}$	$0.5\,C_{11}$	$0.672\,S_{11}$
−12	12	−6	6	−3	3	—	$-1.286\,S_{12}$	$0.5\,C_{12}$	$-0.420\,S_{12}$
−4	4	−11	11	−1	1	—	$0.949\,S_{13}$	$0.5\,C_{13}$	$0.530\,S_{13}$

$\alpha = 12°4138$

W. 8		W. 9		W. 10		W. 11		W. 12		W. 13		W. 14		Endkontrolle	
C	S	C	S	C	S	C	S	C	S	C	S	C	S	a	b
0	—	0	—	0	—	0	—	0	—	0	—	0	—	$15.0\,C_0$	—
11	11	13	13	3	3	8	8	12	−12	9	9	2	−2	$0.5\,C_1$	$9.222\,S_1$
7	−7	3	−3	6	6	13	−13	5	5	11	−11	4	−4	$0.5\,C_2$	$-0.054\,S_2$
4	4	10	10	9	9	5	−5	7	−7	2	−2	6	−6	$0.5\,C_3$	$3.050\,S_3$
14	−14	6	−6	12	12	3	3	10	10	7	7	8	−8	$0.5\,C_4$	$-0.110\,S_4$
3	−3	7	7	14	−14	11	11	2	−2	13	−13	10	−10	$0.5\,C_5$	$1.801\,S_5$
8	8	9	−9	11	−11	10	−10	14	−14	4	−4	12	−12	$0.5\,C_6$	$-0.168\,S_6$
10	−10	4	4	8	−8	2	−2	3	3	5	5	14	−14	$0.5\,C_7$	$1.255\,S_7$
−1	1	−12	−12	−5	−5	−6	6	−9	−9	−14	14	−13	13	$0.5\,C_8$	$-0.231\,S_8$
−12	12	−1	1	−2	−2	−14	14	−8	8	−6	−6	−11	11	$0.5\,C_9$	$0.943\,S_9$
−6	−6	−14	14	−1	1	−7	−7	−4	−4	−3	3	−9	9	$0.5\,C_{10}$	$-0.301\,S_{10}$
−5	5	−2	−2	−4	4	−1	1	−13	13	−12	12	−7	7	$0.5\,C_{11}$	$0.737\,S_{11}$
−13	−13	−11	11	−7	7	−9	9	−1	1	−8	−8	−5	5	$0.5\,C_{12}$	$-0.380\,S_{12}$
−2	−2	−5	−5	−10	10	−12	−12	−11	−11	−1	1	−3	3	$0.5\,C_{13}$	$0.589\,S_{13}$
−9	9	−8	8	−13	13	−4	−4	−6	6	−10	10	−1	1	$0.5\,C_{14}$	$-0.474\,S_{14}$

$\alpha = 11°6129$

W. 9		W. 10		W. 11		W. 12		W. 13		W. 14		W. 15		Endkontrolle	
C	S	C	S	C	S	C	S	C	S	C	S	C	S	a	b
0	—	0	—	0	—	0	—	0	—	0	—	0	—	$16.0\,C_0$	—
7	7	3	−3	14	−14	13	13	12	12	11	−11	2	−2	$0.5\,C_1$	$9.859\,S_1$
14	14	6	−6	3	3	5	−5	7	−7	9	9	4	−4	$0.5\,C_2$	$-0.051\,S_2$
10	−10	9	−9	11	−11	8	8	5	5	2	−2	6	−6	$0.5\,C_3$	$3.264\,S_3$
3	−3	12	−12	6	6	10	−10	14	−14	13	−13	8	−8	$0.5\,C_4$	$-0.103\,S_4$
4	4	15	−15	8	−8	3	3	2	−2	7	7	10	−10	$0.5\,C_5$	$1.931\,S_5$
11	11	13	13	9	9	15	−15	10	10	4	−4	12	−12	$0.5\,C_6$	$-0.157\,S_6$
13	−13	10	10	5	−5	2	−2	9	−9	15	−15	14	−14	$0.5\,C_7$	$1.350\,S_7$
−6	−6	−7	7	−12	12	−11	11	−3	3	−5	5	−15	15	$0.5\,C_8$	$-0.215\,S_8$
−1	1	−4	4	−2	−2	−7	−7	−15	15	−6	−6	−13	13	$0.5\,C_9$	$1.019\,S_9$
−8	8	−1	1	−15	15	−6	6	−4	−4	−14	14	−11	11	$0.5\,C_{10}$	$-0.278\,S_{10}$
−15	15	−2	−2	−1	1	−12	−12	−8	8	−3	3	−9	9	$0.5\,C_{11}$	$0.802\,S_{11}$
−9	−9	−5	−5	−13	−13	−1	1	−11	−11	−8	−8	−7	7	$0.5\,C_{12}$	$-0.348\,S_{12}$
−2	−2	−8	−8	−4	4	−14	14	−1	1	−12	12	−5	5	$0.5\,C_{13}$	$0.646\,S_{13}$
−5	5	−11	−11	−10	−10	−4	−4	−13	13	−1	1	−3	3	$0.5\,C_{14}$	$-0.429\,S_{14}$
−12	12	−14	−14	−7	7	−9	9	−6	−6	−10	−10	−1	1	$0.5\,C_{15}$	$0.526\,S_{15}$

Tafel I a

p=33;

ν	$\nu\alpha$	$\lvert\cos\nu\alpha\rvert$	$\sin\nu\alpha$	W. 1		W. 2		W. 4		W. 5		W. 7		W. 8		W. 10	
				C	S	C	S	C	S	C	S	C	S	C	S	C	S
0	0°	1.000	—	0	—	0	—	0	—	0	—	0	—	0	—	0	—
1	10°91	0.982	0.189	1	1	16	−16	8	− 8	13	−13	14	−14	4	− 4	10	10
2	21°82	0.928	0.372	2	2	1	1	16	−16	7	7	5	5	8	− 8	13	−13
3	32°73	0.841	0.541	3	3	15	−15	9	9	6	− 6	9	− 9	12	−12	3	− 3
4	43°64	0.724	0.690	4	4	2	2	1	1	14	14	10	10	16	−16	7	7
5	54°55	0.580	0.815	5	5	14	−14	7	− 7	1	1	4	− 4	13	13	16	−16
6	65°45	0.415	0.910	6	6	3	3	15	−15	12	−12	15	15	9	9	6	− 6
7	76°36	0.236	0.972	7	7	13	−13	10	10	8	8	1	1	5	5	4	4
8	87°27	0.048	0.999	8	8	4	4	2	2	5	− 5	13	−13	1	1	14	14
9	98°18	0.142	0.990	− 9	9	−12	−12	− 6	− 6	−15	15	− 6	6	− 3	− 3	− 9	− 9
10	109°09	0.327	0.945	−10	10	− 5	5	−14	−14	− 2	2	− 8	− 8	− 7	− 7	− 1	1
11	120°00	0.500	0.866	−11	11	−11	−11	−11	11	−11	−11	−11	11	−11	−11	−11	11
12	130°91	0.655	0.756	−12	12	− 6	6	− 3	3	− 9	9	− 3	− 3	−15	−15	−12	−12
13	141°82	0.786	0.618	−13	13	−10	−10	− 5	− 5	− 4	− 4	−16	16	−14	14	− 2	− 2
14	152°73	0.889	0.458	−14	14	− 7	7	−13	−13	−16	16	− 2	2	−10	10	− 8	8
15	163°64	0.959	0.282	−15	15	− 9	− 9	−12	12	− 3	3	−12	−12	− 6	6	−15	−15
16	174°55	0.995	0.095	−16	16	− 8	8	− 4	4	−10	−10	− 7	7	− 2	2	− 5	− 5

p=35;

ν	$\nu\alpha$	$\lvert\cos\nu\alpha\rvert$	$\sin\nu\alpha$	W. 1		W. 2		W. 3		W. 4		W. 6		W. 8		W. 9	
				C	S	C	S	C	S	C	S	C	S	C	S	C	S
0	0°	1.000	—	0	—	0	—	0	—	0	—	0	—	0	—	0	—
1	10°29	0.984	0.179	1	1	17	−17	12	12	9	9	6	6	13	−13	4	4
2	20°57	0.936	0.351	2	2	1	1	11	−11	17	−17	12	12	9	9	8	8
3	30°86	0.858	0.513	3	3	16	−16	1	1	8	− 8	17	−17	4	− 4	12	12
4	41°14	0.753	0.658	4	4	2	2	13	13	1	1	11	−11	17	−17	16	16
5	51°43	0.623	0.782	5	5	15	−15	10	−10	10	10	5	− 5	5	5	15	−15
6	61°71	0.474	0.881	6	6	3	3	2	2	16	−16	1	1	8	− 8	11	−11
7	72°00	0.309	0.951	7	7	14	−14	14	14	7	− 7	7	7	14	14	7	− 7
8	82°29	0.134	0.991	8	8	4	4	9	− 9	2	2	13	13	1	1	3	− 3
9	92°57	0.045	0.999	− 9	9	−13	−13	− 3	3	−11	11	−16	−16	−12	−12	− 1	1
10	102°86	0.223	0.975	−10	10	− 5	5	−15	15	−15	−15	−10	−10	−10	10	− 5	5
11	113°14	0.393	0.920	−11	11	−12	−12	− 8	− 8	− 6	− 6	− 4	− 4	− 3	− 3	− 9	9
12	123°43	0.551	0.835	−12	12	− 6	6	− 4	4	− 3	3	− 2	2	−16	−16	−13	13
13	133°71	0.691	0.723	−13	13	−11	−11	−16	16	−12	12	− 8	8	− 6	6	−17	17
14	144°00	0.809	0.588	−14	14	− 7	7	− 7	− 7	−14	−14	−14	14	− 7	− 7	−14	−14
15	154°29	0.901	0.434	−15	15	−10	−10	− 5	5	− 5	− 5	−15	−15	−15	15	−10	−10
16	164°57	0.964	0.266	−16	16	− 8	8	−17	17	− 4	4	− 9	− 9	− 2	2	− 6	− 6
17	174°86	0.996	0.090	−17	17	− 9	− 9	− 6	− 6	−13	13	− 3	− 3	−11	−11	− 2	− 2

$\alpha = 10°9091$

W. 13		W. 14		W. 16		Teilkontrolle		Endkontrolle	
C	S	C	S	C	S	a	b	a	b
0	—	0	—	0	—	$10.0\ C_0$	—	$17.0\ C_0$	—
5	— 5	7	— 7	2	— 2	$0.5\ C_1$	$6.153\ S_1$	$0.5\ C_1$	$10.496\ S_1$
10	—10	14	—14	4	— 4	$0.5\ C_2$	$0.965\ S_2$	$0.5\ C_2$	$-0.048\ S_2$
15	—15	12	12	6	— 6	$-1.0\ C_3$	$2.384\ S_3$	$0.5\ C_3$	$3.478\ S_3$
13	13	5	5	8	— 8	$0.5\ C_4$	$-0.641\ S_4$	$0.5\ C_4$	$-0.096\ S_4$
8	8	2	— 2	10	—10	$0.5\ C_5$	$2.351\ S_5$	$0.5\ C_5$	$2.061\ S_5$
3	3	9	— 9	12	—12	$-1.0\ C_6$	$0.430\ S_6$	$0.5\ C_6$	$-0.147\ S_6$
2	— 2	16	—16	14	—14	$0.5\ C_7$	$0.257\ S_7$	$0.5\ C_7$	$1.445\ C_7$
7	— 7	10	10	16	—16	$0.5\ C_8$	$1.761\ S_8$	$0.5\ C_8$	$-0.200\ S_8$
—12	—12	— 3	3	—15	15	$-1.0\ C_9$	$0.948\ S_9$	$0.5\ C_9$	$1.095\ S_9$
—16	16	— 4	— 4	—13	13	$0.5\ C_{10}$	$2.353\ S_{10}$	$0.5\ C_{10}$	$-0.258\ S_{10}$
—11	11	—11	—11	—11	11	$-5.0\ C_{11}$	$1.732\ S_{11}$	$0.5\ C_{11}$	$0.866\ S_{11}$
— 6	6	—15	15	— 9	9	$-1.0\ C_{12}$	$-3.800\ S_{12}$	$0.5\ C_{12}$	$-0.321\ S_{12}$
— 1	1	— 8	8	— 7	7	$0.5\ C_{13}$	$-0.017\ S_{13}$	$0.5\ C_{13}$	$0.702\ S_{13}$
— 4	— 4	— 1	1	— 5	5	$0.5\ C_{14}$	$-0.623\ S_{14}$	$0.5\ C_{14}$	$-0.393\ S_{14}$
— 9	— 9	— 6	— 6	— 3	3	$-1.0\ C_{15}$	$0.898\ S_{15}$	$0.5\ C_{15}$	$0.577\ S_{15}$
—14	—14	—13	—13	— 1	1	$0.5\ C_{16}$	$-1.921\ S_{16}$	$0.5\ C_{16}$	$-0.477\ S_{16}$

$\alpha = 10°2857$

W. 11		W. 12		W. 13		W. 16		W. 17		Teilkontrolle		Endkontrolle	
C	S	C	S	C	S	C	S	C	S	a	b	a	b
0	—	0	—	0	—	0	—	0	—	$12.0\ C_0$	—	$18.0\ C_0$	—
16	16	3	3	8	— 8	—11	11	2	— 2	$0.5\ C_1$	$7.406\ S_1$	$0.5\ C_1$	$11.133\ S_1$
3	— 3	6	6	16	—16	13	—13	4	— 4	$0.5\ C_2$	$0.558\ S_2$	$0.5\ C_2$	$-0.045\ S_2$
13	13	9	9	11	11	2	— 2	6	— 6	$0.5\ C_3$	$2.702\ S_3$	$0.5\ C_3$	$3.691\ S_3$
6	— 6	12	12	3	3	9	9	8	— 8	$0.5\ C_4$	$2.076\ S_4$	$0.5\ C_4$	$-0.091\ S_4$
10	10	15	15	5	— 5	15	—15	10	—10	$-2.0\ C_5$	$1.950\ S_5$	$0.5\ C_5$	$2.191\ S_5$
9	— 9	17	—17	13	—13	4	— 4	12	—12	$0.5\ C_6$	$0.514\ S_6$	$0.5\ C_6$	$-0.138\ S_6$
7	7	14	—14	14	14	7	7	14	—14	$-3.0\ C_7$	$1.902\ S_7$	$0.5\ C_7$	$1.539\ S_7$
12	—12	11	—11	6	6	17	—17	16	—16	$0.5\ C_8$	$-2.744\ S_8$	$0.5\ C_8$	$-0.188\ S_8$
— 4	4	— 8	— 8	— 2	— 2	— 6	— 6	—17	17	$0.5\ C_9$	$2.950\ S_9$	$0.5\ C_9$	$1.170\ S_9$
—15	—15	— 5	— 5	—10	—10	— 5	5	—15	15	$-2.0\ C_{10}$	$-0.868\ S_{10}$	$0.5\ C_{10}$	$-0.241\ S_{10}$
— 1	1	— 2	— 2	—17	17	—16	16	—13	13	$0.5\ C_{11}$	$0.018\ S_{11}$	$0.5\ C_{11}$	$0.929\ S_{11}$
—17	17	— 1	1	— 9	9	— 8	— 8	—11	11	$0.5\ C_{12}$	$-0.176\ S_{12}$	$0.5\ C_{12}$	$-0.299\ S_{12}$
— 2	— 2	— 4	4	— 1	1	— 3	3	— 9	9	$0.5\ C_{13}$	$2.586\ S_{13}$	$0.5\ C_{13}$	$0.757\ S_{13}$
—14	14	— 7	7	— 7	— 7	—14	14	— 7	7	$-3.0\ C_{14}$	$1.176\ S_{14}$	$0.5\ C_{14}$	$-0.363\ S_{14}$
— 5	— 5	—10	10	—15	—15	—10	—10	— 5	5	$-2.0\ C_{15}$	$-1.564\ S_{15}$	$0.5\ C_{15}$	$0.627\ S_{15}$
—11	11	—13	13	—12	12	— 1	1	— 3	3	$0.5\ C_{16}$	$-1.734\ S_{16}$	$0.5\ C_{16}$	$-0.437\ S_{16}$
— 8	— 8	—16	16	— 4	4	—12	12	— 1	1	$0.5\ C_{17}$	$0.260\ S_{17}$	$0.5\ C_{17}$	$0.523\ S_{17}$

Tafel I a

p=37;

ν	$\nu\alpha$	$\lvert\cos\nu\alpha\rvert$	$\sin\nu\alpha$	W. 1		W. 2		W. 3		W. 4		W. 5		W. 6		W. 7		W. 8		W. 9	
				C	S	C	S	C	S	C	S	C	S	C	S	C	S	C	S	C	C
0	0°	1.000	—	0	—	0	—	0	—	0	—	0	—	0	—	0	—	0	—	0	—
1	9°73	0.986	0.169	1	1	18	−18	12	−12	9	− 9	15	15	6	− 6	16	16	14	14	4	− 4
2	19°46	0.943	0.333	2	2	1	1	13	13	18	−18	7	− 7	12	−12	5	− 5	9	− 9	8	− 8
3	29°19	0.873	0.488	3	3	17	−17	1	1	10	10	8	8	18	−18	11	11	5	5	12	−12
4	38°92	0.778	0.628	4	4	2	2	11	−11	1	1	14	−14	13	13	10	−10	18	−18	16	−16
5	48°65	0.661	0.751	5	5	16	−16	14	14	8	− 8	1	1	7	7	6	6	4	− 4	17	17
6	58°38	0.524	0.852	6	6	3	3	2	2	17	−17	16	16	1	1	15	−15	10	10	13	13
7	68°11	0.373	0.928	7	7	15	−15	10	−10	11	11	6	− 6	5	− 5	1	1	13	−13	9	9
8	77°84	0.211	0.978	8	8	4	4	15	15	2	2	9	9	11	−11	17	17	1	1	5	5
9	87°57	0.042	0.999	9	9	14	−14	3	3	7	− 7	13	−13	17	−17	4	− 4	15	15	1	1
10	97°30	0.127	0.992	−10	10	− 5	5	− 9	− 9	−16	−16	− 2	2	−14	14	−12	12	− 8	− 8	− 3	− 3
11	107°03	0.293	0.956	−11	11	−13	−13	−16	16	−12	12	−17	17	− 8	8	− 9	− 9	− 6	6	− 7	− 7
12	116°76	0.450	0.893	−12	12	− 6	6	− 4	4	− 3	3	− 5	− 5	− 2	2	− 7	7	−17	−17	−11	−11
13	126°49	0.595	0.804	−13	13	−12	−12	− 8	− 8	− 6	− 6	−10	10	− 4	− 4	−14	−14	− 3	− 3	−15	−15
14	136°22	0.722	0.692	−14	14	− 7	7	−17	17	−15	−15	−12	−12	−10	−10	− 2	2	−11	11	−18	18
15	145°95	0.829	0.560	−15	15	−11	−11	− 5	5	−13	13	− 3	3	−16	−16	−18	18	−12	−12	−14	14
16	155°68	0.911	0.412	−16	16	− 8	8	− 7	− 7	− 4	4	−18	18	−15	15	− 3	− 3	− 2	2	−10	10
17	165°41	0.968	0.252	−17	17	−10	−10	−18	18	− 5	− 5	− 4	− 4	− 9	9	−13	13	−16	16	− 6	6
18	175°14	0.996	0.085	−18	18	− 9	9	− 6	6	−14	−14	−11	11	− 3	3	− 8	− 8	− 7	− 7	− 2	2

p=39;

ν	$\nu\alpha$	$\lvert\cos\nu\alpha\rvert$	$\sin\nu\alpha$	W. 1		W. 2		W. 4		W. 5		W. 7		W. 8		W. 10	
				C	S	C	S	C	S	C	S	C	S	C	S	C	S
0	0°	1.000	—	0	—	0	—	0	—	0	—	0	—	0	—	0	—
1	9°23	0.987	0.160	1	1	19	−19	10	10	8	8	11	−11	5	5	4	4
2	18°46	0.949	0.317	2	2	1	1	19	−19	16	16	17	17	10	10	8	8
3	27°69	0.885	0.465	3	3	18	−18	9	− 9	15	−15	6	6	15	15	12	12
4	36°92	0.799	0.601	4	4	2	2	1	1	7	− 7	5	− 5	19	−−19	16	16
5	46°15	0.693	0.721	5	5	17	−17	11	11	1	1	16	−16	14	−14	19	−19
6	55°38	0.568	0.823	6	6	3	3	18	−18	9	9	12	12	9	− 9	15	−15
7	64°62	0.429	0.903	7	7	16	−16	8	− 8	17	17	1	1	4	− 4	11	−11
8	73°85	0.278	0.961	8	8	4	4	2	2	14	−14	10	−10	1	1	7	− 7
9	83°08	0.121	0.993	9	9	15	−15	12	12	6	− 6	18	18	6	6	3	− 3
10	92°31	0.040	0.999	−10	10	− 5	5	−17	−17	− 2	2	− 7	7	−11	11	− 1	1
11	101°54	0.200	0.980	−11	11	−14	−14	− 7	− 7	−10	10	− 4	− 4	−16	16	− 5	5
12	110°77	0.355	0.935	−12	12	− 6	6	− 3	3	−18	18	−15	−15	−18	−18	− 9	9
13	120°00	0.500	0.866	−13	13	−13	−13	−13	13	−13	−13	−13	13	−13	−13	−13	13
14	129°23	0.632	0.775	−14	14	− 7	7	−16	−16	− 5	− 5	− 2	2	− 8	− 8	−17	17
15	138°46	0.749	0.663	−15	15	−12	−12	− 6	− 6	− 3	3	− 9	− 9	− 3	− 3	−18	−18
16	147°69	0.845	0.534	−16	16	− 8	8	− 4	4	−11	11	−19	19	− 2	2	−14	−14
17	156°92	0.920	0.392	−17	17	−11	−11	−14	14	−19	19	− 8	8	− 7	7	−10	−10
18	166°15	0.971	0.239	−18	18	− 9	9	−15	−15	−12	−12	− 3	− 3	−12	12	− 6	− 6
19	175°38	0.997	0.080	−19	19	−10	−10	− 5	− 5	− 4	− 4	−14	−14	−17	17	− 2	− 2

$\alpha = 9°7297$

| W. 10 | | W. 11 | | W. 12 | | W. 13 | | W. 14 | | W. 15 | | W. 16 | | W. 17 | | W. 18 | | Endkontrolle | |
C	S	C	S	C	S	C	S	C	S	C	S	C	S	C	S	C	S	a	b
0	—	0	—	0	—	0	—	0	—	0	—	0	—	0	—	0	—	19.0 C_0	—
11	−11	10	−10	3	− 3	17	−17	8	8	5	5	7	7	13	−13	2	− 2	0.5 C_1	11.771 S_1
15	15	17	17	6	− 6	3	3	16	16	10	10	14	14	11	11	4	− 4	0.5 C_2	−0.043 S_2
4	4	7	7	9	− 9	14	−14	13	−13	15	15	16	−16	2	− 2	6	− 6	0.5 C_3	3.905 S_3
7	− 7	3	− 3	12	−12	6	6	5	− 5	17	−17	9	− 9	15	−15	8	− 8	0.5 C_4	−0.086 S_4
18	−18	13	−13	15	−15	11	−11	3	3	12	−12	2	− 2	9	9	10	−10	0.5 C_5	2.320 S_5
8	8	14	14	18	−18	9	9	11	11	7	− 7	5	5	4	− 4	12	−12	0.5 C_6	−0.130 S_6
3	− 3	4	4	16	16	8	− 8	18	−18	2	− 2	12	12	17	−17	14	−14	0.5 C_7	1.633 S_7
14	−14	6	− 6	13	13	12	12	10	−10	3	3	18	−18	7	7	16	−16	0.5 C_8	−0.177 S_8
12	12	16	−16	10	10	5	− 5	2	− 2	8	8	11	−11	6	− 6	18	−18	0.5 C_9	1.244 S_9
− 1	1	−11	11	− 7	7	−15	15	− 6	6	−13	13	− 4	− 4	−18	18	−17	17	0.5 C_{10}	−0.226 S_{10}
−10	−10	− 1	1	− 4	4	− 2	− 2	−14	14	−18	18	− 3	3	− 5	5	−15	15	0.5 C_{11}	0.992 S_{11}
−16	16	− 9	− 9	− 1	1	−18	18	−15	−15	−14	−14	−10	10	− 8	− 8	−13	13	0.5 C_{12}	−0.279 S_{12}
− 5	5	−18	18	− 2	− 2	− 1	1	− 7	− 7	− 9	− 9	−17	17	−16	16	−11	11	0.5 C_{13}	0.812 S_{13}
− 6	− 6	− 8	8	− 5	− 5	−16	−16	− 1	1	− 4	− 4	−13	−13	− 3	3	− 9	9	0.5 C_{14}	−0.338 S_{14}
−17	−17	− 2	− 2	− 8	− 8	− 4	4	− 9	9	− 1	1	− 6	− 6	−10	−10	− 7	7	0.5 C_{15}	0.676 S_{15}
− 9	9	−12	−12	−11	−11	−13	−13	−17	17	− 6	6	− 1	1	−14	14	− 5	5	0.5 C_{16}	−0.404 S_{16}
− 2	− 2	−15	15	−14	−14	− 7	7	−12	−12	−11	11	− 8	8	− 1	1	− 3	3	0.5 C_{17}	0.568 S_{17}
−13	−13	− 5	5	−17	−17	−10	−10	− 4	− 4	−16	16	−15	15	−12	−12	− 1	1	0.5 C_{18}	−0.479 S_{18}

$\alpha = 9°2308$

| W. 11 | | W. 14 | | W. 16 | | W. 17 | | W. 19 | | Teilkontrolle | | Endkontrolle | |
C	S	C	S	C	S	C	S	C	S	a	b	a	b
0	—	0	—	0	—	0	—	0	—	12.0 C_0	—	20.0 C_0	—
7	− 7	14	14	17	−17	16	−16	2	− 2	0.5 C_1	7.423 S_1	0.5 C_1	12.407 S_1
14	−14	11	−11	5	5	7	7	4	− 4	0.5 C_2	0.951 S_2	0.5 C_2	−0.040 S_2
18	18	3	3	12	−12	9	− 9	6	− 6	−1.0 C_3	2.800 S_3	0.5 C_3	4.118 S_3
11	11	17	17	10	10	14	14	8	− 8	0.5 C_4	−0.685 S_4	0.5 C_4	−0.081 S_4
4	4	8	− 8	7	− 7	2	− 2	10	−10	0.5 C_5	2.589 S_5	0.5 C_5	2.449 S_5
3	− 3	6	6	15	15	18	−18	12	−12	−1.0 C_6	0.320 S_6	0.5 C_6	−0.123 S_6
10	−10	19	−19	2	− 2	5	5	14	−14	0.5 C_7	0.417 S_7	0.5 C_7	1.726 S_7
17	−17	5	− 5	19	−19	11	−11	16	−16	0.5 C_8	1.423 S_8	0.5 C_8	−0.167 S_8
15	15	9	9	3	3	12	12	18	−18	−1.0 C_9	1.056 S_9	0.5 C_9	1.318 S_9
− 8	8	−16	−16	−14	−14	− 4	− 4	−19	19	0.5 C_{10}	0.241 S_{10}	0.5 C_{10}	−0.213 S_{10}
− 1	1	− 2	− 2	− 8	8	−19	19	−17	17	0.5 C_{11}	1.797 S_{11}	0.5 C_{11}	1.054 S_{11}
− 6	− 6	−12	12	− 9	− 9	− 3	3	−15	15	−1.0 C_{12}	3.856 S_{12}	0.5 C_{12}	−0.262 S_{12}
−13	−13	−13	−13	−13	13	−13	−13	−13	13	−6.0 C_{13}	—	0.5 C_{13}	0.866 S_{13}
−19	19	− 1	1	− 4	− 4	−10	10	−11	11	0.5 C_{14}	−3.567 S_{14}	0.5 C_{14}	−0.316 S_{14}
−12	12	−15	15	−18	18	− 6	− 6	− 9	9	−1.0 C_{15}	0.848 S_{15}	0.5 C_{15}	0.724 S_{15}
− 5	5	−10	−10	− 1	1	−17	17	− 7	7	0.5 C_{16}	−2.559 S_{16}	0.5 C_{16}	−0.376 S_{16}
− 2	− 2	− 4	4	−16	−16	− 1	1	− 5	5	0.5 C_{17}	1.741 S_{17}	0.5 C_{17}	0.612 S_{17}
− 9	− 9	−18	18	− 6	6	−15	−15	− 3	3	−1.0 C_{18}	−1.168 S_{18}	0.5 C_{18}	−0.443 S_{18}
−16	−16	− 7	− 7	−11	−11	− 8	8	− 1	1	0.5 C_{19}	0.097 S_{19}	0.5 C_{19}	0.521 S_{19}

$$\text{Tafel I b: } p \equiv 2 \ (\mathrm{mod}\ 4).$$

(p durch 2, aber nicht durch 4 teilbar: $p = 2,\ 6,\ 10,\ \ldots\ 38$.)

Erläuterungen zu Tafel I b.

Beobachtungsreihe: $y_0,\ y_1,\ y_2,\ \ldots\ y_p\ (p = 4n + 2)$.

Fourierkoeffizienten:

$$A_0 = p\,a_0 = \sum_{\nu=0}^{p-1} y_\nu; \qquad A_\mu = \frac{p}{2}\,a_\mu = \sum_{\nu=0}^{p-1} y_\nu \cos\mu\nu\alpha$$

$$A_{\frac{p}{2}} = p\,a_{\frac{p}{2}} = \sum_{\nu=0}^{p-1} (-1)^\nu y_\nu; \qquad B_\mu = \frac{p}{2}\,b_\mu = \sum_{\nu=0}^{p-1} y_\nu \sin\mu\nu\alpha$$

$$\left. \right\} \quad \alpha = \frac{360°}{p} \qquad \mu = 1,\ 2,\ \ldots\ 2n.$$

Hilfsgrößen $c_\nu,\ s_\nu$ werden durch **doppelte** Faltung der Beobachtungsreihe gebildet. Faltungsschema (vier Spalten mit $n + 1$ Zeilen), z. B. für $p = 14$ $(n = 3)$:

I	II	III	IV	I—III	II—IV			
y_0	—	y_7	—	$y_0{-}y_7$	—	$c_0 = y_0{-}y_7$		—
y_1	y_6	y_8	y_{13}	$y_1{-}y_8$	$y_6{-}y_{13}$	$c_1 = (y_1{-}y_8)-(y_6{-}y_{13})$		$s_1 = (y_1{-}y_8)+(y_6{-}y_{13})$
y_2	y_5	y_9	y_{12}	$y_2{-}y_9$	$y_5{-}y_{12}$	$c_2 = (y_2{-}y_9)-(y_5{-}y_{12})$		$s_2 = (y_2{-}y_9)+(y_5{-}y_{12})$
y_3	y_4	y_{10}	y_{11}	$y_3{-}y_{10}$	$y_4{-}y_{11}$	$c_3 = (y_3{-}y_{10})-(y_4{-}y_{11})$		$s_3 = (y_3{-}y_{10})+(y_4{-}y_{11})$

Die erste Zeile der zweiten und vierten Spalte bleibt unbesetzt. In den nächsten beiden Spalten stehen die Differenzen I—III und II—IV; die c_ν sind dann die **Differenzen**, die s_ν die **Summen** dieser Spalten.

Die Berechnung der Fourierkoeffizienten geschieht sodann genau wie in Tafel I a. Zum Beispiel ist für $p = 14$, Welle 5 (W. 5):

$$A_5 = 7\,a_5 = c_0 + 0.901\,c_3 - 0.623\,c_1 - 0.223\,c_2$$
$$B_5 = 7\,b_5 = \phantom{c_0 +{}} 0.434\,s_3 + 0.782\,s_1 - 0.975\,s_2.$$

Kontrollen. Teilkontrollen der mit p inkommensurablen Wellen mit Hilfe der $c_\nu,\ s_\nu$ und wie bei Tafel I a. Für die Endkontrollen (aller Wellen, einschließlich A_0 und $A_{\frac{p}{2}}$) müssen die Hilfsgrößen $C_\nu,\ S_\nu$ durch **einmalige** Faltung gebildet werden, z. B. für $p = 14$:

y_0	—	$C_0 = y_0$		
y_1	y_{13}		$S_1 = y_1 - y_{13}$	
y_2	y_{12}	$C_2 = y_2 + y_{12}$		
y_3	y_{11}		$S_3 = y_3 - y_{11}$	
y_4	y_{10}	$C_4 = y_4 + y_{15}$		
y_5	y_9		$S_5 = y_5 - y_9$	
y_6	y_8	$C_6 = y_6 + y_8$		
—	y_7		—	

Die Spalten enthalten je $2n + 2$ Zeilen. Die letzte Zeile der ersten und die erste Zeile der zweiten Spalte bleiben unbesetzt. Die C_ν sind dann (wie in Tafel I a) die Summen, die S_ν die Differenzen nebeneinanderstehender y-Werte. Von den C_ν werden nur die mit geraden, von den S_ν die mit ungeraden Indizes benutzt.

Vollständiges Rechenbeispiel siehe Aufgabe 3 im zweiten Teil.

$p=2$

$$p\,a_0 = y_1 + y_2$$

$$p\,a_1 = y_1 - y_2$$

$p=6;\ \alpha=60°$

ν	$\nu\alpha$	$\cos\nu\alpha$	$\sin\nu\alpha$	W. 1	Endkontrolle a	Endkontrolle b
0	0°	1.000	—	c_0 —	4.0 C_0	—
1	60°	0.500	0.866	$c_1\ s_1$	1.0 C_2	1.732 S_1

$p=10;\ \alpha=36°$

ν	$\nu\alpha$	$\cos\nu\alpha$	$\sin\nu\alpha$	W. 1	W. 3	Teilkontrolle a	Teilkontrolle b	Endkontrolle a	Endkontrolle b
0	0°	1.000	—	c_0 —	c_0 —	2.0 c_0	—	6.0 C_0	—
1	36°	0.809	0.588	$c_1\ s_1$	$-c_2\ -s_2$	0.5 c_1	1.539 s_1	1.0 C_2	3.078 S_1
2	72°	0.309	0.951	$c_2\ s_2$	$-c_1\ \ s_1$	$-0.5\ c_2$	0.363 s_2	1.0 C_4	0.727 S_3

$p=14;\ \alpha=25°7143$

ν	$\nu\alpha$	$\cos\nu\alpha$	$\sin\nu\alpha$	W. 1	W. 3	W. 5	Teilkontrolle a	Teilkontrolle b	Endkontrolle a	Endkontrolle b
0	0°	1.000	—	c_0 —	c_0 —	c_0 —	3.0 c_0	—	8.0 C_0	—
1	25°71	0.901	0.434	$c_1\ s_1$	$-c_2\ \ s_2$	$c_3\ s_3$	0.5 c_1	2.191 s_1	1.0 C_2	4.381 S_1
2	51°43	0.623	0.782	$c_2\ s_2$	$-c_3\ -s_3$	$-c_1\ \ s_1$	$-0.5\ c_2$	0.241 s_2	1.0 C_4	1.254 S_3
3	77°14	0.223	0.975	$c_3\ s_3$	$c_1\ \ s_1$	$-c_2\ -s_2$	0.5 c_3	0.627 s_3	1.0 C_6	0.482 S_5

$p=18;\ \alpha=20°$

ν	$\nu\alpha$	$\cos\nu\alpha$	$\sin\nu\alpha$	W. 1	W. 5	W. 7	Teilkontrolle a	Teilkontrolle b	Endkontrolle a	Endkontrolle b
0	0°	1.000	—	c_0 —	c_0 —	c_0 —	3.0 c_0	—	10.0 C_0	—
1	20°	0.940	0.342	$c_1\ s_1$	$-c_2\ -s_2$	$-c_4\ -s_4$	—	1.970 s_1	1.0 C_2	5.671 S_1
2	40°	0.766	0.643	$c_2\ s_2$	$c_4\ \ s_4$	$-c_1\ \ s_1$	—	$-0.684\ s_2$	1.0 C_4	1.732 S_3
3	60°	0.500	0.866	$c_3\ s_3$	$c_3\ -s_3$	$c_3\ \ s_3$	1.5 c_3	0.866 s_3	1.0 C_6	0.839 S_5
4	80°	0.174	0.985	$c_4\ s_4$	$-c_1\ \ s_1$	$c_2\ -s_2$	—	1.286 s_4	1.0 C_8	0.364 S_7

$p=22;\ \alpha=16°3636$

ν	$\nu\alpha$	$\cos\nu\alpha$	$\sin\nu\alpha$	W. 1	W. 3	W. 5	W. 7	W. 9	Teilkontrolle a	Teilkontrolle b	Endkontrolle a	Endkontrolle b
0	0°	1.000	—	c_0 —	c_0 —	c_0 —	c_0 —	c_0 —	5.0 c_0	—	12.0 C_0	—
1	16°36	0.959	0.282	$c_1\ s_1$	$-c_4\ -s_4$	$-c_2\ \ s_2$	$c_3\ -s_3$	$c_5\ s_5$	0.5 c_1	3.478 s_1	1.0 C_2	6.955 S_1
2	32°73	0.841	0.541	$c_2\ s_2$	$-c_3\ \ s_3$	$c_4\ -s_4$	$-c_5\ -s_5$	$-c_1\ \ s_1$	$-0.5\ c_2$	0.147 s_2	1.0 C_4	2.190 S_3
3	49°09	0.655	0.756	$c_3\ s_3$	$c_1\ \ s_1$	$c_5\ \ s_5$	$-c_2\ -s_2$	$-c_4\ -s_4$	0.5 c_3	1.095 s_3	1.0 C_6	1.154 S_5
4	65°45	0.415	0.910	$c_4\ s_4$	$-c_5\ -s_5$	$-c_3\ -s_3$	$-c_1\ \ s_1$	$c_2\ -s_2$	$-0.5\ c_4$	0.321 s_4	1.0 C_8	0.643 S_7
5	81°82	0.142	0.990	$c_5\ s_5$	$-c_2\ \ s_2$	$c_1\ \ s_1$	$-c_4\ \ s_4$	$c_3\ s_3$	0.5 c_5	0.577 s_5	1.0 C_{10}	0.294 S_9

p = 26; $\alpha = 13^\circ\!8462$

ν	$\nu\alpha$	$\cos\nu\alpha$	$\sin\nu\alpha$	W. 1	W. 3	W. 5	W. 7	W. 9	W. 11	Teilkontrolle a	Teilkontrolle b	Endkontrolle a	Endkontrolle b
0	0°	1.000	—	c_0 —	c_0 —	c_0 —	c_0 —	c_0 —	c_0 —	$6.0\,c_0$	—	$14.0\,C_0$	—
1	$13^\circ\!85$	0.971	0.239	$c_1\ s_1$	$-c_4\ \ s_4$	$c_5\ -s_5$	$-c_2\ -s_2$	$c_3\ \ s_3$	$-c_6\ -s_6$	$0.5\,c_1$	$4.118\,s_1$	$1.0\,C_2$	$8.236\,S_1$
2	$27^\circ\!69$	0.885	0.465	$c_2\ s_2$	$-c_5\ -s_5$	$-c_3\ -s_3$	$c_4\ \ s_4$	$c_6\ \ s_6$	$-c_1\ \ s_1$	$-0.5\,c_2$	$0.124\,s_2$	$1.0\,C_4$	$2.637\,S_3$
3	$41^\circ\!54$	0.748	0.663	$c_3\ s_3$	$c_1\ \ s_1$	$-c_2\ \ s_2$	$-c_6\ -s_6$	$-c_4\ \ s_4$	$c_5\ \ s_5$	$0.5\,c_3$	$1.318\,s_3$	$1.0\,C_6$	$1.449\,S_5$
4	$55^\circ\!38$	0.568	0.823	$c_4\ s_4$	$-c_3\ \ s_3$	$c_6\ \ s_6$	$-c_5\ \ s_5$	$-c_1\ \ s_1$	$c_2\ -s_2$	$-0.5\,c_4$	$0.262\,s_4$	$1.0\,C_8$	$0.886\,S_7$
5	$69^\circ\!23$	0.355	0.935	$c_5\ s_5$	$-c_6\ -s_6$	$c_1\ \ s_1$	$c_3\ -s_3$	$-c_2\ -s_2$	$-c_4\ -s_4$	$0.5\,c_5$	$0.725\,s_5$	$1.0\,C_{10}$	$0.525\,S_9$
6	$83^\circ\!08$	0.121	0.993	$c_6\ s_6$	$c_2\ \ s_2$	$c_4\ -s_4$	$-c_1\ \ s_1$	$-c_5\ -s_5$	$-c_3\ \ s_3$	$-0.5\,c_6$	$0.443\,s_6$	$1.0\,C_{12}$	$0.246\,S_{11}$

p = 34;

ν	$\nu\alpha$	$\cos\nu\alpha$	$\sin\nu\alpha$	W. 1	W. 3	W. 5	W. 7	W. 9
0	0°	1.000	—	c_0 —	c_0 —	c_0 —	c_0 —	c_0 —
1	$10^\circ\!59$	0.983	0.184	$c_1\ s_1$	$-c_6\ -s_6$	$c_7\ \ s_7$	$c_5\ \ s_5$	$-c_2\ -s_2$
2	$21^\circ\!18$	0.932	0.361	$c_2\ s_2$	$-c_5\ \ s_5$	$-c_3\ \ s_3$	$-c_7\ \ s_7$	$c_4\ \ s_4$
3	$31^\circ\!76$	0.850	0.526	$c_3\ s_3$	$c_1\ \ s_1$	$-c_4\ -s_4$	$-c_2\ \ s_2$	$-c_6\ -s_6$
4	$42^\circ\!35$	0.739	0.674	$c_4\ s_4$	$-c_7\ -s_7$	$c_6\ -s_6$	$-c_3\ -s_3$	$c_8\ \ s_8$
5	$52^\circ\!94$	0.603	0.798	$c_5\ s_5$	$-c_4\ \ s_4$	$c_1\ \ s_1$	$-c_8\ -s_8$	$c_7\ -s_7$
6	$63^\circ\!53$	0.446	0.895	$c_6\ s_6$	$c_2\ \ s_2$	$c_8\ \ s_8$	$c_4\ -s_4$	$-c_5\ \ s_5$
7	$74^\circ\!12$	0.274	0.962	$c_7\ s_7$	$-c_8\ -s_8$	$-c_2\ \ s_2$	$c_1\ \ s_1$	$c_3\ -s_3$
8	$84^\circ\!71$	0.092	0.996	$c_8\ s_8$	$-c_3\ \ s_3$	$-c_5\ -s_5$	$c_6\ \ s_6$	$-c_1\ \ s_1$

p = 38;

ν	$\nu\alpha$	$\cos\nu\alpha$	$\sin\nu\alpha$	W. 1	W. 3	W. 5	W. 7	W. 9	W. 11
0	0°	1.000	—	c_0 —	c_0 —	c_0 —	c_0 —	c_0 —	c_0 —
1	$9^\circ\!47$	0.986	0.165	$c_1\ s_1$	$-c_6\ \ s_6$	$-c_4\ -s_4$	$-c_8\ \ s_8$	$-c_2\ \ s_2$	$c_7\ \ s_7$
2	$18^\circ\!95$	0.946	0.325	$c_2\ s_2$	$-c_7\ -s_7$	$c_8\ \ s_8$	$-c_3\ -s_3$	$c_4\ -s_4$	$-c_5\ \ s_5$
3	$28^\circ\!42$	0.879	0.476	$c_3\ s_3$	$c_1\ \ s_1$	$c_7\ -s_7$	$c_5\ -s_5$	$-c_6\ \ s_6$	$-c_2\ -s_2$
4	$37^\circ\!89$	0.789	0.614	$c_4\ s_4$	$-c_5\ \ s_5$	$-c_3\ \ s_3$	$c_6\ \ s_6$	$c_8\ -s_8$	$-c_9\ -s_9$
5	$47^\circ\!37$	0.677	0.736	$c_5\ s_5$	$-c_8\ -s_8$	$c_1\ \ s_1$	$-c_2\ \ s_2$	$c_9\ \ s_9$	$c_3\ -s_3$
6	$56^\circ\!84$	0.547	0.837	$c_6\ s_6$	$c_2\ \ s_2$	$-c_5\ -s_5$	$-c_9\ -s_9$	$-c_7\ -s_7$	$c_4\ \ s_4$
7	$66^\circ\!32$	0.402	0.916	$c_7\ s_7$	$-c_4\ \ s_4$	$c_9\ \ s_9$	$c_1\ \ s_1$	$c_5\ \ s_5$	$-c_8\ \ s_8$
8	$75^\circ\!79$	0.245	0.969	$c_8\ s_8$	$-c_9\ -s_9$	$c_6\ -s_6$	$-c_7\ \ s_7$	$-c_3\ -s_3$	$-c_1\ \ s_1$
9	$85^\circ\!26$	0.083	0.997	$c_9\ s_9$	$c_3\ \ s_3$	$-c_2\ \ s_2$	$-c_4\ -s_4$	$c_1\ \ s_1$	$-c_6\ -s_6$

$$p=30; \quad \alpha = 12°$$

ν	$\nu\alpha$	$\cos \nu\alpha$	$\sin \nu\alpha$	W. 1		W. 7		W. 11		W. 13		Teilkontrolle		Endkontrolle	
												a	b	a	b
0	0°	1.000	—	c_0	—	c_0	—	c_0	—	c_0	—	$4.0\,c_0$	—	$16.0\,C_0$	—
1	12°	0.978	0.208	c_1	s_1	$-c_2$	s_2	$-c_4$	s_4	c_7	s_7	$-0.5\,c_1$	$2.353\,s_1$	$1.0\,C_2$	$9.514\,S_1$
2	24°	0.914	0.407	c_2	s_2	c_4	$-s_4$	$-c_7$	$-s_7$	$-c_1$	s_1	$0.5\,c_2$	$-1.123\,s_2$	$1.0\,C_4$	$3.078\,S_3$
3	36°	0.809	0.588	c_3	s_3	$-c_6$	s_6	c_3	s_3	$-c_6$	$-s_6$	$1.0\,c_3$	$1.176\,s_3$	$1.0\,C_6$	$1.732\,S_5$
4	48°	0.669	0.743	c_4	s_4	$-c_7$	$-s_7$	$-c_1$	s_1	c_2	$-s_2$	$0.5\,c_4$	$-0.451\,s_4$	$1.0\,C_8$	$1.111\,S_7$
5	60°	0.500	0.866	c_5	s_5	c_5	s_5	c_5	$-s_5$	c_5	s_5	$2.0\,c_5$	$1.732\,s_5$	$1.0\,C_{10}$	$0.727\,S_9$
6	72°	0.309	0.951	c_6	s_6	$-c_3$	$-s_3$	c_6	s_6	$-c_3$	s_3	$-1.0\,c_6$	$1.902\,s_6$	$1.0\,C_{12}$	$0.435\,S_{11}$
7	84°	0.105	0.995	c_7	s_7	c_1	s_1	$-c_2$	$-s_2$	$-c_4$	$-s_4$	$-0.5\,c_7$	$0.053\,s_7$	$1.0\,C_{14}$	$0.203\,S_{13}$

$$\alpha = 10°5882$$

W. 11		W. 13		W. 15		Teilkontrolle		Endkontrolle	
						a	b	a	b
c_0	—	c_0	—	c_0	—	$8.0\,c_0$	—	$18.0\,C_0$	—
c_3	$-s_3$	$-c_4$	$-s_4$	$-c_8$	$-s_8$	$0.5\,c_1$	$5.396\,s_1$	$1.0\,C_2$	$10.792\,S_1$
c_6	$-s_6$	c_8	s_8	$-c_1$	s_1	$-0.5\,c_2$	$0.093\,s_2$	$1.0\,C_4$	$3.515\,S_3$
$-c_8$	$-s_8$	c_5	$-s_5$	c_7	s_7	$0.5\,c_3$	$1.757\,s_3$	$1.0\,C_6$	$2.008\,S_5$
$-c_5$	$-s_5$	$-c_1$	s_1	c_2	$-s_2$	$-0.5\,c_4$	$0.194\,s_4$	$1.0\,C_8$	$1.324\,S_7$
$-c_2$	$-s_2$	c_3	s_3	$-c_6$	$-s_6$	$0.5\,c_5$	$1.004\,s_5$	$1.0\,C_{10}$	$0.912\,S_9$
$-c_1$	s_1	$-c_7$	$-s_7$	$-c_3$	s_3	$-0.5\,c_6$	$0.310\,s_6$	$1.0\,C_{12}$	$0.619\,S_{11}$
$-c_4$	s_4	$-c_6$	s_6	c_5	s_5	$0.5\,c_7$	$0.662\,s_7$	$1.0\,C_{14}$	$0.387\,S_{13}$
$-c_7$	s_7	c_2	$-s_2$	c_4	$-s_4$	$-0.5\,c_8$	$0.456\,s_8$	$1.0\,C_{16}$	$0.187\,S_{15}$

$$\alpha = 9°4737$$

W. 13		W. 15		W. 17		Teilkontrolle		Endkontrolle	
						a	b	a	b
c_0	—	c_0	—	c_0	—	$9.0\,c_0$	—	$20.0\,C_0$	—
c_3	s_3	c_5	$-s_5$	c_9	s_9	$0.5\,c_1$	$6.034\,s_1$	$1.0\,C_2$	$12.068\,S_1$
c_6	s_6	$-c_9$	$-s_9$	$-c_1$	s_1	$-0.5\,c_2$	$0.083\,s_2$	$1.0\,C_4$	$3.949\,S_3$
c_9	s_9	$-c_4$	$-s_4$	$-c_8$	$-s_8$	$0.5\,c_3$	$1.974\,s_3$	$1.0\,C_6$	$2.280\,S_5$
$-c_7$	s_7	$-c_1$	s_1	c_2	$-s_2$	$-0.5\,c_4$	$0.172\,s_4$	$1.0\,C_8$	$1.531\,S_7$
$-c_4$	s_4	$-c_6$	s_6	c_7	s_7	$0.5\,c_5$	$1.140\,s_5$	$1.0\,C_{10}$	$1.086\,S_9$
$-c_1$	s_1	c_8	s_8	$-c_3$	s_3	$-0.5\,c_6$	$0.271\,s_6$	$1.0\,C_{12}$	$0.778\,S_{11}$
$-c_2$	$-s_2$	c_3	s_3	$-c_6$	$-s_6$	$0.5\,c_7$	$0.765\,s_7$	$1.0\,C_{14}$	$0.541\,S_{13}$
$-c_5$	$-s_5$	c_2	$-s_2$	c_4	$-s_4$	$-0.5\,c_8$	$0.389\,s_8$	$1.0\,C_{16}$	$0.343\,S_{15}$
$-c_8$	$-s_8$	c_7	$-s_7$	c_5	s_5	$0.5\,c_9$	$0.543\,s_9$	$1.0\,C_{18}$	$0.167\,S_{17}$

$$\text{Tafel I c: p durch 4 teilbar.}$$

$$(p = 4, 8, 12, \ldots 40)$$

$$\text{Erläuterungen zu Tafel I c.}$$

Beobachtungsreihe: $y_0, y_1, y_2, \ldots y_p$ $(p = 4n)$.

Fourierkoeffizienten:

$$A_0 = p\,a_0 = \sum_{\nu=0}^{p-1} y_\nu; \qquad A_\mu = \frac{p}{2}\,a_\mu = \sum_{\nu=0}^{p-1} y_\nu \cos\mu\nu\alpha \qquad \alpha = \frac{360°}{p}$$

$$A_{\frac{p}{2}} = p\,a_{\frac{p}{2}} = \sum_{\nu=0}^{p-1} (-1)^\nu\, y_\nu; \qquad B_\mu = \frac{p}{2}\,b_\mu = \sum_{\nu=0}^{p-1} y_\nu \sin\mu\nu\alpha \qquad \mu = 1, 2, \ldots 2\,n - 1.$$

Hilfsgrößen c_ν, s_ν werden durch doppelte Faltung der Beobachtungsreihe gebildet. Faltungsschema (vier Spalten mit $n + 1$ Zeilen), z. B. für $p = 12$ $(n = 3)$:

y_0	—	y_6	—	$c_0 = y_0 - y_6$		—
y_1	y_5	y_7	y_{11}	$c_1 = (y_1 - y_7) - (y_5 - y_{11})$		$s_1 = (y_1 - y_7) + (y_5 - y_{11})$
y_2	y_4	y_8	y_{10}	$c_2 = (y_2 - y_8) - (y_4 - y_{10})$		$s_2 = (y_2 - y_8) + (y_4 - y_{10})$
—	y_3	—	y_9	—		$s_3 = y_3 - y_9$

Die letzte Zeile der ersten und dritten und die erste Zeile der zweiten und vierten Spalte bleibt unbesetzt. Sonst wie Tafel I b.

Die Bildung der Fourierkoeffizienten geschieht für symmetrisch liegende Wellen (deren Ordnungszahlen die Summe $\frac{p}{2}$ ergeben) gemeinsam. Die zusammengehörigen Wellen sind am Kopf der betreffenden Spalte untereinander angegeben. Es werden dann die Ausdrücke A (Summe der Glieder mit geraden ν) und B (Summe der Glieder mit ungeraden ν) getrennt berechnet und (wie das Zeichen $\pm$ angibt) für die obere Welle addiert, für die untere subtrahiert. Zum Beispiel ist für $p = 16$, $(n = 4)$, Welle 3 und 5 (W. 3, W. 5):

$$A_3 = 8\,a_3 = \quad c_0 - 0.707\,c_2 + (-0.924\,c_3 + 0.383\,c_1)$$
$$A_5 = 8\,a_5 = \quad c_0 - 0.707\,c_2 - (-0.924\,c_3 + 0.383\,c_1)$$
$$B_3 = 8\,b_3 = -\; s_4 + 0.707\,s_2 + (\quad 0.924\,s_1 - 0.383\,s_3)$$
$$B_5 = 8\,b_5 = -\,(-s_4 + 0.707\,s_2) + (0.924\,s_1 - 0.383\,s_3).$$

Es sind diesmal für die a_μ und b_μ die gleichen trigonometrischen Faktoren zu benutzen, die unter „$\cos\nu\alpha$" angegeben sind.

Kontrollen: Teilkontrolle mit c_ν, s_ν wie in Tafel I b. Endkontrolle mit Hilfe der C_ν, S_ν, die durch einmalige Faltung (wie in Tafel I b) gebildet werden.

Vollständiges Rechenbeispiel siehe Aufgabe 4 im zweiten Teil.

p = 4

$$p\,a_0 = y_0 + y_1 + y_2 + y_3$$

$$\frac{p}{2}\,a_1 = y_0 - y_2; \quad \frac{p}{2}\,b_1 = y_1 - y_3$$

$$p\,a_2 = y_0 - y_1 + y_2 - y_3$$

p = 8; α = 45°

ν	να	cos να		W. 1 / W. 3	Endkontrolle a	b
0	0°	1.000	A	$c_0 \pm s_2$	5.0 C_0	—
					1.0 C_2	2.414 S_1
1	45°	0.707	B	$\pm c_1 \quad s_1$	1.0 C_4	0.414 S_3

p = 12; α = 30°

ν	να	cos να		W. 1 / W. 5	Endkontrolle a	b
0	0°	1.000	A	$c_0 \; s_3$	7.0 C_0	—
2	60°	0.500		$c_2 \; s_1$	1.0 C_2	3.732 S_1
					1.0 C_4	1.000 S_3
1	30°	0.866	B	$\pm c_1 \; \pm s_2$	1.0 C_6	0.268 S_5

p = 16; α = 22°5

ν	να	cos να		W. 1 / W. 7	W. 3 / W. 5	Teilkontrolle	Endkontrolle a	b
0	0°	1.000	A	$\pm$ $c_0 \; s_4$	$\pm$ $c_0 \; -s_4$	a 4.0 c_0	9.0 C_0	—
2	45°	0.707		$c_2 \; s_2$	$-c_2 \; s_2$	—	1.0 C_2	5.027 S_1
1	22°5	0.924	B	$\pm$ $c_1 \; s_3$	$\pm$ $-c_3 \; s_1$	b 2.614 s_1	1.0 C_4	1.497 S_3
3	67°5	0.383		$c_3 \; s_1$	$c_1 \; -s_3$	1.082 s_3	1.0 C_6	0.668 S_5
							1.0 C_8	0.199 S_7

p = 20; α = 18°

ν	να	cos να		W. 1 / W. 9	W. 3 / W. 7	Teilkontrolle	Endkontrolle a	b
0	0°	1.000	A	$c_0 \; s_5$	$c_0 \; -s_5$	a 4.0 c_0	11.0 C_0	—
2	36°	0.809		$c_2 \; s_3$	$-c_4 \; s_1$	1.0 c_2	1.0 C_2	6.314 S_1
4	72°	0.309		$c_4 \; s_1$	$-c_2 \; s_3$	$-1.0\,c_4$	1.0 C_4	1.963 S_3
				$\pm\pm$	$\pm\pm$	b	1.0 C_6	1.000 S_5
1	18°	0.951	B	$c_1 \; s_4$	$-c_3 \; s_2$	2.236 s_1	1.0 C_8	0.510 S_7
3	54°	0.588		$c_3 \; s_2$	$c_1 \; -s_4$	2.236 s_3	1.0 C_{10}	0.158 S_9

p = 24; α = 15°

ν	να	cos να		W. 1 / W. 11	W. 5 / W. 7	Teilkontrolle	Endkontrolle a	b
0	0°	1.000	A	$\pm$ $c_0 \; s_6$	$\pm$ $c_0 \; s_6$	a 4.0 c_0	13.0 C_0	—
2	30°	0.866		$c_2 \; s_4$	$-c_2 \; -s_4$	—	1.0 C_2	7.596 S_1
4	60°	0.500		$c_4 \; s_2$	$c_4 \; s_2$	2.0 c_4	1.0 C_4	2.414 S_3
							1.0 C_6	1.303 S_5
1	15°	0.966	B	$\pm$ $c_1 \; s_5$	$\pm$ $c_5 \; s_1$	b 2.450 s_1	1.0 C_8	0.767 S_7
3	45°	0.707		$c_3 \; s_3$	$-c_3 \; -s_3$	--	1.0 C_{10}	0.414 S_9
5	75°	0.259		$c_5 \; s_1$	$c_1 \; s_5$	2.450 s_5	1.0 C_{12}	0.132 S_{11}

p = 28; α = 12°8571

ν	να	cos να		W. 1 / W. 13	W. 3 / W. 11	W. 5 / W. 9	Teilkontrolle	Endkontrolle a	b
0	0°	1.000	A	$c_0 \; s_7$	$c_0 \; -s_7$	$c_0 \; s_7$	a 6.0 c_0	15.0 C_0	—
2	25°71	0.901		$c_2 \; s_5$	$-c_4 \; s_3$	$c_6 \; s_1$	1.0 c_2	1.0 C_2	8.875 S_1
4	51°43	0.623		$c_4 \; s_3$	$-c_6 \; s_1$	$-c_2 \; -s_5$	$-1.0\,c_4$	1.0 C_4	2.858 S_3
6	77°14	0.223		$c_6 \; s_1$	$c_2 \; -s_5$	$-c_4 \; -s_3$	1.0 c_6	1.0 C_6	1.592 S_5
								1.0 C_8	1.000 S_7
1	12°86	0.975	B	$\pm\pm$ $c_1 \; s_6$	$\pm\pm$ $-c_5 \; s_2$	$\pm\pm$ $-c_3 \; -s_4$	b 3.494 s_1	1.0 C_{10}	0.628 S_9
3	38°57	0.782		$c_3 \; s_4$	$c_1 \; -s_6$	$c_5 \; s_2$	2.602 s_3	1.0 C_{12}	0.350 S_{11}
5	64°29	0.434		$c_5 \; s_2$	$-c_3 \; s_4$	$c_1 \; s_6$	0.110 s_5	1.0 C_{14}	0.113 S_{13}
							2.000 s_7		

$p=32;\ \alpha=11°25$

ν	$\nu\alpha$	$\cos\nu\alpha$		W. 1 / W. 15 $\pm$		W. 3 / W. 13 $\pm$		W. 5 / W. 11 $\pm$		W. 7 / W. 9 $\pm$		Teilkontrolle	Endkontrolle a	b
0	$0°$	1.000		c_0	s_8	c_0	$-s_8$	c_0	s_8	c_0	$-s_8$	a	$17.0\ C_0$	—
2	$22°5$	0.924	A	c_2	s_6	$-c_6$	s_2	c_6	s_2	$-c_2$	s_6	$8.0\ c_0$	$1.0\ C_2$	$10.153\ S_1$
4	$45°0$	0.707		c_4	s_4	$-c_4$	s_4	$-c_4$	$-s_4$	c_4	$-s_4$	—	$1.0\ C_4$	$3.297\ S_3$
6	$67°5$	0.383		c_6	s_2	c_2	$-s_6$	$-c_2$	$-s_6$	$-c_6$	s_2	—	$1.0\ C_6$	$1.871\ S_5$
				$\pm$		$\pm$		$\pm$		$\pm$		b	$1.0\ C_8$	$1.219\ S_7$
1	$11°25$	0.981		c_1	s_7	$-c_5$	s_3	$-c_3$	$-s_5$	$-c_7$	s_1	$5.126\ s_1$	$1.0\ C_{10}$	$0.821\ S_9$
3	$33°75$	0.831	B	c_3	s_5	c_1	$-s_7$	c_7	s_1	c_5	$-s_3$	$1.802\ s_3$	$1.0\ C_{12}$	$0.535\ S_{11}$
5	$56°25$	0.556		c_5	s_3	$-c_7$	s_1	c_1	s_7	$-c_3$	s_5	$1.202\ s_5$	$1.0\ C_{14}$	$0.303\ S_{13}$
7	$78°75$	0.195		c_7	s_1	$-c_3$	s_5	c_5	s_3	c_1	$-s_7$	$1.022\ s_7$	$1.0\ C_{16}$	$0.098\ S_{15}$

$p=36;\ \alpha=10°$

ν	$\nu\alpha$	$\cos\nu\alpha$		W. 1 / W. 17		W. 5 / W. 13		W. 7 / W. 11		Teilkontrolle	Endkontrolle a	b
0	$0°$	1.000		c_0	s_9	c_0	s_9	c_0	$-s_9$	a	$19.0\ C_0$	—
2	$20°$	0.940		c_2	s_7	$-c_4$	$-s_5$	$-c_8$	s_1	$6.0\ c_0$	$1.0\ C_2$	11.430
4	$40°$	0.766	A	c_4	s_5	c_8	s_1	$-c_2$	s_7	—	$1.0\ C_4$	3.732
6	$60°$	0.500		c_6	s_3	c_6	s_3	c_6	$-s_3$	$3.0\ c_6$	$1.0\ C_6$	2.145
8	$80°$	0.174		c_8	s_1	$-c_2$	$-s_7$	c_4	$-s_5$	—	$1.0\ C_8$	1.428
				$\pm$	$\pm$	$\pm$	$\pm$	$\pm$	$\pm$	b	$1.0\ C_{10}$	1.000
1	$10°$	0.985		c_1	s_8	c_7	s_2	c_5	$-s_4$	$3.760\ s_1$	$1.0\ C_{12}$	0.700
3	$30°$	0.866	B	c_3	s_6	$-c_3$	$-s_6$	$-c_3$	s_6	$1.000\ s_3$	$1.0\ C_{14}$	0.466
5	$50°$	0.643		c_5	s_4	c_1	s_8	$-c_7$	s_2	$-0.696\ s_5$	$1.0\ C_{16}$	0.268
7	$70°$	0.342		c_7	s_2	$-c_5$	$-s_4$	c_1	$-s_8$	$3.064\ s_7$	$1.0\ C_{18}$	0.087
										$2.000\ s_9$		

$p=40°;\ \alpha=9°$

ν	$\nu\alpha$	$\cos\nu\alpha$		W. 1 / W. 19 $\pm$		W. 3 / W. 17 $\pm$		W. 7 / W. 13 $\pm$		W. 9 / W. 11 $\pm$		Teilkontrolle	Endkontrolle a	b
0	$0°$	1.000		c_0	s_{10}	c_0	$-s_{10}$	c_0	$-s_{10}$	c_0	s_{10}	a	$21.0\ C_0$	—
2	$18°$	0.951		c_2	s_8	$-c_6$	s_4	c_6	$-s_4$	$-c_2$	$-s_8$	$8.0\ c_0$	$1.0\ C_2$	$12.706\ S_1$
4	$36°$	0.809	A	c_4	s_6	$-c_8$	s_2	$-c_8$	s_2	c_4	s_6	—	$1.0\ C_4$	$4.165\ S_3$
6	$54°$	0.588		c_6	s_4	c_2	$-s_8$	$-c_2$	s_8	$-c_6$	$-s_4$	$2.0\ c_4$	$1.0\ C_6$	$2.414\ S_5$
8	$72°$	0.309		c_8	s_2	$-c_4$	s_6	$-c_4$	s_6	c_8	s_2	$-2.0\ c_6$	$1.0\ C_8$	$1.632\ S_7$
				$\pm$		$\pm$		$\pm$		$\pm$		b	$1.0\ C_{10}$	$1.171\ S_9$
1	$9°$	0.988		c_1	s_9	$-c_7$	s_3	$-c_3$	s_7	c_9	s_1	$4.978\ s_1$	$1.0\ C_{12}$	$0.854\ S_{11}$
3	$27°$	0.891		c_3	s_7	c_1	$-s_9$	$-c_9$	s_1	$-c_7$	$-s_3$	$0.790\ s_3$	$1.0\ C_{14}$	$0.613\ S_{13}$
5	$45°$	0.707	B	c_5	s_5	$-c_5$	s_5	c_5	$-s_5$	c_5	s_5	$2.828\ s_5$	$1.0\ C_{16}$	$0.414\ S_{15}$
7	$63°$	0.454		c_7	s_3	$-c_9$	s_1	c_1	$-s_9$	$-c_3$	$-s_7$	$2.538\ s_7$	$1.0\ C_{18}$	$0.240\ S_{17}$
9	$81°$	0.156		c_9	s_1	c_3	$-s_7$	c_7	$-s_3$	c_1	s_9	$-0.402\ s_9$	$1.0\ C_{20}$	$0.079\ S_{19}$

Tafel I d.

Schemata für vollständige Analysen längerer Beobachtungsreihen (p > 40) nach der Methode der Zerlegung in Teilreihen.

Erläuterungen siehe zweiter Teil S. 141 ff.

Beispiele: Aufgabe 5 (Zerlegung in zwei Teilreihen) S. 142.
Aufgabe 6 (Zerlegung in drei Teilreihen) S. 144.

Anhang: a) Zerlegungsschema für ausgewählte p zwischen 42 und 360. (Erläuterung zweiter Teil, S. 146—147.)

b) Tafel der Frequenzzahlen $\dfrac{360^\circ}{n}$ für $n = 1$ bis 180.

$$p=42; \quad \alpha = \frac{2\pi}{42}; \quad r = 21; \quad r\alpha = 180°$$

2 Teilreihen: $\;$ (R') $\;$ $y_0,\; y_2,\; y_4, \ldots\ldots\ldots\ldots\ldots y_{40}$ $\left.\right\}$ zu analysieren nach Schema $p' = 21$.
$\qquad\qquad\;$ (R'') $\;$ $y_{21},\; y_{23},\; y_{25}, \ldots y_{41},\; y_1,\; y_3, \ldots y_{19}$

Ergebnis: $\quad p'a_0' = A_0'; \quad \dfrac{p'}{2}\, a_\mu' = A_\mu', \quad \dfrac{p'}{2}\, b_\mu' = B_\mu'$
$(p' = 21)$
$\qquad\qquad\; p'a_0'' = A_0''; \quad \dfrac{p'}{2}\, a_\mu'' = A_\mu'', \quad \dfrac{p'}{2}\, b_\mu'' = B_\mu'' \qquad\qquad (\mu = 1,\, 2, \ldots 10)$

$$
\begin{array}{ccccccccccc}
A_0' & A_1' & A_2' & A_3' & A_4' & A_5' & A_6' & A_7' & A_8' & A_9' & A_{10}' \\
A_0'' & -A_1'' & A_2'' & -A_3'' & A_4'' & -A_5'' & A_6'' & -A_7'' & A_8'' & -A_9'' & A_{10}'' \\
\hline
\end{array}
$$

Summe: $\;A_0 \quad A_1 \quad A_2 \quad A_3 \quad A_4 \quad A_5 \quad A_6 \quad A_7 \quad A_8 \quad A_9 \quad A_{10}$
Diff.: $\;A_{21} \quad A_{20} \quad A_{19} \quad A_{18} \quad A_{17} \quad A_{16} \quad A_{15} \quad A_{14} \quad A_{13} \quad A_{12} \quad A_{11}$

$$
\begin{array}{ccccccccccc}
-B_1'' & B_2'' & -B_3'' & B_4'' & -B_5'' & B_6'' & -B_7'' & B_8'' & -B_9'' & B_{10}'' \\
B_1' & B_2' & B_3' & B_4' & B_5' & B_6' & B_7' & B_8' & B_9' & B_{10}' \\
\hline
\end{array}
$$

Summe: $\;B_1 \quad B_2 \quad B_3 \quad B_4 \quad B_5 \quad B_6 \quad B_7 \quad B_8 \quad B_9 \quad B_{10}$
Diff.: $\;B_{20} \quad B_{19} \quad B_{18} \quad B_{17} \quad B_{16} \quad B_{15} \quad B_{14} \quad B_{13} \quad B_{12} \quad B_{11}$

Ergebnis: $\;pa_0 = A_0; \;\; \dfrac{p}{2}\, a_\mu = A_\mu, \;\; \dfrac{p}{2}\, b_\mu = B_\mu \;(\mu = 1,\, 2, \ldots, 20); \;\; pa_{21} = A_{21}, \;(p = 42)$

Das Schema ist sinngemäß verwendbar für $p \equiv 2 \pmod 4 = 42, 46, 50, 54, 56, \ldots$

Anfangsindex der zweiten Teilreihe (R''): $\; r = \dfrac{p}{2}$.

$$p=60; \quad \alpha = 6°; \quad r = 15; \quad r\alpha = 90°$$

2 Teilreihen: $\;$ (R') $\;$ $y_0,\; y_2,\; y_4 \ldots\ldots\ldots\ldots\ldots y_{58}$ $\left.\right\}$ zu analysieren nach Schema $p' = 30$.
$\qquad\qquad\;$ (R'') $\;$ $y_{15},\; y_{17},\; y_{19}, \ldots y_{59},\; y_1,\; y_3, \ldots y_{13}$

Ergebnis: $\quad p'a_0' = A_0'; \quad \dfrac{p'}{2}\, a_\mu' = A_\mu', \quad \dfrac{p'}{2}\, b_\mu' = B_\mu'; \;\; p'a_{15}' = A_{15}'$
$(p' = 30)$
$\qquad\qquad\; p'a_0'' = A_0''; \quad \dfrac{p'}{2}\, a_\mu'' = A_\mu'', \quad \dfrac{p'}{2}\, b_\mu' = B_\mu''; \;\; p'a_{15}'' = A_{15}'' \qquad (\mu = 1,\, 2, \ldots 14)$

$$
\begin{array}{cccccccccccccccc}
A_0' & A_1' & A_2' & A_3' & A_4' & A_5' & A_6' & A_7' & A_8' & A_9' & A_{10}' & A_{11}' & A_{12}' & A_{13}' & A_{14}' & A_{15}' \\
A_0'' & -B_1'' & -A_2'' & B_3'' & A_4'' & -B_5'' & -A_6'' & B_7'' & A_8'' & -B_9'' & -A_{10}'' & B_{11}'' & A_{12}'' & -B_{13}'' & -A_{14}'' & - \\
\hline
\end{array}
$$

Summe: $\;A_0 \quad A_1 \quad A_2 \quad A_3\; A_4 \quad A_5 \quad A_6 \quad A_7\; A_8 \quad A_9 \quad A_{10} \quad A_{11}\; A_{12} \quad A_{13} \quad A_{14}\; A_{15}$
Diff.: $\;A_{30} \quad A_{29} \quad A_{28} \quad A_{27}\; A_{26} \quad A_{25} \quad A_{24} \quad A_{23}\; A_{22} \quad A_{21} \quad A_{20} \quad A_{19}\; A_{18} \quad A_{17} \quad A_{16} \quad -$

$$
\begin{array}{cccccccccccccccc}
A_1'' & -B_2'' & -A_3'' & B_4'' & A_5'' & -B_6'' & -A_7'' & B_8'' & A_9'' & -B_{10}'' & -A_{11}'' & B_{12}'' & A_{13}'' & -B_{14}'' & -A_{15}'' \\
B_1' & B_2' & B_3' & B_4' & B_5' & B_6' & B_7' & B_8' & B_9' & B_{10}' & B_{11}' & B_{12}' & B_{13}' & B_{14}' & - \\
\hline
\end{array}
$$

Summe: $\;B_1 \quad B_2 \quad B_3\; B_4 \quad B_5 \quad B_6 \quad B_7\; B_8 \quad B_9 \quad B_{10} \quad B_{11}\; B_{12} \quad B_{13} \quad B_{14} \quad B_{15}$
Diff.: $\;B_{29} \quad B_{28} \quad B_{27}\; B_{26} \quad B_{25} \quad B_{24} \quad B_{23}\; B_{22} \quad B_{21} \quad B_{20} \quad B_{19}\; B_{18} \quad B_{17} \quad B_{16} \quad -$

Das Schema ist sinngemäß verwendbar für $p \equiv 4 \pmod 8 = 44, 52, 60, 68, \ldots$

Anfangsindex der zweiten Teilreihe (R''): $\; r = \dfrac{p}{4}$.

$$p=72; \quad \alpha = 5°; \quad r = 9; \quad r\alpha = 45°$$

2 Teilreihen: (R') y_0, y_2, y_4, $\dots\dots\dots\dots y_{70}$ $\Big|$ zu analysieren nach Schema $p' = 36$.
(R'') y_9, y_{11}, y_{13}, $\dots$ y_{71}, y_1, y_3, $\dots$ y_7 $\Big|$

$$q = \frac{\cos}{\sin} 45° = 0.707$$
$$S''_\mu = q\,(A''_\mu + B''_\mu)$$
$$D''_\mu = q\,(A''_\mu - B''_\mu)$$
$$(\mu = 1,\ 3,\ 5,\ \dots 17)$$

$$A''_1\ A''_3\ A''_5,\ \dots\ A''_{17}$$
$$B''_1\ B'_3\ B'_5,\ \dots\ B''_{17}$$
$$q \cdot \text{Summe:} \quad S''_1\ S''_3\ S''_5,\ \dots\ S''_{17}$$
$$q \cdot \text{Diff.:} \quad D''_1\ D''_8\ D''_5,\ \dots\ D''_{17}$$

A'_0	A'_2	A'_4	A'_6	A'_8	A'_{10}	A'_{12}	A'_{14}	A'_{16}	A'_{18}
A''_0	$-B''_2$	$-A''_4$	B''_6	A''_8	$-B''_{10}$	$-A''_{12}$	B''_{14}	A''_{16}	$-$
Summe: A_0	A_2	A_4	A_6	A_8	A_{10}	A_{12}	A_{14}	A_{16}	A_{18}
Diff.: A_{36}	A_{34}	A_{32}	A_{30}	A_{28}	A_{26}	A_{24}	A_{22}	A_{20}	$-$

A'_1	A'_3	A'_5	A'_7	A'_9	A'_{11}	A'_{13}	A'_{15}	A'_{17}
D''_1	S''_3	D''_5	S''_7	D''_9	S''_{11}	$-D''_{13}$	S''_{15}	D''_{17}
Summe: A_1	A_3	A_5	A_7	A_9	A_{11}	A_{13}	A_{15}	A_{17}
Diff.: A_{35}	A_{33}	A_{31}	A_{29}	A_{27}	A_{25}	A_{23}	A_{21}	A_{19}

A''_2	$-B''_4$	$-A''_6$	B''_8	A''_{10}	$-B''_{12}$	$-A''_{14}$	B''_{16}	A''_{18}
B'_2	B'_4	B'_6	B'_8	B'_{10}	B'_{12}	B'_{14}	B'_{16}	$-$
Summe: B_2	B_4	B_6	B_8	B_{10}	B_{12}	B_{14}	B_{16}	B_{18}
Diff.: B_{34}	B_{32}	B_{30}	B_{28}	B_{26}	B_{24}	B_{22}	B_{20}	$-$

S''_1	D''_3	$-S''_5$	$-D''_7$	S''_9	D''_{11}	$-S''_{13}$	$-D''_{15}$	S''_{17}
B'_1	B'_3	B'_5	B'_7	B'_9	B''_{11}	B''_{13}	B''_{15}	B''_{17}
Summe: B_1	B_3	B_5	B_7	B_9	B_{11}	B_{13}	B_{15}	B_{17}
Diff.: B_{35}	B_{32}	B_{31}	B_{29}	B_{27}	B_{25}	B_{23}	B_{21}	B_{19}

Das Schema ist sinngemäß verwendbar für $p \equiv 8 \pmod{16} = 56,\ 72,\ 88,\ 104,\ \dots$
Anfangsindex der zweiten Teilreihe (R''): $r = \dfrac{p}{8}$.

$$\mathbf{p=48};\quad \alpha=\frac{2\pi}{48};\quad r=16;\quad r\alpha=120°$$

3 Teilreihen:
$(R')\quad y_0,\ y_3,\ y_6,\ \cdots\cdots\cdots\cdots y_{45}$
$(R'')\quad y_{16},\ y_{19},\ y_{22},\ \cdots\ y_{46},\ y_1,\ y_4,\ \cdots\ y_{13}$ $\Big\}$ zu analysieren nach Schema $p'=16$.
$(R''')\quad y_{32},\ y_{35},\ y_{38},\ \cdots\ y_{47},\ y_2,\ y_5,\ \cdots\ y_{29}$

$q=\sin 120°=0.866.$

(I)	A'_0	A'_1	A'_2	A'_3	A'_4	A'_5	A'_6	A'_7	A'_8
(II)	A''_0	A''_1	A''_2	A''_3	A''_4	A''_5	A''_6	A''_7	A''_8
(III)	A'''_0	A'''_1	A'''_2	A'''_3	A'''_4	A'''_5	A'''_6	A'''_7	A'''
(I + II + III)	C_0	C_1	C_2	C_3	C_4	C_5	C_6	C_7	C_8
$(I-\frac12(II+III))$	D_0	D_1	D_2	D_3	D_4	D_5	D_6	D_7	D_8
$q\cdot(II-III)$	E_0	E_1	E_2	E_3	E_4	E_5	E_6	E_7	E_8

(I)	B'_1	B'_2	B'_3	B'_4	B'_5	B'_6	B'_7
(II)	B''_1	B''_2	B''_3	B''_4	B''_5	B''_6	B''_7
(III)	B'''_1	B'''_2	B'''_3	B'''_4	B'''_5	B'''_6	B'''_7
(I + II + III)	c_1	c_2	c_3	c_4	c_5	c_6	c_7
$(I-\frac12(II+III))$	d_1	d_2	d_3	d_4	d_5	d_6	d_7
$q\cdot(II-III)$	e_1	e_2	e_3	e_4	e_5	e_6	e_7

Das Schema ist sinngemäß verwendbar für $p\equiv 3$ (mod 9) und $p\equiv 6$ (mod 9) ($p=42,\ 48,\ 51,\ 57,\ 60,\ \ldots$).

Anfangsindex der zweiten Teilreihe $(R'')\ r=\frac{p}{3}$.

Bei der Bildung der gefalteten Indizes (ν) ist zu beachten, ob p' gerade oder ungerade ist. Beispiel für ungerades p' vgl. S. 23 ($p=45$; $p'=15$).

μ	ν	A_μ		B_μ	
0	0	C_0	$-$	$-$	$-$
1	1	D_1	$-e_1$	d_1	$+E_1$
2	2	D_2	$+e_2$	d_2	$-E_2$
3	3	C_3	$-$	c_3	$-$
4	4	D_4	$-e_4$	d_4	$+E_4$
5	5	D_5	$+e_5$	d_5	$-E_5$
6	6	C_6	$-$	c_6	$-$
7	7	D_7	$-e_7$	d_7	$+E_7$
8	8	$\leftarrow D_8$	$-$		$-E_8$
9	7	C_7	$-$	$-c_7$	$-$
10	6	D_6	$+e_6$	$-d_6$	$+E_6$
11	5	D_5	$-e_5$	$-d_5$	$-E_5$
12	4	C_4	$-$	$-c_4$	$-$
13	3	D_3	$+e_3$	$-d_3$	$+E_3$
14	2	D_2	$-e_2$	$-d_2$	$-E_2$
15	1	C_1	$-$	$-c_1$	$-$
16	0	$\leftarrow D_0$			$+E_0$
17	1	D_1	$+e_1$	d_1	$-E_1$
18	2	C_2	$-$	c_2	$-$
19	3	D_3	$-e_3$	d_3	$+E_3$
20	4	D_4	$+e_4$	d_4	$-E_4$
21	5	C_5	$-$	c_5	$-$
22	6	D_6	$-e_6$	d_6	$+E_6$
23	7	D_7	$+e_7$	d_7	$-E_7$
24	8	C_8	$-$		$-$

(zwischen $\mu=9$ und $\mu=15$:) Vorzeichen von c, d, e vertauscht!

$$\mathbf{p=45}; \ \alpha = 8°; \ r = 5; \ r\alpha = 40°$$

3 Teilreihen: (R') y_0 y_3, y_6, $\ldots\ldots\ldots\ldots\ldots$ y_{42}
     (R'') y_5, y_8, y_{11}, $\ldots\ldots$ y_{41}, y_{44}, y_2 zu analysieren nach Schema $p' = 15$.
     (R''') y_{10}, y_{13}, y_{16}, $\ldots\ldots$ y_{43}, y_1, y_4, y_7

											(1)	(2)	(3)	(4)	(5)	(6)
A_1'	A_2'	A_4'	A_5'	A_7'	B_1'	B_2'	B_4'	B_5'	B_7'		1.000	1.000	1.000	—	—	—
A_1''	A_2''	A_4''	A_5''	A_7''	B_1''	B_2''	B_4''	B_5''	B_7''		0.766	0.174	-0.940	0.643	0.985	0.342
A_1'''	A_2'''	A_4'''	A_5'''	A_7'''	B_1'''	B_2'''	B_4'''	B_5'''	B_7'''		0.174	-0.940	0.766	0.985	0.342	-0.643

(1)	D_1	D_2	D_4	D_5	D_7	d_1	d_2	d_4	d_5	d_7
(2)	E_1	E_2	E_4	E_5	E_7	e_1	e_2	e_4	e_5	e_7
(3)	G_1	G_2	G_4	G_5	G_7	g_1	g_2	g_4	g_5	g_7
(4)	H_1	H_2	H_4	H_5	H_7	h_1	h_2	h_4	h_5	h_7
(5)	J_1	J_2	J_4	J_5	J_7	i_1	i_2	i_4	i_5	i_7
(6)	L_1	L_2	L_4	L_5	L_7	l_1	l_2	l_4	l_5	l_7

(1)	A_0'	A_3'	A_6'	B_3'	B_6'
(II)	A_0''	A_3''	B_6''	B_e''	B_6''
(III)	A_0'''	A_3'''	A_6'''	B_3'''	B_6'''

$(I + II + III)$	C_0	C_3	C_6	c_3	c_6
$(I - \frac{1}{2}(II + III))$	F_0	F_3	F_6	f_3	f_6
$q \cdot (II - III)$	K_0	K_3	K_6	k_3	k_6

$$q = \sin 120° = 0.866.$$

Das Schema ist sinngemäß verwendbar
für $p \equiv 9$ (mod 27) und $p \equiv 18$ (mod 27)
$(p = 45, 63, 72, 90, 99, \ldots)$.

Anfangsindex der zweiten Teilreihe (R'')
$$r = \frac{p}{9}.$$

Bei der Bildung der gefalteten Indizes (ν)
ist zu beachten, ob p' gerade oder ungerade
ist. Beispiel für gerades p' vgl. S. 22 $(p = 48;$
$p' = 16)$.

μ	ν	A_μ		B_μ	
0	0	C_0	—	—	—
1	1	D_1 $-h_1$		d_1 $+H_1$	
2	2	E_2 $-i_2$		e_2 $+J_2$	
3	3	F_3 $-k_3$		f_3 $+K_3$	
4	4	G_4 $-l_4$		g_4 $+L_4$	
5	5	G_5	$+l_5$	g_5	$-L_5$
6	6	F_6	$+k_6$	f_6	$-K_6$
7	7	E_7	$+i_7$	e_7	$-J_7$
8	7	D_7	$-h_7$	$-d_7$	$-H_7$
9	6	C_6	—	$-c_6$	—
10	5	D_5 $+h_5$		$-d_5$ $+H_5$	
11	4	E_4 $+i_4$		$-e_4$ $+J_4$	
12	3	F_3 $+k_3$		$-f_3$ $+K_3$	
13	2	G_2 $+l_2$		$-g_2$ $+L_2$	
14	1	G_1	$-l_1$	$-g_1$	$-L_1$
15	0	$\leftarrow F_0$			$-K_0$
16	1	E_1	$+i_1$	e_1	$-J_1$
17	2	D_2	$+h_2$	d_2	$-H_2$
18	3	C_3		c_3	
19	4	D_4 $-h_4$		d_4 $+H_4$	
20	5	E_5 $-i_5$		e_5 $+J_5$	
21	6	F_6 $-k_6$		f_6 $+K_6$	
22	7	G_7 $-l_7$		g_7 $+L_7$	

Vorzeichen von c, d, e, f, g, h, i, k, l vertauscht

Anhang zu Tafel I d

a) Zerlegungsschema für $42 \leqq p \leqq 360$

p	n	p′	rα	r	p	n	p′	rα	r	p	n	p′	rα	r	p	n	p′	rα	r
42	2	21	180	21	76	2	38	90	19	132	2	66	90	33	222	2	111	180	111
44	2	22	90	11	78	2	39	180	39	136	2	68	45	17	225	3	75	40	25
45	3	15	40	5	84	2	42	90	21	138	2	69	180	69	228	2	114	90	57
46	2	23	180	23	87	3	29	120	29	140	2	70	90	35	232	2	116	45	29
48	3	16	120	16	88	2	44	45	11	144	3	48	40	16	234	2	117	180	117
50	2	25	180	25	90	2	45	180	45	148	2	74	90	37	248	2	124	45	31
51	3	17	120	17	92	2	46	90	23	150	2	75	180	75	252	2	126	90	63
52	2	26	90	13	93	3	31	120	31	152	2	76	45	19	261	3	87	40	29
54	2	27	180	27	96	3	32	120	32	153	3	51	40	17	264	2	132	45	33
56	2	28	45	7	99	3	33	40	11	156	2	78	90	39	276	2	138	90	69
57	3	19	120	19	100	2	50	90	25	168	2	84	45	21	279	3	93	40	31
58	2	29	180	29	102	2	51	180	51	171	3	57	40	19	280	2	140	45	35
60	2	30	90	15	104	2	52	45	13	174	2	87	180	87	288	3	96	40	32
62	2	31	180	31	105	3	35	120	35	180	2	90	90	45	296	2	148	45	37
63	3	21	40	7	108	2	54	90	27	184	2	92	45	23	300	2	150	90	75
66	2	33	180	33	111	3	37	120	37	186	2	93	180	93	306	2	153	180	153
68	2	34	90	17	114	2	57	180	57	198	2	99	180	99	312	2	156	45	39
69	3	23	120	23	116	2	58	90	29	200	2	100	45	25	315	3	105	40	35
70	2	35	180	35	117	3	39	40	13	204	2	102	90	51	333	3	111	40	37
72	2	36	45	9	120	2	60	45	15	207	3	69	40	23	342	2	171	180	171
74	2	37	180	37	124	2	62	90	31	210	2	105	180	105	348	2	174	90	87
75	3	25	120	25	126	2	63	180	63	216	2	108	45	27	360	2	180	45	45

b) Frequenzzahlen

n	$\dfrac{360°}{n}$	n	$\dfrac{360°}{n}$	n	$\dfrac{360°}{n}$	n	$\dfrac{360°}{n}$	n	$\dfrac{360°}{n}$	n	$\dfrac{360°}{n}$
1	360°000	31	11°613	61	5°902	91	3°9560	121	2°9752	151	2°3841
2	180.000	32	11.250	62	5.806	92	3.9130	122	2.9508	152	2.3684
3	120.000	33	10.909	63	5.714	93	3.8710	123	2.9268	153	2.3529
4	90.000	34	10.588	64	5.625	94	3.8298	124	2.9032	154	2.3377
5	72.000	35	10.286	65	5.538	95	3.7895	125	2.8800	155	2.3226
6	60.000	36	10.000	66	5.455	96	3.7500	126	2.8571	156	2.3077
7	51.428	37	9.730	67	5.373	97	3.7113	127	2.8346	157	2.2930
8	45.000	38	9.474	68	5.294	98	3.6735	128	2.8125	158	2.2785
9	40.000	39	9.231	69	5.217	99	3.6364	129	2.7907	159	2.2642
10	36.000	40	9.000	70	5.143	100	3.6000	130	2.7692	160	2.2500
11	32.727	41	8.780	71	5.070	101	3.5644	131	2.7481	161	2.2360
12	30.000	42	8.571	72	5.000	102	3.5294	132	2.7273	162	2.2222
13	27.692	43	8.372	73	4.932	103	3.4951	133	2.7068	163	2.2086
14	25.714	44	8.182	74	4.865	104	3.4615	134	2.6866	164	2.1951
15	24.000	45	8.000	75	4.800	105	3.4286	135	2.6667	165	2.1818
16	22.500	46	7.826	76	4.737	106	3.3962	136	2.6471	166	2.1687
17	21.177	47	7.660	77	4.675	107	3.3645	137	2.6277	167	2.1557
18	20.000	48	7.500	78	4.615	108	3.3333	138	2.6087	168	2.1429
19	18.947	49	7.347	79	4.557	109	3.3028	139	2.5899	169	2.1302
20	18.000	50	7.200	80	4.500	110	3.2727	140	2.5714	170	2.1176
21	17.143	51	7.059	81	4.444	111	3.2432	141	2.5532	171	2.1053
22	16.364	52	6.923	82	4.390	112	3.2143	142	2.5352	172	2.0930
23	15.652	53	6.792	83	4.337	113	3.1858	143	2.5175	173	2.0809
24	15.000	54	6.667	84	4.286	114	3.1579	144	2.5000	174	2.0690
25	14.400	55	6.545	85	4.235	115	3.1304	145	2.4828	175	2.0571
26	13.846	56	6.429	86	4.186	116	3.1034	146	2.4658	176	2.0455
27	13.333	57	6.316	87	4.138	117	3.0769	147	2.4490	177	2.0339
28	12.857	58	6.207	88	4.091	118	3.0508	148	2.4324	178	2.0225
29	12.414	59	6.102	89	4.045	119	3.0252	149	2.4161	179	2.0112
30	12.000	60	6.000	90	4.000	120	3°0000	150	2.4000	180	2.0000

Tafel II.

Tafel II a.

Die ersten 1000 Vielfachen der Funktionen cos und sin der Winkel $15°$, $22^1/_2°$, $30°$, $45°$, $67^1/_2°$, $75°$, die bei harmonischen Analysen von Beobachtungsreihen von der Länge $p = 8, 12, 16$ und 24 gebraucht werden.

Tafel II b.

Die ersten 100 Vielfachen der Funktionen cos und sin aller ganzen Grade des ersten Quadranten. Zu benutzen bei harmonischen Analysen für Intervallängen p, die in 360 ganzzahlig enthalten sind, ferner bei genäherter Rechnung, wenn die Argumentwinkel auf ganze Grade abgerundet werden.

0 — 509 $\cos 15° = 0.965\,926 = \sin 75°$

Zehner \ Einer	0	1	2	3	4	5	6	7	8	9	
0	0.0	1.0	1.9	2.9	3.9	4.8	5.8	6.8	7.7	8.7	0
1	9.7	10.6	11.6	12.6	13.5	14.5	15.5	16.4	17.4	18.4	1
2	19.3	20.3	21.3	22.2	23.2	24.1	25.1	26.1	27.0	28.0	2
3	29.0	29.9	30.9	31.9	32.8	33.8	34.8	35.7	36.7	37.7	3
4	38.6	39.6	40.6	41.5	42.5	43.5	44.4	45.4	46.4	47.3	4
5	48.3	49.3	50.2	51.2	52.2	53.1	54.1	55.1	56.0	57.0	5
6	58.0	58.9	59.9	60.9	61.8	62.8	63.8	64.7	65.7	66.6	6
7	67.6	68.6	69.5	70.5	71.5	72.4	73.4	74.4	75.3	76.3	7
8	77.3	78.2	79.2	80.2	81.1	82.1	83.1	84.0	85.0	86.0	8
9	86.9	87.9	88.9	89.8	90.8	91.8	92.7	93.7	94.7	95.6	9
10	96.6	97.6	98.5	99.5	100.5	101.4	102.4	103.4	104.3	105.3	10
11	106.3	107.2	108.2	109.1	110.1	111.1	112.0	113.0	114.0	114.9	11
12	115.9	116.9	117.8	118.8	119.8	120.7	121.7	122.7	123.6	124.6	12
13	125.6	126.5	127.5	128.5	129.4	130.4	131.4	132.3	133.3	134.3	13
14	135.2	136.2	137.2	138.1	139.1	140.1	141.0	142.0	143.0	143.9	14
15	144.9	145.9	146.8	147.8	148.8	149.7	150.7	151.7	152.6	153.6	15
16	154.5	155.5	156.5	157.4	158.4	159.4	160.3	161.3	162.3	163.2	16
17	164.2	165.2	166.1	167.1	168.1	169.0	170.0	171.0	171.9	172.9	17
18	173.9	174.8	175.8	176.8	177.7	178.7	179.7	180.6	181.6	182.6	18
19	183.5	184.5	185.5	186.4	187.4	188.4	189.3	190.3	191.3	192.2	19
20	193.2	194.2	195.1	196.1	197.0	198.0	199.0	199.9	200.9	201.9	20
21	202.8	203.8	204.8	205.7	206.7	207.7	208.6	209.6	210.6	211.5	21
22	212.5	213.5	214.4	215.4	216.4	217.3	218.3	219.3	220.2	221.2	22
23	222.2	223.1	224.1	225.1	226.0	227.0	228.0	228.9	229.9	230.9	23
24	231.8	232.8	233.8	234.7	235.7	236.7	237.6	238.6	239.5	240.5	24
25	241.5	242.4	243.4	244.4	245.3	246.3	247.3	248.2	249.2	250.2	25
26	251.1	252.1	253.1	254.0	255.0	256.0	256.9	257.9	258.9	259.8	26
27	260.8	261.8	262.7	263.7	264.7	265.6	266.6	267.6	268.5	269.5	27
28	270.5	271.4	272.4	273.4	274.3	275.3	276.3	277.2	278.2	279.2	28
29	280.1	281.1	282.1	283.0	284.0	284.9	285.9	286.9	287.8	288.8	29
30	289.8	290.7	291.7	292.7	293.6	294.6	295.6	296.5	297.5	298.5	30
31	299.4	300.4	301.4	302.3	303.3	304.3	305.2	306.2	307.2	308.1	31
32	309.1	310.1	311.0	312.0	313.0	313.9	314.9	315.9	316.8	317.8	32
33	318.8	319.7	320.7	321.7	322.6	323.6	324.6	325.5	326.5	327.4	33
34	328.4	329.4	330.3	331.3	332.3	333.2	334.2	335.2	336.1	337.1	34
35	338.1	339.0	340.0	341.0	341.9	342.9	343.9	344.8	345.8	346.8	35
36	347.7	348.7	349.7	350.6	351.6	352.6	353.5	354.5	355.5	356.4	36
37	357.4	358.4	359.3	360.3	361.3	362.2	363.2	364.2	365.1	366.1	37
38	367.1	368.0	369.0	369.9	370.9	371.9	372.8	373.8	374.8	375.7	38
39	376.7	377.7	378.6	379.6	380.6	381.5	382.5	383.5	384.4	385.4	39
40	386.4	387.3	388.3	389.3	390.2	391.2	392.2	393.1	394.1	395.1	40
41	396.0	397.0	398.0	398.9	399.9	400.9	401.8	402.8	403.8	404.7	41
42	405.7	406.7	407.6	408.6	409.6	410.5	411.5	412.5	413.4	414.4	42
43	415.3	416.3	417.3	418.2	419.2	420.2	421.1	422.1	423.1	424.0	43
44	425.0	426.0	426.9	427.9	428.9	429.8	430.8	431.8	432.7	433.7	44
45	434.7	435.6	436.6	437.6	438.5	439.5	440.5	441.4	442.4	443.4	45
46	444.3	445.3	446.3	447.2	448.2	449.2	450.1	451.1	452.1	453.0	46
47	454.0	455.0	455.9	456.9	457.9	458.8	459.8	460.7	461.7	462.7	47
48	463.6	464.6	465.6	466.5	467.5	468.5	469.4	470.4	471.4	472.3	48
49	473.3	474.3	475.2	476.2	477.2	478.1	479.1	480.1	481.0	482.0	49
50	483.0	483.9	484.9	485.9	486.8	487.8	488.8	489.7	490.7	491.7	50

$$\cos 15° = 0.965\,926 = \sin 75°$$

Zehner \ Einer	0	1	2	3	4	5	6	7	8	9	
50	483.0	483.9	484.9	485.9	486.8	487.8	488.8	489.7	490.7	491.7	50
51	492.6	493.6	494.6	495.5	496.5	497.5	498.4	499.4	500.3	501.3	51
52	502.3	503.2	504.2	505.2	506.1	507.1	508.1	509.0	510.0	511.0	52
53	511.9	512.9	513.9	514.8	515.8	516.8	517.7	518.7	519.7	520.6	53
54	521.6	522.6	523.5	524.5	525.5	526.4	527.4	528.4	529.3	530.3	54
55	531.3	532.2	533.2	534.2	535.1	536.1	537.1	538.0	539.0	540.0	55
56	540.9	541.9	542.9	543.8	544.8	545.7	546.7	547.7	548.6	549.6	56
57	550.6	551.5	552.5	553.5	554.4	555.4	556.4	557.3	558.3	559.3	57
58	560.2	561.2	562.2	563.1	564.1	565.1	566.0	567.0	568.0	568.9	58
59	569.9	570.9	571.8	572.8	573.8	574.7	575.7	576.7	577.6	578.6	59
60	579.6	580.5	581.5	582.5	583.4	584.4	585.4	586.3	587.3	588.2	60
61	589.2	590.2	591.1	592.1	593.1	594.0	595.0	596.9	596.9	597.9	61
62	598.9	599.8	600.8	601.8	602.7	603.7	604.7	605.6	606.6	607.6	62
63	608.5	609.5	610.5	611.4	612.4	613.4	614.3	615.3	616.3	617.2	63
64	618.2	619.2	620.1	621.1	622.1	623.0	624.0	625.0	625.9	626.9	64
65	627.9	628.8	629.8	630.7	631.7	632.7	633.6	634.6	635.6	636.5	65
66	637.5	638.5	639.4	640.4	641.4	642.3	643.3	644.3	645.2	646.2	66
67	647.2	648.1	649.1	650.1	651.0	652.0	653.0	653.9	654.9	655.9	67
68	656.8	657.8	658.8	659.7	660.7	661.7	662.6	663.6	664.6	665.5	68
69	666.5	667.5	668.4	669.4	670.4	671.3	672.3	673.3	674.2	675.2	69
70	676.1	677.1	678.1	679.0	680.0	681.0	681.9	682.9	683.9	684.8	70
71	685.8	686.8	687.7	688.7	689.7	690.6	691.6	692.6	693.5	694.5	71
72	695.5	696.4	697.4	698.4	699.3	700.3	701.3	702.2	703.2	704.2	72
73	705.1	706.1	707.1	708.0	709.0	710.0	710.9	711.9	712.9	713.8	73
74	714.8	715.8	716.7	717.7	718.6	719.6	720.6	721.5	722.5	723.5	74
75	724.4	725.4	726.4	727.3	728.3	729.3	730.2	731.2	732.2	733.1	75
76	734.1	735.1	736.0	737.0	738.0	738.9	739.9	740.9	741.8	742.8	76
77	743.8	744.7	745.7	746.7	747.6	748.6	749.6	750.5	751.5	752.5	77
78	753.4	754.4	755.4	756.3	757.3	758.3	759.2	760.2	761.1	762.1	78
79	763.1	764.0	765.0	766.0	766.9	767.9	768.9	769.8	770.8	771.8	79
80	772.7	773.7	774.7	775.6	776.6	777.6	778.5	779.5	780.5	781.4	80
81	782.4	783.4	784.3	785.3	786.3	787.2	788.2	789.2	790.1	791.1	81
82	792.1	793.0	794.0	795.0	795.9	796.9	797.9	798.8	799.8	800.8	82
83	801.7	802.7	803.7	804.6	805.6	806.5	807.5	808.5	809.4	810.4	83
84	811.4	812.3	813.3	814.3	815.2	816.2	817.2	818.1	819.1	820.1	84
85	821.0	822.0	823.0	823.9	824.9	825.9	826.8	827.8	828.8	829.7	85
86	830.7	831.7	832.6	833.6	834.6	835.5	836.5	837.5	838.4	839.4	86
87	840.4	841.3	842.3	843.3	844.2	845.2	846.2	847.1	848.1	849.0	87
88	850.0	851.0	851.9	852.9	853.9	854.8	855.8	856.8	857.7	858.7	88
89	859.7	860.6	861.6	862.6	863.5	864.5	865.5	866.4	867.4	868.4	89
90	869.3	870.3	871.3	872.2	873.2	874.2	875.1	876.1	877.1	878.0	90
91	879.0	880.0	880.9	881.9	882.9	883.8	884.8	885.8	886.7	887.7	91
92	888.7	889.6	890.6	891.5	892.5	893.5	894.4	895.4	896.4	897.3	92
93	898.3	899.3	900.2	901.2	902.2	903.1	904.1	905.1	906.0	907.0	93
94	908.0	908.9	909.9	910.9	911.8	912.8	913.8	914.7	915.7	916.7	94
95	917.6	918.6	919.6	920.5	921.5	922.5	923.4	924.4	925.4	926.3	95
96	927.3	928.3	929.2	930.2	931.2	932.1	933.1	934.1	935.0	936.0	96
97	936.9	937.9	938.9	939.8	940.8	941.8	942.7	943.7	944.7	945.6	97
98	946.6	947.6	948.5	949.5	950.5	951.4	952.4	953.4	954.3	955.3	98
99	956.3	957.2	958.2	959.2	960.1	961.1	962.1	963.0	964.0	965.0	99
100	965.9	966.9	967.9	968.8	969.8	970.8	971.7	972.7	973.7	974.6	100

0 — 509 $\qquad$ $\cos 22°5 = 0.923\,880 = \sin 67°5$

Zehner \ Einer	0	1	2	3	4	5	6	7	8	9	
0	0.0	0.9	1.8	2.8	3.7	4.6	5.5	6.5	7.4	8.3	0
1	9.2	10.2	11.1	12.0	12.9	13.9	14.8	15.7	16.6	17.6	1
2	18.5	19.4	20.3	21.2	22.2	23.1	24.0	24.9	25.9	26.8	2
3	27.7	28.6	29.6	30.5	31.4	32.3	33.3	34.2	35.1	36.0	3
4	37.0	37.9	38.8	39.7	40.7	41.6	42.5	43.4	44.3	45.3	4
5	46.2	47.1	48.0	49.0	49.9	50.8	51.7	52.7	53.6	54.5	5
6	55.4	56.4	57.3	58.2	59.1	60.1	61.0	61.9	62.8	63.7	6
7	64.7	65.6	66.5	67.4	68.4	69.3	70.2	71.1	72.1	73.0	7
8	73.9	74.8	75.8	76.6	77.6	78.5	79.5	80.4	81.3	82.2	8
9	83.1	84.1	85.0	85.9	86.8	87.8	88.7	89.6	90.5	91.5	9
10	92.4	93.3	94.2	95.2	96.1	97.0	97.9	98.9	99.8	100.7	10
11	101.6	102.6	103.5	104.4	105.3	106.2	107.2	108.1	109.0	109.9	11
12	110.9	111.8	112.7	113.6	114.6	115.5	116.4	117.3	118.3	119.2	12
13	120.1	121.0	122.0	122.9	123.8	124.7	125.6	126.6	127.5	128.4	13
14	129.3	130.3	131.2	132.1	133.0	134.0	134.9	135.8	136.7	137.7	14
15	138.6	139.5	140.4	141.4	142.3	143.2	144.1	145.0	146.0	146.9	15
16	147.8	148.7	149.7	150.6	151.5	152.4	153.4	154.3	155.2	156.1	16
17	157.1	158.0	158.9	159.8	160.8	161.7	162.6	163.5	164.5	165.4	17
18	166.3	167.2	168.1	169.1	170.0	170.9	171.8	172.8	173.7	174.6	18
19	175.5	176.5	177.4	178.3	179.2	180.2	181.1	182.0	182.9	183.9	19
20	184.8	185.7	186.6	187.5	188.5	189.4	190.3	191.2	192.2	193.1	20
21	194.0	194.9	195.9	196.8	197.7	198.6	199.6	200.5	201.4	202.3	21
22	203.3	204.2	205.1	206.0	206.9	207.9	208.8	209.7	210.6	211.6	22
23	212.5	213.4	214.3	215.3	216.2	217.1	218.0	219.0	219.9	220.8	23
24	221.7	222.7	223.6	224.5	225.4	226.4	227.3	228.2	229.1	230.0	24
25	231.0	231.9	232.8	233.7	234.7	235.6	236.5	237.4	238.4	239.3	25
26	240.2	241.1	242.1	243.0	243.9	244.8	245.8	246.7	247.6	248.5	26
27	249.4	250.4	251.3	252.2	253.1	254.1	255.0	255.9	256.8	257.8	27
28	258.7	259.6	260.5	261.5	262.4	263.3	264.2	265.2	266.1	267.0	28
29	267.9	268.8	269.8	270.7	271.6	272.5	273.5	274.4	275.3	276.2	29
30	277.2	278.1	279.0	279.9	280.9	281.8	282.7	283.6	284.6	285.5	30
31	286.4	287.3	288.3	289.2	290.1	291.0	291.9	292.9	293.8	294.7	31
32	295.6	296.6	297.5	298.4	299.3	300.3	301.2	302.1	303.0	304.0	32
33	304.9	305.8	306.7	307.7	308.6	309.5	310.4	311.3	312.3	313.2	33
34	314.1	315.0	316.0	316.9	317.8	318.7	319.7	320.6	321.5	322.4	34
35	323.4	324.3	325.2	326.1	327.1	328.0	328.9	329.8	330.7	331.7	35
36	332.6	333.5	334.4	335.4	336.3	337.2	338.1	339.1	340.0	340.9	36
37	341.8	342.8	343.7	344.6	345.5	346.5	347.4	348.3	349.2	350.2	37
38	351.1	352.0	352.9	353.8	354.8	355.7	356.6	357.5	358.5	359.4	38
39	360.3	361.2	362.2	363.1	364.0	364.9	365.9	366.8	367.7	368.6	39
40	369.6	370.5	371.4	372.3	373.2	374.2	375.1	376.0	376.9	377.9	40
41	378.8	379.7	380.6	381.6	382.5	383.4	384.3	385.3	386.2	387.1	41
42	388.0	389.0	389.9	390.8	391.7	392.6	393.6	394.5	395.4	396.3	42
43	397.3	398.2	399.1	400.0	401.0	401.9	402.8	403.7	404.7	405.6	43
44	406.5	407.4	408.4	409.3	410.2	411.1	412.1	413.0	413.9	414.8	44
45	415.7	416.7	417.6	418.5	419.4	420.4	421.3	422.2	423.1	424.1	45
46	425.0	425.9	426.8	427.8	428.7	429.6	430.5	431.5	432.4	433.3	46
47	434.2	435.1	436.1	437.0	437.9	438.8	439.8	440.7	441.6	442.5	47
48	443.5	444.4	445.3	446.2	447.2	448.1	449.0	449.9	450.9	451.8	48
49	452.7	453.6	454.5	455.5	456.4	457.3	458.2	459.2	460.1	461.0	49
50	461.9	462.9	463.8	464.7	465.6	466.6	467.5	468.4	469.3	470.3	50

$$\cos 22°5 = 0.923\,880 = \sin 67°5$$

Einer / Zehner	0	1	2	3	4	5	6	7	8	9	
50	461.9	462.9	463.8	464.7	465.6	466.6	467.5	468.4	469.3	470.3	50
51	471.2	472.1	473.0	474.0	474.9	475.8	476.7	477.6	478.6	479.5	51
52	480.4	481.3	482.3	483.2	484.1	485.0	486.0	486.9	487.8	488.7	52
53	489.7	490.6	491.5	492.4	493.4	494.3	495.2	496.1	497.0	498.0	53
54	498.9	499.8	500.7	501.7	502.6	503.5	504.4	505.4	506.3	507.2	54
55	508.1	509.1	510.0	510.9	511.8	512.8	513.7	514.6	515.5	516.4	55
56	517.4	518.3	519.2	520.1	521.1	522.0	522.9	523.8	524.8	525.7	56
57	526.6	527.5	528.5	529.4	530.3	531.2	532.2	533.1	534.0	534.9	57
58	535.9	536.8	537.7	538.6	539.5	540.5	541.4	542.3	543.2	544.2	58
59	545.1	546.0	546.9	547.9	548.8	549.7	550.6	551.6	552.5	553.4	59
60	554.3	555.3	556.2	557.1	558.0	558.9	559.9	560.8	561.7	562.6	60
61	563.6	564.5	565.4	566.3	567.3	568.2	569.1	570.0	571.0	571.9	61
62	572.8	573.7	574.7	575.6	576.5	577.4	578.3	579.3	580.2	581.1	62
63	582.0	583.0	583.9	584.8	585.7	586.7	587.6	588.5	589.4	590.4	63
64	591.3	592.2	593.1	594.1	595.0	595.9	596.8	597.8	598.7	599.6	64
65	600.5	601.4	602.4	603.3	604.2	605.1	606.1	607.0	607.9	608.8	65
66	609.8	610.7	611.6	612.5	613.5	614.4	615.3	616.2	617.2	618.1	66
67	619.0	619.9	620.8	621.8	622.7	623.6	624.5	625.5	626.4	627.3	67
68	628.2	629.2	630.1	631.0	631.9	632.9	633.8	634.7	635.6	636.6	68
69	637.5	638.4	639.3	640.2	641.2	642.1	643.0	643.9	644.9	645.8	69
70	646.7	647.6	648.6	649.5	650.4	651.3	652.3	653.2	654.1	655.0	70
71	656.0	656.9	657.8	658.7	659.7	660.6	661.5	662.4	663.3	664.3	71
72	665.2	666.1	667.0	668.0	668.9	669.8	670.7	671.7	672.6	673.5	72
73	674.4	675.4	676.3	677.2	678.1	679.1	680.0	680.9	681.8	682.7	73
74	683.7	684.6	685.5	686.4	687.4	688.3	689.2	690.1	691.1	692.0	74
75	692.9	693.8	694.8	695.7	696.6	697.5	698.5	699.4	700.3	701.2	75
76	702.1	703.1	704.0	704.9	705.8	706.8	707.7	708.6	709.5	710.5	76
77	711.4	712.3	713.2	714.2	715.1	716.0	716.9	717.9	718.8	719.7	77
78	720.6	721.6	722.5	723.4	724.3	725.2	726.2	727.1	728.0	728.9	78
79	729.9	730.8	731.7	732.6	733.6	734.5	735.4	736.3	737.3	738.2	79
80	739.1	740.0	741.0	741.9	742.8	743.7	744.6	745.6	746.5	747.4	80
81	748.3	749.3	750.2	751.1	752.0	753.0	753.9	754.8	755.7	756.7	81
82	757.6	758.5	759.4	760.4	761.3	762.2	763.1	764.0	765.0	765.9	82
83	766.8	767.7	768.7	769.6	770.5	771.4	772.4	773.3	774.2	775.1	83
84	776.1	777.0	777.9	778.8	779.8	780.7	781.6	782.5	783.5	784.4	84
85	785.3	786.2	787.1	788.1	789.0	789.9	790.8	791.8	792.7	793.6	85
86	794.5	795.5	796.4	797.3	798.2	799.2	800.1	801.0	801.9	802.9	86
87	803.8	804.7	805.6	806.5	807.5	808.4	809.3	810.2	811.2	812.1	87
88	813.0	813.9	814.9	815.8	816.7	817.6	818.6	819.5	820.4	821.3	88
89	822.3	823.2	824.1	825.0	825.9	826.9	827.8	828.7	829.6	830.6	89
90	831.5	832.4	833.3	834.3	835.2	836.1	837.0	838.0	838.9	839.8	90
91	840.7	841.7	842.6	843.5	844.4	845.4	846.3	847.2	848.1	849.0	91
92	850.0	850.9	851.8	852.7	853.7	854.6	855.5	856.4	857.4	858.3	92
93	859.2	860.1	861.1	862.0	862.9	863.8	864.8	865.7	866.6	867.5	93
94	868.4	869.4	870.3	871.2	872.1	873.1	874.0	874.9	875.8	876.8	94
95	877.7	878.6	879.5	880.5	881.4	882.3	883.2	884.2	885.1	886.0	95
96	886.9	887.8	888.8	889.7	890.6	891.5	892.5	893.4	894.3	895.2	96
97	896.2	897.1	898.0	898.9	899.9	900.8	901.7	902.6	903.6	904.5	97
98	905.4	906.3	907.3	908.2	909.1	910.0	910.9	911.9	912.8	913.7	98
99	914.6	915.6	916.5	917.4	918.3	919.3	920.2	921.1	922.0	923.0	99
100	923.9	924.8	925.7	926.7	927.6	928.5	929.4	930.3	931.3	932.2	100

0 – 509 $\cos 30° = 0.866\,025 = \sin 60°$

Zehner \ Einer	0	1	2	3	4	5	6	7	8	9	
0	0.0	0.9	1.7	2.6	3.5	4.3	5.2	6.1	6.9	7.8	0
1	8.7	9.5	10.4	11.3	12.1	13.0	13.9	14.7	15.6	16.5	1
2	17.3	18.2	19.1	19.9	20.8	21.7	22.5	23.4	24.2	25.1	2
3	26.0	26.8	27.7	28.6	29.4	30.3	31.2	32.0	32.9	33.8	3
4	34.6	35.5	36.4	37.2	38.1	39.0	39.8	40.7	41.6	42.4	4
5	43.3	44.2	45.0	45.9	46.8	47.6	48.5	49.4	50.2	51.1	5
6	52.0	52.8	53.7	54.6	55.4	56.3	57.2	58.0	58.9	59.8	6
7	60.6	61.5	62.4	63.2	64.1	65.0	65.8	66.7	67.5	68.4	7
8	69.3	70.1	71.0	71.9	72.7	73.6	74.5	75.3	76.2	77.1	8
9	77.9	78.8	79.7	80.5	81.4	82.3	83.1	84.0	84.9	85.7	9
10	86.6	87.5	88.3	89.2	90.1	90.9	91.8	92.7	93.5	94.4	10
11	95.3	96.1	97.0	97.9	98.7	99.6	100.5	101.3	102.2	103.1	11
12	103.9	104.8	105.7	106.5	107.4	108.3	109.1	110.0	110.9	111.7	12
13	112.6	113.4	114.3	115.2	116.0	116.9	117.8	118.6	119.5	120.4	13
14	121.2	122.1	123.0	123.8	124.7	125.6	126.4	127.3	128.2	129.0	14
15	129.9	130.8	131.6	132.5	133.4	134.2	135.1	136.0	136.8	137.7	15
16	138.6	139.4	140.3	141.2	142.0	142.9	143.8	144.6	145.5	146.4	16
17	147.2	148.1	149.0	149.8	150.7	151.6	152.4	153.3	154.2	155.0	17
18	155.9	156.8	157.6	158.5	159.3	160.2	161.1	161.9	162.8	163.7	18
19	164.5	165.4	166.3	167.1	168.0	168.9	169.7	170.6	171.5	172.3	19
20	173.2	174.1	174.9	175.8	176.7	177.5	178.4	179.3	180.1	181.0	20
21	181.9	182.7	183.6	184.5	185.3	186.2	187.1	187.9	188.8	189.7	21
22	190.5	191.4	192.3	193.1	194.0	194.9	195.7	196.6	197.5	198.3	22
23	199.2	200.1	200.9	201.8	202.6	203.5	204.4	205.2	206.1	207.0	23
24	207.8	208.7	209.6	210.4	211.3	212.2	213.0	213.9	214.8	215.6	24
25	216.5	217.4	218.2	219.1	220.0	220.8	221.7	222.6	223.4	224.3	25
26	225.2	226.0	226.9	227.8	228.6	229.5	230.4	231.2	232.1	233.0	26
27	233.8	234.7	235.6	236.4	237.3	238.2	239.0	239.9	240.8	241.6	27
28	242.5	243.4	244.2	245.1	246.0	246.8	247.7	248.5	249.4	250.3	28
29	251.1	252.0	252.9	253.7	254.6	255.5	256.3	257.2	258.1	258.9	29
30	259.8	260.7	261.5	262.4	263.3	264.1	265.0	265.9	266.7	267.6	30
31	268.5	269.3	270.2	271.1	271.9	272.8	273.7	274.5	275.4	276.3	31
32	277.1	278.0	278.9	279.7	280.6	281.5	282.3	283.2	284.1	284.9	32
33	285.8	286.7	287.5	288.4	289.3	290.1	291.0	291.9	292.7	293.6	33
34	294.4	295.3	296.2	297.0	297.9	298.8	299.6	300.5	301.4	302.2	34
35	303.1	304.0	304.8	305.7	306.6	307.4	308.3	309.2	310.0	310.9	35
36	311.8	312.6	313.5	314.4	315.2	316.1	317.0	317.8	318.7	319.6	36
37	320.4	321.3	322.2	323.0	323.9	324.8	325.6	326.5	327.4	328.2	37
38	329.1	330.0	330.8	331.7	332.6	333.4	334.3	335.2	336.0	336.9	38
39	337.7	338.6	339.5	340.3	341.2	342.1	342.9	343.8	344.7	345.5	39
40	346.4	347.3	348.1	349.0	349.9	350.7	351.6	352.5	353.3	354.2	40
41	355.1	355.9	356.8	357.7	358.5	359.4	360.3	361.1	362.0	362.9	41
42	363.7	364.6	365.5	366.3	367.2	368.1	368.9	369.8	370.7	371.5	42
43	372.4	373.3	374.1	375.0	375.9	376.7	377.6	378.5	379.3	380.2	43
44	381.1	381.9	382.8	383.6	384.5	385.4	386.2	387.1	388.0	388.8	44
45	389.7	390.6	391.4	392.3	393.2	394.0	394.9	395.8	396.6	397.5	45
46	398.4	399.2	400.1	401.0	401.8	402.7	403.6	404.4	405.3	406.2	46
47	407.0	407.9	408.8	409.6	410.5	411.4	412.2	413.1	414.0	414.8	47
48	415.7	416.6	417.4	418.3	419.2	420.0	420.9	421.8	422.6	423.5	48
49	424.4	425.2	426.1	427.0	427.8	428.7	429.5	430.4	431.3	432.1	49
50	433.0	433.9	434.7	435.6	436.5	437.3	438.2	439.1	439.9	440.8	50

$$\cos 30° = 0.866\,025 = \sin 60°$$

Zehner \ Einer	0	1	2	3	4	5	6	7	8	9	
50	433.0	433.9	434.7	435.6	436.5	437.3	438.2	439.1	439.9	440.8	50
51	441.7	442.5	443.4	444.3	445.1	446.0	446.9	447.7	448.6	449.5	51
52	450.3	451.2	452.1	452.9	453.8	454.7	455.5	456.4	457.3	458.1	52
53	459.0	459.9	460.7	461.6	462.5	463.3	464.2	465.1	465.9	466.8	53
54	467.7	468.5	469.4	470.3	471.1	472.0	472.8	473.7	474.6	475.4	54
55	476.3	477.2	478.0	478.9	479.8	480.6	481.5	482.4	483.2	484.1	55
56	485.0	485.8	486.7	487.6	488.4	489.3	490.2	491.0	491.9	492.8	56
57	493.6	494.5	495.4	496.2	497.1	498.0	498.8	499.7	500.6	501.4	57
58	502.3	503.2	504.0	504.9	505.8	506.6	507.5	508.4	509.2	510.1	58
59	511.0	511.8	512.7	513.6	514.4	515.3	516.2	517.0	517.9	518.7	59
60	519.6	520.5	521.3	522.2	523.1	523.9	524.8	525.7	526.5	527.4	60
61	528.3	529.1	530.0	530.9	531.7	532.6	533.5	534.3	535.2	536.1	61
62	536.9	537.8	538.7	539.5	540.4	541.3	542.1	543.0	543.9	544.7	62
63	545.6	546.5	547.3	548.2	549.1	549.9	550.8	551.7	552.5	553.4	63
64	554.3	555.1	556.0	556.9	557.7	558.6	559.5	560.3	561.2	562.1	64
65	562.9	563.8	564.6	565.5	566.4	567.2	568.1	569.0	569.8	570.7	65
66	571.6	572.4	573.3	574.2	575.0	575.9	576.8	577.6	578.5	579.4	66
67	580.2	581.1	582.0	582.8	583.7	584.6	585.4	586.3	587.2	588.0	67
68	588.9	589.8	590.6	591.5	592.4	593.2	594.1	595.0	595.8	596.7	68
69	597.6	598.4	599.3	600.2	601.0	601.9	602.8	603.6	604.5	605.4	69
70	606.2	607.1	607.9	608.8	609.7	610.5	611.4	612.3	613.1	614.0	70
71	614.9	615.7	616.6	617.5	618.3	619.2	620.1	620.9	621.8	622.7	71
72	623.5	624.4	625.3	626.1	627.0	627.9	628.7	629.6	630.5	631.3	72
73	632.2	633.1	633.9	634.8	635.7	636.5	637.4	638.3	639.1	640.0	73
74	640.9	641.7	642.6	643.5	644.3	645.2	646.1	646.9	647.8	648.7	74
75	649.5	650.4	651.3	652.1	653.0	653.8	654.7	655.6	656.4	657.3	75
76	658.2	659.0	659.9	660.8	661.6	662.5	663.4	664.2	665.1	666.0	76
77	666.8	667.7	668.6	669.4	670.3	671.2	672.0	672.9	673.8	674.6	77
78	675.5	676.4	677.2	678.1	679.0	679.8	680.7	681.6	682.4	683.3	78
79	684.2	685.0	685.9	686.8	687.6	688.5	689.4	690.2	691.1	692.0	79
80	692.8	693.7	694.6	695.4	696.3	697.2	698.0	698.9	699.7	700.6	80
81	701.5	702.3	703.2	704.1	704.9	705.8	706.7	707.5	708.4	709.3	81
82	710.1	711.0	711.9	712.7	713.6	714.5	715.3	716.2	717.1	717.9	82
83	718.8	719.7	720.5	721.4	722.3	723.1	724.0	724.9	725.7	726.6	83
84	727.5	728.3	729.2	730.1	730.9	731.8	732.7	733.5	734.4	735.3	84
85	736.1	737.0	737.9	738.7	739.6	740.5	741.3	742.2	743.0	743.9	85
86	744.8	745.6	746.5	747.4	748.2	749.1	750.0	750.8	751.7	752.6	86
87	753.4	754.3	755.2	756.0	756.9	757.8	758.6	759.5	760.4	761.2	87
88	762.1	763.0	763.8	764.7	765.6	766.4	767.3	768.2	769.0	769.9	88
89	770.8	771.6	772.5	773.4	774.2	775.1	776.0	776.8	777.7	778.6	89
90	779.4	780.3	781.2	782.0	782.9	783.8	784.6	785.5	786.4	787.2	90
91	788.1	788.9	789.8	790.7	791.5	792.4	793.3	794.1	795.0	795.9	91
92	796.7	797.6	798.5	799.3	800.2	801.1	801.9	802.8	803.7	804.5	92
93	805.4	806.3	807.1	808.0	808.9	809.7	810.5	811.5	812.3	813.2	93
94	814.1	814.9	815.8	816.7	817.5	818.4	819.3	820.1	821.0	821.9	94
95	822.7	823.6	824.5	825.3	826.2	827.1	827.9	828.8	829.7	830.5	95
96	831.4	832.2	833.1	834.0	834.8	835.7	836.6	837.4	838.3	839.2	96
97	840.0	840.9	841.8	842.6	843.5	844.4	845.2	846.1	847.0	847.8	97
98	848.7	849.6	850.4	851.3	852.2	853.0	853.9	854.8	855.6	856.5	98
99	857.4	858.2	859.1	860.0	860.8	861.7	862.6	863.4	864.3	865.2	99
100	866.0	866.9	867.8	868.6	869.5	870.4	871.2	872.1	873.0	873.8	100

0 — 509 $\cos 45° = 0.707107 = \sin 45°$

Zehner \ Einer	0	1	2	3	4	5	6	7	8	9	
0	0.0	0.7	1.4	2.1	2.8	3.5	4.2	4.9	5.7	6.4	0
1	7.1	7.8	8.5	9.2	9.9	10.6	11.3	12.0	12.7	13.4	1
2	14.1	14.8	15.6	16.3	17.0	17.7	18.4	19.1	19.8	20.5	2
3	21.2	21.9	22.6	23.3	24.0	24.7	25.5	26.2	26.9	27.6	3
4	28.3	29.0	29.7	30.4	31.1	31.8	32.5	33.2	33.9	34.6	4
5	35.4	36.1	36.8	37.5	38.2	38.9	39.6	40.3	41.0	41.7	5
6	42.4	43.1	43.8	44.5	45.3	46.0	46.7	47.4	48.1	48.8	6
7	49.5	50.2	50.9	51.6	52.3	53.0	53.7	54.4	55.2	55.9	7
8	56.6	57.3	58.0	58.7	59.4	60.1	60.8	61.5	62.2	62.9	8
9	63.6	64.3	65.1	65.8	66.5	67.2	67.9	68.6	69.3	70.0	9
10	70.7	71.4	72.1	72.8	73.5	74.2	75.0	75.7	76.4	77.1	10
11	77.8	78.5	79.2	79.9	80.6	81.3	82.0	82.7	83.4	84.1	11
12	84.9	85.6	86.3	87.0	87.7	88.4	89.1	89.8	90.5	91.2	12
13	91.9	92.6	93.3	94.0	94.8	95.5	96.2	96.9	97.6	98.3	13
14	99.0	99.7	100.4	101.1	101.8	102.5	103.2	103.9	104.7	105.4	14
15	106.1	106.8	107.5	108.2	108.9	109.6	110.3	111.0	111.7	112.4	15
16	113.1	113.8	114.6	115.3	116.0	116.7	117.4	118.1	118.8	119.5	16
17	120.2	120.9	121.6	122.3	123.0	123.7	124.5	125.2	125.9	126.6	17
18	127.3	128.0	128.7	129.4	130.1	130.8	131.5	132.2	132.9	133.6	18
19	134.4	135.1	135.8	136.5	137.2	137.9	138.6	139.3	140.0	140.7	19
20	141.4	142.1	142.8	143.5	144.2	145.0	145.7	146.4	147.1	147.8	20
21	148.5	149.2	149.9	150.6	151.3	152.0	152.7	153.4	154.1	154.9	21
22	155.6	156.3	157.0	157.7	158.4	159.1	159.8	160.5	161.2	161.9	22
23	162.6	163.3	164.0	164.8	165.5	166.2	166.9	167.6	168.3	169.0	23
24	169.7	170.4	171.1	171.8	172.5	173.2	173.9	174.7	175.4	176.1	24
25	176.8	177.5	178.2	178.9	179.6	180.3	181.0	181.7	182.4	183.1	25
26	183.8	184.6	185.3	186.0	186.7	187.4	188.1	188.8	189.5	190.2	26
27	190.9	191.6	192.3	193.0	193.7	194.5	195.2	195.9	196.6	197.3	27
28	198.0	198.7	199.4	200.1	200.8	201.5	202.2	202.9	203.6	204.4	28
29	205.1	205.8	206.5	207.2	207.9	208.6	209.3	210.0	210.7	211.4	29
30	212.1	212.8	213.5	214.3	215.0	215.7	216.4	217.1	217.8	218.5	30
31	219.2	219.9	220.6	221.3	222.0	222.7	223.4	224.2	224.9	225.6	31
32	226.3	227.0	227.7	228.4	229.1	229.8	230.5	231.2	231.9	232.6	32
33	233.3	234.1	234.8	235.5	236.2	236.9	237.6	238.3	239.0	239.7	33
34	240.4	241.1	241.8	242.5	243.2	244.0	244.7	245.4	246.1	246.8	34
35	247.5	248.2	248.9	249.6	250.3	251.0	251.7	252.4	253.1	253.9	35
36	254.6	255.3	256.0	256.7	257.4	258.1	258.8	259.5	260.2	260.9	36
37	261.6	262.3	263.0	263.8	264.5	265.2	265.9	266.6	267.3	268.0	37
38	268.7	269.4	270.1	270.8	271.5	272.2	272.9	273.7	274.4	275.1	38
39	275.8	276.5	277.2	277.9	278.6	279.3	280.0	280.7	281.4	282.1	39
40	282.8	283.5	284.3	285.0	285.7	286.4	287.1	287.8	288.5	289.2	40
41	289.9	290.6	291.3	292.0	292.7	293.4	294.2	294.9	295.6	296.3	41
42	297.0	297.7	298.4	299.1	299.8	300.5	301.2	301.9	302.6	303.3	42
43	304.1	304.8	305.5	306.2	306.9	307.6	308.3	309.0	309.7	310.4	43
44	311.1	311.8	312.5	313.2	314.0	314.7	315.4	316.1	316.8	317.5	44
45	318.2	318.9	319.6	320.3	321.0	321.7	322.4	323.1	323.9	324.6	45
46	325.3	326.0	326.7	327.4	328.1	328.8	329.5	330.2	330.9	331.6	46
47	332.3	333.0	333.8	334.5	335.2	335.9	336.6	337.3	338.0	338.7	47
48	339.4	340.1	340.8	341.5	342.2	342.9	343.7	344.4	345.1	345.8	48
49	346.5	347.2	347.9	348.6	349.3	350.0	350.7	351.4	352.1	352.8	49
50	353.6	354.3	355.0	355.7	356.4	357.1	357.8	358.5	359.2	359.9	50

$$\cos 45° = 0.707\,107 = \sin 45°$$

Zehner \ Einer	0	1	2	3	4	5	6	7	8	9	
50	353.6	354.3	355.0	355.7	356.4	357.1	357.8	358.5	359.2	359.9	50
51	360.6	361.3	362.0	362.7	363.5	364.2	364.9	365.6	366.3	367.0	51
52	367.7	368.4	369.1	369.8	370.5	371.2	371.9	372.6	373.4	374.1	52
53	374.8	375.5	376.2	376.9	377.6	378.3	379.0	379.7	380.4	381.1	53
54	381.8	382.5	383.3	384.0	384.7	385.4	386.1	386.8	387.5	388.2	54
55	388.9	389.6	390.3	391.0	391.7	392.4	393.2	393.9	394.6	395.3	55
56	396.0	396.7	397.4	398.1	398.8	399.5	400.2	400.9	401.6	402.3	56
57	403.1	403.8	404.5	405.2	405.9	406.6	407.3	408.0	408.7	409.4	57
58	410.1	410.8	411.5	412.2	413.0	413.7	414.4	415.1	415.8	416.5	58
59	417.2	417.9	418.6	419.3	420.0	420.7	421.4	422.1	422.8	423.6	59
60	424.3	425.0	425.7	426.4	427.1	427.8	428.5	429.2	429.9	430.6	60
61	431.3	432.0	432.7	433.5	434.2	434.9	435.6	436.3	437.0	437.7	61
62	438.4	439.1	439.8	440.5	441.2	441.9	442.6	443.4	444.1	444.8	62
63	445.5	446.2	446.9	447.6	448.3	449.0	449.7	450.4	451.1	451.8	63
64	452.5	453.3	454.0	454.7	455.4	456.1	456.8	457.5	458.2	458.9	64
65	459.6	460.3	461.0	461.7	462.4	463.2	463.9	464.6	465.3	466.0	65
66	466.7	467.4	468.1	468.8	469.5	470.2	470.9	471.6	472.3	473.1	66
67	473.8	474.5	475.2	475.9	476.6	477.3	478.0	478.7	479.4	480.1	67
68	480.8	481.5	482.2	483.0	483.7	484.4	485.1	485.8	486.5	487.2	68
69	487.9	488.6	489.3	490.0	490.7	491.4	492.1	492.9	493.6	494.3	69
70	495.0	495.7	496.4	497.1	497.8	498.5	499.2	499.9	500.6	501.3	70
71	502.0	502.8	503.5	504.2	504.9	505.6	506.3	507.0	507.7	508.4	71
72	509.1	509.8	510.5	511.2	511.9	512.7	513.4	514.1	514.8	515.5	72
73	516.2	516.9	517.6	518.3	519.0	519.7	520.4	521.1	521.8	522.6	73
74	523.3	524.0	524.7	525.4	526.1	526.8	527.5	528.2	528.9	529.6	74
75	530.3	531.0	531.7	532.5	533.2	533.9	534.6	535.3	536.0	536.7	75
76	537.4	538.1	538.8	539.5	540.2	540.9	541.6	542.4	543.1	543.8	76
77	544.5	545.2	545.9	546.6	547.3	548.0	548.7	549.4	550.1	550.8	77
78	551.5	552.3	553.0	553.7	554.4	555.1	555.8	556.5	557.2	557.9	78
79	558.6	559.3	560.0	560.7	561.4	562.2	562.9	563.6	564.3	565.0	79
80	565.7	566.4	567.1	567.8	568.5	569.2	569.9	570.6	571.3	572.0	80
81	572.8	573.5	574.2	574.9	575.6	576.3	577.0	577.7	578.4	579.1	81
82	579.8	580.5	581.2	581.9	582.7	583.4	584.1	584.8	585.5	586.2	82
83	586.9	587.6	588.3	589.0	589.7	590.4	591.1	591.8	592.6	593.3	83
84	594.0	594.7	595.4	596.1	596.8	597.5	598.2	598.9	599.6	600.3	84
85	601.0	601.7	602.5	603.2	603.9	604.6	605.3	606.0	606.7	607.4	85
86	608.1	608.8	609.5	610.2	610.9	611.6	612.4	613.1	613.8	614.5	86
87	615.2	615.9	616.6	617.3	618.0	618.7	619.4	620.1	620.8	621.5	87
88	622.3	623.0	623.7	624.4	625.1	625.8	626.5	627.2	627.9	628.6	88
89	629.3	630.0	630.7	631.4	632.2	632.9	633.6	634.3	635.0	635.7	89
90	636.4	637.1	637.8	638.5	639.2	639.9	640.6	641.3	642.1	642.8	90
91	643.5	644.2	644.9	645.6	646.3	647.0	647.7	648.4	649.1	649.8	91
92	650.5	651.2	652.0	652.7	653.4	654.1	654.8	655.5	656.2	656.9	92
93	657.6	658.3	659.0	659.7	660.4	661.1	661.9	662.6	663.3	664.0	93
94	664.7	665.4	666.1	666.8	667.5	668.2	668.9	669.6	670.3	671.0	94
95	671.8	672.5	673.2	673.9	674.6	675.3	676.0	676.7	677.4	678.1	95
96	678.8	679.5	680.2	680.9	681.7	682.4	683.1	683.8	684.5	685.2	96
97	685.9	686.6	687.3	688.0	688.7	689.4	690.1	690.8	691.6	692.3	97
98	693.0	693.7	694.4	695.1	695.8	696.5	697.2	697.9	698.6	699.3	98
99	700.0	700.7	701.5	702.2	702.9	703.6	704.3	705.0	705.7	706.4	99
100	707.1	707.8	708.5	709.2	709.9	710.6	711.3	712.1	712.8	713.5	100

0 — 509 $\cos 67°5 = 0.382683 = \sin 22°5$

Zehner \ Einer	0	1	2	3	4	5	6	7	8	9	
0	0.0	0.4	0.8	1.1	1.5	1.9	2.3	2.7	3.1	3.4	0
1	3.8	4.2	4.6	5.0	5.4	5.7	6.1	6.5	6.9	7.3	1
2	7.7	8.0	8.4	8.8	9.2	9.6	9.9	10.3	10.7	11.1	2
3	11.5	11.9	12.2	12.6	13.0	13.4	13.8	14.2	14.5	14.9	3
4	15.3	15.7	16.1	16.5	16.8	17.2	17.6	18.0	18.4	18.8	4
5	19.1	19.5	19.9	20.3	20.7	21.0	21.4	21.8	22.2	22.6	5
6	23.0	23.3	23.7	24.1	24.5	24.9	25.3	25.6	26.0	26.4	6
7	26.8	27.2	27.6	27.9	28.3	28.7	29.1	29.5	29.8	30.2	7
8	30.6	31.0	31.4	31.8	32.1	32.5	32.9	33.3	33.7	34.1	8
9	34.4	34.8	35.2	35.6	36.0	36.4	36.7	37.1	37.5	37.9	9
10	38.3	38.7	39.0	39.4	39.8	40.2	40.6	40.9	41.3	41.7	10
11	42.1	42.5	42.9	43.2	43.6	44.0	44.4	44.8	45.2	45.5	11
12	45.9	46.3	46.7	47.1	47.5	47.8	48.2	48.6	49.0	49.4	12
13	49.7	50.1	50.5	50.9	51.3	51.7	52.0	52.4	52.8	53.2	13
14	53.6	54.0	54.3	54.7	55.1	55.5	55.9	56.3	56.6	57.0	14
15	57.4	57.8	58.2	58.6	58.9	59.3	59.7	60.1	60.5	60.8	15
16	61.2	61.6	62.0	62.4	62.8	63.1	63.5	63.9	64.3	64.7	16
17	65.1	65.4	65.8	66.2	66.6	67.0	67.4	67.7	68.1	68.5	17
18	68.9	69.3	69.6	70.0	70.4	70.8	71.2	71.6	71.9	72.3	18
19	72.7	73.1	73.5	73.9	74.2	74.6	75.0	75.4	75.8	76.2	19
20	76.5	76.9	77.3	77.7	78.1	78.5	78.8	79.2	79.6	80.0	20
21	80.4	80.7	81.1	81.5	81.9	82.3	82.7	83.0	83.4	83.8	21
22	84.2	84.6	85.0	85.3	85.7	86.1	86.5	86.9	87.3	87.6	22
23	88.0	88.4	88.8	89.2	89.5	89.9	90.3	90.7	91.1	91.5	23
24	91.8	92.2	92.6	93.0	93.4	93.8	94.1	94.5	94.9	95.3	24
25	95.7	96.1	96.4	96.8	97.2	97.6	98.0	98.3	98.7	99.1	25
26	99.5	99.9	100.3	100.6	101.0	101.4	101.8	102.2	102.6	102.9	26
27	103.3	103.7	104.1	104.5	104.9	105.2	105.6	106.0	106.4	106.8	27
28	107.2	107.5	107.9	108.3	108.7	109.1	109.4	109.8	110.2	110.6	28
29	111.0	111.4	111.7	112.1	112.5	112.9	113.3	113.7	114.0	114.4	29
30	114.8	115.2	115.6	116.0	116.3	116.7	117.1	117.5	117.9	118.2	30
31	118.6	119.0	119.4	119.8	120.2	120.5	120.9	121.3	121.7	122.1	31
32	122.5	122.8	123.2	123.6	124.0	124.4	124.8	125.1	125.5	125.9	32
33	126.3	126.7	127.1	127.4	127.8	128.2	128.6	129.0	129.3	129.7	33
34	130.1	130.5	130.9	131.3	131.6	132.0	132.4	132.8	133.2	133.6	34
35	133.9	134.3	134.7	135.1	135.5	135.9	136.2	136.6	137.0	137.4	35
36	137.8	138.1	138.5	138.9	139.3	139.7	140.1	140.4	140.8	141.2	36
37	141.6	142.0	142.4	142.7	143.1	143.5	143.9	144.3	144.7	145.0	37
38	145.4	145.8	146.2	146.6	147.0	147.3	147.7	148.1	148.5	148.9	38
39	149.2	149.6	150.0	150.4	150.8	151.2	151.5	151.9	152.3	152.7	39
40	153.1	153.5	153.8	154.2	154.6	155.0	155.4	155.8	156.1	156.5	40
41	156.9	157.3	157.7	158.0	158.4	158.8	159.2	159.6	160.0	160.3	41
42	160.7	161.1	161.5	161.9	162.3	162.6	163.0	163.4	163.8	164.2	42
43	164.6	164.9	165.3	165.7	166.1	166.5	166.8	167.2	167.6	168.0	43
44	168.4	168.8	169.1	169.5	169.9	170.3	170.7	171.1	171.4	171.8	44
45	172.2	172.6	173.0	173.4	173.7	174.1	174.5	174.9	175.3	175.7	45
46	176.0	176.4	176.8	177.2	177.6	177.9	178.3	178.7	179.1	179.5	46
47	179.9	180.2	180.6	181.0	181.4	181.8	182.2	182.5	182.9	183.3	47
48	183.7	184.1	184.5	184.8	185.2	185.6	186.0	186.4	186.7	187.1	48
49	187.5	187.9	188.3	188.7	189.0	189.4	189.8	190.2	190.6	191.0	49
50	191.3	191.7	192.1	192.5	192.9	193.3	193.6	194.0	194.4	194.8	50

$$\cos 67°5 = 0.382683 = \sin 22°5$$

Einer / Zehner	0	1	2	3	4	5	6	7	8	9	
50	191.3	191.7	192.1	192.5	192.9	193.3	193.6	194.0	194.4	194.8	50
51	195.2	195.6	195.9	196.3	196.7	197.1	197.5	197.8	198.2	198.6	51
52	199.0	199.4	199.8	200.1	200.5	200.9	201.3	201.7	202.1	202.4	52
53	202.8	203.2	203.6	204.0	204.4	204.7	205.1	205.5	205.9	206.3	53
54	206.6	207.0	207.4	207.8	208.2	208.6	208.9	209.3	209.7	210.1	54
55	210.5	210.9	211.2	211.6	212.0	212.4	212.8	213.2	213.5	213.9	55
56	214.3	214.7	215.1	215.5	215.8	216.2	216.6	217.0	217.4	217.7	56
57	218.1	218.5	218.9	219.3	219.7	220.0	220.4	220.8	221.2	221.6	57
58	222.0	222.3	222.7	223.1	223.5	223.9	224.3	224.6	225.0	225.4	58
59	225.8	226.2	226.5	226.9	227.3	227.7	228.1	228.5	228.8	229.2	59
60	229.6	230.0	230.4	230.8	231.1	231.5	231.9	232.3	232.7	233.1	60
61	233.4	233.8	234.2	234.6	235.0	235.4	235.7	236.1	236.5	236.9	61
62	237.3	237.6	238.0	238.4	238.8	239.2	239.6	239.9	240.3	240.7	62
63	241.1	241.5	241.9	242.2	242.6	243.0	243.4	243.8	244.2	244.5	63
64	244.9	245.3	245.7	246.1	246.4	246.8	247.2	247.6	248.0	248.4	64
65	248.7	249.1	249.5	249.9	250.3	250.7	251.0	251.4	251.8	252.2	65
66	252.6	253.0	253.3	253.7	254.1	254.5	254.9	255.2	255.6	256.0	66
67	256.4	256.8	257.2	257.5	257.9	258.3	258.7	259.1	259.5	259.8	67
68	260.2	260.6	261.0	261.4	261.8	262.1	262.5	262.9	263.3	263.7	68
69	264.1	264.4	264.8	265.2	265.6	266.0	266.3	266.7	267.1	267.5	69
70	267.9	268.3	268.6	269.0	269.4	269.8	270.2	270.6	270.9	271.3	70
71	271.7	272.1	272.5	272.9	273.2	273.6	274.0	274.4	274.8	275.1	71
72	275.5	275.9	276.3	276.7	277.1	277.4	277.8	278.2	278.6	279.0	72
73	279.4	279.7	280.1	280.5	280.9	281.3	281.7	282.0	282.4	282.8	73
74	283.2	283.6	284.0	284.3	284.7	285.1	285.5	285.9	286.2	286.6	74
75	287.0	287.4	287.8	288.2	288.5	288.9	289.3	289.7	290.1	290.5	75
76	290.8	291.2	291.6	292.0	292.4	292.8	293.1	293.5	293.9	294.3	76
77	294.7	295.0	295.4	295.8	296.2	296.6	297.0	297.3	297.7	298.1	77
78	298.5	298.9	299.3	299.6	300.0	300.4	300.8	301.2	301.6	301.9	78
79	302.3	302.7	303.1	303.5	303.9	304.2	304.6	305.0	305.4	305.8	79
80	306.1	306.5	306.9	307.3	307.7	308.1	308.4	308.8	309.2	309.6	80
81	310.0	310.4	310.7	311.1	311.5	311.9	312.3	312.7	313.0	313.4	81
82	313.8	314.2	314.6	314.9	315.3	315.7	316.1	316.5	316.9	317.2	82
83	317.6	318.0	318.4	318.8	319.2	319.5	319.9	320.3	320.7	321.1	83
84	321.5	321.8	322.2	322.6	323.0	323.4	323.7	324.1	324.5	324.9	84
85	325.3	325.7	326.0	326.4	326.8	327.2	327.6	328.0	328.3	328.7	85
86	329.1	329.5	329.9	330.3	330.6	331.0	331.4	331.8	332.2	332.6	86
87	332.9	333.3	333.7	334.1	334.5	334.8	335.2	335.6	336.0	336.4	87
88	336.8	337.1	337.5	337.9	338.3	338.7	339.1	339.4	339.8	340.2	88
89	340.6	341.0	341.4	341.7	342.1	342.5	342.9	343.3	343.6	344.0	89
90	344.4	344.8	345.2	345.6	345.9	346.3	346.7	347.1	347.5	347.9	90
91	348.2	348.6	349.0	349.4	349.8	350.2	350.5	350.9	351.3	351.7	91
92	352.1	352.5	352.8	353.2	353.6	354.0	354.4	354.7	355.1	355.5	92
93	355.9	356.3	356.7	357.0	357.4	357.8	358.2	358.6	359.0	359.3	93
94	359.7	360.1	360.5	360.9	361.3	361.6	362.0	362.4	362.8	363.2	94
95	363.5	363.9	364.3	364.7	365.1	365.5	365.8	366.2	366.6	367.0	95
96	367.4	367.8	368.1	368.5	368.9	369.3	369.7	370.1	370.4	370.8	96
97	371.2	371.6	372.0	372.4	372.7	373.1	373.5	373.9	374.3	374.6	97
98	375.0	375.4	375.8	376.2	376.6	376.9	377.3	377.7	378.1	378.5	98
99	378.9	379.2	379.6	380.0	380.4	380.8	381.2	381.5	381.9	382.3	99
100	382.7	383.1	383.4	383.8	384.2	384.6	385.0	385.4	385.7	386.1	100

3*

0 — 509   cos $75° = 0.258819 = $ sin $15°$

Zehner \ Einer	0	1	2	3	4	5	6	7	8	9	
0	0.0	0.3	0.5	0.8	1.0	1.3	1.6	1.8	2.1	2.3	0
1	2.6	2.8	3.1	3.4	3.6	3.9	4.1	4.4	4.7	4.9	1
2	5.2	5.4	5.7	6.0	6.2	6.5	6.7	7.0	7.2	7.5	2
3	7.8	8.0	8.3	8.5	8.8	9.1	9.3	9.6	9.8	10.1	3
4	10.4	10.6	10.9	11.1	11.4	11.6	11.9	12.2	12.4	12.7	4
5	12.9	13.2	13.5	13.7	14.0	14.2	14.5	14.8	15.0	15.3	5
6	15.5	15.8	16.0	16.3	16.6	16.8	17.1	17.3	17.6	17.9	6
7	18.1	18.4	18.6	18.9	19.2	19.4	19.7	19.9	20.2	20.4	7
8	20.7	21.0	21.2	21.5	21.7	22.0	22.3	22.5	22.8	23.0	8
9	23.3	23.6	23.8	24.1	24.3	24.6	24.8	25.1	25.4	25.6	9
10	25.9	26.1	26.4	26.7	26.9	27.2	27.4	27.7	28.0	28.2	10
11	28.5	28.7	29.0	29.2	29.5	29.8	30.0	30.3	30.5	30.8	11
12	31.1	31.3	31.6	31.8	32.1	32.4	32.6	32.9	33.1	33.4	12
13	33.6	33.9	34.2	34.4	34.7	34.9	35.2	35.5	35.7	36.0	13
14	36.2	36.5	36.8	37.0	37.3	37.5	37.8	38.0	38.3	38.6	14
15	38.8	39.1	39.3	39.6	39.9	40.1	40.4	40.6	40.9	41.2	15
16	41.4	41.7	41.9	42.2	42.4	42.7	43.0	43.2	43.5	43.7	16
17	44.0	44.3	44.5	44.8	45.0	45.3	45.6	45.8	46.1	46.3	17
18	46.6	46.8	47.1	47.4	47.6	47.9	48.1	48.4	48.7	48.9	18
19	49.2	49.4	49.7	50.0	50.2	50.5	50.7	51.0	51.2	51.5	19
20	51.8	52.0	52.3	52.5	52.8	53.1	53.3	53.6	53.8	54.1	20
21	54.4	54.6	54.9	55.1	55.4	55.6	55.9	56.2	56.4	56.7	21
22	56.9	57.2	57.5	57.7	58.0	58.2	58.5	58.8	59.0	59.3	22
23	59.5	59.8	60.0	60.3	60.6	60.8	61.1	61.3	61.6	61.9	23
24	62.1	62.4	62.6	62.9	63.2	63.4	63.7	63.9	64.2	64.4	24
25	64.7	65.0	65.2	65.5	65.7	66.0	66.3	66.5	66.8	67.0	25
26	67.3	67.6	67.8	68.1	68.3	68.6	68.8	69.1	69.4	69.6	26
27	69.9	70.1	70.4	70.7	70.9	71.2	71.4	71.7	72.0	72.2	27
28	72.5	72.7	73.0	73.2	73.5	73.8	74.0	74.3	74.5	74.8	28
29	75.1	75.3	75.6	75.8	76.1	76.4	76.6	76.9	77.1	77.4	29
30	77.6	77.9	78.2	78.4	78.7	78.9	79.2	79.5	79.7	80.0	30
31	80.2	80.5	80.8	81.0	81.3	81.5	81.8	82.0	82.3	82.6	31
32	82.8	83.1	83.3	83.6	83.9	84.1	84.4	84.6	84.9	85.2	32
33	85.4	85.7	85.9	86.2	86.4	86.7	87.0	87.2	87.5	87.7	33
34	88.0	88.3	88.5	88.8	89.0	89.3	89.6	89.8	90.1	90.3	34
35	90.6	90.8	91.1	91.4	91.6	91.9	92.1	92.4	92.7	92.9	35
36	93.2	93.4	93.7	94.0	94.2	94.5	94.7	95.0	95.2	95.5	36
37	95.8	96.0	96.3	96.5	96.8	97.1	97.3	97.6	97.8	98.1	37
38	98.4	98.6	98.9	99.1	99.4	99.6	99.9	100.2	100.4	100.7	38
39	100.9	101.2	101.5	101.7	102.0	102.2	102.5	102.8	103.0	103.3	39
40	103.5	103.8	104.0	104.3	104.6	104.8	105.1	105.3	105.6	105.9	40
41	106.1	106.4	106.6	106.9	107.2	107.4	107.7	107.9	108.2	108.4	41
42	108.7	109.0	109.2	109.5	109.7	110.0	110.3	110.5	110.8	111.0	42
43	111.3	111.6	111.8	112.1	112.3	112.6	112.8	113.1	113.4	113.6	43
44	113.9	114.1	114.4	114.7	114.9	115.2	115.4	115.7	116.0	116.2	44
45	116.5	116.7	117.0	117.2	117.5	117.8	118.0	118.3	118.5	118.8	45
46	119.1	119.3	119.6	119.8	120.1	120.4	120.6	120.9	121.1	121.4	46
47	121.6	121.9	122.2	122.4	122.7	122.9	123.2	123.5	123.7	124.0	47
48	124.2	124.5	124.8	125.0	125.3	125.5	125.8	126.0	126.3	126.6	48
49	126.8	127.1	127.3	127.6	127.9	128.1	128.4	128.6	128.9	129.2	49
50	129.4	129.7	129.9	130.2	130.4	130.7	131.0	131.2	131.5	131.7	50

$$\cos 75° = 0.258\,819 = \sin 15°$$

Einer / Zehner	0	1	2	3	4	5	6	7	8	9	
50	129.4	129.7	129.9	130.2	130.4	130.7	131.0	131.2	131.5	131.7	50
51	132.0	132.3	132.5	132.8	133.0	133.3	133.6	133.8	134.1	134.3	51
52	134.6	134.8	135.1	135.4	135.6	135.9	136.1	136.4	136.7	136.9	52
53	137.2	137.4	137.7	138.0	138.2	138.5	138.7	139.0	139.2	139.5	53
54	139.8	140.0	140.3	140.5	140.8	141.1	141.3	141.6	141.8	142.1	54
55	142.4	142.6	142.9	143.1	143.4	143.6	143.9	144.2	144.4	144.7	55
56	144.9	145.2	145.5	145.7	146.0	146.2	146.5	146.8	147.0	147.3	56
57	147.5	147.8	148.0	148.3	148.6	148.8	149.1	149.3	149.6	149.9	57
58	150.1	150.4	150.6	150.9	151.2	151.4	151.7	151.9	152.2	152.4	58
59	152.7	153.0	153.2	153.5	153.7	154.0	154.3	154.5	154.8	155.0	59
60	155.3	155.6	155.8	156.1	156.3	156.6	156.8	157.1	157.4	157.6	60
61	157.9	158.1	158.4	158.7	158.9	159.2	159.4	159.7	160.0	160.2	61
62	160.5	160.7	161.0	161.2	161.5	161.8	162.0	162.3	162.5	162.8	62
63	163.1	163.3	163.6	163.8	164.1	164.4	164.6	164.9	165.1	165.4	63
64	165.6	165.9	166.2	166.4	166.7	166.9	167.2	167.5	167.7	168.0	64
65	168.2	168.5	168.7	169.0	169.3	169.5	169.8	170.0	170.3	170.6	65
66	170.8	171.1	171.3	171.6	171.9	172.1	172.4	172.6	172.9	173.1	66
67	173.4	173.7	173.9	174.2	174.4	174.7	175.0	175.2	175.5	175.7	67
68	176.0	176.3	176.5	176.8	177.0	177.3	177.5	177.8	178.1	178.3	68
69	178.6	178.8	179.1	179.4	179.6	179.9	180.1	180.4	180.7	180.9	69
70	181.2	181.4	181.7	181.9	182.2	182.5	182.7	183.0	183.2	183.5	70
71	183.8	184.0	184.3	184.5	184.8	185.1	185.3	185.6	185.8	186.1	71
72	186.3	186.6	186.9	187.1	187.4	187.6	187.9	188.2	188.4	188.7	72
73	188.9	189.2	189.5	189.7	190.0	190.2	190.5	190.7	191.0	191.3	73
74	191.5	191.8	192.0	192.3	192.6	192.8	193.1	193.3	193.6	193.9	74
75	194.1	194.4	194.6	194.9	195.1	195.4	195.7	195.9	196.2	196.4	75
76	196.7	197.0	197.2	197.5	197.7	198.0	198.3	198.5	198.8	199.0	76
77	199.3	199.5	199.8	200.1	200.3	200.6	200.8	201.1	201.4	201.6	77
78	201.9	202.1	202.4	202.7	202.9	203.2	203.4	203.7	203.9	204.2	78
79	204.5	204.7	205.0	205.2	205.5	205.8	206.0	206.3	206.5	206.8	79
80	207.1	207.3	207.6	207.8	208.1	208.3	208.6	208.9	209.1	209.4	80
81	209.6	209.9	210.2	210.4	210.7	210.9	211.2	211.5	211.7	212.0	81
82	212.2	212.5	212.7	213.0	213.3	213.5	213.8	214.0	214.3	214.6	82
83	214.8	215.1	215.3	215.6	215.9	216.1	216.4	216.6	216.9	217.1	83
84	217.4	217.7	217.9	218.2	218.4	218.7	219.0	219.2	219.5	219.7	84
85	220.0	220.3	220.5	220.8	221.0	221.3	221.5	221.8	222.1	222.3	85
86	222.6	222.8	223.1	223.4	223.6	223.9	224.1	224.4	224.7	224.9	86
87	225.2	225.4	225.7	225.9	226.2	226.5	226.7	227.0	227.2	227.5	87
88	227.8	228.0	228.3	228.5	228.8	229.1	229.3	229.6	229.8	230.1	88
89	230.3	230.6	230.9	231.1	231.4	231.6	231.9	232.2	232.4	232.7	89
90	232.9	233.2	233.5	233.7	234.0	234.2	234.5	234.7	235.0	235.3	90
91	235.5	235.8	236.0	236.3	236.6	236.8	237.1	237.3	237.6	237.9	91
92	238.1	238.4	238.6	238.9	239.1	239.4	239.7	239.9	240.2	240.4	92
93	240.7	241.0	241.2	241.5	241.7	242.0	242.3	242.5	242.8	243.0	93
94	243.3	243.5	243.8	244.1	244.3	244.6	244.8	245.1	245.4	245.6	94
95	245.9	246.1	246.4	246.7	246.9	247.2	247.4	247.7	247.9	248.2	95
96	248.5	248.7	249.0	249.2	249.5	249.8	250.0	250.3	250.5	250.8	96
97	251.1	251.3	251.6	251.8	252.1	252.3	252.6	252.9	253.1	253.4	97
98	253.6	253.9	254.2	254.4	254.7	254.9	255.2	255.5	255.7	256.0	98
99	256.2	256.5	256.7	257.0	257.3	257.5	257.8	258.0	258.3	258.6	99
100	258.8	259.1	259.3	259.6	259.9	260.1	260.4	260.6	260.9	261.1	100

Tafel II b

sin

	1°	2°	3°	4°	5°	6°	7°	8°	9°	10°	11°	12°	13°	14°	15°	
1	0.02	0.03	0.05	0.07	0.09	0.10	0.12	0.14	0.16	0.17	0.19	0.21	0.22	0.24	0.26	1
2	0.03	0.07	0.10	0.14	0.17	0.21	0.24	0.28	0.31	0.35	0.38	0.42	0.45	0.48	0.52	2
3	0.05	0.10	0.16	0.21	0.26	0.31	0.37	0.42	0.47	0.52	0.57	0.62	0.67	0.73	0.78	3
4	0.07	0.14	0.21	0.28	0.35	0.42	0.49	0.56	0.63	0.69	0.76	0.83	0.90	0.97	1.04	4
5	0.09	0.17	0.26	0.35	0.44	0.52	0.61	0.70	0.78	0.87	0.95	1.04	1.12	1.21	1.29	5
6	0.10	0.21	0.31	0.42	0.52	0.63	0.73	0.84	0.94	1.04	1.14	1.25	1.35	1.45	1.55	6
7	0.12	0.24	0.37	0.49	0.61	0.73	0.85	0.97	1.10	1.22	1.34	1.46	1.57	1.69	1.81	7
8	0.14	0.28	0.42	0.56	0.70	0.84	0.97	1.11	1.25	1.39	1.53	1.66	1.80	1.94	2.07	8
9	0.16	0.31	0.47	0.63	0.78	0.94	1.10	1.25	1.41	1.56	1.72	1.87	2.02	2.18	2.33	9
10	0.17	0.35	0.52	0.70	0.87	1.05	1.22	1.39	1.56	1.74	1.91	2.08	2.25	2.42	2.59	10
11	0.19	0.38	0.58	0.77	0.96	1.15	1.34	1.53	1.72	1.91	2.10	2.29	2.47	2.66	2.85	11
12	0.21	0.42	0.63	0.84	1.05	1.25	1.46	1.67	1.88	2.08	2.29	2.49	2.70	2.90	3.11	12
13	0.23	0.45	0.68	0.91	1.13	1.36	1.58	1.81	2.03	2.26	2.48	2.70	2.92	3.14	3.36	13
14	0.24	0.49	0.73	0.98	1.22	1.46	1.71	1.95	2.19	2.43	2.67	2.91	3.15	3.39	3.62	14
15	0.26	0.52	0.79	1.05	1.31	1.57	1.83	2.09	2.35	2.60	2.86	3.12	3.37	3.63	3.88	15
16	0.28	0.56	0.84	1.12	1.39	1.67	1.95	2.23	2.50	2.78	3.05	3.33	3.60	3.87	4.14	16
17	0.30	0.59	0.89	1.19	1.48	1.78	2.07	2.37	2.66	2.95	3.24	3.53	3.82	4.11	4.40	17
18	0.31	0.63	0.94	1.26	1.57	1.88	2.19	2.51	2.82	3.13	3.43	3.74	4.05	4.35	4.66	18
19	0.33	0.66	0.99	1.33	1.66	1.99	2.32	2.64	2.97	3.30	3.63	3.95	4.27	4.60	4.92	19
20	0.35	0.70	1.05	1.40	1.74	2.09	2.44	2.78	3.13	3.47	3.82	4.16	4.50	4.84	5.18	20
21	0.37	0.73	1.10	1.46	1.83	2.20	2.56	2.92	3.29	3.65	4.01	4.37	4.72	5.08	5.44	21
22	0.38	0.77	1.15	1.53	1.92	2.30	2.68	3.06	3.44	3.82	4.20	4.57	4.95	5.32	5.69	22
23	0.40	0.80	1.20	1.60	2.00	2.40	2.80	3.20	3.60	3.99	4.39	4.78	5.17	5.56	5.95	23
24	0.42	0.84	1.26	1.67	2.09	2.51	2.92	3.34	3.75	4.17	4.58	4.99	5.40	5.81	6.21	24
25	0.44	0.87	1.31	1.74	2.18	2.61	3.05	3.48	3.91	4.34	4.77	5.20	5.62	6.05	6.47	25
26	0.45	0.91	1.36	1.81	2.27	2.72	3.17	3.62	4.07	4.51	4.96	5.41	5.85	6.29	6.73	26
27	0.47	0.94	1.41	1.88	2.35	2.82	3.29	3.76	4.22	4.69	5.15	5.61	6.07	6.53	6.99	27
28	0.49	0.98	1.47	1.95	2.44	2.93	3.41	3.90	4.38	4.86	5.34	5.82	6.30	6.77	7.25	28
29	0.51	1.01	1.52	2.02	2.53	3.03	3.53	4.04	4.54	5.04	5.53	6.03	6.52	7.02	7.51	29
30	0.52	1.05	1.57	2.09	2.61	3.14	3.66	4.18	4.69	5.21	5.72	6.24	6.75	7.26	7.76	30
31	0.54	1.08	1.62	2.16	2.70	3.24	3.78	4.31	4.85	5.38	5.92	6.45	6.97	7.50	8.02	31
32	0.56	1.12	1.67	2.23	2.79	3.35	3.90	4.45	5.01	5.56	6.11	6.65	7.20	7.74	8.28	32
33	0.58	1.15	1.73	2.30	2.88	3.45	4.02	4.59	5.16	5.73	6.30	6.86	7.42	7.98	8.54	33
34	0.59	1.19	1.78	2.37	2.96	3.55	4.14	4.73	5.32	5.90	6.49	7.07	7.65	8.23	8.80	34
35	0.61	1.22	1.83	2.44	3.05	3.66	4.27	4.87	5.48	6.08	6.68	7.28	7.87	8.47	9.06	35
36	0.63	1.26	1.88	2.51	3.14	3.76	4.39	5.01	5.63	6.25	6.87	7.48	8.10	8.71	9.32	36
37	0.65	1.29	1.94	2.58	3.22	3.87	4.51	5.15	5.79	6.42	7.06	7.69	8.32	8.95	9.58	37
38	0.66	1.33	1.99	2.65	3.31	3.97	4.63	5.29	5.94	6.60	7.25	7.90	8.55	9.19	9.84	38
39	0.68	1.36	2.04	2.72	3.40	4.08	4.75	5.43	6.10	6.77	7.44	8.11	8.77	9.43	10.09	39
40	0.70	1.40	2.09	2.79	3.49	4.18	4.87	5.57	6.26	6.95	7.63	8.32	9.00	9.68	10.35	40
41	0.72	1.43	2.15	2.86	3.57	4.29	5.00	5.71	6.41	7.12	7.82	8.52	9.22	9.92	10.61	41
42	0.73	1.47	2.20	2.93	3.66	4.39	5.12	5.85	6.57	7.29	8.01	8.73	9.45	10.16	10.87	42
43	0.75	1.50	2.25	3.00	3.75	4.49	5.24	5.98	6.73	7.47	8.20	8.94	9.67	10.40	11.13	43
44	0.77	1.54	2.30	3.07	3.83	4.60	5.36	6.12	6.88	7.64	8.40	9.15	9.90	10.64	11.39	44
45	0.79	1.57	2.36	3.14	3.92	4.70	5.48	6.26	7.04	7.81	8.59	9.36	10.12	10.89	11.65	45
46	0.80	1.61	2.41	3.21	4.01	4.81	5.61	6.40	7.20	7.99	8.78	9.56	10.35	11.13	11.91	46
47	0.82	1.64	2.46	3.28	4.10	4.91	5.73	6.54	7.35	8.16	8.97	9.77	10.57	11.37	12.16	47
48	0.84	1.68	2.51	3.35	4.18	5.02	5.85	6.68	7.51	8.34	9.16	9.98	10.80	11.61	12.42	48
49	0.86	1.71	2.56	3.42	4.27	5.12	5.97	6.82	7.67	8.51	9.35	10.19	11.02	11.85	12.68	49
50	0.87	1.74	2.62	3.49	4.36	5.23	6.09	6.96	7.82	8.68	9.54	10.40	11.25	12.10	12.94	50
	89°	88°	87°	86°	85°	84°	83°	82°	81°	80°	79°	78°	77°	76°	75°	

cos

sin

	1°	2°	3°	4°	5°	6°	7°	8°	9°	10°	11°	12°	13°	14°	15°	
51	0.89	1.78	2.67	3.56	4.44	5.33	6.22	7.10	7.98	8.86	9.73	10.60	11.47	12.34	13.20	51
52	0.91	1.81	2.72	3.63	4.53	5.44	6.34	7.24	8.13	9.03	9.92	10.81	11.70	12.58	13.46	52
53	0.92	1.85	2.77	3.70	4.62	5.54	6.46	7.38	8.29	9.20	10.11	11.02	11.92	12.82	13.72	53
54	0.94	1.88	2.83	3.77	4.71	5.64	6.58	7.52	8.45	9.38	10.30	11.23	12.15	13.06	13.98	54
55	0.96	1.92	2.88	3.84	4.79	5.75	6.70	7.65	8.60	9.55	10.49	11.44	12.37	13.31	14.24	55
56	0.98	1.95	2.93	3.91	4.88	5.85	6.82	7.79	8.76	9.72	10.69	11.64	12.60	13.55	14.49	56
57	0.99	1.99	2.98	3.98	4.97	5.96	6.95	7.93	8.92	9.90	10.88	11.85	12.82	13.79	14.75	57
58	1.01	2.02	3.04	4.05	5.06	6.06	7.07	8.07	9.07	10.07	11.07	12.06	13.05	14.03	15.04	58
59	1.03	2.06	3.09	4.12	5.14	6.17	7.19	8.21	9.23	10.25	11.26	12.27	13.27	14.27	15.27	59
60	1.05	2.09	3.14	4.19	5.23	6.27	7.31	8.35	9.39	10.42	11.45	12.47	13.50	14.52	15.53	60
61	1.06	2.13	3.19	4.26	5.32	6.38	7.43	8.49	9.54	10.59	11.64	12.68	13.72	14.76	15.79	61
62	1.08	2.16	3.24	4.32	5.40	6.48	7.56	8.63	9.70	10.77	11.83	12.89	13.95	15.00	16.05	62
63	1.10	2.20	3.30	4.39	5.49	6.59	7.68	8.77	9.86	10.94	12.02	13.10	14.17	15.24	16.31	63
64	1.12	2.23	3.35	4.46	5.58	6.69	7.80	8.91	10.01	11.11	12.21	13.31	14.40	15.48	16.56	64
65	1.13	2.27	3.40	4.53	5.67	6.79	7.92	9.05	10.17	11.29	12.40	13.51	14.62	15.72	16.82	65
66	1.15	2.30	3.45	4.60	5.75	6.90	8.04	9.19	10.32	11.46	12.59	13.72	14.85	15.97	17.08	66
67	1.17	2.34	3.51	4.67	5.84	7.00	8.17	9.32	10.48	11.63	12.78	13.93	15.07	16.21	17.34	67
68	1.19	2.37	3.56	4.74	5.93	7.11	8.29	9.46	10.64	11.81	12.98	14.14	15.30	16.45	17.60	68
69	1.20	2.41	3.61	4.81	6.01	7.21	8.41	9.60	10.79	11.98	13.17	14.35	15.52	16.69	17.86	69
70	1.22	2.44	3.66	4.88	6.10	7.32	8.53	9.74	10.95	12.16	13.36	14.55	15.75	16.93	18.12	70
71	1.24	2.48	3.72	4.95	6.19	7.42	8.65	9.88	11.11	12.33	13.55	14.76	15.97	17.18	18.38	71
72	1.26	2.51	3.77	5.02	6.28	7.53	8.77	10.02	11.26	12.50	13.74	14.97	16.20	17.42	18.63	72
73	1.27	2.55	3.82	5.09	6.36	7.63	8.90	10.16	11.42	12.68	13.93	15.18	16.42	17.66	18.89	73
74	1.29	2.58	3.87	5.16	6.45	7.74	9.02	10.30	11.58	12.85	14.12	15.39	16.65	17.90	19.15	74
75	1.31	2.62	3.93	5.23	6.54	7.84	9.14	10.44	11.73	13.02	14.31	15.59	16.87	18.14	19.41	75
76	1.33	2.65	3.98	5.30	6.62	7.94	9.26	10.58	11.89	13.20	14.50	15.80	17.10	18.39	19.67	76
77	1.34	2.69	4.03	5.37	6.71	8.05	9.38	10.72	12.05	13.37	14.69	16.01	17.32	18.63	19.93	77
78	1.36	2.72	4.08	5.44	6.80	8.15	9.51	10.86	12.20	13.54	14.88	16.22	17.55	18.87	20.19	78
79	1.38	2.76	4.13	5.51	6.89	8.26	9.63	10.99	12.36	13.72	15.07	16.43	17.77	19.11	20.45	79
80	1.40	2.79	4.19	5.58	6.97	8.36	9.75	11.13	12.51	13.89	15.26	16.63	18.00	19.35	20.71	80
81	1.41	2.83	4.24	5.65	7.06	8.47	9.87	11.27	12.67	14.07	15.46	16.84	18.22	19.60	20.96	81
82	1.43	2.86	4.29	5.72	7.15	8.57	9.99	11.41	12.83	14.24	15.65	17.05	18.45	19.84	21.22	82
83	1.45	2.90	4.34	5.79	7.23	8.68	10.12	11.55	12.98	14.41	15.84	17.26	18.67	20.08	21.48	83
84	1.47	2.93	4.40	5.86	7.32	8.78	10.24	11.69	13.14	14.59	16.03	17.46	18.90	20.32	21.74	84
85	1.48	2.97	4.45	5.93	7.41	8.88	10.36	11.83	13.30	14.76	16.22	17.67	19.12	20.56	22.00	85
86	1.50	3.00	4.50	6.00	7.50	8.99	10.48	11.97	13.45	14.93	16.41	17.88	19.35	20.81	22.26	86
87	1.52	3.04	4.55	6.07	7.58	9.09	10.60	12.11	13.61	15.11	16.60	18.09	19.57	21.05	22.52	87
88	1.54	3.07	4.61	6.14	7.67	9.20	10.72	12.25	13.77	15.28	16.79	18.30	19.80	21.29	22.78	88
89	1.55	3.11	4.66	6.21	7.76	9.30	10.85	12.39	13.92	15.45	16.98	18.50	20.02	21.53	23.03	89
90	1.57	3.14	4.71	6.28	7.84	9.41	10.97	12.53	14.08	15.63	17.17	18.71	20.25	21.77	23.29	90
91	1.59	3.18	4.76	6.35	7.93	9.51	11.09	12.66	14.24	15.80	17.36	18.92	20.47	22.01	23.55	91
92	1.61	3.21	4.81	6.42	8.02	9.62	11.21	12.80	14.39	15.98	17.55	19.13	20.70	22.26	23.81	92
93	1.62	3.25	4.87	6.49	8.11	9.72	11.33	12.94	14.55	16.15	17.75	19.34	20.92	22.50	24.07	93
94	1.64	3.28	4.92	6.56	8.19	9.83	11.46	13.08	14.70	16.32	17.94	19.54	21.15	22.74	24.33	94
95	1.66	3.32	4.97	6.63	8.28	9.93	11.58	13.22	14.86	16.50	18.13	19.75	21.37	22.98	24.59	95
96	1.68	3.35	5.02	6.70	8.37	10.03	11.70	13.36	15.02	16.67	18.32	19.96	21.60	23.22	24.85	96
97	1.69	3.39	5.08	6.77	8.45	10.14	11.82	13.50	15.17	16.84	18.51	20.17	21.82	23.47	25.11	97
98	1.71	3.42	5.13	6.84	8.54	10.24	11.94	13.64	15.33	17.02	18.70	20.38	22.05	23.71	25.36	98
99	1.73	3.46	5.18	6.91	8.63	10.35	12.07	13.78	15.49	17.19	18.89	20.58	22.27	23.95	25.62	99
100	1.75	3.49	5.23	6.98	8.72	10.45	12.19	13.92	15.64	17.36	19.08	20.79	22.50	24.19	25.88	100
	89°	88°	87°	86°	85°	84°	83°	82°	81°	80°	79°	78°	77°	76°	75°	

cos

sin

	16°	17°	18°	19°	20°	21°	22°	23°	24°	25°	26°	27°	28°	29°	30°	
1	0.28	0.29	0.31	0.33	0.34	0.36	0.37	0.39	0.41	0.42	0.44	0.45	0.47	0.48	0.50	1
2	0.55	0.58	0.62	0.65	0.68	0.72	0.75	0.78	0.81	0.85	0.88	0.91	0.94	0.97	1.00	2
3	0.83	0.88	0.93	0.98	1.03	1.08	1.12	1.17	1.22	1.27	1.32	1.36	1.41	1.45	1.50	3
4	1.10	1.17	1.24	1.30	1.37	1.43	1.50	1.56	1.63	1.69	1.75	1.82	1.88	1.94	2.00	4
5	1.38	1.46	1.55	1.63	1.71	1.79	1.87	1.95	2.03	2.11	2.19	2.27	2.35	2.42	2.50	5
6	1.65	1.75	1.85	1.95	2.05	2.15	2.25	2.34	2.44	2.54	2.63	2.72	2.82	2.91	3.00	6
7	1.93	2.05	2.16	2.28	2.39	2.51	2.62	2.74	2.85	2.96	3.07	3.18	3.29	3.39	3.50	7
8	2.21	2.34	2.47	2.60	2.74	2.87	3.00	3.13	3.25	3.38	3.51	3.63	3.76	3.88	4.00	8
9	2.48	2.63	2.78	2.93	3.08	3.23	3.37	3.52	3.66	3.80	3.95	4.09	4.23	4.36	4.50	9
10	2.76	2.92	3.09	3.26	3.42	3.58	3.75	3.91	4.07	4.23	4.38	4.54	4.69	4.85	5.00	10
11	3.03	3.22	3.40	3.58	3.76	3.94	4.12	4.30	4.47	4.65	4.82	4.99	5.16	5.33	5.50	11
12	3.31	3.51	3.71	3.91	4.10	4.30	4.50	4.69	4.88	5.07	5.26	5.45	5.63	5.82	6.00	12
13	3.58	3.80	4.02	4.23	4.45	4.66	4.87	5.08	5.29	5.49	5.70	5.90	6.10	6.30	6.50	13
14	3.86	4.09	4.33	4.56	4.79	5.02	5.24	5.47	5.69	5.92	6.14	6.36	6.57	6.79	7.00	14
15	4.13	4.39	4.64	4.88	5.13	5.38	5.62	5.86	6.10	6.34	6.58	6.81	7.04	7.27	7.50	15
16	4.41	4.68	4.94	5.21	5.47	5.73	5.99	6.25	6.51	6.76	7.01	7.26	7.51	7.76	8.00	16
17	4.69	4.97	5.25	5.53	5.81	6.09	6.37	6.64	6.91	7.18	7.45	7.72	7.98	8.24	8.50	17
18	4.96	5.26	5.56	5.86	6.16	6.45	6.74	7.03	7.32	7.61	7.89	8.17	8.45	8.73	9.00	18
19	5.24	5.56	5.87	6.19	6.50	6.81	7.12	7.42	7.73	8.03	8.33	8.63	8.92	9.21	9.50	19
20	5.51	5.85	6.18	6.51	6.84	7.17	7.49	7.81	8.13	8.45	8.77	9.08	9.39	9.70	10.00	20
21	5.79	6.14	6.49	6.84	7.18	7.53	7.87	8.21	8.54	8.87	9.21	9.53	9.86	10.18	10.50	21
22	6.06	6.43	6.80	7.16	7.52	7.88	8.24	8.60	8.95	9.30	9.64	9.99	10.33	10.67	11.00	22
23	6.34	6.72	7.11	7.49	7.87	8.24	8.62	8.99	9.35	9.72	10.08	10.44	10.80	11.15	11.50	23
24	6.62	7.02	7.42	7.81	8.21	8.60	8.99	9.38	9.76	10.14	10.52	10.90	11.27	11.64	12.00	24
25	6.89	7.31	7.73	8.14	8.55	8.96	9.37	9.77	10.17	10.57	10.96	11.35	11.74	12.12	12.50	25
26	7.17	7.60	8.03	8.46	8.89	9.32	9.74	10.16	10.58	10.99	11.40	11.80	12.21	12.61	13.00	26
27	7.44	7.89	8.34	8.79	9.23	9.68	10.11	10.55	10.98	11.41	11.84	12.26	12.68	13.09	13.50	27
28	7.72	8.19	8.65	9.12	9.58	10.03	10.49	10.94	11.39	11.83	12.27	12.71	13.15	13.57	14.00	28
29	7.99	8.48	8.96	9.44	9.92	10.39	10.86	11.33	11.80	12.26	12.71	13.17	13.61	14.06	14.50	29
30	8.27	8.77	9.27	9.77	10.26	10.75	11.24	11.72	12.20	12.68	13.15	13.62	14.08	14.54	15.00	30
31	8.54	9.06	9.58	10.09	10.60	11.11	11.61	12.11	12.61	13.10	13.59	14.07	14.55	15.03	15.50	31
32	8.82	9.36	9.89	10.42	10.94	11.47	11.99	12.50	13.02	13.52	14.03	14.53	15.02	15.51	16.00	32
33	9.10	9.65	10.20	10.74	11.29	11.83	12.36	12.89	13.42	13.95	14.47	14.98	15.49	16.00	16.50	33
34	9.37	9.94	10.51	11.07	11.63	12.18	12.74	13.28	13.83	14.37	14.90	15.44	15.96	16.48	17.00	34
35	9.65	10.23	10.82	11.39	11.97	12.54	13.11	13.68	14.24	14.79	15.34	15.89	16.43	16.97	17.50	35
36	9.92	10.53	11.12	11.72	12.31	12.90	13.49	14.07	14.64	15.21	15.78	16.34	16.90	17.45	18.00	36
37	10.20	10.82	11.43	12.05	12.65	13.26	13.86	14.46	15.05	15.64	16.22	16.80	17.37	17.94	18.50	37
38	10.47	11.11	11.74	12.37	13.00	13.62	14.24	14.85	15.46	16.06	16.66	17.25	17.84	18.42	19.00	38
39	10.75	11.40	12.05	12.70	13.34	13.98	14.61	15.24	15.86	16.48	17.10	17.71	18.31	18.91	19.50	39
40	11.03	11.69	12.36	13.02	13.68	14.33	14.98	15.63	16.27	16.90	17.53	18.16	18.78	19.39	20.00	40
41	11.30	11.99	12.67	13.35	14.02	14.69	15.36	16.02	16.68	17.33	17.97	18.61	19.25	19.88	20.50	41
42	11.58	12.28	12.98	13.67	14.36	15.05	15.73	16.41	17.08	17.75	18.41	19.07	19.72	20.36	21.00	42
43	11.85	12.57	13.29	14.00	14.71	15.41	16.11	16.80	17.49	18.17	18.85	19.52	20.19	20.85	21.50	43
44	12.13	12.86	13.60	14.32	15.05	15.77	16.48	17.19	17.90	18.60	19.29	19.98	20.66	21.33	22.00	44
45	12.40	13.16	13.91	14.65	15.39	16.13	16.86	17.58	18.30	19.02	19.73	20.43	21.13	21.82	22.50	45
46	12.68	13.45	14.21	14.98	15.73	16.48	17.23	17.97	18.71	19.44	20.17	20.88	21.60	22.30	23.00	46
47	12.95	13.74	14.52	15.30	16.07	16.84	17.61	18.36	19.12	19.86	20.60	21.34	22.07	22.79	23.50	47
48	13.23	14.03	14.83	15.63	16.42	17.20	17.98	18.76	19.52	20.29	21.04	21.79	22.53	23.27	24.00	48
49	13.51	14.33	15.14	15.95	16.76	17.56	18.36	19.15	19.93	20.71	21.48	22.25	23.00	23.76	24.50	49
50	13.78	14.62	15.45	16.28	17.10	17.92	18.73	19.54	20.34	21.13	21.92	22.70	23.47	24.24	25.00	50
	74°	73°	72°	71°	70°	69°	68°	67°	66°	65°	64°	63°	62°	61°	60°	

cos

sin

	16°	17°	18°	19°	20°	21°	22°	23°	24°	25°	26°	27°	28°	29°	30°	
51	14.06	14.91	15.76	16.60	17.44	18.28	19.10	19.93	20.74	21.55	22.36	23.15	23.94	24.73	25.50	51
52	14.33	15.20	16.07	16.93	17.79	18.64	19.48	20.32	21.15	21.98	22.80	23.61	24.41	25.21	26.00	52
53	14.61	15.50	16.38	17.26	18.13	18.99	19.85	20.71	21.56	22.40	23.23	24.06	24.88	25.69	26.50	53
54	14.88	15.79	16.69	17.58	18.47	19.35	20.23	21.10	21.96	22.82	23.67	24.52	25.35	26.18	27.00	54
55	15.16	16.08	17.00	17.91	18.81	19.71	20.60	21.49	22.37	23.24	24.11	24.97	25.82	26.66	27.50	55
56	15.44	16.37	17.30	18.23	19.15	20.07	20.98	21.88	22.78	23.67	24.55	25.42	26.29	27.15	28.00	56
57	15.71	16.67	17.61	18.56	19.50	20.43	21.35	22.27	23.18	24.09	24.99	25.88	26.76	27.63	28.50	57
58	15.99	16.96	17.92	18.88	19.84	20.79	21.73	22.66	23.59	24.51	25.43	26.33	27.23	28.12	29.00	58
59	16.26	17.25	18.23	19.21	20.18	21.14	22.10	23.05	24.00	24.93	25.86	26.79	27.70	28.60	29.50	59
60	16.54	17.54	18.54	19.53	20.52	21.50	22.48	23.44	24.40	25.36	26.30	27.24	28.17	29.09	30.00	60
61	16.81	17.83	18.85	19.86	20.86	21.86	22.85	23.83	24.81	25.78	26.74	27.69	28.64	29.57	30.50	61
62	17.09	18.13	19.16	20.19	21.21	22.22	23.23	24.23	25.22	26.20	27.18	28.15	29.11	30.06	31.00	62
63	13.37	18.42	19.47	20.51	21.55	22.58	23.60	24.62	25.62	26.62	27.62	28.60	29.58	30.54	31.50	63
64	17.64	18.71	19.78	20.84	21.89	22.94	23.97	25.01	26.03	27.05	28.06	29.06	30.05	31.03	32.00	64
65	17.92	19.00	20.09	21.16	22.23	23.29	24.35	25.40	26.44	27.47	28.49	29.51	30.52	31.51	32.50	65
66	18.19	19.30	20.40	21.49	22.57	23.65	24.72	25.79	26.84	27.89	28.93	29.96	30.99	32.00	33.00	66
67	18.47	19.59	20.70	21.81	22.92	24.01	25.10	26.18	27.25	28.32	29.37	30.42	31.45	32.48	33.50	67
68	18.74	19.88	21.01	22.14	23.26	24.37	25.47	26.57	27.66	28.74	29.81	30.87	31.92	32.97	34.00	68
69	19.02	20.17	21.32	22.46	23.60	24.73	25.85	26.96	28.06	29.16	30.25	31.33	32.39	33.45	34.50	69
70	19.29	20.47	21.63	22.79	23.94	25.09	26.22	27.35	28.47	29.58	30.69	31.78	32.86	33.94	35.00	70
71	19.57	20.76	21.94	23.12	24.28	25.44	26.60	27.74	28.88	30.01	31.12	32.23	33.33	34.42	35.50	71
72	19.85	21.05	22.25	23.44	24.63	25.80	26.97	28.13	29.29	30.43	31.56	32.69	33.80	34.91	36.00	72
73	20.12	21.34	22.56	23.77	24.97	26.16	27.35	28.52	29.69	30.85	32.00	33.14	34.27	35.39	36.50	73
74	20.40	21.64	22.87	24.09	25.31	26.52	27.72	28.91	30.10	31.27	32.44	33.60	34.74	35.88	37.00	74
75	20.67	21.93	23.18	24.42	25.65	26.88	28.10	29.30	30.51	31.70	32.88	34.05	35.21	36.36	37.50	75
76	20.95	22.22	23.49	24.74	25.99	27.24	28.47	29.70	30.91	32.12	33.32	34.50	35.68	36.85	38.00	76
77	21.22	22.51	23.79	25.07	26.34	27.59	28.84	30.09	31.32	32.54	33.75	34.96	36.15	37.33	38.50	77
78	21.50	22.81	24.10	25.39	26.68	27.95	29.22	30.48	31.73	32.96	34.19	35.41	36.62	37.82	39.00	78
79	21.78	23.10	24.41	25.72	27.02	28.31	29.59	30.87	32.13	33.39	34.63	35.87	37.09	38.30	39.50	79
80	22.05	23.39	24.72	26.05	27.36	28.67	29.97	31.26	32.54	33.81	35.07	36.32	37.56	38.78	40.00	80
81	22.33	23.68	25.03	26.37	27.70	29.03	30.34	31.65	32.95	34.23	35.51	36.77	38.03	39.27	40.50	81
82	22.60	23.97	25.34	26.70	28.05	29.39	30.72	32.04	33.35	34.65	35.95	37.23	38.50	39.75	41.00	82
83	22.88	24.27	25.65	27.02	28.39	29.74	31.09	32.43	33.76	35.08	36.38	37.68	38.97	40.24	41.50	83
84	23.15	24.56	25.96	27.35	28.73	30.10	31.47	32.82	34.17	35.50	36.82	38.14	39.44	40.72	42.00	84
85	23.43	24.85	26.27	27.67	29.07	30.46	31.84	33.21	34.57	35.92	37.26	38.59	39.91	41.21	42.50	85
86	23.70	25.14	26.58	28.00	29.41	30.82	32.22	33.60	34.98	36.35	37.70	39.04	40.37	41.69	43.00	86
87	23.98	25.44	26.88	28.32	29.76	31.18	32.59	33.99	35.39	36.77	38.14	39.50	40.84	42.18	43.50	87
88	24.26	25.73	27.19	28.65	30.10	31.54	32.97	34.38	35.79	37.19	38.58	39.95	41.31	42.66	44.00	88
89	24.53	26.02	27.50	28.98	30.44	31.89	33.34	34.78	36.20	37.61	39.02	40.41	41.78	43.15	44.50	89
90	24.81	26.31	27.81	29.30	30.78	32.25	33.71	35.17	36.61	38.04	39.45	40.86	42.25	43.63	45.00	90
91	25.08	26.61	28.12	29.63	31.12	32.61	34.09	35.56	37.01	38.46	39.89	41.31	42.72	44.12	45.50	91
92	25.36	26.90	28.43	29.95	31.45	32.97	34.46	35.95	37.42	38.88	40.33	41.77	43.19	44.60	46.00	92
93	25.63	27.19	28.74	30.28	31.81	33.33	34.84	36.34	37.83	39.30	40.77	42.22	43.66	45.09	46.50	93
94	25.91	27.48	29.05	30.60	32.15	33.69	35.21	36.73	38.23	39.73	41.21	42.68	44.13	45.57	47.00	94
95	26.19	27.78	29.36	30.93	32.49	34.04	35.59	37.12	38.64	40.15	41.65	43.13	44.60	46.06	47.50	95
96	26.46	28.07	29.67	31.25	32.83	34.40	35.96	37.51	39.05	40.57	42.08	43.58	45.07	46.54	48.00	96
97	26.74	28.36	29.97	31.58	33.18	34.76	36.34	37.90	39.45	40.99	42.52	44.04	45.54	47.03	48.50	97
98	27.01	28.65	30.28	31.91	33.52	35.12	36.71	38.29	39.86	41.42	42.96	44.49	46.01	47.51	49.00	98
99	27.29	28.94	30.59	32.23	33.86	35.48	37.09	38.68	40.27	41.84	43.40	44.95	46.48	48.00	49.50	99
100	27.56	29.24	30.90	32.56	34.20	35.84	37.46	39.07	40.67	42.26	43.84	45.40	46.95	48.48	50.00	100
	74°	73°	72°	71°	70°	69°	68°	67°	66°	65°	64°	63°	62°	61°	60°	

cos

sin

	31°	32°	33°	34°	35°	36°	37°	38°	39°	40°	41°	42°	43°	44°	45°	
1	0.52	0.53	0.54	0.56	0.57	0.59	0.60	0.62	0.63	0.64	0.66	0.67	0.68	0.69	0.71	1
2	1.03	1.06	1.09	1.12	1.15	1.18	1.20	1.23	1.26	1.29	1.31	1.34	1.36	1.39	1.41	2
3	1.55	1.59	1.63	1.68	1.72	1.76	1.81	1.85	1.89	1.93	1.97	2.01	2.05	2.08	2.12	3
4	2.06	2.12	2.18	2.24	2.29	2.35	2.41	2.46	2.52	2.57	2.62	2.68	2.73	2.78	2.83	4
5	2.58	2.65	2.72	2.80	2.87	2.94	3.01	3.08	3.15	3.21	3.28	3.35	3.41	3.47	3.54	5
6	3.09	3.18	3.27	3.36	3.44	3.53	3.61	3.69	3.78	3.86	3.94	4.01	4.09	4.17	4.24	6
7	3.61	3.71	3.81	3.91	4.02	4.11	4.21	4.31	4.41	4.50	4.59	4.68	4.77	4.86	4.95	7
8	4.12	4.24	4.36	4.47	4.59	4.70	4.81	4.93	5.03	5.14	5.25	5.35	5.46	5.56	5.66	8
9	4.64	4.77	4.90	5.03	5.16	5.29	5.42	5.54	5.66	5.79	5.90	6.02	6.14	6.25	6.36	9
10	5.15	5.30	5.45	5.59	5.74	5.88	6.02	6.16	6.29	6.43	6.56	6.69	6.82	6.95	7.07	10
11	5.67	5.83	5.99	6.15	6.31	6.47	6.62	6.77	6.92	7.07	7.22	7.36	7.50	7.64	7.78	11
12	6.18	6.36	6.54	6.71	6.88	7.05	7.22	7.39	7.55	7.71	7.87	8.03	8.18	8.34	8.49	12
13	6.70	6.89	7.08	7.27	7.46	7.64	7.82	8.00	8.18	8.36	8.53	8.70	8.87	9.03	9.19	13
14	7.21	7.42	7.62	7.83	8.03	8.23	8.43	8.62	8.81	9.00	9.18	9.37	9.55	9.73	9.90	14
15	7.73	7.95	8.17	8.39	8.60	8.82	9.03	9.23	9.44	9.64	9.84	10.04	10.23	10.42	10.61	15
16	8.24	8.48	8.71	8.95	9.18	9.40	9.63	9.85	10.07	10.28	10.50	10.71	10.91	11.11	11.31	16
17	8.76	9.01	9.26	9.51	9.75	9.99	10.23	10.47	10.70	10.93	11.15	11.38	11.59	11.81	12.02	17
18	9.27	9.54	9.80	10.07	10.32	10.58	10.83	11.08	11.33	11.57	11.81	12.04	12.28	12.50	12.73	18
19	9.79	10.07	10.35	10.62	10.90	11.17	11.43	11.70	11.96	12.21	12.47	12.71	12.96	13.20	13.44	19
20	10.30	10.60	10.89	11.18	11.47	11.76	12.04	12.31	12.59	12.86	13.12	13.38	13.64	13.89	14.14	20
21	10.82	11.13	11.44	11.74	12.05	12.34	12.64	12.93	13.22	13.50	13.78	14.05	14.32	14.59	14.85	21
22	11.33	11.66	11.98	12.30	12.62	12.93	13.24	13.54	13.85	14.14	14.43	14.72	15.00	15.28	15.56	22
23	11.85	12.19	12.53	12.86	13.19	13.52	13.84	14.16	14.47	14.78	15.09	15.39	15.69	15.98	16.26	23
24	12.36	12.72	13.07	13.42	13.77	14.11	14.44	14.78	15.10	15.43	15.75	16.06	16.37	16.67	16.97	24
25	12.88	13.25	13.62	13.98	14.34	14.69	15.05	15.39	15.73	16.07	16.40	16.73	17.05	17.37	17.68	25
26	13.39	13.78	14.16	14.54	14.91	15.28	15.65	16.01	16.36	16.71	17.06	17.40	17.73	18.06	18.38	26
27	13.91	14.31	14.71	15.10	15.49	15.87	16.25	16.62	16.99	17.36	17.71	18.07	18.41	18.76	19.09	27
28	14.42	14.84	15.25	15.66	16.06	16.46	16.85	17.24	17.62	18.00	18.37	18.74	19.10	19.45	19.80	28
29	14.94	15.37	15.79	16.22	16.63	17.05	17.45	17.85	18.25	18.64	19.03	19.40	19.78	20.15	20.51	29
30	15.45	15.90	16.34	16.78	17.21	17.63	18.05	18.47	18.88	19.28	19.68	20.07	20.46	20.84	21.21	30
31	15.97	16.43	16.88	17.33	17.78	18.22	18.66	19.09	19.51	19.93	20.34	20.74	21.14	21.53	21.92	31
32	16.48	16.96	17.43	17.89	18.35	18.81	19.26	19.70	20.14	20.57	20.99	21.41	21.82	22.23	22.63	32
33	17.00	17.49	17.97	18.45	18.93	19.40	19.86	20.32	20.77	21.21	21.65	22.08	22.51	22.92	23.33	33
34	17.51	18.02	18.52	19.01	19.50	19.98	20.46	20.93	21.40	21.85	22.31	22.75	23.19	23.62	24.04	34
35	18.03	18.55	19.06	19.57	20.08	20.57	21.06	21.55	22.03	22.50	22.96	23.42	23.87	24.31	24.75	35
36	18.54	19.08	19.61	20.13	20.65	21.16	21.67	22.16	22.66	23.14	23.62	24.09	24.55	25.01	25.46	36
37	19.06	19.61	20.15	20.69	21.22	21.75	22.27	22.78	23.28	23.78	24.27	24.76	25.23	25.70	26.16	37
38	19.57	20.14	20.70	21.25	21.80	22.34	22.87	23.40	23.91	24.43	24.93	25.43	25.92	26.40	26.87	38
39	20.09	20.67	21.24	21.81	22.37	22.92	23.47	24.01	24.54	25.07	25.59	26.10	26.60	27.09	27.58	39
40	20.60	21.20	21.79	22.37	22.94	23.51	24.07	24.63	25.17	25.71	26.24	26.77	27.28	27.79	28.28	40
41	21.12	21.73	22.33	22.93	23.52	24.10	24.67	25.24	25.80	26.35	26.90	27.43	27.96	28.48	28.99	41
42	21.63	22.26	22.87	23.49	24.09	24.69	25.28	25.86	26.43	27.00	27.55	28.10	28.64	29.18	29.70	42
43	22.15	22.79	22.42	24.05	24.66	25.27	25.88	26.47	27.06	27.64	28.21	28.77	29.33	29.87	30.41	43
44	22.66	23.32	23.96	24.60	25.24	25.86	26.48	27.09	27.69	28.28	28.87	29.44	30.01	30.56	31.11	44
45	23.18	23.85	24.51	25.16	25.81	26.45	27.08	27.70	28.32	28.93	29.52	30.11	30.69	31.26	31.82	45
46	23.69	24.38	25.05	25.72	26.38	27.04	27.68	28.32	28.95	29.57	30.18	30.78	31.37	31.95	32.53	46
47	24.21	24.91	25.60	26.28	26.96	27.63	28.29	28.94	29.58	30.21	30.83	31.45	32.05	32.65	33.23	47
48	24.72	25.44	26.14	26.84	27.53	28.21	28.89	29.55	30.21	30.85	31.49	32.12	32.74	33.34	33.94	48
49	25.24	25.97	26.69	27.40	28.11	28.80	29.49	30.17	30.84	31.50	32.15	32.79	33.42	34.04	34.65	49
50	25.75	26.50	27.23	27.96	28.68	29.39	30.09	30.78	31.47	32.14	32.80	33.46	34.10	34.73	35.36	50
	59°	58°	57°	56°	55°	54°	53°	52°	51°	50°	49°	48°	47°	46°	45°	

cos

sin

	31°	32°	33°	34°	35°	36°	37°	38°	39°	40°	41°	42°	43°	44°	45°	
51	26.27	27.03	27.78	28.52	29.25	29.98	30.69	31.40	32.10	32.78	33.46	34.13	34.78	35.43	36.06	51
52	26.78	27.56	28.32	29.08	29.83	30.56	31.29	32.01	32.72	33.42	34.12	34.79	35.46	36.12	36.77	52
53	27.30	28.09	28.87	29.64	30.40	31.15	31.90	32.63	33.35	34.07	34.77	35.46	36.15	36.82	37.48	53
54	27.81	28.62	29.41	30.20	30.97	31.74	32.50	33.25	33.98	34.71	35.43	36.13	36.83	37.51	38.18	54
55	28.33	29.15	29.96	30.76	31.55	32.33	33.10	33.86	34.61	35.35	36.08	36.80	37.51	38.21	38.89	55
56	28.84	29.68	30.50	31.31	32.12	32.92	33.70	33.48	35.24	36.00	36.74	37.47	38.19	38.90	39.60	56
57	29.36	30.21	31.04	31.87	32.69	33.50	34.30	35.09	35.87	36.64	37.40	38.14	38.87	38.60	40.31	57
58	29.87	30.74	31.59	32.43	33.27	34.09	34.91	35.71	36.50	37.28	38.05	38.81	39.56	40.29	41.01	58
59	30.39	31.27	32.13	32.99	33.84	34.68	35.51	36.32	37.13	37.92	38.71	39.48	40.24	40.98	41.72	59
60	30.90	31.80	32.68	33.55	34.41	35.27	36.11	36.94	37.76	38.57	39.36	40.15	40.92	41.68	42.43	60
61	31.42	32.33	33.22	34.11	34.99	35.85	36.71	37.56	38.39	39.21	40.02	40.82	41.60	42.37	43.13	61
62	31.93	32.85	33.77	34.67	35.56	36.44	37.31	38.17	39.02	39.85	40.68	41.49	42.28	43.07	43.84	62
63	32.45	33.38	34.31	35.23	36.14	37.03	37.91	38.79	39.65	40.50	41.33	42.16	42.97	43.76	44.55	63
64	32.96	33.91	34.86	35.79	36.71	37.62	38.52	39.40	40.28	41.14	41.99	42.82	43.65	44.46	45.25	64
65	33.48	34.44	35.40	36.35	37.28	38.21	39.12	40.02	40.91	41.78	42.64	43.49	44.33	45.15	45.96	65
66	33.99	34.97	35.95	36.91	37.86	38.79	39.72	40.63	41.54	42.42	43.30	44.16	45.01	45.85	46.67	66
67	34.51	35.50	36.49	37.47	38.43	39.38	40.32	41.25	42.16	43.07	43.96	44.83	45.69	46.54	47.38	67
68	35.02	36.03	37.04	38.03	39.00	39.97	40.92	41.86	42.79	43.71	44.61	45.50	46.38	47.24	48.08	68
69	35.54	36.56	37.58	38.58	39.58	40.56	41.53	42.48	43.42	44.35	45.27	46.17	47.06	47.93	48.79	69
70	36.05	37.09	38.12	39.14	40.15	41.14	42.13	43.10	44.05	45.00	45.92	46.84	47.74	48.63	49.50	70
71	36.57	37.62	38.67	39.70	40.72	41.73	42.73	43.71	44.68	45.64	46.58	47.51	48.42	49.32	50.20	71
72	37.08	38.15	39.21	40.26	41.30	42.32	43.33	44.33	45.31	46.28	47.24	48.18	49.10	50.02	50.91	72
73	37.60	38.68	39.76	40.82	41.87	42.91	43.93	44.94	45.94	46.92	47.89	48.85	49.79	50.71	51.62	73
74	38.11	39.21	40.30	41.38	42.44	43.50	44.53	45.56	46.57	47.57	48.55	49.52	50.47	51.40	52.33	74
75	38.63	39.74	40.85	41.94	43.02	44.08	45.14	46.17	47.20	48.21	49.20	50.18	51.15	52.10	53.03	75
76	39.14	40.27	41.39	42.50	43.59	44.67	45.74	46.79	47.83	48.85	49.86	50.85	51.83	52.79	53.74	76
77	39.66	40.80	41.94	43.06	44.17	45.26	46.34	47.41	48.46	49.49	50.52	51.52	52.51	53.49	54.45	77
78	40.17	41.33	42.48	43.62	44.74	45.85	46.94	48.02	49.09	50.14	51.17	52.19	53.20	54.18	55.15	78
79	40.69	41.86	43.03	44.18	45.31	46.44	47.54	48.64	49.72	50.78	51.83	52.86	53.88	54.88	55.86	79
80	41.20	42.39	43.57	44.74	45.89	47.02	48.15	49.25	50.35	51.42	52.48	53.53	54.56	55.57	56.57	80
81	41.72	42.92	44.12	45.29	46.46	47.61	48.75	49.87	50.97	52.07	53.14	54.20	55.24	56.27	57.28	81
82	42.23	43.45	44.66	45.85	47.03	48.20	49.35	50.48	51.60	52.71	53.80	54.87	55.92	56.96	57.98	82
83	42.75	43.98	45.21	46.41	47.61	48.79	49.95	51.10	52.23	53.35	54.45	55.54	56.61	57.66	58.69	83
84	43.26	44.51	45.75	46.97	48.18	49.37	50.55	51.72	52.86	53.99	55.11	56.21	57.29	58.35	59.40	84
85	43.78	45.04	46.29	47.53	48.75	49.96	51.15	52.33	53.49	54.64	55.77	56.88	57.97	59.05	60.10	85
86	44.29	45.57	46.84	48.09	49.33	50.55	51.76	52.95	54.12	55.28	56.42	57.55	58.65	59.74	60.81	86
87	44.81	46.10	47.38	48.65	49.90	51.14	52.36	53.56	54.75	55.92	57.08	58.21	59.33	60.44	61.52	87
88	45.32	46.63	47.93	49.21	50.47	51.73	52.96	54.18	55.38	56.57	57.73	58.88	60.02	61.13	62.23	88
89	45.84	47.16	48.47	49.77	51.05	52.31	53.56	54.79	56.01	57.21	58.39	59.55	60.70	61.82	62.93	89
90	46.35	47.69	49.02	50.33	51.62	52.90	54.16	55.41	56.64	57.85	59.05	60.22	61.38	62.52	63.64	90
91	46.87	48.22	49.56	50.89	52.20	53.49	54.77	56.03	57.27	58.49	59.70	60.89	62.06	63.21	64.35	91
92	47.38	48.75	50.11	51.45	52.77	54.08	55.37	56.64	57.90	59.14	60.36	61.56	62.74	63.91	65.05	92
93	47.90	49.28	50.65	52.00	53.34	54.66	55.97	57.26	58.53	59.78	61.01	62.23	63.43	64.60	65.76	93
94	48.41	49.81	51.20	52.56	53.92	55.25	56.57	57.87	59.16	60.42	61.67	62.90	64.11	65.30	66.47	94
95	48.93	50.34	51.74	53.12	54.49	55.84	57.17	58.49	59.79	61.06	62.33	63.57	64.79	65.99	67.18	95
96	49.44	50.87	52.29	53.68	55.06	56.43	57.77	59.10	60.41	61.71	62.98	64.24	65.47	66.69	67.88	96
97	49.96	51.40	52.83	54.24	55.64	57.02	58.38	59.72	61.04	62.35	63.64	64.91	66.15	67.38	68.59	97
98	50.47	51.93	52.37	54.80	56.21	57.60	58.98	60.33	61.67	62.99	64.29	65.57	66.84	68.08	69.30	98
99	50.99	52.46	53.92	55.36	56.78	58.19	59.58	60.95	62.30	63.64	64.95	66.24	67.52	68.77	70.00	99
100	51.50	52.99	54.46	55.92	57.36	58.78	60.18	61.57	62.93	64.28	65.61	66.91	68.20	69.47	70.71	100
	59°	58°	57°	56°	55°	54°	53°	52°	51°	50°	49°	48°	47°	46°	45°	

cos

sin

	46°	47°	48°	49°	50°	51°	52°	53°	54°	55°	56°	57°	58°	59°	60°	
1	0.72	0.73	0.74	0.75	0.77	0.78	0.79	0.80	0.81	0.82	0.83	0.84	0.85	0.86	0.87	1
2	1.44	1.46	1.49	1.51	1.53	1.55	1.58	1.60	1.62	1.64	1.66	1.68	1.70	1.71	1.73	2
3	2.16	2.19	2.23	2.26	2.30	2.33	2.36	2.40	2.43	2.46	2.49	2.52	2.54	2.57	2.60	3
4	2.88	2.93	2.97	3.02	3.06	3.11	3.15	3.19	3.24	3.28	3.32	3.35	3.39	3.43	3.46	4
5	3.60	3.66	3.72	3.77	3.83	3.89	3.94	3.99	4.05	4.10	4.15	4.19	4.24	4.29	4.33	5
6	4.32	4.39	4.46	4.53	4.60	4.66	4.73	4.79	4.85	4.91	4.97	5.03	5.09	5.14	5.20	6
7	5.04	5.12	5.20	5.28	5.36	5.44	5.52	5.59	5.66	5.73	5.80	5.87	5.94	6.00	6.06	7
8	5.75	5.85	5.95	6.04	6.13	6.22	6.30	6.39	6.47	6.55	6.63	6.71	6.78	6.86	6.93	8
9	6.47	6.58	6.69	6.79	6.89	6.99	7.09	7.19	7.28	7.37	7.46	7.55	7.63	7.71	7.79	9
10	7.19	7.31	7.43	7.55	7.66	7.77	7.88	7.99	8.09	8.19	8.29	8.39	8.48	8.57	8.66	10
11	7.91	8.04	8.17	8.30	8.43	8.55	8.67	8.78	8.90	9.01	9.12	9.23	9.33	9.43	9.53	11
12	8.63	8.78	8.92	9.06	9.19	9.33	9.46	9.58	9.71	9.83	9.95	10.06	10.18	10.29	10.39	12
13	9.35	9.51	9.66	9.81	9.96	10.10	10.24	10.38	10.52	10.65	10.78	10.90	11.02	11.14	11.26	13
14	10.07	10.24	10.40	10.57	10.72	10.88	11.03	11.18	11.33	11.47	11.61	11.74	11.87	12.00	12.12	14
15	10.79	10.97	11.15	11.32	11.49	11.66	11.82	11.98	12.14	12.29	12.44	12.58	12.72	12.86	12.99	15
16	11.51	11.70	11.89	12.08	12.26	12.43	12.61	12.78	12.94	13.11	13.26	13.42	13.57	13.71	13.86	16
17	12.23	12.43	12.63	12.83	13.02	13.21	13.40	13.58	13.75	13.93	14.09	14.26	14.42	14.57	14.72	17
18	12.95	13.16	13.38	13.58	13.79	13.99	14.18	14.38	14.56	14.74	14.92	15.10	15.26	15.43	15.59	18
19	13.67	13.90	14.12	14.34	14.55	14.77	14.97	15.17	15.37	15.56	15.75	15.93	16.11	16.29	16.45	19
20	14.39	14.63	14.86	15.09	15.32	15.54	15.76	15.97	16.18	16.38	16.58	16.77	16.96	17.14	17.32	20
21	15.11	15.36	15.61	15.85	16.09	16.32	16.55	16.77	16.99	17.20	17.41	17.61	17.81	18.00	18.19	21
22	15.83	16.09	13.35	16.60	16.85	17.10	17.34	17.57	17.80	18.02	18.24	18.45	18.66	18.86	19.05	22
23	16.54	16.82	17.09	17.36	17.62	17.87	18.12	18.37	18.61	18.84	19.07	19.29	19.51	19.71	19.92	23
24	17.26	17.55	17.84	18.11	18.39	18.65	18.91	19.17	19.42	19.66	19.90	20.13	20.35	20.57	20.78	24
25	17.98	18.28	18.58	18.87	19.15	19.43	19.70	19.97	20.23	20.48	20.73	20.97	21.20	21.43	21.65	25
26	18.70	19.02	19.32	19.62	19.92	20.21	20.49	20.76	21.03	21.30	21.55	21.81	22.05	22.29	22.52	26
27	19.42	19.75	20.06	20.38	20.68	20.98	21.28	21.56	21.84	22.12	22.38	22.64	22.90	23.14	23.38	27
28	20.14	20.48	20.81	21.13	21.45	21.76	22.06	22.36	22.65	22.94	23.21	23.48	23.75	24.00	24.25	28
29	20.86	21.21	21.55	21.89	22.22	22.54	22.85	23.16	23.46	23.76	24.04	24.32	24.59	24.86	25.11	29
30	21.58	21.94	22.29	22.64	22.98	23.31	23.64	23.96	24.27	24.57	24.87	25.16	25.44	25.72	25.98	30
31	22.30	22.67	23.04	23.40	23.75	24.09	24.43	24.76	25.08	25.39	25.70	26.00	26.29	26.57	26.85	31
32	23.02	23.40	23.78	24.15	24.51	24.87	25.22	25.56	25.89	26.21	26.53	26.84	27.14	27.43	27.71	32
33	23.74	24.13	24.52	24.91	25.28	25.65	26.00	26.35	26.70	27.03	27.36	27.68	27.99	28.29	28.58	33
34	24.46	24.87	25.27	25.66	26.05	26.42	26.79	27.15	27.51	27.85	28.19	28.51	28.83	29.14	29.44	34
35	25.18	25.60	26.01	26.41	26.81	27.20	27.58	27.95	28.32	28.67	29.02	29.35	29.68	30.00	30.31	35
36	25.90	26.33	26.75	27.17	27.58	27.98	28.37	28.75	29.12	29.49	29.85	30.19	30.53	30.86	31.18	36
37	26.62	27.06	27.50	27.92	28.34	28.75	29.16	29.55	29.93	30.31	30.67	31.03	31.38	31.72	32.04	37
38	27.33	27.79	28.24	28.68	29.11	29.53	29.94	30.35	30.74	31.13	31.50	31.87	32.23	32.57	32.91	38
37	28.05	28.52	28.98	29.43	29.88	30.31	30.73	31.15	31.55	31.95	32.33	32.71	33.07	33.43	33.77	39
40	28.77	29.25	29.73	30.19	30.64	31.09	31.52	31.95	32.36	32.77	33.16	33.55	33.92	34.29	34.64	40
41	29.49	29.99	30.47	30.94	31.41	31.86	32.31	32.74	33.17	33.59	33.99	34.39	34.77	35.14	35.51	41
42	30.21	30.72	31.21	31.70	32.17	32.64	33.10	33.54	33.98	34.40	34.82	35.22	35.62	36.00	36.37	42
43	30.93	31.45	31.96	32.45	32.94	33.42	33.88	34.34	34.79	35.22	35.65	36.06	36.47	36.86	37.24	43
44	31.65	32.18	32.70	33.21	33.71	34.19	34.67	35.14	35.60	36.04	36.48	36.90	37.31	37.72	38.11	44
45	32.37	32.91	33.44	33.96	34.47	34.97	35.46	35.94	36.41	36.86	37.31	37.74	38.16	38.57	38.97	45
46	33.09	33.64	34.18	34.72	35.24	35.75	36.25	36.74	37.21	37.68	38.14	38.58	39.01	39.43	39.84	46
47	33.81	34.37	34.93	35.47	36.00	36.53	37.04	37.54	38.02	38.50	38.96	39.42	39.86	40.29	40.70	47
48	34.53	35.10	35.67	36.23	36.77	37.30	37.82	38.33	38.83	39.32	39.79	40.26	40.71	41.14	41.57	48
49	35.25	35.84	36.41	36.98	37.54	38.08	38.61	39.13	39.64	40.14	40.62	41.09	41.55	42.00	42.44	49
50	35.97	36.57	37.16	37.74	38.30	38.86	39.40	39.93	40.45	40.96	41.45	41.93	42.40	42.86	43.30	50
	44°	43°	42°	41°	40°	39°	38°	37°	36°	35°	34°	33°	32°	31°	30°	

cos

sin

	46°	47°	48°	49°	50°	51°	52°	53°	54°	55°	56°	57°	58°	59°	60°	
51	36.69	37.30	37.90	38.49	39.07	39.63	40.19	40.73	41.26	41.78	42.28	42.77	43.25	43.72	44.17	51
52	37.41	38.03	38.64	39.24	39.83	40.41	40.98	41.53	42.07	42.60	43.11	43.61	44.10	44.57	45.03	52
53	38.13	38.76	39.39	40.00	40.60	41.19	41.76	42.33	42.88	43.42	43.94	44.45	44.95	45.43	45.90	53
54	38.84	39.49	40.13	40.75	41.37	41.97	42.55	43.13	43.69	44.23	44.77	45.29	45.79	46.29	46.77	54
55	39.56	40.22	40.87	41.51	42.13	42.74	43.34	43.92	44.50	45.05	45.60	46.13	46.64	47.14	47.63	55
56	40.28	40.96	41.62	42.26	42.90	43.52	44.13	44.72	45.30	45.87	46.43	46.97	47.49	48.00	48.50	56
57	41.00	41.69	42.36	43.02	43.66	44.30	44.92	45.52	46.11	46.69	47.26	47.80	48.34	48.86	49.36	57
58	41.72	42.42	43.10	43.77	44.43	45.07	45.70	46.32	46.92	47.51	48.08	48.64	49.19	49.72	50.23	58
59	42.44	43.15	43.85	44.53	45.20	45.85	46.49	47.12	47.73	48.33	48.91	49.48	50.03	50.57	51.10	59
60	43.16	43.88	44.59	45.28	45.96	46.63	47.28	47.92	48.54	49.15	49.74	50.32	50.88	51.43	51.96	60
61	43.88	44.61	45.33	46.04	46.73	47.41	48.07	48.72	49.35	49.97	50.57	51.16	51.73	52.29	52.83	61
62	44.60	45.34	46.07	46.79	47.49	48.18	48.86	49.52	50.16	50.79	51.40	52.00	52.58	53.14	53.69	62
63	45.32	46.08	46.82	47.55	48.26	48.96	49.64	50.31	50.97	51.61	52.23	52.84	53.43	54.00	54.56	63
64	46.04	46.81	47.56	48.30	49.03	49.74	50.43	51.11	51.78	52.43	53.06	53.67	54.28	54.86	55.43	64
65	46.76	47.54	48.30	49.06	49.79	50.51	51.22	51.91	52.59	53.24	53.89	54.51	55.12	55.72	56.29	65
66	47.48	48.27	49.05	49.81	50.56	51.29	52.01	52.71	53.40	54.06	54.72	55.35	55.97	56.57	57.16	66
67	48.20	49.00	49.79	50.57	51.32	52.07	52.80	53.51	54.20	54.88	55.55	56.19	56.82	57.43	58.02	67
68	48.92	49.73	50.53	51.32	52.09	52.85	53.58	54.31	55.01	55.70	56.37	57.03	57.67	58.29	58.89	68
69	49.63	50.46	51.28	52.07	52.86	53.62	54.37	55.11	55.82	56.52	57.20	57.87	58.52	59.14	59.76	69
70	50.35	51.19	52.02	52.83	53.62	54.40	55.16	55.90	56.63	57.34	58.03	58.71	59.36	60.00	60.62	70
71	51.07	51.93	52.76	53.58	54.39	55.18	55.95	56.70	57.44	58.16	58.86	59.55	60.21	60.86	61.49	71
72	51.79	52.66	53.51	54.34	55.16	55.95	56.74	57.50	58.25	58.98	59.69	60.38	61.06	61.72	62.35	72
73	52.51	53.39	54.25	55.09	55.92	56.73	57.52	58.30	59.06	59.80	60.52	61.22	61.91	62.57	63.22	73
74	53.23	54.12	54.99	55.85	56.69	57.51	58.31	59.10	59.87	60.62	61.35	62.06	62.76	63.43	64.09	74
75	53.95	54.85	55.74	56.60	57.45	58.29	59.10	59.90	60.68	61.44	62.18	62.90	63.60	64.29	64.95	75
76	54.67	55.58	56.48	57.36	58.22	59.06	59.89	60.70	61.49	62.26	63.01	63.74	64.45	65.14	65.82	76
77	55.39	56.31	57.22	58.11	58.99	59.84	60.68	61.49	62.29	63.07	63.84	64.58	65.30	66.00	66.68	77
78	56.11	57.05	57.97	58.87	59.75	60.62	61.46	62.29	63.10	63.89	64.66	65.42	66.15	66.86	67.55	78
79	56.83	57.78	58.71	59.62	60.52	61.39	62.25	63.09	63.91	64.71	65.49	66.26	67.00	67.72	68.42	79
80	57.55	58.51	59.45	60.38	61.28	62.17	63.04	63.89	64.72	65.53	66.32	67.09	67.84	68.57	69.28	80
81	58.27	59.24	60.19	61.13	62.05	62.95	63.83	64.69	65.53	66.35	67.15	67.93	68.69	69.43	70.15	81
82	58.99	59.97	60.94	61.89	62.82	63.73	64.62	65.49	66.34	67.17	67.98	68.77	69.54	70.29	71.01	82
83	59.71	60.70	61.68	62.64	63.58	64.50	65.40	66.29	67.15	67.99	68.81	69.61	70.39	71.14	71.88	83
84	60.42	61.43	62.42	63.40	64.35	65.28	66.19	67.09	67.96	68.81	69.64	70.45	71.24	72.00	72.75	84
85	61.14	62.17	63.17	64.15	65.11	66.06	66.98	67.88	68.77	69.63	70.47	71.29	72.08	72.86	73.61	85
86	61.86	62.90	63.91	64.91	65.88	66.83	67.77	68.68	69.58	70.45	71.30	72.13	72.93	73.72	74.48	86
87	62.58	63.63	64.65	65.66	66.65	67.61	68.56	69.48	70.38	71.27	72.13	72.96	73.78	74.57	75.34	87
88	63.30	64.36	65.40	66.41	67.41	68.39	69.34	70.28	71.19	72.09	72.96	73.80	74.63	75.43	76.21	88
89	64.02	65.09	66.14	67.17	68.18	69.17	70.13	71.08	72.00	72.90	73.78	74.64	75.48	76.29	77.08	89
90	64.74	65.82	66.88	67.92	68.94	69.94	70.92	71.88	72.81	73.72	74.61	75.48	76.32	77.15	77.94	90
91	65.46	66.55	67.63	68.68	69.71	70.72	71.71	72.68	73.62	74.54	75.44	76.32	77.17	78.00	78.81	91
92	66.18	67.28	68.37	69.43	70.48	71.50	72.50	73.47	74.43	75.36	76.27	77.16	78.02	78.86	79.67	92
93	66.90	68.02	69.11	70.19	71.24	72.27	73.29	74.27	75.24	76.18	77.10	78.00	78.87	79.72	80.54	93
94	67.62	68.75	69.86	70.94	72.01	73.05	74.07	75.07	76.05	77.00	77.93	78.84	79.72	80.57	81.41	94
95	68.34	69.48	70.60	71.70	72.77	73.83	74.86	75.87	76.86	77.82	78.76	79.67	80.56	81.43	82.27	95
96	69.06	70.21	71.34	72.45	73.54	74.61	75.65	76.67	77.67	78.64	79.59	80.51	81.41	82.29	83.14	96
97	69.78	70.94	72.09	73.21	74.31	75.38	76.44	77.47	78.47	79.46	80.42	81.35	82.26	83.15	84.00	97
98	70.50	71.67	72.83	73.96	75.07	76.16	77.23	78.27	79.28	80.28	81.25	82.19	83.11	84.00	84.87	98
99	71.21	72.40	73.57	74.72	75.84	76.94	78.01	79.06	80.09	81.10	82.07	83.03	83.96	84.86	85.74	99
100	71.93	73.14	74.31	75.47	76.60	77.71	78.80	79.86	80.90	81.92	82.90	83.87	84.80	85.72	86.60	100
	44°	43°	42°	41°	40°	39°	38°	37°	36°	35°	34°	33°	32°	31°	30°	

cos

sin

	61°	62°	63°	64°	65°	66°	67°	68°	69°	70°	71°	72°	73°	74°	75°	
1	0.87	0.88	0.89	0.90	0.91	0.91	0.92	0.93	0.93	0.94	0.95	0.95	0.96	0.96	0.97	1
2	1.75	1 77	1.78	1.80	1.81	1.83	1.84	1.85	1.87	1.88	1.89	1.90	1.91	1.92	1.93	2
3	2.62	2.65	2.67	2.70	2.72	2.74	2.76	2.78	2.80	2.82	2.84	2.85	2.87	2.88	2.90	3
4	3.50	3.53	3.56	3.60	3.63	3.65	3.68	3.71	3.73	3.76	3.78	3.80	3.83	3.85	3.86	4
5	4.37	4.41	4.46	4.49	4.53	4.57	4.60	4.64	4.67	4.70	4.73	4.76	4.78	4.81	4.83	5
6	5.25	5.30	5.35	5.39	5.44	5.48	5.52	5.56	5.60	5.64	5.67	5.71	5.74	5.77	5.80	6
7	6.12	6.18	6.24	6.29	6.34	6.39	6.44	6.49	6.54	6.58	6.62	6.66	6.69	6.73	6.76	7
8	7.00	7.06	7.13	7.19	7.25	7.31	7.36	7.42	7.47	7.52	7.56	7.61	7.65	7.69	7.73	8
9	7.87	7.95	8.02	8.09	8.16	8.22	8.28	8.34	8.40	8.46	8.51	8.56	8.61	8.65	8.69	9
10	8.75	8.83	8.91	8.99	9.06	9.14	9.21	9.27	9.34	9.40	9.46	9.51	9.56	9.61	9.66	10
11	9.62	9.71	9.80	9.89	9.97	10.05	10.13	10.20	10.27	10.34	10.40	10.46	10.52	10.57	10.63	11
12	10.50	10.60	10.69	10.79	10.88	10.96	11.05	11.13	11.20	11.28	11.35	11.41	11.48	11.54	11.59	12
13	11.37	11.48	11.58	11.68	11.78	11.88	11.97	12.05	12.14	12.22	12.29	12.36	12.43	12.50	12.56	13
14	12.24	12.36	12.47	12.58	12.69	12.79	12.89	12.98	13.07	13.16	13.24	13.31	13.39	13.46	13.52	14
15	13.12	13.24	13.37	13.48	13.59	13.70	13.81	13.91	14.00	14.10	14.18	14.27	14.34	14.42	14.49	15
16	13.99	14.13	14.26	14.38	14.50	14.62	14.73	14.83	14.94	15.04	15.13	15.22	15.30	15.38	15.45	16
17	14.87	15.01	15.15	15.28	15.41	15.53	15.65	15.76	15.87	15.97	16.07	16.17	16.26	16.34	16.42	17
18	15.74	15.89	16.04	16.18	16.31	16.44	16.57	16.69	16.80	16.91	17.02	17.12	17.21	17.30	17.39	18
19	16.62	16.78	16.93	17.08	17.22	17.36	17.49	17.62	17.74	17.85	17.96	18.07	18.17	18.26	18.35	19
20	17.49	17.66	17.82	17.98	18.13	18.27	18.41	18.54	18.67	18.79	18.91	19.02	19.13	19.23	19.32	20
21	18.37	18.54	18.71	18.87	19.03	19.18	19.33	19.47	19.61	19.73	19.86	19.97	20.08	20.19	20.28	21
22	19.24	19.42	19.60	19.77	19.94	20.10	20.25	20.40	20.54	20.67	20.80	20.92	21.04	21.15	21.25	22
23	20.12	20.31	20.49	20.67	20.85	21.01	21.17	21.33	21.47	21.61	21.75	21.87	22.00	22.11	22.22	23
24	20.99	21.19	21.38	21.57	21.75	21.93	22.09	22.25	22.41	22.55	22.69	22.83	22.95	23.07	23.18	24
25	21.87	22.07	22.28	22.47	22.66	22.84	23.01	23.18	23.34	23.49	23.64	23.78	23.91	24.03	24.15	25
26	22.74	22.96	23.17	23.37	23.56	23.75	23.93	24.11	24.27	24.43	24.58	24.73	24.86	24.99	25.11	26
27	23.61	23.84	24.06	24.27	24.47	24.67	24.85	25.03	25.21	25.37	25.53	25.68	25.82	25.95	26.08	27
28	24.49	24.72	24.95	25.17	25.38	25.58	25.77	25.96	26.14	26.31	26.47	26.63	26.78	26.92	27.05	28
29	25.36	25.61	25.84	26.07	26.28	26.49	26.69	26.89	27.07	27.25	27.42	27.58	27.73	27.88	28.01	29
30	26.24	26.49	26.73	26.96	27.19	27.41	27.62	27.82	28.01	28.19	28.37	28.53	28.69	28.84	28.98	30
31	27.11	27.37	27.62	27.86	28.10	28.32	28.54	28.74	28.94	29.13	29.31	29.48	29.65	29.80	29.94	31
32	27.99	28.25	28.51	28.76	29.00	29.23	29.46	29.67	29.87	30.07	30.26	30.43	30.60	30.76	30.91	32
33	28.86	29.14	29.40	29.66	29.91	30.15	30.38	30.60	30.81	31.01	31.20	31.38	31.56	31.72	31.88	33
34	29.74	30.02	30.29	30.56	30.81	31.06	31.30	31.52	31.74	31.95	32.15	32.34	32.51	32.68	32.84	34
35	30.61	30.90	31.19	31.46	31.72	31.97	32.22	32.45	32.68	32.89	33.09	33.29	33.47	33.64	33.81	35
36	31.49	31.79	32.08	32.36	32.63	32.89	33.14	33.38	33.61	33.83	34.04	34.24	34.43	34.61	34.77	36
37	32.36	32.67	33.97	33.26	33.53	33.80	34.06	34.31	34.54	34.77	34.98	35.19	35.38	35.57	35.74	37
38	33.24	33.55	33.86	34.15	34.44	34.71	34.98	35.23	35.48	35.71	35.93	36.14	36.34	36.53	36.71	38
39	34.11	34.43	34.75	35.05	35.35	35.63	35.90	36.16	36.41	36.65	36.88	37.09	37.30	37.49	37.67	39
40	34.98	35.32	35.64	35.95	36.25	36.54	36.82	37.09	37.34	37.59	37.82	38.04	38.25	38.45	38.64	40
41	35.86	36.20	36.53	36.85	37.16	37.46	37.74	38.01	38.28	38.53	38.77	38.99	39.21	39.41	39.60	41
42	36.73	37.08	37.42	37.75	38.06	38.37	38.66	38.94	39.21	39.47	39.71	39.94	40.16	40.37	40.57	42
43	37.61	37.97	38.31	38.65	38.97	39.28	39.58	39.87	40.14	40.41	40.66	40.90	41.12	41.33	41.53	43
44	38.48	38.85	39.20	39.55	39.88	40.20	40.50	40.80	41.08	41.35	41.60	41.85	42.08	42.30	42.50	44
45	39.36	39.73	40.10	40.45	40.78	41.11	41.42	41.72	42.01	42.29	42.55	42.80	43.03	43.26	43.47	45
46	40.23	40.62	40.99	41.34	41.69	42.02	42.34	42.65	42.94	43.23	43.49	43.75	43.99	44.22	44.43	46
47	41.11	41.50	41.88	42.24	42.60	42.94	43.26	43.58	43.88	44.17	44.44	44.70	44.95	45.18	45.40	47
48	41.98	42.38	42.77	43.14	43.50	43.85	44.18	44.50	44.81	45.11	45.38	45.65	45.90	46.14	46.36	48
49	42.86	43.26	43.66	44.04	44.41	44.76	45.10	45.43	45.75	46.04	46.33	46.60	46.86	47.10	47.33	49
50	43.73	44.15	44.55	44.94	45.32	45.68	46.03	46.36	46.68	46.98	47.28	47.55	47.82	48.06	48.30	50
	29°	28°	27°	26°	25°	24°	23°	22°	21°	20°	19°	18°	17°	16°	15°	

cos

sin

	61°	62°	63°	64°	65°	66°	67°	68°	69°	70°	71°	72°	73°	74°	75°	
51	44.61	45.03	45.44	45.84	46.22	46.59	46.95	47.29	47.61	47.92	48.22	48.50	48.77	49.02	49.26	51
52	45.48	45.91	46.33	46.74	47.13	47.50	47.87	48.21	48.55	48.86	49.17	49.45	49.73	49.99	50.23	52
53	46.35	46.80	47.22	47.64	48.03	48.42	48.79	49.14	49.48	49.80	50.11	50.41	50.68	50.95	51.19	53
54	47.23	47.68	48.11	48.53	48.94	49.33	49.71	50.07	50.41	50.74	51.06	51.36	51.64	51.91	52.16	54
55	48.10	48.56	49.01	49.43	49.85	50.24	50.63	51.00	51.35	51.68	52.00	52.31	52.60	52.87	53.13	55
56	48.98	49.45	49.90	50.33	50.75	51.16	51.55	51.92	52.28	52.62	52.95	53.26	53.55	53.83	54.09	56
57	49.85	50.33	50.79	51.23	51.66	52.07	52.47	52.85	53.21	53.56	53.89	54.21	54.51	54.79	55.06	57
58	50.73	51.21	51.68	52.13	52.57	52.99	53.39	53.78	54.15	54.50	54.84	55.16	55.47	55.75	56.02	58
59	51.60	52.09	52.57	53.03	53.47	53.90	54.31	54.70	55.08	55.44	55.79	56.11	56.42	56.71	56.99	59
60	52.48	52.98	53.46	53.93	54.38	54.81	55.23	55.63	56.01	56.38	56.73	57.06	57.38	57.68	57.96	60
61	53.35	53.86	54.35	54.83	55.28	55.73	56.15	56.56	56.95	57.32	57.68	58.01	58.33	58.64	58.92	61
62	54.23	54.74	55.24	55.73	56.19	56.64	57.07	57.49	57.88	58.26	58.62	58.97	59.29	59.60	59.89	62
63	55.10	55.63	56.13	56.62	57.10	57.55	57.99	58.41	58.82	59.20	59.57	59.92	60.25	60.56	60.85	63
64	55.98	56.51	57.02	57.52	58.00	58.47	58.91	59.34	59.75	60.14	60.51	60.87	61.20	61.52	61.82	64
65	56.85	57.39	57.92	58.42	58.91	59.38	59.83	60.27	60.68	61.08	61.46	61.82	62.16	62.48	62.79	65
66	57.72	58.27	58.81	59.32	59.82	60.29	60.75	61.19	61.62	62.02	62.40	62.77	63.12	63.44	63.75	66
67	58.60	59.16	59.70	60.22	60.72	61.21	61.67	62.12	62.55	62.96	63.35	63.72	64.07	64.40	64.72	67
68	59.47	60.04	60.59	61.12	61.63	62.12	62.59	63.05	63.48	63.90	64.30	64.67	65.03	65.37	65.68	68
69	60.35	60.92	61.48	62.02	62.54	63.03	63.51	63.98	64.42	64.84	65.24	65.62	65.99	66.33	66.65	69
70	61.22	61.81	62.37	62.92	63.44	63.95	64.44	64.90	65.35	65.78	66.19	66.57	66.94	67.29	67.61	70
71	62.10	62.69	63.26	63.81	64.35	64.86	65.36	65.83	66.28	66.72	67.13	67.53	67.90	68.25	68.58	71
72	62.97	63.57	64.15	64.71	65.25	65.78	66.28	66.76	67.22	67.66	68.08	68.48	68.85	69.21	69.55	72
73	63.85	64.46	65.04	65.61	66.16	66.69	67.20	67.68	68.15	68.60	69.02	69.43	69.81	70.17	70.51	73
74	64.72	65.34	65.93	66.51	67.07	67.60	68.12	68.61	69.08	69.54	69.97	70.38	70.77	71.13	71.48	74
75	65.60	66.22	66.83	67.41	67.97	68.52	69.04	69.54	70.02	70.48	70.91	71.33	71.72	72.09	72.44	75
76	66.47	67.10	67.72	68.31	68.88	69.43	69.96	70.47	70.95	71.42	71.86	72.28	72.68	73.06	73.41	76
77	67.35	67.99	68.61	69.21	69.79	70.34	70.88	71.39	71.89	72.36	72.80	73.23	73.64	74.02	74.38	77
78	68.22	68.87	69.50	70.11	70.69	71.26	71.80	72.32	72.82	73.30	73.75	74.18	74.59	74.98	75.34	78
79	69.09	69.75	70.39	71.00	71.60	72.17	72.72	73.25	73.75	74.24	74.70	75.13	75.55	75.94	76.31	79
80	69.97	70.64	71.28	71.90	72.50	73.08	73.64	74.17	74.69	75.18	75.64	76.08	76.50	76.90	77.27	80
81	70.84	71.52	72.17	72.80	73.41	74.00	74.56	75.10	75.62	76.12	76.59	77.04	77.46	77.86	78.24	81
82	71.72	72.40	73.06	73.70	74.32	74.91	75.48	76.03	76.55	77.05	77.53	77.99	78.42	78.82	79.21	82
83	72.59	73.28	73.95	74.60	75.22	75.82	76.40	76.96	77.49	77.99	78.48	78.94	79.37	79.78	80.17	83
84	73.47	74.17	74.84	75.50	76.13	76.74	77.32	77.88	78.42	78.93	79.42	79.89	80.33	80.75	81.14	84
85	74.34	75.05	75.74	76.40	77.04	77.65	78.24	78.81	79.35	79.87	80.37	80.84	81.29	81.71	82.10	85
86	75.22	75.93	76.63	77.30	77.94	78.56	79.16	79.74	80.29	80.81	81.31	81.79	82.24	82.67	83.07	86
87	76.09	76.82	77.52	78.20	78.85	79.48	80.08	80.67	81.22	81.75	82.26	82.74	83.20	83.63	84.04	87
88	76.97	77.70	78.41	79.09	79.76	80.39	81.00	81.59	82.16	82.69	83.21	83.69	84.15	84.59	85.00	88
89	77.84	78.58	79.30	79.99	80.66	81.31	81.92	82.52	83.09	83.63	84.15	84.64	85.11	85.55	85.97	89
90	78.72	79.47	80.19	80.89	81.57	82.22	82.85	83.45	84.02	84.57	85.10	85.60	86.07	86.51	86.93	90
91	79.59	80.35	81.08	81.79	82.47	83.13	83.77	84.37	84.96	85.51	86.04	86.55	87.02	87.47	87.90	91
92	80.47	81.23	81.97	82.69	83.38	84.05	84.69	85.30	85.89	86.45	86.99	87.50	87.98	88.44	88.87	92
93	81.34	82.11	82.86	83.59	84.29	84.96	85.61	86.23	86.82	87.39	87.93	88.45	88.94	89.40	89.83	93
94	82.21	83.00	83.75	84.49	85.19	85.87	86.53	87.16	87.76	88.33	88.88	89.40	89.89	90.36	90.80	94
95	83.09	83.88	84.65	85.39	86.10	86.79	87.45	88.08	88.69	89.27	89.82	90.35	90.85	91.32	91.76	95
96	83.96	84.76	85.54	86.28	87.01	87.70	88.37	89.01	89.62	90.21	90.77	91.30	91.81	92.28	92.73	96
97	84.84	85.65	86.43	87.18	87.91	88.61	89.29	89.94	90.56	91.15	91.72	92.25	92.76	93.24	93.69	97
98	85.71	86.53	87.32	88.08	88.82	89.53	90.21	90.86	91.49	92.09	92.66	93.20	93.72	94.20	94.66	98
99	86.59	87.41	88.21	88.98	89.72	90.44	91.13	91.79	92.42	93.03	93.61	94.15	94.67	95.16	95.63	99
100	87.46	88.29	89.10	89.88	90.63	91.35	92.05	92.72	93.36	93.97	94.55	95.11	95.63	96.13	96.59	100
	29°	28°	27°	26°	25°	24°	23°	22°	21°	20°	19°	18°	17°	16°	15°	

cos

Tafel II b

sin

	76°	77°	78°	79°	80°	81°	82°	83°	84°	85°	86°	87°	88°	89°	90°	
1	0.97	0.97	0.98	0.98	0.98	0.99	0.99	0.99	0.99	1.00	1.00	1.00	1.00	1.00	1.00	1
2	1.94	1.95	1.96	1.96	1.97	1.98	1.98	1.99	1.99	1.99	2.00	2.00	2.00	2.00	2.00	2
3	2.91	2.92	2.93	2.94	2.95	2.96	2.97	2.98	2.98	2.99	2.99	3.00	3.00	3.00	3.00	3
4	3.88	3.90	3.91	3.93	3.94	3.95	3.96	3.97	3.98	3.98	3.99	3.99	4.00	4.00	4.00	4
5	4.85	4.87	4.89	4.91	4.92	4.94	4.95	4.96	4.97	4.98	4.99	4.99	5.00	5.00	5.00	5
6	5.82	5.85	5.87	5.89	5.91	5.93	5.94	5.96	5.97	5.98	5.99	5.99	6.00	6.00	6.00	6
7	6.79	6.82	6.85	6.87	6.89	6.91	6.93	6.95	6.96	6.97	6.98	6.99	7.00	7.00	7.00	7
8	7.76	7.79	7.83	7.85	7.88	7.90	7.92	7.94	7.96	7.97	7.98	7.99	8.00	8.00	8.00	8
9	8.73	8.77	8.80	8.83	8.86	8.89	8.91	8.93	8.95	8.97	8.98	8.99	8.99	9.00	9.00	9
10	9.70	9.74	9.78	9.82	9.85	9.88	9.90	9.93	9.95	9.96	9.98	9.99	9.99	10.00	10.00	10
11	10.67	10.72	10.76	10.80	10.83	10.86	10.89	10.92	10.94	10.96	10.97	10.98	10.99	11.00	11.00	11
12	11.64	11.69	11.74	11.78	11.82	11.85	11.88	11.91	11.93	11.95	11.97	11.98	11.99	12.00	12.00	12
13	12.61	12.67	12.72	12.76	12.80	12.84	12.87	12.90	12.93	12.95	12.97	12.98	12.99	13.00	13.00	13
14	13.58	13.64	13.69	13.74	13.79	13.83	13.86	13.90	13.92	13.95	13.97	13.98	13.99	14.00	14.00	14
15	14.55	14.62	14.67	14.72	14.77	14.82	14.85	14.89	14.92	14.94	14.96	14.98	14.99	15.00	15.00	15
16	15.52	15.59	15.65	15.71	15.76	15.80	15.84	15.88	15.91	15.94	15.96	15.98	15.99	16.00	16.00	16
17	16.50	16.56	16.63	16.69	16.74	16.79	16.83	16.87	16.91	16.94	16.96	16.98	16.99	17.00	17.00	17
18	17.47	17.54	17.61	17.67	17.73	17.78	17.82	17.87	17.90	17.93	17.96	17.98	17.99	18.00	18.00	18
19	18.44	18.51	18.58	18.65	18.71	18.77	18.82	18.86	18.90	18.93	18.95	18.97	18.99	19.00	19.00	19
20	19.41	19.49	19.56	19.63	19.70	19.75	19.81	19.85	19.89	19.92	19.95	19.97	19.99	20.00	20.00	20
21	20.38	20.46	20.54	20.61	20.68	20.74	20.80	20.84	20.88	20.92	20.95	20.97	20.99	21.00	21.00	21
22	21.35	21.44	21.52	21.60	21.67	21.73	21.79	21.84	21.88	21.92	21.95	21.97	21.99	22.00	22.00	22
23	22.32	22.41	22.50	22.58	22.65	22.72	22.78	22.83	22.87	22.91	22.94	22.97	22.99	23.00	23.00	23
24	23.29	23.38	23.48	23.56	23.64	23.70	23.77	23.82	23.87	23.91	23.94	23.97	23.99	24.00	24.00	24
25	24.26	24.36	24.45	24.54	24.62	24.69	24.76	24.81	24.86	24.90	24.94	24.97	24.98	25.00	25.00	25
26	25.23	25.33	25.43	25.52	25.61	25.68	25.75	25.81	25.86	25.90	25.94	25.96	25.98	26.00	26.00	26
27	26.20	26.31	26.41	26.50	26.59	26.67	26.74	26.80	26.85	26.90	26.93	26.96	26.98	27.00	27.00	27
28	27.17	27.28	27.39	27.49	27.57	27.66	27.73	27.79	27.85	27.89	27.93	27.96	27.98	28.00	28.00	28
29	28.14	28.26	28.37	28.47	28.56	28.64	28.72	28.78	28.84	28.89	28.93	28.96	28.98	29.00	29.00	29
30	29.11	29.23	29.34	29.45	29.54	29.63	29.71	29.78	29.84	29.89	29.93	29.96	29.98	30.00	30.00	30
31	30.08	30.21	30.32	30.43	30.53	30.62	30.70	30.77	30.83	30.88	30.92	30.96	30.98	31.00	31.00	31
32	31.05	31.18	31.30	31.41	31.51	31.61	31.69	31.76	31.82	31.88	31.92	31.96	31.98	32.00	32.00	32
33	32.02	32.15	32.28	32.39	32.50	32.59	32.68	32.75	32.82	32.87	32.92	32.95	32.98	32.99	33.00	33
34	32.99	33.13	33.26	33.38	33.48	33.58	33.67	33.75	33.81	33.87	33.92	33.95	33.98	33.99	34.00	34
35	33.96	34.10	34.24	34.36	34.47	34.57	34.66	34.74	34.81	34.87	34.91	34.95	34.98	34.99	35.00	35
36	34.93	35.08	35.21	35.34	35.45	35.56	35.65	35.73	35.80	35.86	35.91	35.95	35.98	35.99	36.00	36
37	35.90	36.05	36.19	36.32	36.44	36.54	36.64	36.72	36.80	36.86	36.91	36.95	36.98	36.99	37.00	37
38	36.87	37.03	37.17	37.30	37.42	37.53	37.63	37.72	37.79	37.86	37.91	37.95	37.98	37.99	38.00	38
39	37.84	38.00	38.15	38.28	38.41	38.52	38.62	38.71	38.79	38.85	38.90	38.95	38.98	38.99	39.00	39
40	38.81	38.97	39.13	39.27	39.39	39.51	39.61	39.70	39.78	39.85	39.90	39.95	39.98	39.99	40.00	40
41	39.78	39.95	40.10	40.25	40.38	40.50	40.60	40.69	40.78	40.84	40.90	40.94	40.98	40.99	41.00	41
42	40.75	40.92	41.08	41.23	41.36	41.48	41.59	41.69	41.77	41.84	41.90	41.94	41.97	41.99	42.00	42
43	41.72	41.90	42.06	42.21	42.35	42.47	42.58	42.68	42.76	42.84	42.90	42.94	42.97	42.99	43.00	43
44	42.69	42.87	43.04	43.19	43.33	43.46	43.57	43.67	43.76	43.83	43.89	43.94	43.97	43.99	44.00	44
45	43.66	43.85	44.02	44.17	44.32	44.45	44.56	44.66	44.75	44.83	44.89	44.94	44.97	44.99	45.00	45
46	44.63	44.82	44.99	45.15	45.30	45.43	45.55	45.66	45.75	45.82	45.89	45.94	45.97	45.99	46.00	46
47	45.60	45.80	45.97	46.14	46.29	46.42	46.54	46.65	46.74	46.82	46.89	46.94	46.97	46.99	47.00	47
48	46.57	46.77	46.95	47.12	47.27	47.41	47.53	47.64	47.74	47.82	47.88	47.93	47.97	47.99	48.00	48
49	47.54	47.74	47.93	48.10	48.26	48.40	48.52	48.63	48.73	48.81	48.88	48.93	48.97	48.99	49.00	49
50	48.51	48.72	48.91	49.08	49.24	49.38	49.51	49.63	49.73	49.81	49.88	49.93	49.97	49.99	50.00	50
	14°	13°	12°	11°	10°	9°	8°	7°	6°	5°	4°	3°	2°	1°	0°	

cos

sin

	76°	77°	78°	79°	80°	81°	82°	83°	84°	85°	86°	87°	88°	89°	90°	
51	49.49	49.69	49.89	50.06	50.23	50.37	50.50	50.62	50.72	50.81	50.88	50.93	50.97	50.99	51.00	51
52	50.46	50.67	50.86	51.04	51.21	51.36	51.49	51.61	51.72	51.80	51.87	51.93	51.97	51.99	52.00	52
53	51.43	51.64	51.84	52.03	52.19	52.35	52.48	52.60	52.71	52.80	52.87	52.93	52.97	52.99	53.00	53
54	52.40	52.62	52.82	53.01	53.18	53.34	53.47	53.60	53.70	53.79	53.87	53.93	53.97	53.99	54.00	54
55	53.37	53.59	53.80	53.99	54.16	54.32	54.46	54.59	54.70	54.79	54.87	54.92	54.97	54.99	55.00	55
56	54.34	54.56	54.78	54.97	55.15	55.31	55.46	55.58	55.69	55.79	55.86	55.92	55.97	55.99	56.00	56
57	55.31	55.54	55.75	55.95	56.13	56.30	56.45	56.58	56.69	56.78	56.86	56.92	56.97	56.99	57.00	57
58	56.28	56.51	56.73	56.93	57.12	57.29	57.44	57.57	57.68	57.78	57.86	57.92	57.96	57.99	58.00	58
59	57.25	57.49	57.71	57.92	58.10	58.27	58.43	58.56	58.68	58.78	58.86	58.92	58.96	58.99	59.00	59
60	58.22	58.46	58.69	58.90	59.09	59.26	59.42	59.55	59.67	59.77	59.85	59.92	59.96	59.99	60.00	60
61	59.19	59.44	59.68	59.88	60.07	60.25	60.41	60.55	60.67	60.77	60.85	60.92	60.96	60.99	61.00	61
62	60.16	60.41	60.65	60.86	61.06	61.24	61.40	61.54	61.66	61.76	61.85	61.92	61.96	61.99	62.00	62
63	61.13	61.39	61.62	61.84	62.04	62.22	62.39	62.53	62.65	62.76	62.85	62.91	62.96	62.99	63.00	63
64	62.10	62.36	62.60	62.82	63.03	63.21	63.38	63.52	63.65	63.76	63.84	63.91	63.96	63.99	64.00	64
65	63.07	63.33	63.58	63.81	64.01	64.20	64.37	64.52	64.64	64.75	64.84	64.91	64.96	64.99	65.00	65
66	64.04	64.31	64.56	64.79	65.00	65.19	65.36	65.51	65.64	65.75	65.84	65.91	65.96	65.99	66.00	66
67	65.01	65.28	65.54	65.77	65.98	66.18	66.35	66.50	66.63	66.75	66.84	66.91	66.96	66.99	67.00	67
68	65.98	66.26	66.51	66.75	66.97	67.16	67.34	67.49	67.63	67.74	67.83	67.91	67.96	67.99	68.00	68
69	66.95	67.23	67.49	67.73	67.95	68.15	68.33	68.49	68.62	68.74	68.83	68.91	68.96	68.99	69.00	69
70	67.92	68.21	68.47	68.71	68.94	69.14	69.32	69.48	69.62	69.73	69.83	69.90	69.96	69.99	70.00	70
71	68.89	69.18	69.45	69.70	69.92	70.13	70.31	70.47	70.61	70.73	70.83	70.90	70.96	70.99	71.00	71
72	69.86	70.15	70.43	70.68	70.91	71.11	71.30	71.46	71.61	71.73	71.82	71.90	71.96	71.99	72.00	72
73	70.83	71.13	71.40	71.66	71.89	72.10	72.29	72.46	72.60	72.72	72.82	72.90	72.96	72.99	73.00	73
74	71.80	72.10	72.38	72.64	72.88	73.09	73.28	73.45	73.59	73.72	73.82	73.90	73.95	73.99	74.00	74
75	72.77	73.08	73.36	73.62	73.86	74.08	74.27	74.44	74.59	74.71	74.82	74.90	74.95	74.99	75.00	75
76	73.74	74.05	74.34	74.60	74.85	75.06	75.26	75.43	75.58	75.71	75.81	75.90	75.95	75.99	76.00	76
77	74.71	75.03	75.32	75.59	75.83	76.05	76.25	76.43	76.58	76.71	76.81	76.89	76.95	76.99	77.00	77
78	75.68	76.00	76.30	76.57	76.82	77.04	77.24	77.42	77.57	77.70	77.81	77.89	77.95	77.99	78.00	78
79	76.65	76.98	77.27	77.55	77.80	78.03	78.23	78.41	78.57	78.70	78.81	78.89	78.95	78.99	79.00	79
80	77.62	77.95	78.25	78.53	78.78	79.02	79.22	79.40	79.56	79.70	79.81	79.89	79.95	79.99	80.00	80
81	78.59	78.92	79.23	79.51	79.77	80.00	80.21	80.40	80.56	80.69	80.80	80.89	30.95	80.99	81.00	81
82	79.56	79.90	80.21	80.49	80.75	80.99	81.20	81.39	81.55	81.69	81.80	81.89	81.95	81.99	82.00	82
83	80.53	80.87	81.19	81.48	81.74	81.98	82.19	82.38	82.55	82.68	82.80	82.89	82.95	82.99	83.00	83
84	81.50	81.85	82.16	82.46	82.72	82.97	83.18	83.37	83.54	83.68	83.80	83.88	83.95	83.99	84.00	84
85	82.48	82.82	83.14	83.44	83.71	83.95	84.17	84.37	84.53	84.68	84.79	84.88	84.95	84.99	85.00	85
86	83.45	83.80	84.12	84.42	84.69	84.94	85.16	85.36	85.53	85.67	85.79	85.88	85.95	85.99	86.00	86
87	84.42	84.77	85.10	85.40	85.68	85.93	86.15	86.35	86.52	86.67	86.79	86.88	86.95	86.99	87.00	87
88	85.39	85.74	86.08	86.38	86.66	86.92	87.14	87.34	87.52	87.67	87.79	87.88	87.95	87.99	88.00	88
89	86.36	86.72	87.06	87.36	87.65	87.90	88.13	88.34	88.51	88.66	88.78	88.88	88.95	88.99	89.00	89
90	87.33	87.69	88.03	88.35	88.63	88.89	89.12	89.33	89.51	89.66	89.78	89.88	89.95	89.99	90.00	90
91	88.30	88.67	89.01	89.33	89.62	89.88	90.11	90.32	90.50	90.65	90.78	90.88	90.94	90.99	91.00	91
92	89.27	89.64	89.99	90.31	90.60	90.87	91.10	91.31	91.50	91.65	91.78	91.87	91.94	91.99	92.00	92
93	90.24	90.62	90.97	91.29	91.59	91.85	92.09	92.31	92.49	92.65	92.77	92.87	92.94	92.99	93.00	93
94	91.21	91.59	91.95	92.27	92.57	92.84	93.09	93.30	93.49	93.64	93.77	93.87	93.94	93.99	94.00	94
95	92.18	92.57	92.92	93.25	93.56	93.83	94.08	94.29	94.48	94.64	94.77	94.87	94.94	94.99	95.00	95
96	93.15	93.54	93.90	94.24	94.54	94.82	95.07	95.28	95.47	95.63	95.77	95.87	95.94	95.99	96.00	96
97	94.12	94.51	94.88	95.22	95.53	95.81	96.06	96.28	96.47	96.63	96.76	96.87	96.94	96.99	97.00	97
98	95.09	95.49	95.86	96.20	96.51	96.79	97.05	97.27	97.46	97.63	97.76	97.87	97.94	97.99	98.00	98
99	96.06	96.46	96.84	97.18	97.50	97.78	98.04	98.26	98.46	98.62	98.76	98.86	98.94	98.98	99.00	99
100	97.03	97.44	97.81	98.16	98.48	98.77	99.03	99.25	99.45	99.62	99.76	99.86	99.94	99.98	100.00	100
	14°	13°	12°	11°	10°	9°	8°	7°	6°	5°	4°	3°	2°	1°	0°	

cos

Erläuterungen zu Tafel III.

Die Tafel dient zur tabellenmäßigen Bildung der Produktsummen $\sum y_\nu \cos \nu\alpha$, $\sum y_\nu \sin \nu\alpha$ bzw. (s. Tafel II) $\sum C_\nu(c_\nu) \cos \nu\alpha$, $\sum S_\nu(s_\nu) \sin \nu\alpha$ für Intervallängen bis $p = 40$, mit einer für Periodogrammrechnungen ausreichenden Genauigkeit. Die Tafel umfaßt den Bereich von $p = 20$ bis 40; für den Bereich $p = 10$ bis 19 lassen sich die Tafeln für $p = 20, 22, 24, \ldots, 38$ verwenden, indem man nur jede zweite Spalte $(0°, 2\alpha, 4\alpha, \ldots)$ benutzt $\left(\alpha = \dfrac{360°}{p}\right)$.

Tafel IIIa. Ist p nicht durch 4 teilbar, so haben die Faktoren $\cos \nu\alpha$ und $\sin \nu\alpha$ verschiedene Werte. Es sind also hier die Tafeln nach cos und sin getrennt. Ist p ungerade, so sind die trigonometrischen Faktoren für den 1. und 2. Quadranten verschieden (hier ist zu berücksichtigen, daß die cos im 2. Quadranten negativ sind).

Tafel IIIb. Ist p durch 4 teilbar, so durchlaufen die Faktoren $\cos \nu\alpha$ und $\sin \nu\alpha$ die gleichen Werte, nur in umgekehrter Folge. Es ist daher nur eine Tafel für jedes p nötig — die Argumente stehen für cos am oberen, für sin am unteren Rande; ein Pfeil zeigt die Reihenfolge an. Dafür gibt die Tafel alle ganzen Vielfachen von 1—100, während Tafel IIIa nur die geraden Vielfachen gibt.

In beiden Tafeln fehlt in den cos-Tafeln die Argumentspalte, in die man mit dem Zahlenfaktor eingeht. Sie ist hier entbehrlich, da die erste Spalte $(y \cdot \cos 0°)$ mit den Zahlenfaktoren selbst gleichlautend ist. In Tafel IIIb fehlt daher die Argumentspalte durchweg, da alle Tafeln mit der Spalte $\cos 0° = \sin 90°$ beginnen.

Will man die Beobachtungsreihe $(y_0, y_1, \ldots y_\mu)$ ohne vorherige Bildung von Summen und Differenzen $(C_\nu, S_\nu, c_\nu, s_\nu$; s. Tafel II) mit den zugehörigen cos- (sin-) Werten der Grundwelle multiplizieren, so muß man mit dem Argument $\nu\alpha$ durch alle Quadranten in bekannter Weise hindurchgehen. Man muß also — unter Berücksichtigung des Vorzeichenwechsels (cos: $+--+$; sin: $++--$) bei ungeradem p einmal, bei geradem p zweimal alle Spalten vorwärts und rückwärts durchlaufen. Die fett gedruckten Spalten (Argument $0°, 90°$) werden dabei beim Umkehren der Richtung nur einmal benutzt, die nicht fett gedruckten Endspalten (Tafel IIIa) müssen dagegen beim Vorwärts- und Rückwärtszählen benutzt werden.

Tafel III.

Multiplikationstafeln für die harmonische Analyse von Beobachtungsreihen mit p = 20 bis 40 Gliedern.

Tafel III a. Gerade Vielfache (2 bis 100) der trigonometrischen Faktoren für nicht durch 4 teilbare Intervallängen.

p = 21 ... S. 54/55	p = 31 ... S. 64/65
p = 22 ... S. 58/59	p = 33 ... S. 66/67
p = 23 ... S. 56/57	p = 34 ... S. 52/53
p = 25 ... S. 58/59	p = 35 ... S. 68/69
p = 26 ... S. 56/57	p = 37 ... S. 70/71
p = 27 ... S. 60/61	p = 38 ... S. 52/53
p = 29 ... S. 62/63	p = 39 ... S. 72/73
p = 30 ... S. 54/55	

Tafel III b. Vielfache (1 bis 100) der trigonometrischen Funktionen für durch 4 teilbare Intervallängen.

p = 20 ... S. 74/75	p = 32 ... S. 78/79
p = 24 ... S. 76/77	p = 36 ... S. 76/77
p = 28 ... S. 78/79	p = 40 ... S. 74/75

sin $\quad$ **p=34**

	0°	α	2α	3α	4α	5α	6α	7α	8α
2	0.0	0.4	0.7	1.1	1.3	1.6	1.8	1.9	2.0
4	0.0	0.7	1.4	2.1	2.7	3.2	3.6	3.8	4.0
6	0.0	1.1	2.2	3.2	4.0	4.8	5.4	5.8	6.0
8	0.0	1.5	2.9	4.2	5.4	6.4	7.2	7.7	8.0
10	0.0	1.8	3.6	5.3	6.7	8.0	9.0	9.6	10.0
12	0.0	2.2	4.3	6.3	8.1	9.6	10.7	11.5	11.9
14	0.0	2.6	5.1	7.4	9.4	11.2	12.5	13.5	13.9
16	0.0	2.9	5.8	8.4	10.8	12.8	14.3	15.4	15.9
18	0.0	3.3	6.5	9.5	12.1	14.4	16.1	17.3	17.9
20	0.0	3.7	7.2	10.5	13.5	16.0	17.9	19.2	19.9
22	0.0	4.0	7.9	11.6	14.8	17.6	19.7	21.2	21.9
24	0.0	4.4	8.7	12.6	16.2	19.2	21.5	23.1	23.9
26	0.0	4.8	9.4	13.7	17.5	20.7	23.3	25.0	25.9
28	0.0	5.1	10.1	14.7	18.9	22.3	25.1	26.9	27.9
30	0.0	5.5	10.8	15.8	20.2	23.9	26.9	28.9	29.9
32	0.0	5.9	11.6	16.8	21.6	25.5	28.6	30.8	31.9
34	0.0	6.2	12.3	17.9	22.9	27.1	30.4	32.7	33.9
36	0.0	6.6	13.0	19.0	24.3	28.7	32.2	34.6	35.8
38	0.0	7.0	13.7	20.0	25.6	30.3	34.0	36.5	37.8
40	0.0	7.3	14.4	21.1	26.9	31.9	35.8	38.5	39.8
42	0.0	7.7	15.2	22.1	28.3	33.5	37.6	40.4	41.8
44	0.0	8.1	15.9	23.2	29.6	35.1	39.4	42.3	43.8
46	0.0	8.5	16.6	24.2	31.0	36.7	41.2	44.2	45.8
48	0.0	8.8	17.3	25.3	32.3	38.3	43.0	46.2	47.8
50	0.0	9.2	18.1	26.3	33.7	39.9	44.8	48.1	49.8
52	0.0	9.6	18.8	27.4	35.0	41.5	46.5	50.0	51.8
54	0.0	9.9	19.5	28.4	36.4	43.1	48.3	51.9	53.8
56	0.0	10.3	20.2	29.5	37.7	44.7	50.1	53.9	55.8
58	0.0	10.7	21.0	30.5	39.1	46.3	51.9	55.8	57.8
60	0.0	11.0	21.7	31.6	40.4	47.9	53.7	57.7	59.7
62	0.0	11.4	22.4	32.6	41.8	49.5	55.5	59.6	61.7
64	0.0	11.8	23.1	33.7	43.1	51.1	57.3	61.6	63.7
66	0.0	12.1	23.8	34.7	44.5	52.7	59.1	63.5	65.7
68	0.0	12.5	24.6	35.8	45.8	54.3	60.9	65.4	67.7
70	0.0	12.9	25.3	36.9	47.2	55.9	62.7	67.3	69.7
72	0.0	13.2	26.0	37.9	48.5	57.5	64.5	69.3	71.7
74	0.0	13.6	26.7	39.0	49.9	59.1	66.2	71.2	73.7
76	0.0	14.0	27.5	40.0	51.2	60.6	68.0	73.1	75.7
78	0.0	14.3	28.2	41.1	52.5	62.2	69.8	75.0	77.7
80	0.0	14.7	28.9	42.1	53.9	63.8	71.6	76.9	79.7
82	0.0	15.1	29.6	43.2	55.2	65.4	73.4	78.9	81.7
84	0.0	15.4	30.3	44.2	56.6	67.0	75.2	80.8	83.6
86	0.0	15.8	31.1	45.3	57.9	68.6	77.0	82.7	85.6
88	0.0	16.2	31.8	46.3	59.3	70.2	78.8	84.6	87.6
90	0.0	16.5	32.5	47.4	60.6	71.8	80.6	86.6	89.6
92	0.0	16.9	33.2	48.4	62.0	73.4	82.4	88.5	91.6
94	0.0	17.3	34.0	49.5	63.3	75.0	84.1	90.4	93.6
96	0.0	17.6	34.7	50.5	64.7	76.6	85.9	92.3	95.6
98	0.0	18.0	35.4	51.6	66.0	78.2	87.7	94.3	97.6
100	0.0	18.4	36.1	52.6	67.4	79.8	89.5	96.2	99.6

sin $\quad$ **p=38**

	0°	α	2α	3α	4α	5α	6α	7α	8α	9α
2	0.0	0.3	0.6	1.0	1.2	1.5	1.7	1.8	1.9	2.0
4	0.0	0.7	1.3	1.9	2.5	2.9	3.3	3.7	3.9	4.0
6	0.0	1.0	1.9	2.9	3.7	4.4	5.0	5.5	5.8	6.0
8	0.0	1.3	2.6	3.8	4.9	5.9	6.7	7.3	7.8	8.0
10	0.0	1.6	3.2	4.8	6.1	7.4	8.4	9.2	9.7	10.0
12	0.0	2.0	3.9	5.7	7.4	8.8	10.0	11.0	11.6	12.0
14	0.0	2.3	4.5	6.7	8.6	10.3	11.7	12.8	13.6	14.0
16	0.0	2.6	5.2	7.6	9.8	11.8	13.4	14.7	15.5	15.9
18	0.0	3.0	5.8	8.6	11.1	13.2	15.1	16.5	17.4	17.9
20	0.0	3.3	6.5	9.5	12.3	14.7	16.7	18.3	19.4	19.9
22	0.0	3.6	7.1	10.5	13.5	16.2	18.4	20.1	21.3	21.9
24	0.0	4.0	7.8	11.4	14.7	17.7	20.1	22.0	23.3	23.9
26	0.0	4.3	8.4	12.4	16.0	19.1	21.8	23.8	25.2	25.9
28	0.0	4.6	9.1	13.3	17.2	20.6	23.4	25.6	27.1	27.9
30	0.0	4.9	9.7	14.3	18.4	22.1	25.1	27.5	29.1	29.9
32	0.0	5.3	10.4	15.2	19.7	23.5	26.8	29.3	31.0	31.9
34	0.0	5.6	11.0	16.2	20.9	25.0	28.5	31.1	33.0	33.9
36	0.0	5.9	11.7	17.1	22.1	26.5	30.1	33.0	34.9	35.9
38	0.0	6.3	12.3	18.1	23.3	28.0	31.8	34.8	36.8	37.9
40	0.0	6.6	13.0	19.0	24.6	29.4	33.5	36.6	38.8	39.9
42	0.0	6.9	13.6	20.0	25.8	30.9	35.2	38.5	40.7	41.9
44	0.0	7.2	14.3	20.9	27.0	32.4	36.8	40.3	42.7	43.8
46	0.0	7.6	14.9	21.9	28.3	33.8	38.5	42.1	44.6	45.8
48	0.0	7.9	15.6	22.8	29.5	35.3	40.2	44.0	46.5	47.8
50	0.0	8.2	16.2	23.8	30.7	36.8	41.9	45.8	48.5	49.8
52	0.0	8.6	16.9	24.7	31.9	38.3	43.5	47.6	50.4	51.8
54	0.0	8.9	17.5	25.7	33.2	39.7	45.2	49.5	52.3	53.8
56	0.0	9.2	18.2	26.7	34.4	41.2	46.9	51.3	54.3	55.8
58	0.0	9.5	18.8	27.6	35.6	42.7	48.6	53.1	56.2	57.8
60	0.0	9.9	19.5	28.6	36.9	44.1	50.2	54.9	58.2	59.8
62	0.0	10.2	20.1	29.5	38.1	45.6	51.9	56.8	60.1	61.8
64	0.0	10.5	20.8	30.5	39.3	47.1	53.6	58.6	62.0	63.8
66	0.0	10.9	21.4	31.4	40.5	48.6	55.3	60.4	64.0	65.8
68	0.0	11.2	22.1	32.4	41.8	50.0	56.9	62.3	65.9	67.8
70	0.0	11.5	22.7	33.3	43.0	51.5	58.6	64.1	67.9	69.8
72	0.0	11.9	23.4	34.3	44.2	53.0	60.3	65.9	69.8	71.8
74	0.0	12.2	24.0	35.2	45.5	54.4	62.0	67.8	71.7	73.7
76	0.0	12.5	24.7	36.2	46.7	55.9	63.6	69.6	73.7	75.7
78	0.0	12.8	25.3	37.1	47.9	57.4	65.3	71.4	75.6	77.7
80	0.0	13.2	26.0	38.1	49.1	58.9	67.0	73.3	77.6	79.7
82	0.0	13.5	26.6	39.0	50.4	60.3	68.6	75.1	79.5	81.7
84	0.0	13.8	27.3	40.0	51.6	61.8	70.3	76.9	81.4	83.7
86	0.0	14.2	27.9	40.9	52.8	63.3	72.0	78.8	83.4	85.7
88	0.0	14.5	28.6	41.9	54.1	64.7	73.7	80.6	85.3	87.7
90	0.0	14.8	29.2	42.8	55.3	66.2	75.3	82.4	87.2	89.7
92	0.0	15.1	29.9	43.8	56.5	67.7	77.0	84.3	89.2	91.7
94	0.0	15.5	30.5	44.7	57.7	69.2	78.7	86.1	91.1	93.7
96	0.0	15.8	31.2	45.7	59.0	70.6	80.4	87.9	93.1	95.7
98	0.0	16.1	31.8	46.6	60.2	72.1	82.0	89.7	95.0	97.7
100	0.0	16.5	32.5	47.6	61.4	73.6	83.7	91.6	96.9	99.7

cos **p=38**

0°	α	2α	3α	4α	5α	6α	7α	8α	9α
2.0	2.0	1.9	1.8	1.6	1.4	1.1	0.8	0.5	0.2
4.0	3.9	3.8	3.5	3.2	2.7	2.2	1.6	1.0	0.3
6.0	5.9	5.7	5.3	4.7	4.1	3.3	2.4	1.5	0.5
8.0	7.9	7.6	7.0	6.3	5.4	4.4	3.2	2.0	0.7
10.0	9.9	9.5	8.8	7.9	6.8	5.5	4.0	2.5	0.8
12.0	11.8	11.3	10.6	9.5	8.1	6.6	4.8	2.9	1.0
14.0	13.8	13.2	12.3	11.0	9.5	7.7	5.6	3.4	1.2
16.0	15.8	15.1	14.1	12.6	10.8	8.8	6.4	3.9	1.3
18.0	17.8	17.0	15.8	14.2	12.2	9.8	7.2	4.4	1.5
20.0	19.7	18.9	17.6	15.8	13.5	10.9	8.0	4.9	1.7
22.0	21.7	20.8	19.3	17.4	14.9	12.0	8.8	5.4	1.8
24.0	23.7	22.7	21.1	18.9	16.3	13.1	9.6	5.9	2.0
26.0	25.6	24.6	22.9	20.5	17.6	14.2	10.4	6.4	2.1
28.0	27.6	26.5	24.6	22.1	19.0	15.3	11.2	6.9	2.3
30.0	29.6	28.4	26.4	23.7	20.3	16.4	12.1	7.4	2.5
32.0	31.6	30.3	28.1	25.3	21.7	17.5	12.9	7.9	2.6
34.0	33.5	32.2	29.9	26.8	23.0	18.6	13.7	8.3	2.8
36.0	35.5	34.0	31.7	28.4	24.4	19.7	14.5	8.8	3.0
38.0	37.5	35.9	33.4	30.0	25.7	20.8	15.3	9.3	3.1
40.0	39.5	37.8	35.2	31.6	27.1	21.9	16.1	9.8	3.3
42.0	41.4	39.7	36.9	33.1	28.4	23.0	16.9	10.3	3.5
44.0	43.4	41.6	38.7	34.7	29.8	24.1	17.7	10.8	3.6
46.0	45.4	43.5	40.5	36.3	31.2	25.2	18.5	11.3	3.8
48.0	47.3	45.4	42.2	37.9	32.5	26.3	19.3	11.8	4.0
50.0	49.3	47.3	44.0	39.5	33.9	27.3	20.1	12.3	4.1
52.0	51.3	49.2	45.7	41.0	35.2	28.4	20.9	12.8	4.3
54.0	53.3	51.1	47.5	42.6	36.6	29.5	21.7	13.3	4.5
56.0	55.2	53.0	49.3	44.2	37.9	30.6	22.5	13.7	4.6
58.0	57.2	54.9	51.0	45.8	39.3	31.7	23.3	14.2	4.8
60.0	59.2	56.7	52.8	47.3	40.6	32.8	24.1	14.7	5.0
62.0	61.2	58.6	54.5	48.9	42.0	33.9	24.9	15.2	5.1
64.0	63.1	60.5	56.3	50.5	43.3	35.0	25.7	15.7	5.3
66.0	65.1	62.4	58.0	52.1	44.7	36.1	26.5	16.2	5.5
68.0	67.1	64.3	59.8	53.7	46.1	37.2	27.3	16.7	5.6
70.0	69.0	66.2	61.6	55.2	47.4	38.3	28.1	17.2	5.8
72.0	71.0	68.1	63.3	56.8	48.8	39.4	28.9	17.7	5.9
74.0	73.0	70.0	65.1	58.4	50.1	40.5	29.7	18.2	6.1
76.0	75.0	71.9	66.8	60.0	51.5	41.6	30.5	18.7	6.3
78.0	76.9	73.8	68.6	61.6	52.8	42.7	31.3	19.1	6.4
80.0	78.9	75.7	70.4	63.1	54.2	43.8	32.1	19.6	6.6
82.0	80.9	77.6	72.1	64.7	55.5	44.8	32.9	20.1	6.8
84.0	82.9	79.4	73.9	66.3	56.9	45.9	33.7	20.6	6.9
86.0	84.8	81.3	75.6	67.9	58.2	47.0	34.5	21.1	7.1
88.0	86.8	83.2	77.4	69.4	59.6	48.1	35.3	21.6	7.3
90.0	88.8	85.1	79.2	71.0	61.0	49.2	36.2	22.1	7.4
92.0	90.7	87.0	80.9	72.6	62.3	50.3	37.0	22.6	7.6
94.0	92.7	88.9	82.7	74.2	63.7	51.4	37.8	23.1	7.8
96.0	94.7	90.8	84.4	75.8	65.0	52.5	38.6	23.6	7.9
98.0	96.7	92.7	86.2	77.3	66.4	53.6	39.4	24.1	8.1
100.0	98.6	94.6	87.9	78.9	67.7	54.7	40.2	24.5	8.3

cos **p=34**

0°	α	2α	3α	4α	5α	6α	7α	8α
2.0	2.0	1.9	1.7	1.5	1.2	0.9	0.5	0.2
4.0	3.9	3.7	3.4	3.0	2.4	1.8	1.1	0.4
6.0	5.9	5.6	5.1	4.4	3.6	2.7	1.6	0.6
8.0	7.9	7.5	6.8	5.9	4.8	3.6	2.2	0.7
10.0	9.8	9.3	8.5	7.4	6.0	4.5	2.7	0.9
12.0	11.8	11.2	10.2	8.9	7.2	5.3	3.3	1.1
14.0	13.8	13.1	11.9	10.3	8.4	6.2	3.8	1.3
16.0	15.7	14.9	13.6	11.8	9.6	7.1	4.4	1.5
18.0	17.7	16.8	15.3	13.3	10.8	8.0	4.9	1.7
20.0	19.7	18.6	17.0	14.8	12.1	8.9	5.5	1.8
22.0	21.6	20.5	18.7	16.3	13.3	9.8	6.0	2.0
24.0	23.6	22.4	20.4	17.7	14.5	10.7	6.6	2.2
26.0	25.6	24.2	22.1	19.2	15.7	11.6	7.1	2.4
28.0	27.5	26.1	23.8	20.7	16.9	12.5	7.7	2.6
30.0	29.5	28.0	25.5	22.2	18.1	13.4	8.2	2.8
32.0	31.5	29.8	27.2	23.6	19.3	14.3	8.8	3.0
34.0	33.4	31.7	28.9	25.1	20.5	15.2	9.3	3.1
36.0	35.4	33.6	30.6	26.6	21.7	16.0	9.9	3.3
38.0	37.4	35.4	32.3	28.1	22.9	16.9	10.4	3.5
40.0	39.3	37.3	34.0	29.6	24.1	17.8	10.9	3.7
42.0	41.3	39.2	35.7	31.0	25.3	18.7	11.5	3.9
44.0	43.3	41.0	37.4	32.5	26.5	19.6	12.0	4.1
46.0	45.2	42.9	39.1	34.0	27.7	20.5	12.6	4.2
48.0	47.2	44.8	40.8	35.5	28.9	21.4	13.1	4.4
50.0	49.1	46.6	42.5	37.0	30.1	22.3	13.7	4.6
52.0	51.1	48.5	44.2	38.4	31.3	23.2	14.2	4.8
54.0	53.1	50.4	45.9	39.9	32.5	24.1	14.8	5.0
56.0	55.0	52.2	47.6	41.4	33.7	25.0	15.3	5.2
58.0	57.0	54.1	49.3	42.9	35.0	25.9	15.9	5.4
60.0	59.0	55.9	51.0	44.3	36.2	26.7	16.4	5.5
62.0	60.9	57.8	52.7	45.8	37.4	27.6	17.0	5.7
64.0	62.9	59.7	54.4	47.3	38.6	28.5	17.5	5.9
66.0	64.9	61.5	56.1	48.8	39.8	29.4	18.1	6.1
68.0	66.8	63.4	57.8	50.3	41.0	30.3	18.6	6.3
70.0	68.8	65.3	59.5	51.7	42.2	31.2	19.2	6.5
72.0	70.8	67.1	61.2	53.2	43.4	32.1	19.7	6.6
74.0	72.7	69.0	62.9	54.7	44.6	33.0	20.3	6.8
76.0	74.7	70.9	64.6	56.2	45.8	33.9	20.8	7.0
78.0	76.7	72.7	66.3	57.6	47.0	34.8	21.3	7.2
80.0	78.6	74.6	68.0	59.1	48.2	35.7	21.9	7.4
82.0	80.6	76.5	69.7	60.6	49.4	36.6	22.4	7.6
84.0	82.6	78.3	71.4	62.1	50.6	37.4	23.0	7.8
86.0	84.5	80.2	73.1	63.6	51.8	38.3	23.5	7.9
88.0	86.5	82.1	74.8	65.0	53.0	39.2	24.1	8.1
90.0	88.5	83.9	76.5	66.5	54.2	40.1	24.6	8.3
92.0	90.4	85.8	78.2	68.0	55.4	41.0	25.2	8.5
94.0	92.4	87.7	79.9	69.5	56.6	41.9	25.7	8.7
96.0	94.4	89.5	81.6	70.9	57.9	42.8	26.3	8.9
98.0	96.3	91.4	83.3	72.4	59.1	43.7	26.8	9.0
100.0	98.3	93.2	85.0	73.9	60.3	44.6	27.4	9.2

p=30

sin

	0°	α	2α	3α	4α	5α	6α	7α
2	0.0	0.4	0.8	1.2	1.5	1.7	1.9	2.0
4	0.0	0.8	1.6	2.4	3.0	3.5	3.8	4.0
6	0.0	1.2	2.4	3.5	4.5	5.2	5.7	6.0
8	0.0	1.7	3.3	4.7	5.9	6.9	7.6	8.0
10	0.0	2.1	4.1	5.9	7.4	8.7	9.5	9.9
12	0.0	2.5	4.9	7.1	8.9	10.4	11.4	11.9
14	0.0	2.9	5.7	8.2	10.4	12.1	13.3	13.9
16	0.0	3.3	6.5	9.4	11.9	13.9	15.2	15.9
18	0.0	3.7	7.3	10.6	13.4	15.6	17.1	17.9
20	0.0	4.2	8.1	11.8	14.9	17.3	19.0	19.9
22	0.0	4.6	8.9	12.9	16.3	19.1	20.9	21.9
24	0.0	5.0	9.8	14.1	17.8	20.8	22.8	23.9
26	0.0	5.4	10.6	15.3	19.3	22.5	24.7	25.9
28	0.0	5.8	11.4	16.5	20.8	24.2	26.6	27.8
30	0.0	6.2	12.2	17.6	22.3	26.0	28.5	29.8
32	0.0	6.7	13.0	18.8	23.8	27.7	30.4	31.8
34	0.0	7.1	13.8	20.0	25.3	29.4	32.3	33.8
36	0.0	7.5	14.6	21.2	26.8	31.2	34.2	35.8
38	0.0	7.9	15.5	22.3	28.2	32.9	36.1	37.8
40	0.0	8.3	16.3	23.5	29.7	34.6	38.0	39.8
42	0.0	8.7	17.1	24.7	31.2	36.4	39.9	41.8
44	0.0	9.1	17.9	25.9	32.7	38.1	41.8	43.8
46	0.0	9.6	18.7	27.0	34.2	39.8	43.7	45.7
48	0.0	10.0	19.5	28.2	35.7	41.6	45.7	47.7
50	0.0	10.4	20.3	29.4	37.2	43.3	47.6	49.7
52	0.0	10.8	21.2	30.6	38.6	45.0	49.5	51.7
54	0.0	11.2	22.0	31.7	40.1	46.8	51.4	53.7
56	0.0	11.6	22.8	32.9	41.6	48.5	53.3	55.7
58	0.0	12.1	23.6	34.1	43.1	50.2	55.2	57.7
60	0.0	12.5	24.4	35.3	44.6	52.0	57.1	59.7
62	0.0	12.9	25.2	36.4	46.1	53.7	59.0	61.7
64	0.0	13.3	26.0	37.6	47.6	55.4	60.9	63.6
66	0.0	13.7	26.8	38.8	49.0	57.2	62.8	65.6
68	0.0	14.1	27.7	40.0	50.5	58.9	64.7	67.6
70	0.0	14.6	28.5	41.1	52.0	60.6	66.6	69.6
72	0.0	15.0	29.3	42.3	53.5	62.4	68.5	71.6
74	0.0	15.4	30.1	43.5	55.0	64.1	70.4	73.6
76	0.0	15.8	30.9	44.7	56.5	65.8	72.3	75.6
78	0.0	16.2	31.7	45.8	58.0	67.5	74.2	77.6
80	0.0	16.6	32.5	47.0	59.5	69.3	76.1	79.6
82	0.0	17.0	33.4	48.2	60.9	71.0	78.0	81.6
84	0.0	17.5	34.2	49.4	62.4	72.7	79.9	83.5
86	0.0	17.9	35.0	50.5	63.9	74.5	81.8	85.5
88	0.0	18.3	35.8	51.7	65.4	76.2	83.7	87.5
90	0.0	18.7	36.6	52.9	66.9	77.9	85.6	89.5
92	0.0	19.1	37.4	54.1	68.4	79.7	87.5	91.5
94	0.0	19.5	38.2	55.3	69.9	81.4	89.4	93.5
96	0.0	20.0	39.0	56.4	71.3	83.1	91.3	95.5
98	0.0	20.4	39.9	57.6	72.8	84.9	93.2	97.5
100	0.0	20.8	40.7	58.8	74.3	86.6	95.1	99.5

p=21

sin   1. Quadrant | 2. Quadrant

	0°	α	2α	3α	4α	5α	6α	7α	8α	9α	10α
2	0.0	0.6	1.1	1.6	1.9	2.0	1.9	1.7	1.4	0.9	0.3
4	0.0	1.2	2.3	3.1	3.7	4.0	3.9	3.5	2.7	1.7	0.6
6	0.0	1.8	3.4	4.7	5.6	6.0	5.8	5.2	4.1	2.6	0.9
8	0.0	2.4	4.5	6.3	7.4	8.0	7.8	6.9	5.4	3.5	1.2
10	0.0	2.9	5.6	7.8	9.3	10.0	9.7	8.7	6.8	4.3	1.5
12	0.0	3.5	6.8	9.4	11.2	12.0	11.7	10.4	8.2	5.2	1.8
14	0.0	4.1	7.9	10.9	13.0	14.0	13.6	12.1	9.5	6.1	2.1
16	0.0	4.7	9.0	12.5	14.9	16.0	15.6	13.9	10.9	6.9	2.4
18	0.0	5.3	10.1	14.1	16.8	17.9	17.5	15.6	12.2	7.8	2.7
20	0.0	5.9	11.3	15.6	18.6	19.9	19.5	17.3	13.6	8.7	3.0
22	0.0	6.5	12.4	17.2	20.5	21.9	21.4	19.1	15.0	9.5	3.3
24	0.0	7.1	13.5	18.8	22.3	23.9	23.4	20.8	16.3	10.4	3.6
26	0.0	7.7	14.6	20.3	24.2	25.9	25.3	22.5	17.7	11.3	3.9
28	0.0	8.3	15.8	21.9	26.1	27.9	27.3	24.2	19.0	12.1	4.2
30	0.0	8.8	16.9	23.5	27.9	29.9	29.2	26.0	20.4	13.0	4.5
32	0.0	9.4	18.0	25.0	29.8	31.9	31.2	27.7	21.8	13.9	4.8
34	0.0	10.0	19.2	26.6	31.6	33.9	33.1	29.4	23.1	14.8	5.1
36	0.0	10.6	20.3	28.1	33.5	35.9	35.1	31.2	24.5	15.6	5.4
38	0.0	11.2	21.4	29.7	35.4	37.9	37.0	32.9	25.8	16.5	5.7
40	0.0	11.8	22.5	31.3	37.2	39.9	39.0	34.6	27.2	17.4	6.0
42	0.0	12.4	23.7	32.8	39.1	41.9	40.9	36.4	28.6	18.2	6.3
44	0.0	13.0	24.8	34.4	41.0	43.9	42.9	38.1	29.9	19.1	6.6
46	0.0	13.6	25.9	36.0	42.8	45.9	44.8	39.8	31.3	20.0	6.9
48	0.0	14.1	27.0	37.5	44.7	47.9	46.8	41.6	32.6	20.8	7.2
50	0.0	14.7	28.2	39.1	46.5	49.9	48.7	43.3	34.0	21.7	7.5
52	0.0	15.3	29.3	40.7	48.4	51.9	50.7	45.0	35.4	22.6	7.8
54	0.0	15.9	30.4	42.2	50.3	53.8	52.6	46.8	36.7	23.4	8.0
56	0.0	16.5	31.5	43.8	52.1	55.8	54.6	48.5	38.1	24.3	8.3
58	0.0	17.1	32.7	45.3	54.0	57.8	56.5	50.2	39.5	25.2	8.6
60	0.0	17.7	33.8	46.9	55.9	59.8	58.5	52.0	40.8	26.0	8.9
62	0.0	18.3	34.9	48.5	57.7	61.8	60.4	53.7	42.2	26.9	9.2
64	0.0	18.9	36.1	50.0	59.6	63.8	62.4	55.4	43.5	27.8	9.5
66	0.0	19.5	37.2	51.6	61.4	65.8	64.3	57.2	44.9	28.6	9.8
68	0.0	20.0	38.3	53.2	63.3	67.8	66.3	58.9	46.3	29.5	10.1
70	0.0	20.6	39.4	54.7	65.2	69.8	68.2	60.6	47.6	30.4	10.4
72	0.0	21.2	40.6	56.3	67.0	71.8	70.2	62.4	49.0	31.2	10.7
74	0.0	21.8	41.7	57.9	68.9	73.8	72.1	64.1	50.3	32.1	11.0
76	0.0	22.4	42.8	59.4	70.7	75.8	74.1	65.8	51.7	33.0	11.3
78	0.0	23.0	43.9	61.0	72.6	77.8	76.0	67.5	53.1	33.8	11.6
80	0.0	23.6	45.1	62.5	74.5	79.8	78.0	69.3	54.4	34.7	11.9
82	0.0	24.2	46.2	64.1	76.3	81.8	79.9	71.0	55.8	35.6	12.2
84	0.0	24.8	47.3	65.7	78.2	83.8	81.9	72.7	57.1	36.4	12.5
86	0.0	25.3	48.4	67.2	80.1	85.8	83.8	74.5	58.5	37.3	12.8
88	0.0	25.9	49.6	68.8	81.9	87.8	85.8	76.2	59.9	38.2	13.1
90	0.0	26.5	50.7	70.4	83.8	89.7	87.7	77.9	61.2	39.0	13.4
92	0.0	27.1	51.8	71.9	85.6	91.7	89.7	79.7	62.6	39.9	13.7
94	0.0	27.7	53.0	73.5	87.5	93.7	91.6	81.4	63.9	40.8	14.0
96	0.0	28.3	54.1	75.1	89.4	95.7	93.6	83.1	65.3	41.7	14.3
98	0.0	28.9	55.2	76.6	91.2	97.7	95.5	84.9	66.7	42.5	14.6
100	0.0	29.5	56.3	78.2	93.1	99.7	97.5	86.6	68.0	43.4	14.9

p=21

0°	COS 1. Quadrant					2. Quadrant				
	α	2α	3α	4α	5α	6α	7α	8α	9α	10α
2.0	1.9	1.7	1.2	0.7	0.1	0.4	1.0	1.5	1.8	2.0
4.0	3.8	3.3	2.5	1.5	0.3	0.9	2.0	2.9	3.6	4.0
6.0	5.7	5.0	3.7	2.2	0.4	1.3	3.0	4.4	5.4	5.9
8.0	7.6	6.6	5.0	2.9	0.6	1.8	4.0	5.9	7.2	7.9
10.0	9.6	8.3	6.2	3.7	0.7	2.2	5.0	7.3	9.0	9.9
12.0	11.5	9.9	7.5	4.4	0.9	2.7	6.0	8.8	10.8	11.9
14.0	13.4	11.6	8.7	5.1	1.0	3.1	7.0	10.3	12.6	13.8
16.0	15.3	13.2	10.0	5.8	1.2	3.6	8.0	11.7	14.4	15.8
18.0	17.2	14.9	11.2	6.6	1.3	4.0	9.0	13.2	16.2	17.8
20.0	19.1	16.5	12.5	7.3	1.5	4.5	10.0	14.7	18.0	19.8
22.0	21.0	18.2	13.7	8.0	1.6	4.9	11.0	16.1	19.8	21.8
24.0	22.9	19.8	15.0	8.8	1.8	5.3	12.0	17.6	21.6	23.7
26.0	24.8	21.5	16.2	9.5	1.9	5.8	13.0	19.1	23.4	25.7
28.0	26.8	23.1	17.5	10.2	2.1	6.2	14.0	20.5	25.2	27.7
30.0	28.7	24.8	18.7	11.0	2.2	6.7	15.0	22.0	27.0	29.7
32.0	30.6	26.4	20.0	11.7	2.4	7.1	16.0	23.5	28.8	31.6
34.0	32.5	28.1	21.2	12.4	2.5	7.6	17.0	24.9	30.6	33.6
36.0	34.4	29.7	22.4	13.2	2.7	8.0	18.0	26.4	32.4	35.6
38.0	36.3	31.4	23.7	13.9	2.8	8.5	19.0	27.9	34.2	37.6
40.0	38.2	33.0	24.9	14.6	3.0	8.9	20.0	29.3	36.0	39.6
42.0	40.1	34.7	26.2	15.3	3.1	9.3	21.0	30.8	37.8	41.5
44.0	42.0	36.4	27.4	16.1	3.3	9.8	22.0	32.3	39.6	43.5
46.0	44.0	38.0	28.7	16.8	3.4	10.2	23.0	33.7	41.4	45.5
48.0	45.9	39.7	29.9	17.5	3.6	10.7	24.0	35.2	43.2	47.5
50.0	47.8	41.3	31.2	18.3	3.7	11.1	25.0	36.7	45.0	49.4
52.0	49.7	43.0	32.4	19.0	3.9	11.6	26.0	38.1	46.9	51.4
54.0	51.6	44.6	33.7	19.7	4.0	12.0	27.0	39.6	48.7	53.4
56.0	53.5	46.3	34.9	20.5	4.2	12.5	28.0	41.1	50.5	55.4
58.0	55.4	47.9	36.2	21.2	4.3	12.9	29.0	42.5	52.3	57.4
60.0	57.3	49.6	37.4	21.9	4.5	13.4	30.0	44.0	54.1	59.3
62.0	59.2	51.2	38.7	22.7	4.6	13.8	31.0	45.4	55.9	61.3
64.0	61.2	52.9	39.9	23.4	4.8	14.2	32.0	46.9	57.7	63.3
66.0	63.1	54.5	41.2	24.1	4.9	14.7	33.0	48.4	59.5	65.3
68.0	65.0	56.2	42.4	24.8	5.1	15.1	34.0	49.8	61.3	67.2
70.0	66.9	57.8	43.6	25.6	5.2	15.6	35.0	51.3	63.1	69.2
72.0	68.8	59.5	44.9	26.3	5.4	16.0	36.0	52.8	64.9	71.2
74.0	70.7	61.1	46.1	27.0	5.5	16.5	37.0	54.2	66.7	73.2
76.0	72.6	62.8	47.4	27.8	5.7	16.9	38.0	55.7	68.5	75.2
78.0	74.5	64.4	48.6	28.5	5.8	17.4	39.0	57.2	70.3	77.1
80.0	76.4	66.1	49.9	29.2	6.0	17.8	40.0	58.6	72.1	79.1
82.0	78.4	67.8	51.1	30.0	6.1	18.2	41.0	60.1	73.9	81.1
84.0	80.3	69.4	52.4	30.7	6.3	18.7	42.0	61.6	75.7	83.1
86.0	82.2	71.1	53.6	31.4	6.4	19.1	43.0	63.0	77.5	85.0
88.0	84.1	72.7	54.9	32.2	6.6	19.6	44.0	64.5	79.3	87.0
90.0	86.0	74.4	56.1	32.9	6.7	20.0	45.0	66.0	81.1	89.0
92.0	87.9	76.0	57.4	33.6	6.9	20.5	46.0	67.4	82.9	91.0
94.0	89.8	77.7	58.6	34.3	7.0	20.9	47.0	68.9	84.7	93.0
96.0	91.7	79.3	59.9	35.1	7.2	21.4	48.0	70.4	86.5	94.9
98.0	93.6	81.0	61.1	35.8	7.3	21.8	49.0	71.8	88.3	96.9
100.0	95.6	82.6	62.3	36.5	7.5	22.3	50.0	73.3	90.1	98.9

p=30

0°	COS						
	α	2α	3α	4α	$5.\alpha$	6α	7α
2.0	2.0	1.8	1.6	1.3	1.0	0.6	0.2
4.0	3.9	3.7	3.2	2.7	2.0	1.2	0.4
6.0	5.9	5.5	4.9	4.0	3.0	1.9	0.6
8.0	7.8	7.3	6.5	5.4	4.0	2.5	0.8
10.0	9.8	9.1	8.1	6.7	5.0	3.1	1.0
12.0	11.7	11.0	9.7	8.0	6.0	3.7	1.3
14.0	13.7	12.8	11.3	9.4	7.0	4.3	1.5
16.0	15.7	14.6	12.9	10.7	8.0	4.9	1.7
18.0	17.6	16.4	14.6	12.0	9.0	5.6	1.9
20.0	19.6	18.3	16.2	13.4	10.0	6.2	2.1
22.0	21.5	20.1	17.8	14.7	11.0	6.8	2.3
24.0	23.5	21.9	19.4	16.1	12.0	7.4	2.5
26.0	25.4	23.8	21.0	17.4	13.0	8.0	2.7
28.0	27.4	25.6	22.7	18.7	14.0	8.7	2.9
30.0	29.3	27.4	24.3	20.1	15.0	9.3	3.1
32.0	31.3	29.2	25.9	21.4	16.0	9.9	3.3
34.0	33.3	31.1	27.5	22.8	17.0	10.5	3.6
36.0	35.2	32.9	29.1	24.1	18.0	11.1	3.8
38.0	37.2	34.7	30.7	25.4	19.0	11.7	4.0
40.0	39.1	36.5	32.4	26.8	20.0	12.4	4.2
42.0	41.1	38.4	34.0	28.1	21.0	13.0	4.4
44.0	43.0	40.2	35.6	29.4	22.0	13.6	4.6
46.0	45.0	42.0	37.2	30.8	23.0	14.2	4.8
48.0	47.0	43.9	38.8	32.1	24.0	14.8	5.0
50.0	48.9	45.7	40.5	33.5	25.0	15.5	5.2
52.0	50.9	47.5	42.1	34.8	26.0	16.1	5.4
54.0	52.8	49.3	43.7	36.1	27.0	16.7	5.6
56.0	54.8	51.2	45.3	37.5	28.0	17.3	5.9
58.0	56.7	53.0	46.9	38.8	29.0	17.9	6.1
60.0	58.7	54.8	48.5	40.1	30.0	18.5	6.3
62.0	60.6	56.6	50.2	41.5	31.0	19.2	6.5
64.0	62.6	58.5	51.8	42.8	32.0	19.8	6.7
66.0	64.6	60.3	53.4	44.2	33.0	20.4	6.9
68.0	66.5	62.1	55.0	45.5	34.0	21.0	7.1
70.0	68.5	63.9	56.6	46.8	35.0	21.6	7.3
72.0	70.4	65.8	58.2	48.2	36.0	22.2	7.5
74.0	72.4	67.6	59.9	49.5	37.0	22.9	7.7
76.0	74.3	69.4	61.5	50.9	38.0	23.5	7.9
78.0	76.3	71.3	63.1	52.2	39.0	24.1	8.2
80.0	78.3	73.1	64.7	53.5	40.0	24.7	8.4
82.0	80.2	74.9	66.3	54.9	41.0	25.3	8.6
84.0	82.2	76.7	68.0	56.2	42.0	26.0	8.8
86.0	84.1	78.6	69.6	57.5	43.0	26.6	9.0
88.0	86.1	80.4	71.2	58.9	44.0	27.2	9.2
90.0	88.0	82.2	72.8	60.2	45.0	27.8	9.4
92.0	90.0	84.0	74.4	61.6	46.0	28.4	9.6
94.0	91.9	85.9	76.0	62.9	47.0	29.0	9.8
96.0	93.9	87.7	77.7	64.2	48.0	29.7	10.0
98.0	95.9	89.5	79.3	65.6	49.0	30.3	10.2
100.0	97.8	91.4	80.9	66.9	50.0	30.9	10.5

Tafel IIIa

p=26

sin

	0°	α	2α	3α	4α	5α	6α
2	0.0	0.5	0.9	1.3	1.6	1.9	2.0
4	0.0	1.0	1.9	2.7	3.3	3.7	4.0
6	0.0	1.4	2.8	4.0	4.9	5.6	6.0
8	0.0	1.9	3.7	5.3	6.6	7.5	7.9
10	0.0	2.4	4.6	6.6	8.2	9.4	9.9
12	0.0	2.9	5.6	8.0	9.9	11.2	11.9
14	0.0	3.4	6.5	9.3	11.5	13.1	13.9
16	0.0	3.8	7.4	10.6	13.2	15.0	15.9
18	0.0	4.3	8.4	11.9	14.8	16.8	17.9
20	0.0	4.8	9.3	13.3	16.5	18.7	19.9
22	0.0	5.3	10.2	14.6	18.1	20.6	21.8
24	0.0	5.7	11.2	15.9	19.8	22.4	23.8
26	0.0	6.2	12.1	17.2	21.4	24.3	25.8
28	0.0	6.7	13.0	18.6	23.0	26.2	27.8
30	0.0	7.2	13.9	19.9	24.7	28.1	29.8
32	0.0	7.7	14.9	21.2	26.3	29.9	31.8
34	0.0	8.1	15.8	22.5	28.0	31.8	33.8
36	0.0	8.6	16.7	23.9	29.6	33.7	35.7
38	0.0	9.1	17.7	25.2	31.3	35.5	37.7
40	0.0	9.6	18.6	26.5	32.9	37.4	39.7
42	0.0	10.1	19.5	27.9	34.6	39.3	41.7
44	0.0	10.5	20.4	29.2	36.2	41.1	43.7
46	0.0	11.0	21.4	30.5	37.9	43.0	45.7
48	0.0	11.5	22.3	31.8	39.5	44.9	47.7
50	0.0	12.0	23.2	33.2	41.1	46.8	49.6
52	0.0	12.4	24.2	34.5	42.8	48.6	51.6
54	0.0	12.9	25.1	35.8	44.4	50.5	53.6
56	0.0	13.4	26.0	37.1	46.1	52.4	55.6
58	0.0	13.9	27.0	38.5	47.7	54.2	57.6
60	0.0	14.4	27.9	39.8	49.4	56.1	59.6
62	0.0	14.8	28.8	41.1	51.0	58.0	61.5
64	0.0	15.3	29.7	42.4	52.7	59.8	63.5
66	0.0	15.8	30.7	43.8	54.3	61.7	65.5
68	0.0	16.3	31.6	45.1	56.0	63.6	67.5
70	0.0	16.8	32.5	46.4	57.6	65.5	69.5
72	0.0	17.2	33.5	47.7	59.3	67.3	71.5
74	0.0	17.7	34.4	49.1	60.9	69.2	73.5
76	0.0	18.2	35.3	50.4	62.5	71.1	75.4
78	0.0	18.7	36.2	51.7	64.2	72.9	77.4
80	0.0	19.1	37.2	53.0	65.8	74.8	79.4
82	0.0	19.6	38.1	54.4	67.5	76.7	81.4
84	0.0	20.1	39.0	55.7	69.1	78.5	83.4
86	0.0	20.6	40.0	57.0	70.8	80.4	85.4
88	0.0	21.1	40.9	58.4	72.4	82.3	87.4
90	0.0	21.5	41.8	59.7	74.1	84.2	89.3
92	0.0	22.0	42.8	61.0	75.7	86.0	91.3
94	0.0	22.5	43.7	62.3	77.4	87.9	93.3
96	0.0	23.0	44.6	63.7	79.0	89.8	95.3
98	0.0	23.5	45.5	65.0	80.7	91.6	97.3
100	0.0	23.9	46.5	66.3	82.3	93.5	99.3

p=23

sin — 1. Quadrant | 2. Quadrant

	0°	α	2α	3α	4α	5α	6α	7α	8α	9α	10α	11α
2	0.0	0.5	1.0	1.5	1.8	2.0	2.0	1.9	1.6	1.3	0.8	0.3
4	0.0	1.1	2.1	2.9	3.6	3.9	4.0	3.8	3.3	2.5	1.6	0.5
6	0.0	1.6	3.1	4.4	5.3	5.9	6.0	5.7	4.9	3.8	2.4	0.8
8	0.0	2.2	4.2	5.8	7.1	7.8	8.0	7.5	6.5	5.0	3.2	1.1
10	0.0	2.7	5.2	7.3	8.9	9.8	10.0	9.4	8.2	6.3	4.0	1.4
12	0.0	3.2	6.2	8.8	10.7	11.7	12.0	11.3	9.8	7.6	4.8	1.6
14	0.0	3.8	7.3	10.2	12.4	13.7	14.0	13.2	11.4	8.8	5.6	1.9
16	0.0	4.3	8.3	11.7	14.2	15.7	16.0	15.1	13.1	10.1	6.4	2.2
18	0.0	4.9	9.4	13.2	16.0	17.6	18.0	17.0	14.7	11.4	7.2	2.5
20	0.0	5.4	10.4	14.6	17.8	19.6	20.0	18.8	16.3	12.6	8.0	2.7
22	0.0	5.9	11.4	16.1	19.5	21.5	21.9	20.7	18.0	13.9	8.8	3.0
24	0.0	6.5	12.5	17.5	21.3	23.5	23.9	22.6	19.6	15.1	9.6	3.3
26	0.0	7.0	13.5	19.0	23.1	25.5	25.9	24.5	21.2	16.4	10.4	3.5
28	0.0	7.6	14.5	20.5	24.9	27.4	27.9	26.4	22.9	17.7	11.2	3.8
30	0.0	8.1	15.6	21.9	26.6	29.4	29.9	28.3	24.5	18.9	12.0	4.1
32	0.0	8.6	16.6	23.4	28.4	31.3	31.9	30.2	26.1	20.2	12.7	4.4
34	0.0	9.2	17.7	24.8	30.2	33.3	33.9	32.0	27.8	21.5	13.5	4.6
36	0.0	9.7	18.7	26.3	32.0	35.2	35.9	33.9	29.4	22.7	14.3	4.9
38	0.0	10.3	19.7	27.8	33.7	37.2	37.9	35.8	31.0	24.0	15.1	5.2
40	0.0	10.8	20.8	29.2	35.5	39.2	39.9	37.7	32.7	25.2	15.9	5.4
42	0.0	11.3	21.8	30.7	37.3	41.1	41.9	39.6	34.3	26.5	16.7	5.7
44	0.0	11.9	22.9	32.2	39.1	43.1	43.9	41.5	35.9	27.8	17.5	6.0
46	0.0	12.4	23.9	33.6	40.8	45.0	45.9	43.3	37.6	29.0	18.3	6.3
48	0.0	13.0	24.9	35.1	42.6	47.0	47.9	45.2	39.2	30.3	19.1	6.5
50	0.0	13.5	26.0	36.5	44.4	49.0	49.9	47.1	40.8	31.6	19.9	6.8
52	0.0	14.0	27.0	38.0	46.2	50.9	51.9	49.0	42.5	32.8	20.7	7.1
54	0.0	14.6	28.1	39.5	47.9	52.9	53.9	50.9	44.1	34.1	21.5	7.4
56	0.0	15.1	29.1	40.9	49.7	54.8	55.9	52.8	45.8	35.3	22.3	7.6
58	0.0	15.6	30.1	42.4	51.5	56.8	57.9	54.7	47.4	36.6	23.1	7.9
60	0.0	16.2	31.2	43.9	53.3	58.7	59.9	56.5	49.0	37.9	23.9	8.2
62	0.0	16.7	32.2	45.3	55.0	60.7	61.9	58.4	50.7	39.1	24.7	8.4
64	0.0	17.3	33.3	46.8	56.8	62.7	63.9	60.3	52.3	40.4	25.5	8.7
66	0.0	17.8	34.3	48.2	58.6	64.6	65.8	62.2	53.9	41.7	26.3	9.0
68	0.0	18.3	35.3	49.7	60.4	66.6	67.8	64.1	55.6	42.9	27.1	9.3
70	0.0	18.9	36.4	51.2	62.2	68.5	69.8	66.0	57.2	44.2	27.9	9.5
72	0.0	19.4	37.4	52.6	63.9	70.5	71.8	67.8	58.8	45.4	28.7	9.8
74	0.0	20.0	38.4	54.1	65.7	72.5	73.8	69.7	60.5	46.7	29.5	10.1
76	0.0	20.5	39.5	55.5	67.5	74.4	75.8	71.6	62.1	48.0	30.3	10.3
78	0.0	21.0	40.5	57.0	69.3	76.4	77.8	73.5	63.7	49.2	31.1	10.6
80	0.0	21.6	41.6	58.5	71.0	78.3	79.8	75.4	65.4	50.5	31.9	10.9
82	0.0	22.1	42.6	59.9	72.8	80.3	81.8	77.3	67.0	51.7	32.7	11.2
84	0.0	22.7	43.6	61.4	74.6	82.2	83.8	79.1	68.6	53.0	33.5	11.4
86	0.0	23.2	44.7	62.9	76.4	84.2	85.8	81.0	70.3	54.3	34.3	11.7
88	0.0	23.7	45.7	64.3	78.1	86.2	87.8	82.9	71.9	55.5	35.1	12.0
90	0.0	24.3	46.8	65.8	79.9	88.1	89.8	84.8	73.5	56.8	35.9	12.3
92	0.0	24.8	47.8	67.2	81.7	90.1	91.8	86.7	75.2	58.1	36.7	12.5
94	0.0	25.4	48.8	68.7	83.5	92.0	93.8	88.6	76.8	59.3	37.4	12.8
96	0.0	25.9	49.9	70.2	85.2	94.0	95.8	90.5	78.4	60.6	38.2	13.1
98	0.0	26.4	50.9	71.6	87.0	96.0	97.8	92.3	80.1	61.8	39.0	13.3
100	0.0	27.0	52.0	73.1	88.8	97.9	99.8	94.2	81.7	63.1	39.8	13.6

p=23

0°	α	2α	3α	4α	5α	6α	7α	8α	9α	10α	11α
2.0	1.9	1.7	1.4	0.9	0.4	0.1	0.7	1.2	1.6	1.8	2.0
4.0	3.9	3.4	2.7	1.8	0.8	0.3	1.3	2.3	3.1	3.7	4.0
6.0	5.8	5.1	4.1	2.8	1.2	0.4	2.0	3.5	4.7	5.5	5.9
8.0	7.7	6.8	5.5	3.7	1.6	0.5	2.7	4.6	6.2	7.3	7.9
10.0	9.6	8.5	6.8	4.6	2.0	0.7	3.3	5.8	7.8	9.2	9.9
12.0	11.6	10.3	8.2	5.5	2.4	0.8	4.0	6.9	9.3	11.0	11.9
14.0	13.5	12.0	9.6	6.4	2.8	1.0	4.7	8.1	10.9	12.8	13.9
16.0	15.4	13.7	10.9	7.4	3.3	1.1	5.4	9.2	12.4	14.7	15.9
18.0	17.3	15.4	12.3	8.3	3.7	1.2	6.0	10.4	14.0	16.5	17.8
20.0	19.3	17.1	13.7	9.2	4.1	1.4	6.7	11.5	15.5	18.3	19.8
22.0	21.2	18.8	15.0	10.1	4.5	1.5	7.4	12.7	17.1	20.2	21.8
24.0	23.1	20.5	16.4	11.0	4.9	1.6	8.0	13.8	18.6	22.0	23.8
26.0	25.0	22.2	17.7	12.0	5.3	1.8	8.7	15.0	20.2	23.8	25.8
28.0	27.0	23.9	19.1	12.9	5.7	1.9	9.4	16.1	21.7	25.7	27.7
30.0	28.9	25.6	20.5	13.8	6.1	2.0	10.0	17.3	23.3	27.5	29.7
32.0	30.8	27.3	21.8	14.7	6.5	2.2	10.7	18.5	24.8	29.4	31.7
34.0	32.7	29.1	23.2	15.6	6.9	2.3	11.4	19.6	26.4	31.2	33.7
36.0	34.7	30.8	24.6	16.6	7.3	2.5	12.1	20.8	27.9	33.0	35.7
38.0	36.6	32.5	25.9	17.5	7.7	2.6	12.7	21.9	29.5	34.9	37.6
40.0	38.5	34.2	27.3	18.4	8.1	2.7	13.4	23.1	31.0	36.7	39.6
42.0	40.4	35.9	28.7	19.3	8.5	2.9	14.1	24.2	32.6	38.5	41.6
44.0	42.4	37.6	30.0	20.2	9.0	3.0	14.7	25.4	34.1	40.4	43.6
46.0	44.3	39.3	31.4	21.2	9.4	3.1	15.4	26.5	35.7	42.2	45.6
48.0	46.2	41.0	32.8	22.1	9.8	3.3	16.1	27.7	37.2	44.0	47.6
50.0	48.1	42.7	34.1	23.0	10.2	3.4	16.7	28.8	38.8	45.9	49.5
52.0	50.1	44.4	35.5	23.9	10.6	3.5	17.4	30.0	40.3	47.7	51.5
54.0	52.0	46.1	36.9	24.8	11.0	3.7	18.1	31.1	41.9	49.5	53.5
56.0	53.9	47.8	38.2	25.8	11.4	3.8	18.8	32.3	43.4	51.4	55.5
58.0	55.8	49.6	39.6	26.7	11.8	4.0	19.4	33.4	45.0	53.2	57.5
60.0	57.8	51.3	41.0	27.6	12.2	4.1	20.1	34.6	46.5	55.0	59.4
62.0	59.7	53.0	42.3	28.5	12.6	4.2	20.8	35.8	48.1	56.9	61.4
64.0	61.6	54.7	43.7	29.4	13.0	4.4	21.4	36.9	49.6	58.7	63.4
66.0	63.6	56.4	45.0	30.4	13.4	4.5	22.1	38.1	51.2	60.5	65.4
68.0	65.5	58.1	46.4	31.3	13.8	4.6	22.8	39.2	52.7	62.4	67.4
70.0	67.4	59.8	47.8	32.2	14.2	4.8	23.4	40.4	54.3	64.2	69.3
72.0	69.3	61.5	49.1	33.1	14.6	4.9	24.1	41.5	55.9	66.0	71.3
74.0	71.3	63.2	50.5	34.0	15.1	5.0	24.8	42.7	57.4	67.9	73.3
76.0	73.2	64.9	51.9	35.0	15.5	5.2	25.5	43.8	59.0	69.7	75.3
78.0	75.1	66.6	53.2	35.9	15.9	5.3	26.1	45.0	60.5	71.5	77.3
80.0	77.0	68.4	54.6	36.8	16.3	5.5	26.8	46.1	62.1	73.4	79.3
82.0	79.0	70.1	56.0	37.7	16.7	5.6	27.5	47.3	63.6	75.2	81.2
84.0	80.9	71.8	57.3	38.6	17.1	5.7	28.1	48.4	65.2	77.0	83.2
86.0	82.8	73.5	58.7	39.6	17.5	5.9	28.8	49.6	66.7	78.9	85.2
88.0	84.7	75.2	60.1	40.5	17.9	6.0	29.5	50.7	68.3	80.7	87.2
90.0	86.7	76.9	61.4	41.4	18.3	6.1	30.1	51.9	69.8	82.5	89.2
92.0	88.6	78.6	62.8	42.3	18.7	6.3	30.8	53.1	71.4	84.4	91.1
94.0	90.5	80.3	64.2	43.2	19.1	6.4	31.5	54.2	72.9	86.2	93.1
96.0	92.4	82.0	65.5	44.2	19.5	6.6	32.1	55.4	74.5	88.1	95.1
98.0	94.4	83.7	66.9	45.1	19.9	6.7	32.8	56.5	76.0	89.9	97.1
100.0	96.3	85.4	68.3	46.0	20.3	6.8	33.5	57.7	77.6	91.7	99.1

p=26

0°	α	2α	3α	4α	5α	6α
2.0	1.9	1.8	1.5	1.1	0.7	0.2
4.0	3.9	3.5	3.0	2.3	1.4	0.5
6.0	5.8	5.3	4.5	3.4	2.1	0.7
8.0	7.8	7.1	6.0	4.5	2.8	1.0
10.0	9.7	8.9	7.5	5.7	3.5	1.2
12.0	11.7	10.6	9.0	6.8	4.3	1.4
14.0	13.6	12.4	10.5	8.0	5.0	1.7
16.0	15.5	14.2	12.0	9.1	5.7	1.9
18.0	17.5	15.9	13.5	10.2	6.4	2.2
20.0	19.4	17.7	15.0	11.4	7.1	2.4
22.0	21.4	19.5	16.5	12.5	7.8	2.7
24.0	23.3	21.3	18.0	13.6	8.5	2.9
26.0	25.2	23.0	19.5	14.8	9.2	3.1
28.0	27.2	24.8	21.0	15.9	9.9	3.4
30.0	29.1	26.6	22.5	17.0	10.6	3.6
32.0	31.1	28.3	24.0	18.2	11.3	3.9
34.0	33.0	30.1	25.4	19.3	12.1	4.1
36.0	35.0	31.9	26.9	20.5	12.8	4.3
38.0	36.9	33.6	28.4	21.6	13.5	4.6
40.0	38.8	35.4	29.9	22.7	14.2	4.8
42.0	40.8	37.2	31.4	23.9	14.9	5.1
44.0	42.7	39.0	32.9	25.0	15.6	5.3
46.0	44.7	40.7	34.4	26.1	16.3	5.5
48.0	46.6	42.5	35.9	27.3	17.0	5.8
50.0	48.5	44.3	37.4	28.4	17.7	6.0
52.0	50.5	46.0	38.9	29.5	18.4	6.3
54.0	52.4	47.8	40.4	30.7	19.1	6.5
56.0	54.4	49.6	41.9	31.8	19.9	6.8
58.0	56.3	51.4	43.4	32.9	20.6	7.0
60.0	58.3	53.1	44.9	34.1	21.3	7.2
62.0	60.2	54.9	46.4	35.2	22.0	7.5
64.0	62.1	56.7	47.9	36.4	22.7	7.7
66.0	64.1	58.4	49.4	37.5	23.4	8.0
68.0	66.0	60.2	50.9	38.6	24.1	8.2
70.0	68.0	62.0	52.4	39.8	24.8	8.4
72.0	69.9	63.8	53.9	40.9	25.5	8.7
74.0	71.8	65.5	55.4	42.0	26.2	8.9
76.0	73.8	67.3	56.9	43.2	26.9	9.2
78.0	75.7	69.1	58.4	44.3	27.7	9.4
80.0	77.7	70.8	59.9	45.4	28.4	9.6
82.0	79.6	72.6	61.4	46.6	29.1	9.9
84.0	81.6	74.4	62.9	47.7	29.8	10.1
86.0	83.5	76.1	64.4	48.9	30.5	10.4
88.0	85.4	77.9	65.9	50.0	31.2	10.6
90.0	87.4	79.7	67.4	51.1	31.9	10.8
92.0	89.3	81.5	68.9	52.3	32.6	11.1
94.0	91.3	83.2	70.4	53.4	33.3	11.3
96.0	93.2	85.0	71.9	54.5	34.0	11.6
98.0	95.2	86.8	73.4	55.7	34.8	11.8
100.0	97.1	88.5	74.9	56.8	35.5	12.1

Tafel III a

$p=22$

sin

	0°	α	2α	3α	4α	5α
2	0.0	0.6	1.1	1.5	1.8	2.0
4	0.0	1.1	2.2	3.0	3.6	4.0
6	0.0	1.7	3.2	4.5	5.5	5.9
8	0.0	2.3	4.3	6.0	7.3	7.9
10	0.0	2.8	5.4	7.6	9.1	9.9
12	0.0	3.4	6.5	9.1	10.9	11.9
14	0.0	3.9	7.6	10.6	12.7	13.9
16	0.0	4.5	8.7	12.1	14.6	15.8
18	0.0	5.1	9.7	13.6	16.4	17.8
20	0.0	5.6	10.8	15.1	18.2	19.8
22	0.0	6.2	11.9	16.6	20.0	21.8
24	0.0	6.8	13.0	18.1	21.8	23.8
26	0.0	7.3	14.1	19.6	23.7	25.7
28	0.0	7.9	15.1	21.2	25.5	27.7
30	0.0	8.5	16.2	22.7	27.3	29.7
32	0.0	9.0	17.3	24.2	29.1	31.7
34	0.0	9.6	18.4	25.7	30.9	33.7
36	0.0	10.1	19.5	27.2	32.7	35.6
38	0.0	10.7	20.5	28.7	34.6	37.6
40	0.0	11.3	21.6	30.2	36.4	39.6
42	0.0	11.8	22.7	31.7	38.2	41.6
44	0.0	12.4	23.8	33.3	40.0	43.6
46	0.0	13.0	24.9	34.8	41.8	45.5
48	0.0	13.5	26.0	36.3	43.7	47.5
50	0.0	14.1	27.0	37.8	45.5	49.5
52	0.0	14.7	28.1	39.3	47.3	51.5
54	0.0	15.2	29.2	40.8	49.1	53.5
56	0.0	15.8	30.3	42.3	50.9	55.4
58	0.0	16.3	31.4	43.8	52.8	57.4
60	0.0	16.9	32.4	45.3	54.6	59.4
62	0.0	17.5	33.5	46.9	56.4	61.4
64	0.0	18.0	34.6	48.4	58.2	63.3
66	0.0	18.6	35.7	49.9	60.0	65.3
68	0.0	19.2	36.8	51.4	61.9	67.3
70	0.0	19.7	37.8	52.9	63.7	69.3
72	0.0	20.3	38.9	54.4	65.5	71.3
74	0.0	20.8	40.0	55.9	67.3	73.2
76	0.0	21.4	41.1	57.4	69.1	75.2
78	0.0	22.0	42.2	58.9	71.0	77.2
80	0.0	22.5	43.3	60.5	72.8	79.2
82	0.0	23.1	44.3	62.0	74.6	81.2
84	0.0	23.7	45.4	63.5	76.4	83.1
86	0.0	24.2	46.5	65.0	78.2	85.1
88	0.0	24.8	47.6	66.5	80.0	87.1
90	0.0	25.4	48.7	68.0	81.9	89.1
92	0.0	25.9	49.7	69.5	83.7	91.1
94	0.0	26.5	50.8	71.0	85.5	93.0
96	0.0	27.0	51.9	72.6	87.3	95.0
98	0.0	27.6	53.0	74.1	89.1	97.0
100	0.0	28.2	54.1	75.6	91.0	99.0

$p=25$

sin   1. Quadrant | 2. Quadrant

	0°	α	2α	3α	4α	5α	6α	7α	8α	9α	10α	11α	12α
2	0.0	0.5	1.0	1.4	1.7	1.9	2.0	2.0	1.8	1.5	1.2	0.7	0.3
4	0.0	1.0	1.9	2.7	3.4	3.8	4.0	3.9	3.6	3.1	2.4	1.5	0.5
6	0.0	1.5	2.9	4.1	5.1	5.7	6.0	5.9	5.4	4.6	3.5	2.2	0.8
8	0.0	2.0	3.9	5.5	6.8	7.6	8.0	7.9	7.2	6.2	4.7	2.9	1.0
10	0.0	2.5	4.8	6.8	8.4	9.5	10.0	9.8	9.0	7.7	5.9	3.7	1.3
12	0.0	3.0	5.8	8.2	10.1	11.4	12.0	11.8	10.9	9.2	7.1	4.4	1.5
14	0.0	3.5	6.7	9.6	11.8	13.3	14.0	13.8	12.7	10.8	8.2	5.2	1.8
16	0.0	4.0	7.7	11.0	13.5	15.2	16.0	15.7	14.5	12.3	9.4	5.9	2.0
18	0.0	4.5	8.7	12.3	15.2	17.1	18.0	17.7	16.3	13.9	10.6	6.6	2.3
20	0.0	5.0	9.6	13.7	16.9	19.0	20.0	19.6	18.1	15.4	11.8	7.4	2.5
22	0.0	5.5	10.6	15.1	18.6	20.9	22.0	21.6	19.9	17.0	12.9	8.1	2.8
24	0.0	6.0	11.6	16.4	20.3	22.8	24.0	23.6	21.7	18.5	14.1	8.8	3.0
26	0.0	6.5	12.5	17.8	22.0	24.7	25.9	25.5	23.5	20.0	15.3	9.6	3.3
28	0.0	7.0	13.5	19.2	23.6	26.6	27.9	27.5	25.3	21.6	16.5	10.3	3.5
30	0.0	7.5	14.5	20.5	25.3	28.5	29.9	29.5	27.1	23.1	17.6	11.0	3.8
32	0.0	8.0	15.4	21.9	27.0	30.4	31.9	31.4	29.0	24.7	18.8	11.8	4.0
34	0.0	8.5	16.4	23.3	28.7	32.3	33.9	33.4	30.8	26.2	20.0	12.5	4.3
36	0.0	9.0	17.3	24.6	30.4	34.2	35.9	35.4	32.6	27.7	21.2	13.3	4.5
38	0.0	9.5	18.3	26.0	32.1	36.1	37.9	37.3	34.4	29.3	22.3	14.0	4.8
40	0.0	9.9	19.3	27.4	33.8	38.0	39.9	39.3	36.2	30.8	23.5	14.7	5.0
42	0.0	10.4	20.2	28.8	35.5	39.9	41.9	41.3	38.0	32.4	24.7	15.5	5.3
44	0.0	10.9	21.2	30.1	37.2	41.8	43.9	43.2	39.8	33.9	25.9	16.2	5.5
46	0.0	11.4	22.2	31.5	38.8	43.7	45.9	45.2	41.6	35.4	27.0	16.9	5.8
48	0.0	11.9	23.1	32.9	40.5	45.7	47.9	47.1	43.4	37.0	28.2	17.7	6.0
50	0.0	12.4	24.1	34.2	42.2	47.6	49.9	49.1	45.2	38.5	29.4	18.4	6.3
52	0.0	12.9	25.1	35.6	43.9	49.5	51.9	51.1	47.1	40.1	30.6	19.1	6.5
54	0.0	13.4	26.0	37.0	45.6	51.4	53.9	53.0	48.9	41.6	31.7	19.9	6.8
56	0.0	13.9	27.0	38.3	47.3	53.3	55.9	55.0	50.7	43.1	32.9	20.6	7.0
58	0.0	14.4	27.9	39.7	49.0	55.2	57.9	57.0	52.5	44.7	34.1	21.4	7.3
60	0.0	14.9	28.9	41.1	50.7	57.1	59.9	58.9	54.3	46.2	35.3	22.1	7.5
62	0.0	15.4	29.9	42.4	52.3	59.0	61.9	60.9	56.1	47.8	36.4	22.8	7.8
64	0.0	15.9	30.8	43.8	54.0	60.9	63.9	62.9	57.9	49.3	37.6	23.6	8.0
66	0.0	16.4	31.8	45.2	55.7	62.8	65.9	64.8	59.7	50.9	38.8	24.3	8.3
68	0.0	16.9	32.8	46.5	57.4	64.7	67.9	66.8	61.5	52.4	40.0	25.0	8.5
70	0.0	17.4	33.7	47.9	59.1	66.6	69.9	68.8	63.3	53.9	41.1	25.8	8.8
72	0.0	17.9	34.7	49.3	60.8	68.5	71.9	70.7	65.1	55.5	42.3	26.5	9.0
74	0.0	18.4	35.6	50.7	62.5	70.4	73.9	72.7	67.0	57.0	43.5	27.2	9.3
76	0.0	18.9	36.6	52.0	64.2	72.3	75.9	74.7	68.8	58.6	44.7	28.0	9.5
78	0.0	19.4	37.6	53.4	65.9	74.2	77.8	76.6	70.6	60.1	45.8	28.7	9.8
80	0.0	19.9	38.5	54.8	67.5	76.1	79.8	78.6	72.4	61.6	47.0	29.5	10.0
82	0.0	20.4	39.5	56.1	69.2	78.0	81.8	80.5	74.2	63.2	48.2	30.2	10.3
84	0.0	20.9	40.5	57.5	70.9	79.9	83.8	82.5	76.0	64.7	49.4	30.9	10.5
86	0.0	21.4	41.4	58.9	72.6	81.8	85.8	84.5	77.8	66.3	50.5	31.7	10.8
88	0.0	21.9	42.4	60.2	74.3	83.7	87.8	86.4	79.6	67.8	51.7	32.4	11.0
90	0.0	22.4	43.4	61.6	76.0	85.6	89.8	88.4	81.4	69.3	52.9	33.1	11.3
92	0.0	22.9	44.3	63.0	77.7	87.5	91.8	90.4	83.2	70.9	54.1	33.9	11.5
94	0.0	23.4	45.3	64.3	79.4	89.4	93.8	92.3	85.1	72.4	55.3	34.6	11.8
96	0.0	23.9	46.2	65.7	81.1	91.3	95.8	94.3	86.9	74.0	56.4	35.3	12.0
98	0.0	24.4	47.2	67.1	82.7	93.2	97.8	96.3	88.7	75.5	57.6	36.1	12.3
100	0.0	24.9	48.2	68.5	84.4	95.1	99.8	98.2	90.5	77.1	58.8	36.8	12.5

p=25

COS   1. Quadrant   2. Quadrant

0°	α	2α	3α	4α	5α	6α	7α	8α	9α	10α	11α	12α
2.0	1.9	1.8	1.5	1.1	0.6	0.1	0.4	0.9	1.3	1.6	1.9	2.0
4.0	3.9	3.5	2.9	2.1	1.2	0.3	0.7	1.7	2.5	3.2	3.7	4.0
6.0	5.8	5.3	4.4	3.2	1.9	0.4	1.1	2.6	3.8	4.9	5.6	6.0
8.0	7.7	7.0	5.8	4.3	2.5	0.5	1.5	3.4	5.1	6.5	7.4	7.9
10.0	9.7	8.8	7.3	5.4	3.1	0.6	1.9	4.3	6.4	8.1	9.3	9.9
12.0	11.6	10.5	8.7	6.4	3.7	0.8	2.2	5.1	7.6	9.7	11.2	11.9
14.0	13.6	12.3	10.2	7.5	4.3	0.9	2.6	6.0	8.9	11.3	13.0	13.9
16.0	15.5	14.0	11.7	8.6	4.9	1.0	3.0	6.8	10.2	12.9	14.9	15.9
18.0	17.4	15.8	13.1	9.6	5.6	1.1	3.4	7.7	11.5	14.6	16.7	17.9
20.0	19.4	17.5	14.6	10.7	6.2	1.3	3.7	8.5	12.7	16.2	18.6	19.8
22.0	21.3	19.3	16.0	11.8	6.8	1.4	4.1	9.4	14.0	17.8	20.5	21.8
24.0	23.2	21.0	17.5	12.9	7.4	1.5	4.5	10.2	15.3	19.4	22.3	23.8
26.0	25.2	22.8	19.0	13.9	8.0	1.6	4.9	11.1	16.6	21.0	24.2	25.8
28.0	27.1	24.5	20.4	15.0	8.7	1.8	5.2	11.9	17.8	22.7	26.0	27.8
30.0	29.1	26.3	21.9	16.1	9.3	1.9	5.6	12.8	19.1	24.3	27.9	29.8
32.0	31.0	28.0	23.3	17.1	9.9	2.0	6.0	13.6	20.4	25.9	29.8	31.7
34.0	32.9	29.8	24.8	18.2	10.5	2.1	6.4	14.5	21.7	27.5	31.6	33.7
36.0	34.9	31.5	26.2	19.3	11.1	2.3	6.7	15.3	22.9	29.1	33.5	35.7
38.0	36.8	33.3	27.7	20.4	11.7	2.4	7.1	16.2	24.2	30.7	35.3	37.7
40.0	38.7	35.1	29.2	21.4	12.4	2.5	7.5	17.0	25.5	32.4	37.2	39.7
42.0	40.7	36.8	30.6	22.5	13.0	2.6	7.9	17.9	26.8	34.0	39.1	41.7
44.0	42.6	38.6	32.1	23.6	13.6	2.8	8.2	18.7	28.0	35.6	40.9	43.7
46.0	44.6	40.3	33.5	24.6	14.2	2.9	8.6	19.6	29.3	37.2	42.8	45.6
48.0	46.5	42.1	35.0	25.7	14.8	3.0	9.0	20.4	30.6	38.8	44.6	47.6
50.0	48.4	43.8	36.4	26.8	15.5	3.1	9.4	21.3	31.9	40.5	46.5	49.6
52.0	50.4	45.6	37.9	27.9	16.1	3.3	9.7	22.1	33.1	42.1	48.3	51.6
54.0	52.3	47.3	39.4	28.9	16.7	3.4	10.1	23.0	34.4	43.7	50.2	53.6
56.0	54.2	49.1	40.8	30.0	17.3	3.5	10.5	23.8	35.7	45.3	52.1	55.6
58.0	56.2	50.8	42.3	31.1	17.9	3.6	10.9	24.7	37.0	46.9	53.9	57.5
60.0	58.1	52.6	43.7	32.1	18.5	3.8	11.2	25.5	38.2	48.5	55.8	59.5
62.0	60.1	54.3	45.2	33.2	19.2	3.9	11.6	26.4	39.5	50.2	57.6	61.5
64.0	62.0	56.1	46.7	34.3	19.8	4.0	12.0	27.2	40.8	51.8	59.5	63.5
66.0	63.9	57.8	48.1	35.4	20.4	4.1	12.4	28.1	42.1	53.4	61.4	65.5
68.0	65.9	59.6	49.6	36.4	21.0	4.3	12.7	29.0	43.3	55.0	63.2	67.5
70.0	67.8	61.3	51.0	37.5	21.6	4.4	13.1	29.8	44.6	56.6	65.1	69.4
72.0	69.7	63.1	52.5	38.6	22.2	4.5	13.5	30.7	45.9	58.2	66.9	71.4
74.0	71.7	64.8	53.9	39.7	22.9	4.6	13.9	31.5	47.2	59.9	68.8	73.4
76.0	73.6	66.6	55.4	40.7	23.5	4.8	14.2	32.4	48.4	61.5	70.7	75.4
78.0	75.5	68.4	56.9	41.8	24.1	4.9	14.6	33.2	49.7	63.1	72.5	77.4
80.0	77.5	70.1	58.3	42.9	24.7	5.0	15.0	34.1	51.0	64.7	74.4	79.4
82.0	79.4	71.9	59.8	43.9	25.3	5.1	15.4	34.9	52.3	66.3	76.2	81.4
84.0	81.4	73.6	61.2	45.0	26.0	5.3	15.7	35.8	53.5	68.0	78.1	83.3
86.0	83.3	75.4	62.7	46.1	26.6	5.4	16.1	36.6	54.8	69.6	80.0	85.3
88.0	85.2	77.1	64.1	47.2	27.2	5.5	16.5	37.5	56.1	71.2	81.8	87.3
90.0	87.2	78.9	65.6	48.2	27.8	5.7	16.9	38.3	57.4	72.8	83.7	89.3
92.0	89.1	80.6	67.1	49.3	28.4	5.8	17.2	39.2	58.6	74.4	85.5	91.3
94.0	91.0	82.4	68.5	50.4	29.0	5.9	17.6	40.0	59.9	76.0	87.4	93.3
96.0	93.0	84.1	70.0	51.4	29.7	6.0	18.0	40.9	61.2	77.7	89.3	95.2
98.0	94.9	85.9	71.4	52.5	30.3	6.2	18.4	41.7	62.5	79.3	91.1	97.2
100.0	96.9	87.6	72.9	53.6	30.9	6.3	18.7	42.6	63.7	80.9	93.0	99.2

p=22

COS

0°	α	2α	3α	4α	5α
2.0	1.9	1.7	1.3	0.8	0.3
4.0	3.8	3.4	2.6	1.7	0.6
6.0	5.8	5.0	3.9	2.5	0.9
8.0	7.7	6.7	5.2	3.3	1.1
10.0	9.6	8.4	6.5	4.2	1.4
12.0	11.5	10.1	7.9	5.0	1.7
14.0	13.4	11.8	9.2	5.8	2.0
16.0	15.4	13.5	10.5	6.6	2.3
18.0	17.3	15.1	11.8	7.5	2.6
20.0	19.2	16.8	13.1	8.3	2.8
22.0	21.1	18.5	14.4	9.1	3.1
24.0	23.0	20.2	15.7	10.0	3.4
26.0	24.9	21.9	17.0	10.8	3.7
28.0	26.9	23.6	18.3	11.6	4.0
30.0	28.8	25.2	19.6	12.5	4.3
32.0	30.7	26.9	21.0	13.3	4.6
34.0	32.6	28.6	22.3	14.1	4.8
36.0	34.5	30.3	23.6	15.0	5.1
38.0	36.5	32.0	24.9	15.8	5.4
40.0	38.4	33.7	26.2	16.6	5.7
42.0	40.3	35.3	27.5	17.4	6.0
44.0	42.2	37.0	28.8	18.3	6.3
46.0	44.1	38.7	30.1	19.1	6.5
48.0	46.1	40.4	31.4	19.9	6.8
50.0	48.0	42.1	32.7	20.8	7.1
52.0	49.9	43.7	34.1	21.6	7.4
54.0	51.8	45.4	35.4	22.4	7.7
56.0	53.7	47.1	36.7	23.3	8.0
58.0	55.7	48.8	38.0	24.1	8.3
60.0	57.6	50.5	39.3	24.9	8.5
62.0	59.5	52.2	40.6	25.8	8.8
64.0	61.4	53.8	41.9	26.6	9.1
66.0	63.3	55.5	43.2	27.4	9.4
68.0	65.2	57.2	44.5	28.2	9.7
70.0	67.2	58.9	45.8	29.1	10.0
72.0	69.1	60.6	47.1	29.9	10.2
74.0	71.0	62.3	48.5	30.7	10.5
76.0	72.9	63.9	49.8	31.6	10.8
78.0	74.8	65.6	51.1	32.4	11.1
80.0	76.8	67.3	52.4	33.2	11.4
82.0	78.7	69.0	53.7	34.1	11.7
84.0	80.6	70.7	55.0	34.9	12.0
86.0	82.5	72.3	56.3	35.7	12.2
88.0	84.4	74.0	57.6	36.6	12.5
90.0	86.4	75.7	58.9	37.4	12.8
92.0	88.3	77.4	60.2	38.2	13.1
94.0	90.2	79.1	61.6	39.0	13.4
96.0	92.1	80.8	62.9	39.9	13.7
98.0	94.0	82.4	64.2	40.7	13.9
100.0	95.9	84.1	65.5	41.5	14.2

p=27

sin				1. Quadrant							2. Quadrant			
	0°	α	2 α	3 α	4 α	5 α	6 α	7 α	8 α	9 α	10 α	11 α	12 α	13 α
2	0.0	0.5	0.9	1.3	1.6	1.8	2.0	2.0	1.9	1.7	1.5	1.1	0.7	0.2
4	0.0	0.9	1.8	2.6	3.2	3.7	3.9	4.0	3.8	3.5	2.9	2.2	1.4	0.5
6	0.0	1.4	2.7	3.9	4.8	5.5	5.9	6.0	5.7	5.2	4.4	3.3	2.1	0.7
8	0.0	1.8	3.6	5.1	6.4	7.3	7.9	8.0	7.7	6.9	5.8	4.4	2.7	0.9
10	0.0	2.3	4.5	6.4	8.0	9.2	9.8	10.0	9.6	8.7	7.3	5.5	3.4	1.2
12	0.0	2.8	5.4	7.7	9.6	11.0	11.8	12.0	11.5	10.4	8.7	6.6	4.1	1.4
14	0.0	3.2	6.3	9.0	11.2	12.9	13.8	14.0	13.4	12.1	10.2	7.7	4.8	1.6
16	0.0	3.7	7.2	10.3	12.8	14.7	15.8	16.0	15.3	13.9	11.6	8.8	5.5	1.9
18	0.0	4.2	8.1	11.6	14.4	16.5	17.7	18.0	17.2	15.6	13.1	9.9	6.2	2.1
20	0.0	4.6	9.0	12.9	16.0	18.4	19.7	20.0	19.2	17.3	14.5	11.0	6.8	2.3
22	0.0	5.1	9.9	14.1	17.6	20 2	21.7	22.0	21.1	19.1	16.0	12.1	7.5	2.6
24	0.0	5.5	10.8	15.4	19.3	22.0	23.6	24.0	23.0	20.8	17.5	13.2	8.2	2.8
26	0.0	6.0	11.7	16.7	20.9	23.9	25.6	26.0	24.9	22.5	18.9	14.3	8.9	3.0
28	0.0	6.5	12.6	18.0	22.5	25.7	27.6	28.0	26.8	24.2	20.4	15.4	9.6	3.3
30	0.0	6.9	13.5	19.3	24.1	27.5	29.5	29.9	28.7	26.0	21.8	16.5	10.3	3.5
32	0.0	7.4	14.4	20.6	25.7	29.4	31.5	31.9	30.7	27.7	23.3	17.6	10.9	3.7
34	0.0	7.8	15.3	21.9	27.3	31.2	23.5	33.9	32.6	29.4	24.7	18.7	11.6	3.9
36	0.0	8.3	16.2	23.1	28.9	33.1	35.5	35.9	34.5	31.2	26.2	19.8	12.3	4.2
38	0.0	8.8	17.1	24.4	30.5	34.9	37.4	37.9	36.4	32.9	27.6	20.9	13.0	4.4
40	0.0	9.2	18.0	25.7	32.1	36.7	39.4	39.9	38.3	34.6	29.1	22.0	13.7	4.6
42	0.0	9.7	18.8	27.0	33.7	38.6	41.4	41.9	40.2	36.4	30.5	23.1	14.4	4.9
44	0.0	10.1	19.7	28.3	35.3	40.4	43.3	43.9	42.2	38.1	32.0	24.2	15.0	5.1
46	0.0	10.6	20.6	29.6	36.9	42.2	45.3	45.9	44.1	39.8	33.5	25.3	15.7	5.3
48	0.0	11.1	21.5	30.9	38.5	44.1	47.3	47.9	46.0	41.6	34.9	26.4	16.4	5.6
50	0.0	11.5	22.4	32.1	40.1	45.9	49.2	49.9	47.9	43.3	36.4	27.5	17.1	5.8
52	0.0	12.0	23.3	33.4	41.7	47.7	51.2	51.9	49.8	45.0	37.8	28.6	17.8	6.0
54	0.0	12.5	24.2	34.7	43.3	49.6	53.2	53.9	51.7	46.8	39.3	29.7	18.5	6.3
56	0.0	12.9	25.1	36.0	44.9	51.4	55.1	55.9	53.6	48.5	40.7	30.8	19.2	6.5
58	0.0	13.4	26.0	37.3	46.5	53.3	57.1	57.9	55.6	50.2	42.2	31.9	19.8	6.7
60	0.0	13.8	26.9	38.6	48.1	55.1	59.1	59.9	57.5	52.0	43.6	33.0	20.5	7.0
62	0.0	14.3	27.8	39.9	49.7	56.9	61.1	61.9	59.4	53.7	45.1	34.1	21.2	7.2
64	0.0	14.8	28.7	41.1	51.3	58.8	63.0	63.9	61.3	55.4	46.6	35.2	21.9	7.4
66	0.0	15.2	29.6	42.4	52.9	60.6	65.0	65.9	63.2	57.2	48.0	36.3	22.6	7.7
68	0.0	15.7	30.5	43.7	54.5	62.4	67.0	67.9	65.1	58.9	49.5	37.4	23.3	7.9
70	0.0	16.1	31.4	45.0	56.1	64.3	68.9	69.9	67.1	60.6	50.9	38.5	23.9	8.1
72	0.0	16.6	32.3	46.3	57.8	66.1	70.9	71.9	69.0	62.4	52.4	39.6	24.6	8.4
74	0.0	17.1	33.2	47.6	59.4	67.9	72.9	73.9	70.9	64.1	53.8	40.7	25.3	8.6
76	0.0	17.5	34.1	48.9	61.0	69.8	74.8	75.9	72.8	65.8	55.3	41.8	26.0	8.8
78	0.0	18.0	35.0	50.1	62.6	71.6	76.8	77.9	74.7	67.5	56.7	42.9	26.7	9.1
80	0.0	18.4	35.9	51.4	64.2	73.5	78.8	79.9	76.6	69.3	58.2	44.0	27.4	9.3
82	0.0	18.9	36.8	52.7	65.8	75.3	80.8	81.9	78.6	71.0	59.6	45.1	28.0	9.5
84	0.0	19.4	37.7	54.0	67.4	77.1	82.7	83.9	80.5	72.7	61.1	46.2	28.7	9.8
86	0.0	19.8	38.6	55.3	69.0	79.0	84.7	85.9	82.4	74.5	62.6	47.3	29.4	10.0
88	0.0	20.3	39.5	56.6	70.6	80.8	86.7	87.9	84.3	76.2	64.0	48.4	30.1	10.2
90	0.0	20.8	40.4	57.9	72.2	82.6	88.6	89.8	86.2	77.9	65.5	49.5	30.8	10.4
92	0.0	21.2	41.3	59.1	73.8	84.5	90.6	91.8	88.1	79.7	66.9	50.6	31.5	10.7
94	0.0	21.7	42.2	60.4	75.4	86.3	92.6	93.8	90.1	81.4	68.4	51.7	32.1	10.9
96	0.0	22.1	43.1	61.7	77.0	88.1	94.5	95.8	92.0	83.1	69.8	52.8	32.8	11.1
98	0.0	22.6	44.0	63.0	78.6	90.0	96.5	97.8	93.9	84.9	71.3	53.9	33.5	11.4
100	0.0	23.1	44.9	64.3	80.2	91.8	98.5	99.8	95.8	86.6	72.7	55.0	34.2	11.6

$$p=27$$

	cos	1. Quadrant						2. Quadrant					
0°	α	2α	3α	4α	5α	6α	7α	8α	9α	10α	11α	12α	13α
2.0	1.9	1.8	1.5	1.2	0.8	0.3	0.1	0.6	1.0	1.4	1.7	1.9	2.0
4.0	3.9	3.6	3.1	2.4	1.6	0.7	0.2	1.1	2.0	2.7	3.3	3.8	4.0
6.0	5.8	5.4	4.6	3.6	2.4	1.0	0.3	1.7	3.0	4.1	5.0	5.6	6.0
8.0	7.8	7.1	6.1	4.8	3.2	1.4	0.5	2.3	4.0	5.5	6.7	7.5	7.9
10.0	9.7	8.9	7.7	6.0	4.0	1.7	0.6	2.9	5.0	6.9	8.4	9.4	9.9
12.0	11.7	10.7	9.2	7.2	4.8	2.1	0.7	3.4	6.0	8.2	10.0	11.3	11.9
14.0	13.6	12.5	10.7	8.4	5.5	2.4	0.8	4.0	7.0	9.6	11.7	13.2	13.9
16.0	15.6	14.3	12.3	9.6	6.3	2.8	0.9	4.6	8.0	11.0	13.4	15.0	15.9
18.0	17.5	16.1	13.8	10.7	7.1	3.1	1.0	5.2	9.0	12.4	15.0	16.9	17.9
20.0	19.5	17.9	15.3	11.9	7.9	3.5	1.2	5.7	10.0	13.7	16.7	18.8	19.9
22.0	21.4	19.7	16.9	13.1	8.7	3.8	1.3	6.3	11.0	15.1	18.4	20.7	21.9
24.0	23.4	21.4	18.4	14.3	9.5	4.2	1.4	6.9	12.0	16.5	20.1	22.6	23.8
26.0	25.3	23.2	19.9	15.5	10.3	4.5	1.5	7.5	13.0	17.8	21.7	24.4	25.8
28.0	27.2	25.0	21.4	16.7	11.1	4.9	1.6	8.0	14.0	19.2	23.4	26.3	27.8
30.0	29.2	26.8	23.0	17.9	11.9	5.2	1.7	8.6	15.0	20.6	25.1	28.2	29.8
32.0	31.1	28.6	24.5	19.1	12.7	5.6	1.9	9.2	16.0	22.0	26.7	30.1	31.8
34.0	33.1	30.4	26.0	20.3	13.5	5.9	2.0	9.8	17.0	23.3	28.4	31.9	33.8
36.0	35.0	32.2	27.6	21.5	14.3	6.3	2.1	10.3	18.0	24.7	30.1	33.8	35.8
38.0	37.0	34.0	29.1	22.7	15.1	6.6	2.2	10.9	19.0	26.1	31.7	35.7	37.7
40.0	38.9	35.7	30.6	23.9	15.8	6.9	2.3	11.5	20.0	27.4	33.4	37.6	39.7
42.0	40.9	37.5	32.2	25.1	16.6	7.3	2.4	12.0	21.0	28.8	35.1	39.5	41.7
44.0	42.8	39.3	33.7	26.3	17.4	7.6	2.6	12.6	22.0	30.2	36.8	41.3	43.7
46.0	44.8	41.1	35.2	27.5	18.2	8.0	2.7	13.2	23.0	31.6	38.4	43.2	45.7
48.0	46.7	42.9	36.8	28.7	19.0	8.3	2.8	13.8	24.0	32.9	40.1	45.1	47.7
50.0	48.7	44.7	38.3	29.9	19.8	8.7	2.9	14.3	25.0	34.3	41.8	47.0	49.7
52.0	50.6	46.5	39.8	31.1	20.6	9.0	3.0	14.9	26.0	35.7	43.4	48.9	51.6
54.0	52.5	48.3	41.4	32.2	21.4	9.4	3.1	15.5	27.0	37.1	45.1	50.7	53.6
56.0	54.5	50.0	42.9	33.4	22.2	9.7	3.3	16.1	28.0	38.4	46.8	52.6	55.6
58.0	56.4	51.8	44.4	34.6	23.0	10.1	3.4	16.6	29.0	39.8	48.5	54.5	57.6
60.0	58.4	53.6	46.0	35.8	23.8	10.4	3.5	17.2	30.0	41.2	50.1	56.4	59.6
62.0	60.3	55.4	47.5	37.0	24.6	10.8	3.6	17.8	31.0	42.5	51.8	58.3	61.6
64.0	62.3	57.2	49.0	38.2	25.3	11.1	3.7	18.4	32.0	43.9	53.5	60.1	63.6
66.0	64.2	59.0	50.6	39.4	26.1	11.5	3.8	18.9	33.0	45.3	55.1	62.0	65.6
68.0	66.2	60.8	52.1	40.6	26.9	11.8	4.0	19.5	34.0	46.7	56.8	63.9	67.5
70.0	68.1	62.6	53.6	41.8	27.7	12.2	4.1	20.1	35.0	48.0	58.5	65.8	69.5
72.0	70.1	64.3	55.2	43.0	28.5	12.5	4.2	20.6	36.0	49.4	60.2	67.7	71.5
74.0	72.0	66.1	56.7	44.2	29.3	12.8	4.3	21.2	37.0	50.8	61.8	69.5	73.5
76.0	74.0	67.9	58.2	45.4	30.1	13.2	4.4	21.8	38.0	52.2	63.5	71.4	75.5
78.0	75.9	69.7	59.8	46.6	30.9	13.5	4.5	22.4	39.0	53.5	65.2	73.3	77.5
80.0	77.8	71.5	61.3	47.8	31.7	13.9	4.7	22.9	40.0	54.9	66.8	75.2	79.5
82.0	79.8	73.3	62.8	49.0	32.5	14.2	4.8	23.5	41.0	56.3	68.5	77.1	81.4
84.0	81.7	75.1	64.3	50.2	33.3	14.6	4.9	24.1	42.0	57.6	70.2	78.9	83.4
86.0	83.7	76.9	65.9	51.4	34.1	14.9	5.0	24.7	43.0	59.0	71.9	80.8	85.4
88.0	85.6	78.6	67.4	52.5	34.9	15.3	5.1	25.2	44.0	60.4	73.5	82.7	87.4
90.0	87.6	80.4	68.9	53.7	35.6	15.6	5.2	25.8	45.0	61.8	75.2	84.6	89.4
92.0	89.5	82.2	70.5	54.9	36.4	16.0	5.3	26.4	46.0	63.1	76.9	86.5	91.4
94.0	91.5	84.0	72.0	56.1	37.2	16.3	5.5	27.0	47.0	64.5	78.5	88.3	93.4
96.0	93.4	85.8	73.5	57.3	38.0	16.7	5.6	27.5	48.0	65.9	80.2	90.2	95.4
98.0	95.4	87.6	75.1	58.5	38.8	17.0	5.7	28.1	49.0	67.3	81.9	92.1	97.3
100.0	97.3	89.4	76.6	59.7	39.6	17.4	5.8	28.7	50.0	68.6	83.5	94.0	99.3

Tafel III a

p = 29

sin		1. Quadrant							2. Quadrant						
	0°	α	2 α	3 α	4 α	5 α	6 α	7 α	8 α	9 α	10 α	11 α	12 α	13 α	14 α
2	0.0	0.4	0.8	1.2	1.5	1.8	1.9	2.0	2.0	1.9	1.7	1.4	1.0	0.6	0.2
4	0.0	0.9	1.7	2.4	3.0	3.5	3.9	4.0	3.9	3.7	3.3	2.8	2.1	1.3	0.4
6	0.0	1.3	2.5	3.6	4.6	5.3	5.8	6.0	5.9	5.6	5.0	4.1	3.1	1.9	0.6
8	0.0	1.7	3.4	4.8	6.1	7.1	7.7	8.0	7.9	7.4	6.6	5.5	4.1	2.6	0.9
10	0.0	2.1	4.2	6.1	7.6	8.8	9.6	10.0	9.9	9.3	8.3	6.9	5.2	3.2	1.1
12	0.0	2.6	5.0	7.3	9.1	10.6	11.6	12.0	11.8	11.1	9.9	8.3	6.2	3.8	1.3
14	0.0	3.0	5.9	8.5	10.7	12.4	13.5	14.0	13.8	13.0	11.6	9.6	7.2	4.5	1.5
16	0.0	3.4	6.7	9.7	12.2	14.1	15.4	16.0	15.8	14.9	13.2	11.0	8.2	5.1	1.7
18	0.0	3.9	7.6	10.9	13.7	15.9	17.3	18.0	17.8	16.7	14.9	12.4	9.3	5.7	1.9
20	0.0	4.3	8.4	12.1	15.2	17.7	19.3	20.0	19.7	18.6	16.6	13.8	10.3	6.4	2.2
22	0.0	4.7	9.2	13.3	16.8	19.4	21.2	22.0	21.7	20.4	18.2	15.1	11.3	7.0	2.4
24	0.0	5.2	10.1	14.5	18.3	21.2	23.1	24.0	23.7	22.3	19.9	16.5	12.4	7.7	2.6
26	0.0	5.6	10.9	15.7	19.8	23.0	25.1	26.0	25.7	24.2	21.5	17.9	13.4	8.3	2.8
28	0.0	6.0	11.8	16.9	21.3	24.7	27.0	28.0	27.6	26.0	23.2	19.3	14.4	8.9	3.0
30	0.0	6.4	12.6	18.2	22.9	26.5	28.9	30.0	29.6	27.9	24.8	20.6	15.5	9.6	3.2
32	0.0	6.9	13.4	19.4	24.4	28.3	30.8	32.0	31.6	29.7	26.5	22.0	16.5	10.2	3.5
34	0.0	7.3	14.3	20.6	25.9	30.0	32.8	34.0	33.6	31.6	28.1	23.4	17.5	10.9	3.7
36	0.0	7.7	15.1	21.8	27.4	31.8	34.7	35.9	35.5	33.4	29.8	24.8	18.6	11.5	3.9
38	0.0	8.2	16.0	23.0	29.0	33.6	36.6	37.9	37.5	35.3	31.5	26.1	19.6	12.1	4.1
40	0.0	8.6	16.8	24.2	30.5	35.3	38.5	39.9	39.5	37.2	33.1	27.5	20.6	12.8	4.3
42	0.0	9.0	17.6	25.4	32.0	37.1	40.5	41.9	41.4	39.0	34.8	28.9	21.7	13.4	4.5
44	0.0	9.5	18.5	26.6	33.5	38.9	42.4	43.9	43.4	40.9	36.4	30.3	22.7	14.0	4.8
46	0.0	9.9	19.3	27.8	35.1	40.6	44.3	45.9	45.4	42.7	38.1	31.6	23.7	14.7	5.0
48	0.0	10.3	20.2	29.0	36.6	42.4	46.3	47.9	47.4	44.6	39.7	33.0	24.7	15.3	5.2
50	0.0	10.7	21.0	30.3	38.1	44.2	48.2	49.9	49.3	46.4	41.4	34.4	25.8	16.0	5.4
52	0.0	11.2	21.8	31.5	39.6	45.9	50.1	51.9	51.3	48.3	43.0	35.8	26.8	16.6	5.6
54	0.0	11.6	22.7	32.7	41.2	47.7	52.0	53.9	53.3	50.2	44.7	37.1	27.8	17.2	5.8
56	0.0	12.0	23.5	33.9	42.7	49.5	54.0	55.9	55.3	52.0	46.4	38.5	28.9	17.9	6.1
58	0.0	12.5	24.4	35.1	44.2	51.2	55.9	57.9	57.2	53.9	48.0	39.9	29.9	18.5	6.3
60	0.0	12.9	25.2	36.3	45.7	53.0	57.8	59.9	59.2	55.7	49.7	41.3	30.9	19.2	6.5
62	0.0	13.3	26.0	37.5	47.3	54.8	59.7	61.9	61.2	57.6	51.3	42.6	32.0	19.8	6.7
64	0.0	13.8	26.9	38.7	48.8	56.5	61.7	63.9	63.2	59.5	53.0	44.0	33.0	20.4	6.9
66	0.0	14.2	27.7	39.9	50.3	58.3	63.6	65.9	65.1	61.3	54.6	45.4	34.0	21.1	7.1
68	0.0	14.6	28.6	41.2	51.8	60.1	65.5	67.9	67.1	63.2	56.3	46.8	35.1	21.7	7.4
70	0.0	15.0	29.4	42.4	53.4	61.8	67.4	69.9	69.1	65.0	57.9	48.1	36.1	22.4	7.6
72	0.0	15.5	30.2	43.6	54.9	63.6	69.4	71.9	71.1	66.9	59.6	49.5	37.1	23.0	7.8
74	0.0	15.9	31.1	44.8	56.4	65.4	71.3	73.9	73.0	68.7	61.2	50.9	38.2	23.6	8.0
76	0.0	16.3	31.9	46.0	57.9	67.1	73.2	75.9	75.0	70.6	62.9	52.3	39.2	24.3	8.2
78	0.0	16.8	32.8	47.2	59.4	68.9	75.2	77.9	77.0	72.5	64.6	53.6	40.2	24.9	8.4
80	0.0	17.2	33.6	48.4	61.0	70.7	77.1	79.9	78.9	74.3	66.2	55.0	41.2	25.5	8.6
82	0.0	17.6	34.4	49.6	62.5	72.4	79.0	81.9	80.9	76.2	67.9	56.4	42.3	26.2	8.9
84	0.0	18.1	35.3	50.8	64.0	74.2	80.9	83.9	82.9	78.0	69.5	57.8	43.3	26.8	9.1
86	0.0	18.5	36.1	52.0	65.5	76.0	82.9	85.9	84.9	79.9	71.2	59.1	44.3	27.5	9.3
88	0.0	18.9	37.0	53.3	67.1	77.7	84.8	87.9	86.8	81.7	72.8	60.5	45.4	28.1	9.5
90	0.0	19.3	37.8	54.5	68.6	79.5	86.7	89.9	88.8	83.6	74.5	61.9	46.4	28.7	9.7
92	0.0	19.8	38.6	55.7	70.1	81.3	88.6	91.9	90.8	85.5	76.1	63.3	47.4	29.4	9.9
94	0.0	20.2	39.5	56.9	71.6	83.1	90.6	93.9	92.8	87.3	77.8	64.6	48.5	30.0	10.2
96	0.0	20.6	40.3	58.1	73.2	84.8	92.5	95.9	94.7	89.2	79.5	66.0	49.5	30.7	10.4
98	0.0	21.1	41.1	59.3	74.7	86.6	94.4	97.9	96.7	91.0	81.1	67.4	50.5	31.3	10.6
100	0.0	21.5	42.0	60.5	76.2	88.4	96.4	99.9	98.7	92.9	82.8	68.8	51.6	31.9	10.8

p = 29

0°	α	2α	3α	4α	5α	6α	7α	8α	9α	10α	11α	12α	13α	14α
cos			1. Quadrant							2. Quadrant				
2.0	2.0	1.8	1.6	1.3	0.9	0.5	0.1	0.3	0.7	1.1	1.5	1.7	1.9	2.0
4.0	3.9	3.6	3.2	2.6	1.9	1.1	0.2	0.6	1.5	2.2	2.9	3.4	3.8	4.0
6.0	5.9	5.4	4.8	3.9	2.8	1.6	0.3	1.0	2.2	3.4	4.4	5.1	5.7	6.0
8.0	7.8	7.3	6.4	5.2	3.7	2.1	0.4	1.3	3.0	4.5	5.8	6.9	7.6	8.0
10.0	9.8	9.1	8.0	6.5	4.7	2.7	0.5	1.6	3.7	5.6	7.3	8.6	9.5	9.9
12.0	11.7	10.9	9.6	7.8	5.6	3.2	0.6	1.9	4.4	6.7	8.7	10.3	11.4	11.9
14.0	13.7	12.7	11.1	9.1	6.6	3.7	0.8	2.3	5.2	7.9	10.2	12.0	13.3	13.9
16.0	15.6	14.5	12.7	10.4	7.5	4.3	0.9	2.6	5.9	9.0	11.6	13.7	15.2	15.9
18.0	17.6	16.3	14.3	11.7	8.4	4.8	1.0	2.9	6.7	10.1	13.1	15.4	17.1	17.9
20.0	19.5	18.2	15.9	12.9	9.4	5.4	1.1	3.2	7.4	11.2	14.5	17.1	19.0	19.9
22.0	21.5	20.0	17.5	14.2	10.3	5.9	1.2	3.6	8.1	12.3	16.0	18.9	20.8	21.9
24.0	23.4	21.8	19.1	15.5	11.2	6.4	1.3	3.9	8.9	13.5	17.4	20.6	22.7	23.9
26.0	25.4	23.6	20.7	16.8	12.2	7.0	1.4	4.2	9.6	14.6	18.9	22.3	24.6	25.8
28.0	27.3	25.4	22.3	18.1	13.1	7.5	1.5	4.5	10.4	15.7	20.3	24.0	26.5	27.8
30.0	29.3	27.2	23.9	19.4	14.1	8.0	1.6	4.9	11.1	16.8	21.8	25.7	28.4	29.8
32.0	31.3	29.0	25.5	20.7	15.0	8.6	1.7	5.2	11.8	18.0	23.2	27.4	30.3	31.8
34.0	33.2	30.9	27.1	22.0	15.9	9.1	1.8	5.5	12.6	19.1	24.7	29.1	32.2	33.8
36.0	35.2	32.7	28.7	23.3	16.9	9.6	1.9	5.8	13.3	20.2	26.1	30.8	34.1	35.8
38.0	37.1	34.5	30.3	24.6	17.8	10.2	2.1	6.1	14.1	21.3	27.6	32.6	36.0	37.8
40.0	39.1	36.3	31.8	25.9	18.7	10.7	2.2	6.5	14.8	22.4	29.0	34.3	37.9	39.8
42.0	41.0	38.1	33.4	27.2	19.7	11.2	2.3	6.8	15.5	23.6	30.5	36.0	39.8	41.8
44.0	43.0	39.9	35.0	28.5	20.6	11.8	2.4	7.1	16.3	24.7	31.9	37.7	41.7	43.7
46.0	44.9	41.7	36.6	29.8	21.5	12.3	2.5	7.4	17.0	25.8	33.4	39.4	43.6	45.7
48.0	46.9	43.6	38.2	31.1	22.5	12.8	2.6	7.8	17.8	26.9	34.8	41.1	45.5	47.7
50.0	48.8	45.4	39.8	32.4	23.4	13.4	2.7	8.1	18.5	28.1	36.3	42.8	47.4	49.7
52.0	50.8	47.2	41.4	33.7	24.4	13.9	2.8	8.4	19.2	29.2	37.8	44.6	49.3	51.7
54.0	52.7	49.0	43.0	35.0	25.3	14.4	2.9	8.7	20.0	30.3	39.2	46.3	51.2	53.7
56.0	54.7	50.8	44.6	36.3	26.2	15.0	3.0	9.1	20.7	31.4	40.7	48.0	53.1	55.7
58.0	56.6	52.6	46.2	37.5	27.2	15.5	3.1	9.4	21.5	32.5	42.1	49.7	55.0	57.7
60.0	58.6	54.5	47.8	38.8	28.1	16.1	3.2	9.7	22.2	33.7	43.6	51.4	56.9	59.6
62.0	60.6	56.3	49.4	40.1	29.0	16.6	3.4	10.0	22.9	34.8	45.0	53.1	58.8	61.6
64.0	62.5	58.1	50.9	41.4	30.0	17.1	3.5	10.4	23.7	35.9	46.5	54.8	60.6	63.6
66.0	64.5	59.9	52.5	42.7	30.9	17.7	3.6	10.7	24.4	37.0	47.9	56.6	62.5	65.6
68.0	66.4	61.7	54.1	44.0	31.9	18.2	3.7	11.0	25.2	38.2	49.4	58.3	64.4	67.6
70.0	68.4	63.5	55.7	45.3	32.8	18.7	3.8	11.3	25.9	39.3	50.8	60.0	66.3	69.6
72.0	70.3	65.3	57.3	46.6	33.7	19.3	3.9	11.6	26.6	40.4	52.3	61.7	68.2	71.6
74.0	72.3	67.2	58.9	47.9	34.7	19.8	4.0	12.0	27.4	41.5	53.7	63.4	70.1	73.6
76.0	74.2	69.0	60.5	49.2	35.6	20.3	4.1	12.3	28.1	42.7	55.2	65.1	72.0	75.6
78.0	76.2	70.8	62.1	50.5	36.5	20.9	4.2	12.6	28.9	43.8	56.6	66.8	73.9	77.5
80.0	78.1	72.6	63.7	51.8	37.5	21.4	4.3	12.9	29.6	44.9	58.1	68.5	75.8	79.5
82.0	80.1	74.4	65.3	53.1	38.4	21.9	4.4	13.3	30.4	46.0	59.5	70.3	77.7	81.5
84.0	82.0	76.2	66.9	54.4	39.3	22.5	4.5	13.6	31.1	47.1	61.0	72.0	79.6	83.5
86.0	84.0	78.1	68.5	55.7	40.3	23.0	4.7	13.9	31.8	48.3	62.4	73.7	81.5	85.5
88.0	85.9	79.9	70.1	57.0	41.2	23.5	4.8	14.2	32.6	49.4	63.9	75.4	83.4	87.5
90.0	87.9	81.7	71.6	58.3	42.2	24.1	4.9	14.6	33.3	50.5	65.3	77.1	85.3	89.5
92.0	89.8	83.5	73.2	59.6	43.1	24.6	5.0	14.9	34.1	51.6	66.8	78.8	87.2	91.5
94.0	91.8	85.3	74.8	60.9	44.0	25.1	5.1	15.2	34.8	52.8	68.2	80.5	89.1	93.4
96.0	93.8	87.1	76.4	62.1	45.0	25.7	5.2	15.5	35.5	53.9	69.7	82.3	91.0	95.4
98.0	95.7	88.9	78.0	63.4	45.9	26.2	5.3	15.9	36.3	55.0	71.1	84.0	92.9	97.4
100.0	97.7	90.8	79.6	64.7	46.8	26.8	5.4	16.2	37.0	56.1	72.6	85.7	94.8	99.4

$$p=31$$

sin		1. Quadrant							2. Quadrant							
	0°	α	2α	3α	4α	5α	6α	7α	8α	9α	10α	11α	12α	13α	14α	15α
2	0.0	0.4	0.8	1.1	1.4	1.7	1.9	2.0	2.0	1.9	1.8	1.6	1.3	1.0	0.6	0.2
4	0.0	0.8	1.6	2.3	2.9	3.4	3.8	4.0	4.0	3.9	3.6	3.2	2.6	1.9	1.2	0.4
6	0.0	1.2	2.4	3.4	4.3	5.1	5.6	5.9	6.0	5.8	5.4	4.7	3.9	2.9	1.8	0.6
8	0.0	1.6	3.2	4.6	5.8	6.8	7.5	7.9	8.0	7.7	7.2	6.3	5.2	3.9	2.4	0.8
10	0.0	2.0	3.9	5.7	7.2	8.5	9.4	9.9	10.0	9.7	9.0	7.9	6.5	4.9	3.0	1.0
12	0.0	2.4	4.7	6.9	8.7	10.2	11.3	11.9	12.0	11.6	10.8	9.5	7.8	5.8	3.6	1.2
14	0.0	2.8	5.5	8.0	10.1	11.9	13.1	13.8	14.0	13.6	12.6	11.1	9.1	6.8	4.2	1.4
16	0.0	3.2	6.3	9.1	11.6	13.6	15.0	15.8	16.0	15.5	14.4	12.7	10.4	7.8	4.8	1.6
18	0.0	3.6	7.1	10.3	13.0	15.3	16.9	17.8	18.0	17.4	16.2	14.2	11.7	8.7	5.4	1.8
20	0.0	4.0	7.9	11.4	14.5	17.0	18.8	19.8	20.0	19.4	18.0	15.8	13.0	9.7	6.0	2.0
22	0.0	4.4	8.7	12.6	15.9	18.7	20.6	21.7	22.0	21.3	19.8	17.4	14.3	10.7	6.6	2.2
24	0.0	4.8	9.5	13.7	17.4	20.4	22.5	23.7	24.0	23.2	21.5	19.0	15.6	11.6	7.2	2.4
26	0.0	5.2	10.3	14.9	18.8	22.1	24.4	25.7	26.0	25.2	23.3	20.6	16.9	12.6	7.8	2.6
28	0.0	5.6	11.0	16.0	20.3	23.8	26.3	27.7	28.0	27.1	25.1	22.1	18.2	13.6	8.4	2.8
30	0.0	6.0	11.8	17.1	21.7	25.5	28.1	29.7	30.0	29.0	26.9	23.7	19.5	14.6	9.0	3.0
32	0.0	6.4	12.6	18.3	23.2	27.2	30.0	31.6	32.0	31.0	28.7	25.3	20.8	15.5	9.6	3.2
34	0.0	6.8	13.4	19.4	24.6	28.9	31.9	33.6	34.0	32.9	30.5	26.9	22.1	16.5	10.2	3.4
36	0.0	7.2	14.2	20.6	26.1	30.6	33.8	35.6	36.0	34.9	32.3	28.5	23.4	17.5	10.8	3.6
38	0.0	7.6	15.0	21.7	27.5	32.2	35.6	37.6	38.0	36.8	34.1	30.0	24.8	18.4	11.4	3.8
40	0.0	8.1	15.8	22.9	29.0	33.9	37.5	39.5	39.9	38.7	35.9	31.6	26.1	19.4	12.0	4.0
42	0.0	8.5	16.6	24.0	30.4	35.6	39.4	41.5	41.9	40.7	37.7	33.2	27.4	20.4	12.6	4.2
44	0.0	8.9	17.4	25.1	31.9	37.3	41.3	43.5	43.9	42.6	39.5	34.8	28.7	21.4	13.2	4.5
46	0.0	9.3	18.1	26.3	33.3	39.0	43.1	45.5	45.9	44.5	41.3	36.4	30.0	22.3	13.8	4.7
48	0.0	9.7	18.9	27.4	34.8	40.7	45.0	47.4	47.9	46.5	43.1	38.0	31.3	23.3	14.4	4.9
50	0.0	10.1	19.7	28.6	36.2	42.4	46.9	49.4	49.9	48.4	44.9	39.5	32.6	24.3	15.0	5.1
52	0.0	10.5	20.5	29.7	37.7	44.1	48.8	51.4	51.9	50.3	46.7	41.1	33.9	25.2	15.6	5.3
54	0.0	10.9	21.3	30.8	39.1	45.8	50.6	53.4	53.9	52.3	48.5	42.7	35.2	26.2	16.2	5.5
56	0.0	11.3	22.1	32.0	40.6	47.5	52.5	55.4	55.9	54.2	50.3	44.3	36.5	27.2	16.8	5.7
58	0.0	11.7	22.9	33.1	42.0	49.2	54.4	57.3	57.9	56.1	52.1	45.9	37.8	28.1	17.4	5.9
60	0.0	12.1	23.7	34.3	43.5	50.9	56.3	59.3	59.9	58.1	53.9	47.4	39.1	29.1	18.0	6.1
62	0.0	12.5	24.5	35.4	44.9	52.6	58.1	61.3	61.9	60.0	55.7	49.0	40.4	30.1	18.6	6.3
64	0.0	12.9	25.2	36.6	46.4	54.3	60.0	63.3	63.9	62.0	57.5	50.6	41.7	31.1	19.2	6.5
66	0.0	13.3	26.0	37.7	47.8	56.0	61.9	65.2	65.9	63.9	59.3	52.2	43.0	32.0	19.8	6.7
68	0.0	13.7	26.8	38.8	49.3	57.7	63.8	67.2	67.9	65.8	61.1	53.8	44.3	33.0	20.4	6.9
70	0.0	14.1	27.6	40.0	50.7	59.4	65.6	69.2	69.9	67.8	62.8	55.4	45.6	34.0	21.0	7.1
72	0.0	14.5	28.4	41.1	52.2	61.1	67.5	71.2	71.9	69.7	64.6	56.9	46.9	34.9	21.6	7.3
74	0.0	14.9	29.2	42.3	53.6	62.8	69.4	73.1	73.9	71.6	66.4	58.5	48.2	35.9	22.2	7.5
76	0.0	15.3	30.0	43.4	55.1	64.5	71.3	75.1	75.9	73.6	68.2	60.1	49.5	36.9	22.8	7.7
78	0.0	15.7	30.8	44.6	56.5	66.2	73.1	77.1	77.9	75.5	70.0	61.7	50.8	37.9	23.4	7.9
80	0.0	16.1	31.5	45.7	58.0	67.9	75.0	79.1	79.9	77.4	71.8	63.3	52.1	38.8	23.9	8.1
82	0.0	16.5	32.3	46.8	59.4	69.6	76.9	81.1	81.9	79.4	73.6	64.8	53.4	39.8	24.5	8.3
84	0.0	16.9	33.1	48.0	60.9	71.3	78.8	83.0	83.9	81.3	75.4	66.4	54.7	40.8	25.1	8.5
86	0.0	17.3	33.9	49.1	62.3	73.0	80.6	85.0	85.9	83.3	77.2	68.0	56.0	41.7	25.7	8.7
88	0.0	17.7	34.7	50.3	63.8	74.7	82.5	87.0	87.9	85.2	79.0	69.6	57.3	42.7	26.3	8.9
90	0.0	18.1	35.5	51.4	65.2	76.4	84.4	89.0	89.9	87.1	80.8	71.2	58.6	43.7	26.9	9.1
92	0.0	18.5	36.3	52.6	66.7	78.1	86.3	90.9	91.9	89.1	82.6	72.8	59.9	44.6	27.5	9.3
94	0.0	18.9	37.1	53.7	68.1	79.8	88.1	92.9	93.9	91.0	84.4	74.3	61.2	45.6	28.1	9.5
96	0.0	19.3	37.9	54.8	69.6	81.5	90.0	94.9	95.9	92.9	86.2	75.9	62.5	46.6	28.7	9.7
98	0.0	19.7	38.6	56.0	71.0	83.2	91.9	96.9	97.9	94.9	88.0	77.5	63.8	47.6	29.3	9.9
100	0.0	20.1	39.4	57.1	72.5	84.9	93.8	98.8	99.9	96.8	89.8	79.1	65.1	48.5	29.9	10.1

p=31

0°	α	2α	3α	4α	5α	6α	7α	8α	9α	10α	11α	12α	13α	14α	15α
	cos		1. Quadrant						2. Quadrant						
2.0	2.0	1.8	1.6	1.4	1.1	0.7	0.3	0.1	0.5	0.9	1.2	1.5	1.7	1.9	2.0
4.0	3.9	3.7	3.3	2.8	2.1	1.4	0.6	0.2	1.0	1.8	2.4	3.0	3.5	3.8	4.0
6.0	5.9	5.5	4.9	4.1	3.2	2.1	0.9	0.3	1.5	2.6	3.7	4.6	5.2	5.7	6.0
8.0	7.8	7.4	6.6	5.5	4.2	2.8	1.2	0.4	2.0	3.5	4.9	6.1	7.0	7.6	8.0
10.0	9.8	9.2	8.2	6.9	5.3	3.5	1.5	0.5	2.5	4.4	6.1	7.6	8.7	9.5	9.9
12.0	11.8	11.0	9.8	8.3	6.3	4.2	1.8	0.6	3.0	5.3	7.3	9.1	10.5	11.4	11.9
14.0	13.7	12.9	11.5	9.6	7.4	4.9	2.1	0.7	3.5	6.2	8.6	10.6	12.2	13.4	13.9
16.0	15.7	14.7	13.1	11.0	8.5	5.6	2.4	0.8	4.0	7.0	9.8	12.1	14.0	15.3	15.9
18.0	17.6	16.5	14.8	12.4	9.5	6.3	2.7	0.9	4.5	7.9	11.0	13.7	15.7	17.2	17.9
20.0	19.6	18.4	16.4	13.8	10.6	6.9	3.0	1.0	5.0	8.8	12.2	15.2	17.5	19.1	19.9
22.0	21.5	20.2	18.1	15.2	11.6	7.6	3.3	1.1	5.5	9.7	13.5	16.7	19.2	21.0	21.9
24.0	23.5	22.1	19.7	16.5	12.7	8.3	3.6	1.2	6.0	10.6	14.7	18.2	21.0	22.9	23.9
26.0	25.5	23.9	21.3	17.9	13.8	9.0	3.9	1.3	6.5	11.5	15.9	19.7	22.7	24.8	25.9
28.0	27.4	25.7	23.0	19.3	14.8	9.7	4.2	1.4	7.0	12.3	17.1	21.2	24.5	26.7	27.9
30.0	29.4	27.6	24.6	20.7	15.9	10.4	4.5	1.5	7.5	13.2	18.4	22.8	26.2	28.6	29.8
32.0	31.3	29.4	26.3	22.0	16.9	11.1	4.8	1.6	8.0	14.1	19.6	24.3	28.0	30.5	31.8
34.0	33.3	31.2	27.9	23.4	18.0	11.8	5.1	1.7	8.5	15.0	20.8	25.8	29.7	32.4	33.8
36.0	35.3	33.1	29.5	24.8	19.0	12.5	5.5	1.8	9.0	15.9	22.0	27.3	31.5	34.3	35.8
38.0	37.2	34.9	31.2	26.2	20.1	13.2	5.8	1.9	9.5	16.7	23.3	28.8	33.2	36.3	37.8
40.0	39.2	36.8	32.8	27.6	21.2	13.9	6.1	2.0	10.0	17.6	24.5	30.4	35.0	38.2	39.8
42.0	41.1	38.6	34.5	28.9	22.2	14.6	6.4	2.1	10.5	18.5	25.7	31.9	36.7	40.1	41.8
44.0	43.1	40.4	36.1	30.3	23.3	15.3	6.7	2.2	11.0	19.4	26.9	33.4	38.5	42.0	43.8
46.0	45.1	42.3	37.8	31.7	24.3	16.0	7.0	2.3	11.5	20.3	28.2	34.9	40.2	43.9	45.8
48.0	47.0	44.1	39.4	33.1	25.4	16.7	7.3	2.4	12.0	21.1	29.4	36.4	42.0	45.8	47.8
50.0	49.0	45.9	41.0	34.4	26.4	17.4	7.6	2.5	12.5	22.0	30.6	37.9	43.7	47.7	49.7
52.0	50.9	47.8	42.7	35.8	27.5	18.1	7.9	2.6	13.0	22.9	31.8	39.5	45.5	49.6	51.7
54.0	52.9	49.6	44.3	37.2	28.6	18.8	8.2	2.7	13.5	23.8	33.1	41.0	47.2	51.5	53.7
56.0	54.9	51.5	46.0	38.6	29.6	19.4	8.5	2.8	14.0	24.7	34.3	42.5	49.0	53.4	55.7
58.0.	56.8	53.3	47.6	40.0	30.7	20.1	8.8	2.9	14.5	25.5	35.5	44.0	50.7	55.3	57.7
60.0	58.8	55.1	49.2	41.3	31.7	20.8	9.1	3.0	15.0	26.4	36.7	45.5	52.5	57.2	59.7
62.0	60.7	57.0	50.9	42.7	32.8	21.5	9.4	3.1	15.5	27.3	38.0	47.0	54.2	59.2	61.7
64.0	62.7	58.8	52.5	44.1	33.9	22.2	9.7	3.2	16.0	28.2	39.2	48.6	56.0	61.1	63.7
66.0	64.6	60.7	54.2	45.5	34.9	22.9	10.0	3.3	16.5	29.1	40.4	50.1	57.7	63.0	65.7
68.0	66.6	62.5	55.8	46.8	36.0	23.6	10.3	3.4	17.0	29.9	41.6	51.6	59.5	64.9	67.7
70.0	68.6	64.3	57.5	48.2	37.0	24.3	10.6	3.5	17.5	30.8	42.8	53.1	61.2	66.8	69.6
72.0	70.5	66.2	59.1	49.6	38.1	25.0	10.9	3.6	18.0	31.7	44.1	54.6	63.0	68.7	71.6
74.0	72.5	68.0	60.7	51.0	39.1	25.7	11.2	3.7	18.5	32.6	45.3	56.1	64.7	70.6	73.6
76.0	74.4	69.8	62.4	52.4	40.2	26.4	11.5	3.8	19.0	33.5	46.5	57.7	66.5	72.5	75.6
78.0	76.4	71.7	64.0	53.7	41.3	27.1	11.8	4.0	19.6	34.4	47.7	59.2	68.2	74.4	77.6
80.0	78.4	73.5	65.7	55.1	42.3	27.8	12.1	4.1	20.1	35.2	49.0	60.7	69.9	76.3	79.6
82.0	80.3	75.4	67.3	56.5	43.4	28.5	12.4	4.2	20.6	36.1	50.2	62.2	71.7	78.2	81.6
84.0	82.3	77.2	68.9	57.9	44.4	29.2	12.7	4.3	21.1	37.0	51.4	63.7	73.4	80.1	83.6
86.0	84.2	79.0	70.6	59.3	45.5	29.9	13.0	4.4	21.6	37.9	52.6	65.3	75.2	82.1	85.6
88.0	86.2	80.9	72.2	60.6	46.5	30.6	13.3	4.5	22.1	38.8	53.9	66.8	76.9	84.0	87.5
90.0	88.2	82.7	73.9	62.0	47.6	31.3	13.6	4.6	22.6	39.6	55.1	68.3	78.7	85.9	89.5
92.0	90.1	84.5	75.5	63.4	48.7	32.0	13.9	4.7	23.1	40.5	56.3	69.8	80.4	87.8	91.5
94.0	92.1	86.4	77.2	64.8	49.7	32.6	14.2	4.8	23.6	41.4	57.5	71.3	82.2	89.7	93.5
96.0	94.0	88.2	78.8	66.1	50.8	33.3	14.5	4.9	24.1	42.3	58.8	72.8	83.9	91.6	95.5
98.0	96.0	90.1	80.4	67.5	51.8	34.0	14.8	5.0	24.6	43.2	60.0	74.4	85.7	93.5	97.5
100.0	98.0	91.9	82.1	68.9	52.9	34.7	15.1	5.1	25.1	44.0	61.2	75.9	87.4	95.4	99.5

Tafel III a

p = 33

sin				1. Quadrant						2. Quadrant							
	0°	α	2α	3α	4α	5α	6α	7α	8α	9α	10α	11α	12α	13α	14α	15α	16α
2	0.0	0.4	0.7	1.1	1.4	1.6	1.8	1.9	2.0	2.0	1.9	1.7	1.5	1.2	0.9	0.6	0.2
4	0.0	0.8	1.5	2.2	2.8	3.3	3.6	3.9	4.0	4.0	3.8	3.5	3.0	2.5	1.8	1.1	0.4
6	0.0	1.1	2.2	3.2	4.1	4.9	5.5	5.8	6.0	5.9	5.7	5.2	4.5	3.7	2.7	1.7	0.6
8	0.0	1.5	3.0	4.3	5.5	6.5	7.3	7.8	8.0	7.9	7.6	6.9	6.0	4.9	3.7	2.3	0.8
10	0.0	1.9	3.7	5.4	6.9	8.1	9.1	9.7	10.0	9.9	9.4	8.7	7.6	6.2	4.6	2.8	1.0
12	0.0	2.3	4.5	6.5	8.3	9.8	10.9	11.7	12.0	11.9	11.3	10.4	9.1	7.4	5.5	3.4	1.1
14	0.0	2.6	5.2	7.6	9.7	11.4	12.7	13.6	14.0	13.9	13.2	12.1	10.6	8.7	6.4	3.9	1.3
16	0.0	3.0	5.9	8.7	11.0	13.0	14.6	15.5	16.0	15.8	15.1	13.9	12.1	9.9	7.3	4.5	1.5
18	0.0	3.4	6.7	9.7	12.4	14.7	16.4	17.5	18.0	17.8	17.0	15.6	13.6	11.1	8.2	5.1	1.7
20	0.0	3.8	7.4	10.8	13.8	16.3	18.2	19.4	20.0	19.8	18.9	17.3	15.1	12.4	9.2	5.6	1.9
22	0.0	4.2	8.2	11.9	15.2	17.9	20.0	21.4	22.0	21.8	20.8	19.1	16.6	13.6	10.1	6.2	2.1
24	0.0	4.5	8.9	13.0	16.6	19.5	21.8	23.3	24.0	23.8	22.7	20.8	18.1	14.8	11.0	6.8	2.3
26	0.0	4.9	9.7	14.1	17.9	21.2	23.7	25.3	26.0	25.7	24.6	22.5	19.6	16.1	11.9	7.3	2.5
28	0.0	5.3	10.4	15.1	19.3	22.8	25.5	27.2	28.0	27.7	26.5	24.2	21.2	17.3	12.8	7.9	2.7
30	0.0	5.7	11.1	16.2	20.7	24.4	27.3	29.2	30.0	29.7	28.4	26.0	22.7	18.5	13.7	8.5	2.9
32	0.0	6.1	11.9	17.3	22.1	26.1	29.1	31.1	32.0	31.7	30.2	27.7	24.2	19.8	14.7	9.0	3.0
34	0.0	6.4	12.6	18.4	23.5	27.7	30.9	33.0	34.0	33.7	32.1	29.4	25.7	21.0	15.6	9.6	3.2
36	0.0	6.8	13.4	19.5	24.8	29.3	32.7	35.0	36.0	35.6	34.0	31.2	27.2	22.3	16.5	10.1	3.4
38	0.0	7.2	14.1	20.5	26.2	31.0	34.6	36.9	38.0	37.6	35.9	32.9	28.7	23.5	17.4	10.7	3.6
40	0.0	7.6	14.9	21.6	27.6	32.6	36.4	38.9	40.0	39.6	37.8	34.6	30.2	24.7	18.3	11.3	3.8
42	0.0	7.9	15.6	22.7	29.0	34.2	38.2	40.8	42.0	41.6	39.7	36.4	31.7	26.0	19.2	11.8	4.0
44	0.0	8.3	16.4	23.8	30.4	35.8	40.0	42.8	44.0	43.6	41.6	38.1	33.3	27.2	20.2	12.4	4.2
46	0.0	8.7	17.1	24.9	31.7	37.5	41.8	44.7	45.9	45.5	43.5	39.8	34.8	28.4	21.1	13.0	4.4
48	0.0	9.1	17.8	26.0	33.1	39.1	43.7	46.6	47.9	47.5	45.4	41.6	36.3	29.7	22.0	13.5	4.6
50	0.0	9.5	18.6	27.0	34.5	40.7	45.5	48.6	49.9	49.5	47.2	43.3	37.8	30.9	22.9	14.1	4.8
52	0.0	9.8	19.3	28.1	35.9	42.4	47.3	50.5	51.9	51.5	49.1	45.0	39.3	32.1	23.8	14.7	4.9
54	0.0	10.2	20.1	29.2	37.3	44.0	49.1	52.5	53.9	53.5	51.0	46.8	40.8	33.4	24.7	15.2	5.1
56	0.0	10.6	20.8	30.3	38.6	45.6	50.9	54.4	55.9	55.4	52.9	48.5	42.3	34.6	25.7	15.8	5.3
58	0.0	11.0	21.6	31.4	40.0	47.2	52.8	56.4	57.9	57.4	54.8	50.2	43.8	35.9	26.6	16.3	5.5
60	0.0	11.4	22.3	32.4	41.4	48.9	54.6	58.3	59.9	59.4	56.7	52.0	45.3	37.1	27.5	16.9	5.7
62	0.0	11.7	23.0	33.5	42.8	50.5	56.4	60.3	61.9	61.4	58.6	53.7	46.9	38.3	28.4	17.5	5.9
64	0.0	12.1	23.8	34.6	44.2	52.1	58.2	62.2	63.9	63.3	60.5	55.4	48.4	39.6	29.3	18.0	6.1
66	0.0	12.5	24.5	35.7	45.5	53.8	60.0	64.1	65.9	65.3	62.4	57.2	49.9	40.8	30.2	18.6	6.3
68	0.0	12.9	25.3	36.8	46.9	55.4	61.9	66.1	67.9	67.3	64.3	58.9	51.4	42.0	31.2	19.2	6.5
70	0.0	13.2	26.0	37.8	48.3	57.0	63.7	68.0	69.9	69.3	66.2	60.6	52.9	43.3	32.1	19.7	6.7
72	0.0	13.6	26.8	38.9	49.7	58.6	65.5	70.0	71.9	71.3	68.0	62.4	54.4	44.5	33.0	20.3	6.8
74	0.0	14.0	27.5	40.0	51.1	60.3	67.3	71.9	73.9	73.2	69.9	64.1	55.9	45.7	33.9	20.8	7.0
76	0.0	14.4	28.2	41.1	52.4	61.9	69.1	73.9	75.9	75.2	71.8	65.8	57.4	47.0	34.8	21.4	7.2
78	0.0	14.8	29.0	42.2	53.8	63.5	71.0	75.8	77.9	77.2	73.7	67.5	58.9	48.2	35.7	22.0	7.4
80	0.0	15.1	29.7	43.3	55.2	65.2	72.8	77.7	79.9	79.2	75.8	69.3	60.5	49.5	36.7	22.5	7.6
82	0.0	15.5	30.5	44.3	56.6	66.8	74.6	79.7	81.9	81.2	77.5	71.0	62.0	50.7	37.6	23.1	7.8
84	0.0	15.9	31.2	45.4	58.0	68.4	76.4	81.6	83.9	83.1	79.4	72.7	63.5	51.9	38.5	23.7	8.0
86	0.0	16.3	32.0	46.5	59.3	70.1	78.2	83.6	85.9	85.1	81.3	74.5	65.0	53.2	39.4	24.2	8.2
88	0.0	16.7	32.7	47.6	60.7	71.7	80.0	85.5	87.9	87.1	83.2	76.2	66.5	54.4	40.3	24.8	8.4
90	0.0	17.0	33.4	48.7	62.1	73.3	81.9	87.5	89.9	89.1	85.0	77.9	68.0	55.6	41.2	25.4	8.6
92	0.0	17.4	34.2	49.7	63.5	74.9	83.7	89.4	91.9	91.1	86.9	79.7	69.5	56.9	42.2	25.9	8.7
94	0.0	17.8	34.9	50.8	64.9	76.6	85.5	91.4	93.9	93.0	88.8	81.4	71.0	58.1	43.1	26.5	8.9
96	0.0	18.2	35.7	51.9	66.2	78.2	87.3	93.3	95.9	95.0	90.7	83.1	72.6	59.3	44.0	27.0	9.1
98	0.0	18.5	36.4	53.0	67.6	79.8	89.1	95.2	97.9	97.0	92.6	84.9	74.1	60.6	44.9	27.6	9.3
100	0.0	18.9	37.2	54.1	69.0	81.5	91.0	97.2	99.9	99.0	94.5	86.6	75.6	61.8	45.8	28.2	9.5

p=33

	COS			1. Quadrant						2. Quadrant						
0°	α	2α	3α	4α	5α	6α	7α	8α	9α	10α	11α	12α	13α	14α	15α	16α
2.0	2.0	1.9	1.7	1.4	1.2	0.8	0.5	0.1	0.3	0.7	1.0	1.3	1.6	1.8	1.9	2.0
4.0	3.9	3.7	3.4	2.9	2.3	1.7	0.9	0.2	0.6	1.3	2.0	2.6	3.1	3.6	3.8	4.0
6.0	5.9	5.6	5.0	4.3	3.5	2.5	1.4	0.3	0.9	2.0	3.0	3.9	4.7	5.3	5.8	6.0
8.0	7.9	7.4	6.7	5.8	4.6	3.3	1.9	0.4	1.1	2.6	4.0	5.2	6.3	7.1	7.7	8.0
10.0	9.8	9.3	8.4	7.2	5.8	4.2	2.4	0.5	1.4	3.3	5.0	6.5	7.9	8.9	9.6	10.0
12.0	11.8	11.1	10.1	8.7	7.0	5.0	2.8	0.6	1.7	3.9	6.0	7.9	9.4	10.7	11.5	11.9
14.0	13.7	13.0	11.8	10.1	8.1	5.8	3.3	0.7	2.0	4.6	7.0	9.2	11.0	12.4	13.4	13.9
16.0	15.7	14.9	13.5	11.6	9.3	6.6	3.8	0.8	2.3	5.2	8.0	10.5	12.6	14.2	15.4	15.9
18.0	17.7	16.7	15.1	13.0	10.4	7.5	4.2	0.9	2.6	5.9	9.0	11.8	14.1	16.0	17.3	17.9
20.0	19.6	18.6	16.8	14.5	11.6	8.3	4.7	1.0	2.8	6.5	10.0	13.1	15.7	17.8	19.2	19.9
22.0	21.6	20.4	18.5	15.9	12.8	9.1	5.2	1.0	3.1	7.2	11.0	14.4	17.3	19.6	21.1	21.9
24.0	23.6	22.3	20.2	17.4	13.9	10.0	5.7	1.1	3.4	7.8	12.0	15.7	18.9	21.3	23.0	23.9
26.0	25.5	24.1	21.9	18.8	15.1	10.8	6.1	1.2	3.7	8.5	13.0	17.0	20.4	23.1	24.9	25.9
28.0	27.5	26.0	23.6	20.3	16.2	11.6	6.6	1.3	4.0	9.2	14.0	18.3	22.0	24.9	26.9	27.9
30.0	29.5	27.9	25.2	21.7	17.4	12.5	7.1	1.4	4.3	9.8	15.0	19.6	23.6	26.7	28.8	29.9
32.0	31.4	29.7	26.9	23.2	18.6	13.3	7.5	1.5	4.6	10.5	16.0	21.0	25.2	28.4	30.7	31.9
34.0	33.4	31.6	28.6	24.6	19.7	14.1	8.0	1.6	4.8	11.1	17.0	22.3	26.7	30.2	32.6	33.8
36.0	35.3	33.4	30.3	26.1	20.9	15.0	8.5	1.7	5.1	11.8	18.0	23.6	28.3	32.0	34.5	35.8
38.0	37.3	35.3	32.0	27.5	22.0	15.8	9.0	1.8	5.4	12.4	19.0	24.9	29.9	33.8	36.5	37.8
40.0	39.3	37.1	33.7	28.9	23.2	16.6	9.4	1.9	5.7	13.1	20.0	26.2	31.4	35.6	38.4	39.8
42.0	41.2	39.0	35.3	30.4	24.4	17.4	9.9	2.0	6.0	13.7	21.0	27.5	33.0	37.3	40.3	41.8
44.0	43.2	40.8	37.0	31.8	25.5	18.3	10.4	2.1	6.3	14.4	22.0	28.8	34.6	39.1	42.2	43.8
46.0	45.2	42.7	38.7	33.3	26.7	19.1	10.8	2.2	6.5	15.0	23.0	30.1	36.2	40.9	44.1	45.8
48.0	47.1	44.6	40.4	34.7	27.8	19.9	11.3	2.3	6.8	15.7	24.0	31.4	37.7	42.7	46.1	47.8
50.0	49.1	46.4	42.1	36.2	29.0	20.8	11.8	2.4	7.1	16.4	25.0	32.7	39.3	44.4	48.0	49.8
52.0	51.1	48.3	43.7	37.6	30.2	21.6	12.3	2.5	7.4	17.0	26.0	34.1	40.9	46.2	49.9	51.8
54.0	53.0	50.1	45.4	39.1	31.3	22.4	12.7	2.6	7.7	17.7	27.0	35.4	42.4	48.0	51.8	53.8
56.0	55.0	52.0	47.1	40.5	32.5	23.3	13.2	2.7	8.0	18.3	28.0	36.7	44.0	49.8	53.7	55.7
58.0	57.0	53.8	48.8	42.0	33.6	24.1	13.7	2.8	8.3	19.0	29.0	38.0	45.6	51.6	55.7	57.7
60.0	58.9	55.7	50.5	43.4	34.8	24.9	14.1	2.9	8.5	19.6	30.0	39.3	47.2	53.3	57.6	59.7
62.0	60.9	57.6	52.2	44.9	36.0	25.8	14.6	3.0	8.8	20.3	31.0	40.6	48.7	55.1	59.5	61.7
64.0	62.8	59.4	53.8	46.3	37.1	26.6	15.1	3.0	9.1	20.9	32.0	41.9	50.3	56.9	61.4	63.7
66.0	64.8	61.3	55.5	47.8	38.3	27.4	15.6	3.1	9.4	21.6	33.0	43.2	51.9	58.7	63.3	65.7
68.0	66.8	63.1	57.2	49.2	39.4	28.2	16.0	3.2	9.7	22.2	34.0	44.5	53.5	60.4	65.2	67.7
70.0	68.7	65.0	58.9	50.7	40.6	29.1	16.5	3.3	10.0	22.9	35.0	45.8	55.0	62.2	67.2	69.7
72.0	70.7	66.8	60.6	52.1	41.8	29.9	17.0	3.4	10.2	23.5	36.0	47.1	56.6	64.0	69.1	71.7
74.0	72.7	68.7	62.3	53.6	42.9	30.7	17.4	3.5	10.5	24.2	37.0	48.5	58.2	65.8	71.0	73.7
76.0	74.6	70.6	63.9	55.0	44.1	31.6	17.9	3.6	10.8	24.9	38.0	49.8	59.7	67.6	72.9	75.7
78.0	76.6	72.4	65.6	56.5	45.2	32.4	18.4	3.7	11.1	25.5	39.0	51.1	61.3	69.3	74.8	77.6
80.0	78.6	74.3	67.3	57.9	46.4	33.2	18.9	3.8	11.4	26.2	40.0	52.4	62.9	71.1	76.8	79.6
82.0	80.5	76.1	69.0	59.3	47.6	34.1	19.3	3.9	11.7	26.8	41.0	53.7	64.5	72.9	78.7	81.6
84.0	82.5	78.0	70.7	60.8	48.7	34.9	19.8	4.0	12.0	27.5	42.0	55.0	66.0	74.7	80.6	83.6
86.0	84.4	79.8	72.3	62.2	49.9	35.7	20.3	4.1	12.2	28.1	43.0	56.3	67.6	76.4	82.5	85.6
88.0	86.4	81.7	74.0	63.7	51.0	36.6	20.7	4.2	12.5	28.8	44.0	57.6	69.2	78.2	84.4	87.6
90.0	88.4	83.6	75.7	65.1	52.2	37.4	21.2	4.3	12.8	29.4	45.0	58.9	70.7	80.0	86.4	89.6
92.0	90.3	85.4	77.4	66.6	53.4	38.2	21.7	4.4	13.1	30.1	46.0	60.2	72.3	81.8	88.3	91.6
94.0	92.3	87.3	79.1	68.0	54.5	39.0	22.2	4.5	13.4	30.7	47.0	61.6	73.9	83.6	90.2	93.6
96.0	94.3	89.1	80.8	69.5	55.7	39.9	22.6	4.6	13.7	31.4	48.0	62.9	75.5	85.3	92.1	95.6
98.0	96.2	91.0	82.4	70.9	56.8	40.7	23.1	4.7	13.9	32.1	49.0	64.2	77.0	87.1	94.0	97.6
100.0	98.2	92.8	84.1	72.4	58.0	41.5	23.6	4.8	14.2	32.7	50.0	65.5	78.6	88.9	95.9	99.5

Tafel III a

p = 35

<table>
<tr><td>sin</td><td colspan="9" align="center">1. Quadrant</td><td colspan="9" align="center">2. Quadrant</td></tr>
<tr><td></td><td>0°</td><td>α</td><td>2α</td><td>3α</td><td>4α</td><td>5α</td><td>6α</td><td>7α</td><td>8α</td><td>9α</td><td>10α</td><td>11α</td><td>12α</td><td>13α</td><td>14α</td><td>15α</td><td>16α</td><td>17α</td></tr>
<tr><td>2</td><td>0.0</td><td>0.4</td><td>0.7</td><td>1.0</td><td>1.3</td><td>1.6</td><td>1.8</td><td>1.9</td><td>2.0</td><td>2.0</td><td>1.9</td><td>1.8</td><td>1.7</td><td>1.4</td><td>1.2</td><td>0.9</td><td>0.5</td><td>0.2</td></tr>
<tr><td>4</td><td>0.0</td><td>0.7</td><td>1.4</td><td>2.1</td><td>2.6</td><td>3.1</td><td>3.5</td><td>3.8</td><td>4.0</td><td>4.0</td><td>3.9</td><td>3.7</td><td>3.3</td><td>2.9</td><td>2.4</td><td>1.7</td><td>1.1</td><td>0.4</td></tr>
<tr><td>6</td><td>0.0</td><td>1.1</td><td>2.1</td><td>3.1</td><td>3.9</td><td>4.7</td><td>5.3</td><td>5.7</td><td>5.9</td><td>6.0</td><td>5.8</td><td>5.5</td><td>5.0</td><td>4.3</td><td>3.5</td><td>2.6</td><td>1.6</td><td>0.5</td></tr>
<tr><td>8</td><td>0.0</td><td>1.4</td><td>2.8</td><td>4.1</td><td>5.3</td><td>6.3</td><td>7.0</td><td>7.6</td><td>7.9</td><td>8.0</td><td>7.8</td><td>7.4</td><td>6.7</td><td>5.8</td><td>4.7</td><td>3.5</td><td>2.1</td><td>0.7</td></tr>
<tr><td>10</td><td>0.0</td><td>1.8</td><td>3.5</td><td>5.1</td><td>6.6</td><td>7.8</td><td>8.8</td><td>9.5</td><td>9.9</td><td>10.0</td><td>9.7</td><td>9.2</td><td>8.3</td><td>7.2</td><td>5.9</td><td>4.3</td><td>2.7</td><td>0.9</td></tr>
<tr><td>12</td><td>0.0</td><td>2.1</td><td>4.2</td><td>6.2</td><td>7.9</td><td>9.4</td><td>10.6</td><td>11.4</td><td>11.9</td><td>12.0</td><td>11.7</td><td>11.0</td><td>10.0</td><td>8.7</td><td>7.1</td><td>5.2</td><td>3.2</td><td>1.1</td></tr>
<tr><td>14</td><td>0.0</td><td>2.5</td><td>4.9</td><td>7.2</td><td>9.2</td><td>10.9</td><td>12.3</td><td>13.3</td><td>13.9</td><td>14.0</td><td>13.6</td><td>12.9</td><td>11.7</td><td>10.1</td><td>8.2</td><td>6.1</td><td>3.7</td><td>1.3</td></tr>
<tr><td>16</td><td>0.0</td><td>2.9</td><td>5.6</td><td>8.2</td><td>10.5</td><td>12.5</td><td>14.1</td><td>15.2</td><td>15.9</td><td>16.0</td><td>15.6</td><td>14.7</td><td>13.4</td><td>11.6</td><td>9.4</td><td>6.9</td><td>4.3</td><td>1.4</td></tr>
<tr><td>18</td><td>0.0</td><td>3.2</td><td>6.3</td><td>9.2</td><td>11.8</td><td>14.1</td><td>15.9</td><td>17.1</td><td>17.8</td><td>18.0</td><td>17.5</td><td>16.6</td><td>15.0</td><td>13.0</td><td>10.6</td><td>7.8</td><td>4.8</td><td>1.6</td></tr>
<tr><td>20</td><td>0.0</td><td>3.6</td><td>7.0</td><td>10.3</td><td>13.2</td><td>15.6</td><td>17.6</td><td>19.0</td><td>19.8</td><td>20.0</td><td>19.5</td><td>18.4</td><td>16.7</td><td>14.5</td><td>11.8</td><td>8.7</td><td>5.3</td><td>1.8</td></tr>
<tr><td>22</td><td>0.0</td><td>3.9</td><td>7.7</td><td>11.3</td><td>14.5</td><td>17.2</td><td>19.4</td><td>20.9</td><td>21.8</td><td>22.0</td><td>21.4</td><td>20.2</td><td>18.4</td><td>15.9</td><td>12.9</td><td>9.5</td><td>5.9</td><td>2.0</td></tr>
<tr><td>24</td><td>0.0</td><td>4.3</td><td>8.4</td><td>12.3</td><td>15.8</td><td>18.8</td><td>21.1</td><td>22.8</td><td>23.8</td><td>24.0</td><td>23.4</td><td>22.1</td><td>20.0</td><td>17.3</td><td>14.1</td><td>10.4</td><td>6.4</td><td>2.2</td></tr>
<tr><td>26</td><td>0.0</td><td>4.6</td><td>9.1</td><td>13.3</td><td>17.1</td><td>20.3</td><td>22.9</td><td>24.7</td><td>25.8</td><td>26.0</td><td>25.3</td><td>23.9</td><td>21.7</td><td>18.8</td><td>15.3</td><td>11.3</td><td>6.9</td><td>2.3</td></tr>
<tr><td>28</td><td>0.0</td><td>5.0</td><td>9.8</td><td>14.4</td><td>18.4</td><td>21.9</td><td>24.7</td><td>26.6</td><td>27.7</td><td>28.0</td><td>27.3</td><td>25.7</td><td>23.4</td><td>20.2</td><td>16.5</td><td>12.1</td><td>7.4</td><td>2.5</td></tr>
<tr><td>30</td><td>0.0</td><td>5.4</td><td>10.5</td><td>15.4</td><td>19.7</td><td>23.5</td><td>26.4</td><td>28.5</td><td>29.7</td><td>30.0</td><td>29.2</td><td>27.6</td><td>25.0</td><td>21.7</td><td>17.6</td><td>13.0</td><td>8.0</td><td>2.7</td></tr>
<tr><td>32</td><td>0.0</td><td>5.7</td><td>11.2</td><td>16.4</td><td>21.1</td><td>25.0</td><td>28.2</td><td>30.4</td><td>31.7</td><td>32.0</td><td>31.2</td><td>29.4</td><td>26.7</td><td>23.1</td><td>18.8</td><td>13.9</td><td>8.5</td><td>2.9</td></tr>
<tr><td>34</td><td>0.0</td><td>6.1</td><td>11.9</td><td>17.4</td><td>22.4</td><td>26.6</td><td>29.9</td><td>32.3</td><td>33.7</td><td>34.0</td><td>33.1</td><td>31.3</td><td>28.4</td><td>24.6</td><td>20.0</td><td>14.8</td><td>9.0</td><td>3.0</td></tr>
<tr><td>36</td><td>0.0</td><td>6.4</td><td>12.6</td><td>18.5</td><td>23.7</td><td>28.1</td><td>31.7</td><td>34.2</td><td>35.7</td><td>36.0</td><td>35.1</td><td>33.1</td><td>30.0</td><td>26.0</td><td>21.2</td><td>15.6</td><td>9.6</td><td>3.2</td></tr>
<tr><td>38</td><td>0.0</td><td>6.8</td><td>13.4</td><td>19.5</td><td>25.0</td><td>29.7</td><td>33.5</td><td>36.1</td><td>37.7</td><td>38.0</td><td>37.0</td><td>34.9</td><td>31.7</td><td>27.5</td><td>22.3</td><td>16.5</td><td>10.1</td><td>3.4</td></tr>
<tr><td>40</td><td>0.0</td><td>7.1</td><td>14.1</td><td>20.5</td><td>26.3</td><td>31.3</td><td>35.2</td><td>38.0</td><td>39.6</td><td>40.0</td><td>39.0</td><td>36.8</td><td>33.4</td><td>28.9</td><td>23.5</td><td>17.4</td><td>10.6</td><td>3.6</td></tr>
<tr><td>42</td><td>0.0</td><td>7.5</td><td>14.8</td><td>21.5</td><td>27.6</td><td>32.8</td><td>37.0</td><td>39.9</td><td>41.6</td><td>42.0</td><td>40.9</td><td>38.6</td><td>35.1</td><td>30.4</td><td>24.7</td><td>18.2</td><td>11.2</td><td>3.8</td></tr>
<tr><td>44</td><td>0.0</td><td>7.9</td><td>15.5</td><td>22.6</td><td>28.9</td><td>34.4</td><td>38.7</td><td>41.8</td><td>43.6</td><td>44.0</td><td>42.9</td><td>40.5</td><td>36.7</td><td>31.8</td><td>25.9</td><td>19.1</td><td>11.7</td><td>3.9</td></tr>
<tr><td>46</td><td>0.0</td><td>8.2</td><td>16.2</td><td>23.6</td><td>30.3</td><td>36.0</td><td>40.5</td><td>43.7</td><td>45.6</td><td>46.0</td><td>44.8</td><td>42.3</td><td>38.4</td><td>33.2</td><td>27.0</td><td>20.0</td><td>12.2</td><td>4.1</td></tr>
<tr><td>48</td><td>0.0</td><td>8.6</td><td>16.9</td><td>24.6</td><td>31.6</td><td>37.5</td><td>42.3</td><td>45.7</td><td>47.6</td><td>48.0</td><td>46.8</td><td>44.1</td><td>40.1</td><td>34.7</td><td>28.2</td><td>20.8</td><td>12.8</td><td>4.3</td></tr>
<tr><td>50</td><td>0.0</td><td>8.9</td><td>17.6</td><td>25.6</td><td>32.9</td><td>39.1</td><td>44.0</td><td>47.6</td><td>49.5</td><td>49.9</td><td>48.7</td><td>46.0</td><td>41.7</td><td>36.1</td><td>29.4</td><td>21.7</td><td>13.3</td><td>4.5</td></tr>
<tr><td>52</td><td>0.0</td><td>9.3</td><td>18.3</td><td>26.7</td><td>34.2</td><td>40.7</td><td>45.8</td><td>49.5</td><td>51.5</td><td>51.9</td><td>50.7</td><td>47.8</td><td>43.4</td><td>37.6</td><td>30.6</td><td>22.6</td><td>13.8</td><td>4.7</td></tr>
<tr><td>54</td><td>0.0</td><td>9.6</td><td>19.0</td><td>27.7</td><td>35.5</td><td>42.2</td><td>47.6</td><td>51.4</td><td>53.5</td><td>53.9</td><td>52.6</td><td>49.7</td><td>45.1</td><td>39.0</td><td>31.7</td><td>23.4</td><td>14.4</td><td>4.8</td></tr>
<tr><td>56</td><td>0.0</td><td>10.0</td><td>19.7</td><td>28.7</td><td>36.8</td><td>43.8</td><td>49.3</td><td>53.3</td><td>55.5</td><td>55.9</td><td>54.6</td><td>51.5</td><td>46.7</td><td>40.5</td><td>32.9</td><td>24.3</td><td>14.9</td><td>5.0</td></tr>
<tr><td>58</td><td>0.0</td><td>10.4</td><td>20.4</td><td>29.7</td><td>38.2</td><td>45.3</td><td>51.1</td><td>55.2</td><td>57.5</td><td>57.9</td><td>56.5</td><td>53.3</td><td>48.4</td><td>41.9</td><td>34.1</td><td>25.2</td><td>15.4</td><td>5.2</td></tr>
<tr><td>60</td><td>0.0</td><td>10.7</td><td>21.1</td><td>30.8</td><td>39.5</td><td>46.9</td><td>52.8</td><td>57.1</td><td>59.5</td><td>59.9</td><td>58.5</td><td>55.2</td><td>50.1</td><td>43.4</td><td>35.3</td><td>26.0</td><td>16.0</td><td>5.4</td></tr>
<tr><td>62</td><td>0.0</td><td>11.1</td><td>21.8</td><td>31.8</td><td>40.8</td><td>48.5</td><td>54.6</td><td>59.0</td><td>61.4</td><td>61.9</td><td>60.4</td><td>57.0</td><td>51.7</td><td>44.8</td><td>36.4</td><td>26.9</td><td>16.5</td><td>5.6</td></tr>
<tr><td>64</td><td>0.0</td><td>11.4</td><td>22.5</td><td>32.8</td><td>42.1</td><td>50.0</td><td>56.4</td><td>60.9</td><td>63.4</td><td>63.9</td><td>62.4</td><td>58.8</td><td>53.4</td><td>46.3</td><td>37.6</td><td>27.8</td><td>17.0</td><td>5.7</td></tr>
<tr><td>66</td><td>0.0</td><td>11.8</td><td>23.2</td><td>33.9</td><td>43.4</td><td>51.6</td><td>58.1</td><td>62.8</td><td>65.4</td><td>65.9</td><td>64.3</td><td>60.7</td><td>55.1</td><td>47.7</td><td>38.8</td><td>28.6</td><td>17.6</td><td>5.9</td></tr>
<tr><td>68</td><td>0.0</td><td>12.1</td><td>23.9</td><td>34.9</td><td>44.7</td><td>53.2</td><td>59.9</td><td>64.7</td><td>67.4</td><td>67.9</td><td>66.3</td><td>62.5</td><td>56.8</td><td>49.2</td><td>40.0</td><td>29.5</td><td>18.1</td><td>6.1</td></tr>
<tr><td>70</td><td>0.0</td><td>12.5</td><td>24.6</td><td>35.9</td><td>46.1</td><td>54.7</td><td>61.6</td><td>66.6</td><td>69.4</td><td>69.9</td><td>68.2</td><td>64.4</td><td>58.4</td><td>50.6</td><td>41.1</td><td>30.4</td><td>18.6</td><td>6.3</td></tr>
<tr><td>72</td><td>0.0</td><td>12.9</td><td>25.3</td><td>36.9</td><td>47.4</td><td>56.3</td><td>63.4</td><td>68.5</td><td>71.3</td><td>71.9</td><td>70.2</td><td>66.2</td><td>60.1</td><td>52.0</td><td>42.3</td><td>31.2</td><td>19.2</td><td>6.5</td></tr>
<tr><td>74</td><td>0.0</td><td>13.2</td><td>26.0</td><td>38.0</td><td>48.7</td><td>57.9</td><td>65.2</td><td>70.4</td><td>73.3</td><td>73.9</td><td>72.1</td><td>68.0</td><td>61.8</td><td>53.5</td><td>43.5</td><td>32.1</td><td>19.7</td><td>6.6</td></tr>
<tr><td>76</td><td>0.0</td><td>13.6</td><td>26.7</td><td>39.0</td><td>50.0</td><td>59.4</td><td>66.9</td><td>72.3</td><td>75.3</td><td>75.9</td><td>74.1</td><td>69.9</td><td>63.4</td><td>54.9</td><td>44.7</td><td>33.0</td><td>20.2</td><td>6.8</td></tr>
<tr><td>78</td><td>0.0</td><td>13.9</td><td>27.4</td><td>40.0</td><td>51.3</td><td>61.0</td><td>68.7</td><td>74.2</td><td>77.3</td><td>77.9</td><td>76.0</td><td>71.7</td><td>65.1</td><td>56.4</td><td>45.8</td><td>33.8</td><td>20.8</td><td>7.0</td></tr>
<tr><td>80</td><td>0.0</td><td>14.3</td><td>28.1</td><td>41.0</td><td>52.6</td><td>62.5</td><td>70.4</td><td>76.1</td><td>79.3</td><td>79.9</td><td>78.0</td><td>73.6</td><td>66.8</td><td>57.8</td><td>47.0</td><td>34.7</td><td>21.3</td><td>7.2</td></tr>
<tr><td>82</td><td>0.0</td><td>14.6</td><td>28.8</td><td>42.1</td><td>54.0</td><td>64.1</td><td>72.2</td><td>78.0</td><td>81.3</td><td>81.9</td><td>79.9</td><td>75.4</td><td>68.4</td><td>59.3</td><td>48.2</td><td>35.6</td><td>21.8</td><td>7.4</td></tr>
<tr><td>84</td><td>0.0</td><td>15.0</td><td>29.5</td><td>43.1</td><td>55.3</td><td>65.7</td><td>74.0</td><td>79.9</td><td>83.2</td><td>83.9</td><td>81.9</td><td>77.2</td><td>70.1</td><td>60.7</td><td>49.4</td><td>36.4</td><td>22.3</td><td>7.5</td></tr>
<tr><td>86</td><td>0.0</td><td>15.4</td><td>30.2</td><td>44.1</td><td>56.6</td><td>67.2</td><td>75.7</td><td>81.8</td><td>85.2</td><td>85.9</td><td>83.8</td><td>79.1</td><td>71.8</td><td>62.2</td><td>50.5</td><td>37.3</td><td>22.9</td><td>7.7</td></tr>
<tr><td>88</td><td>0.0</td><td>15.7</td><td>30.9</td><td>45.1</td><td>57.9</td><td>68.8</td><td>77.5</td><td>83.7</td><td>87.2</td><td>87.9</td><td>85.8</td><td>80.9</td><td>73.4</td><td>63.6</td><td>51.7</td><td>38.2</td><td>23.4</td><td>7.9</td></tr>
<tr><td>90</td><td>0.0</td><td>16.1</td><td>31.6</td><td>46.2</td><td>59.2</td><td>70.4</td><td>79.3</td><td>85.6</td><td>89.2</td><td>89.9</td><td>87.7</td><td>82.8</td><td>75.1</td><td>65.1</td><td>52.9</td><td>39.0</td><td>23.9</td><td>8.1</td></tr>
<tr><td>92</td><td>0.0</td><td>16.4</td><td>32.3</td><td>47.2</td><td>60.5</td><td>71.9</td><td>81.0</td><td>87.5</td><td>91.2</td><td>91.9</td><td>89.7</td><td>84.6</td><td>76.8</td><td>66.5</td><td>54.1</td><td>39.9</td><td>24.5</td><td>8.2</td></tr>
<tr><td>94</td><td>0.0</td><td>16.8</td><td>33.0</td><td>48.2</td><td>61.8</td><td>73.5</td><td>82.8</td><td>89.4</td><td>93.1</td><td>93.9</td><td>91.6</td><td>86.4</td><td>78.4</td><td>67.9</td><td>55.3</td><td>40.8</td><td>25.0</td><td>8.4</td></tr>
<tr><td>96</td><td>0.0</td><td>17.1</td><td>33.7</td><td>49.2</td><td>63.2</td><td>75.1</td><td>84.5</td><td>91.3</td><td>95.1</td><td>95.9</td><td>93.6</td><td>88.3</td><td>80.1</td><td>69.4</td><td>56.4</td><td>41.7</td><td>25.5</td><td>8.6</td></tr>
<tr><td>98</td><td>0.0</td><td>17.5</td><td>34.4</td><td>50.3</td><td>64.5</td><td>76.6</td><td>86.3</td><td>93.2</td><td>97.1</td><td>97.9</td><td>95.5</td><td>90.1</td><td>81.8</td><td>70.8</td><td>57.6</td><td>42.5</td><td>26.1</td><td>8.8</td></tr>
<tr><td>100</td><td>0.0</td><td>17.9</td><td>35.1</td><td>51.3</td><td>65.8</td><td>78.2</td><td>88.1</td><td>95.1</td><td>99.1</td><td>99.9</td><td>97.5</td><td>92.0</td><td>83.5</td><td>72.3</td><td>58.8</td><td>43.4</td><td>26.6</td><td>9.0</td></tr>
</table>

p = 35

0°		COS		1. Quadrant						2. Quadrant							
0°	α	2α	3α	4α	5α	6α	7α	8α	9α	10α	11α	12α	13α	14α	15α	16α	17α
2.0	2.0	1.9	1.7	1.5	1.2	0.9	0.6	0.3	0.1	0.4	0.8	1.1	1.4	1.6	1.8	1.9	2.0
4.0	3.9	3.7	3.4	3.0	2.5	1.9	1.2	0.5	0.2	0.9	1.6	2.2	2.8	3.2	3.6	3.9	4.0
6.0	5.9	5.6	5.2	4.5	3.7	2.8	1.9	0.8	0.3	1.3	2.4	3.3	4.1	4.9	5.4	5.8	6.0
8.0	7.9	7.5	6.9	6.0	5.0	3.8	2.5	1.1	0.4	1.8	3.1	4.4	5.5	6.5	7.2	7.7	8.0
10.0	9.8	9.4	8.6	7.5	6.2	4.7	3.1	1.3	0.4	2.2	3.9	5.5	6.9	8.1	9.0	9.6	10.0
12.0	11.8	11.2	10.3	9.0	7.5	5.7	3.7	1.6	0.5	2.7	4.7	6.6	8.3	9.7	10.8	11.6	12.0
14.0	13.8	13.1	12.0	10.5	8.7	6.6	4.3	1.9	0.6	3.1	5.5	7.7	9.7	11.3	12.6	13.5	13.9
16.0	15.7	15.0	13.7	12.0	10.0	7.6	4.9	2.1	0.7	3.6	6.3	8.8	11.1	12.9	14.4	15.4	15.9
18.0	17.7	16.9	15.5	13.6	11.2	8.5	5.6	2.4	0.8	4.0	7.1	9.9	12.4	14.6	16.2	17.4	17.9
20.0	19.7	18.7	17.2	15.1	12.5	9.5	6.2	2.7	0.9	4.5	7.9	11.0	13.8	16.2	18.0	19.3	19.9
22.0	21.6	20.6	18.9	16.6	13.7	10.4	6.8	3.0	1.0	4.9	8.6	12.1	15.2	17.8	19.8	21.2	21.9
24.0	23.6	22.5	20.6	18.1	15.0	11.4	7.4	3.2	1.1	5.3	9.4	13.2	16.6	19.4	21.6	23.1	23.9
26.0	25.6	24.3	22.3	19.6	16.2	12.3	8.0	3.5	1.2	5.8	10.2	14.3	18.0	21.0	23.4	25.1	25.9
28.0	27.6	26.2	24.0	21.1	17.5	13.3	8.7	3.8	1.3	6.2	11.0	15.4	19.3	22.7	25.2	27.0	27.9
30.0	29.5	28.1	25.8	22.6	18.7	14.2	9.3	4.0	1.3	6.7	11.8	16.5	20.7	24.3	27.0	28.9	29.9
32.0	31.5	30.0	27.5	24.1	20.0	15.2	9.9	4.3	1.4	7.1	12.6	17.6	22.1	25.9	28.8	30.8	31.9
34.0	33.5	31.8	29.2	25.6	21.2	16.1	10.5	4.6	1.5	7.6	13.4	18.7	23.5	27.5	30.6	32.8	33.9
36.0	35.4	33.7	30.9	27.1	22.4	17.1	11.1	4.8	1.6	8.0	14.1	19.8	24.9	29.1	32.4	34.7	35.9
38.0	37.4	35.6	32.6	28.6	23.7	18.0	11.7	5.1	1.7	8.5	14.9	20.9	26.3	30.7	34.2	36.6	37.8
40.0	39.4	37.4	34.3	30.1	24.9	19.0	12.4	5.4	1.8	8.9	15.7	22.0	27.6	32.4	36.0	38.6	39.8
42.0	41.3	39.3	36.1	31.6	26.2	19.9	13.0	5.6	1.9	9.3	16.5	23.1	29.0	34.0	37.8	40.5	41.8
44.0	43.3	41.2	37.8	33.1	27.4	20.9	13.6	5.9	2.0	9.8	17.3	24.2	30.4	35.6	39.6	42.4	43.8
46.0	45.3	43.1	39.5	34.6	28.7	21.8	14.2	6.2	2.1	10.2	18.1	25.3	31.8	37.2	41.4	44.3	45.8
48.0	47.2	44.9	41.2	36.1	29.9	22.7	14.8	6.4	2.2	10.7	18.9	26.4	33.2	38.8	43.2	46.3	47.8
50.0	49.2	46.8	42.9	37.7	31.2	23.7	15.5	6.7	2.2	11.1	19.7	27.5	34.6	40.5	45.0	48.2	49.8
52.0	51.2	48.7	44.6	39.2	32.4	24.6	16.1	7.0	2.3	11.6	20.4	28.6	35.9	42.1	46.9	50.1	51.8
54.0	53.1	50.6	46.4	40.7	33.7	25.6	16.7	7.2	2.4	12.0	21.2	29.7	37.3	43.7	48.7	52.1	53.8
56.0	55.1	52.4	48.1	42.2	34.9	26.5	17.3	7.5	2.5	12.5	22.0	30.9	38.7	45.3	50.5	54.0	55.8
58.0	57.1	54.3	49.8	43.7	36.2	27.5	17.9	7.8	2.6	12.9	22.8	32.0	40.1	46.9	52.3	55.9	57.8
60.0	59.0	56.2	51.5	45.2	37.4	28.4	18.5	8.1	2.7	13.4	23.6	33.1	41.5	48.5	54.1	57.8	59.8
62.0	61.0	58.0	53.2	46.7	38.7	29.4	19.2	8.3	2.8	13.8	24.4	34.2	42.8	50.2	55.9	59.8	61.8
64.0	63.0	59.9	54.9	48.2	39.9	30.3	19.8	8.6	2.9	14.2	25.2	35.3	44.2	51.8	57.7	61.7	63.7
66.0	64.9	61.8	56.7	49.7	41.2	31.3	20.4	8.9	3.0	14.7	25.9	36.4	45.6	53.4	59.5	63.6	65.7
68.0	66.9	63.7	58.4	51.2	42.4	32.2	21.0	9.1	3.1	15.1	26.7	37.5	47.0	55.0	61.3	65.5	67.7
70.0	68.9	65.5	60.1	52.7	43.6	33.2	21.6	9.4	3.1	15.6	27.5	38.6	48.4	56.6	63.1	67.5	69.7
72.0	70.8	67.4	61.8	54.2	44.9	34.1	22.2	9.7	3.2	16.0	28.3	39.7	49.8	58.2	64.9	69.4	71.7
74.0	72.8	69.3	63.5	55.7	46.1	35.1	22.9	9.9	3.3	16.5	29.1	40.8	51.1	59.9	66.7	71.3	73.7
76.0	74.8	71.2	65.2	57.2	47.4	36.0	23.5	10.2	3.4	16.9	29.9	41.9	52.5	61.5	68.5	73.3	75.7
78.0	76.7	73.0	67.0	58.7	48.6	37.0	24.1	10.5	3.5	17.4	30.7	43.0	53.9	63.1	70.3	75.2	77.7
80.0	78.7	74.9	68.7	60.2	49.9	37.9	24.7	10.7	3.6	17.8	31.4	44.1	55.3	64.7	72.1	77.1	79.7
82.0	80.7	76.8	70.4	61.8	51.1	38.9	25.3	11.0	3.7	18.2	32.2	45.2	56.7	66.3	73.9	79.0	81.7
84.0	82.7	78.6	72.1	63.3	52.4	39.8	26.0	11.3	3.8	18.7	33.0	46.3	58.0	68.0	75.7	81.0	83.7
86.0	84.6	80.5	73.8	64.8	53.6	40.8	26.6	11.5	3.9	19.1	33.8	47.4	59.4	69.6	77.5	82.9	85.7
88.0	86.6	82.4	75.5	66.3	54.9	41.7	27.2	11.8	3.9	19.6	34.6	48.5	60.8	71.2	79.3	84.8	87.6
90.0	88.6	84.3	77.3	67.8	56.1	42.6	27.8	12.1	4.0	20.0	35.4	49.6	62.2	72.8	81.1	86.8	89.6
92.0	90.5	86.1	79.0	69.3	57.4	43.6	28.4	12.3	4.1	20.5	36.2	50.7	63.6	74.4	82.9	88.7	91.6
94.0	92.5	88.0	80.7	70.8	58.6	44.5	29.0	12.6	4.2	20.9	36.9	51.8	65.0	76.0	84.7	90.6	93.6
96.0	94.5	89.9	82.4	72.3	59.9	45.5	29.7	12.9	4.3	21.4	37.7	52.9	66.3	77.7	86.5	92.5	95.6
98.0	96.4	91.8	84.1	73.8	61.1	46.4	30.3	13.2	4.4	21.8	38.5	54.0	67.7	79.3	88.3	94.5	97.6
100.0	98.4	93.6	85.8	75.3	62.3	47.4	30.9	13.4	4.5	22.3	39.3	55.1	69.1	80.9	90.1	96.4	99.6

p=37

sin					1. Quadrant						2. Quadrant								
	0°	α	2α	3α	4α	5α	6α	7α	8α	9α	10α	11α	12α	13α	14α	15α	16α	17α	18α
2	0.0	0.3	0.7	1.0	1.3	1.5	1.7	1.9	2.0	2.0	2.0	1.9	1.8	1.6	1.4	1.1	0.8	0.5	0.2
4	0.0	0.7	1.3	2.0	2.5	3.0	3.4	3.7	3.9	4.0	4.0	3.8	3.6	3.2	2.8	2.2	1.6	1.0	0.3
6	0.0	1.0	2.0	2.9	3.8	4.5	5.1	5.6	5.9	6.0	6.0	5.7	5.4	4.8	4.2	3.4	2.5	1.5	0.5
8	0.0	1.4	2.7	3.9	5.0	6.0	6.8	7.4	7.8	8.0	7.9	7.6	7.1	6.4	5.5	4.5	3.3	2.0	0.7
10	0.0	1.7	3.3	4.9	6.3	7.5	8.5	9.3	9.8	10.0	9.9	9.6	8.9	8.0	6.9	5.6	4.1	2.5	0.8
12	0.0	2.0	4.0	5.9	7.5	9.0	10.2	11.1	11.7	12.0	11.9	11.5	10.7	9.6	8.3	6.7	4.9	3.0	1.0
14	0.0	2.4	4.7	6.8	8.8	10.5	11.9	13.0	13.7	14.0	13.9	13.4	12.5	11.3	9.7	7.8	5.8	3.5	1.2
16	0.0	2.7	5.3	7.8	10.1	12.0	13.6	14.8	15.6	16.0	15.9	15.3	14.3	12.9	11.1	9.0	6.6	4.0	1.4
18	0.0	3.0	6.0	8.8	11.3	13.5	15.3	16.7	17.6	18.0	17.9	17.2	16.1	14.5	12.5	10.1	7.4	4.5	1.5
20	0.0	3.4	6.7	9.8	12.6	15.0	17.0	18.6	19.6	20.0	19.8	19.1	17.9	16.1	13.8	11.2	8.2	5.0	1.7
22	0.0	3.7	7.3	10.7	13.8	16.5	18.7	20.4	21.5	22.0	21.8	21.0	19.6	17.7	15.2	12.3	9.1	5.5	1.9
24	0.0	4.1	8.0	11.7	15.1	18.0	20.4	22.3	23.5	24.0	23.8	22.9	21.4	19.3	16.6	13.4	9.9	6.0	2.0
26	0.0	4.4	8.7	12.7	16.3	19.5	22.1	24.1	25.4	26.0	25.8	24.9	23.2	20.9	18.0	14.6	10.7	6.6	2.2
28	0.0	4.7	9.3	13.7	17.6	21.0	23.8	26.0	27.4	28.0	27.8	26.8	25.0	22.5	19.4	15.7	11.5	7.1	2.4
30	0.0	5.1	10.0	14.6	18.8	22.5	25.5	27.8	29.3	30.0	29.8	28.7	26.8	24.1	20.8	16.8	12.4	7.6	2.5
32	0.0	5.4	10.7	15.6	20.1	24.0	27.2	29.7	31.3	32.0	31.7	30.6	28.6	25.7	22.1	17.9	13.2	8.1	2.7
34	0.0	5.7	11.3	16.6	21.4	25.5	29.0	31.5	33.2	34.0	33.7	32.5	30.4	27.3	23.5	19.0	14.0	8.6	2.9
36	0.0	6.1	12.0	17.6	22.6	27.0	30.7	33.4	35.2	36.0	35.7	34.4	32.1	28.9	24.9	20.2	14.8	9.1	3.1
38	0.0	6.4	12.7	18.5	23.9	28.5	32.4	35.3	37.1	38.0	37.7	36.3	33.9	30.6	26.3	21.3	15.7	9.6	3.2
40	0.0	6.8	13.3	19.5	25.1	30.0	34.1	37.1	39.1	40.0	39.7	38.2	35.7	32.2	27.7	22.4	16.5	10.1	3.4
42	0.0	7.1	14.0	20.5	26.4	31.5	35.8	39.0	41.1	42.0	41.7	40.2	37.5	33.8	29.1	23.5	17.3	10.6	3.6
44	0.0	7.4	14.7	21.5	27.6	33.0	37.5	40.8	43.0	44.0	43.6	42.1	39.3	35.4	30.4	24.6	18.1	11.1	3.7
46	0.0	7.8	15.3	22.4	28.9	34.5	39.2	42.7	45.0	46.0	45.6	44.0	41.1	37.0	31.8	25.8	18.9	11.6	3.9
48	0.0	8.1	16.0	23.4	30.2	36.0	40.9	44.5	46.9	48.0	47.6	45.9	42.9	38.6	33.2	26.9	19.8	12.1	4.1
50	0.0	8.5	16.7	24.4	31.4	37.5	42.6	46.4	48.9	50.0	49.6	47.8	44.6	40.2	34.6	28.0	20.6	12.6	4.2
52	0.0	8.8	17.3	25.4	32.7	39.0	44.3	48.3	50.8	52.0	51.6	49.7	46.4	41.8	36.0	29.1	21.4	13.1	4.4
54	0.0	9.1	18.0	26.3	33.9	40.5	46.0	50.1	52.8	54.0	53.6	51.6	48.2	43.4	37.4	30.2	22.2	13.6	4.6
56	0.0	9.5	18.7	27.3	35.2	42.0	47.7	52.0	54.7	55.9	55.5	53.5	50.0	45.0	38.7	31.4	23.1	14.1	4.7
58	0.0	9.8	19.3	28.3	36.4	43.5	49.4	53.8	56.7	57.9	57.5	55.5	51.8	46.6	40.1	32.5	23.9	14.6	4.9
60	0.0	10.1	20.0	29.3	37.7	45.0	51.1	55.7	58.7	59.9	59.5	57.4	53.6	48.2	41.5	33.6	24.7	15.1	5.1
62	0.0	10.5	20.7	30.2	38.9	46.5	52.8	57.5	60.6	61.9	61.5	59.3	55.4	49.8	42.9	34.7	25.5	15.6	5.3
64	0.0	10.8	21.3	31.2	40.2	48.0	54.5	59.4	62.6	63.9	63.5	61.2	57.1	51.5	44.3	35.8	26.4	16.1	5.4
66	0.0	11.2	22.0	32.2	41.5	49.5	56.2	61.2	64.5	65.9	65.5	63.1	58.9	53.1	45.7	37.0	27.2	16.6	5.6
68	0.0	11.5	22.7	33.2	42.7	51.0	57.9	63.1	66.5	67.9	67.4	65.0	60.7	54.7	47.1	38.1	28.0	17.1	5.8
70	0.0	11.8	23.3	34.1	44.0	52.5	59.6	65.0	68.4	69.9	69.4	66.9	62.5	56.3	48.4	39.2	28.8	17.6	5.9
72	0.0	12.2	24.0	35.1	45.2	54.0	61.3	66.8	70.4	71.9	71.4	68.8	64.3	57.9	49.8	40.3	29.7	18.1	6.1
74	0.0	12.5	24.7	36.1	46.5	55.5	63.0	68.7	72.3	73.9	73.4	70.8	66.1	59.5	51.2	41.4	30.5	18.6	6.3
76	0.0	12.8	25.3	37.1	47.7	57.1	64.7	70.5	74.3	75.9	75.4	72.7	67.9	61.1	52.6	42.6	31.3	19.2	6.4
78	0.0	13.2	26.0	38.0	49.0	58.6	66.4	72.4	76.2	77.9	77.4	74.6	69.6	62.7	54.0	43.7	32.1	19.7	6.6
80	0.0	13.5	26.7	39.0	50.3	60.1	68.1	74.2	78.2	79.9	79.4	76.5	71.4	64.3	55.4	44.8	33.0	20.2	6.8
82	0.0	13.9	27.3	40.0	51.5	61.6	69.8	76.1	80.2	81.9	81.3	78.4	73.2	65.9	56.7	45.9	33.8	20.7	7.0
84	0.0	14.2	28.0	41.0	52.8	63.1	71.5	77.9	82.1	83.9	83.3	80.3	75.0	67.5	58.1	47.0	34.6	21.2	7.1
86	0.0	14.5	28.7	41.9	54.0	64.6	73.2	79.8	84.1	85.9	85.3	82.2	76.8	69.1	59.5	48.2	35.4	21.7	7.3
88	0.0	14.9	29.3	42.9	55.3	66.1	74.9	81.7	86.0	87.9	87.3	84.1	78.6	70.8	60.9	49.3	36.2	22.2	7.5
90	0.0	15.2	30.0	43.9	56.5	67.6	76.6	83.5	88.0	89.9	89.3	86.1	80.4	72.4	62.3	50.4	37.1	22.7	7.6
92	0.0	15.5	30.6	44.9	57.8	69.1	78.3	85.4	89.9	91.9	91.3	88.0	82.1	74.0	63.7	51.5	37.9	23.2	7.8
94	0.0	15.9	31.3	45.8	59.1	70.6	80.0	87.2	91.9	93.9	93.2	89.9	83.9	75.6	65.0	52.6	38.7	23.7	8.0
96	0.0	16.2	32.0	46.8	60.3	72.1	81.7	89.1	93.8	95.9	95.2	91.8	85.7	77.2	66.4	53.8	39.5	24.2	8.1
98	0.0	16.6	32.6	47.8	61.6	73.6	83.4	90.9	95.8	97.9	97.2	93.7	87.5	78.8	67.8	54.9	40.4	24.7	8.3
100	0.0	16.9	33.3	48.8	62.8	75.1	85.2	92.8	97.8	99.9	99.2	95.6	89.3	80.4	69.2	56.0	41.2	25.2	8.5

p=37

	cos			1. Quadrant							2. Quadrant							
$0°$	α	2α	3α	4α	5α	6α	7α	8α	9α	10α	11α	12α	13α	14α	15α	16α	17α	18α
2.0	2.0	1.9	1.7	1.6	1.3	1.0	0.7	0.4	0.1	0.3	0.6	0.9	1.2	1.4	1.7	1.8	1.9	2.0
4.0	3.9	3.8	3.5	3.1	2.6	2.1	1.5	0.8	0.2	0.5	1.2	1.8	2.4	2.9	3.3	3.6	3.9	4.0
6.0	5.9	5.7	5.2	4.7	4.0	3.1	2.2	1.3	0.3	0.8	1.8	2.7	3.6	4.3	5.0	5.5	5.8	6.0
8.0	7.9	7.5	7.0	6.2	5.3	4.2	3.0	1.7	0.3	1.0	2.3	3.6	4.8	5.8	6.6	7.3	7.7	8.0
10.0	9.9	9.4	8.7	7.8	6.6	5.2	3.7	2.1	0.4	1.3	2.9	4.5	5.9	7.2	8.3	9.1	9.7	10.0
12.0	11.8	11.3	10.5	9.3	7.9	6.3	4.5	2.5	0.5	1.5	3.5	5.4	7.1	8.7	9.9	10.9	11.6	12.0
14.0	13.8	13.2	12.2	10.9	9.2	7.3	5.2	2.9	0.6	1.8	4.1	6.3	8.3	10.1	11.6	12.8	13.5	13.9
16.0	15.8	15.1	14.0	12.4	10.6	8.4	6.0	3.4	0.7	2.0	4.7	7.2	9.5	11.6	13.3	14.6	15.5	15.9
18.0	17.7	17.0	15.7	14.0	11.9	9.4	6.7	3.8	0.8	2.3	5.3	8.1	10.7	13.0	14.9	16.4	17.4	17.9
20.0	19.7	18.9	17.5	15.6	13.2	10.5	7.5	4.2	0.8	2.5	5.9	9.0	11.9	14.4	16.6	18.2	19.4	19.9
22.0	21.7	20.7	19.2	17.1	14.5	11.5	8.2	4.6	0.9	2.8	6.4	9.9	13.1	15.9	18.2	20.0	21.3	21.9
24.0	23.7	22.6	21.0	18.7	15.9	12.6	8.9	5.1	1.0	3.0	7.0	10.8	14.3	17.3	19.9	21.9	23.2	23.9
26.0	25.6	24.5	22.7	20.2	17.2	13.6	9.7	5.5	1.1	3.3	7.6	11.7	15.5	18.8	21.5	23.7	25.2	25.9
28.0	27.6	26.4	24.4	21.8	18.5	14.7	10.4	5.9	1.2	3.6	8.2	12.6	16.6	20.2	23.2	25.5	27.1	27.9
30.0	29.6	28.3	26.2	23.3	19.8	15.7	11.2	6.3	1.3	3.8	8.8	13.5	17.8	21.7	24.9	27.3	29.0	29.9
32.0	31.5	30.2	27.9	24.9	21.1	16.8	11.9	6.7	1.4	4.1	9.4	14.4	19.0	23.1	26.5	29.2	31.0	31.9
34.0	33.5	32.1	29.7	26.5	22.5	17.8	12.7	7.2	1.4	4.3	10.0	15.3	20.2	24.5	28.2	31.0	32.9	33.9
36.0	35.5	33.9	31.4	28.0	23.8	18.9	13.4	7.6	1.5	4.6	10.5	16.2	21.4	26.0	29.8	32.8	34.8	35.9
38.0	37.5	35.8	33.2	29.6	25.1	19.9	14.2	8.0	1.6	4.8	11.1	17.1	22.6	27.4	31.5	34.6	36.8	37.9
40.0	39.4	37.7	34.9	31.1	26.4	21.0	14.9	8.4	1.7	5.1	11.7	18.0	23.8	28.9	33.1	36.4	38.7	39.9
42.0	41.4	39.6	36.7	32.7	27.7	22.0	15.7	8.8	1.8	5.3	12.3	18.9	25.0	30.3	34.8	38.3	40.6	41.8
44.0	43.4	41.5	38.4	34.2	29.1	23.1	16.4	9.3	1.9	5.6	12.9	19.8	26.2	31.8	36.5	40.1	42.6	43.8
46.0	45.3	43.4	40.2	35.8	30.4	24.1	17.2	9.7	2.0	5.8	13.5	20.7	27.4	33.2	38.1	41.9	44.5	45.8
48.0	47.3	45.3	41.9	37.3	31.7	25.2	17.9	10.1	2.0	6.1	14.1	21.6	28.5	34.7	39.8	43.7	46.5	47.8
50.0	49.3	47.1	43.7	38.9	33.0	26.2	18.6	10.5	2.1	6.4	14.6	22.5	29.7	36.1	41.4	45.6	48.4	49.8
52.0	51.3	49.0	45.4	40.5	34.4	27.3	19.4	11.0	2.2	6.6	15.2	23.4	30.9	37.5	43.1	47.4	50.3	51.8
54.0	53.2	50.9	47.1	42.0	35.7	28.3	20.1	11.4	2.3	6.9	15.8	24.3	32.1	39.0	44.7	49.2	52.3	53.8
56.0	55.2	52.8	48.9	43.6	37.0	29.4	20.9	11.8	2.4	7.1	16.4	25.2	33.3	40.4	46.4	51.0	54.2	55.8
58.0	57.2	54.7	50.6	45.1	38.3	30.4	21.6	12.2	2.5	7.4	17.0	26.1	34.5	41.9	48.1	52.9	56.1	57.8
60.0	59.1	56.6	52.4	46.7	39.6	31.5	22.4	12.6	2.5	7.6	17.6	27.0	35.7	43.3	49.7	54.7	58.1	59.8
62.0	61.1	58.5	54.1	48.2	41.0	32.5	23.1	13.1	2.6	7.9	18.2	27.9	36.9	44.8	51.4	56.5	60.0	61.8
64.0	63.1	60.3	55.9	49.8	42.3	33.6	23.9	13.5	2.7	8.1	18.7	28.8	38.1	46.2	53.0	58.3	61.9	63.8
66.0	65.1	62.2	57.6	51.4	43.6	34.6	24.6	13.9	2.8	8.4	19.3	29.7	39.2	47.6	54.7	60.1	63.9	65.8
68.0	67.0	64.1	59.4	52.9	44.9	35.7	25.4	14.3	2.9	8.6	19.9	30.6	40.4	49.1	56.3	62.0	65.8	67.8
70.0	69.0	66.0	61.1	54.5	46.2	36.7	26.1	14.7	3.0	8.9	20.5	31.5	41.6	50.5	58.0	63.8	67.7	69.7
72.0	71.0	67.9	62.9	56.0	47.6	37.8	26.8	15.2	3.1	9.1	21.1	32.4	42.8	52.0	59.7	65.6	69.7	71.7
74.0	72.9	69.8	64.6	57.6	48.9	38.8	27.6	15.6	3.1	9.4	21.7	33.3	44.0	53.4	61.3	67.4	71.6	73.7
76.0	74.9	71.7	66.3	59.1	50.2	39.8	28.3	16.0	3.2	9.7	22.3	34.2	45.2	54.9	63.0	69.3	73.5	75.7
78.0	76.9	73.5	68.1	60.7	51.5	40.9	29.1	16.4	3.3	9.9	22.8	35.1	46.4	56.3	64.6	71.1	75.5	77.7
80.0	78.8	75.4	69.8	62.2	52.9	41.9	29.8	16.9	3.4	10.2	23.4	36.0	47.6	57.8	66.3	72.9	77.4	79.7
82.0	80.8	77.3	71.6	63.8	54.2	43.0	30.6	17.3	3.5	10.4	24.0	36.9	48.8	59.2	67.9	74.7	79.4	81.7
84.0	82.8	79.2	73.3	65.4	55.5	44.0	31.3	17.7	3.6	10.7	24.6	37.8	49.9	60.6	69.6	76.5	81.3	83.7
86.0	84.8	81.1	75.1	66.9	56.8	45.1	32.1	18.1	3.6	10.9	25.2	38.7	51.1	62.1	71.3	78.4	83.2	85.7
88.0	86.7	83.0	76.8	68.5	58.1	46.1	32.8	18.5	3.7	11.2	25.8	39.6	52.3	63.5	72.9	80.2	85.2	87.7
90.0	88.7	84.9	78.6	70.0	59.5	47.2	33.6	19.0	3.8	11.4	26.4	40.5	53.5	65.0	74.6	82.0	87.1	89.7
92.0	90.7	86.7	80.3	71.6	60.8	48.2	34.3	19.4	3.9	11.7	26.9	41.4	54.7	66.4	76.2	83.8	89.0	91.7
94.0	92.6	88.6	82.1	73.1	62.1	49.3	35.0	19.8	4.0	11.9	27.5	42.3	55.9	67.9	77.9	85.7	91.0	93.7
96.0	94.6	90.5	83.8	74.7	63.4	50.3	35.8	20.2	4.1	12.2	28.1	43.2	57.1	69.3	79.5	87.5	92.9	95.7
98.0	96.6	92.4	85.6	76.2	64.7	51.4	36.5	20.6	4.2	12.4	28.7	44.1	58.3	70.8	81.2	89.3	94.8	97.6
100.0	98.6	94.3	87.3	77.8	66.1	52.4	37.3	21.1	4.2	12.7	29.3	45.0	59.5	72.2	82.9	91.1	96.8	99.6

p=39

sin	0°	α	2α	3α	4α	5α	6α	7α	8α	9α	10α	11α	12α	13α	14α	15α	16α	17α	18α	19α
2	0.0	0.3	0.6	0.9	1.2	1.4	1.6	1.8	1.9	2.0	2.0	2.0	1.9	1.7	1.5	1.3	1.1	0.8	0.5	0.2
4	0.0	0.6	1.3	1.9	2.4	2.9	3.3	3.6	3.8	4.0	4.0	3.9	3.7	3.5	3.1	2.7	2.1	1.6	1.0	0.3
6	0.0	1.0	1.9	2.8	3.6	4.3	4.9	5.4	5.8	6.0	6.0	5.9	5.6	5.2	4.6	4.0	3.2	2.4	1.4	0.5
8	0.0	1.3	2.5	3.7	4.8	5.8	6.6	7.2	7.7	7.9	8.0	7.8	7.5	6.9	6.2	5.3	4.3	3.1	1.9	0.6
10	0.0	1.6	3.2	4.6	6.0	7.2	8.2	9.0	9.6	9.9	10.0	9.8	9.4	8.7	7.7	6.6	5.3	3.9	2.4	0.8
12	0.0	1.9	3.8	5.6	7.2	8.7	9.9	10.8	11.5	11.9	12.0	11.8	11.2	10.4	9.3	8.0	6.4	4.7	2.9	1.0
14	0.0	2.2	4.4	6.5	8.4	10.1	11.5	12.6	13.4	13.9	14.0	13.7	13.1	12.1	10.8	9.3	7.5	5.5	3.4	1.1
16	0.0	2.6	5.1	7.4	9.6	11.5	13.2	14.5	15.4	15.9	16.0	15.7	15.0	13.9	12.4	10.6	8.6	6.3	3.8	1.3
18	0.0	2.9	5.7	8.4	10.8	13.0	14.8	16.3	17.3	17.9	18.0	17.6	16.8	15.6	13.9	11.9	9.6	7.1	4.3	1.4
20	0.0	3.2	6.3	9.3	12.0	14.4	16.5	18.1	19.2	19.9	20.0	19.6	18.7	17.3	15.5	13.3	10.7	7.8	4.8	1.6
22	0.0	3.5	7.0	10.2	13.2	15.9	18.1	19.9	21.1	21.8	22.0	21.6	20.6	19.1	17.0	14.6	11.8	8.6	5.3	1.8
24	0.0	3.8	7.6	11.2	14.4	17.3	19.8	21.7	23.1	23.8	24.0	23.5	22.4	20.8	18.6	15.9	12.8	9.4	5.7	1.9
26	0.0	4.2	8.2	12.1	15.6	18.8	21.4	23.5	25.0	25.8	26.0	25.5	24.3	22.5	20.1	17.2	13.9	10.2	6.2	2.1
28	0.0	4.5	8.9	13.0	16.8	20.2	23.0	25.3	26.9	27.8	28.0	27.4	26.2	24.2	21.7	18.6	15.0	11.0	6.7	2.3
30	0.0	4.8	9.5	13.9	18.0	21.6	24.7	27.1	28.8	29.8	30.0	29.4	28.1	26.0	23.2	19.9	16.0	11.8	7.2	2.4
32	0.0	5.1	10.1	14.9	19.2	23.1	26.3	28.9	30.7	31.8	32.0	31.4	29.9	27.7	24.8	21.2	17.1	12.5	7.7	2.6
34	0.0	5.5	10.8	15.8	20.4	24.5	28.0	30.7	32.7	33.8	34.0	33.3	31.8	29.4	26.3	22.5	18.2	13.3	8.1	2.7
36	0.0	5.8	11.4	16.7	21.6	26.0	29.6	32.5	34.6	35.7	36.0	35.3	33.7	31.2	27.9	23.9	19.2	14.1	8.6	2.9
38	0.0	6.1	12.0	17.7	22.8	27.4	31.3	34.3	36.5	37.7	38.0	37.2	35.5	32.9	29.4	25.2	20.3	14.9	9.1	3.1
40	0.0	6.4	12.7	18.6	24.0	28.8	32.9	36.1	38.4	39.7	40.0	39.2	37.4	34.6	31.0	26.5	21.4	15.7	9.6	3.2
42	0.0	6.7	13.3	19.5	25.2	30.3	34.6	37.9	40.3	41.7	42.0	41.2	39.3	36.4	32.5	27.9	22.4	16.5	10.1	3.4
44	0.0	7.1	13.9	20.4	26.4	31.7	36.2	39.8	42.3	43.7	44.0	43.1	41.1	38.1	34.1	29.2	23.5	17.2	10.5	3.5
46	0.0	7.4	14.6	21.4	27.6	33.2	37.9	41.6	44.2	45.7	46.0	45.1	43.0	39.8	35.6	30.5	24.6	18.0	11.0	3.7
48	0.0	7.7	15.2	22.3	28.8	34.6	39.5	43.4	46.1	47.7	48.0	47.0	44.9	41.6	37.2	31.8	25.7	18.8	11.5	3.9
50	0.0	8.0	15.8	23.2	30.0	36.1	41.1	45.2	48.0	49.6	50.0	49.0	46.8	43.3	38.7	33.2	26.7	19.6	12.0	4.0
52	0.0	8.3	16.5	24.2	31.2	37.5	42.8	47.0	49.9	51.6	52.0	50.9	48.6	45.0	40.3	34.5	27.8	20.4	12.4	4.2
54	0.0	8.7	17.1	25.1	32.4	38.9	44.4	48.8	51.9	53.6	54.0	52.9	50.5	46.8	41.8	35.8	28.9	21.2	12.9	4.3
56	0.0	9.0	17.7	26.0	33.6	40.4	46.1	50.6	53.8	55.6	56.0	54.9	52.4	48.5	43.4	37.1	29.9	22.0	13.4	4.5
58	0.0	9.3	18.4	27.0	34.8	41.8	47.7	52.4	55.7	57.6	58.0	56.8	54.2	50.2	44.9	38.5	31.0	22.7	13.9	4.7
60	0.0	9.6	19.0	27.9	36.0	43.3	49.4	54.2	57.6	59.6	60.0	58.8	56.1	52.0	46.5	39.8	32.1	23.5	14.4	4.8
62	0.0	9.9	19.6	28.8	37.2	44.7	51.0	56.0	59.6	61.5	61.9	60.7	58.0	53.7	48.0	41.1	33.1	24.3	14.8	5.0
64	0.0	10.3	20.3	29.7	38.4	46.2	52.7	57.8	61.5	63.5	63.9	62.7	59.8	55.4	49.6	42.4	34.2	25.1	15.3	5.1
66	0.0	10.6	20.9	30.7	39.6	47.6	54.3	59.6	63.4	65.5	65.9	64.7	61.7	57.2	51.1	43.8	35.3	25.9	15.8	5.3
68	0.0	10.9	21.5	31.6	40.9	49.0	56.0	61.4	65.3	67.5	67.9	66.6	63.6	58.9	52.7	45.1	36.3	26.7	16.3	5.5
70	0.0	11.2	22.2	32.5	42.1	50.5	57.6	63.2	67.2	69.5	69.9	68.6	65.5	60.6	54.2	46.4	37.4	27.4	16.8	5.6
72	0.0	11.5	22.8	33.5	43.3	51.9	59.3	65.0	69.2	71.5	71.9	70.5	67.3	62.4	55.8	47.7	38.5	28.2	17.2	5.8
74	0.0	11.9	23.4	34.4	44.5	53.4	60.9	66.9	71.1	73.5	73.9	72.5	69.2	64.1	57.3	49.1	39.6	29.0	17.7	6.0
76	0.0	12.2	24.1	35.3	45.7	54.8	62.5	68.7	73.0	75.4	75.9	74.5	71.1	65.8	58.9	50.4	40.6	29.8	18.2	6.1
78	0.0	12.5	24.7	36.2	46.9	56.3	64.2	70.5	74.9	77.4	77.9	76.4	72.9	67.5	60.4	51.7	41.7	30.6	18.7	6.3
80	0.0	12.8	25.3	37.2	48.1	57.7	65.8	72.3	76.8	79.4	79.9	78.4	74.8	69.3	62.0	53.0	42.8	31.4	19.1	6.4
82	0.0	13.2	26.0	38.1	49.3	59.1	67.5	74.1	78.8	81.4	81.9	80.3	76.7	71.0	63.5	54.4	43.8	32.1	19.6	6.6
84	0.0	13.5	26.6	39.0	50.5	60.6	69.1	75.9	80.7	83.4	83.9	82.3	78.5	72.7	65.1	55.7	44.9	32.9	20.1	6.8
86	0.0	13.8	27.2	40.0	51.7	62.0	70.8	77.7	82.6	85.4	85.9	84.3	80.4	74.5	66.6	57.0	46.0	33.7	20.6	6.9
88	0.0	14.1	27.9	40.9	52.9	63.5	72.4	79.5	84.5	87.4	87.9	86.2	82.3	76.2	68.2	58.4	47.0	34.5	21.1	7.1
90	0.0	14.4	28.5	41.8	54.1	64.9	74.1	81.3	86.4	89.3	89.9	88.2	84.2	77.9	69.7	59.7	48.1	35.3	21.5	7.2
92	0.0	14.8	29.1	42.8	55.3	66.4	75.7	83.1	88.4	91.3	91.9	90.1	86.0	79.7	71.3	61.0	49.2	36.1	22.0	7.4
94	0.0	15.1	29.8	43.7	56.5	67.8	77.4	84.9	90.3	93.3	93.9	92.1	87.9	81.4	72.8	62.3	50.2	36.8	22.5	7.6
96	0.0	15.4	30.4	44.6	57.7	69.2	79.0	86.7	92.2	95.3	95.9	94.1	89.8	83.1	74.4	63.7	51.3	37.6	23.0	7.7
98	0.0	15.7	31.0	45.5	58.9	70.7	80.7	88.5	94.1	97.3	97.9	96.0	91.6	84.9	75.9	65.0	52.4	38.4	23.5	7.9
100	0.0	16.0	31.7	46.5	60.1	72.1	82.3	90.3	96.1	99.3	99.9	98.0	93.5	86.6	77.5	66.3	53.4	39.2	23.9	8.0

1. Quadrant — 2. Quadrant

$$p=39$$

cos				1. Quadrant							2. Quadrant									
0°	α	2α	3α	4α	5α	6α	7α	8α	9α	10α	11α	12α	13α	14α	15α	16α	17α	18α	19α
2.0	2.0	1.9	1.8	1.6	1.4	1.1	0.9	0.6	0.2	0.1	0.4	0.7	1.0	1.3	1.5	1.7	1.8	1.9	2.0
4.0	3.9	3.8	3.5	3.2	2.8	2.3	1.7	1.1	0.5	0.2	0.8	1.4	2.0	2.5	3.0	3.4	3.7	3.9	4.0
6.0	5.9	5.7	5.3	4.8	4.2	3.4	2.6	1.7	0.7	0.2	1.2	2.1	3.0	3.8	4.5	5.1	5.5	5.8	6.0
8.0	7.9	7.6	7.1	6.4	5.5	4.5	3.4	2.2	1.0	0.3	1.6	2.8	4.0	5.1	6.0	6.8	7.4	7.8	8.0
10.0	9.9	9.5	8.9	8.0	6.9	5.7	4.3	2.8	1.2	0.4	2.0	3.5	5.0	6.3	7.5	8.5	9.2	9.7	10.0
12.0	11.8	11.4	10.6	9.6	8.3	6.8	5.1	3.3	1.4	0.5	2.4	4.3	6.0	7.6	9.0	10.1	11.0	11.7	12.0
14.0	13.8	13.3	12.4	11.2	9.7	8.0	6.0	3.9	1.7	0.6	2.8	5.0	7.0	8.9	10.5	11.8	12.9	13.6	14.0
16.0	15.8	15.2	14.2	12.8	11.1	9.1	6.9	4.5	1.9	0.6	3.2	5.7	8.0	10.1	12.0	13.5	14.7	15.5	15.9
18.0	17.8	17.1	15.9	14.4	12.5	10.2	7.7	5.0	2.2	0.7	3.6	6.4	9.0	11.4	13.5	15.2	16.6	17.5	17.9
20.0	19.7	19.0	17.7	16.0	13.9	11.4	8.6	5.6	2.4	0.8	4.0	7.1	10.0	12.6	15.0	16.9	18.4	19.4	19.9
22.0	21.7	20.9	19.5	17.6	15.2	12.5	9.4	6.1	2.7	0.9	4.4	7.8	11.0	13.9	16.5	18.6	20.2	21.4	21.9
24.0	23.7	22.8	21.3	19.2	16.6	13.6	10.3	6.7	2.9	1.0	4.8	8.5	12.0	15.2	18.0	20.3	22.1	23.3	23.9
26.0	25.7	24.7	23.0	20.8	18.0	14.8	11.1	7.2	3.1	1.0	5.2	9.2	13.0	16.4	19.5	22.0	23.9	25.2	25.9
28.0	27.6	26.6	24.8	22.4	19.4	15.9	12.0	7.8	3.4	1.1	5.6	9.9	14.0	17.7	21.0	23.7	25.8	27.2	27.9
30.0	29.6	28.5	26.6	24.0	20.8	17.0	12.9	8.3	3.6	1.2	6.0	10.6	15.0	19.0	22.5	25.4	27.6	29.1	29.9
32.0	31.6	30.4	28.3	25.6	22.2	18.2	13.7	8.9	3.9	1.3	6.4	11.3	16.0	20.2	24.0	27.0	29.4	31.1	31.9
34.0	33.6	32.3	30.1	27.2	23.6	19.3	14.6	9.5	4.1	1.4	6.8	12.1	17.0	21.5	25.4	28.7	31.3	33.0	33.9
36.0	35.5	34.1	31.9	28.8	24.9	20.5	15.4	10.0	4.3	1.4	7.2	12.8	18.0	22.8	26.9	30.4	33.1	35.0	35.9
38.0	37.5	36.0	33.6	30.4	26.3	21.6	16.3	10.6	4.6	1.5	7.6	13.5	19.0	24.0	28.4	32.1	35.0	36.9	37.9
40.0	39.5	37.9	35.4	32.0	27.7	22.7	17.1	11.1	4.8	1.6	8.0	14.2	20.0	25.3	29.9	33.8	36.8	38.8	39.9
42.0	41.5	39.8	37.2	33.6	29.1	23.9	18.0	11.7	5.1	1.7	8.4	14.9	21.0	26.6	31.4	35.5	38.6	40.8	41.9
44.0	43.4	41.7	39.0	35.2	30.5	25.0	18.9	12.2	5.3	1.8	8.8	15.6	22.0	27.8	32.9	37.2	40.5	42.7	43.9
46.0	45.4	43.6	40.7	36.8	31.9	26.1	19.7	12.8	5.5	1.9	9.2	16.3	23.0	29.1	34.4	38.9	42.3	44.7	45.9
48.0	47.4	45.5	42.5	38.4	33.3	27.3	20.6	13.4	5.8	1.9	9.6	17.0	24.0	30.4	35.9	40.6	44.2	46.6	47.8
50.0	49.4	47.4	44.3	40.0	34.6	28.4	21.4	13.9	6.0	2.0	10.0	17.7	25.0	31.6	37.4	42.3	46.0	48.5	49.8
52.0	51.3	49.3	46.0	41.6	36.0	29.5	22.3	14.5	6.3	2.1	10.4	18.4	26.0	32.9	38.9	43.9	47.8	50.5	51.8
54.0	53.3	51.2	47.8	43.2	37.4	30.7	23.1	15.0	6.5	2.2	10.8	19.1	27.0	34.2	40.4	45.6	49.7	52.4	53.8
56.0	55.3	53.1	49.6	44.8	38.8	31.8	24.0	15.6	6.8	2.3	11.2	19.9	28.0	35.4	41.9	47.3	51.5	54.4	55.8
58.0	57.2	55.0	51.4	46.4	40.2	32.9	24.9	16.1	7.0	2.3	11.6	20.6	29.0	36.7	43.4	49.0	53.4	56.3	57.8
60.0	59.2	56.9	53.1	48.0	41.6	34.1	25.7	16.7	7.2	2.4	12.0	21.3	30.0	37.9	44.9	50.7	55.2	58.3	59.8
62.0	61.2	58.8	54.9	49.6	42.9	35.2	26.6	17.2	7.5	2.5	12.4	22.0	31.0	39.2	46.4	52.4	57.0	60.2	61.8
64.0	63.2	60.7	56.7	51.2	44.3	36.4	27.4	17.8	7.7	2.6	12.8	22.7	32.0	40.5	47.9	54.1	58.9	62.1	63.8
66.0	65.1	62.6	58.4	52.8	45.7	37.5	28.3	18.4	8.0	2.7	13.2	23.4	33.0	41.7	49.4	55.8	60.7	64.1	65.8
68.0	67.1	64.5	60.2	54.4	47.1	38.6	29.2	18.9	8.2	2.7	13.6	24.1	34.0	43.0	50.9	57.5	62.6	66.0	67.8
70.0	69.1	66.4	62.0	56.0	48.5	39.8	30.0	19.5	8.4	2.8	14.0	24.8	35.0	44.3	52.4	59.2	64.4	68.0	69.8
72.0	71.1	68.3	63.8	57.6	49.9	40.9	30.9	20.0	8.7	2.9	14.4	25.5	36.0	45.5	53.9	60.9	66.2	69.9	71.8
74.0	73.0	70.2	65.5	59.2	51.3	42.0	31.7	20.6	8.9	3.0	14.8	26.2	37.0	46.8	55.4	62.5	68.1	71.8	73.8
76.0	75.0	72.1	67.3	60.8	52.6	43.2	32.6	21.1	9.2	3.1	15.2	26.9	38.0	48.1	56.9	64.2	69.9	73.8	75.8
78.0	77.0	74.0	69.1	62.4	54.0	44.3	33.4	21.7	9.4	3.1	15.6	27.7	39.0	49.3	58.4	65.9	71.8	75.7	77.7
80.0	79.0	75.9	70.8	64.0	55.4	45.4	34.3	22.3	9.6	3.2	16.0	28.4	40.0	50.6	59.9	67.6	73.6	77.7	79.7
82.0	80.9	77.8	72.6	65.6	56.8	46.6	35.2	22.8	9.9	3.3	16.4	29.1	41.0	51.9	61.4	69.3	75.4	79.6	81.7
84.0	82.9	79.7	74.4	67.2	58.2	47.7	36.0	23.4	10.1	3.4	16.8	29.8	42.0	53.1	62.9	71.0	77.3	81.6	83.7
86.0	84.9	81.6	76.1	68.8	59.6	48.9	36.9	23.9	10.4	3.5	17.2	30.5	43.0	54.4	64.4	72.7	79.1	83.5	85.7
88.0	86.9	83.5	77.9	70.4	61.0	50.0	37.7	24.5	10.6	3.5	17.6	31.2	44.0	55.7	65.9	74.4	81.0	85.4	87.7
90.0	88.8	85.4	79.7	71.9	62.3	51.1	38.6	25.0	10.8	3.6	18.0	31.9	45.0	56.9	67.4	76.1	82.8	87.4	89.7
92.0	90.8	87.3	81.5	73.5	63.7	52.3	39.4	25.6	11.1	3.7	18.4	32.6	46.0	58.2	68.9	77.8	84.6	89.3	91.7
94.0	92.8	89.2	83.2	75.1	65.1	53.4	40.3	26.2	11.3	3.8	18.8	33.3	47.0	59.4	70.4	79.4	86.5	91.3	93.7
96.0	94.8	91.1	85.0	76.7	66.5	54.5	41.2	26.7	11.6	3.9	19.2	34.0	48.0	60.7	71.9	81.1	88.3	93.2	95.7
98.0	96.7	93.0	86.8	78.3	67.9	55.7	42.0	27.3	11.8	3.9	19.6	34.8	49.0	62.0	73.4	82.8	90.2	95.2	97.7
100.0	98.7	94.9	88.5	79.9	69.3	56.8	42.9	27.8	12.1	4.0	20.0	35.5	50.0	63.2	74.9	84.5	92.0	97.1	99.7

<table>
<tr><td colspan="11">cos →   p=40</td></tr>
<tr><td>0°</td><td>α</td><td>2α</td><td>3α</td><td>4α</td><td>5α</td><td>6α</td><td>7α</td><td>8α</td><td>9α</td><td>90°</td></tr>
<tr><td>1.0</td><td>1.0</td><td>1.0</td><td>0.9</td><td>0.8</td><td>0.7</td><td>0.6</td><td>0.5</td><td>0.3</td><td>0.2</td><td>0.0</td></tr>
<tr><td>2.0</td><td>2.0</td><td>1.9</td><td>1.8</td><td>1.6</td><td>1.4</td><td>1.2</td><td>0.9</td><td>0.6</td><td>0.3</td><td>0.0</td></tr>
<tr><td>3.0</td><td>3.0</td><td>2.9</td><td>2.7</td><td>2.4</td><td>2.1</td><td>1.8</td><td>1.4</td><td>0.9</td><td>0.5</td><td>0.0</td></tr>
<tr><td>4.0</td><td>4.0</td><td>3.8</td><td>3.6</td><td>3.2</td><td>2.8</td><td>2.4</td><td>1.8</td><td>1.2</td><td>0.6</td><td>0.0</td></tr>
<tr><td>5.0</td><td>4.9</td><td>4.8</td><td>4.5</td><td>4.0</td><td>3.5</td><td>2.9</td><td>2.3</td><td>1.5</td><td>0.8</td><td>0.0</td></tr>
<tr><td>6.0</td><td>5.9</td><td>5.7</td><td>5.3</td><td>4.9</td><td>4.2</td><td>3.5</td><td>2.7</td><td>1.9</td><td>0.9</td><td>0.0</td></tr>
<tr><td>7.0</td><td>6.9</td><td>6.7</td><td>6.2</td><td>5.7</td><td>4.9</td><td>4.1</td><td>3.2</td><td>2.2</td><td>1.1</td><td>0.0</td></tr>
<tr><td>8.0</td><td>7.9</td><td>7.6</td><td>7.1</td><td>6.5</td><td>5.7</td><td>4.7</td><td>3.6</td><td>2.5</td><td>1.3</td><td>0.0</td></tr>
<tr><td>9.0</td><td>8.9</td><td>8.6</td><td>8.0</td><td>7.3</td><td>6.4</td><td>5.3</td><td>4.1</td><td>2.8</td><td>1.4</td><td>0.0</td></tr>
<tr><td>10.0</td><td>9.9</td><td>9.5</td><td>8.9</td><td>8.1</td><td>7.1</td><td>5.9</td><td>4.5</td><td>3.1</td><td>1.6</td><td>0.0</td></tr>
<tr><td>11.0</td><td>10.9</td><td>10.5</td><td>9.8</td><td>8.9</td><td>7.8</td><td>6.5</td><td>5.0</td><td>3.4</td><td>1.7</td><td>0.0</td></tr>
<tr><td>12.0</td><td>11.9</td><td>11.4</td><td>10.7</td><td>9.7</td><td>8.5</td><td>7.1</td><td>5.4</td><td>3.7</td><td>1.9</td><td>0.0</td></tr>
<tr><td>13.0</td><td>12.8</td><td>12.4</td><td>11.6</td><td>10.5</td><td>9.2</td><td>7.6</td><td>5.9</td><td>4.0</td><td>2.0</td><td>0.0</td></tr>
<tr><td>14.0</td><td>13.8</td><td>13.3</td><td>12.5</td><td>11.3</td><td>9.9</td><td>8.2</td><td>6.4</td><td>4.3</td><td>2.2</td><td>0.0</td></tr>
<tr><td>15.0</td><td>14.8</td><td>14.3</td><td>13.4</td><td>12.1</td><td>10.6</td><td>8.8</td><td>6.8</td><td>4.6</td><td>2.3</td><td>0.0</td></tr>
<tr><td>16.0</td><td>15.8</td><td>15.2</td><td>14.3</td><td>12.9</td><td>11.3</td><td>9.4</td><td>7.3</td><td>4.9</td><td>2.5</td><td>0.0</td></tr>
<tr><td>17.0</td><td>16.8</td><td>16.2</td><td>15.1</td><td>13.8</td><td>12.0</td><td>10.0</td><td>7.7</td><td>5.3</td><td>2.7</td><td>0.0</td></tr>
<tr><td>18.0</td><td>17.8</td><td>17.1</td><td>16.0</td><td>14.6</td><td>12.7</td><td>10.6</td><td>8.2</td><td>5.6</td><td>2.8</td><td>0.0</td></tr>
<tr><td>19.0</td><td>18.8</td><td>18.1</td><td>16.9</td><td>15.4</td><td>13.4</td><td>11.2</td><td>8.6</td><td>5.9</td><td>3.0</td><td>0.0</td></tr>
<tr><td>20.0</td><td>19.8</td><td>19.0</td><td>17.8</td><td>16.2</td><td>14.1</td><td>11.8</td><td>9.1</td><td>6.2</td><td>3.1</td><td>0.0</td></tr>
<tr><td>21.0</td><td>20.7</td><td>20.0</td><td>18.7</td><td>17.0</td><td>14.8</td><td>12.3</td><td>9.5</td><td>6.5</td><td>3.3</td><td>0.0</td></tr>
<tr><td>22.0</td><td>21.7</td><td>20.9</td><td>19.6</td><td>17.8</td><td>15.6</td><td>12.9</td><td>10.0</td><td>6.8</td><td>3.4</td><td>0.0</td></tr>
<tr><td>23.0</td><td>22.7</td><td>21.9</td><td>20.5</td><td>18.6</td><td>16.3</td><td>13.5</td><td>10.4</td><td>7.1</td><td>3.6</td><td>0.0</td></tr>
<tr><td>24.0</td><td>23.7</td><td>22.8</td><td>21.4</td><td>19.4</td><td>17.0</td><td>14.1</td><td>10.9</td><td>7.4</td><td>3.8</td><td>0.0</td></tr>
<tr><td>25.0</td><td>24.7</td><td>23.8</td><td>22.3</td><td>20.2</td><td>17.7</td><td>14.7</td><td>11.3</td><td>7.7</td><td>3.9</td><td>0.0</td></tr>
<tr><td>26.0</td><td>25.7</td><td>24.7</td><td>23.2</td><td>21.0</td><td>18.4</td><td>15.3</td><td>11.8</td><td>8.0</td><td>4.1</td><td>0.0</td></tr>
<tr><td>27.0</td><td>26.7</td><td>25.7</td><td>24.1</td><td>21.8</td><td>19.1</td><td>15.9</td><td>12.3</td><td>8.3</td><td>4.2</td><td>0.0</td></tr>
<tr><td>28.0</td><td>27.7</td><td>26.6</td><td>24.9</td><td>22.7</td><td>19.8</td><td>16.5</td><td>12.7</td><td>8.7</td><td>4.4</td><td>0.0</td></tr>
<tr><td>29.0</td><td>28.6</td><td>27.6</td><td>25.8</td><td>23.5</td><td>20.5</td><td>17.0</td><td>13.2</td><td>9.0</td><td>4.5</td><td>0.0</td></tr>
<tr><td>30.0</td><td>29.6</td><td>28.5</td><td>26.7</td><td>24.3</td><td>21.2</td><td>17.6</td><td>13.6</td><td>9.3</td><td>4.7</td><td>0.0</td></tr>
<tr><td>31.0</td><td>30.6</td><td>29.5</td><td>27.6</td><td>25.1</td><td>21.9</td><td>18.2</td><td>14.1</td><td>9.6</td><td>4.8</td><td>0.0</td></tr>
<tr><td>32.0</td><td>31.6</td><td>30.4</td><td>28.5</td><td>25.9</td><td>22.6</td><td>18.8</td><td>14.5</td><td>9.9</td><td>5.0</td><td>0.0</td></tr>
<tr><td>33.0</td><td>32.6</td><td>31.4</td><td>29.4</td><td>26.7</td><td>23.3</td><td>19.4</td><td>15.0</td><td>10.2</td><td>5.2</td><td>0.0</td></tr>
<tr><td>34.0</td><td>33.6</td><td>32.3</td><td>30.3</td><td>27.5</td><td>24.0</td><td>20.0</td><td>15.4</td><td>10.5</td><td>5.3</td><td>0.0</td></tr>
<tr><td>35.0</td><td>34.6</td><td>33.3</td><td>31.2</td><td>28.3</td><td>24.7</td><td>20.6</td><td>15.9</td><td>10.8</td><td>5.5</td><td>0.0</td></tr>
<tr><td>36.0</td><td>35.6</td><td>34.2</td><td>32.1</td><td>29.1</td><td>25.5</td><td>21.2</td><td>16.3</td><td>11.1</td><td>5.6</td><td>0.0</td></tr>
<tr><td>37.0</td><td>36.5</td><td>35.2</td><td>33.0</td><td>29.9</td><td>26.2</td><td>21.7</td><td>16.8</td><td>11.4</td><td>5.8</td><td>0.0</td></tr>
<tr><td>38.0</td><td>37.5</td><td>36.1</td><td>33.9</td><td>30.7</td><td>26.9</td><td>22.3</td><td>17.3</td><td>11.7</td><td>5.9</td><td>0.0</td></tr>
<tr><td>39.0</td><td>38.5</td><td>37.1</td><td>34.7</td><td>31.6</td><td>27.6</td><td>22.9</td><td>17.7</td><td>12.1</td><td>6.1</td><td>0.0</td></tr>
<tr><td>40.0</td><td>39.5</td><td>38.0</td><td>35.6</td><td>32.4</td><td>28.3</td><td>23.5</td><td>18.2</td><td>12.4</td><td>6.3</td><td>0.0</td></tr>
<tr><td>41.0</td><td>40.5</td><td>39.0</td><td>36.5</td><td>33.2</td><td>29.0</td><td>24.1</td><td>18.6</td><td>12.7</td><td>6.4</td><td>0.0</td></tr>
<tr><td>42.0</td><td>41.5</td><td>39.9</td><td>37.4</td><td>34.0</td><td>29.7</td><td>24.7</td><td>19.1</td><td>13.0</td><td>6.6</td><td>0.0</td></tr>
<tr><td>43.0</td><td>42.5</td><td>40.9</td><td>38.3</td><td>34.8</td><td>30.4</td><td>25.3</td><td>19.5</td><td>13.3</td><td>6.7</td><td>0.0</td></tr>
<tr><td>44.0</td><td>43.5</td><td>41.8</td><td>39.2</td><td>35.6</td><td>31.1</td><td>25.9</td><td>20.0</td><td>13.6</td><td>6.9</td><td>0.0</td></tr>
<tr><td>45.0</td><td>44.4</td><td>42.8</td><td>40.1</td><td>36.4</td><td>31.8</td><td>26.5</td><td>20.4</td><td>13.9</td><td>7.0</td><td>0.0</td></tr>
<tr><td>46.0</td><td>45.4</td><td>43.7</td><td>41.0</td><td>37.2</td><td>32.5</td><td>27.0</td><td>20.9</td><td>14.2</td><td>7.2</td><td>0.0</td></tr>
<tr><td>47.0</td><td>46.4</td><td>44.7</td><td>41.9</td><td>38.0</td><td>33.2</td><td>27.6</td><td>21.3</td><td>14.5</td><td>7.4</td><td>0.0</td></tr>
<tr><td>48.0</td><td>47.4</td><td>45.7</td><td>42.8</td><td>38.8</td><td>33.9</td><td>28.2</td><td>21.8</td><td>14.8</td><td>7.5</td><td>0.0</td></tr>
<tr><td>49.0</td><td>48.4</td><td>46.6</td><td>43.7</td><td>39.6</td><td>34.6</td><td>28.8</td><td>22.2</td><td>15.1</td><td>7.7</td><td>0.0</td></tr>
<tr><td>50.0</td><td>49.4</td><td>47.6</td><td>44.6</td><td>40.5</td><td>35.4</td><td>29.4</td><td>22.7</td><td>15.5</td><td>7.8</td><td>0.0</td></tr>
<tr><td>90°</td><td>9α</td><td>8α</td><td>7α</td><td>6α</td><td>5α</td><td>4α</td><td>3α</td><td>2α</td><td>α</td><td>0°</td></tr>
</table>

← sin

<table>
<tr><td colspan="6">cos →   p=20</td></tr>
<tr><td>0°</td><td>α</td><td>2α</td><td>3α</td><td>4α</td><td>90°</td></tr>
<tr><td>1.00</td><td>0.95</td><td>0.81</td><td>0.59</td><td>0.31</td><td>0.0</td></tr>
<tr><td>2.00</td><td>1.90</td><td>1.62</td><td>1.18</td><td>0.62</td><td>0.0</td></tr>
<tr><td>3.00</td><td>2.85</td><td>2.43</td><td>1.76</td><td>0.93</td><td>0.0</td></tr>
<tr><td>4.00</td><td>3.80</td><td>3.24</td><td>2.35</td><td>1.24</td><td>0.0</td></tr>
<tr><td>5.00</td><td>4.76</td><td>4.05</td><td>2.94</td><td>1.55</td><td>0.0</td></tr>
<tr><td>6.00</td><td>5.71</td><td>4.85</td><td>3.53</td><td>1.85</td><td>0.0</td></tr>
<tr><td>7.00</td><td>6.66</td><td>5.66</td><td>4.11</td><td>2.16</td><td>0.0</td></tr>
<tr><td>8.00</td><td>7.61</td><td>6.47</td><td>4.70</td><td>2.47</td><td>0.0</td></tr>
<tr><td>9.00</td><td>8.56</td><td>7.28</td><td>5.29</td><td>2.78</td><td>0.0</td></tr>
<tr><td>10.00</td><td>9.51</td><td>8.09</td><td>5.88</td><td>3.09</td><td>0.0</td></tr>
<tr><td>11.00</td><td>10.46</td><td>8.90</td><td>6.47</td><td>3.40</td><td>0.0</td></tr>
<tr><td>12.00</td><td>11.41</td><td>9.71</td><td>7.05</td><td>3.71</td><td>0.0</td></tr>
<tr><td>13.00</td><td>12.36</td><td>10.52</td><td>7.64</td><td>4.02</td><td>0.0</td></tr>
<tr><td>14.00</td><td>13.31</td><td>11.33</td><td>8.23</td><td>4.33</td><td>0.0</td></tr>
<tr><td>15.00</td><td>14.27</td><td>12.14</td><td>8.82</td><td>4.64</td><td>0.0</td></tr>
<tr><td>16.00</td><td>15.22</td><td>12.94</td><td>9.40</td><td>4.94</td><td>0.0</td></tr>
<tr><td>17.00</td><td>16.17</td><td>13.75</td><td>9.99</td><td>5.25</td><td>0.0</td></tr>
<tr><td>18.00</td><td>17.12</td><td>14.56</td><td>10.58</td><td>5.56</td><td>0.0</td></tr>
<tr><td>19.00</td><td>18.07</td><td>15.37</td><td>11.17</td><td>5.87</td><td>0.0</td></tr>
<tr><td>20.00</td><td>19.02</td><td>16.18</td><td>11.76</td><td>6.18</td><td>0.0</td></tr>
<tr><td>21.00</td><td>19.97</td><td>16.99</td><td>12.34</td><td>6.49</td><td>0.0</td></tr>
<tr><td>22.00</td><td>20.92</td><td>17.80</td><td>12.93</td><td>6.80</td><td>0.0</td></tr>
<tr><td>23.00</td><td>21.87</td><td>18.61</td><td>13.52</td><td>7.11</td><td>0.0</td></tr>
<tr><td>24.00</td><td>22.83</td><td>19.42</td><td>14.11</td><td>7.42</td><td>0.0</td></tr>
<tr><td>25.00</td><td>23.78</td><td>20.23</td><td>14.69</td><td>7.73</td><td>0.0</td></tr>
<tr><td>26.00</td><td>24.73</td><td>21.03</td><td>15.28</td><td>8.03</td><td>0.0</td></tr>
<tr><td>27.00</td><td>25.68</td><td>21.84</td><td>15.87</td><td>8.34</td><td>0.0</td></tr>
<tr><td>28.00</td><td>26.63</td><td>22.65</td><td>16.46</td><td>8.65</td><td>0.0</td></tr>
<tr><td>29.00</td><td>27.58</td><td>23.46</td><td>17.05</td><td>8.96</td><td>0.0</td></tr>
<tr><td>30.00</td><td>28.53</td><td>24.27</td><td>17.63</td><td>9.27</td><td>0.0</td></tr>
<tr><td>31.00</td><td>29.48</td><td>25.08</td><td>18.22</td><td>9.58</td><td>0.0</td></tr>
<tr><td>32.00</td><td>30.43</td><td>25.89</td><td>18.81</td><td>9.89</td><td>0.0</td></tr>
<tr><td>33.00</td><td>31.38</td><td>26.70</td><td>19.40</td><td>10.20</td><td>0.0</td></tr>
<tr><td>34.00</td><td>32.34</td><td>27.51</td><td>19.98</td><td>10.51</td><td>0.0</td></tr>
<tr><td>35.00</td><td>33.29</td><td>28.32</td><td>20.57</td><td>10.82</td><td>0.0</td></tr>
<tr><td>36.00</td><td>34.24</td><td>29.12</td><td>21.16</td><td>11.12</td><td>0.0</td></tr>
<tr><td>37.00</td><td>35.19</td><td>29.93</td><td>21.75</td><td>11.43</td><td>0.0</td></tr>
<tr><td>38.00</td><td>36.14</td><td>30.74</td><td>22.34</td><td>11.74</td><td>0.0</td></tr>
<tr><td>39.00</td><td>37.09</td><td>31.55</td><td>22.92</td><td>12.05</td><td>0.0</td></tr>
<tr><td>40.00</td><td>38.04</td><td>32.36</td><td>23.51</td><td>12.36</td><td>0.0</td></tr>
<tr><td>41.00</td><td>38.99</td><td>33.17</td><td>24.10</td><td>12.67</td><td>0.0</td></tr>
<tr><td>42.00</td><td>39.94</td><td>33.98</td><td>24.69</td><td>12.98</td><td>0.0</td></tr>
<tr><td>43.00</td><td>40.90</td><td>34.79</td><td>25.27</td><td>13.29</td><td>0.0</td></tr>
<tr><td>44.00</td><td>41.85</td><td>35.60</td><td>25.86</td><td>13.60</td><td>0.0</td></tr>
<tr><td>45.00</td><td>42.80</td><td>36.41</td><td>26.45</td><td>13.91</td><td>0.0</td></tr>
<tr><td>46.00</td><td>43.75</td><td>37.21</td><td>27.04</td><td>14.21</td><td>0.0</td></tr>
<tr><td>47.00</td><td>44.70</td><td>38.02</td><td>27.63</td><td>14.52</td><td>0.0</td></tr>
<tr><td>48.00</td><td>45.65</td><td>38.83</td><td>28.21</td><td>14.83</td><td>0.0</td></tr>
<tr><td>49.00</td><td>46.60</td><td>39.64</td><td>28.80</td><td>15.14</td><td>0.0</td></tr>
<tr><td>50.00</td><td>47.55</td><td>40.45</td><td>29.39</td><td>15.45</td><td>0.0</td></tr>
<tr><td>90°</td><td>4α</td><td>3α</td><td>2α</td><td>α</td><td>0°</td></tr>
</table>

← sin

cos → **p=20**

0°	α	2α	3α	4α	90°
51.00	48.50	41.26	29.98	15.76	0.0
52.00	49.45	42.07	30.56	16.07	0.0
53.00	50.41	42.88	31.15	16.38	0.0
54.00	51.36	43.69	31.74	16.69	0.0
55.00	52.31	44.50	32.33	17.00	0.0
56.00	53.26	45.30	32.92	17.30	0.0
57.00	54.21	46.11	33.50	17.61	0.0
58.00	55.16	46.92	34.09	17.92	0.0
59.00	56.11	47.73	34.68	18.23	0.0
60.00	57.06	48.54	35.27	18.54	0.0
61.00	58.01	49.35	35.85	18.85	0.0
62.00	58.97	50.16	36.44	19.16	0.0
63.00	59.92	-50.97	37.03	19.47	0.0
64.00	60.87	51.78	37.62	19.78	0.0
65.00	61.82	52.59	38.21	20.09	0.0
66.00	62.77	53.40	38.79	20.40	0.0
67.00	63.72	54.20	39.38	20.70	0.0
68.00	64.67	55.01	39.97	21.01	0.0
69.00	65.62	55.82	40.56	21.32	0.0
70.00	66.57	56.63	41.14	21.63	0.0
71.00	67.52	57.44	41.73	21.94	0.0
72.00	68.48	58.25	42.32	22.25	0.0
73.00	69.43	59.06	42.91	22.56	0.0
74.00	70.38	59.87	43.50	22.87	0.0
75.00	71.33	60.68	44.08	23.18	0.0
76.00	72.28	61.49	44.67	23.49	0.0
77.00	73.23	62.29	45.26	23.79	0.0
78.00	74.18	63.10	45.85	24.10	0.0
79.00	75.13	63.91	46.44	24.41	0.0
80.00	76.08	64.72	47.02	24.72	0.0
81.00	77.04	65.53	47.61	25.03	0.0
82.00	77.99	66.34	48.20	25.34	0.0
83.00	78.94	67.15	48.79	25.65	0.0
84.00	79.89	67.96	49.37	25.96	0.0
85.00	80.84	68.77	49.96	26.27	0.0
86.00	81.79	69.58	50.55	26.58	0.0
87.00	82.74	70.38	51.14	26.88	0.0
88.00	83.69	71.19	51.73	27.19	0.0
89.00	84.64	72.00	52.31	27.50	0.0
90.00	85.60	72.81	52.90	27.81	0.0
91.00	86.55	73.62	53.49	28.12	0.0
92.00	87.50	74.43	54.08	28.43	0.0
93.00	88.45	75.24	54.66	28.74	0.0
94.00	89.40	76.05	55.25	29.05	0.0
95.00	90.35	76.86	55.84	29.36	0.0
96.00	91.30	77.67	56.43	29.67	0.0
97.00	92.25	78.47	57.02	29.98	0.0
98.00	93.20	79.28	57.60	30.28	0.0
99.00	94.15	80.09	58.19	30.59	0.0
100.00	95.11	80.90	58.78	30.90	0.0
90°	4α	3α	2α	α	0°

← sin

cos → **p=40**

0°	α	2α	3α	4α	5α	6α	7α	8α	9α	90°
51.0	50.4	48.5	45.4	41.3	36.1	30.0	23.2	15.8	8.0	0.0
52.0	51.4	49.5	46.3	42.1	36.8	30.6	23.6	16.1	8.1	0.0
53.0	52.3	50.4	47.2	42.9	37.5	31.2	24.1	16.4	8.3	0.0
54.0	53.3	51.4	48.1	43.7	38.2	31.7	24.5	16.7	8.4	0.0
55.0	54.3	52.3	49.0	44.5	38.9	32.3	25.0	17.0	8.6	0.0
56.0	55.3	53.3	49.9	45.3	39.6	32.9	25.4	17.3	8.8	0.0
57.0	56.3	54.2	50.8	46.1	40.3	33.5	25.9	17.6	8.9	0.0
58.0	57.3	55.2	51.7	46.9	41.0	34.1	26.3	17.9	9.1	0.0
59.0	58.3	56.1	52.6	47.7	41.7	34.7	26.8	18.2	9.2	0.0
60.0	59.3	57.1	53.5	48.5	42.4	35.3	27.2	18.5	9.4	0.0
61.0	60.2	58.0	54.4	49.4	43.1	35.9	27.7	18.9	9.5	0.0
62.0	61.2	59.0	55.2	50.2	43.8	36.4	28.1	19.2	9.7	0.0
63.0	62.2	59.9	56.1	51.0	44.5	37.0	28.6	19.5	9.9	0.0
64.0	63.2	60.9	57.0	51.8	45.3	37.6	29.1	19.8	10.0	0.0
65.0	64.2	61.8	57.9	52.6	46.0	38.2	29.5	20.1	10.2	0.0
66.0	65.2	62.8	58.8	53.4	46.7	38.8	30.0	20.4	10.3	0.0
67.0	66.2	63.7	59.7	54.2	47.4	39.4	30.4	20.7	10.5	0.0
68.0	67.2	64.7	60.6	55.0	48.1	40.0	30.9	21.0	10.6	0.0
69.0	68.2	65.6	61.5	55.8	48.8	40.6	31.3	21.3	10.8	0.0
70.0	69.1	66.6	62.4	56.6	49.5	41.1	31.8	21.6	11.0	0.0
71.0	70.1	67.5	63.3	57.4	50.2	41.7	32.2	21.9	11.1	0.0
72.0	71.1	68.5	64.2	58.2	50.9	42.3	32.7	22.2	11.3	0.0
73.0	72.1	69.4	65.0	59.1	51.6	42.9	33.1	22.6	11.4	0.0
74.0	73.1	70.4	65.9	59.9	52.3	43.5	33.6	22.9	11.6	0.0
75.0	74.1	71.3	66.8	60.7	53.0	44.1	34.0	23.2	11.7	0.0
76.0	75.1	72.3	67.7	61.5	53.7	44.7	34.5	23.5	11.9	0.0
77.0	76.1	73.2	68.6	62.3	54.4	45.3	35.0	23.8	12.0	0.0
78.0	77.0	74.2	69.5	63.1	55.2	45.8	35.4	24.1	12.2	0.0
79.0	78.0	75.1	70.4	63.9	55.9	46.4	35.9	24.4	12.4	0.0
80.0	79.0	76.1	71.3	64.7	56.6	47.0	36.3	24.7	12.5	0.0
81.0	80.0	77.0	72.2	65.5	57.3	47.6	36.8	25.0	12.7	0.0
82.0	81.0	78.0	73.1	66.3	58.0	48.2	37.2	25.3	12.8	0.0
83.0	82.0	78.9	74.0	67.1	58.7	48.8	37.7	25.6	13.0	0.0
84.0	83.0	79.9	74.8	68.0	59.4	49.4	38.1	26.0	13.1	0.0
85.0	84.0	80.8	75.7	68.8	60.1	50.0	38.6	26.3	13.3	0.0
86.0	84.9	81.8	76.6	69.6	60.8	50.5	39.0	26.6	13.5	0.0
87.0	85.9	82.7	77.5	70.4	61.5	51.1	39.5	26.9	13.6	0.0
88.0	86.9	83.7	78.4	71.2	62.2	51.7	40.0	27.2	13.8	0.0
89.0	87.9	84.6	79.3	72.0	62.9	52.3	40.4	27.5	13.9	0.0
90.0	88.9	85.6	80.2	72.8	63.6	52.9	40.9	27.8	14.1	0.0
91.0	89.9	86.5	81.1	73.6	64.3	53.5	41.3	28.1	14.2	0.0
92.0	90.9	87.5	82.0	74.4	65.1	54.1	41.8	28.4	14.4	0.0
93.0	91.9	88.4	82.9	75.2	65.8	54.7	42.2	28.7	14.5	0.0
94.0	92.8	89.4	83.8	76.0	66.5	55.3	42.7	29.0	14.7	0.0
95.0	93.8	90.4	84.6	76.9	67.2	55.8	43.1	29.4	14.9	0.0
96.0	94.8	91.3	85.5	77.7	67.9	56.4	43.6	29.7	15.0	0.0
97.0	95.8	92.3	86.4	78.5	68.6	57.0	44.0	30.0	15.2	0.0
98.0	96.9	93.2	87.3	79.3	69.3	57.6	44.5	30.3	15.3	0.0
99.0	97.8	94.2	88.2	80.1	70.0	58.2	44.9	30.6	15.5	0.0
100.0	98.8	95.1	89.1	80.9	70.7	58.8	45.4	30.9	15.6	0.0
90°	9α	8α	7α	6α	5α	4α	3α	2α	α	0°

← sin

cos → **p = 36**

0°	α	2α	3α	4α	5α	6α	7α	8α	90°
1.0	1.0	0.9	0.9	0.8	0.6	0.5	0.3	0.2	0.0
2.0	2.0	1.9	1.7	1.5	1.3	1.0	0.7	0.3	0.0
3.0	3.0	2.8	2.6	2.3	1.9	1.5	1.0	0.5	0.0
4.0	3.9	3.8	3.5	3.1	2.6	2.0	1.4	0.7	0.0
5.0	4.9	4.7	4.3	3.8	3.2	2.5	1.7	0.9	0.0
6.0	5.9	5.6	5.2	4.6	3.9	3.0	2.1	1.0	0.0
7.0	6.9	6.6	6.1	5.4	4.5	3.5	2.4	1.2	0.0
8.0	7.9	7.5	6.9	6.1	5.1	4.0	2.7	1.4	0.0
9.0	8.9	8.5	7.8	6.9	5.8	4.5	3.1	1.6	0.0
10.0	9.8	9.4	8.7	7.7	6.4	5.0	3.4	1.7	0.0
11.0	10.8	10.3	9.5	8.4	7.1	5.5	3.8	1.9	0.0
12.0	11.8	11.3	10.4	9.2	7.7	6.0	4.1	2.1	0.0
13.0	12.8	12.2	11.3	9.6	8.4	6.5	4.4	2.3	0.0
14.0	13.8	13.2	12.1	10.7	9.0	7.0	4.8	2.4	0.0
15.0	14.8	14.1	13.0	11.5	9.6	7.5	5.1	2.6	0.0
16.0	15.8	15.0	13.9	12.3	10.3	8.0	5.5	2.8	0.0
17.0	16.7	16.0	14.7	13.0	10.9	8.5	5.8	3.0	0.0
18.0	17.7	16.9	15.6	13.8	11.6	9.0	6.2	3.1	0.0
19.0	18.7	17.9	16.5	14.6	12.2	9.5	6.5	3.3	0.0
20.0	19.7	18.8	17.3	15.3	12.9	10.0	6.8	3.5	0.0
21.0	20.7	19.7	18.2	16.1	13.5	10.5	7.2	3.6	0.0
22.0	21.7	20.7	19.1	16.9	14.1	11.0	7.5	3.8	0.0
23.0	22.7	21.6	19.9	17.6	14.8	11.5	7.9	4.0	0.0
24.0	23.6	22.6	20.8	18.4	15.4	12.0	8.2	4.2	0.0
25.0	24.6	23.5	21.7	19.2	16.1	12.5	8.6	4.3	0.0
26.0	25.6	24.4	22.5	19.9	16.7	13.0	8.9	4.5	0.0
27.0	26.6	25.4	23.4	20.7	17.4	13.5	9.2	4.7	0.0
28.0	27.6	26.3	24.2	21.4	18.0	14.0	9.6	4.9	0.0
29.0	28.6	27.3	25.1	22.2	18.6	14.5	9.9	5.0	0.0
30.0	29.5	28.2	26.0	23.0	19.3	15.0	10.3	5.2	0.0
31.0	30.5	29.1	26.8	23.7	19.9	15.5	10.6	5.4	0.0
32.0	31.5	30.1	27.7	24.5	20.6	16.0	10.9	5.6	0.0
33.0	32.5	31.0	28.6	25.3	21.2	16.5	11.3	5.7	0.0
34.0	33.5	31.9	29.4	26.0	21.9	17.0	11.6	5.9	0.0
35.0	34.5	32.9	30.3	26.8	22.5	17.5	12.0	6.1	0.0
36.0	35.5	33.8	31.2	27.6	23.1	18.0	12.3	6.3	0.0
37.0	36.4	34.8	32.0	28.3	23.8	18.5	12.7	6.4	0.0
38.0	37.4	35.7	32.9	29.1	24.4	19.0	13.0	6.6	0.0
39.0	38.4	36.6	33.8	29.9	25.1	19.5	13.3	6.8	0.0
40.0	39.4	37.6	34.6	30.6	25.7	20.0	13.7	6.9	0.0
41.0	40.4	38.5	35.5	31.4	26.4	20.5	14.0	7.1	0.0
42.0	41.4	39.5	36.4	32.2	27.0	21.0	14.4	7.3	0.0
43.0	42.3	40.4	37.2	32.9	27.6	21.5	14.7	7.5	0.0
44.0	43.3	41.3	38.1	33.7	28.3	22.0	15.0	7.6	0.0
45.0	44.3	42.3	39.0	34.5	28.9	22.5	15.4	7.8	0.0
46.0	45.3	43.2	39.8	35.2	29.6	23.0	15.7	8.0	0.0
47.0	46.3	44.2	40.7	36.0	30.2	23.5	16.1	8.2	0.0
48.0	47.3	45.1	41.6	36.8	30.9	24.0	16.4	8.3	0.0
49.0	48.3	46.0	42.4	37.5	31.5	24.5	16.8	8.5	0.0
50.0	49.2	47.0	43.3	38.3	32.1	25.0	17.1	8.7	0.0
90°	8α	7α	6α	5α	4α	3α	2α	α	0°

← sin

cos → **p = 24**

0°	α	2α	3α	4α	5α	90°
1.0	1.0	0.9	0.7	0.5	0.3	0.0
2.0	1.9	1.7	1.4	1.0	0.5	0.0
3.0	2.9	2.6	2.1	1.5	0.8	0.0
4.0	3.9	3.5	2.8	2.0	1.0	0.0
5.0	4.8	4.3	3.5	2.5	1.3	0.0
6.0	5.8	5.2	4.2	3.0	1.6	0.0
7.0	6.8	6.1	4.9	3.5	1.8	0.0
8.0	7.7	6.9	5.7	4.0	2.1	0.0
9.0	8.7	7.8	6.4	4.5	2.3	0.0
10.0	9.7	8.7	7.1	5.0	2.6	0.0
11.0	10.6	9.5	7.8	5.5	2.8	0.0
12.0	11.6	10.4	8.5	6.0	3.1	0.0
13.0	12.6	11.3	9.2	6.5	3.4	0.0
14.0	13.5	12.1	9.9	7.0	3.6	0.0
15.0	14.5	13.0	10.6	7.5	3.9	0.0
16.0	15.5	13.9	11.3	8.0	4.1	0.0
17.0	16.4	14.7	12.0	8.5	4.4	0.0
18.0	17.4	15.6	12.7	9.0	4.7	0.0
19.0	18.4	16.5	13.4	9.5	4.9	0.0
20.0	19.3	17.3	14.1	10.0	5.2	0.0
21.0	20.3	18.2	14.8	10.5	5.4	0.0
22.0	21.3	19.1	15.6	11.0	5.7	0.0
23.0	22.2	19.9	16.3	11.5	6.0	0.0
24.0	23.2	20.8	17.0	12.0	6.2	0.0
25.0	24.1	21.7	17.7	12.5	6.5	0.0
26.0	25.1	22.5	18.4	13.0	6.7	0.0
27.0	26.1	23.4	19.1	13.5	7.0	0.0
28.0	27.0	24.2	19.8	14.0	7.2	0.0
29.0	28.0	25.1	20.5	14.5	7.5	0.0
30.0	29.0	26.0	21.2	15.0	7.8	0.0
31.0	29.9	26.8	21.9	15.5	8.0	0.0
32.0	30.9	27.7	22.6	16.0	8.3	0.0
33.0	31.9	28.6	23.3	16.5	8.5	0.0
34.0	32.8	29.4	24.0	17.0	8.8	0.0
35.0	33.8	30.3	24.7	17.5	9.1	0.0
36.0	34.8	31.2	25.5	18.0	9.3	0.0
37.0	35.7	32.0	26.2	18.5	9.6	0.0
38.0	36.7	32.9	26.9	19.0	9.8	0.0
39.0	37.7	33.8	27.6	19.5	10.1	0.0
40.0	38.6	34.6	28.3	20.0	10.4	0.0
41.0	39.6	35.5	29.0	20.5	10.6	0.0
42.0	40.6	36.4	29.7	21.0	10.9	0.0
43.0	41.5	37.2	30.4	21.5	11.1	0.0
44.0	42.5	38.1	31.1	22.0	11.4	0.0
45.0	43.5	39.0	31.8	22.5	11.6	0.0
46.0	44.4	39.8	32.5	23.0	11.9	0.0
47.0	45.4	40.7	33.2	23.5	12.2	0.0
48.0	46.4	41.6	33.9	24.0	12.4	0.0
49.0	47.3	42.4	34.6	24.5	12.7	0.0
50.0	48.3	43.3	35.4	25.0	12.9	0.0
90°	5α	4α	3α	2α	α	0°

← sin

cos → **p=24**

0°	α	2α	3α	4α	5α	90°
51.0	49.3	44.2	36.1	25.5	13.2	0.0
52.0	50.2	45.0	36.8	26.0	13.5	0.0
53.0	51.2	45.9	37.5	26.5	13.7	0.0
54.0	52.2	46.8	38.2	27.0	14.0	0.0
55.0	53.1	47.6	38.9	27.5	14.2	0.0
56.0	54.1	48.5	39.6	28.0	14.5	0.0
57.0	55.1	49.4	40.3	28.5	14.8	0.0
58.0	56.0	50.2	41.0	29.0	15.0	0.0
59.0	57.0	51.1	41.7	29.5	15.3	0.0
60.0	58.0	52.0	42.4	30.0	15.5	0.0
61.0	58.9	52.8	43.1	30.5	15.8	0.0
62.0	59.9	53.7	43.8	31.0	16.0	0.0
63.0	60.9	54.6	44.5	31.5	16.3	0.0
64.0	61.8	55.4	45.3	32.0	16.6	0.0
65.0	62.8	56.3	46.0	32.5	16.8	0.0
66.0	63.8	57.2	46.7	33.0	17.1	0.0
67.0	64.7	58.0	47.4	33.5	17.3	0.0
68.0	65.7	58.9	48.1	34.0	17.6	0.0
69.0	66.6	59.8	48.8	34.5	17.9	0.0
70.0	67.6	60.6	49.5	35.0	18.1	0.0
71.0	68.6	61.5	50.2	35.5	18.4	0.0
72.0	69.5	62.4	50.9	36.0	18.6	0.0
73.0	70.5	63.2	51.6	36.5	18.9	0.0
74.0	71.5	64.1	52.3	37.0	19.2	0.0
75.0	72.4	65.0	53.0	37.5	19.4	0.0
76.0	73.4	65.8	53.7	38.0	19.7	0.0
77.0	74.4	66.7	54.4	38.5	19.9	0.0
78.0	75.3	67.5	55.2	39.0	20.2	0.0
79.0	76.3	68.4	55.9	39.5	20.4	0.0
80.0	77.3	69.3	56.6	40.0	20.7	0.0
81.0	78.2	70.1	57.3	40.5	21.0	0.0
82.0	79.2	71.0	58.0	41.0	21.2	0.0
83.0	80.2	71.9	58.7	41.5	21.5	0.0
84.0	81.1	72.7	59.4	42.0	21.7	0.0
85.0	82.1	73.6	60.1	42.5	22.0	0.0
86.0	83.1	74.5	60.8	43.0	22.3	0.0
87.0	84.0	75.3	61.5	43.5	22.5	0.0
88.0	85.0	76.2	62.2	44.0	22.8	0.0
89.0	86.0	77.1	62.9	44.5	23.0	0.0
90.0	86.9	77.9	63.6	45.0	23.3	0.0
91.0	87.9	78.8	64.3	45.5	23.6	0.0
92.0	88.9	79.7	65.1	16.0	23.8	0.0
93.0	89.8	80.5	65.8	46.5	24.1	0.0
94.0	90.8	81.4	66.5	47.0	24.3	0.0
95.0	91.8	82.3	67.2	47.5	24.6	0.0
96.0	92.7	83.1	67.9	48.0	24.8	0.0
97.0	93.7	84.0	68.6	48.5	25.1	0.0
98.0	94.7	84.9	69.3	49.0	25.4	0.0
99.0	95.6	85.7	70.0	49.5	25.6	0.0
100.0	96.6	86.6	70.7	50.0	25.9	0.0
90°	5α	4α	3α	2α	α	0°

← sin

cos → **p=36**

0°	α	2α	3α	4α	5α	6α	7α	8α	90°
51.0	50.2	47.9	44.2	39.1	32.8	25.5	17.4	8.9	0.0
52.0	51.2	48.9	45.0	39.8	33.4	26.0	17.8	9.0	0.0
53.0	52.2	49.8	45.9	40.6	34.1	26.5	18.1	9.2	0.0
54.0	53.2	50.7	46.8	41.4	34.7	27.0	18.5	9.4	0.0
55.0	54.2	51.7	47.6	42.1	35.4	27.5	18.8	9.6	0.0
56.0	55.1	52.6	48.5	42.9	36.0	28.0	19.2	9.7	0.0
57.0	56.1	53.6	49.4	43.7	36.6	28.5	19.5	9.9	0.0
58.0	57.1	54.5	50.2	44.4	37.3	29.0	19.8	10.1	0.0
59.0	58.1	55.4	51.1	45.2	37.9	29.5	20.2	10.2	0.0
60.0	59.1	56.4	52.0	46.0	38.6	30.0	20.5	10.4	0.0
61.0	60.1	57.3	52.8	46.7	39.2	30.5	20.9	10.6	0.0
62.0	61.1	58.3	53.7	47.5	39.9	31.0	21.2	10.8	0.0
63.0	62.0	59.2	54.6	48.3	40.5	31.5	21.5	10.9	0.0
64.0	63.0	60.1	55.4	49.0	41.1	32.0	21.9	11.1	0.0
65.0	64.0	61.1	56.3	49.8	41.8	32.5	22.2	11.3	0.0
66.0	65.0	62.0	57.2	50.6	42.4	33.0	22.6	11.5	0.0
67.0	66.0	63.0	58.0	51.3	43.1	33.5	22.9	11.6	0.0
68.0	67.0	63.9	58.9	52.1	43.7	34.0	23.3	11.8	0.0
69.0	68.0	64.8	59.8	52.9	44.4	34.5	23.6	12.0	0.0
70.0	68.9	65.8	60.6	53.6	45.0	35.0	23.9	12.2	0.0
71.0	69.9	66.7	61.5	54.4	45.6	35.5	24.3	12.3	0.0
72.0	70.9	67.7	62.4	55.2	46.3	36.0	24.6	12.5	0.0
73.0	71.9	68.6	63.2	55.9	46.9	36.5	25.0	12.7	0.0
74.0	72.9	69.5	64.1	56.7	47.6	37.0	25.3	12.8	0.0
75.0	73.9	70.5	65.0	57.5	48.2	37.5	25.7	13.0	0.0
76.0	74.8	71.4	65.8	58.2	48.9	38.0	26.0	13.2	0.0
77.0	75.8	72.4	66.7	59.0	49.5	38.5	26.3	13.4	0.0
78.0	76.8	73.3	67.5	59.8	50.1	39.0	26.7	13.5	0.0
79.0	77.8	74.2	68.4	60.5	50.8	39.5	27.0	13.7	0.0
80.0	78.8	75.2	69.3	61.3	51.4	40.0	27.4	13.9	0.0
81.0	79.8	76.1	70.1	62.0	52.1	40.5	27.7	14.1	0.0
82.0	80.8	77.1	71.0	62.8	52.7	41.0	28.0	14.2	0.0
83.0	81.7	78.0	71.9	63.6	53.4	41.5	28.4	14.4	0.0
84.0	82.7	78.9	72.7	64.3	54.0	42.0	28.7	14.6	0.0
85.0	83.7	79.9	73.6	65.1	54.6	42.5	29.1	14.8	0.0
86.0	84.7	80.8	74.5	65.9	55.3	43.0	29.4	14.9	0.0
87.0	85.7	81.8	75.3	66.6	55.9	43.5	29.8	15.1	0.0
88.0	86.7	82.7	76.2	67.4	56.6	44.0	30.1	15.3	0.0
89.0	87.6	83.6	77.1	68.2	57.2	44.5	30.4	15.5	0.0
90.0	88.6	84.6	77.9	68.9	57.9	45.0	30.8	15.6	0.0
91.0	89.6	85.5	78.8	69.7	58.5	45.5	31.1	15.8	0.0
92.0	90.6	86.5	79.7	70.5	59.1	46.0	31.5	16.0	0.0
93.0	91.6	87.4	80.5	71.2	59.8	46.5	31.8	16.1	0.0
94.0	92.6	88.3	81.4	72.0	60.4	47.0	32.1	16.3	0.0
95.0	93.6	89.3	82.3	72.8	61.1	47.5	32.5	16.5	0.0
96.0	94.5	90.2	83.1	73.5	61.7	48.0	32.8	16.7	0.0
97.0	95.5	91.2	84.0	74.3	62.4	48.5	33.2	16.8	0.0
98.0	96.5	92.1	84.9	75.1	63.0	49.0	33.5	17.0	0.0
99.0	97.5	93.0	85.7	75.8	63.6	49.5	33.9	17.2	0.0
100.0	98.5	94.0	86.6	76.6	64.3	50.0	34.2	17.4	0.0
90°	8α	7α	6α	5α	4α	3α	2α	α	0°

← sin

cos → **p=32**

0°	α	2α	3α	4α	5α	6α	7α	90°
1.0	1.0	0.9	0.8	0.7	0.6	0.4	0.2	0.0
2.0	2.0	1.8	1.7	1.4	1.1	0.8	0.4	0.0
3.0	2.9	2.8	2.5	2.1	1.7	1.1	0.6	0.0
4.0	3.9	3.7	3.3	2.8	2.2	1.5	0.8	0.0
5.0	4.9	4.6	4.2	3.5	2.8	1.9	1.0	0.0
6.0	5.9	5.5	5.0	4.2	3.3	2.3	1.2	0.0
7.0	6.9	6.5	5.8	4.9	3.9	2.7	1.4	0.0
8.0	7.8	7.4	6.7	5.7	4.4	3.1	1.6	0.0
9.0	8.8	8.3	7.5	6.4	5.0	3.4	1.8	0.0
10.0	9.8	9.2	8.3	7.1	5.6	3.8	2.0	0.0
11.0	10.8	10.2	9.1	7.8	6.1	4.2	2.1	0.0
12.0	11.8	11.1	10.0	8.5	6.7	4.6	2.3	0.0
13.0	12.8	12.0	10.8	9.2	7.2	5.0	2.5	0.0
14.0	13.7	12.9	11.6	9.9	7.8	5.4	2.7	0.0
15.0	14.7	13.9	12.5	10.6	8.3	5.7	2.9	0.0
16.0	15.7	14.8	13.3	11.3	8.9	6.1	3.1	0.0
17.0	16.7	15.7	14.1	12.0	9.4	6.5	3.3	0.0
18.0	17.7	16.6	15.0	12.7	10.0	6.9	3.5	0.0
19.0	18.6	17.6	15.8	13.4	10.6	7.3	3.7	0.0
20.0	19.6	18.5	16.6	14.1	11.1	7.7	3.9	0.0
21.0	20.6	19.4	17.5	14.8	11.7	8.0	4.1	0.0
22.0	21.6	20.3	18.3	15.6	12.2	8.4	4.3	0.0
23.0	22.6	21.2	19.1	16.3	12.8	8.8	4.5	0.0
24.0	23.5	22.2	20.0	17.0	13.3	9.2	4.7	0.0
25.0	24.5	23.1	20.8	17.7	13.9	9.6	4.9	0.0
26.0	25.5	24.0	21.6	18.4	14.4	9.9	5.1	0.0
27.0	26.5	24.9	22.4	19.1	15.0	10.3	5.3	0.0
28.0	27.5	25.9	23.3	19.8	15.6	10.7	5.5	0.0
29.0	28.4	26.8	24.1	20.5	16.1	11.1	5.7	0.0
30.0	29.4	27.7	24.9	21.2	16.7	11.5	5.9	0.0
31.0	30.4	28.6	25.8	21.9	17.2	11.9	6.0	0.0
32.0	31.4	29.6	26.6	22.6	17.8	12.2	6.2	0.0
33.0	32.4	30.5	27.4	23.3	18.3	12.6	6.4	0.0
34.0	33.3	31.4	28.3	24.0	18.9	13.0	6.6	0.0
35.0	34.3	32.3	29.1	24.7	19.4	13.4	6.8	0.0
36.0	35.3	33.3	29.9	25.5	20.0	13.8	7.0	0.0
37.0	36.3	34.2	30.8	26.2	20.6	14.2	7.2	0.0
38.0	37.3	35.1	31.6	26.9	21.1	14.5	7.4	0.0
39.0	38.3	36.0	32.4	27.6	21.7	14.9	7.6	0.0
40.0	39.2	37.0	33.3	28.3	22.2	15.3	7.8	0.0
41.0	40.2	37.9	34.1	29.0	22.8	15.7	8.0	0.0
42.0	41.2	38.8	34.9	29.7	23.3	16.1	8.2	0.0
43.0	42.2	39.7	35.8	30.4	23.9	16.5	8.4	0.0
44.0	43.2	40.7	36.6	31.1	24.4	16.8	8.6	0.0
45.0	44.1	41.6	37.4	31.8	25.0	17.2	8.8	0.0
46.0	45.1	42.5	38.2	32.5	25.6	17.6	9.0	0.0
47.0	46.1	43.4	39.1	33.2	26.1	18.0	9.2	0.0
48.0	47.1	44.3	39.9	33.9	26.7	18.4	9.4	0.0
49.0	48.1	45.3	40.7	34.6	27.2	18.8	9.6	0.0
50.0	49.0	46.2	41.6	35.4	27.8	19.1	9.8	0.0
90°	7α	6α	5α	4α	3α	2α	α	0°

← sin

cos → **p=28**

0°	α	2α	3α	4α	5α	6α	90°
1.0	1.0	0.9	0.8	0.6	0.4	0.2	0.0
2.0	1.9	1.8	1.6	1.2	0.9	0.4	0.0
3.0	2.9	2.7	2.3	1.9	1.3	0.7	0.0
4.0	3.9	3.6	3.1	2.5	1.7	0.9	0.0
5.0	4.9	4.5	3.9	3.1	2.2	1.1	0.0
6.0	5.8	5.4	4.7	3.7	2.6	1.3	0.0
7.0	6.8	6.3	5.5	4.4	3.0	1.6	0.0
8.0	7.8	7.2	6.3	5.0	3.5	1.8	0.0
9.0	8.8	8.1	7.0	5.6	3.9	2.0	0.0
10.0	9.7	9.0	7.8	6.2	4.3	2.2	0.0
11.0	10.7	9.9	8.6	6.9	4.8	2.4	0.0
12.0	11.7	10.8	9.4	7.5	5.2	2.7	0.0
13.0	12.7	11.7	10.2	8.1	5.6	2.9	0.0
14.0	13.6	12.6	10.9	8.7	6.1	3.1	0.0
15.0	14.6	13.5	11.7	9.4	6.5	3.3	0.0
16.0	15.6	14.4	12.5	10.0	6.9	3.6	0.0
17.0	16.6	15.3	13.3	10.6	7.4	3.8	0.0
18.0	17.5	16.2	14.1	11.2	7.8	4.0	0.0
19.0	18.5	17.1	14.9	11.8	8.2	4.2	0.0
20.0	19.5	18.0	15.6	12.5	8.7	4.5	0.0
21.0	20.5	18.9	16.4	13.1	9.1	4.7	0.0
22.0	21.4	19.8	17.2	13.7	9.5	4.9	0.0
23.0	22.4	20.7	18.0	14.3	10.0	5.1	0.0
24.0	23.4	21.6	18.8	15.0	10.4	5.3	0.0
25.0	24.4	22.5	19.5	15.6	10.8	5.6	0.0
26.0	25.3	23.4	20.3	16.2	11.3	5.8	0.0
27.0	26.3	24.3	21.1	16.8	11.7	6.0	0.0
28.0	27.3	25.2	21.9	17.5	12.1	6.2	0.0
29.0	28.3	26.1	22.7	18.1	12.6	6.5	0.0
30.0	29.2	27.0	23.5	18.7	13.0	6.7	0.0
31.0	30.2	27.9	24.2	19.3	13.5	6.9	0.0
32.0	31.2	28.8	25.0	20.0	13.9	7.1	0.0
33.0	32.2	29.7	25.8	20.6	14.3	7.3	0.0
34.0	33.1	30.6	26.6	21.2	14.8	7.6	0.0
35.0	34.1	31.5	27.4	21.8	15.2	7.8	0.0
36.0	35.1	32.4	28.1	22.4	15.6	8.0	0.0
37.0	26.1	33.3	28.9	23.1	16.1	8.2	0.0
38.0	37.0	34.2	29.7	23.7	16.5	8.5	0.0
39.0	38.0	35.1	30.5	24.3	16.9	8.7	0.0
40.0	39.0	36.0	31.3	24.9	17.4	8.9	0.0
41.0	40.0	36.9	32.1	25.6	17.8	9.1	0.0
42.0	40.9	37.8	32.8	26.2	18.2	9.3	0.0
43.0	41.9	38.7	33.6	26.8	18.7	9.6	0.0
44.0	42.9	39.6	34.4	27.4	19.1	9.8	0.0
45.0	43.9	.40.5	35.2	28.1	19.5	10.0	0.0
46.0	44.8	41.4	36.0	28.7	20.0	10.2	0.0
47.0	45.8	42.3	36.7	29.3	20.4	10.5	0.0
48.0	46.8	43.2	37.5	29.9	20.8	10.7	0.0
49.0	47.8	44.1	38.3	30.6	21.3	10.9	0.0
50.0	48.7	45.0	39.1	31.2	21.7	11.1	0.0
90°	6α	5α	4α	3α	2α	α	0°

← sin

cos →   **p=28**

0°	α	2α	3α	4α	5α	6α	90°
51.0	49.7	45.9	39.9	31.8	22.1	11.3	0.0
52.0	50.7	46.9	40.7	32.4	22.6	11.6	0.0
53.0	51.7	47.8	41.4	33.0	23.0	11.8	0.0
54.0	52.6	48.7	42.2	33.7	23.4	12.0	0.0
55.0	53.6	49.6	43.0	34.3	23.9	12.2	0.0
56.0	54.6	50.5	43.8	34.9	24.3	12.5	0.0
57.0	55.6	51.4	44.6	35.5	24.7	12.7	0.0
58.0	56.5	52.3	45.3	36.2	25.2	12.9	0.0
59.0	57.5	53.2	46.1	36.8	25.6	13.1	0.0
60.0	58.5	54.1	46.9	37.4	26.0	13.4	0.0
61.0	59.5	55.0	47.7	38.0	26.5	13.6	0.0
62.0	60.4	55.9	48.5	38.7	26.9	13.8	0.0
63.0	61.4	56.8	49.3	39.3	27.3	14.0	0.0
64.0	62.4	57.7	50.0	39.9	27.8	14.2	0.0
65.0	63.4	58.6	50.8	40.5	28.2	14.5	0.0
66.0	64.3	59.5	51.6	41.2	28.6	14.7	0.0
67.0	65.3	60.4	52.4	41.8	29.1	14.9	0.0
68.0	66.3	61.3	53.2	42.4	29.5	15.1	0.0
69.0	67.3	62.2	53.9	43.0	29.9	15.4	0.0
70.0	68.2	63.1	54.7	43.6	30.4	15.6	0.0
71.0	69.2	64.0	55.5	44.3	30.8	15.8	0.0
72.0	70.2	64.9	56.3	44.9	31.2	16.0	0.0
73.0	71.2	65.8	57.1	45.5	31.7	16.2	0.0
74.0	72.1	66.7	57.9	46.1	32.1	16.5	0.0
75.0	73.1	67.6	58.6	46.8	32.5	16.7	0.0
76.0	74.1	68.5	59.4	47.4	33.0	16.9	0.0
77.0	75.1	69.4	60.2	48.0	33.4	17.1	0.0
78.0	76.0	70.3	61.0	48.6	33.8	17.4	0.0
79.0	77.0	71.2	61.8	49.3	34.3	17.6	0.0
80.0	78.0	72.1	62.5	49.9	34.7	17.8	0.0
81.0	79.0	73.0	63.3	50.5	35.1	18.0	0.0
82.0	79.9	73.9	64.1	51.1	35.6	18.2	0.0
83.0	80.9	74.8	64.9	51.7	36.0	18.5	0.0
84.0	81.9	75.7	65.7	52.4	36.4	18.7	0.0
85.0	82.9	76.6	66.5	53.0	36.9	18.9	0.0
86.0	83.8	77.5	67.2	53.6	37.3	19.1	0.0
87.0	84.8	78.4	68.0	54.2	37.7	19.4	0.0
88.0	85.8	79.3	68.8	54.9	38.2	19.6	0.0
89.0	86.8	80.2	69.6	55.5	38.6	19.8	0.0
90.0	87.7	81.1	70.4	56.1	39.0	20.0	0.0
91.0	88.7	82.0	71.1	56.7	39.5	20.2	0.0
92.0	89.7	82.9	71.9	57.4	39.9	20.5	0.0
93.0	90.7	83.8	72.7	58.0	40.4	20.7	0.0
94.0	91.6	84.7	73.5	58.6	40.8	20.9	0.0
95.0	92.6	85.6	74.3	59.2	41.2	21.1	0.0
96.0	93.6	86.5	75.1	59.9	41.7	21.4	0.0
97.0	94.6	87.4	75.8	60.5	42.1	21.6	0.0
98.0	95.5	88.3	76.6	61.1	42.5	21.8	0.0
99.0	96.5	89.2	77.4	61.7	43.0	22.0	0.0
100.0	97.5	90.1	78.2	62.3	43.4	22.3	0.0
90°	6α	5α	4α	3α	2α	α	0°

← sin

cos →   **p=32**

0°	α	2α	3α	4α	5α	6α	7α	90°
51.0	50.0	47.1	42.4	36.1	28.3	19.5	9.9	0.0
52.0	51.0	48.0	43.2	36.8	28.9	19.9	10.1	0.0
53.0	52.0	49.0	44.1	37.5	29.4	20.3	10.3	0.0
54.0	53.0	49.9	44.9	38.2	30.0	20.7	10.5	0.0
55.0	53.9	50.8	45.7	38.9	30.6	21.0	10.7	0.0
56.0	54.9	51.7	46.6	39.6	31.1	21.4	10.9	0.0
57.0	55.9	52.7	47.4	40.3	31.7	21.8	11.1	0.0
58.0	56.9	53.6	48.2	41.0	32.2	22.2	11.3	0.0
59.0	57.9	54.5	49.1	41.7	32.8	22.6	11.5	0.0
60.0	58.8	55.4	49.9	42.4	33.3	23.0	11.7	0.0
61.0	59.8	56.4	50.7	+3.1	33.9	23.3	11.9	0.0
62.0	60.8	57.3	51.6	43.8	34.4	23.7	12.1	0.0
63.0	61.8	58.2	52.4	44.5	35.0	24.1	12.3	0.0
64.0	62.8	59.1	53.2	45.3	35.6	24.5	12.5	0.0
65.0	63.8	60.1	54.0	46.0	36.1	24.9	12.7	0.0
66.0	64.7	61.0	54.9	46.7	36.7	35.3	12.9	0.0
67.0	65.7	61.9	55.7	47.4	37.2	25.6	13.1	0.0
68.0	66.7	62.8	56.5	48.1	37.8	26.0	13.3	0.0
69.0	67.7	63.7	57.4	48.8	38.3	26.4	13.5	0.0
70.0	68.7	64.7	58.2	49.5	38.9	26.8	13.7	0.0
71.0	69.6	65.6	59.0	50.2	39.4	27.2	13.9	0.0
72.0	70.6	66.5	59.9	50.9	40.0	27.6	14.0	0.0
73.0	71.6	67.4	60.7	51.6	40.6	27.9	14.2	0.0
74.0	72.6	68.4	61.5	52.3	41.1	28.3	14.4	0.0
75.0	73.6	69.3	62.4	53.0	41.7	28.7	14.6	0.0
76.0	74.5	70.2	63.2	53.7	42.2	29.1	14.8	0.0
77.0	75.5	71.1	64.0	54.4	42.8	29.5	15.0	0.0
78.0	76.5	72.1	64.9	55.2	43.3	29.8	15.2	0.0
79.0	77.5	73.0	65.7	55.9	43.9	30.2	15.4	0.0
80.0	78.5	73.9	66.5	56.6	44.4	30.6	15.6	0.0
81.0	79.4	74.8	67.3	57.3	45.0	31.0	15.8	0.0
82.0	80.4	75.8	68.2	58.0	45.6	31.4	16.0	0.0
83.0	81.4	76.7	69.0	58.7	46.1	31.8	16.2	0.0
84.0	82.4	77.6	69.8	59.4	46.7	32.1	16.4	0.0
85.0	83.4	78.5	70.7	60.1	47.2	32.5	16.6	0.0
86.0	84.3	79.5	71.5	60.8	47.8	32.9	16.8	0.0
87.0	85.3	80.4	72.3	61.5	48.3	33.3	17.0	0.0
88.0	86.3	81.3	73.2	62.2	48.9	33.7	17.2	0.0
89.0	87.3	82.2	74.0	62.9	49.4	34.1	17.4	0.0
90.0	88.3	83.1	74.8	63.6	50.0	34.4	17.6	0.0
91.0	89.3	84.1	75.7	64.3	50.6	34.8	17.8	0.0
92.0	90.2	85.0	76.5	65.1	51.1	35.2	17.9	0.0
93.0	91.2	85.9	77.3	65.8	51.7	35.6	18.1	0.0
94.0	92.2	86.8	78.2	66.5	52.2	36.0	18.3	0.0
95.0	93.2	87.8	79.0	67.2	52.8	36.4	18.5	0.0
96.0	94.2	88.7	79.8	67.9	53.3	36.7	18.7	0.0
97.0	95.1	89.6	80.7	68.6	53.9	37.1	18.9	0.0
98.0	96.1	90.5	81.5	69.3	54.4	37.5	19.1	0.0
99.0	97.1	91.5	82.3	70.0	55.0	37.9	19.3	0.0
100.0	98.1	92.4	83.1	70.7	55.6	38.3	19.5	0.0
90°	7α	6α	5α	4α	3α	2α	α	0°

← sin

Tafel IV.

Verwandlung der rechtwinkligen Komponenten eines Periodogrammvektors (b, a) in Polarkoordinaten (h, ψ).

h = Amplitude, ψ = Phase in Zentesimalgraden (^{g})

(1 Quadrant = $100^g = 90°$

$1^g = 0°9 = 54'$).

Erläuterungen.

Die Phase ψ', die durch die Tafel geliefert wird, liegt im 1. Quadranten (a und b positiv).

Kommen negative (a, b) vor, so hat man ψ' noch auf den richtigen Quadranten zu transformieren. Es ist, wenn

$$1.\ a>0,\ b<0:\ \psi = 200^g - \psi',$$

$$2.\ a<0,\ b<0:\ \psi = 200^g + \psi',$$

$$3.\ a<0,\ b>0:\ \psi = 400^g - \psi'.$$

Tafel IV a. Gibt h und ψ' für alle ganzzahligen Wertepaare (b, a) im Bereich $1 \leq a \leq 50$, $1 \leq b \leq 50$. Die Zeilen sind nach a, die Spalten nach b geordnet. Die Tafel gibt nebeneinander h (auf Zehntel genau) und ψ (auf ganze Zentesimalgrade abgerundet).

Beispiel: Es sei $a = 38$, $b = 17$. Man findet auf S. 82; Spalte 17: $h = 41.6\ (= \sqrt{38^2 + 17^2})$, $\psi' = 73^g\ \left(= \text{arc tg}\ \dfrac{38}{17}\right)$.

Tafel IV b. Ist a oder b oder sind beide Zahlen > 50, so ist Tafel IV b zu benutzen. Diese Tafel ist aus Zweckmäßigkeitsgründen anders angeordnet als Tafel IV a: An den Spaltenköpfen steht als oberer Eingang die größere der beiden Zahlen a, b. Die andere, kleinere (höchstens gleiche) Zahl steht in der gleichen Spalte als fett gedruckte erste Zahl. Die danebenstehende, nicht fette Zahl gibt die Amplitude h. Die Phase ψ' findet man in der betreffenden Zeile in der rechten und linken Randspalte, und zwar gilt die linke Randspalte, wenn $a \leq b$ (tg $\psi' \leq 1$), die rechte Randspalte, wenn $a \geq b$ (tg $\psi' \geq 1$).

Beispiele: 1. Es sei $a = 129$, $b = 378$. b ist die größere Zahl, man findet in der Spalte 378 (S. 104) neben 129 die Amplitude $h = 400$, am linken Rande $\psi' = 21^g$.

2. Es sei $a = 234$, $b = 202$. In der Spalte 234 (S. 97) findet man $h = 309$, ψ' (am rechten Rande) = 55^g. Hier muß interpoliert werden.

Ist die größere Zahl von (a, b) > 100, so findet man im oberen Eingang nur die geraden Zahlen. Handelt es sich um eine ungerade Zahl, so ermittelt man h, ψ' aus den beiden benachbarten Spalten und bildet das arithmetische Mittel. Kommen unter a, b Zahlen über 500 (bis 1000) vor, so benutzt man die Spalten 50—100 und interpoliert.

$$h = \sqrt{a^2 + b^2}\,;\quad \psi' = \text{arc tg}\ \frac{a}{b}\ \text{in Zentesimalgraden}$$

a\\b	1 h	1 ψ'	2 h	2 ψ'	3 h	3 ψ'	4 h	4 ψ'	5 h	5 ψ'	6 h	6 ψ'	7 h	7 ψ'	8 h	8 ψ'	9 h	9 ψ'	10 h	10 ψ'	b\\a
1	1.4	50	2.2	30	3.2	20	4.1	16	5.1	13	6.1	11	7.1	9	8.1	8	9.1	7	10.0	6	1
2	2.2	70	2.8	50	3.6	37	4.5	30	5.4	24	6.3	20	7.3	18	8.2	16	9.2	14	10.2	13	2
3	3.2	80	3.6	63	4.2	50	5.0	41	5.8	34	6.7	30	7.6	26	8.5	23	9.5	20	10.4	19	3
4	4.1	84	4.5	70	5.0	59	5.7	50	6.4	43	7.2	37	8.1	33	8.9	30	9.8	27	10.8	24	4
5	5.1	87	5.4	76	5.8	66	6.4	57	7.1	50	7.8	44	8.6	39	9.4	36	10.3	32	11.2	30	5
6	6.1	89	6.3	80	6.7	70	7.2	63	7.8	56	8.5	50	9.2	45	10.0	41	10.8	37	11.7	34	6
7	7.1	91	7.3	82	7.6	74	8.1	67	8.6	61	9.2	55	9.9	50	10.6	46	11.4	42	12.2	39	7
8	8.1	92	8.2	84	8.5	77	8.9	70	9.4	64	10.0	59	10.6	54	11.3	50	12.0	46	12.8	43	8
9	9.1	93	9.2	86	9.5	80	9.8	73	10.3	68	10.8	63	11.4	58	12.0	54	12.7	50	13.5	47	9
10	10.0	94	10.2	87	10.4	81	10.8	76	11.2	70	11.7	66	12.2	61	12.8	57	13.5	53	14.1	50	10
11	11.0	94	11.2	89	11.4	83	11.7	78	12.1	73	12.5	68	13.0	64	13.6	60	14.2	56	14.9	53	11
12	12.0	95	12.2	89	12.4	84	12.6	80	13.0	75	13.4	70	13.9	66	14.4	63	15.0	59	15.6	56	12
13	13.0	95	13.2	90	13.3	86	13.6	81	13.9	77	14.3	72	14.8	69	15.3	65	15.8	61	16.4	58	13
14	14.0	95	14.1	91	14.3	87	14.6	82	14.9	78	15.2	74	15.7	70	16.1	67	16.6	64	17.2	61	14
15	15.0	96	15.1	92	15.3	87	15.5	83	15.8	80	16.2	76	16.6	72	17.0	69	17.5	66	18.0	63	15
16	16.0	96	16.1	92	16.3	88	16.5	84	16.8	81	17.1	77	17.5	74	17.9	70	18.4	67	18.9	64	16
17	17.0	96	17.1	93	17.3	89	17.5	85	17.7	82	18.0	78	18.4	75	18.8	72	19.2	69	19.7	66	17
18	18.0	96	18.1	93	18.2	89	18.4	86	18.7	83	19.0	80	19.3	76	19.7	73	20.1	70	20.6	68	18
19	19.0	97	19.1	93	19.2	90	19.4	87	19.6	84	19.9	81	20.2	78	20.6	75	21.0	72	21.5	69	19
20	20.0	97	20.1	94	20.2	91	20.4	87	20.6	84	20.9	81	21.2	79	21.5	76	21.9	73	22.4	70	20
21	21.0	97	21.1	94	21.2	91	21.4	88	21.6	85	21.8	82	22.1	80	22.5	77	22.8	74	23.3	72	21
22	22.0	97	22.1	94	22.2	91	22.4	89	22.6	86	22.8	83	23.1	80	23.4	78	23.8	75	24.2	73	22
23	23.0	97	23.1	94	23.2	92	23.3	89	23.5	86	23.8	84	24.0	81	24.4	79	24.7	76	25.1	74	23
24	24.0	97	24.1	95	24.2	92	24.3	89	24.5	87	24.7	84	25.0	82	25.3	80	25.6	77	26.0	75	24
25	25.0	97	25.1	95	25.2	92	25.3	90	25.5	87	25.7	85	26.0	83	26.2	80	26.6	78	26.9	76	25
26	26.0	98	26.1	95	26.2	93	26.3	90	26.5	88	26.7	86	26.9	83	27.2	81	27.5	79	27.9	77	26
27	27.0	98	27.1	95	27.2	93	27.3	91	27.5	88	27.7	86	27.9	84	28.2	82	28.5	80	28.8	77	27
28	28.0	98	28.1	95	28.2	93	28.3	91	28.4	89	28.6	87	28.9	84	29.1	82	29.4	80	29.7	78	28
29	29.0	98	29.1	96	29.2	93	29.3	91	29.4	89	29.6	87	29.8	85	30.1	83	30.4	81	30.7	79	29
30	30.0	98	30.1	96	30.1	94	30.3	92	30.4	89	30.6	87	30.8	85	31.0	83	31.3	81	31.6	80	30
31	31.0	98	31.1	96	31.1	94	31.3	92	31.4	90	31.6	88	31.8	86	32.0	84	32.3	82	32.6	80	31
32	32.0	98	32.1	96	32.1	94	32.2	92	32.4	90	32.6	88	32.8	86	33.0	84	33.2	83	33.5	81	32
33	33.0	98	33.1	96	33.1	94	33.2	92	33.4	90	33.5	89	33.7	87	34.0	85	34.2	83	34.5	81	33
34	34.0	98	34.1	96	34.1	94	34.2	93	34.4	91	34.5	89	34.7	87	34.9	85	35.2	84	35.4	82	34
35	35.0	98	35.1	96	35.1	95	35.2	93	35.4	91	35.5	89	35.7	87	35.9	86	36.1	84	36.4	82	35
36	36.0	98	36.1	96	36.1	95	36.2	93	36.3	91	36.5	89	36.7	88	36.9	86	37.1	84	37.4	83	36
37	37.0	98	37.1	97	37.1	95	37.2	93	37.3	91	37.5	90	37.7	88	37.9	86	38.1	85	38.3	83	37
38	38.0	98	38.1	97	38.1	95	38.2	93	38.3	92	38.5	90	38.6	88	38.8	87	39.1	85	39.3	84	38
39	39.0	98	39.1	97	39.1	95	39.2	93	39.3	92	39.5	90	39.6	89	39.8	87	40.0	86	40.3	84	39
40	40.0	98	40.0	97	40.1	95	40.2	94	40.3	92	40.4	91	40.6	89	40.8	87	41.0	86	41.2	84	40
41	41.0	98	41.0	97	41.1	95	41.2	94	41.3	92	41.4	91	41.6	89	41.8	88	42.0	86	42.2	85	41
42	42.0	98	42.0	97	42.1	95	42.2	94	42.3	92	42.4	91	42.6	89	42.8	88	43.0	87	43.2	85	42
43	43.0	99	43.0	97	43.1	96	43.2	94	43.3	93	43.4	91	43.6	90	43.7	88	43.9	87	44.1	85	43
44	44.0	99	44.0	97	44.1	96	44.2	94	44.3	93	44.4	91	44.6	90	44.7	89	44.9	87	45.1	86	44
45	45.0	99	45.0	97	45.1	96	45.2	94	45.3	93	45.4	92	45.5	90	45.7	89	45.9	87	46.1	86	45
46	46.0	99	46.0	97	46.1	96	46.2	94	46.3	93	46.4	92	46.5	90	46.7	89	46.9	88	47.1	86	46
47	47.0	99	47.0	97	47.1	96	47.2	95	47.3	93	47.4	92	47.5	91	47.7	89	47.9	88	48.1	87	47
48	48.0	99	48.0	97	48.1	96	48.2	95	48.3	93	48.4	92	48.5	91	48.7	89	48.8	88	49.0	87	48
49	49.0	99	49.0	97	49.1	96	49.2	95	49.3	94	49.4	92	49.5	91	49.6	90	49.8	88	50.0	87	49
50	50.0	99	50.0	97	50.1	96	50.2	95	50.2	94	50.4	92	50.5	91	50.6	90	50.8	89	51.0	87	50

a pos., b pos.: $\psi = \psi'$ a neg., b neg.: $\psi = 200^g + \psi'$
a pos., b neg.: $\psi = 200^g - \psi'$ a neg., b pos.: $\psi = 400^g - \psi'$

$$h=\sqrt{a^2+b^2}; \quad \psi'=\text{arc tg}\,\frac{a}{b}\ \text{in Zentesimalgraden}$$

b \ a	11 h	11 ψ'	12 h	12 ψ'	13 h	13 ψ'	14 h	14 ψ'	15 h	15 ψ'	16 h	16 ψ'	17 h	17 ψ'	18 h	18 ψ'	19 h	19 ψ'	20 h	20 ψ'	b \ a
1	11.0	6	12.0	5	13.0	5	14.0	5	15.0	4	16.0	4	17.0	4	18.0	4	19.0	3	20.0	3	1
2	11.2	11	12.2	11	13.2	10	14.1	9	15.1	8	16.1	8	17.1	7	18.1	7	19.1	7	20.1	6	2
3	11.4	17	12.4	16	13.3	14	14.3	13	15.3	13	16.3	12	17.3	11	18.2	11	19.2	10	20.2	9	3
4	11.7	22	12.6	20	13.6	19	14.6	18	15.5	17	16.5	16	17.5	15	18.4	14	19.4	13	20.4	13	4
5	12.1	27	13.0	25	13.9	23	14.9	22	15.8	20	16.8	19	17.7	18	18.7	17	19.6	16	20.6	16	5
6	12.5	32	13.4	30	14.3	28	15.2	26	16.2	24	17.1	23	18.0	22	19.0	20	19.9	19	20.9	19	6
7	13.0	36	13.9	34	14.8	31	15.7	30	16.6	28	17.5	26	18.4	25	19.3	24	20.2	22	21.2	21	7
8	13.6	40	14.4	37	15.3	35	16.1	33	17.0	31	17.9	30	18.8	28	19.7	27	20.6	25	21.5	24	8
9	14.2	44	15.0	41	15.8	39	16.6	36	17.5	34	18.4	33	19.2	31	20.1	30	21.0	28	21.9	27	9
10	14.9	47	15.6	44	16.4	42	17.2	39	18.0	37	18.9	36	19.7	34	20.6	32	21.5	31	22.4	30	10
11	15.6	50	16.3	47	17.0	45	17.8	42	18.6	40	19.4	38	20.2	37	21.1	35	22.0	33	22.8	32	11
12	16.3	53	17.0	50	17.7	47	18.4	45	19.2	43	20.0	41	20.8	39	21.6	37	22.5	36	23.3	34	12
13	17.0	55	17.7	53	18.4	50	19.1	48	19.8	45	20.6	43	21.4	42	22.2	40	23.0	38	23.9	37	13
14	17.8	58	18.4	55	19.1	52	19.8	50	20.5	48	21.3	46	22.0	44	22.8	42	23.6	40	24.4	39	14
15	18.6	60	19.2	57	19.8	55	20.5	52	21.2	50	21.9	48	22.7	46	23.4	44	24.2	43	25.0	41	15
16	19.4	62	20.0	59	20.6	57	21.3	54	21.9	52	22.6	50	23.3	48	24.1	46	24.8	45	25.6	43	16
17	20.2	63	20.8	61	21.4	58	22.0	56	22.7	54	23.3	52	24.0	50	24.8	48	25.5	46	26.2	45	17
18	21.1	65	21.6	63	22.2	60	22.8	58	23.4	56	24.1	54	24.8	52	25.5	50	26.2	48	26.9	47	18
19	22.0	67	22.5	64	23.0	62	23.6	60	24.2	57	24.8	55	25.5	54	26.2	52	26.9	50	27.6	48	19
20	22.8	68	23.3	66	23.9	63	24.4	61	25.0	59	25.6	57	26.2	55	26.9	53	27.6	52	28.3	50	20
21	23.7	69	24.2	67	24.7	65	25.2	63	25.8	61	26.4	59	27.0	57	27.7	55	28.3	53	29.0	52	21
22	24.6	70	25.1	68	25.6	66	26.1	64	26.6	62	27.2	60	27.8	58	28.4	56	29.1	55	29.7	53	22
23	25.5	72	25.9	69	26.4	67	26.9	65	27.5	63	28.0	61	28.6	59	29.2	58	29.8	56	30.5	54	23
24	26.4	73	26.8	70	27.3	68	27.8	66	28.3	64	28.8	63	29.4	61	30.0	59	30.6	57	31.2	56	24
25	27.3	74	27.7	72	28.2	69	28.7	68	29.2	66	29.7	64	30.2	62	30.8	60	31.4	59	32.0	57	25
26	28.2	75	28.6	72	29.1	70	29.5	69	30.0	67	30.5	65	31.1	63	31.6	61	32.2	60	32.8	58	26
27	29.2	75	29.5	73	30.0	71	30.4	70	30.9	68	31.4	66	31.9	64	32.4	63	33.0	61	33.6	59	27
28	30.1	76	30.5	74	30.9	72	31.3	70	31.8	69	32.2	67	32.8	65	33.3	64	33.8	62	34.4	61	28
29	31.0	77	31.4	75	31.8	73	32.2	71	32.6	70	33.1	68	33.6	66	34.1	65	34.7	63	35.2	62	29
30	32.0	78	32.3	76	32.7	74	33.1	72	33.5	70	34.0	69	34.5	67	35.0	66	35.5	64	36.1	63	30
31	32.9	78	33.2	76	33.6	75	34.0	73	34.4	71	34.9	70	35.4	68	35.8	67	36.4	65	36.9	64	31
32	33.8	79	34.2	77	34.5	75	34.9	74	35.3	72	35.8	70	36.2	69	36.7	67	37.2	66	37.7	64	32
33	34.8	80	35.1	78	35.5	76	35.8	74	36.2	73	36.7	71	37.1	70	37.6	68	38.1	67	38.6	65	33
34	35.7	80	36.1	78	36.4	77	36.8	75	37.2	74	37.6	72	38.0	70	38.5	69	38.9	68	39.4	66	34
35	36.7	81	37.0	79	37.3	77	37.7	76	38.1	74	38.5	73	38.9	71	39.4	70	39.8	68	40.3	67	35
36	37.6	81	37.9	80	38.3	78	38.6	76	39.0	75	39.4	73	39.8	72	40.2	70	40.7	69	41.2	68	36
37	38.6	82	38.9	80	39.2	78	39.6	77	39.9	75	40.3	74	40.7	73	41.1	71	41.6	70	42.1	68	37
38	39.6	82	39.8	81	40.2	79	40.5	78	40.9	76	41.2	75	41.6	73	42.0	72	42.5	70	42.9	69	38
39	40.5	82	40.8	81	41.1	80	41.4	78	41.8	77	42.2	75	42.5	74	43.0	72	43.4	71	43.8	70	39
40	41.5	83	41.8	81	42.1	80	42.4	79	42.7	77	43.1	76	43.5	74	43.9	73	44.3	72	44.7	70	40
41	42.4	83	42.7	82	43.0	80	43.3	79	43.7	78	44.0	76	44.4	75	44.8	74	45.2	72	45.6	71	41
42	43.4	84	43.7	82	44.0	81	44.3	80	44.6	78	44.9	77	45.3	76	45.7	74	46.1	73	46.5	72	42
43	44.4	84	44.6	83	44.9	81	45.2	80	45.5	79	45.9	77	46.2	76	46.6	75	47.0	74	47.4	72	43
44	45.4	84	45.6	83	45.9	82	46.2	80	46.5	79	46.8	78	47.2	77	47.5	75	47.9	74	48.3	73	44
45	46.3	85	46.6	83	46.8	82	47.1	81	47.4	80	47.8	78	48.1	77	48.5	76	48.8	75	49.2	73	45
46	47.3	85	47.5	84	47.8	82	48.1	81	48.4	80	48.7	79	49.0	77	49.4	76	49.8	75	50.2	74	46
47	48.3	85	48.5	84	48.8	83	49.0	82	49.3	80	49.6	79	50.0	78	50.3	77	50.7	76	51.1	74	47
48	49.2	86	49.5	84	49.7	83	50.0	82	50.3	81	50.6	80	50.9	78	51.3	77	51.6	76	52.0	75	48
49	50.2	86	50.4	85	50.7	83	51.0	82	51.2	81	51.5	80	51.9	79	52.2	78	52.6	76	52.9	75	49
50	51.2	86	51.4	85	51.7	84	51.9	83	52.2	81	52.5	80	52.8	79	53.1	78	53.5	77	53.9	76	50

a pos., b pos.: $\psi = \psi'$ a neg., b neg.: $\psi = 200^{\text{g}} + \psi'$

a pos., b neg.: $\psi = 200^{\text{g}} - \psi'$ a neg., b pos.: $\psi = 400^{\text{g}} - \psi'$

$$h=\sqrt{a^2+b^2}; \quad \psi'=\text{arc tg}\ \frac{a}{b}\ \text{in Zentesimalgraden}$$

b \ a	21 h	21 ψ'	22 h	22 ψ'	23 h	23 ψ'	24 h	24 ψ'	25 h	25 ψ'	26 h	26 ψ'	27 h	27 ψ'	28 h	28 ψ'	29 h	29 ψ'	30 h	30 ψ'	a
1	21.0	3	22.0	3	23.0	3	24.0	3	25.0	3	26.0	2	27.0	2	28.0	2	29.0	2	30.0	2	1
2	21.1	6	22.1	6	23.1	6	24.1	5	25.1	5	26.1	5	27.1	5	28.1	5	29.1	4	30.1	4	2
3	21.2	9	22.2	9	23.2	8	24.2	8	25.2	8	26.2	7	27.2	7	28.2	7	29.2	7	30.1	6	3
4	21.4	12	22.4	11	23.3	11	24.3	11	25.3	10	26.3	10	27.3	9	28.3	9	29.3	9	30.3	8	4
5	21.6	15	22.6	14	23.5	14	24.5	13	25.5	13	26.5	12	27.5	12	28.4	11	29.4	11	30.4	11	5
6	21.8	18	22.8	17	23.8	16	24.7	16	25.7	15	26.7	14	27.7	14	28.6	13	29.6	13	30.6	13	6
7	22.1	20	23.1	20	24.0	19	25.0	18	26.0	17	26.9	17	27.9	16	28.9	16	29.8	15	30.8	15	7
8	22.5	23	23.4	22	24.4	21	25.3	20	26.2	20	27.2	19	28.2	18	29.1	18	30.1	17	31.0	17	8
9	22.8	26	23.8	25	24.7	24	25.6	23	26.6	22	27.5	21	28.5	20	29.4	20	30.4	19	31.3	19	9
10	23.3	28	24.2	27	25.1	26	26.0	25	26.9	24	27.9	23	28.8	23	29.7	22	30.7	21	31.6	20	10
11	23.7	31	24.6	30	25.5	28	26.4	27	27.3	26	28.2	25	29.2	25	30.1	24	31.0	23	32.0	22	11
12	24.2	33	25.1	32	25.9	31	26.8	30	27.7	28	28.6	28	29.5	27	30.5	26	31.4	25	32.3	24	12
13	24.7	35	25.6	34	26.4	33	27.3	32	28.2	31	29.1	30	30.0	29	30.9	28	31.8	27	32.7	26	13
14	25.2	37	26.1	36	26.9	35	27.8	34	28.7	32	29.5	31	30.4	30	31.3	30	32.2	29	33.1	28	14
15	25.8	39	26.6	38	27.5	37	28.3	36	29.2	34	30.0	33	30.9	32	31.8	31	32.6	30	33.5	30	15
16	26.4	41	27.2	40	28.0	39	28.8	37	29.7	36	30.5	35	31.4	34	32.2	33	33.1	32	34.0	31	16
17	27.0	43	27.8	42	28.6	41	29.4	39	30.2	38	31.1	37	31.9	36	32.8	35	33.6	34	34.5	33	17
18	27.7	45	28.4	44	29.2	42	30.0	41	30.8	40	31.6	39	32.4	37	33.3	36	34.1	35	35.0	34	18
19	28.3	47	29.1	45	29.8	44	30.6	43	31.4	41	32.2	40	33.0	39	33.8	38	34.7	37	35.5	36	19
20	29.0	48	29.7	47	30.5	46	31.2	44	32.0	43	32.8	42	33.6	41	34.4	39	35.2	38	36.1	37	20
21	29.7	50	30.4	49	31.1	47	31.9	46	32.6	44	33.4	43	34.2	42	35.0	41	35.8	40	36.6	39	21
22	30.4	51	31.1	50	31.8	49	32.6	47	33.3	46	34.1	45	34.8	44	35.6	42	36.4	41	37.2	40	22
23	31.1	53	31.8	51	32.5	50	33.2	49	34.0	47	34.7	46	35.5	45	36.2	44	37.0	43	37.8	42	23
24	31.9	54	32.6	53	33.2	51	33.9	50	34.7	49	35.4	47	36.1	46	36.9	45	37.6	44	38.4	43	24
25	32.6	56	33.3	54	34.0	53	34.7	51	35.4	50	36.1	49	36.8	48	37.5	46	38.3	45	39.1	44	25
26	33.4	57	34.1	55	34.7	54	35.4	53	36.1	51	36.8	50	37.5	49	38.2	48	38.9	47	39.7	45	26
27	34.2	58	34.8	56	35.5	55	36.1	54	36.8	52	37.5	51	38.2	50	38.9	49	39.6	48	40.4	47	27
28	35.0	59	35.6	58	36.2	56	36.9	55	37.5	54	38.2	52	38.9	51	39.6	50	40.3	49	41.0	48	28
29	35.8	60	36.4	59	37.0	57	37.6	56	38.3	55	38.9	53	39.6	52	40.3	51	41.0	50	41.7	49	29
30	36.6	61	37.2	60	37.8	58	38.4	57	39.1	56	39.7	55	40.4	53	41.0	52	41.7	51	42.4	50	30
31	37.4	62	38.0	61	38.6	59	39.2	58	39.8	57	40.5	56	41.1	54	41.8	53	42.4	52	43.1	51	31
32	38.3	63	38.8	62	39.4	60	40.0	59	40.6	58	41.2	57	41.9	55	42.5	54	43.2	53	43.9	52	32
33	39.1	64	39.7	63	40.2	61	40.8	60	41.4	59	42.0	58	42.6	56	43.3	55	43.9	54	44.6	53	33
34	40.0	65	40.5	63	41.0	62	41.6	61	42.2	60	42.8	58	43.4	57	44.0	56	44.7	55	45.3	54	34
35	40.8	66	41.3	64	41.9	63	42.4	62	43.0	61	43.6	59	44.2	58	44.8	57	45.5	56	46.1	55	35
36	41.7	66	42.2	65	42.7	64	43.3	63	43.8	61	44.4	60	45.0	59	45.6	58	46.2	57	46.9	56	36
37	42.5	67	43.0	66	43.6	65	44.1	63	44.7	62	45.2	61	45.8	60	46.4	59	47.0	58	47.6	57	37
38	43.4	68	43.9	67	44.4	65	44.9	64	45.5	63	46.0	62	46.6	61	47.2	60	47.8	59	48.4	57	38
39	44.3	69	44.8	67	45.3	66	45.8	65	46.3	64	46.9	63	47.4	61	48.0	60	48.6	59	49.2	58	39
40	45.2	69	45.7	68	46.1	67	46.6	66	47.2	64	47.7	63	48.3	62	48.8	61	49.4	60	50.0	59	40
41	46.1	70	46.5	69	47.0	67	47.5	66	48.0	65	48.5	64	49.1	63	49.6	62	50.2	61	50.8	60	41
42	47.0	70	47.4	69	47.9	68	48.4	67	48.9	66	49.4	65	49.9	64	50.5	63	51.0	62	51.6	61	42
43	47.9	71	48.3	70	48.8	69	49.2	68	49.7	66	50.2	65	50.8	64	51.3	63	51.9	62	52.4	61	43
44	48.8	72	49.2	70	49.6	69	50.1	68	50.6	67	51.1	66	51.6	65	52.2	64	52.7	63	53.3	62	44
45	49.7	72	50.1	71	50.5	70	51.0	69	51.5	68	52.0	67	52.5	66	53.0	65	53.5	64	54.1	63	45
46	50.6	73	51.0	72	51.4	70	51.9	69	52.4	68	52.8	67	53.3	66	53.9	65	54.4	64	54.9	63	46
47	51.5	73	51.9	72	52.3	71	52.8	70	53.2	69	53.7	68	54.2	67	54.7	66	55.2	65	55.8	64	47
48	52.4	74	52.8	73	53.2	72	53.7	70	54.1	69	54.6	68	55.1	67	55.6	66	56.1	65	56.6	64	48
49	53.3	74	53.7	73	54.1	72	54.6	71	55.0	70	55.5	69	55.9	68	56.4	67	56.9	66	57.5	65	49
50	54.2	75	54.6	74	55.0	73	55.5	72	55.9	70	56.4	69	56.8	68	57.3	68	57.8	67	58.3	66	50

a pos., b pos.: $\psi = \psi'$ a neg., b neg.: $\psi = 200^{\mathrm{g}} + \psi'$

a pos., b neg.: $\psi = 200^{\mathrm{g}} - \psi'$ a neg., b pos.: $\psi = 400^{\mathrm{g}} - \psi'$

$$h = \sqrt{a^2 + b^2}; \quad \psi' = \text{arc tg}\,\frac{a}{b} \text{ in Zentesimalgraden}$$

b / a	31 h	31 ψ'	32 h	32 ψ'	33 h	33 ψ'	34 h	34 ψ'	35 h	35 ψ'	36 h	36 ψ'	37 h	37 ψ'	38 h	38 ψ'	39 h	39 ψ'	40 h	40 ψ'	b / a
1	31.0	2	32.0	2	33.0	2	34.0	2	35.0	2	36.0	2	37.0	2	38.0	2	39.0	2	40.0	2	1
2	31.1	4	32.1	4	33.1	4	34.1	4	35.1	4	36.1	4	37.1	3	38.1	3	39.1	3	40.0	3	2
3	31.1	6	32.1	6	33.1	6	34.1	6	35.1	5	36.1	5	37.1	5	38.1	5	39.1	5	40.1	5	3
4	31.3	8	32.2	8	33.2	8	34.2	7	35.2	7	36.2	7	37.2	7	38.2	7	39.2	7	40.2	6	4
5	31.4	10	32.4	10	33.4	10	34.4	9	35.4	9	36.3	9	37.3	9	38.3	8	39.3	8	40.3	8	5
6	31.6	12	32.6	12	33.5	11	34.5	11	35.5	11	36.5	11	37.5	10	38.5	10	39.5	10	40.4	9	6
7	31.8	14	32.8	14	33.7	13	34.7	13	35.7	13	36.7	12	37.7	12	38.6	12	39.6	11	40.6	11	7
8	32.0	16	33.0	16	34.0	15	34.9	15	35.9	14	36.9	14	37.9	14	38.8	13	39.8	13	40.8	13	8
9	32.3	18	33.2	17	34.2	17	35.2	16	36.1	16	37.1	16	38.1	15	39.1	15	40.0	14	41.0	14	9
10	32.6	20	33.5	19	34.5	19	35.4	18	36.4	18	37.4	17	38.3	17	39.3	16	40.3	16	41.2	16	10
11	32.9	22	33.8	21	34.8	20	35.7	20	36.7	19	37.6	19	38.6	18	39.6	18	40.5	18	41.5	17	11
12	33.2	24	34.2	23	35.1	22	36.1	22	37.0	21	37.9	20	38.9	20	39.8	19	40.8	19	41.8	19	12
13	33.6	25	34.5	25	35.5	24	36.4	23	37.3	23	38.3	22	39.2	22	40.2	21	41.1	20	42.1	20	13
14	34.0	27	34.9	26	35.8	26	36.8	25	37.7	24	38.6	24	39.6	23	40.5	22	41.4	22	42.4	21	14
15	34.4	29	35.3	28	36.2	27	37.2	26	38.1	26	39.0	25	39.9	25	40.9	24	41.8	23	42.7	23	15
16	34.9	30	35.8	30	36.7	29	37.6	28	38.5	27	39.4	27	40.3	26	41.2	25	42.2	25	43.1	24	16
17	35.4	32	36.2	31	37.1	30	38.0	30	38.9	29	39.8	28	40.7	27	41.6	27	42.5	26	43.5	26	17
18	35.8	33	36.7	33	37.6	32	38.5	31	39.4	30	40.2	30	41.1	29	42.0	28	43.0	28	43.9	27	18
19	36.4	35	37.2	34	38.1	33	38.9	32	39.8	32	40.7	31	41.6	30	42.5	30	43.4	29	44.3	28	19
20	36.9	36	37.7	36	38.6	35	39.4	34	40.3	33	41.2	32	42.1	32	42.9	31	43.8	30	44.7	30	20
21	37.4	38	38.3	37	39.1	36	40.0	35	40.8	34	41.7	34	42.5	33	43.4	32	44.3	31	45.2	31	21
22	38.0	39	38.8	38	39.7	37	40.5	37	41.3	36	42.2	35	43.0	34	43.9	33	44.8	33	45.7	32	22
23	38.6	41	39.4	40	40.2	39	41.0	38	41.9	37	42.7	36	43.6	35	44.4	35	45.3	34	46.1	33	23
24	39.2	42	40.0	41	40.8	40	41.6	39	42.4	38	43.3	37	44.1	37	44.9	36	45.8	35	46.6	34	24
25	39.8	43	40.6	42	41.4	41	42.2	40	43.0	39	43.8	39	44.7	38	45.5	37	46.3	36	47.2	36	25
26	40.5	44	41.2	43	42.0	42	42.8	42	43.6	41	44.4	40	45.2	39	46.0	38	46.9	37	47.7	37	26
27	41.1	46	41.9	45	42.6	44	43.4	43	44.2	42	45.0	41	45.8	40	46.6	39	47.4	39	48.3	38	27
28	41.8	47	42.5	46	43.3	45	44.0	44	44.8	43	45.6	42	46.4	41	47.2	40	48.0	40	48.8	39	28
29	42.4	48	43.2	47	43.9	46	44.7	45	45.5	44	46.2	43	47.0	42	47.8	41	48.6	41	49.4	40	29
30	43.1	49	43.9	48	44.6	47	45.3	46	46.1	45	46.9	44	47.6	43	48.4	43	49.2	42	50.0	41	30
31	43.8	50	44.6	49	45.3	48	46.0	47	46.8	46	47.5	45	48.3	44	49.0	44	49.8	43	50.6	42	31
32	44.6	51	45.3	50	46.0	49	46.7	48	47.4	47	48.2	46	48.9	45	49.7	45	50.4	44	51.2	43	32
33	45.3	52	46.0	51	46.7	50	47.4	49	48.1	48	48.8	47	49.6	46	50.3	46	51.1	45	51.9	44	33
34	46.0	53	46.7	52	47.4	51	48.1	50	48.8	49	49.5	48	50.2	47	51.0	46	51.7	46	52.5	45	34
35	46.8	44	47.4	53	48.1	52	48.8	51	49.5	50	50.2	49	50.9	48	51.7	47	52.4	47	53.2	46	35
36	47.5	55	48.2	54	48.8	53	49.5	52	50.2	51	50.9	50	51.6	49	52.3	48	53.1	47	53.8	47	36
37	48.3	56	48.9	55	49.6	54	50.2	53	50.9	52	51.6	51	52.3	50	53.0	49	53.8	48	54.5	48	37
38	49.0	56	49.7	55	50.3	54	51.0	54	51.7	53	52.3	52	53.0	51	53.7	50	54.5	49	55.2	48	38
39	49.8	57	50.4	56	51.1	55	51.7	54	52.4	53	53.1	53	53.8	52	54.5	51	55.2	50	55.9	49	39
40	50.6	58	51.2	57	51.9	56	52.5	55	53.2	54	53.8	53	54.5	52	55.2	52	55.9	51	56.6	50	40
41	51.4	59	52.0	58	52.6	57	53.3	56	53.9	55	54.6	54	55.2	53	55.9	52	56.6	52	57.3	51	41
42	52.2	60	52.8	59	53.4	58	54.0	57	54.7	56	55.3	55	56.0	54	56.6	53	57.3	52	58.0	52	42
43	53.0	60	53.6	59	54.2	58	54.8	57	55.4	57	56.1	56	56.7	55	57.4	54	58.1	53	58.7	52	43
44	53.8	61	54.4	60	55.0	59	55.6	58	56.2	57	56.9	56	57.5	55	58.1	55	58.8	54	59.5	53	44
45	54.6	62	55.2	61	55.8	60	56.4	59	57.0	58	57.6	57	58.3	56	58.9	55	59.5	55	60.2	54	45
46	55.5	62	56.0	61	56.6	60	57.2	59	57.8	59	58.4	58	59.0	57	59.7	56	60.3	55	61.0	54	46
47	56.3	63	56.9	62	57.4	61	58.0	60	58.6	59	59.2	58	59.8	58	60.4	57	61.1	56	61.7	55	47
48	57.1	63	57.7	63	58.2	62	58.8	61	59.4	60	60.0	59	60.6	58	61.2	57	61.8	57	62.5	56	48
49	58.0	64	58.5	63	59.1	62	59.6	61	60.2	61	60.8	60	61.4	59	62.0	58	62.6	57	63.3	56	49
50	58.8	65	59.4	64	59.9	63	60.5	62	61.0	61	61.6	60	62.2	59	62.8	59	63.4	58	64.0	57	50

a pos., b pos.: $\psi = \psi'$	a neg., b neg.: $\psi = 200^{\mathrm{g}} + \psi'$
a pos., b neg.: $\psi = 200^{\mathrm{g}} - \psi'$	a neg., b pos.: $\psi = 400^{\mathrm{g}} - \psi'$

$$h = \sqrt{a^2 + b^2}; \quad \psi' = \text{arc tg } \frac{a}{b} \text{ in Zentesimalgraden}$$

b / a	41 h	41 ψ'	42 h	42 ψ'	43 h	43 ψ'	44 h	44 ψ'	45 h	45 ψ'	46 h	46 ψ'	47 h	47 ψ'	48 h	48 ψ'	49 h	49 ψ'	50 h	50 ψ'	b / a
1	41.0	2	42.0	2	43.0	1	44.0	1	45.0	1	46.0	1	47.0	1	48.0	1	49.0	1	50.0	1	1
2	41.0	3	42.0	3	43.0	3	44.0	3	45.0	3	46.0	3	47.0	3	48.0	3	49.0	3	50.0	3	2
3	41.1	5	42.1	5	43.1	4	44.1	4	45.1	4	46.1	4	47.1	4	48.1	4	49.1	4	50.1	4	3
4	41.2	6	42.2	6	43.2	6	44.2	6	45.2	6	46.2	6	47.2	5	48.2	5	49.2	5	50.2	5	4
5	41.3	8	42.3	8	43.3	7	44.3	7	45.3	7	46.3	7	47.3	7	48.3	7	49.3	6	50.2	6	5
6	41.4	9	42.4	9	43.4	9	44.4	9	45.4	8	46.4	8	47.4	8	48.4	8	49.4	8	50.4	8	6
7	41.6	11	42.6	11	43.6	10	44.6	10	45.5	10	46.5	10	47.5	9	48.5	9	49.5	9	50.5	9	7
8	41.8	12	42.8	12	43.7	12	44.7	11	45.7	11	46.7	11	47.7	11	48.7	11	49.6	10	50.6	10	8
9	42.0	14	43.0	13	43.9	13	44.9	13	45.9	13	46.9	12	47.9	12	48.8	12	49.8	12	50.8	11	9
10	42.2	15	43.2	15	44.1	15	45.1	14	46.1	14	47.1	14	48.1	13	49.0	13	50.0	13	51.0	13	10
11	42.4	17	43.4	16	44.4	16	45.4	16	46.3	15	47.3	15	48.3	15	49.2	14	50.2	14	51.2	14	11
12	42.7	18	43.7	18	44.6	17	45.6	17	46.6	17	47.5	16	48.5	16	49.5	16	50.4	15	51.4	15	12
13	43.0	20	44.0	19	44.9	19	45.9	18	46.8	18	47.8	18	48.8	17	49.7	17	50.7	17	51.7	16	13
14	43.3	21	44.3	20	45.2	20	46.2	20	47.1	19	48.1	19	49.0	18	50.0	18	51.0	18	51.9	17	14
15	43.7	22	44.6	22	45.5	21	46.5	21	47.4	20	48.4	20	49.3	20	50.3	19	51.2	19	52.2	19	15
16	44.0	24	44.9	23	45.9	23	46.8	22	47.8	22	48.7	21	49.6	21	50.6	20	51.5	20	52.5	20	16
17	44.4	25	45.3	24	46.2	24	47.2	23	48.1	23	49.0	23	50.0	22	50.9	22	51.9	21	52.8	21	17
18	44.8	26	45.7	26	46.6	25	47.5	25	48.5	24	49.4	24	50.3	23	51.3	23	52.2	22	53.1	22	18
19	45.2	28	46.1	27	47.0	26	47.9	26	48.8	25	49.8	25	50.7	24	51.6	24	52.6	24	53.5	23	19
20	45.6	29	46.5	28	47.4	28	48.3	27	49.2	27	50.2	26	51.1	26	52.0	25	52.9	25	53.9	24	20
21	46.1	30	47.0	30	47.9	29	48.8	28	49.7	28	50.6	27	51.5	27	52.4	26	53.3	26	54.2	25	21
22	46.5	31	47.4	31	48.3	30	49.2	30	50.1	29	51.0	28	51.9	28	52.8	27	53.7	27	54.6	26	22
23	47.0	33	47.9	32	48.8	31	49.6	31	50.5	30	51.4	30	52.3	29	53.2	28	54.1	28	55.0	27	23
24	47.5	34	48.4	33	49.2	32	50.1	32	51.0	31	51.9	31	52.8	30	53.7	30	54.6	29	55.5	28	24
25	48.0	35	48.9	34	49.7	34	50.6	33	51.5	32	52.4	32	53.2	31	54.1	31	55.0	30	55.9	30	25
26	48.5	36	49.4	35	50.2	35	51.1	34	52.0	33	52.8	33	53.7	32	54.6	32	55.5	31	56.4	31	26
27	49.1	37	49.9	36	50.8	36	51.6	35	52.5	34	53.3	34	54.2	33	55.1	33	55.9	32	56.8	32	27
28	49.6	38	50.5	37	51.3	37	52.2	36	53.0	35	53.9	35	54.7	34	55.6	34	56.4	33	57.3	32	28
29	50.2	39	51.0	38	51.9	38	52.7	37	53.5	36	54.4	36	55.2	35	56.1	35	56.9	34	57.8	33	29
30	50.8	40	51.6	39	52.4	39	53.3	38	54.1	37	54.9	37	55.8	36	56.6	36	57.5	35	58.3	34	30
31	51.4	41	52.2	40	53.0	40	53.8	39	54.6	38	55.5	38	56.3	37	57.1	37	58.0	36	58.8	35	31
32	52.0	42	52.8	41	53.6	41	54.4	40	55.2	39	56.0	39	56.9	38	57.7	37	58.5	37	59.4	36	32
33	52.6	43	53.4	42	54.2	42	55.0	41	55.8	40	56.6	40	57.4	39	58.2	38	59.1	38	59.9	37	33
34	53.3	44	54.0	43	54.8	43	55.6	42	56.4	41	57.2	41	58.0	40	58.8	39	59.6	39	60.5	38	34
35	53.9	45	54.7	44	55.4	43	56.2	43	57.0	42	57.8	41	58.6	41	59.4	40	60.2	39	61.0	39	35
36	54.6	46	55.3	45	56.1	44	56.9	44	57.6	43	58.4	42	59.2	42	60.0	41	60.8	40	61.6	40	36
37	55.2	47	56.0	46	56.7	45	57.5	45	58.3	44	59.0	43	59.8	42	60.6	42	61.4	41	62.2	41	37
38	55.9	48	56.6	47	57.4	46	58.1	45	58.9	45	59.7	44	60.4	43	61.2	43	62.0	42	62.8	41	38
39	56.6	48	57.3	48	58.1	47	58.8	46	59.5	45	60.3	45	61.1	44	61.8	43	62.6	43	63.4	42	39
40	57.3	49	58.0	48	58.7	48	59.5	47	60.2	46	61.0	46	61.7	45	62.5	44	63.3	44	64.0	43	40
41	58.0	50	58.7	49	59.4	48	60.1	48	60.9	47	61.6	46	62.4	46	63.1	45	63.9	44	64.7	44	41
42	58.7	51	59.4	50	60.1	49	60.8	49	61.6	48	62.3	47	63.0	46	63.8	46	64.5	45	65.3	44	42
43	59.4	42	60.1	51	60.8	50	61.5	49	62.2	49	63.0	48	63.7	47	64.4	47	65.2	46	65.9	45	43
44	60.1	52	60.8	51	61.5	51	62.2	50	62.9	49	63.7	49	64.4	48	65.1	47	65.9	47	66.6	46	44
45	60.9	53	61.6	52	62.2	51	62.9	51	63.6	50	64.4	49	65.1	49	65.8	48	66.5	47	67.3	47	45
46	61.6	54	62.3	53	63.0	52	63.7	51	64.4	51	65.1	50	65.8	49	66.5	49	67.2	48	67.9	47	46
47	62.4	54	63.0	54	63.7	53	64.4	52	65.1	51	65.8	51	66.5	50	67.2	49	67.9	49	68.6	48	47
48	63.1	55	63.8	54	64.4	53	65.1	53	65.8	52	66.5	51	67.2	51	67.9	50	68.6	49	69.3	49	48
49	63.9	56	64.5	55	65.2	54	65.9	53	66.5	53	67.2	52	67.9	51	68.6	51	69.3	50	70.0	49	49
50	64.7	56	65.3	56	65.9	55	66.6	54	67.3	53	67.9	53	68.6	52	69.3	51	70.0	51	70.7	50	50

a pos., b pos.: $\psi = \psi'$ a neg., b neg.: $\psi = 200^g + \psi'$

a pos., b neg.: $\psi = 200^g - \psi'$ a neg., b pos.: $\psi = 400^g - \psi'$

Tafel IV b

$\psi' = \operatorname{arc\,tg} \dfrac{\alpha}{\beta}$
$\qquad\qquad \alpha \leqq \beta; \quad \mathbf{h} = \sqrt{\alpha^2 + \beta^2} \qquad\qquad$
$\psi' = \operatorname{arc\,tg} \dfrac{\beta}{\alpha}$

β / ψ'	51 α	51 h	52 α	52 h	53 α	53 h	54 α	54 h	55 α	55 h	56 α	56 h	57 α	57 h	58 α	58 h	59 α	59 h	60 α	60 h	β / ψ'
1	0.8	51.0	0.8	52.0	0.8	53.0	0.8	54.0	0.9	55.0	0.9	56.0	0.9	57.0	0.9	58.0	0.9	59.0	0.9	60.0	99
2	1.6	51.0	1.6	52.0	1.7	53.0	1.7	54.0	1.7	55.0	1.8	56.0	1.8	57.0	1.8	58.0	1.9	59.0	1.9	60.0	98
3	2.4	51.1	2.5	52.1	2.5	53.1	2.5	54.1	2.6	55.1	2.6	56.1	2.7	57.1	2.7	58.1	2.8	59.1	2.8	60.1	97
4	3.2	51.1	3.3	52.1	3.3	53.1	3.4	54.1	3.5	55.1	3.5	56.1	3.6	57.1	3.6	58.1	3.7	59.1	3.8	60.1	96
5	4.0	51.2	4.1	52.2	4.2	53.2	4.2	54.2	4.3	55.2	4.4	56.2	4.5	57.2	4.6	58.2	4.6	59.2	4.7	60.2	95
6	4.8	51.2	4.9	52.2	5.0	53.2	5.1	54.2	5.2	55.2	5.3	56.2	5.4	57.3	5.5	58.3	5.6	59.3	5.7	60.3	94
7	5.6	51.3	5.7	52.3	5.9	53.3	6.0	54.3	6.1	55.3	6.2	56.3	6.3	57.3	6.4	58.4	6.5	59.4	6.6	60.4	93
8	6.4	51.4	6.6	52.4	6.7	53.4	6.8	54.4	6.9	55.4	7.1	56.4	7.2	57.5	7.3	58.5	7.5	59.5	7.6	60.5	92
9	7.3	51.5	7.4	52.5	7.5	53.5	7.7	54.5	7.8	55.6	8.0	56.6	8.1	57.6	8.3	58.6	8.4	59.6	8.5	60.6	91
10	8.1	51.6	8.2	52.6	8.4	53.7	8.6	54.7	8.7	55.7	8.9	56.7	9.0	57.7	9.2	58.7	9.3	59.7	9.5	60.7	90
11	8.9	51.8	9.1	52.8	9.2	53.8	9.4	54.8	9.6	55.8	9.8	56.8	9.9	57.9	10.1	58.9	10.3	59.9	10.5	60.9	89
12	9.7	51.9	9.9	52.9	10.1	54.0	10.3	55.0	10.5	56.0	10.7	57.0	10.9	58.0	11.1	59.0	11.3	60.1	11.4	61.1	88
13	10.6	52.1	10.8	53.1	11.0	54.1	11.2	55.1	11.4	56.2	11.6	57.2	11.8	58.2	12.0	59.2	12.2	60.3	12.4	61.3	87
14	11.4	52.3	11.6	53.3	11.8	54.3	12.1	55.3	12.3	56.4	12.5	57.4	12.7	58.4	13.0	59.4	13.2	60.5	13.4	61.5	86
15	12.2	52.4	12.5	53.5	12.7	54.5	13.0	55.5	13.2	56.6	13.4	57.6	13.7	58.6	13.9	59.6	14.2	60.7	14.4	61.7	85
16	13.1	52.7	13.4	53.7	13.6	54.7	13.9	55.8	14.1	56.8	14.4	57.8	14.6	58.8	14.9	59.9	15.1	60.9	15.4	61.9	84
17	14.0	52.9	14.2	53.9	14.5	54.9	14.8	56.0	15.0	57.0	15.3	58.1	15.6	59.1	15.9	60.1	16.1	61.2	16.4	62.2	83
18	14.8	53.1	15.1	54.2	15.4	55.2	15.7	56.2	16.0	57.3	16.3	58.3	16.6	59.4	16.9	60.4	17.1	61.4	17.4	62.5	82
19	15.7	53.4	16.0	54.4	16.3	55.5	16.6	56.5	16.9	57.5	17.2	58.6	17.5	59.6	17.8	60.7	18.2	61.7	18.5	62.8	81
20	16.6	53.6	16.9	54.7	17.2	55.7	17.5	56.8	17.9	57.8	18.2	58.9	18.5	59.9	18.8	61.0	19.2	62.0	19.5	63.1	80
21	17.5	53.9	17.8	55.0	18.1	56.0	18.5	57.1	18.8	58.1	19.2	59.2	19.5	60.2	19.9	61.3	20.2	62.4	20.5	63.4	79
22	18.4	54.2	18.7	55.3	19.1	56.3	19.4	57.4	19.8	58.5	20.2	59.5	20.5	60.6	20.9	61.6	21.2	62.7	21.6	63.8	78
23	19.3	54.5	19.6	55.6	20.0	56.7	20.4	57.7	20.8	58.8	21.2	59.9	21.5	60.9	21.9	62.0	22.3	63.1	22.7	64.1	77
24	20.2	54.9	20.6	55.9	21.0	57.0	21.4	58.1	21.8	59.2	22.2	60.2	22.6	61.3	23.0	62.4	23.4	63.5	23.8	64.5	76
25	21.1	55.2	21.5	56.3	22.0	57.4	22.4	58.4	22.8	59.5	23.2	60.6	23.6	61.7	24.0	62.8	24.4	63.9	24.9	64.9	75
26	22.1	55.6	22.5	56.7	22.9	57.7	23.4	58.8	23.8	59.9	24.2	61.0	24.7	62.1	25.1	63.2	25.5	64.3	26.0	65.4	74
27	23.0	56.0	23.5	57.1	23.9	58.2	24.4	59.2	24.8	60.3	25.3	61.4	25.7	62.5	26.2	63.6	26.6	64.7	27.1	65.8	73
28	24.0	56.4	24.5	57.5	24.9	58.6	25.4	59.7	25.9	60.8	26.4	61.9	26.8	63.0	27.3	64.1	27.8	65.2	28.2	66.3	72
29	25.0	56.8	25.5	57.9	26.0	59.0	26.5	60.1	26.9	61.2	27.4	62.4	27.9	63.5	28.4	64.6	28.9	65.7	29.4	66.8	71
30	26.0	57.2	26.5	58.4	27.0	59.5	27.5	60.6	28.0	61.7	28.5	62.9	29.0	64.0	29.6	65.1	30.1	66.2	30.6	67.3	70
31	27.0	57.7	27.5	58.8	28.1	60.0	28.6	61.1	29.1	62.2	29.7	63.4	30.2	64.5	30.7	65.6	31.2	66.8	31.8	67.9	69
32	28.0	58.2	28.6	59.3	29.1	60.5	29.7	61.6	30.2	62.8	30.8	63.9	31.3	65.0	31.9	66.2	32.4	67.3	33.0	68.5	68
33	29.1	58.7	29.7	59.9	30.2	61.0	30.8	62.2	31.4	63.3	31.9	64.5	32.5	65.6	33.1	66.8	33.7	67.9	34.2	69.1	67
34	30.2	59.3	30.8	60.4	31.3	61.6	31.9	62.7	32.5	63.9	33.1	65.1	33.7	66.2	34.3	67.4	34.9	68.5	35.5	69.7	66
35	31.3	59.8	31.9	61.0	32.5	62.2	33.1	63.3	33.7	64.5	34.3	65.7	34.9	66.9	35.5	68.0	36.2	69.2	36.8	70.4	65
36	32.4	60.4	33.0	61.6	33.6	62.8	34.3	64.0	34.9	65.1	35.5	66.3	36.2	67.5	36.8	68.7	37.4	69.9	38.1	71.1	64
37	33.5	61.0	34.2	62.2	34.8	63.4	35.5	64.6	36.1	65.8	36.8	67.0	37.4	68.2	38.1	69.4	38.8	70.6	39.4	71.8	63
38	34.7	61.7	35.3	62.9	36.0	64.1	36.7	65.3	37.4	66.5	38.1	67.7	38.7	68.9	39.4	70.1	40.1	71.3	40.8	72.5	62
39	35.8	62.3	36.5	63.6	37.2	64.8	38.0	66.0	38.7	67.2	39.4	68.4	40.1	69.7	40.8	70.9	41.5	72.1	42.2	73.3	61
40	37.1	63.0	37.8	64.3	38.5	65.5	39.2	66.7	40.0	68.0	40.7	69.2	41.4	70.5	42.1	71.7	42.9	72.9	43.6	74.2	60
41	38.3	63.8	39.0	65.0	39.8	66.3	40.5	67.5	41.3	68.8	42.0	70.0	42.8	71.3	43.5	72.5	44.3	73.8	45.0	75.0	59
42	39.6	64.5	40.3	65.8	41.1	67.1	41.9	68.3	42.7	69.6	43.4	70.9	44.2	72.1	45.0	73.4	45.8	74.7	46.5	75.9	58
43	40.9	65.3	41.7	66.6	42.5	67.9	43.3	69.2	44.1	70.5	44.9	71.8	45.7	73.0	46.5	74.3	47.3	75.6	48.1	76.9	57
44	42.2	66.2	43.0	67.5	43.8	68.8	44.7	70.1	45.5	71.4	46.3	72.7	47.2	74.0	48.0	75.3	48.8	76.6	49.6	77.9	56
45	43.6	67.1	44.4	68.4	45.3	69.7	46.1	71.0	47.0	72.3	47.8	73.6	48.7	75.0	49.5	76.3	50.4	77.6	51.2	78.9	55
46	45.0	68.0	45.8	69.3	46.7	70.7	47.6	72.0	48.5	73.3	49.4	74.7	50.3	76.0	51.1	77.3	52.0	78.7	52.9	80.0	54
47	46.4	69.0	47.3	70.3	48.2	71.7	49.1	73.0	50.0	74.4	51.0	75.7	51.9	77.1	52.8	78.4	53.7	79.8	54.6	81.1	53
48	47.9	70.0	48.8	71.3	49.8	72.7	50.7	74.1	51.6	75.4	52.6	76.8	53.5	78.2	54.5	79.6	55.4	80.9	56.3	82.3	52
49	49.4	71.0	50.4	72.4	51.4	73.8	52.3	75.2	53.3	76.6	54.3	78.0	55.2	79.4	56.2	80.8	57.2	82.2	58.1	83.6	51
50	51.0	72.1	52.0	73.5	53.0	75.0	54.0	76.4	55.0	77.8	56.0	79.2	57.0	80.6	58.0	82.0	59.0	83.4	60.0	84.9	50

$\operatorname{tg}\,\psi' = \dfrac{|a|}{|b|}; \quad \operatorname{tg}\,\psi = \dfrac{a}{b}$

a pos., b pos.: $\psi = \psi'$ a neg., b neg.: $\psi = 200^{g} + \psi'$

a pos., b neg.: $\psi = 200^{g} - \psi'$ a neg., b pos.: $\psi = 400^{g} - \psi'$

$$\psi' = \operatorname{arc tg} \frac{\alpha}{\beta} \qquad\qquad \alpha \leqq \beta;\ \mathbf{h} = \sqrt{\alpha^2 + \beta^2} \qquad\qquad \psi' = \operatorname{arc tg} \frac{\beta}{\alpha}$$

β / ψ'	61 α	h	62 α	h	63 α	h	64 α	h	65 α	h	66 α	h	67 α	h	68 α	h	69 α	h	70 α	h	β / ψ'
1	1.0	61.0	1.0	62.0	1.0	63.0	1.0	64.0	1.0	65.0	1.0	66.0	1.1	67.0	1.1	68.0	1.1	69.0	1.1	70.0	99
2	1.9	61.0	1.9	62.0	2.0	63.0	2.0	64.0	2.0	65.0	2.1	66.0	2.1	67.0	2.1	68.0	2.2	69.0	2.2	70.0	98
3	2.9	61.1	2.9	62.1	3.0	63.1	3.0	64.1	3.1	65.1	3.1	66.1	3.2	67.1	3.2	68.1	3.3	69.1	3.3	70.1	97
4	3.8	61.1	3.9	62.1	4.0	63.1	4.0	64.1	4.1	65.1	4.2	66.1	4.2	67.1	4.3	68.1	4.3	69.1	4.4	70.1	96
5	4.8	61.2	4.9	62.2	5.0	63.2	5.0	64.2	5.1	65.2	5.2	66.2	5.3	67.2	5.4	68.2	5.4	69.2	5.5	70.2	95
6	5.8	61.3	5.9	62.3	6.0	63.3	6.0	64.3	6.1	65.3	6.2	66.3	6.3	67.3	6.4	68.3	6.5	69.3	6.6	70.3	94
7	6.7	61.4	6.8	62.4	7.0	63.4	7.1	64.4	7.2	65.4	7.3	66.4	7.4	67.4	7.5	68.4	7.6	69.4	7.7	70.4	93
8	7.7	61.5	7.8	62.5	8.0	63.5	8.1	64.5	8.2	65.5	8.3	66.5	8.5	67.5	8.6	68.5	8.7	69.5	8.8	70.6	92
9	8.7	61.6	8.8	62.6	9.0	63.6	9.1	64.6	9.3	65.7	9.4	66.7	9.5	67.7	9.7	68.7	9.8	69.7	10.0	70.7	91
10	9.7	61.8	9.8	62.8	10.0	63.8	10.1	64.8	10.3	65.8	10.5	66.8	10.6	67.8	10.8	68.8	10.9	69.9	11.1	70.9	90
11	10.6	61.9	10.8	62.9	11.0	64.0	11.2	65.0	11.3	66.0	11.5	67.0	11.7	68.0	11.9	69.0	12.0	70.0	12.2	71.1	89
12	11.6	62.1	11.8	63.1	12.0	64.1	12.2	65.2	12.4	66.2	12.6	67.2	12.8	68.2	13.0	69.2	13.2	70.2	13.4	71.3	88
13	12.6	62.3	12.8	63.3	13.0	64.3	13.3	65.4	13.5	66.4	13.7	67.4	13.9	68.4	14.1	69.4	14.3	70.5	14.5	71.5	87
14	13.6	62.5	13.9	63.5	14.1	64.4	14.3	65.6	14.5	66.6	14.8	67.6	15.0	68.7	15.2	69.7	15.4	70.7	15.6	71.7	86
15	14.6	62.7	14.9	63.8	15.1	64.8	15.4	65.8	15.6	66.8	15.8	67.9	16.1	68.9	16.3	69.9	16.6	71.0	16.8	72.0	85
16	15.7	63.0	15.9	64.0	16.2	65.0	16.4	66.1	16.7	67.1	16.9	68.1	17.2	69.2	17.5	70.2	17.7	71.2	18.0	72.3	84
17	16.7	63.2	17.0	64.3	17.2	65.3	17.5	66.4	17.8	67.4	18.1	68.4	18.3	69.5	18.6	70.5	18.9	71.5	19.1	72.6	83
18	17.7	63.5	18.0	64.6	18.3	65.6	18.6	66.6	18.9	67.7	19.2	68.7	19.5	69.8	19.8	70.8	20.0	71.9	20.3	72.9	82
19	18.8	63.8	19.1	64.9	19.4	65.9	19.7	67.0	20.0	68.0	20.3	69.1	20.6	70.1	20.9	71.1	21.2	72.2	21.5	73.2	81
20	19.8	64.1	20.1	65.2	20.5	66.2	20.8	67.3	21.1	68.3	21.4	69.4	21.8	70.4	22.1	71.5	22.4	72.6	22.7	73.6	80
21	20.9	64.5	21.2	65.5	21.6	66.6	21.9	67.6	22.3	68.7	22.6	69.8	22.9	70.8	23.3	71.9	23.6	72.9	24.0	74.0	79
22	22.0	64.8	22.3	65.9	22.7	67.0	23.0	68.0	23.4	69.1	23.8	70.1	24.1	71.2	24.5	72.3	24.8	73.3	25.2	74.4	78
23	23.1	65.2	23.4	66.3	23.8	67.3	24.2	68.4	24.6	69.5	24.9	70.6	25.3	71.6	25.7	72.7	26.1	73.8	26.5	74.8	77
24	24.2	65.6	24.5	66.7	24.9	67.8	25.3	68.8	25.7	69.9	26.1	71.0	26.5	72.1	26.9	73.1	27.3	74.2	27.7	75.3	76
25	25.3	66.0	25.7	67.1	26.1	68.2	26.5	69.3	26.9	70.4	27.3	71.4	27.8	72.5	28.2	73.6	28.6	74.7	29.0	75.8	75
26	26.4	66.5	26.8	67.6	27.3	68.6	27.7	69.7	28.1	70.8	28.6	71.9	29.0	73.0	29.4	74.1	29.9	75.2	30.3	76.3	74
27	27.5	66.9	28.0	68.0	28.4	69.1	28.9	70.2	29.3	71.3	29.8	72.4	30.3	73.5	30.7	74.6	31.2	75.7	31.6	76.8	73
28	28.7	67.4	29.2	68.5	29.6	69.6	30.1	70.7	30.6	71.8	31.1	72.9	31.5	74.0	32.0	75.2	32.5	76.3	32.9	77.4	72
29	29.9	67.9	30.4	69.0	30.9	70.2	31.4	71.3	31.8	72.4	32.3	73.5	32.8	74.6	33.3	75.7	33.8	76.8	34.3	77.9	71
30	31.1	68.5	31.6	69.6	32.1	70.7	32.6	71.8	33.1	73.0	33.6	74.1	34.1	75.2	34.6	76.3	35.2	77.4	35.7	78.6	70
31	32.3	69.0	32.8	70.2	33.4	71.3	33.9	72.4	34.4	73.5	34.9	74.7	35.5	75.8	36.0	76.9	36.5	78.1	37.1	79.2	69
32	33.5	69.6	34.1	70.8	34.6	71.9	35.2	73.0	35.7	74.2	36.3	75.3	36.8	76.5	37.4	77.6	37.9	78.7	38.5	79.9	68
33	34.8	70.2	35.4	71.4	35.9	72.5	36.5	73.7	37.1	74.8	37.6	76.0	38.2	77.1	38.8	78.3	39.4	79.4	39.9	80.6	67
34	36.1	70.9	36.7	72.0	37.3	73.2	37.8	74.4	38.4	75.5	39.0	76.7	39.6	77.8	40.2	79.0	40.8	80.2	41.4	81.3	66
35	37.4	71.5	38.0	72.7	38.6	73.9	39.2	75.1	39.8	76.2	40.4	77.4	41.1	78.6	41.7	79.8	42.3	80.9	42.9	82.1	65
36	38.7	72.2	39.3	73.4	40.0	74.6	40.6	75.8	41.3	77.0	41.9	78.2	42.5	79.4	43.2	80.5	43.8	81.7	44.4	92.9	64
37	40.1	73.0	40.7	74.2	41.4	75.4	42.0	76.6	42.7	77.8	43.4	79.0	44.0	80.2	44.7	81.4	45.3	82.6	46.0	83.8	63
38	41.5	73.8	42.1	75.0	42.8	76.2	43.5	77.4	44.2	78.6	44.9	79.8	45.5	81.0	46.2	82.2	46.9	83.4	47.6	84.6	62
39	42.9	74.6	43.6	75.8	44.3	77.0	45.0	78.2	45.7	79.4	46.4	80.7	47.1	81.9	47.8	83.1	48.5	84.3	49.2	85.6	61
40	44.3	75.4	45.0	76.6	45.8	77.9	46.5	79.1	47.2	80.3	48.0	81.6	48.7	82.8	49.4	84.1	50.1	85.3	50.9	86.5	60
41	45.8	76.3	46.6	77.5	47.3	78.8	48.1	80.0	48.8	81.3	49.6	82.5	50.3	83.8	51.1	85.0	51.8	86.3	52.6	87.5	59
42	47.3	77.2	48.1	78.5	48.9	79.7	49.6	81.0	50.4	82.3	51.2	83.5	52.0	84.8	52.7	86.1	53.5	87.3	54.3	88.6	58
43	48.9	78.2	49.7	79.4	50.5	80.7	51.3	82.0	52.1	83.3	52.9	84.6	53.7	85.9	54.5	87.1	55.3	88.4	56.1	89.7	57
44	50.5	79.2	51.3	80.5	52.1	81.8	52.9	83.1	53.8	84.4	54.6	85.7	55.4	87.0	56.3	88.3	57.1	89.6	57.9	90.8	56
45	52.1	80.2	53.0	81.5	53.8	82.9	54.7	84.2	55.5	85.5	56.4	86.8	57.2	88.1	58.1	89.4	58.9	90.7	59.8	92.1	55
46	53.8	81.3	54.7	82.7	55.5	84.0	56.4	85.3	57.3	86.7	58.2	88.0	59.1	89.3	60.0	90.7	60.8	92.0	61.7	93.3	54
47	55.5	82.5	56.4	83.8	57.3	85.2	58.2	86.5	59.1	87.9	60.1	89.2	61.0	90.6	61.9	91.9	62.8	93.3	63.7	94.6	53
48	57.3	83.7	58.2	85.1	59.2	86.4	60.1	87.8	61.0	89.2	62.0	90.5	62.9	91.9	63.9	93.3	64.8	94.7	65.7	96.0	52
49	59.1	84.9	60.1	86.3	61.1	87.7	62.0	89.1	63.0	90.5	64.0	91.9	64.9	93.3	65.9	94.7	66.9	96.1	67.8	97.5	51
50	61.0	86.3	62.0	87.7	63.0	89.1	64.0	90.5	65.0	91.9	66.0	93.3	67.0	94.8	68.0	96.2	69.0	97.6	70.0	99.0	50

$$\operatorname{tg}\psi' = \frac{|a|}{|b|};\ \operatorname{tg}\psi = \frac{a}{b}$$

a pos., b pos.: $\psi = \psi'$ a neg., b neg.: $\psi = 200^{\mathrm{g}} + \psi'$
a pos., b neg.: $\psi = 200^{\mathrm{g}} - \psi'$ a neg., b pos.: $\psi = 400^{\mathrm{g}} - \psi'$

Tafel IVb

$$\psi' = \text{arc tg}\,\frac{\alpha}{\beta} \qquad\qquad \alpha \leqq \beta;\ \mathbf{h} = \sqrt{\alpha^2+\beta^2} \qquad\qquad \psi' = \text{arc tg}\,\frac{\beta}{\alpha}$$

$\psi'\backslash\beta$	71 α	71 h	72 α	72 h	73 α	73 h	74 α	74 h	75 α	75 h	76 α	76 h	77 α	77 h	78 α	78 h	79 α	79 h	80 α	80 h	β/ψ'
1	1.1	71.0	1.1	72.0	1.1	73.0	1.2	74.0	1.2	75.0	1.2	76.0	1.2	77.0	1.2	78.0	1.2	79.0	1.3	80.0	99
2	2.2	71.0	2.3	72.0	2.3	73.0	2.3	74.0	2.4	75.0	2.4	76.0	2.4	77.0	2.5	78.0	2.5	79.0	2.5	80.0	98
3	3.3	71.1	3.4	72.1	3.4	73.1	3.5	74.1	3.5	75.1	3.6	76.1	3.6	77.1	3.7	78.1	3.7	79.1	3.8	80.1	97
4	4.5	71.1	4.5	72.1	4.6	73.1	4.7	74.1	4.7	75.1	4.8	76.2	4.8	77.2	4.9	78.2	5.0	79.2	5.0	80.2	96
5	5.6	71.2	5.7	72.2	5.7	73.2	5.8	74.2	5.9	75.2	6.0	76.2	6.1	77.2	6.1	78.2	6.2	79.2	6.3	80.2	95
6	6.7	71.3	6.8	72.3	6.9	73.3	7.0	74.3	7.1	75.3	7.2	76.3	7.3	77.3	7.4	78.3	7.5	79.4	7.6	80.4	94
7	7.8	71.4	7.9	72.4	8.1	73.4	8.2	74.4	8.3	75.5	8.4	76.5	8.5	77.5	8.6	78.5	8.7	79.5	8.8	80.5	93
8	9.0	71.6	9.1	72.6	9.2	73.6	9.3	74.6	9.5	75.6	9.6	76.6	9.7	77.6	9.9	78.6	10.0	79.6	10.1	80.6	92
9	10.1	71.7	10.2	72.7	10.4	73.7	10.5	74.7	10.7	75.8	10.8	76.8	11.0	77.8	11.1	78.8	11.2	79.8	11.4	80.8	91
10	11.2	71.9	11.4	72.9	11.6	73.9	11.7	74.9	11.9	75.9	12.0	76.9	12.2	78.0	12.4	79.0	12.5	80.0	12.7	81.0	90
11	12.4	72.1	12.6	73.1	12.7	74.1	12.9	75.1	13.1	76.1	13.3	77.1	13.4	78.2	13.6	79.2	13.8	80.2	14.0	81.2	89
12	13.5	72.3	13.7	73.3	13.9	74.3	14.1	75.3	14.3	76.4	14.5	77.4	14.7	78.4	14.9	79.4	15.1	80.4	15.3	81.4	88
13	14.7	72.5	14.9	73.5	15.1	74.5	15.3	75.6	15.5	76.6	15.7	77.6	15.9	78.6	16.2	79.7	16.4	80.7	16.6	81.7	87
14	15.9	72.8	16.1	73.8	16.3	74.8	16.5	75.8	16.8	76.9	17.0	77.9	17.2	78.9	17.4	79.9	17.7	80.9	17.9	82.0	86
15	17.0	73.0	17.3	74.0	17.5	75.1	17.8	76.1	18.0	77.1	18.2	78.2	18.5	79.2	18.7	80.2	19.0	81.2	19.2	82.3	85
16	18.2	73.3	18.5	74.3	18.7	75.4	19.0	76.4	19.3	77.4	19.5	78.5	19.8	79.5	20.0	80.5	20.3	81.6	20.5	82.6	84
17	19.4	73.6	19.7	74.6	20.0	75.7	20.2	76.7	20.5	77.8	20.8	78.8	21.1	79.8	21.3	80.9	21.6	81.9	21.9	82.9	83
18	20.6	73.9	20.9	75.0	21.2	76.0	21.5	77.1	21.8	78.1	22.1	79.1	22.4	80.2	22.7	81.2	23.0	82.3	23.2	83.3	82
19	21.8	74.3	22.2	75.3	22.5	76.4	22.8	77.4	23.1	78.5	23.4	79.5	23.7	80.6	24.0	81.6	24.3	82.7	24.6	83.7	81
20	23.1	74.7	23.4	75.7	23.7	76.8	24.0	77.8	24.4	78.9	24.7	79.9	25.0	81.0	25.3	82.0	25.7	83.1	26.0	84.1	80
21	24.3	75.0	24.7	76.1	25.0	77.2	25.3	78.2	25.7	79.3	26.0	80.3	26.4	81.4	26.7	82.4	27.0	83.5	27.4	84.6	79
22	25.6	75.5	25.9	76.5	26.3	77.6	26.6	78.6	27.0	79.7	27.4	80.8	27.7	81.8	28.1	82.9	28.4	84.0	28.8	85.0	78
23	26.8	75.9	27.2	77.0	27.6	78.0	28.0	79.1	28.3	80.2	28.7	81.2	29.1	82.3	29.5	83.4	29.9	84.5	30.2	85.5	77
24	28.1	76.4	28.5	77.4	28.9	78.5	29.3	79.6	29.7	80.7	30.1	81.7	30.5	82.8	30.9	83.9	31.3	85.0	31.7	86.0	76
25	29.4	76.8	29.8	77.9	30.2	79.0	30.7	80.1	31.1	81.2	31.5	82.3	31.9	83.3	32.3	84.4	32.7	85.5	33.1	86.6	75
26	30.7	77.4	31.2	78.5	31.6	79.5	32.0	80.6	32.5	81.7	32.9	82.8	33.3	83.9	33.8	85.0	34.2	86.1	34.6	87.2	74
27	32.1	77.9	32.5	79.0	33.0	80.1	33.4	81.2	33.9	82.3	34.3	83.4	34.8	84.5	35.2	85.6	35.7	86.7	36.1	87.8	73
28	33.4	78.5	33.9	79.6	34.4	80.7	34.8	81.8	35.3	82.9	35.8	84.0	36.2	85.1	36.7	86.2	37.2	87.3	37.6	88.4	72
29	34.8	79.1	35.3	80.2	35.8	81.3	36.3	82.4	36.7	83.5	37.2	84.6	37.7	85.7	38.2	86.9	38.7	88.0	39.2	89.1	71
30	36.2	79.7	36.7	80.8	37.2	81.9	37.7	83.1	38.2	84.2	38.7	85.3	39.2	86.4	39.7	87.5	40.3	88.7	40.8	89.8	70
31	37.6	80.3	38.1	81.5	38.7	82.6	39.2	83.7	39.7	84.9	40.2	86.0	40.8	87.1	41.3	88.3	41.8	89.4	42.4	90.5	69
32	39.0	81.0	39.6	82.2	40.1	83.3	40.7	84.4	41.2	85.6	41.8	86.7	42.3	87.9	42.9	89.0	43.4	90.2	44.0	91.3	68
33	40.5	81.7	41.1	82.9	41.6	84.0	42.2	85.2	42.8	86.3	43.3	87.5	43.9	88.6	44.5	89.8	45.1	90.9	45.6	92.1	67
34	42.0	82.5	42.6	83.6	43.2	84.8	43.8	86.0	44.4	87.1	44.9	88.3	45.5	89.5	46.1	90.6	46.7	91.8	47.3	92.9	66
35	43.5	83.3	44.1	84.4	44.7	85.6	45.3	86.8	46.0	88.0	46.6	89.1	47.2	90.3	47.8	91.5	48.4	92.7	49.0	93.8	65
36	45.1	84.1	45.7	85.3	46.3	86.5	47.0	87.6	47.6	88.8	48.2	90.0	48.9	91.2	49.5	92.4	50.1	93.6	50.8	94.7	64
37	46.6	84.9	47.3	86.1	48.0	87.3	48.6	88.5	49.3	89.7	49.9	90.9	50.6	92.1	51.2	93.3	51.9	94.5	52.6	95.7	63
38	48.3	85.8	48.9	87.1	49.6	88.3	50.3	89.5	51.0	90.7	51.6	91.9	52.3	93.1	53.0	94.3	53.7	95.5	54.4	96.7	62
39	49.9	86.8	50.6	88.0	51.3	89.2	52.0	90.4	52.7	91.7	53.4	92.9	54.1	94.1	54.8	95.3	55.5	96.6	56.2	97.8	61
40	51.6	87.8	52.3	89.0	53.0	90.2	53.8	91.5	54.5	92.7	55.2	93.9	55.9	95.2	56.7	96.4	57.4	97.6	58.1	98.9	60
41	53.3	88.8	54.1	90.0	54.8	91.3	55.6	92.5	56.3	93.8	57.1	95.0	57.8	96.3	58.6	97.5	59.3	98.8	60.1	100.0	59
42	55.1	89.9	55.8	91.1	56.6	92.4	57.4	93.7	58.2	94.9	59.0	96.2	59.7	97.4	60.5	98.7	61.3	100.0	62.1	101.2	58
43	56.9	91.0	57.7	92.3	58.5	93.5	59.3	94.8	60.1	96.1	60.9	97.4	61.7	98.7	62.5	99.9	63.3	101.2	64.1	102.5	57
44	58.7	92.1	59.6	93.4	60.4	94.7	61.2	96.0	62.0	97.3	62.9	98.6	63.7	99.9	64.5	101.2	65.4	102.5	66.2	103.8	56
45	60.6	93.4	61.5	94.7	62.3	96.0	63.2	97.3	64.1	98.6	64.9	99.9	65.8	101.3	66.6	102.6	67.5	103.9	68.3	105.2	55
46	62.6	94.7	63.5	96.0	64.4	97.3	65.2	98.7	66.1	100.0	67.0	101.3	67.9	102.7	68.8	104.0	69.6	105.3	70.5	106.7	54
47	64.6	96.0	65.5	97.3	66.4	98.7	67.3	100.0	68.2	101.4	69.2	102.8	70.1	104.1	71.0	105.5	71.9	106.8	72.8	108.2	53
48	66.7	97.4	67.6	98.8	68.6	100.1	69.5	101.5	70.4	102.9	71.4	104.3	72.3	105.6	73.2	107.0	74.2	108.4	75.1	109.7	52
49	68.8	98.9	69.8	100.3	70.7	101.7	71.7	103.0	72.7	104.4	73.6	105.8	74.6	107.2	75.6	108.6	76.6	110.0	77.5	111.4	51
50	71.0	100.4	72.0	101.8	73.0	103.2	74.0	104.7	75.0	106.1	76.0	107.5	77.0	108.9	78.0	110.3	79.0	111.7	80.0	113.1	50

$$\text{tg }\psi' = \frac{|a|}{|b|};\ \text{tg }\psi = \frac{a}{b}$$

a pos., b pos.: $\psi = \psi'$
a pos., b neg.: $\psi = 200^g - \psi'$
a neg., b neg.: $\psi = 200^g + \psi'$
a neg., b pos.: $\psi = 400^g - \psi'$

$$\psi' = \arc\operatorname{tg} \frac{\alpha}{\beta} \qquad\qquad \alpha \leqq \beta; \quad h = \sqrt{\alpha^2 + \beta^2} \qquad\qquad \psi' = \arc\operatorname{tg} \frac{\beta}{\alpha}$$

β \ ψ'	81 α	81 h	82 α	82 h	83 α	83 h	84 α	84 h	85 α	85 h	86 α	86 h	87 α	87 h	88 α	88 h	89 α	89 h	90 α	90 h	β / ψ'
1	1.3	81.0	1.3	82.0	1.3	83.0	1.3	84.0	1.3	85.0	1.4	86.0	1.4	87.0	1.4	88.0	1.4	89.0	1.4	90.0	99
2	2.5	81.0	2.6	82.0	2.6	83.0	2.6	84.0	2.7	85.0	2.7	86.0	2.7	87.0	2.8	88.0	2.8	89.0	2.8	90.0	98
3	3.8	81.1	3.9	82.1	3.9	83.1	4.0	84.1	4.0	85.1	4.1	86.1	4.1	87.1	4.2	88.1	4.2	89.1	4.2	90.1	97
4	5.1	81.2	5.2	82.2	5.2	83.2	5.3	84.2	5.3	85.2	5.4	86.2	5.5	87.2	5.5	88.2	5.6	89.2	5.7	90.2	96
5	6.4	81.3	6.5	82.3	6.5	83.3	6.6	84.3	6.7	85.3	6.8	86.3	6.8	87.3	6.9	88.3	7.0	89.3	7.1	90.3	95
6	7.7	81.4	7.8	82.4	7.8	83.4	7.9	84.4	8.0	85.4	8.1	86.4	8.2	87.4	8.3	88.4	8.4	89.4	8.5	90.4	94
7	8.9	81.5	9.1	82.5	9.2	83.5	9.3	84.5	9.4	85.5	9.5	86.5	9.6	87.5	9.7	88.5	9.8	89.5	9.9	90.5	93
8	10.2	81.6	10.4	82.7	10.5	83.7	10.6	84.7	10.7	85.7	10.9	86.7	11.0	87.7	11.1	88.7	11.2	89.7	11.4	90.7	92
9	11.5	81.8	11.7	82.8	11.8	83.8	12.0	84.8	12.1	85.9	12.2	86.9	12.4	87.9	12.5	88.9	12.7	89.9	12.8	90.9	91
10	12.8	82.0	13.0	83.0	13.1	84.0	13.3	85.0	13.5	86.1	13.6	87.1	13.8	88.1	13.9	89.1	14.1	90.1	14.3	91.1	90
11	14.1	82.2	14.3	83.2	14.5	84.3	14.7	85.3	14.8	86.3	15.0	87.3	15.2	88.3	15.4	89.3	15.5	90.3	15.7	91.4	89
12	15.5	82.5	15.6	83.5	15.8	84.5	16.0	85.5	16.2	86.5	16.4	87.6	16.6	88.6	16.8	89.6	17.0	90.6	17.2	91.6	88
13	16.8	82.7	17.0	83.7	17.2	84.8	17.4	85.8	17.6	86.8	17.8	87.8	18.0	88.8	18.2	89.9	18.4	90.9	18.6	91.9	87
14	18.1	83.0	18.3	84.0	18.6	85.0	18.8	86.1	19.0	87.1	19.2	88.1	19.4	89.1	19.7	90.2	19.9	91.2	20.1	92.2	86
15	19.4	83.3	19.7	84.3	19.9	85.4	20.2	86.4	20.4	87.4	20.6	88.4	20.9	89.5	21.1	90.5	21.4	91.5	21.6	92.6	85
16	20.8	83.6	21.1	84.7	21.3	85.7	21.6	86.7	21.8	87.8	22.1	88.8	22.3	89.8	22.6	90.9	22.9	91.9	23.1	92.9	84
17	22.2	84.0	22.4	85.0	22.7	86.0	23.0	87.1	23.3	88.1	23.5	89.2	23.8	90.2	24.1	91.2	24.3	92.3	24.6	93.3	83
18	23.5	84.3	23.8	85.4	24.1	86.4	24.4	87.5	24.7	88.5	25.0	89.6	25.3	90.6	25.6	91.6	25.9	92.7	26.1	93.7	82
19	24.9	84.7	25.2	85.8	25.5	86.8	25.8	87.9	26.1	88.9	26.5	90.0	26.8	91.0	27.1	92.1	27.4	93.1	27.7	94.2	81
20	26.3	85.2	26.6	86.2	27.0	87.3	27.3	88.3	27.6	89.4	27.9	90.4	28.3	91.5	28.6	92.5	28.9	93.6	29.2	94.6	80
21	27.7	85.6	28.1	86.7	28.4	87.7	28.8	88.8	29.1	89.8	29.4	90.9	29.8	92.0	30.1	93.0	30.5	94.1	30.8	95.1	79
22	29.2	86.1	29.5	87.2	29.9	88.2	30.2	89.3	30.6	90.3	31.0	91.4	31.3	92.5	31.7	93.5	32.0	94.6	32.4	95.7	78
23	30.6	86.6	31.0	87.7	31.4	88.7	31.7	89.8	32.1	90.9	32.5	91.9	32.9	93.0	33.3	94.1	33.6	95.1	34.0	96.2	77
24	32.1	87.1	32.5	88.2	32.9	89.3	33.3	90.3	33.7	91.4	34.0	92.5	34.4	93.6	34.8	94.6	35.2	95.7	35.6	96.8	76
25	33.6	87.7	34.0	88.8	34.4	89.8	34.8	90.9	35.2	92.0	35.6	93.1	36.0	94.2	36.5	95.3	36.9	96.3	37.3	97.4	75
26	35.1	88.3	35.5	89.3	35.9	90.4	36.4	91.5	36.8	92.6	37.2	93.7	37.6	94.8	38.1	95.9	38.5	97.0	38.9	98.1	74
27	36.6	88.9	37.0	90.0	37.5	91.1	37.9	92.2	38.4	93.3	38.8	94.4	39.3	95.5	39.7	96.6	40.2	97.7	40.6	98.7	73
28	38.1	89.5	38.6	90.6	39.1	91.7	39.5	92.8	40.0	93.9	40.5	95.0	40.9	96.2	41.4	97.3	41.9	98.4	42.4	99.5	72
29	39.7	90.2	40.2	91.3	40.7	92.4	41.2	93.5	41.6	94.7	42.1	95.8	42.6	96.9	43.1	98.0	43.6	99.1	44.1	100.2	71
30	41.3	90.9	41.8	92.0	42.3	93.2	42.8	94.3	43.3	95.4	43.8	96.5	44.3	97.6	44.8	98.8	45.3	99.9	45.9	101.0	70
31	42.9	91.7	43.4	92.8	43.9	93.9	44.5	95.0	45.0	96.2	45.5	97.3	46.1	98.4	46.6	99.6	47.1	100.7	47.7	101.8	69
32	44.5	92.4	45.1	93.6	45.6	94.7	46.2	95.9	46.7	97.0	47.3	98.1	47.8	99.3	48.4	100.4	48.9	101.6	49.5	102.7	68
33	46.2	93.3	46.8	94.4	47.3	95.6	47.9	96.7	48.5	97.9	49.1	99.0	49.6	100.2	50.2	101.3	50.8	102.5	51.3	103.6	67
34	47.9	94.1	48.5	95.3	49.1	96.4	49.7	97.6	50.3	98.8	50.9	99.9	51.5	101.1	52.0	102.2	52.6	103.4	53.2	104.6	66
35	49.6	95.0	50.2	96.2	50.9	97.3	51.5	98.5	52.1	99.7	52.7	100.9	53.3	102.0	53.9	103.2	54.5	104.4	55.2	105.6	65
36	51.4	95.9	52.0	97.1	52.7	98.3	53.3	99.5	53.9	100.7	54.6	101.9	55.2	103.0	55.8	104.2	56.5	105.4	57.1	106.6	64
37	53.2	96.9	53.9	98.1	54.5	99.3	55.2	100.5	55.8	101.7	56.5	102.9	57.1	104.1	57.8	105.3	58.5	106.5	59.1	107.7	63
38	55.0	97.9	55.7	99.1	56.4	100.4	57.1	101.6	57.8	102.8	58.4	104.0	59.1	105.2	59.8	106.4	60.5	107.6	61.2	108.8	62
39	56.9	99.0	57.6	100.2	58.3	101.4	59.0	102.7	59.7	103.9	60.4	105.1	61.1	106.3	61.8	107.6	62.6	108.8	63.3	110.0	61
40	58.8	100.1	59.6	101.4	60.3	102.6	61.0	103.8	61.8	105.1	62.5	106.3	63.2	107.5	63.9	108.8	64.7	110.0	65.4	111.2	60
41	60.8	101.3	61.6	102.5	62.3	103.8	63.1	105.0	63.8	106.3	64.6	107.5	65.3	108.8	66.1	110.0	66.8	111.3	67.6	112.5	59
42	62.8	102.5	63.6	103.8	64.4	105.0	65.2	106.3	65.9	107.6	66.7	108.8	67.5	110.1	68.3	111.4	69.0	112.6	69.8	113.9	58
43	64.9	103.8	65.7	105.1	66.5	106.4	67.3	107.6	68.1	108.9	68.9	110.2	69.7	111.5	70.5	112.8	71.3	114.0	72.1	115.3	57
44	67.0	105.1	67.8	106.4	68.7	107.7	69.5	109.0	70.3	110.3	71.1	111.6	72.0	112.9	72.8	114.2	73.6	115.5	74.5	116.8	56
45	69.2	106.5	70.0	107.8	70.9	109.2	71.7	110.5	72.6	111.8	73.5	113.1	74.3	114.4	75.2	115.7	76.0	117.0	76.9	118.4	55
46	71.4	108.0	72.3	109.3	73.2	110.7	74.1	112.0	74.9	113.3	75.8	114.6	76.7	116.0	77.6	117.3	78.5	118.6	79.3	120.0	54
47	73.7	109.5	74.6	110.9	75.5	112.2	76.4	113.6	77.3	114.9	78.3	116.3	79.2	117.6	80.1	119.0	81.0	120.3	81.9	121.7	53
48	76.1	111.1	77.0	112.5	77.9	113.9	78.9	115.2	79.8	116.6	80.8	118.0	81.7	119.3	82.6	120.7	83.6	122.1	84.5	123.5	52
49	78.5	112.8	79.5	114.2	80.4	115.6	81.4	117.0	82.4	118.4	83.3	119.8	84.3	121.1	85.3	122.5	86.2	123.9	87.2	125.3	51
50	81.0	114.6	82.0	116.0	83.0	117.4	84.0	118.8	85.0	120.2	86.0	121.6	87.0	123.0	88.0	124.5	89.0	125.9	90.0	127.3	50

$$\operatorname{tg} \psi' = \frac{|a|}{|b|}; \quad \operatorname{tg} \psi = \frac{a}{b}$$

a pos., b pos.: $\psi = \psi'$ a neg., b neg.: $\psi = 200^{\mathrm{g}} + \psi'$

a pos., b neg.: $\psi = 200^{\mathrm{g}} - \psi'$ a neg., b pos.: $\psi = 400^{\mathrm{g}} - \psi'$

Tafel IVb

$$\psi' = \operatorname{arc\,tg} \frac{\alpha}{\beta} \qquad\qquad \alpha \leqq \beta;\quad \mathbf{h} = \sqrt{\alpha^2 + \rho^2} \qquad\qquad \psi' = \operatorname{arc\,tg} \frac{\beta}{\alpha}$$

β → ψ' ↓	91 α	91 h	92 α	92 h	93 α	93 h	94 α	94 h	95 α	95 h	96 α	96 h	97 α	97 h	98 α	98 h	99 α	99 h	100 α	100 h	β / ψ'
1	1.4	91.0	1.4	92.0	1.5	93.0	1.5	94.0	1.5	95.0	1.5	96.0	1.5	97.0	1.5	98.0	1.6	99.0	1.6	100.0	99
2	2.9	91.0	2.9	92.0	2.9	93.0	3.0	94.0	3.0	95.0	3.0	96.0	3.0	97.0	3.1	98.0	3.1	99.0	3.1	100.0	98
3	4.3	91.1	4.3	92.1	4.4	93.1	4.4	94.1	4.5	95.1	4.5	96.1	4.6	97.1	4.6	98.1	4.7	99.1	4.7	100.1	97
4	5.7	91.2	5.8	92.2	5.9	93.2	5.9	94.2	6.0	95.2	6.0	96.2	6.1	97.2	6.2	98.2	6.2	99.2	6.3	100.2	96
5	7.2	91.3	7.2	92.3	7.3	93.3	7.4	94.3	7.5	95.3	7.6	96.3	7.6	97.3	7.7	98.3	7.8	99.3	7.9	100.3	95
6	8.6	91.4	8.7	92.4	8.8	93.4	8.9	94.4	9.0	95.4	9.1	96.4	9.2	97.4	9.3	98.4	9.4	99.4	9.5	100.4	94
7	10.0	91.6	10.2	92.6	10.3	93.6	10.4	94.6	10.5	95.6	10.6	96.6	10.7	97.6	10.8	98.6	10.9	99.6	11.0	100.6	93
8	11.5	91.7	11.6	92.7	11.7	93.7	11.9	94.7	12.0	95.8	12.1	96.8	12.3	97.8	12.4	98.8	12.5	99.8	12.6	100.8	92
9	13.0	91.9	13.1	92.9	13.2	93.9	13.4	94.9	13.5	96.0	13.7	97.0	13.8	98.0	13.9	99.0	14.1	100.0	14.2	101.0	91
10	14.4	92.1	14.6	93.1	14.7	94.2	14.9	95.2	15.0	96.2	15.2	97.2	15.4	98.2	15.5	99.2	15.7	100.2	15.8	101.2	90
11	15.9	92.4	16.1	93.4	16.2	94.4	16.4	95.4	16.6	96.4	16.8	97.5	16.9	98.5	17.1	99.5	17.3	100.5	17.5	101.5	89
12	17.4	92.6	17.5	93.7	17.7	94.7	17.9	95.7	18.1	96.7	18.3	97.7	18.5	98.7	18.7	99.8	18.9	100.8	19.1	101.8	88
13	18.8	92.9	19.1	94.0	19.3	95.0	19.5	96.0	19.7	97.0	19.9	98.0	20.1	99.1	20.3	100.1	20.5	101.1	20.7	102.1	87
14	20.3	93.2	20.6	94.3	20.8	95.3	21.0	96.3	21.2	97.3	21.5	98.4	21.7	99.4	21.9	100.4	22.1	101.4	22.4	102.5	86
15	21.8	93.6	22.1	94.6	22.3	95.6	22.6	96.7	22.8	97.7	23.0	98.7	23.3	99.8	23.5	100.8	23.8	101.8	24.0	102.8	85
16	23.4	94.0	23.6	95.0	23.9	96.0	24.1	97.0	24.4	98.1	24.6	99.1	24.9	100.1	25.2	101.2	25.4	102.2	25.7	103.2	84
17	24.9	94.3	25.2	95.4	25.4	96.4	25.7	97.5	26.0	98.5	26.3	99.5	26.5	100.6	26.8	101.6	27.1	102.6	27.4	103.7	83
18	26.4	94.8	26.7	95.8	27.0	96.8	27.3	97.9	27.6	98.9	27.9	100.0	28.2	101.0	28.5	102.1	28.8	103.1	29.1	104.1	82
19	28.0	95.2	28.3	96.3	28.6	97.3	28.9	98.3	29.2	99.4	29.5	100.4	29.8	101.5	30.1	102.5	30.5	103.6	30.8	104.6	81
20	29.6	95.7	29.9	96.7	30.2	97.8	30.5	98.8	30.9	99.9	31.2	100.9	31.5	102.0	31.8	103.0	32.2	104.1	32.5	105.1	80
21	31.2	96.2	31.5	97.2	31.8	98.3	32.2	99.4	32.5	100.4	32.9	101.5	33.2	102.5	33.6	103.6	33.9	104.6	34.2	105.7	79
22	32.8	96.7	33.1	97.8	33.5	98.8	33.8	99.9	34.2	101.0	34.6	102.0	34.9	103.1	35.3	104.2	35.6	105.2	36.0	106.3	78
23	34.4	97.3	34.8	98.3	35.1	99.4	35.5	100.5	35.9	101.6	36.3	102.6	36.7	103.7	37.0	104.8	37.4	105.8	37.8	106.9	77
24	36.0	97.9	36.4	98.9	36.8	100.0	37.2	101.1	37.6	102.2	38.0	103.3	38.4	104.3	38.8	105.4	39.2	106.5	39.6	107.6	76
25	37.7	98.5	38.1	99.6	38.5	100.7	38.9	101.7	39.4	102.8	39.8	103.9	40.2	105.0	40.6	106.1	41.0	107.2	41.4	108.2	75
26	39.4	99.2	39.8	100.2	40.2	101.3	40.7	102.4	41.1	103.5	41.5	104.6	42.0	105.7	42.4	106.8	42.8	107.9	43.3	109.0	74
27	41.1	99.8	41.5	100.9	42.0	102.0	42.4	103.1	42.9	104.2	43.3	105.3	43.8	106.4	44.2	107.5	44.7	108.6	45.2	109.7	73
28	42.8	100.6	43.3	101.7	43.8	102.8	44.2	103.9	44.7	105.0	45.2	106.1	45.6	107.2	46.1	108.3	46.6	109.4	47.1	110.5	72
29	44.6	101.3	45.1	102.4	45.6	103.6	46.1	104.7	46.5	105.8	47.0	106.9	47.5	108.0	48.0	109.1	48.5	110.2	49.0	111.4	71
30	46.4	102.1	46.9	103.3	47.4	104.4	47.9	105.5	48.4	106.6	48.9	107.7	49.4	108.9	49.9	110.0	50.4	111.1	51.0	112.2	70
31	48.2	103.0	48.7	104.1	49.2	105.2	49.8	106.4	50.3	107.5	50.8	108.6	51.4	109.8	51.9	110.9	52.4	112.0	52.9	113.2	69
32	50.0	103.8	50.6	105.0	51.1	106.1	51.7	107.3	52.2	108.4	52.8	109.6	53.3	110.7	53.9	111.8	54.4	113.0	55.0	114.1	68
33	51.9	104.8	52.5	105.9	53.0	107.1	53.6	108.2	54.2	109.4	54.8	110.5	55.3	111.7	55.9	112.8	56.5	114.0	57.0	115.1	67
34	53.8	105.7	54.4	106.9	55.0	108.0	55.6	109.2	56.2	110.4	56.8	111.5	57.4	112.7	58.0	113.9	58.5	115.0	59.1	116.2	66
35	55.8	106.7	56.4	107.9	57.0	109.1	57.6	110.2	58.2	111.4	58.8	112.6	59.4	113.8	60.1	114.9	60.7	116.1	61.3	117.3	65
36	57.8	107.8	58.4	109.0	59.0	110.1	59.7	111.3	60.3	112.5	60.9	113.7	61.6	114.9	62.2	116.1	62.8	117.3	63.5	118.4	64
37	59.8	108.9	60.4	110.1	61.1	111.3	61.7	112.5	62.4	113.7	63.1	114.9	63.7	116.1	64.4	117.3	65.0	118.4	65.7	119.6	63
38	61.8	110.0	62.5	111.2	63.2	112.4	63.9	113.7	64.6	114.9	65.2	116.1	65.9	117.3	66.6	118.5	67.3	119.7	68.0	120.9	62
39	64.0	111.2	64.7	112.4	65.4	113.7	66.1	114.9	66.8	116.1	67.5	117.3	68.2	118.6	68.9	119.8	69.6	121.0	70.3	122.2	61
40	66.1	112.5	66.8	113.7	67.6	115.0	68.3	116.2	69.0	117.4	69.7	118.7	70.5	119.9	71.2	121.1	71.9	122.4	72.7	123.6	60
41	68.3	113.8	69.1	115.0	69.8	116.3	70.6	117.5	71.3	118.8	72.1	120.0	72.8	121.3	73.6	122.5	74.3	123.8	75.1	125.0	59
42	70.6	115.2	71.4	116.4	72.1	117.7	72.9	119.0	73.7	120.2	74.5	121.5	75.2	122.8	76.0	124.0	76.8	125.3	77.6	126.6	58
43	72.9	116.6	73.7	117.9	74.5	119.2	75.3	120.4	76.1	121.7	76.9	123.0	77.7	124.3	78.5	125.6	79.3	126.9	80.1	128.1	57
44	75.3	118.1	76.1	119.4	76.9	120.7	77.8	122.0	78.6	123.3	79.4	124.6	80.2	125.9	81.1	127.2	81.9	128.5	82.7	129.8	56
45	77.7	119.7	78.6	121.0	79.4	122.3	80.3	123.6	81.1	124.9	82.0	126.2	82.8	127.6	83.7	128.9	84.6	130.2	85.4	131.5	55
46	80.2	121.3	81.1	122.6	82.0	124.0	82.9	125.3	83.8	126.6	84.6	128.0	85.5	129.3	86.4	130.6	87.3	132.0	88.2	133.3	54
47	82.8	123.0	83.7	124.4	84.6	125.7	85.5	127.1	86.4	128.4	87.4	129.8	88.3	131.1	89.2	132.5	90.1	133.9	91.0	135.2	53
48	85.5	124.8	86.4	126.2	87.3	127.6	88.3	128.9	89.2	130.3	90.2	131.7	91.1	133.1	92.0	134.4	93.0	135.8	93.9	137.2	52
49	88.2	126.7	89.2	128.1	90.1	129.5	91.1	130.9	92.1	132.3	93.0	133.7	94.0	135.1	95.0	136.5	95.9	137.9	96.9	139.3	51
50	91.0	128.7	92.0	130.1	93.0	131.5	94.0	132.9	95.0	134.4	96.0	135.8	97.0	137.2	98.0	138.6	99.0	140.0	100.0	141.4	50

$$\operatorname{tg}\psi' = \frac{|a|}{|b|};\quad \operatorname{tg}\psi = \frac{a}{b}$$

a pos., b pos.: $\psi = \psi'$ a neg., b neg.: $\psi = 200^{\mathrm{g}} + \psi'$

a pos., b neg.: $\psi = 200^{\mathrm{g}} - \psi'$ a neg., b pos.: $\psi = 400^{\mathrm{g}} - \psi'$

$$\psi' = \arctan\frac{\alpha}{\beta} \qquad\qquad \alpha \leq \beta; \quad \mathbf{h} = \sqrt{\alpha^2 + \beta^2} \qquad\qquad \psi' = \arctan\frac{\beta}{\alpha}$$

ψ' \ β	102 α	102 h	104 α	104 h	106 α	106 h	108 α	108 h	110 α	110 h	112 α	112 h	114 α	114 h	116 α	116 h	118 α	118 h	120 α	120 h	β \ ψ'
1	2	102	2	104	2	106	2	108	2	110	2	112	2	114	2	116	2	118	2	120	99
2	3	102	3	104	3	106	3	108	3	110	4	112	4	114	4	116	4	118	4	120	98
3	5	102	5	104	5	106	5	108	5	110	5	112	5	114	5	116	6	118	6	120	97
4	6	102	7	104	7	106	7	108	7	110	7	112	7	114	7	116	7	118	8	120	96
5	8	102	8	104	8	106	8	108	9	110	9	112	9	114	9	116	9	118	9	120	95
6	10	102	10	104	10	106	10	108	10	110	11	112	11	115	11	117	11	119	11	121	94
7	11	103	11	105	12	107	12	109	12	111	12	113	13	115	13	117	13	119	13	121	93
8	13	103	13	105	13	107	14	109	14	111	14	113	14	115	15	117	15	119	15	121	92
9	15	103	15	105	15	107	15	109	16	111	16	113	16	115	17	117	17	119	17	121	91
10	16	103	16	105	17	107	17	109	17	111	18	113	18	115	18	117	19	119	19	121	90
11	18	104	18	106	19	108	19	110	19	112	20	114	20	116	20	118	21	120	21	122	89
12	19	104	20	106	20	108	21	110	21	112	21	114	22	116	22	118	23	120	23	122	88
13	21	104	22	106	22	108	22	110	23	112	23	114	24	116	24	118	24	121	25	123	87
14	23	105	23	107	24	109	24	111	25	113	25	115	25	117	26	119	26	121	27	123	86
15	24	105	25	107	25	109	26	111	26	113	27	115	27	117	28	119	28	121	29	123	85
16	26	105	27	107	27	109	28	112	28	114	29	116	29	118	30	120	30	122	31	124	84
17	28	106	28	108	29	110	30	112	30	114	31	116	31	118	32	120	32	122	33	124	83
18	30	106	30	108	31	110	31	112	32	115	33	117	33	119	34	121	34	123	35	125	82
19	31	107	32	109	33	111	33	113	34	115	34	117	35	119	36	121	36	123	37	126	81
20	33	107	34	109	34	111	35	114	36	116	36	118	37	120	38	122	38	124	39	126	80
21	35	108	36	110	36	112	37	114	38	116	38	118	39	120	40	123	40	125	41	127	79
22	37	108	37	111	38	113	39	115	40	117	40	119	41	121	42	123	42	125	43	128	78
23	39	109	39	111	40	113	41	115	42	118	42	120	43	122	44	124	45	126	45	128	77
24	40	110	41	112	42	114	43	116	44	118	44	120	45	123	46	125	47	127	48	129	76
25	42	110	43	113	44	115	45	117	46	119	46	121	47	123	48	126	49	128	50	130	75
26	44	111	45	113	46	115	47	118	48	120	48	122	49	124	50	126	51	129	52	131	74
27	46	112	47	114	48	116	49	118	50	121	51	123	51	125	52	127	53	129	54	132	73
28	48	113	49	115	50	117	51	119	52	122	53	124	54	126	55	128	56	130	56	133	72
29	50	114	51	116	52	118	53	120	54	122	55	125	56	127	57	129	58	131	59	134	71
30	52	114	53	117	54	119	55	121	56	123	57	126	58	128	59	130	60	132	61	135	70
31	54	115	55	118	56	120	57	122	58	124	59	127	60	129	61	131	62	134	64	136	69
32	56	116	57	119	58	121	59	123	60	126	62	128	63	130	64	132	65	135	66	137	68
33	58	117	59	120	60	122	62	124	63	127	64	129	65	131	66	134	67	136	68	138	67
34	60	119	62	121	63	123	64	125	65	128	66	130	67	132	69	135	70	137	71	139	66
35	63	120	64	122	65	124	66	127	67	129	69	131	70	134	71	136	72	138	74	141	65
36	65	121	66	123	67	126	69	128	70	130	71	133	72	135	74	137	75	140	76	142	64
37	67	122	68	124	70	127	71	129	72	132	74	134	75	136	76	139	78	141	79	144	63
38	69	123	71	126	72	128	73	131	75	133	76	135	77	138	79	140	80	143	82	145	62
39	72	125	73	127	74	130	76	132	77	134	79	137	80	139	82	142	83	144	84	147	61
40	74	126	76	129	77	131	78	133	80	136	81	138	83	141	84	143	86	146	87	148	60
41	77	128	78	130	80	133	81	135	83	138	84	140	86	143	87	145	89	148	90	150	59
42	79	129	81	132	82	134	84	137	85	139	87	142	88	144	90	147	92	149	93	152	58
43	82	131	83	133	85	136	87	138	88	141	90	144	91	146	93	149	95	151	96	154	57
44	84	132	86	135	88	138	89	140	91	143	93	145	94	148	96	151	98	153	99	156	56
45	87	134	89	137	91	139	92	142	94	145	96	147	97	150	99	153	101	155	102	158	55
46	90	136	92	139	93	141	95	144	97	147	99	149	101	152	102	155	104	157	106	160	54
47	93	138	95	141	96	143	98	146	100	149	102	151	104	154	106	157	107	160	109	162	53
48	96	140	98	143	100	145	101	148	103	151	105	154	107	156	109	159	111	162	113	165	52
49	99	142	101	145	103	148	105	150	107	153	109	156	110	159	112	162	114	164	116	167	51
50	102	144	104	147	106	150	108	153	110	156	112	158	114	161	116	164	118	167	120	170	50

$$\tan\psi' = \frac{|a|}{|b|}; \quad \tan\psi = \frac{a}{b} \qquad \begin{array}{l} a \text{ pos., } b \text{ pos.: } \psi = \psi' \\ a \text{ pos., } b \text{ neg.: } \psi = 200^g - \psi' \end{array} \qquad \begin{array}{l} a \text{ neg., } b \text{ neg.: } \psi = 200^g + \psi' \\ a \text{ neg., } b \text{ pos.: } \psi = 400^g - \psi' \end{array}$$

Tafel IVb

$\psi' = \arctan \dfrac{\alpha}{\beta}$ $\alpha \leqq \beta; \quad \mathbf{h} = \sqrt{\alpha^2 + \beta^2}$ $\psi' = \arctan \dfrac{\beta}{\alpha}$

ψ'	β=122 α	h	124 α	h	126 α	h	128 α	h	130 α	h	132 α	h	134 α	h	136 α	h	138 α	h	140 α	h	β / ψ'
1	2	122	2	124	2	126	2	128	2	130	2	132	2	134	2	136	2	138	2	140	99
2	4	122	4	124	4	126	4	128	4	130	4	132	4	134	4	136	4	138	4	140	98
3	6	122	6	124	6	126	6	128	6	130	6	132	6	134	6	136	7	138	7	140	97
4	8	122	8	124	8	126	8	128	8	130	8	132	8	134	9	136	9	138	9	140	96
5	10	122	10	124	10	126	10	128	10	130	10	132	11	134	11	136	11	138	11	140	95
6	12	123	12	125	12	127	12	129	12	131	12	133	13	135	13	137	13	139	13	141	94
7	13	123	14	125	14	127	14	129	14	131	15	133	15	135	15	137	15	139	15	141	83
8	15	123	16	125	16	127	16	129	16	131	17	133	17	135	17	137	17	139	18	141	92
9	17	123	18	125	18	127	18	129	19	131	19	133	19	135	19	137	20	139	20	141	91
10	19	124	20	126	20	128	20	130	21	132	21	134	21	136	22	138	22	140	22	142	90
11	21	124	22	126	22	128	22	130	23	132	23	134	23	136	24	138	24	140	24	142	89
12	23	124	24	126	24	128	24	130	25	132	25	134	26	136	26	138	26	140	27	143	88
13	25	125	26	127	26	129	27	131	27	133	27	135	28	137	28	139	29	141	29	143	87
14	27	125	28	127	28	129	29	131	29	133	30	135	30	137	30	139	31	141	31	143	86
15	29	125	30	128	30	130	31	132	31	134	32	136	32	138	33	140	33	142	34	144	85
16	31	126	32	128	32	130	33	132	33	134	34	136	34	138	35	140	35	142	36	145	84
17	33	126	34	129	34	131	35	133	36	135	36	137	37	139	37	141	38	143	38	145	83
18	35	127	36	129	37	131	37	133	38	135	38	137	39	140	40	142	40	144	41	146	82
19	38	128	38	130	39	132	39	134	40	136	41	138	41	140	42	142	42	144	43	146	81
20	40	128	40	130	41	132	42	135	42	137	43	139	44	141	44	143	45	145	45	147	80
21	42	129	42	131	43	133	44	135	45	137	45	140	46	142	47	144	47	146	48	148	79
22	44	130	45	132	45	134	46	136	47	138	48	140	48	142	49	145	50	147	50	149	78
23	46	130	47	133	48	135	48	137	49	139	50	141	51	143	51	145	52	148	53	150	77
24	48	131	49	133	50	136	51	138	51	140	52	142	53	144	54	146	55	148	55	151	76
25	51	132	51	134	52	136	53	139	54	141	55	143	56	145	56	147	57	149	58	152	75
26	53	133	54	135	55	137	55	139	56	142	57	144	58	146	59	148	60	150	61	153	74
27	55	134	56	136	57	138	58	140	59	143	60	145	61	147	61	149	62	151	63	154	73
28	57	135	58	137	59	139	60	141	61	144	62	146	63	148	64	150	65	153	66	155	72
29	60	136	61	138	62	140	63	143	64	145	65	147	66	149	67	151	68	154	69	156	71
30	62	137	63	139	64	141	65	144	66	146	67	148	68	150	69	153	70	155	71	157	70
31	65	138	66	140	67	143	68	145	69	147	70	149	71	152	72	154	73	156	74	158	69
32	67	139	68	142	69	144	70	146	71	148	73	151	74	153	75	155	76	157	77	160	68
33	70	140	71	143	72	145	73	147	74	150	75	152	76	154	78	157	79	159	80	161	67
34	72	142	73	144	75	146	76	149	77	151	78	153	79	156	80	158	82	160	83	163	66
35	75	143	76	145	77	148	78	150	80	152	81	155	82	157	83	160	85	162	86	164	65
36	77	144	79	147	80	149	81	152	83	154	84	156	85	159	86	161	88	163	89	166	64
37	80	146	81	148	83	151	84	153	85	156	87	158	88	160	89	163	91	165	92	168	63
38	83	148	84	150	86	152	87	155	88	157	90	160	91	162	92	164	94	167	95	169	62
39	86	149	87	152	89	154	90	156	91	159	93	161	94	164	96	166	97	169	98	171	61
40	89	151	90	153	92	156	93	158	94	161	96	163	97	166	99	168	100	171	102	173	60
41	92	153	93	155	95	158	96	160	98	163	99	165	101	168	102	170	104	173	105	175	59
42	95	154	96	157	98	159	99	162	101	165	102	167	104	170	105	172	107	175	109	177	58
43	98	156	99	159	101	161	103	164	104	167	106	169	107	172	109	174	111	177	112	179	57
44	101	158	103	161	104	164	106	166	108	169	109	171	111	174	113	177	114	179	116	182	56
45	104	160	106	163	108	166	109	168	111	171	113	174	114	176	116	179	118	181	120	184	55
46	108	163	109	165	111	168	113	171	115	173	116	176	118	179	120	181	122	184	123	187	54
47	111	165	113	168	115	170	116	173	118	176	120	178	122	181	124	184	126	187	127	189	53
48	115	167	116	170	118	173	120	176	122	178	124	181	126	184	128	187	130	189	131	192	52
49	118	170	120	173	122	175	124	178	126	181	128	184	130	187	132	189	134	192	136	195	51
50	122	173	124	175	126	178	128	181	130	184	132	187	134	190	136	192	138	195	140	198	50

$$\operatorname{tg}\psi' = \frac{|a|}{|b|}; \quad \operatorname{tg}\psi = \frac{a}{b}$$

a pos., b pos.: $\psi = \psi'$ a neg., b neg.: $\psi = 200^\mathrm{g} + \psi'$

a pos., b neg.: $\psi = 200^\mathrm{g} - \psi'$ a neg., b pos.: $\psi = 400^\mathrm{g} - \psi'$

Tafel IVb

$$\psi' = \operatorname{arc\,tg}\frac{\alpha}{\beta} \qquad\qquad \alpha \leqq \beta; \quad \mathbf{h} = \sqrt{\alpha^2 + \beta^2} \qquad\qquad \psi' = \operatorname{arc\,tg}\frac{\beta}{\alpha}$$

β / ψ'	142 α	h	144 α	h	146 α	h	148 α	h	150 α	h	152 α	h	154 α	h	156 α	h	158 α	h	160 α	h	β / ψ'
1	2	142	2	144	2	146	2	148	2	150	2	152	2	154	2	156	2	158	3	160	99
2	4	142	5	144	5	146	5	148	5	150	5	152	5	154	5	156	5	158	5	160	98
3	7	142	7	144	7	146	7	148	7	150	7	152	7	154	7	156	7	158	8	160	97
4	9	142	9	144	9	146	9	148	9	150	10	152	10	154	10	156	10	158	10	160	96
5	11	142	11	144	11	146	12	148	12	150	12	152	12	154	12	156	12	158	13	160	95
6	13	143	14	145	14	147	14	149	14	151	14	153	15	155	15	157	15	159	15	161	94
7	16	143	16	145	16	147	16	149	17	151	17	153	17	155	17	157	17	159	18	161	93
8	18	143	18	145	18	147	19	149	19	151	19	153	19	155	20	157	20	159	20	161	92
9	20	143	20	145	21	147	21	149	21	152	22	154	22	156	22	158	22	160	23	162	91
10	22	144	23	146	23	148	23	150	24	152	24	154	24	156	25	158	25	160	25	162	90
11	25	144	25	146	25	148	26	150	26	152	27	154	27	156	27	158	28	160	28	162	89
12	27	145	27	147	28	149	28	151	29	153	29	155	29	157	30	159	30	161	31	163	88
13	29	145	30	147	30	149	31	151	31	153	31	155	32	157	32	159	33	161	33	163	87
14	32	146	32	148	33	150	33	152	34	154	34	156	34	158	35	160	35	162	36	164	86
15	34	146	35	148	35	150	36	152	36	154	36	156	37	158	37	160	38	162	38	165	85
16	36	147	37	149	37	151	38	153	39	155	39	157	40	159	40	161	41	163	41	165	84
17	39	147	39	149	40	151	40	153	41	156	42	158	42	160	43	162	43	164	44	166	83
18	41	148	42	150	42	152	43	154	44	156	44	158	45	160	45	162	46	165	46	167	82
19	44	149	44	151	45	153	46	155	46	157	47	159	47	161	48	163	49	165	49	167	81
20	46	149	47	151	47	154	48	156	49	158	49	160	50	162	51	164	51	166	52	168	80
21	49	150	49	152	50	154	51	156	51	159	52	161	53	163	53	165	54	167	55	169	79
22	51	151	52	153	53	155	53	157	54	159	55	162	55	164	56	166	57	168	58	170	78
23	54	152	54	154	55	156	56	158	57	160	57	162	58	165	59	167	60	169	60	171	77
24	56	153	57	155	58	157	59	159	59	161	60	163	61	166	62	168	63	170	63	172	76
25	59	154	60	156	60	158	61	160	62	162	63	165	64	167	65	169	65	171	66	173	75
26	61	155	62	157	63	159	64	161	65	163	66	166	67	168	68	170	68	172	69	174	74
27	64	156	65	158	66	160	67	162	68	165	69	167	70	169	70	171	71	173	72	176	73
28	67	157	68	159	69	161	70	164	71	166	72	168	72	170	73	172	74	175	75	177	72
29	70	158	71	160	72	163	73	165	73	167	74	169	75	171	76	174	77	176	78	178	71
30	72	159	73	162	74	164	75	166	76	168	77	171	78	173	79	175	81	177	82	180	70
31	75	161	76	163	77	165	78	167	79	170	80	172	82	174	83	177	84	179	85	181	69
32	78	162	79	164	80	167	81	169	82	171	84	173	85	176	86	178	87	180	88	183	68
33	81	163	82	166	83	168	84	170	86	173	87	175	88	177	89	180	90	182	91	184	67
34	84	165	85	167	86	170	88	172	89	174	90	177	91	179	92	181	93	184	95	186	66
35	87	167	88	169	89	171	91	174	92	176	93	178	94	181	96	183	97	185	98	188	65
36	90	168	91	171	93	173	94	175	95	178	96	180	98	182	99	185	100	187	102	189	64
37	93	170	95	172	96	175	97	177	99	179	100	182	101	184	102	187	104	189	105	191	63
38	97	172	98	174	99	177	101	179	102	181	103	184	105	186	106	189	107	191	109	193	62
39	100	174	101	176	103	178	104	181	105	183	107	186	108	188	110	191	111	193	112	196	61
40	103	176	105	178	106	180	108	183	109	185	110	188	112	190	113	193	115	195	116	198	60
41	107	178	108	180	110	183	111	185	113	188	114	190	116	193	117	195	119	198	120	200	59
42	110	180	112	182	113	185	115	187	116	190	118	192	119	195	121	197	123	200	124	202	58
43	114	182	115	185	117	187	119	190	120	192	122	195	123	197	125	200	127	202	128	205	57
44	117	184	119	187	121	189	122	192	124	195	126	197	127	200	129	202	131	205	132	208	56
45	121	187	123	189	125	192	126	195	128	197	130	200	132	203	133	205	135	208	137	210	55
46	125	189	127	192	129	195	130	197	132	200	134	203	136	205	138	208	139	211	141	213	54
47	129	192	131	195	133	197	135	200	136	203	138	206	140	208	142	211	144	214	146	216	53
48	133	195	135	198	137	200	139	203	141	206	143	209	145	211	146	214	148	217	150	219	52
49	138	198	140	201	141	203	143	206	145	209	147	212	149	214	151	217	153	220	155	223	51
50	142	201	144	204	146	206	148	209	150	212	152	215	154	218	156	221	158	223	160	226	50

$$\operatorname{tg}\psi' = \frac{|a|}{|b|}; \quad \operatorname{tg}\psi = \frac{a}{b} \qquad \begin{array}{l} a \text{ pos., } b \text{ pos.: } \psi = \psi' \\ a \text{ pos., } b \text{ neg.: } \psi = 200^{\mathrm{g}} - \psi' \end{array} \qquad \begin{array}{l} a \text{ neg., } b \text{ neg.: } \psi = 200^{\mathrm{g}} + \psi' \\ a \text{ neg., } b \text{ pos.: } \psi = 400^{\mathrm{g}} - \psi' \end{array}$$

Tafel IVb

$$\psi' = \operatorname{arc\,tg}\frac{\alpha}{\beta} \qquad\qquad \alpha \leqq \beta; \quad h = \sqrt{\alpha^2 + \beta^2} \qquad\qquad \psi' = \operatorname{arc\,tg}\frac{\beta}{\alpha}$$

ψ' \ β	162 α	h	164 α	h	166 α	h	168 α	h	170 α	h	172 α	h	174 α	h	176 α	h	178 α	h	180 α	h	β \ ψ'
1	3	162	3	164	3	166	3	168	3	170	3	172	3	174	3	176	3	178	3	180	99
2	5	162	5	164	5	166	5	168	5	170	5	172	5	174	6	176	6	178	6	180	98
3	8	162	8	164	8	166	8	168	8	170	8	172	8	174	8	176	8	178	8	180	97
4	10	162	10	164	10	166	11	168	11	170	11	172	11	174	11	176	11	178	11	180	96
5	13	163	13	165	13	167	13	169	13	171	14	173	14	175	14	177	14	179	14	181	95
6	15	163	16	165	16	167	16	169	16	171	16	173	16	175	17	177	17	179	17	181	94
7	18	163	18	165	18	167	19	169	19	171	19	173	19	175	19	177	20	179	20	181	93
8	20	163	21	165	21	167	21	169	21	171	22	173	22	175	22	177	22	179	23	181	92
9	23	164	23	166	24	168	24	170	24	172	24	174	25	176	25	178	25	180	26	182	91
10	26	164	26	166	26	168	27	170	27	172	27	174	28	176	28	178	28	180	29	182	90
11	28	164	29	166	29	169	29	171	30	173	30	175	30	177	31	179	31	181	31	183	89
12	31	165	31	167	32	169	32	171	32	173	33	175	33	177	34	179	34	181	34	183	88
13	34	165	34	167	34	170	35	172	35	174	36	176	36	178	36	180	37	182	37	184	87
14	36	166	37	168	37	170	38	172	38	174	38	176	39	178	39	180	40	182	40	184	86
15	39	167	39	169	40	171	40	173	41	175	41	177	42	179	42	181	43	183	43	185	85
16	42	167	42	169	43	171	43	173	44	176	44	178	45	180	45	182	46	184	46	186	84
17	44	168	45	170	45	172	46	174	47	176	47	178	48	180	48	182	49	185	49	187	83
18	47	169	48	171	48	173	49	175	49	177	50	179	51	181	51	183	52	185	52	187	82
19	50	169	50	172	51	174	52	176	52	178	53	180	54	182	54	184	55	186	55	188	81
20	53	170	53	172	54	175	55	177	55	179	56	181	57	183	57	185	58	187	58	189	80
21	55	171	56	173	57	175	58	178	58	180	59	182	60	184	60	186	61	188	62	190	79
22	58	172	59	174	60	176	60	179	61	181	62	183	63	185	63	187	64	189	65	191	78
23	61	173	62	175	63	177	63	180	64	182	65	184	66	186	67	188	67	190	68	192	77
24	64	174	65	176	66	179	67	181	67	183	68	185	69	187	70	189	70	191	71	194	76
25	67	175	68	178	69	180	70	182	70	184	71	186	72	188	73	191	74	193	75	195	75
26	70	177	71	179	72	181	73	183	74	185	74	187	75	190	76	192	77	194	78	196	74
27	73	178	74	180	75	182	76	184	77	187	78	189	79	191	79	193	80	195	81	197	73
28	76	179	77	181	78	183	79	186	80	188	81	190	82	192	83	195	84	197	85	199	72
29	79	180	80	183	81	185	82	187	83	189	84	192	85	194	86	196	87	198	88	200	71
30	83	182	84	184	85	186	86	189	87	191	88	193	89	195	90	198	91	200	92	202	70
31	86	183	87	186	88	188	89	190	90	192	91	195	92	197	93	199	94	201	95	204	69
32	89	185	90	187	91	189	92	192	93	194	95	196	96	199	97	201	98	203	99	205	68
33	92	187	94	189	95	191	96	193	97	196	98	198	99	200	100	203	102	205	103	207	67
34	96	188	97	191	98	193	99	195	101	198	102	200	103	202	104	204	105	207	106	209	66
35	99	190	100	192	102	195	103	197	104	199	105	202	107	204	108	206	109	209	110	211	65
36	103	192	104	194	105	197	107	199	108	201	109	204	110	206	112	208	113	211	114	213	64
37	106	194	108	196	109	199	110	201	112	203	113	206	114	208	116	211	117	213	118	215	63
38	110	196	111	198	113	201	114	203	116	206	117	208	118	210	120	213	121	215	122	218	62
39	114	198	115	200	117	203	118	205	119	208	121	210	122	213	124	215	125	218	127	220	61
40	118	200	119	203	121	205	122	208	124	210	125	213	126	215	128	218	129	220	131	222	60
41	122	203	123	205	125	208	126	210	128	213	129	215	131	218	132	220	134	223	135	225	59
42	126	205	127	208	129	210	130	213	132	215	133	218	135	220	137	223	138	225	140	228	58
43	130	208	131	210	133	213	135	215	136	218	138	220	139	223	141	226	143	228	144	231	57
44	134	210	136	213	137	215	139	218	141	221	142	223	144	226	146	228	147	231	149	234	56
45	138	213	140	216	142	218	143	221	145	224	147	226	149	229	150	231	152	234	154	237	55
46	143	216	145	219	146	221	148	224	150	227	152	229	153	232	155	235	157	237	159	240	54
47	147	219	149	222	151	224	153	227	155	230	157	233	158	235	160	238	162	241	164	243	53
48	152	222	154	225	156	228	158	230	160	233	162	236	163	239	165	241	167	244	169	247	52
49	157	226	159	228	161	231	163	234	165	237	167	240	169	242	171	245	172	248	174	251	51
50	162	229	164	232	166	235	168	238	170	240	172	243	174	246	176	249	178	252	180	255	50

$$\operatorname{tg}\psi' = \frac{|a|}{|b|}; \quad \operatorname{tg}\psi = \frac{a}{b}$$

a pos., b pos.: $\psi = \psi'$
a pos., b neg.: $\psi = 200^{\mathrm{g}} - \psi'$
a neg., b neg.: $\psi = 200^{\mathrm{g}} + \psi'$
a neg., b pos.: $\psi = 400^{\mathrm{g}} - \psi'$

$$\psi' = \text{arc tg}\ \frac{\alpha}{\beta} \qquad\qquad \alpha \leqq \beta;\ \ \mathbf{h} = \sqrt{\alpha^2 + \beta^2} \qquad\qquad \psi' = \text{arc tg}\ \frac{\beta}{\alpha}$$

β / ψ'	182 α	h	184 α	h	186 α	h	188 α	h	190 α	h	192 α	h	194 α	h	196 α	h	198 α	h	200 α	h	β / ψ'
1	3	182	3	184	3	186	3	188	3	190	3	192	3	194	3	196	3	198	3	200	99
2	6	182	6	184	6	186	6	188	6	190	6	192	6	194	6	196	6	198	6	200	98
3	9	182	9	184	9	186	9	188	9	190	9	192	9	194	9	196	9	198	9	200	97
4	11	182	12	184	12	186	12	188	12	190	12	192	12	194	12	196	12	198	13	200	96
5	14	183	14	185	15	187	15	189	15	191	15	193	15	195	15	197	16	199	16	201	95
6	17	183	17	185	18	187	18	189	18	191	18	193	18	195	19	197	19	199	19	201	94
7	20	183	20	185	21	187	21	189	21	291	21	193	21	195	22	197	22	199	22	201	93
8	23	183	23	185	23	187	24	189	24	192	24	194	25	196	25	198	25	200	25	202	92
9	26	184	26	186	26	188	27	190	27	192	27	194	28	196	28	198	28	200	28	202	91
10	29	184	29	186	29	188	30	190	30	192	30	194	31	196	31	198	31	200	32	202	90
11	32	185	32	187	32	189	33	191	33	193	34	195	34	197	34	199	35	201	35	203	89
12	35	185	35	187	35	189	36	191	36	193	37	195	37	197	37	200	38	202	38	204	88
13	38	186	38	188	39	190	39	192	39	194	40	196	40	198	41	200	41	202	41	204	87
14	41	186	41	189	42	191	42	193	42	195	43	197	43	199	44	201	44	203	45	205	86
15	44	187	44	189	45	191	45	193	46	195	46	197	47	200	47	202	48	204	48	206	85
16	47	188	47	190	48	192	48	194	49	196	49	198	50	200	50	202	51	204	51	206	84
17	50	189	50	191	51	193	51	195	52	197	53	199	53	201	54	203	54	205	55	207	83
18	53	190	53	192	54	194	55	196	55	198	56	200	56	202	57	204	58	206	58	208	82
19	56	190	57	193	57	195	58	197	58	199	59	201	60	203	60	205	61	207	62	209	81
20	59	191	60	193	60	196	61	198	62	200	62	202	63	204	64	206	64	208	65	210	80
21	62	192	63	194	64	197	64	199	65	201	66	203	66	205	67	207	68	209	68	211	79
22	66	193	66	196	67	198	68	200	68	202	69	204	70	206	71	208	71	210	72	213	78
23	69	195	70	197	70	199	71	201	72	203	73	205	73	207	74	210	75	212	76	214	77
24	72	196	73	198	74	200	74	202	75	204	76	207	77	209	78	211	78	213	79	215	76
25	75	197	76	199	77	201	78	203	79	206	80	208	80	210	81	212	82	214	83	216	75
26	79	198	80	200	80	203	81	205	82	207	83	209	84	211	85	214	86	216	87	218	74
27	82	200	83	202	84	204	85	206	86	208	87	211	88	213	88	215	89	217	90	219	73
28	86	201	87	203	88	206	88	208	89	210	90	212	91	214	92	217	93	219	94	221	72
29	89	203	90	205	91	207	92	209	93	212	94	214	95	216	96	218	97	220	98	223	71
30	93	204	94	207	95	209	96	211	97	213	98	215	99	218	100	220	101	222	102	224	70
31	96	206	97	208	98	210	100	213	101	215	102	217	103	220	104	222	105	224	106	226	69
32	100	208	101	210	102	212	103	215	104	217	106	219	107	221	108	224	109	226	110	228	68
33	104	210	105	212	106	214	107	216	108	219	110	221	111	223	112	226	113	228	114	230	67
34	108	211	109	214	110	216	111	218	112	221	114	223	115	225	116	228	117	230	118	232	66
35	112	213	113	216	114	218	115	220	116	223	118	225	119	228	120	230	121	232	123	235	65
36	116	216	117	218	118	220	119	223	121	225	122	227	123	230	124	232	126	235	127	237	64
37	120	218	121	220	122	223	123	225	125	227	126	230	127	232	129	235	130	237	131	239	63
38	124	220	125	222	126	225	128	227	129	230	130	232	132	235	133	237	135	239	136	242	62
39	128	222	129	225	131	227	132	230	134	232	135	235	136	237	138	240	139	242	141	244	61
40	132	225	134	227	135	230	137	232	138	235	139	237	141	240	142	242	144	245	145	247	60
41	137	228	138	230	140	233	141	235	143	238	144	240	146	243	147	245	149	248	150	250	59
42	141	230	143	233	144	235	146	238	147	240	149	243	150	246	152	248	154	251	155	253	58
43	146	233	147	236	149	238	151	241	152	243	154	246	155	249	157	251	159	254	160	256	57
44	151	236	152	239	154	241	156	244	157	247	159	249	160	252	162	254	164	257	165	260	56
45	155	239	157	242	159	245	161	247	162	250	164	252	166	255	167	258	169	260	171	263	55
46	160	243	162	245	164	248	166	251	168	253	169	256	171	259	173	261	175	264	176	267	54
47	166	246	167	249	169	251	171	254	173	257	175	260	177	262	178	265	180	268	182	270	53
48	171	250	173	252	175	255	177	258	178	261	180	263	182	266	184	269	186	272	188	274	52
49	176	253	178	256	180	259	182	262	184	265	186	267	188	270	190	273	192	276	194	279	51
50	182	257	184	260	186	263	188	266	190	269	192	272	194	274	196	277	198	280	200	283	50

$$\text{tg}\ \psi' = \frac{|a|}{|b|}; \quad \text{tg}\ \psi = \frac{a}{b}$$

a pos., b pos.: $\psi = \psi'$ a neg., b neg.: $\psi = 200^{\text{g}} + \psi'$

a pos., b neg.: $\psi = 200^{\text{g}} - \psi'$ a neg., b pos.: $\psi = 400^{\text{g}} - \psi'$

$$\psi' = \text{arc tg}\,\frac{\alpha}{\beta} \qquad\qquad \alpha \leqq \beta;\quad \mathbf{h} = \sqrt{\alpha^2 + \beta^2} \qquad\qquad \psi' = \text{arc tg}\,\frac{\beta}{\alpha}$$

β \ ψ'	202 α	202 h	204 α	204 h	206 α	206 h	208 α	208 h	210 α	210 h	212 α	212 h	214 α	214 h	216 α	216 h	218 α	218 h	220 α	220 h	β \ ψ'
1	3	202	3	204	3	206	3	208	3	210	3	212	3	214	3	216	3	218	3	220	99
2	6	202	6	204	6	206	7	208	7	210	7	212	7	214	7	216	7	218	7	220	98
3	10	202	10	204	10	206	10	208	10	210	10	212	10	214	10	216	10	218	10	220	97
4	13	202	13	204	13	206	13	208	13	210	13	212	13	214	14	216	14	218	14	220	96
5	16	203	16	205	16	207	16	209	17	211	17	213	17	215	17	217	17	219	17	221	95
6	19	203	19	205	19	207	20	209	20	211	20	213	20	215	20	217	21	219	21	221	94
7	22	203	23	205	23	207	23	209	23	211	23	213	24	215	24	217	24	219	24	221	93
8	26	204	26	206	26	208	26	210	27	212	27	214	27	216	27	218	28	220	28	222	92
9	29	204	29	206	29	208	30	210	30	212	30	214	30	216	31	218	31	220	31	222	91
10	32	205	32	207	33	209	33	211	33	213	34	215	34	217	34	219	35	221	35	223	90
11	35	205	36	207	36	209	36	211	37	213	37	215	37	217	38	219	38	221	38	223	89
12	39	206	39	208	39	210	40	212	40	214	40	216	41	218	41	220	42	222	42	224	88
13	42	206	42	208	43	210	43	212	43	214	44	216	44	219	45	221	45	223	46	225	87
14	45	207	46	209	46	211	46	213	47	215	47	217	48	219	48	221	49	223	49	225	86
15	48	208	49	210	49	212	50	214	50	216	51	218	51	220	52	222	52	224	53	226	85
16	52	209	52	211	53	213	53	215	54	217	54	219	55	221	55	223	56	225	56	227	84
17	55	209	56	211	56	214	57	216	57	218	58	220	59	222	59	224	60	226	60	228	83
18	59	210	59	212	60	215	60	217	61	219	62	221	62	223	63	225	63	227	64	229	82
19	62	211	63	213	63	216	64	218	65	220	65	222	66	224	66	226	67	228	68	230	81
20	66	212	66	214	67	217	68	219	68	221	69	223	70	225	70	227	71	229	71	231	80
21	69	214	70	216	71	218	71	220	72	222	73	224	73	226	74	228	75	230	75	233	79
22	73	215	73	217	74	219	75	221	76	223	76	225	77	227	78	230	78	232	79	234	78
23	76	216	77	218	78	220	79	222	79	224	80	227	81	229	82	231	82	233	83	235	77
24	80	217	81	219	82	222	82	224	83	226	84	228	85	230	86	232	86	234	87	237	76
25	84	219	84	221	85	223	86	225	87	227	88	229	89	232	89	234	90	236	91	238	75
26	87	220	88	222	89	224	90	227	91	229	92	231	93	233	93	235	94	238	95	240	74
27	91	222	92	224	93	226	94	228	95	230	96	233	97	235	98	237	98	239	99	241	73
28	95	223	96	225	97	228	98	230	99	232	100	234	101	237	102	239	103	241	104	243	72
29	99	225	100	227	101	229	102	232	103	234	104	236	105	238	106	241	107	243	108	245	71
30	103	227	104	229	105	231	106	233	107	236	108	238	109	240	110	242	111	245	112	247	70
31	107	229	108	231	109	233	110	235	111	238	112	240	113	242	114	244	115	247	116	249	69
32	111	231	112	233	113	235	114	237	115	240	117	242	118	244	119	246	120	249	121	251	68
33	115	233	116	235	118	237	119	239	120	242	121	244	122	246	123	249	124	251	125	253	67
34	119	235	121	237	122	239	123	242	124	244	125	246	127	249	128	251	129	253	130	256	66
35	124	237	125	239	126	242	127	244	129	246	130	249	131	251	132	253	134	256	135	258	65
36	128	239	129	242	131	244	132	246	133	249	135	251	136	253	137	256	138	258	140	261	64
37	133	242	134	244	135	246	137	249	138	251	139	254	141	256	142	258	143	261	145	263	63
38	137	244	139	247	140	249	141	251	143	254	144	256	145	259	147	261	148	264	150	266	62
39	142	247	143	249	145	252	146	254	148	257	149	259	150	262	152	264	153	266	155	269	61
40	147	250	148	252	150	255	151	257	153	260	154	262	155	265	157	267	158	269	160	272	60
41	152	253	153	255	155	258	156	260	158	263	159	265	161	268	162	270	164	273	165	275	59
42	157	256	158	258	160	261	161	263	163	266	164	268	166	271	168	273	169	276	171	278	58
43	162	259	163	261	165	264	167	267	168	269	170	272	171	274	173	277	175	279	176	282	57
44	167	262	169	265	170	267	172	270	174	273	175	275	177	278	179	280	180	283	182	286	56
45	173	266	174	268	176	271	178	274	179	276	181	279	183	281	184	284	186	287	188	289	55
46	178	269	180	272	182	275	183	277	185	280	187	283	189	285	190	288	192	291	194	293	54
47	184	273	186	276	187	279	189	281	191	284	193	287	195	289	197	292	198	295	200	297	53
48	190	277	192	280	193	283	195	285	197	288	199	291	201	294	203	296	205	299	207	302	52
49	196	281	198	284	200	287	202	290	204	292	205	295	207	298	209	301	211	304	213	306	51
50	202	286	204	288	206	291	208	294	210	297	212	300	214	303	216	305	218	308	220	311	50

$$\text{tg}\,\psi' = \frac{|a|}{|b|};\quad \text{tg}\,\psi = \frac{a}{b} \qquad \begin{array}{l} a\ \text{pos.},\ b\ \text{pos.}:\ \psi = \psi' \\ a\ \text{pos.},\ b\ \text{neg.}:\ \psi = 200^{\mathrm{g}} - \psi' \end{array} \qquad \begin{array}{l} a\ \text{neg.},\ b\ \text{neg.}:\ \psi = 200^{\mathrm{g}} + \psi' \\ a\ \text{neg.},\ b\ \text{pos.}:\ \psi = 400^{\mathrm{g}} - \psi' \end{array}$$

$$\psi' = \operatorname{arc\,tg} \frac{\alpha}{\beta} \qquad\qquad \alpha \leqq \beta; \quad \mathbf{h} = \sqrt{\alpha^2 + \beta^2} \qquad\qquad \psi' = \operatorname{arc\,tg} \frac{\beta}{\alpha}$$

β / ψ'	222 α	h	224 α	h	226 α	h	228 α	h	230 α	h	232 α	h	234 α	h	236 α	h	238 α	h	240 α	h	β / ψ'
1	3	222	4	224	4	226	4	228	4	230	4	232	4	234	4	236	4	238	4	240	99
2	7	222	7	224	7	226	7	228	7	230	7	232	7	234	7	236	7	238	8	240	98
3	10	222	11	224	11	226	11	228	11	230	11	232	11	234	11	236	11	238	11	240	97
4	14	222	14	224	14	226	14	228	14	230	15	232	15	234	15	236	15	238	15	240	96
5	17	223	18	225	18	227	18	229	18	231	18	233	18	235	19	237	19	239	19	241	95
6	21	223	21	225	21	227	22	229	22	231	22	233	22	235	22	237	22	239	23	241	94
7	25	223	25	225	25	227	25	229	25	231	26	233	26	225	26	237	26	239	26	241	93
8	28	224	28	226	29	228	29	230	29	232	29	234	30	236	30	238	30	240	30	242	92
9	32	224	32	226	32	228	32	230	33	232	33	234	33	236	34	238	34	240	34	242	91
10	35	225	35	227	36	229	36	231	36	233	37	235	37	237	37	239	38	241	38	243	90
11	39	225	39	227	39	229	40	231	40	233	40	236	41	238	41	240	42	242	42	244	89
12	42	226	43	228	43	230	43	232	44	234	44	236	45	238	45	240	45	242	46	244	88
13	46	227	46	229	47	231	47	233	48	235	48	237	48	239	49	241	49	243	50	245	87
14	50	227	50	230	51	232	51	234	51	236	52	238	52	240	53	242	53	244	54	246	86
15	53	228	54	230	54	232	55	234	55	237	56	239	56	241	57	243	57	245	58	247	85
16	57	229	58	231	58	233	59	235	59	237	60	240	60	242	61	244	61	246	62	248	84
17	61	230	61	232	62	234	62	236	63	238	63	241	64	243	65	245	65	247	66	249	83
18	64	231	65	233	66	235	66	237	67	240	67	242	68	244	69	246	69	248	70	250	82
19	68	232	69	234	70	236	70	239	71	241	71	243	72	245	73	247	73	249	74	251	81
20	72	233	73	236	73	238	74	240	75	242	75	244	76	246	77	248	77	250	78	252	80
21	76	235	77	237	77	239	78	241	79	243	79	245	80	247	81	249	81	252	82	254	79
22	80	236	81	238	81	240	82	242	83	244	84	247	84	249	85	251	86	253	86	255	78
23	84	237	85	239	85	242	86	244	87	246	88	248	88	250	89	252	90	254	91	257	77
24	88	239	89	241	89	243	90	245	91	247	92	250	93	252	93	254	94	256	95	258	76
25	92	240	93	242	94	245	94	247	95	249	96	251	97	253	98	255	99	258	99	260	75
26	96	242	97	244	98	246	99	248	100	251	100	253	101	255	102	257	103	259	104	262	74
27	100	244	101	246	102	248	103	250	104	252	105	255	106	257	107	259	107	261	108	263	73
28	104	245	105	248	106	250	107	252	108	254	109	256	110	259	111	261	112	263	113	265	72
29	109	247	110	249	111	252	112	254	113	256	114	258	115	261	116	263	117	265	118	267	71
30	113	249	114	251	115	254	116	256	117	258	118	260	119	263	120	265	121	267	122	269	70
31	118	251	119	253	120	256	121	258	122	260	123	263	124	265	125	267	126	269	127	272	69
32	122	253	123	256	124	258	125	260	126	262	128	265	129	267	130	269	131	272	132	274	68
33	127	256	128	258	129	260	130	262	131	265	132	267	133	269	135	272	136	274	137	276	67
34	131	258	132	260	134	263	135	265	136	267	137	270	138	272	140	274	141	277	142	279	66
35	136	260	137	263	138	265	140	267	141	270	142	272	143	274	145	277	146	279	147	281	65
36	141	263	142	265	143	268	145	270	146	272	147	275	149	277	150	280	151	282	152	284	64
37	146	266	147	268	148	270	150	273	151	275	152	278	154	280	155	282	156	285	158	287	63
38	151	268	152	271	154	273	155	276	156	278	158	281	159	283	160	285	162	288	163	290	62
39	156	271	157	274	159	276	160	279	162	281	163	284	164	286	166	288	167	291	169	293	61
40	161	274	163	277	164	279	166	282	167	284	169	287	170	289	171	292	173	294	174	297	60
41	167	278	168	280	170	283	171	285	173	288	174	290	176	293	177	295	179	298	180	300	59
42	172	281	174	283	175	286	177	289	178	291	180	294	182	296	183	299	185	301	186	304	58
43	178	284	179	287	181	290	183	292	184	295	186	297	187	300	189	302	191	305	192	308	57
44	184	288	185	291	187	293	189	296	190	299	192	301	194	304	195	306	197	309	199	311	56
45	190	292	191	295	193	297	195	300	196	302	198	305	200	308	202	310	203	313	205	316	55
46	196	296	197	299	199	301	201	304	203	307	205	309	206	312	218	315	210	317	212	320	54
47	202	300	204	303	206	306	207	308	209	311	211	314	213	316	215	319	217	322	218	324	53
48	208	305	210	307	212	310	214	313	216	316	218	318	220	321	222	324	223	326	225	329	52
49	215	309	217	312	219	315	221	317	223	320	225	323	227	326	229	329	231	331	233	334	51
50	222	314	224	317	226	320	228	322	230	325	232	328	234	331	236	334	238	337	240	339	50

$$\operatorname{tg}\psi' = \frac{|a|}{|b|}; \quad \operatorname{tg}\psi = \frac{a}{b} \qquad \text{a pos., b pos.: } \psi = \psi' \qquad\qquad \text{a neg., b neg.: } \psi = 200^\mathrm{g} + \psi'$$
$$\text{a pos., b neg.: } \psi = 200^\mathrm{g} - \psi' \qquad\qquad \text{a neg., b pos.: } \psi = 400^\mathrm{g} - \psi'$$

$$\psi' = \arctan \frac{\alpha}{\beta} \qquad\qquad \alpha \leqq \beta; \quad \mathbf{h} = \sqrt{\alpha^2 + \beta^2} \qquad\qquad \psi' = \arctan \frac{\beta}{\alpha}$$

β / ψ'	242 α	242 h	244 α	244 h	246 α	246 h	248 α	248 h	250 α	250 h	252 α	252 h	254 α	254 h	256 α	256 h	258 α	258 h	260 α	260 h	β / ψ'
1	4	242	4	244	4	246	4	248	4	250	4	252	4	254	4	256	4	258	4	260	99
2	8	242	8	244	8	246	8	248	8	250	8	252	8	254	8	256	8	258	8	260	98
3	11	242	12	244	12	246	12	248	12	250	12	252	12	254	12	256	12	258	12	260	97
4	15	242	15	244	15	246	16	248	16	250	16	252	16	255	16	257	16	259	16	261	96
5	19	243	19	245	19	247	20	249	20	251	20	253	20	255	20	257	20	259	20	261	95
6	23	243	23	245	23	247	23	249	24	251	24	253	24	255	24	257	24	259	25	261	94
7	27	243	27	245	27	247	27	250	28	252	28	254	28	256	28	258	28	260	29	262	93
8	31	244	31	246	31	248	31	250	32	252	32	254	32	256	32	258	33	260	33	262	92
9	34	244	35	246	35	248	35	250	36	253	36	255	36	257	36	259	37	261	37	263	91
10	38	245	39	247	39	249	39	251	40	253	40	255	40	257	41	259	41	261	41	263	90
11	42	246	43	248	43	250	43	252	44	254	44	256	44	258	45	260	45	262	45	264	89
12	46	246	47	248	47	250	47	252	48	255	48	257	48	259	49	261	49	263	50	265	88
13	50	247	51	249	51	251	51	253	52	255	52	257	53	259	53	261	53	263	54	266	87
14	54	248	55	250	55	252	55	254	56	256	56	258	57	260	57	262	58	264	58	266	86
15	58	249	59	251	59	253	60	255	60	257	60	259	61	261	61	263	62	265	62	267	85
16	62	250	63	252	63	254	64	256	64	258	65	260	65	262	66	264	66	266	67	268	84
17	66	251	67	253	67	255	68	257	68	259	69	261	69	263	70	265	71	267	71	270	83
18	70	252	71	254	71	256	72	258	73	260	73	262	74	265	74	267	75	269	76	271	82
19	74	253	75	255	76	257	76	259	77	262	78	264	78	266	79	268	79	270	80	272	81
20	79	254	79	257	80	259	81	261	81	263	82	265	83	267	83	269	84	271	84	273	80
21	83	256	84	258	84	260	85	262	86	264	86	266	87	268	88	271	88	273	89	275	79
22	87	257	88	259	89	261	89	264	90	266	91	268	91	270	92	272	93	274	94	276	78
23	91	259	92	261	93	263	94	265	94	267	95	269	96	272	97	274	97	276	98	278	77
24	96	260	97	262	97	265	98	267	99	269	100	271	101	273	101	275	102	277	103	280	76
25	100	262	101	264	102	266	103	268	104	271	104	273	105	275	106	277	107	279	108	281	75
26	105	264	106	266	106	268	107	270	108	272	109	275	110	277	111	279	112	281	113	283	74
27	109	266	110	268	111	270	112	272	113	274	114	276	115	279	116	281	116	283	117	285	73
28	114	267	115	270	116	272	117	274	118	276	119	279	120	281	120	283	121	285	122	287	72
29	119	269	120	272	121	274	121	276	122	278	123	281	124	283	125	285	126	287	127	290	71
30	123	272	124	274	125	276	126	278	127	281	128	283	129	285	130	287	131	290	132	292	70
31	128	274	129	276	130	278	131	281	132	283	133	285	134	287	136	290	137	292	138	294	69
32	133	276	134	278	135	281	136	283	137	285	139	288	140	290	141	292	142	294	143	297	68
33	138	279	139	281	140	283	141	286	143	288	144	290	145	292	146	295	147	297	148	299	67
34	143	281	144	283	145	286	147	288	148	290	149	293	150	295	151	297	153	300	154	302	66
35	148	284	150	286	151	289	152	291	153	293	154	296	156	298	157	300	158	303	159	305	65
36	154	287	155	289	156	291	157	294	159	296	160	298	161	301	162	303	164	306	165	308	64
37	159	290	160	292	162	294	163	297	164	299	166	302	167	304	168	306	169	309	171	311	63
38	164	293	166	295	167	297	169	300	170	302	171	305	173	307	174	310	175	312	177	314	62
39	170	296	171	298	173	301	174	303	176	306	177	308	179	310	180	313	181	315	183	318	61
40	176	299	177	302	179	304	180	307	182	309	183	311	185	314	186	316	187	319	189	321	60
41	182	303	183	305	185	308	186	310	188	313	189	315	191	318	192	320	194	323	195	325	59
42	188	306	189	309	191	311	192	314	194	316	195	319	197	321	199	324	200	327	202	329	58
43	194	310	195	313	197	315	199	318	200	320	202	323	203	325	205	328	207	331	208	333	57
44	200	314	202	317	204	319	205	322	207	324	208	327	210	330	212	332	213	335	215	337	56
45	207	318	208	321	210	324	212	326	214	329	215	331	217	334	219	337	220	339	222	342	55
46	213	323	215	325	217	328	219	331	220	333	222	336	224	339	226	341	227	344	229	347	54
47	220	327	222	330	224	333	226	335	227	338	229	341	231	343	233	346	235	349	237	352	53
48	227	332	229	335	231	337	233	340	235	343	237	346	239	348	240	351	242	354	244	357	52
49	235	337	236	340	238	343	240	345	242	348	244	351	246	354	248	356	250	359	252	362	51
50	242	342	244	345	246	348	248	351	250	354	252	356	254	359	256	362	258	365	260	368	50

$$\text{tg } \psi' = \frac{|a|}{|b|}; \quad \text{tg } \psi = \frac{a}{b} \qquad \begin{array}{ll} a \text{ pos., } b \text{ pos.: } \psi = \psi' & a \text{ neg., } b \text{ neg.: } \psi = 200^\mathrm{g} + \psi' \\ a \text{ pos., } b \text{ neg.: } \psi = 200^\mathrm{g} - \psi' & a \text{ neg., } b \text{ pos.: } \psi = 400^\mathrm{g} - \psi' \end{array}$$

$$\psi' = \arctan \frac{\alpha}{\beta} \qquad\qquad \alpha \leqq \beta; \quad h = \sqrt{\alpha^2 + \beta^2} \qquad\qquad \psi' = \arctan \frac{\beta}{\alpha}$$

ψ'	262 α	262 h	264 α	264 h	266 α	266 h	268 α	268 h	270 α	270 h	272 α	272 h	274 α	274 h	276 α	276 h	278 α	278 h	280 α	280 h	β / ψ'
1	4	262	4	264	4	266	4	268	4	270	4	272	4	274	4	276	4	278	4	280	99
2	8	262	8	264	8	266	8	268	8	270	9	272	9	274	9	276	9	278	9	280	98
3	12	262	12	264	13	266	13	268	13	270	13	272	13	274	13	276	13	278	13	280	97
4	16	263	17	265	17	267	17	269	17	271	17	273	17	275	17	277	17	279	18	281	96
5	21	263	21	265	21	267	21	269	21	271	21	273	22	275	22	277	22	279	22	281	95
6	25	263	25	265	25	267	25	269	26	271	26	273	26	275	26	277	26	279	26	281	94
7	29	264	29	266	29	268	30	270	30	272	30	274	30	276	30	278	31	280	31	282	93
8	33	264	33	266	34	268	34	270	34	272	34	274	35	276	35	278	35	280	35	282	92
9	37	265	38	267	38	269	38	271	38	273	39	275	39	277	39	279	40	281	40	283	91
10	41	265	42	267	42	269	42	271	43	273	43	275	43	277	44	279	44	281	44	283	90
11	46	266	46	268	46	270	47	272	47	274	47	276	48	278	48	280	49	282	49	284	89
12	50	267	50	269	51	271	51	273	52	275	52	277	52	279	53	281	53	283	53	285	88
13	54	268	55	270	55	272	56	274	56	276	56	278	57	280	57	282	58	284	58	286	87
14	59	268	59	271	59	273	60	275	60	277	61	279	61	281	62	283	62	285	63	287	86
15	63	269	63	272	64	274	64	276	65	278	65	280	66	282	66	284	67	286	67	288	85
16	67	270	68	273	68	275	69	277	69	279	70	281	70	283	71	285	71	287	72	289	84
17	72	272	72	274	73	276	73	278	74	280	74	282	75	284	76	286	76	288	77	290	83
18	76	273	77	275	77	277	78	279	78	281	79	283	80	285	80	287	81	289	81	292	82
19	81	274	81	276	82	278	82	280	83	282	84	285	84	287	85	289	86	291	86	293	81
20	85	275	86	278	86	280	87	282	88	284	88	286	89	288	90	290	90	292	91	294	80
21	90	277	90	279	91	281	92	283	92	285	93	288	94	290	94	292	95	294	96	296	79
22	94	278	95	281	96	283	96	285	97	287	98	289	99	291	99	293	100	295	101	298	78
23	99	280	100	282	101	284	101	286	102	289	103	291	104	293	104	295	105	297	106	299	77
24	104	282	105	284	105	286	106	288	107	290	108	293	108	295	109	297	110	299	111	301	76
25	109	284	109	286	110	288	111	290	112	292	113	294	113	297	114	299	115	301	116	303	75
26	113	285	114	288	115	290	116	292	117	294	118	296	119	299	119	301	120	303	121	305	74
27	118	287	119	290	120	292	121	294	122	296	123	298	124	301	125	303	126	305	126	307	73
28	123	290	124	292	125	294	126	296	127	298	128	301	129	303	130	305	131	307	132	309	72
29	128	292	129	294	130	296	131	298	132	301	133	303	134	305	135	307	136	310	137	312	71
30	133	294	135	296	136	299	137	301	138	303	139	305	140	308	141	310	142	312	143	314	70
31	139	296	140	299	141	301	142	303	143	306	144	308	145	310	146	312	147	315	148	317	69
32	144	299	145	301	146	304	147	306	148	308	150	310	151	313	152	315	153	317	154	320	68
33	149	302	151	304	152	306	153	309	154	311	155	313	156	315	157	318	159	320	160	322	67
34	155	304	156	307	157	309	158	311	160	314	161	316	162	318	163	321	164	323	166	325	66
35	161	307	162	310	163	312	164	314	165	317	167	319	168	321	169	324	170	326	172	328	65
36	166	310	168	313	169	315	170	317	171	320	173	322	174	325	175	327	176	329	178	332	64
37	172	313	173	316	175	318	176	321	177	323	179	325	180	328	181	330	183	333	184	335	63
38	178	317	179	319	181	322	182	324	183	326	185	329	186	331	188	334	189	336	190	339	62
39	184	320	186	323	187	325	188	328	190	330	191	332	193	335	194	337	195	340	197	342	61
40	190	324	192	326	193	329	195	331	196	334	198	336	199	339	201	341	202	344	203	346	60
41	197	328	198	330	200	333	201	335	203	338	204	340	206	343	207	345	209	348	210	350	59
42	203	332	205	334	206	337	208	339	209	342	211	344	213	347	214	349	216	352	217	354	58
43	210	336	212	338	213	341	215	343	216	346	218	349	220	351	221	354	223	356	224	359	57
44	217	340	218	343	220	345	222	348	223	350	225	353	227	356	228	358	230	361	232	363	56
45	224	345	225	347	227	350	229	352	231	355	232	358	234	360	236	363	237	366	239	368	55
46	231	349	233	352	235	355	236	357	238	360	240	363	242	365	243	368	245	371	247	373	54
47	238	354	240	357	242	360	244	362	246	365	248	368	249	370	251	373	253	376	255	379	53
48	246	359	248	362	250	365	252	368	254	370	255	373	257	376	259	379	261	381	263	384	52
49	254	365	256	368	258	370	260	373	262	376	264	379	266	382	267	384	269	387	271	390	51
50	262	371	264	373	266	376	268	379	270	382	272	385	274	387	276	390	278	393	280	396	50

$$\operatorname{tg}\psi' = \frac{|a|}{|b|}; \quad \operatorname{tg}\psi = \frac{a}{b}$$

a pos., b pos.: $\psi = \psi'$ a neg., b neg.: $\psi = 200^g + \psi'$

a pos., b neg.: $\psi = 200^g - \psi'$ a neg., b pos.: $\psi = 400^g - \psi'$

$$\psi' = \arc\operatorname{tg}\frac{\alpha}{\beta} \qquad\qquad \alpha \leqq \beta; \quad h = \sqrt{\alpha^2 + \beta^2} \qquad\qquad \psi' = \arc\operatorname{tg}\frac{\beta}{\alpha}$$

β / ψ'	282 α	h	284 α	h	286 α	h	288 α	h	290 α	h	292 α	h	294 α	h	296 α	h	298 α	h	300 α	h	β / ψ'
1	4	282	4	284	4	286	5	288	5	290	5	292	5	294	5	296	5	298	5	300	99
2	9	282	9	284	9	286	9	288	9	290	9	292	9	294	9	296	9	298	9	300	98
3	13	282	13	284	13	286	14	288	14	290	14	292	14	294	14	296	14	298	14	300	97
4	18	283	18	285	18	287	18	289	18	291	18	293	18	295	19	297	19	299	19	301	96
5	22	283	22	285	23	287	23	289	23	291	23	293	23	295	23	297	23	299	24	301	95
6	27	283	27	285	27	287	27	289	27	291	28	293	28	295	28	297	28	299	28	301	94
7	31	284	31	286	32	288	32	290	32	292	32	294	32	296	33	298	33	300	33	302	93
8	36	284	36	286	36	288	36	290	37	292	37	294	37	296	37	298	38	300	38	302	92
9	40	285	40	287	41	289	41	291	41	293	42	295	42	297	42	299	42	301	43	303	91
10	45	286	45	288	45	290	46	292	46	294	46	296	47	298	47	300	47	302	48	304	90
11	49	286	50	288	50	290	50	292	51	294	51	296	51	298	52	300	52	303	52	305	89
12	54	287	54	289	55	291	55	293	55	295	56	297	56	299	56	301	57	303	57	305	88
13	58	288	59	290	59	292	60	294	60	296	60	298	61	300	61	302	62	304	62	306	87
14	63	289	63	291	64	293	64	295	65	297	65	299	66	301	66	303	67	305	67	307	86
15	68	290	68	292	69	294	69	296	70	298	70	300	71	302	71	304	72	306	72	309	85
16	72	291	73	293	73	295	74	297	74	299	75	301	75	304	76	306	77	308	77	310	84
17	77	292	78	294	78	297	79	299	79	301	80	303	80	305	81	307	82	309	82	311	83
18	82	294	83	296	83	298	84	300	84	302	85	304	85	306	86	308	87	310	87	312	82
19	87	295	87	297	88	299	89	301	89	303	90	306	90	308	91	310	92	312	92	314	81
20	92	297	92	299	93	301	94	303	94	305	95	307	96	309	96	311	97	313	97	315	80
21	97	298	97	300	98	302	99	304	99	307	100	309	101	311	101	313	102	315	103	317	79
22	102	300	102	302	103	304	104	306	104	308	105	310	106	312	107	315	107	317	108	319	78
23	107	301	107	304	108	306	109	308	110	310	110	312	111	314	112	316	113	319	113	321	77
24	112	303	112	305	113	308	114	310	115	312	116	314	116	316	117	318	118	321	119	323	76
25	117	305	118	307	118	310	119	312	120	314	121	316	122	318	123	320	123	323	124	325	75
26	122	307	123	309	124	312	125	314	125	316	126	318	127	320	128	323	129	325	130	327	74
27	127	309	128	312	129	314	130	316	131	318	132	320	133	323	134	325	135	327	135	329	73
28	133	312	134	314	135	316	136	318	136	321	137	323	138	325	139	327	140	329	141	332	72
29	138	314	139	316	140	318	141	321	142	323	143	325	144	327	145	330	146	332	147	334	71
30	144	316	145	319	146	321	147	323	148	325	149	328	150	330	151	332	152	334	153	337	70
31	149	319	150	321	151	324	152	326	154	328	155	330	156	333	157	335	158	337	159	339	69
32	155	322	156	324	157	326	158	329	159	331	161	333	162	335	163	338	164	340	165	342	68
33	161	325	162	327	163	329	164	332	165	334	167	336	168	338	169	341	170	343	171	345	67
34	167	328	168	330	169	332	170	335	172	337	173	339	174	342	175	344	176	346	177	349	66
35	173	331	174	333	175	335	176	338	178	340	179	342	180	345	181	347	183	350	184	352	65
36	179	334	180	336	182	339	183	341	184	343	185	346	187	348	188	351	189	353	190	355	64
37	185	337	187	340	188	342	189	345	190	347	192	349	193	352	194	354	196	357	197	359	63
38	192	341	193	343	194	346	196	348	197	351	198	353	200	355	201	358	203	360	204	363	62
39	198	345	200	347	201	350	202	352	204	354	205	357	207	359	208	362	209	364	211	367	61
40	205	349	206	351	208	354	209	356	211	358	212	361	214	363	215	366	217	368	218	371	60
41	212	353	213	355	215	358	216	360	218	363	219	365	221	368	222	370	224	373	225	375	59
42	219	357	220	359	222	362	223	364	225	367	226	370	228	372	230	375	231	377	233	380	58
43	226	361	228	364	229	366	231	369	232	372	234	374	236	377	237	379	239	382	240	384	57
44	233	366	235	369	237	371	238	374	240	376	242	379	243	382	245	384	247	387	248	389	56
45	241	371	243	373	244	376	246	379	248	381	249	384	251	387	253	389	255	392	256	395	55
46	249	376	250	379	252	381	254	384	256	387	257	389	259	392	261	395	263	397	264	400	54
47	257	381	258	384	260	387	262	389	264	392	266	395	268	397	269	400	271	403	273	406	53
48	265	387	267	390	269	392	270	395	272	398	274	401	276	403	278	406	280	409	282	412	52
49	273	393	275	395	277	398	279	401	281	404	283	407	285	409	287	412	289	415	291	418	51
50	282	399	284	402	286	404	288	407	290	410	292	413	294	416	296	419	298	421	300	424	50

$$\operatorname{tg}\psi' = \frac{|a|}{|b|}; \quad \operatorname{tg}\psi = \frac{a}{b}$$

a pos., b pos.: $\psi = \psi'$
a pos., b neg.: $\psi = 200^{\mathrm{g}} - \psi'$
a neg., b neg.: $\psi = 200^{\mathrm{g}} + \psi'$
a neg., b pos.: $\psi = 400^{\mathrm{g}} - \psi'$

$$\psi' = \text{arc tg}\,\frac{\alpha}{\beta} \qquad\qquad \alpha \leqq \beta;\ \ \mathbf{h} = \sqrt{\alpha^2 + \beta^2} \qquad\qquad \psi' = \text{arc tg}\,\frac{\beta}{\alpha}$$

ψ' / β	302 α	302 h	304 α	304 h	306 α	306 h	308 α	308 h	310 α	310 h	312 α	312 h	314 α	314 h	316 α	316 h	318 α	318 h	320 α	320 h	β / ψ'
1	5	302	5	304	5	306	5	308	5	310	5	312	5	314	5	316	5	318	5	320	99
2	9	302	10	304	10	306	10	308	10	310	10	312	10	314	10	316	10	318	10	320	98
3	14	302	14	304	14	306	15	308	15	310	15	312	15	314	15	316	15	318	15	320	97
4	19	303	19	305	19	307	19	309	20	311	20	313	20	315	20	317	20	319	20	321	96
5	24	303	24	305	24	307	24	309	24	311	25	313	25	315	25	317	25	319	25	321	95
6	29	303	29	305	29	307	29	309	29	311	29	313	30	315	30	317	30	319	30	321	94
7	33	304	34	306	34	308	34	310	34	312	34	314	35	316	35	318	35	320	35	322	93
8	38	304	38	306	39	308	39	310	39	312	39	314	40	316	40	319	40	321	40	323	92
9	43	305	43	307	44	309	44	311	44	313	44	315	45	317	45	319	45	321	46	323	91
10	48	306	48	308	48	310	49	312	49	314	49	316	50	318	50	320	50	322	51	324	90
11	53	307	53	309	53	311	54	313	54	315	54	317	55	319	55	321	55	323	56	325	89
12	58	307	58	309	58	312	59	314	59	316	60	318	60	320	60	322	61	324	61	326	88
13	63	308	63	310	63	312	64	315	64	317	65	319	65	321	65	323	66	325	66	327	87
14	68	309	68	312	68	314	69	316	69	318	70	320	70	322	71	324	71	326	72	328	86
15	73	311	73	313	73	315	74	317	74	319	75	321	75	323	76	325	76	327	77	329	85
16	78	312	78	314	79	316	79	318	80	320	80	322	81	324	81	326	82	328	82	330	84
17	83	313	83	315	84	317	84	319	85	321	85	323	86	326	86	328	87	330	88	332	83
18	88	314	88	317	89	319	89	321	90	323	91	325	91	327	92	329	92	331	93	333	82
19	93	316	94	318	94	320	95	322	95	324	96	326	97	329	97	331	98	333	98	335	81
20	98	318	99	320	99	322	100	324	101	326	101	328	102	330	103	332	103	334	104	336	80
21	103	319	104	321	105	323	105	326	106	328	107	330	108	332	108	334	109	336	110	338	79
22	109	321	109	323	110	325	111	327	112	329	112	332	113	334	114	336	114	338	115	340	78
23	114	323	115	325	116	327	116	329	117	331	118	334	119	336	119	338	120	340	121	342	77
24	120	325	120	327	121	329	122	331	123	333	124	336	124	338	125	340	126	342	127	344	76
25	125	327	126	329	127	331	128	333	128	336	129	338	130	340	131	342	132	344	133	346	75
26	131	329	132	331	132	333	133	336	134	338	135	340	136	342	137	344	138	346	138	349	74
27	136	331	137	334	138	336	139	338	140	340	141	342	142	345	143	347	144	349	144	351	73
28	142	334	143	336	144	338	145	340	146	343	147	345	148	347	149	349	150	351	151	354	72
29	148	336	149	339	150	341	151	343	152	345	153	347	154	350	155	352	156	354	157	356	71
30	154	339	155	341	156	343	157	346	158	348	159	350	160	352	161	355	162	357	163	359	70
31	160	342	161	344	162	346	163	349	164	351	165	353	166	355	167	358	168	360	169	362	69
32	166	345	167	347	168	349	169	351	170	354	172	356	173	358	174	361	175	363	176	365	68
33	172	348	173	350	175	352	176	355	177	357	178	359	179	361	180	364	181	366	183	368	67
34	179	351	180	353	181	356	182	358	183	360	185	362	186	365	187	367	188	369	189	372	66
35	185	354	186	357	188	359	189	361	190	364	191	366	192	368	194	371	195	373	196	375	65
36	192	358	193	360	194	362	195	365	197	367	198	370	199	372	201	374	202	377	203	379	64
37	198	361	200	364	201	366	202	369	204	371	205	373	206	376	208	378	209	380	210	383	63
38	205	365	207	368	208	370	209	372	211	375	212	377	213	380	215	382	216	384	217	387	62
39	212	369	214	372	215	374	216	376	218	379	219	381	221	384	222	386	223	389	225	391	61
40	219	373	221	376	222	378	224	381	225	383	227	386	228	388	230	391	231	393	232	396	60
41	227	378	228	380	230	383	231	385	233	388	234	390	236	393	237	395	239	398	240	400	59
42	234	382	236	385	237	387	239	390	240	392	242	395	244	397	245	400	247	402	248	405	58
43	242	387	244	390	245	392	247	395	248	397	250	400	252	402	253	405	255	407	256	410	57
44	250	392	251	395	253	397	255	400	256	402	258	405	260	408	261	410	263	413	265	415	56
45	258	397	260	400	261	402	263	405	265	408	266	410	268	413	270	416	272	418	273	421	55
46	266	403	268	405	270	408	272	411	273	413	275	416	277	419	279	421	280	424	282	427	54
47	275	408	277	411	278	414	280	416	282	419	284	422	286	425	288	427	289	430	291	433	53
48	284	414	285	417	287	420	289	423	291	425	293	428	295	431	297	433	299	436	301	439	52
49	293	421	295	423	297	426	298	429	300	432	302	434	304	437	306	440	308	443	310	446	51
50	302	427	304	430	306	433	308	436	310	438	312	441	314	444	316	447	318	450	320	453	50

$$\text{tg}\,\psi' = \frac{|a|}{|b|}\,; \quad \text{tg}\,\psi = \frac{a}{b}$$

a pos., b pos.: $\psi = \psi'$ a neg., b neg.: $\psi = 200^g + \psi'$

a pos., b neg.: $\psi = 200^g - \psi'$ a neg., b pos.: $\psi = 400^g - \psi'$

Tafel IVb

$$\psi' = \arc tg\,\frac{\alpha}{\beta} \qquad\qquad \alpha \leqq \beta;\quad h = \sqrt{\alpha^2 + \beta^2} \qquad\qquad \psi' = \arc tg\,\frac{\beta}{\alpha}$$

β / ψ'	322 α	h	324 α	h	326 α	h	328 α	h	330 α	h	332 α	h	334 α	h	336 α	h	338 α	h	340 α	h	β / ψ'
1	5	322	5	324	5	326	5	328	5	330	5	332	5	334	5	336	5	338	5	340	99
2	10	322	10	324	10	326	10	328	10	330	10	332	10	334	11	336	11	338	11	340	98
3	15	322	15	324	15	326	15	328	16	330	16	332	16	334	16	336	16	338	16	340	97
4	20	323	20	325	21	327	21	329	21	331	21	333	21	335	21	337	21	339	21	341	96
5	25	323	25	325	26	327	26	329	26	331	26	333	26	325	26	337	27	339	27	341	95
6	30	323	31	325	31	327	31	329	31	331	31	333	32	335	32	337	32	340	32	342	94
7	36	324	36	326	36	328	36	330	36	332	37	334	37	336	37	338	37	340	38	342	93
8	41	325	41	327	41	329	41	331	42	333	42	335	42	337	42	339	43	341	43	343	92
9	46	325	46	327	46	329	47	331	47	333	47	335	48	337	48	339	48	341	48	343	91
10	51	326	51	328	52	330	52	332	52	334	53	336	53	338	53	340	54	342	54	344	90
11	56	327	57	329	57	331	57	333	58	335	58	337	58	339	59	341	59	343	59	345	89
12	61	328	62	330	62	332	63	334	63	336	63	338	64	340	64	342	64	344	65	346	88
13	67	329	67	331	68	333	68	335	68	337	69	339	69	341	70	343	70	345	70	347	87
14	72	330	72	332	73	334	73	336	74	338	74	340	75	342	75	344	76	346	76	348	86
15	77	331	78	333	78	335	79	337	79	339	80	341	80	343	81	346	81	348	82	350	85
16	83	332	83	335	84	337	84	339	85	341	85	343	86	345	86	347	87	349	87	351	84
17	88	334	89	336	89	338	90	340	90	342	91	344	91	346	92	348	92	350	93	352	83
18	94	335	94	337	95	339	95	342	96	344	96	346	97	348	98	350	98	352	99	354	82
19	99	337	100	339	100	341	101	343	102	345	102	347	103	349	103	352	104	354	105	456	81
20	105	339	105	341	106	343	107	345	107	347	108	349	109	351	109	353	110	355	110	357	80
21	110	340	111	342	112	345	112	347	113	349	114	351	114	353	115	355	116	357	116	359	79
22	116	342	117	344	117	346	118	349	119	351	120	353	120	355	121	357	122	359	122	361	78
23	122	344	122	346	123	348	124	351	125	353	125	355	126	357	127	359	128	361	128	363	77
24	127	346	128	348	129	351	130	353	131	355	131	357	132	359	133	361	134	364	135	366	76
25	133	349	134	351	135	353	136	355	137	357	138	359	138	362	139	364	140	366	141	368	75
26	139	351	140	353	141	355	142	357	143	360	144	362	145	364	145	366	146	368	147	370	74
27	145	353	146	355	147	358	148	360	149	362	150	364	151	366	152	369	153	371	154	373	73
28	152	356	152	358	153	360	154	362	155	365	156	367	157	369	158	371	159	374	160	376	72
29	158	359	159	361	160	363	161	365	162	367	163	370	164	372	165	374	166	376	167	379	71
30	164	361	165	364	166	366	167	368	168	370	169	373	170	375	171	377	172	379	173	382	70
31	170	364	172	367	173	369	174	371	175	373	176	376	177	378	178	380	179	382	180	385	69
32	177	367	178	370	179	372	180	374	181	377	183	379	184	381	185	383	186	386	187	388	68
33	184	371	185	373	186	375	187	378	188	380	189	382	191	385	192	387	193	389	194	391	67
34	190	374	192	376	193	379	194	381	195	383	196	386	198	388	199	390	200	393	201	395	66
35	197	378	199	380	200	382	201	385	202	387	203	389	205	392	206	394	207	396	208	399	65
36	204	381	206	384	207	386	208	388	209	391	211	393	212	396	213	398	215	400	216	403	64
37	212	385	213	388	214	390	215	392	217	395	218	397	219	400	221	402	222	404	223	407	63
38	219	389	220	392	222	394	223	397	224	399	226	401	227	404	228	406	230	409	231	411	62
39	226	394	228	396	229	398	231	401	232	403	233	406	235	408	236	411	238	413	239	416	61
40	234	398	235	400	237	403	238	405	240	408	241	410	243	413	244	415	246	418	247	420	60
41	242	403	243	405	245	408	246	410	248	413	249	415	251	418	252	420	254	423	255	425	59
42	250	408	251	410	253	413	254	415	256	418	258	420	259	423	261	425	262	428	264	430	58
43	258	413	260	415	261	418	263	420	264	423	266	425	268	428	269	431	271	433	272	436	57
44	266	418	268	420	270	423	271	426	273	428	275	431	276	433	278	436	280	439	281	441	56
45	275	423	277	426	278	429	280	431	282	434	284	437	285	439	287	442	289	444	290	447	55
46	284	429	286	432	287	435	289	437	291	440	293	443	294	445	296	448	298	451	300	453	54
47	293	435	295	438	297	441	298	443	300	446	302	449	304	452	306	454	308	457	309	460	53
48	302	442	304	444	306	447	308	450	310	453	312	455	314	458	316	461	317	464	319	466	52
49	312	448	314	451	316	454	318	457	320	460	322	462	324	465	326	468	328	471	329	473	51
50	322	455	324	458	326	461	328	464	330	467	332	470	334	472	336	475	338	478	340	481	50

$$tg\,\psi' = \frac{|a|}{|b|};\quad tg\,\psi = \frac{a}{b}$$

a pos., b pos.: $\psi = \psi'$ a neg., b neg.: $\psi = 200^g + \psi'$

a pos., b neg.: $\psi = 200^g - \psi'$ a neg., b pos.: $\psi = 400^g - \psi'$

$$\psi' = \text{arc tg}\ \frac{\alpha}{\beta} \qquad\qquad \alpha \leqq \beta;\ \ \mathbf{h} = \sqrt{\alpha^2 + \beta^2} \qquad\qquad \psi' = \text{arc tg}\ \frac{\beta}{\alpha}$$

β \ ψ'	342 α	342 h	344 α	344 h	346 α	346 h	348 α	348 h	350 α	350 h	352 α	352 h	354 α	354 h	356 α	356 h	358 α	358 h	360 α	360 h	β \ ψ'
1	5	342	5	344	5	346	5	348	5	350	6	352	6	354	6	356	6	358	6	360	99
2	11	342	11	344	11	346	11	348	11	350	11	352	11	354	11	356	11	358	11	360	98
3	16	342	16	344	16	346	16	348	17	350	17	352	17	354	17	356	17	358	17	360	97
4	22	343	22	345	22	347	22	349	22	351	22	353	22	355	22	357	23	359	23	361	96
5	27	343	27	345	27	347	27	349	28	351	28	353	28	355	28	357	28	359	28	361	95
6	32	344	33	346	33	348	33	350	33	352	33	354	33	356	34	358	34	360	34	362	94
7	38	344	38	346	38	348	38	350	39	352	39	354	39	356	39	358	40	360	40	362	93
8	43	345	43	347	44	349	44	351	44	353	44	355	45	357	45	359	45	361	45	363	92
9	49	345	49	347	49	349	50	352	50	354	50	356	50	358	51	360	51	362	51	364	91
10	54	346	54	348	55	350	55	352	55	354	56	356	56	358	56	360	57	362	57	364	90
11	60	347	60	349	60	351	61	353	61	355	61	357	62	359	62	361	62	363	63	365	89
12	65	348	66	350	66	352	66	354	67	356	67	358	68	360	68	362	68	364	69	366	88
13	71	349	71	351	72	353	72	355	72	357	73	359	73	362	74	364	74	366	75	368	87
14	76	350	77	352	77	355	78	357	78	359	79	361	79	363	80	365	80	367	80	369	86
15	82	352	83	354	83	356	84	358	84	360	85	362	85	364	85	366	86	368	86	370	85
16	88	353	88	355	89	357	89	359	90	361	90	363	91	365	91	368	92	370	92	372	84
17	94	355	94	357	95	359	95	361	96	363	96	365	97	367	97	369	98	371	98	373	83
18	99	356	100	358	101	360	101	362	102	364	102	367	103	369	103	371	104	373	105	375	82
19	105	358	106	360	106	362	107	364	108	366	108	368	109	370	110	372	110	375	111	377	81
20	111	360	112	362	112	364	113	366	114	368	114	370	115	372	116	374	116	376	117	379	80
21	117	361	118	364	118	366	119	368	120	370	121	372	121	374	122	376	123	378	123	381	79
22	123	363	124	366	125	368	125	370	126	372	127	374	127	376	128	378	129	380	130	383	78
23	129	366	130	368	131	370	131	372	132	374	133	376	134	378	135	381	135	383	136	385	77
24	135	368	136	370	137	372	138	374	139	376	139	379	140	381	141	383	142	385	143	387	76
25	142	370	142	372	143	375	144	377	145	379	146	381	147	383	147	385	148	387	149	390	75
26	148	373	149	375	150	377	151	379	151	381	152	384	153	386	154	388	155	390	156	392	74
27	154	375	155	377	156	380	157	382	158	384	159	386	160	388	161	391	162	393	163	395	73
28	161	378	162	380	163	382	164	385	165	387	166	389	167	391	168	393	168	396	169	398	72
29	168	381	169	383	170	385	170	388	171	390	172	392	173	394	174	396	175	399	176	401	71
30	174	384	175	386	176	388	177	391	178	393	179	395	180	397	181	400	182	402	183	404	70
31	181	387	182	389	183	392	184	394	185	396	186	398	187	401	188	403	190	405	191	407	69
32	188	390	189	393	190	395	191	397	192	399	194	402	195	404	196	406	197	409	198	411	68
33	195	394	196	396	197	398	198	401	200	403	201	405	202	408	203	410	204	412	205	414	67
34	202	397	203	400	205	402	206	404	207	407	208	409	209	411	211	414	212	416	213	418	66
35	210	401	211	403	212	406	213	408	214	410	216	413	217	415	218	418	219	420	221	422	65
36	217	405	218	407	220	410	221	412	222	415	223	417	225	419	226	422	227	424	228	426	64
37	225	409	226	412	227	414	229	416	230	419	231	421	233	424	234	426	235	428	236	431	63
38	232	414	234	416	235	418	237	421	238	423	239	426	241	428	242	430	243	433	245	435	62
39	240	418	242	420	243	423	245	425	246	428	247	430	249	433	250	435	252	438	253	440	61
40	248	423	250	425	251	428	253	430	254	433	256	435	257	438	259	440	260	443	262	445	60
41	257	428	258	430	260	433	261	435	263	438	264	440	266	443	267	445	269	448	270	450	59
42	265	433	267	435	268	438	270	440	271	443	273	445	275	448	276	451	278	453	279	456	58
43	274	438	276	441	277	443	279	446	280	448	282	451	284	454	285	456	287	459	288	461	57
44	283	444	285	446	286	449	288	452	290	454	291	457	293	459	295	462	296	465	298	467	56
45	292	450	294	452	296	455	297	458	299	460	301	463	302	466	304	468	306	471	307	473	55
46	302	456	303	459	305	461	307	464	309	467	310	469	312	472	314	475	316	477	317	480	54
47	311	462	313	465	315	468	317	471	318	473	320	476	322	479	324	481	326	484	328	487	53
48	321	469	323	472	325	475	327	477	329	480	331	483	332	486	334	488	336	491	338	494	52
49	331	476	333	479	335	482	337	485	339	487	341	490	343	493	345	496	347	499	349	501	51
50	342	484	344	486	346	489	348	492	350	495	352	498	354	501	356	503	358	506	360	509	50

$$\text{tg}\ \psi' = \frac{|a|}{|b|};\quad \text{tg}\ \psi = \frac{a}{b}$$

a pos., b pos.: $\psi = \psi'$ a neg., b neg.: $\psi = 200^g + \psi'$

a pos., b neg.: $\psi = 200^g - \psi'$ a neg., b pos.: $\psi = 400^g - \psi'$

$$\psi' = \operatorname{arc\,tg} \frac{\alpha}{\beta} \qquad\qquad \alpha \leqq \beta; \quad \mathbf{h} = \sqrt{\alpha^2 + \beta^2} \qquad\qquad \psi' = \operatorname{arc\,tg} \frac{\beta}{\alpha}$$

β / ψ'	362 α	h	364 α	h	366 α	h	368 α	h	370 α	h	372 α	h	374 α	h	376 α	h	378 α	h	380 α	h	β / ψ'
1	6	362	6	364	6	366	6	368	6	370	6	372	6	374	6	376	6	378	6	380	99
2	11	362	11	364	12	366	12	368	12	370	12	372	12	374	12	376	12	378	12	380	98
3	17	362	17	364	17	366	17	368	17	370	18	372	18	374	18	376	18	378	18	380	97
4	23	363	23	365	23	367	23	369	23	371	23	373	24	375	24	377	24	379	24	381	96
5	28	363	29	365	29	367	29	369	29	371	29	373	29	375	30	377	30	379	30	381	95
6	34	364	34	366	35	368	35	370	35	372	35	374	35	376	36	378	36	380	36	382	94
7	40	364	40	366	40	368	41	370	41	372	41	374	41	376	42	378	42	380	42	382	93
8	46	365	46	367	46	369	46	371	47	373	47	375	47	377	47	379	48	381	48	383	92
9	52	366	52	368	52	370	52	372	53	374	53	376	53	378	54	380	54	382	54	384	91
10	57	367	58	369	58	371	58	373	59	375	59	377	59	379	60	381	60	383	60	385	90
11	63	367	64	370	64	372	64	374	65	376	65	378	65	380	66	382	66	384	66	386	89
12	69	369	69	371	70	373	70	375	71	377	71	379	71	381	72	383	72	385	72	387	88
13	75	370	75	372	76	374	76	376	77	378	77	380	77	382	78	384	78	386	79	388	87
14	81	371	81	373	82	375	82	377	83	379	83	381	84	383	84	385	84	387	85	389	86
15	87	372	87	374	88	376	88	378	89	381	89	383	90	385	90	387	91	389	91	391	85
16	93	374	93	376	94	378	94	380	95	382	96	384	96	386	97	388	97	390	98	392	84
17	99	375	100	377	100	379	101	382	101	384	102	386	102	388	103	390	103	392	104	394	83
18	105	377	106	379	106	381	107	383	107	385	108	387	109	389	109	392	110	394	110	396	82
19	111	379	112	381	113	383	113	385	114	387	114	389	115	391	116	393	116	395	117	398	81
20	118	381	118	383	119	385	120	387	120	389	121	391	122	393	122	395	123	397	123	400	80
21	124	383	125	385	125	387	126	389	127	391	127	393	128	395	129	397	129	400	130	402	79
22	130	385	131	387	132	389	132	391	133	393	134	395	135	397	135	400	136	402	137	404	78
23	137	387	138	389	138	391	139	393	140	396	141	398	141	400	142	402	143	404	144	406	77
24	143	389	144	391	145	394	146	396	146	398	147	400	148	402	149	404	150	407	150	409	76
25	150	392	151	394	152	396	152	398	153	400	154	403	155	405	156	407	157	409	157	411	75
26	157	394	158	397	158	399	159	401	160	403	161	405	162	408	163	410	164	412	164	414	74
27	163	397	164	399	165	402	166	404	167	406	168	408	169	410	170	413	171	415	172	417	73
28	170	400	171	402	172	404	173	407	174	409	175	411	176	413	177	416	178	418	179	420	72
29	177	403	178	405	179	408	180	410	181	412	182	414	183	416	184	419	185	421	186	423	71
30	184	406	185	409	186	411	188	413	189	415	190	418	191	420	192	422	193	424	194	426	70
31	192	410	193	412	194	414	195	416	196	419	197	421	198	423	199	425	200	428	201	430	69
32	199	413	200	415	201	418	202	420	203	422	205	425	206	427	207	429	208	431	209	434	68
33	206	417	208	419	209	421	210	424	211	426	212	428	213	431	214	433	216	435	217	437	67
34	214	421	215	423	216	425	218	428	219	430	220	432	221	435	222	437	224	439	225	441	66
35	222	425	223	427	224	429	226	432	227	434	228	436	229	439	230	441	232	443	233	446	65
36	230	429	231	431	232	433	234	436	235	438	236	441	237	443	239	445	240	448	241	450	64
37	238	433	239	436	240	438	242	440	243	443	244	445	246	447	247	450	248	452	250	455	63
38	246	438	247	440	249	443	250	445	251	447	253	450	254	452	256	455	257	457	258	459	62
39	254	442	256	445	257	447	259	450	260	452	261	455	263	457	264	460	266	462	267	464	61
40	263	447	264	450	266	452	267	455	269	457	270	460	272	462	273	465	275	467	276	470	60
41	272	453	273	455	275	458	276	460	278	463	279	465	281	468	282	470	284	473	285	475	59
42	281	458	282	461	284	463	285	466	287	468	289	471	290	473	292	476	293	478	295	481	58
43	290	464	292	466	293	469	295	472	296	474	298	477	300	479	301	482	303	484	304	487	57
44	299	470	301	472	303	475	304	478	306	480	308	483	309	485	311	488	313	491	314	493	56
45	309	476	311	479	313	481	314	484	316	487	318	489	319	492	321	494	323	497	325	500	55
46	319	483	321	485	323	488	324	491	326	493	328	496	330	499	331	501	333	504	335	507	54
47	329	489	331	492	333	495	335	498	337	500	338	503	340	506	342	508	344	511	346	514	53
48	340	497	342	499	344	502	346	505	347	508	349	510	351	513	353	516	355	519	357	521	52
49	351	504	353	507	355	510	357	512	359	515	360	518	362	521	364	524	366	526	368	529	51
50	362	512	364	515	366	518	368	520	370	523	372	526	374	529	376	532	378	535	380	537	50

$$\operatorname{tg}\psi' = \frac{|a|}{|b|}; \quad \operatorname{tg}\psi = \frac{a}{b} \qquad \begin{array}{l} \text{a pos., b pos.: } \psi = \psi' \\ \text{a pos., b neg.: } \psi = 200 - \psi' \end{array} \qquad \begin{array}{l} \text{a neg., b neg.: } \psi = 200^g + \psi' \\ \text{a neg., b pos.: } \psi = 400^g - \psi' \end{array}$$

$$\psi' = \text{arc tg}\,\frac{\alpha}{\beta} \qquad\qquad \alpha \leqq \beta;\quad \mathbf{h} = \sqrt{\alpha^2 + \beta^2} \qquad\qquad \psi' = \text{arc tg}\,\frac{\beta}{\alpha}$$

ψ'	382 α	h	384 α	h	386 α	h	388 α	h	390 α	h	392 α	h	394 α	h	396 α	h	398 α	h	400 α	h	β / ψ'
1	6	382	6	384	6	386	6	388	6	390	6	392	6	394	6	396	6	398	6	400	99
2	12	382	12	384	12	386	12	388	12	390	12	392	12	394	12	396	13	398	13	400	98
3	18	382	18	384	18	386	18	388	18	390	18	392	19	394	19	396	19	398	19	400	97
4	24	383	24	385	24	387	24	389	25	391	25	393	25	395	25	397	25	399	25	401	96
5	30	383	30	385	30	387	31	389	31	391	31	393	31	395	31	397	31	399	31	401	95
6	36	384	36	386	36	388	37	390	37	392	37	394	37	396	37	398	38	400	38	402	94
7	42	384	42	386	43	388	43	390	43	392	43	394	43	396	44	398	44	400	44	402	93
8	48	385	49	387	49	389	49	391	49	393	50	395	50	397	50	399	50	401	51	403	92
9	54	386	55	388	55	390	55	392	56	394	56	396	56	398	56	400	57	402	57	404	91
10	61	387	61	389	61	391	61	393	62	395	62	397	62	399	63	401	63	403	63	405	90
11	67	388	67	390	67	392	68	394	68	396	68	398	69	400	69	402	69	404	70	406	89
12	73	389	73	391	74	393	74	395	74	397	75	399	75	401	76	403	76	405	76	407	88
13	79	390	80	392	80	394	80	396	81	398	81	400	82	402	82	404	82	406	83	408	87
14	85	391	86	393	86	396	87	398	87	400	88	402	88	404	89	406	89	408	89	410	86
15	92	393	92	395	93	397	93	399	94	401	94	403	95	405	95	407	96	409	96	411	85
16	98	394	99	396	99	399	100	401	100	403	101	405	101	407	102	409	102	411	103	413	84
17	105	396	105	398	106	400	106	402	107	404	107	406	108	408	108	411	109	413	109	415	83
18	111	398	112	400	112	402	113	404	113	406	114	408	114	410	115	412	116	414	116	417	82
19	118	400	118	402	119	404	119	406	120	408	121	410	121	412	122	414	122	416	123	418	81
20	124	402	125	404	125	406	126	408	127	410	127	412	128	414	129	416	129	418	130	421	80
21	131	404	131	406	132	408	133	410	134	412	134	414	135	416	136	419	136	421	137	423	79
22	138	406	138	408	139	410	140	412	140	415	141	417	142	419	143	421	143	423	144	425	78
23	144	408	145	411	146	413	147	415	147	417	148	419	149	421	150	423	150	425	151	428	77
24	151	411	152	413	153	415	154	417	154	419	155	422	156	424	157	426	158	428	158	430	76
25	158	413	159	416	160	418	161	420	162	422	162	424	163	426	164	429	165	431	166	433	75
26	165	416	166	418	167	421	168	423	169	425	170	427	170	429	171	431	172	434	173	436	74
27	172	419	173	421	174	424	175	426	176	428	177	430	178	432	179	434	180	437	181	439	73
28	180	422	181	424	182	427	183	429	184	431	184	433	185	435	186	438	187	440	188	442	72
29	187	425	188	428	189	430	190	432	191	434	192	437	193	439	194	441	195	443	196	445	71
30	195	429	196	431	197	433	198	435	199	438	200	440	201	442	202	444	203	447	204	449	70
31	202	432	203	435	204	437	205	439	206	441	208	444	209	446	210	448	211	450	212	453	69
32	210	436	211	438	212	440	213	443	214	445	216	447	217	450	218	452	219	454	220	456	68
33	218	440	219	442	220	444	221	447	222	449	224	451	225	454	226	456	227	458	228	460	67
34	226	444	227	446	228	448	229	451	231	453	232	455	233	458	234	460	235	462	237	465	66
35	234	448	235	450	237	453	238	455	239	457	240	460	241	462	243	464	244	467	245	469	65
36	242	452	244	455	245	457	246	460	248	462	249	464	250	467	251	469	253	471	254	474	64
37	251	457	252	459	254	462	255	464	256	467	257	469	259	471	260	474	261	476	263	479	63
38	260	462	261	464	262	467	264	469	265	472	266	474	268	476	269	479	270	481	272	484	62
39	268	467	270	469	271	472	273	474	274	477	276	479	277	482	278	484	280	486	281	489	61
40	278	472	279	475	280	477	282	480	283	482	285	485	286	487	288	489	289	492	291	494	60
41	287	478	288	480	290	483	291	485	293	488	294	490	296	493	297	495	299	498	300	500	59
42	296	483	298	486	299	489	301	491	303	494	304	496	306	499	307	501	309	504	310	506	58
43	306	489	308	492	309	495	311	497	312	500	314	502	316	505	317	507	319	510	320	513	57
44	316	496	318	498	319	501	321	504	323	506	324	509	326	511	328	514	329	517	331	519	56
45	326	502	328	505	330	508	331	510	333	513	335	516	337	518	338	521	340	523	342	526	55
46	337	509	339	512	340	515	342	517	344	520	346	523	347	525	349	528	351	531	353	533	54
47	348	516	349	519	351	522	353	525	355	527	357	530	359	533	360	535	362	538	364	541	53
48	359	524	361	527	362	530	364	532	366	535	368	538	370	540	372	543	374	546	376	549	52
49	370	532	372	535	374	538	376	540	378	543	380	546	382	549	384	551	386	554	388	557	51
50	382	540	384	543	386	546	388	549	390	552	392	554	394	557	396	560	398	563	400	566	50

$$\text{tg}\,\psi' = \frac{|a|}{|b|}; \quad \text{tg}\,\psi = \frac{a}{b}$$

a pos., b pos.: $\psi = \psi'$ a neg., b neg.: $\psi = 200^g + \psi'$
a pos., b neg.: $\psi = 200^g - \psi'$ a neg., b pos.: $\psi = 400^g - \psi'$

Tafel IVb

$$\psi' = \operatorname{arc\,tg}\frac{\alpha}{\beta} \qquad\qquad \alpha \leqq \beta;\quad \mathbf{h} = \sqrt{\alpha^2 + \beta^2} \qquad\qquad \psi' = \operatorname{arc\,tg}\frac{\beta}{\alpha}$$

β / ψ'	402		404		406		408		410		412		414		416		418		420		β / ψ'
ψ'	α	h	α	h	α	h	α	h	α	h	α	h	α	h	α	h	α	h	α	h	ψ'
1	6	402	6	404	6	406	6	408	6	410	6	412	7	414	7	416	7	418	7	420	99
2	13	402	13	404	13	406	13	408	13	410	13	412	13	414	13	416	13	418	13	420	98
3	19	402	19	404	19	406	19	408	19	410	19	412	20	414	20	416	20	418	20	420	97
4	25	403	25	405	26	407	26	409	26	411	26	413	26	415	26	417	26	419	26	421	96
5	32	403	32	405	32	407	32	409	32	411	32	413	33	415	33	417	33	419	33	421	95
6	38	404	38	406	38	408	39	410	39	412	39	414	39	416	39	418	40	420	40	422	94
7	44	404	45	406	45	408	45	410	45	412	45	415	46	417	46	419	46	421	46	423	93
8	51	405	51	407	51	409	52	411	52	413	52	415	52	417	53	419	53	421	53	423	92
9	57	406	57	408	58	410	58	412	58	414	59	416	59	418	59	420	59	422	60	424	91
10	64	407	64	409	64	411	65	413	65	415	65	417	66	419	66	421	66	423	67	425	90
11	70	408	71	410	71	412	71	414	72	416	72	418	72	420	73	422	73	424	73	426	89
12	77	409	77	411	77	413	78	415	78	417	79	419	79	421	79	424	80	426	80	428	88
13	83	411	84	413	84	415	84	417	85	419	85	421	86	423	86	425	87	427	87	429	87
14	90	412	90	414	91	416	91	418	92	420	92	422	93	424	93	426	93	428	94	430	86
15	97	413	97	415	97	418	98	420	98	422	99	424	99	426	100	428	100	430	101	432	85
16	103	415	104	417	104	419	105	421	105	423	106	425	106	427	107	429	107	432	108	434	84
17	110	417	111	419	111	421	112	423	112	425	113	427	113	429	114	431	114	433	115	435	83
18	117	419	117	421	118	423	119	425	119	427	120	429	120	431	121	433	121	435	122	437	82
19	124	421	124	423	125	425	126	427	126	429	127	431	127	433	128	435	129	437	129	439	81
20	131	423	131	425	132	427	133	429	133	431	134	433	135	435	135	437	136	440	136	442	80
21	138	425	138	427	139	429	140	431	140	433	141	435	142	438	142	440	143	442	144	444	79
22	145	427	145	429	146	432	147	434	148	436	148	438	149	440	150	442	150	444	151	446	78
23	152	430	153	432	153	434	154	436	155	438	156	440	156	443	157	445	158	447	159	449	77
24	159	432	160	435	161	437	162	439	162	441	163	443	164	445	165	447	165	450	166	452	76
25	167	435	167	437	168	439	169	442	170	444	171	446	171	448	172	450	173	452	174	455	75
26	174	438	175	440	176	442	177	445	177	447	178	449	179	451	180	453	181	455	182	458	74
27	182	441	182	443	183	445	184	448	185	450	186	452	187	454	188	456	189	459	190	461	73
28	189	444	190	446	191	449	192	451	193	453	194	455	195	458	196	460	197	462	198	464	72
29	197	448	198	450	199	452	200	454	201	457	202	459	203	461	204	463	205	465	206	468	71
30	205	451	206	453	207	456	208	458	209	460	210	462	211	465	212	467	213	469	214	471	70
31	213	455	214	457	215	459	216	462	217	464	218	466	219	468	220	471	221	473	222	475	69
32	221	459	222	461	223	463	224	466	225	468	226	470	228	472	229	475	230	477	231	479	68
33	229	463	230	465	232	467	233	470	234	472	235	474	236	477	237	479	238	481	240	484	67
34	238	467	239	469	240	472	241	474	242	476	244	479	245	481	246	483	247	486	248	488	66
35	246	471	248	474	249	476	250	479	251	481	252	483	254	486	255	488	256	490	257	493	65
36	255	476	256	478	258	481	259	483	260	486	261	488	263	490	264	493	265	495	267	497	64
37	264	481	265	483	267	486	268	488	269	491	271	493	272	495	273	498	275	500	276	503	63
38	273	486	275	488	276	491	277	493	279	496	280	498	281	501	283	503	284	505	285	508	62
39	283	491	284	494	285	496	287	499	288	501	290	504	291	506	292	508	294	511	295	513	61
40	292	497	294	499	295	502	296	504	298	507	299	509	301	512	302	514	304	517	305	519	60
41	302	503	303	505	305	508	306	510	308	513	309	515	311	518	312	520	314	523	315	525	59
42	312	509	313	511	315	514	316	516	318	519	320	521	321	524	323	226	324	529	326	532	58
43	322	515	324	518	325	520	327	523	328	325	330	528	332	530	333	533	335	536	336	538	57
44	333	522	334	524	336	527	338	530	339	532	341	535	342	537	344	540	346	542	347	545	56
45	343	529	345	531	347	534	348	537	350	539	352	542	354	544	355	547	357	550	359	552	55
46	354	536	356	539	358	541	360	544	361	547	363	549	365	552	367	555	369	557	370	560	54
47	366	544	368	546	369	549	371	552	373	554	375	557	377	560	379	562	380	565	382	568	53
48	378	551	379	554	381	557	383	560	385	562	387	565	389	568	391	571	393	573	394	576	52
49	390	560	392	563	393	565	395	568	397	571	399	574	401	577	403	579	405	582	407	585	51
50	402	569	404	571	406	574	408	577	410	580	412	583	414	585	416	588	418	591	420	594	50

$$\operatorname{tg}\psi' = \frac{|a|}{|b|};\quad \operatorname{tg}\psi = \frac{a}{b} \qquad\qquad \text{a pos., b pos.: } \psi = \psi' \qquad\qquad \text{a neg., b neg.: } \psi = 200^{\mathrm{g}} + \psi'$$

a pos., b neg.: $\psi = 200^{\mathrm{g}} - \psi'$ a neg., b pos.: $\psi = 400^{\mathrm{g}} - \psi'$

$$\psi' = \operatorname{arc\,tg} \frac{\alpha}{\beta} \qquad\qquad \alpha \leqq \beta;\ \ \mathbf{h} = \sqrt{\alpha^2 + \beta^2} \qquad\qquad \psi' = \operatorname{arc\,tg} \frac{\beta}{\alpha}$$

β \ ψ'	422 α	h	424 α	h	426 α	h	428 α	h	430 α	h	432 α	h	434 α	h	436 α	h	438 α	h	440 α	h	β \ ψ'
1	7	422	7	424	7	426	7	428	7	430	7	432	7	434	7	436	7	438	7	440	99
2	13	422	13	424	13	426	13	428	14	430	14	432	14	434	14	436	14	438	14	440	98
3	20	422	20	424	20	426	20	428	20	430	20	432	20	434	21	436	21	438	21	440	97
4	27	423	27	425	27	427	27	429	27	431	27	433	27	435	27	437	28	439	28	441	96
5	33	423	33	425	34	427	34	429	34	431	34	433	34	435	34	437	34	439	35	441	95
6	40	424	40	426	40	428	40	430	41	432	41	434	41	436	41	438	41	440	42	442	94
7	47	425	47	427	47	429	47	431	47	433	48	435	48	437	48	439	48	441	49	443	93
8	53	425	54	427	54	429	54	431	54	433	55	435	55	437	55	439	55	441	56	443	92
9	60	426	60	428	61	430	61	432	61	434	61	436	62	438	62	440	62	442	63	444	91
10	67	427	67	429	67	431	68	433	68	435	68	437	69	439	69	441	69	443	70	445	90
11	74	428	74	430	74	432	75	434	75	436	75	439	76	441	76	443	76	445	77	447	89
12	81	430	81	432	81	434	82	436	82	438	82	440	83	442	83	444	84	446	84	448	88
13	87	431	88	433	88	435	89	437	89	439	89	441	90	443	90	445	91	447	91	449	87
14	94	432	95	434	95	437	96	439	96	441	97	443	97	445	97	447	98	449	98	451	86
15	101	434	102	436	102	438	103	440	103	442	104	444	104	446	105	448	105	450	106	453	85
16	108	436	109	438	109	440	110	442	110	444	111	446	111	448	112	450	112	452	113	454	84
17	115	438	116	440	117	442	117	444	118	446	118	448	119	450	119	452	120	454	120	456	83
18	123	439	123	442	124	444	124	446	125	448	126	450	126	452	127	454	127	456	128	458	82
19	130	442	130	444	131	446	132	448	132	450	133	452	134	454	134	456	135	458	135	460	81
20	137	444	138	446	138	448	139	450	140	452	140	454	141	456	142	458	142	461	143	463	80
21	144	446	145	448	146	450	147	452	147	455	148	457	149	459	149	461	150	463	151	465	79
22	152	449	153	451	153	453	154	455	155	457	156	459	156	461	157	463	158	466	158	468	78
23	159	451	160	453	161	455	162	458	162	460	163	462	164	464	165	466	166	468	166	470	77
24	167	454	168	456	169	458	169	460	170	462	171	465	172	467	173	469	173	471	174	473	76
25	175	457	176	459	176	461	177	463	178	465	179	468	180	470	181	472	181	474	182	476	75
26	183	460	183	462	184	464	185	466	186	469	187	471	188	473	189	475	190	477	190	479	74
27	191	463	191	465	192	467	193	470	194	472	195	474	196	476	197	478	198	481	199	483	73
28	199	466	200	469	200	471	201	473	202	475	203	477	204	480	205	482	206	484	207	486	72
29	207	470	208	472	209	474	210	477	211	479	212	481	213	483	214	486	215	488	216	490	71
30	215	474	216	476	217	478	218	480	219	483	220	485	221	487	222	489	223	492	224	494	70
31	223	478	224	480	226	482	227	484	228	487	229	489	230	491	231	493	232	496	233	398	69
32	232	482	233	484	234	486	235	488	236	491	237	493	239	495	240	498	241	500	242	502	68
33	241	486	242	488	243	490	244	493	245	495	246	497	248	500	249	502	250	504	251	507	67
34	250	490	251	493	252	495	253	497	254	500	255	502	257	504	258	507	259	509	260	511	66
35	259	495	260	497	261	500	262	502	264	504	265	507	266	509	267	511	268	514	270	516	65
36	268	500	269	502	270	505	272	507	273	509	274	512	275	514	277	516	278	519	279	521	64
37	277	505	279	507	280	510	281	512	282	514	284	517	285	519	286	522	288	524	289	526	63
38	287	510	288	513	290	515	291	517	292	520	294	522	295	525	296	527	298	530	299	532	62
39	297	516	298	518	299	521	301	523	302	526	304	528	305	530	306	533	308	535	309	538	61
40	307	522	308	524	310	527	311	529	312	532	314	534	315	536	317	539	318	541	320	544	60
41	317	528	318	530	320	533	321	535	323	538	324	540	326	543	327	545	329	548	330	550	59
42	327	534	329	537	330	539	332	542	334	544	335	547	337	549	338	552	340	554	341	557	58
43	338	541	340	543	341	546	343	548	344	551	346	554	348	556	349	559	351	561	353	564	57
44	349	548	351	550	352	553	354	555	356	558	357	561	359	563	361	566	362	568	364	571	56
45	360	555	362	558	364	560	366	563	367	565	369	568	371	571	372	573	374	576	376	579	55
46	372	563	374	565	376	568	377	571	379	573	381	576	383	579	384	581	386	584	388	587	54
47	384	571	386	573	388	576	389	579	391	581	393	584	395	587	397	589	399	592	400	595	53
48	396	579	398	582	400	584	402	587	404	590	406	593	408	595	409	598	411	601	413	604	52
49	409	588	411	590	413	593	415	596	417	599	419	602	421	604	423	607	424	610	426	613	51
50	422	597	424	600	426	602	428	605	430	608	432	611	434	614	436	617	438	619	440	622	50

$$\operatorname{tg} \psi' = \frac{|a|}{|b|}; \qquad \operatorname{tg} \psi = \frac{a}{b} \qquad\quad \text{a pos., b pos.: } \psi = \psi' \qquad\qquad \text{a neg., b neg.: } \psi = 200^{\mathrm{g}} + \psi'$$
$$\text{a pos., b neg.: } \psi = 200^{\mathrm{g}} - \psi' \qquad\qquad \text{a neg., b pos.: } \psi = 400^{\mathrm{g}} - \psi'$$

$$\psi' = \arctan \frac{\alpha}{\beta} \qquad\qquad \alpha \leqq \beta; \quad \mathbf{h} = \sqrt{\alpha^2 + \beta^2} \qquad\qquad \psi' = \arctan \frac{\beta}{\alpha}$$

β / ψ'	442 α	442 h	444 α	444 h	446 α	446 h	448 α	448 h	450 α	450 h	452 α	452 h	454 α	454 h	456 α	456 h	458 α	458 h	460 α	460 h	β / ψ'
1	7	442	7	444	7	446	7	448	7	450	7	452	7	454	7	456	7	458	7	460	99
2	14	442	14	444	14	446	14	448	14	450	14	452	14	454	14	456	14	458	14	460	98
3	21	442	21	444	21	446	21	448	21	450	21	453	21	455	22	457	22	459	22	461	97
4	28	443	28	445	28	447	28	449	28	451	28	453	29	455	29	457	29	459	29	461	96
5	35	443	35	445	35	447	35	449	35	451	36	453	36	455	36	457	36	459	36	461	95
6	42	444	42	446	42	448	42	450	43	452	43	454	43	456	43	458	43	460	43	462	94
7	49	445	49	447	49	449	49	451	50	453	50	455	50	457	50	459	51	461	51	463	93
8	56	446	56	448	56	450	57	452	57	454	57	456	57	458	58	460	58	462	58	464	92
9	63	446	63	448	63	450	64	453	64	455	64	457	65	459	65	461	65	463	65	465	91
10	70	448	70	450	71	452	71	454	71	456	72	458	72	460	72	462	73	464	73	466	90
11	77	449	77	451	78	453	78	455	79	457	79	459	79	461	80	463	80	465	80	467	89
12	84	450	85	452	85	454	85	456	86	458	86	460	87	462	87	464	87	466	88	468	88
13	92	451	92	453	92	455	93	458	93	460	94	462	94	464	94	466	95	468	95	470	87
14	99	453	99	455	100	457	100	459	101	461	101	463	101	465	102	467	102	469	103	471	86
15	106	455	107	457	107	459	108	461	108	463	109	465	109	467	109	469	110	471	110	473	85
16	113	456	114	458	115	460	115	463	116	465	116	467	117	469	117	471	118	473	118	475	84
17	121	458	121	460	122	462	123	464	123	467	124	469	124	471	125	473	125	475	126	477	83
18	128	460	129	462	130	464	130	467	131	469	131	471	132	473	132	475	133	477	134	479	82
19	136	462	137	465	137	467	138	469	138	471	139	473	140	475	140	477	141	479	142	481	81
20	144	465	144	467	145	469	146	471	146	473	147	475	148	477	148	479	149	482	149	484	80
21	151	467	152	469	153	471	153	474	154	476	155	478	155	480	156	482	157	484	157	486	79
22	159	470	160	472	161	474	161	476	162	478	163	480	163	483	164	485	165	487	166	489	78
23	167	473	168	475	169	477	169	479	170	481	171	483	172	485	172	487	173	490	174	492	77
24	175	475	176	478	177	480	177	482	178	484	179	486	180	488	181	490	181	493	182	495	76
25	183	478	184	481	185	483	186	485	186	487	187	489	188	491	189	494	190	496	191	498	75
26	191	482	192	484	193	486	194	488	195	490	196	493	196	495	197	497	198	499	199	501	74
27	200	485	200	487	201	489	202	492	203	494	204	496	205	498	206	500	207	503	208	505	73
28	208	488	209	491	210	493	211	495	212	497	213	500	214	502	215	504	216	506	216	508	72
29	217	492	218	494	218	497	219	499	220	501	221	503	222	506	223	508	224	510	225	512	71
30	225	496	226	498	227	501	228	503	229	505	230	507	231	510	232	512	233	514	234	516	70
31	234	500	235	502	236	505	237	507	238	509	239	511	240	514	241	516	242	518	244	521	69
32	243	504	244	507	245	509	246	511	247	514	248	516	250	518	251	520	252	523	253	525	68
33	252	509	253	511	254	513	256	516	257	518	258	520	259	523	260	525	261	527	262	530	67
34	261	514	263	516	264	518	265	520	266	523	267	525	268	527	270	530	271	532	272	534	66
35	271	518	272	521	273	523	275	525	276	528	277	530	278	532	279	535	281	537	282	540	65
36	281	523	282	526	283	528	284	531	286	533	287	535	288	538	289	540	291	542	292	545	64
37	290	529	292	531	293	534	294	536	296	538	297	541	298	543	300	546	301	548	302	550	63
38	300	534	302	537	303	539	304	542	306	544	307	546	309	549	310	551	311	554	313	556	62
39	311	540	312	543	313	545	315	548	316	550	318	552	319	555	320	557	322	560	323	562	61
40	321	546	323	549	324	551	325	554	327	556	328	559	330	561	331	564	333	566	334	569	60
41	332	553	333	555	335	558	336	560	338	563	339	565	341	568	342	570	344	573	345	575	59
42	343	559	344	562	346	564	348	567	349	570	351	572	352	575	354	577	355	580	357	582	58
43	354	566	356	569	357	571	359	574	361	577	362	579	364	582	365	584	367	587	369	589	57
44	366	574	367	576	369	579	371	581	372	584	374	587	376	589	377	592	379	594	381	597	56
45	378	581	379	584	381	587	383	589	384	592	386	594	388	597	389	600	391	602	393	605	55
46	390	589	391	592	393	595	395	597	397	600	398	603	400	605	402	608	404	611	406	613	54
47	402	598	404	600	406	603	408	606	409	608	411	611	413	614	415	617	417	619	419	622	53
48	415	606	417	609	419	612	421	615	423	617	424	620	426	623	428	626	430	628	432	631	52
49	428	615	430	618	432	621	434	624	436	627	438	629	440	632	442	635	444	638	446	641	51
50	442	625	444	628	446	631	448	634	450	636	452	639	454	642	456	645	458	648	460	651	50

$$\operatorname{tg} \psi' = \frac{|a|}{|b|}; \quad \operatorname{tg} \psi = \frac{a}{b}$$

a pos., b pos.: $\psi = \psi'$
a pos., b neg.: $\psi = 200^{g} - \psi'$
a neg., b neg.: $\psi = 200^{g} + \psi'$
a neg., b pos.: $\psi = 400^{g} - \psi'$

$$\psi' = \text{arc tg}\ \frac{\alpha}{\beta} \qquad\qquad \alpha \leqq \beta;\ \ \mathbf{h} = \sqrt{\alpha^2 + \beta^2} \qquad\qquad \psi' = \text{arc tg}\ \frac{\beta}{\alpha}$$

β / ψ'	462 α	h	464 α	h	466 α	h	468 α	h	470 α	h	472 α	h	474 α	h	476 α	h	478 α	h	480 α	h	β / ψ'
1	7	462	7	464	7	466	7	468	7	470	7	472	7	474	7	476	8	478	8	480	99
2	15	462	15	464	15	466	15	468	15	470	15	472	15	474	15	476	15	478	15	480	98
3	22	463	22	465	22	467	22	469	22	471	22	473	22	415	22	477	23	479	23	481	97
4	29	463	29	465	29	467	29	469	30	471	30	473	30	475	30	477	30	479	30	481	96
5	36	463	37	465	37	467	37	469	37	471	37	473	37	475	37	477	38	479	38	481	95
6	44	464	44	466	44	468	44	470	44	472	45	474	45	476	45	478	45	480	45	482	94
7	51	465	51	467	51	469	52	471	52	473	52	475	52	477	53	479	53	481	53	483	93
8	58	466	59	468	59	470	59	472	59	474	60	476	60	478	60	480	60	482	61	484	92
9	66	467	66	469	66	471	67	473	67	475	67	477	67	479	68	481	68	483	68	485	91
10	73	468	73	470	74	472	74	474	74	476	75	478	75	480	75	482	76	484	76	486	90
11	81	469	81	471	81	473	82	475	82	477	82	479	83	481	83	483	83	485	84	487	89
12	88	470	89	472	89	474	89	476	90	478	90	481	90	483	91	485	91	487	92	489	88
13	96	472	96	474	97	476	97	478	97	480	98	482	98	484	99	486	99	488	99	490	87
14	103	473	104	475	104	477	105	480	105	482	106	484	106	486	106	488	107	490	107	492	86
15	111	475	111	477	112	479	112	481	113	483	113	485	114	487	114	490	115	492	115	494	85
16	119	477	119	479	120	481	120	483	121	485	121	487	122	489	122	491	123	494	123	496	84
17	126	479	127	481	127	483	128	485	129	487	129	489	130	491	130	493	131	496	131	498	83
18	134	481	135	483	135	485	136	487	137	489	137	492	138	494	138	496	139	498	139	500	82
19	142	483	143	485	143	488	144	490	145	492	145	494	146	496	146	498	147	500	148	502	81
20	150	486	151	488	151	490	152	492	153	494	153	496	154	498	155	500	155	503	156	505	80
21	158	488	159	490	160	493	160	495	161	497	162	499	162	501	163	503	164	505	164	507	79
22	166	491	167	493	168	495	168	497	169	500	170	502	171	504	171	506	172	508	173	510	78
23	175	494	175	496	176	498	177	500	178	502	178	505	179	507	180	509	181	511	181	513	77
24	183	497	184	499	185	501	185	503	186	505	187	508	188	510	188	512	189	514	190	516	76
25	191	500	192	502	193	504	194	507	195	509	196	511	196	513	197	515	198	517	199	520	75
26	200	503	201	506	202	508	203	510	203	512	204	514	205	516	206	519	207	521	208	523	74
27	209	507	210	509	210	511	211	513	212	516	213	518	214	520	215	522	216	524	217	527	73
28	217	511	218	513	219	515	220	517	221	519	222	522	223	524	224	526	225	528	226	530	72
29	226	514	227	517	228	519	229	521	230	523	231	526	232	528	233	530	234	532	235	535	71
30	235	519	236	521	237	523	238	525	239	527	240	530	242	532	243	534	244	536	245	539	70
31	245	523	246	525	247	527	248	530	249	532	250	534	251	536	252	539	253	541	254	543	69
32	254	527	255	529	256	532	257	534	258	536	259	539	261	541	262	543	263	545	264	548	68
33	264	532	265	534	266	536	267	539	268	541	269	543	270	546	272	548	273	550	274	553	67
34	273	537	274	539	276	541	277	544	278	546	279	548	280	551	282	553	283	555	284	558	66
35	283	542	284	544	286	547	287	549	288	551	289	554	290	556	292	558	293	561	294	563	65
36	293	547	294	550	296	552	297	554	298	557	300	559	301	561	302	564	303	566	305	568	64
37	303	553	305	555	306	558	307	560	309	562	310	565	311	567	313	570	314	572	315	574	63
38	314	559	315	561	317	563	318	566	319	568	321	571	322	573	323	576	325	578	326	580	62
39	325	565	326	567	328	570	329	572	330	574	332	577	333	579	335	582	336	584	337	587	61
40	336	571	337	574	339	576	340	578	341	581	343	583	344	586	346	588	347	591	349	593	60
41	347	578	348	580	350	583	351	585	353	588	354	590	356	593	357	595	359	598	360	600	59
42	358	585	360	587	361	590	363	592	365	595	366	597	368	600	369	602	371	605	372	607	58
43	370	592	372	595	373	597	375	600	377	602	378	605	380	607	381	610	383	612	385	615	57
44	382	600	384	602	386	605	387	607	389	610	390	613	392	615	394	618	395	620	397	623	56
45	395	608	396	610	398	613	400	615	401	618	403	621	405	623	407	626	408	629	410	631	55
46	407	616	409	619	411	621	413	624	414	627	416	629	418	632	420	635	421	637	423	640	54
47	420	625	422	627	424	630	426	633	428	635	429	638	431	641	433	644	435	646	437	649	53
48	434	634	436	637	438	639	439	642	441	645	443	647	445	650	447	653	449	656	451	658	52
49	448	643	450	646	452	649	454	652	455	654	457	657	459	660	461	663	463	666	465	668	51
50	462	653	464	656	466	659	468	662	470	665	472	668	474	670	476	673	478	676	480	679	50

$$\text{tg}\ \psi' = \frac{|a|}{|b|}; \qquad \text{tg}\ \psi = \frac{a}{b}$$

a pos., b pos.: $\psi = \psi'$
a pos., b neg.: $\psi = 200^{\text{g}} - \psi'$
a neg., b neg.: $\psi = 200^{\text{g}} + \psi'$
a neg., b pos.: $\psi = 400^{\text{g}} - \psi'$

Tafel IVb

$\psi' = \arc tg\,\dfrac{\alpha}{\beta}$ $\qquad\qquad \alpha \leqq \beta;\quad \mathbf{h}=\sqrt{\alpha^2+\beta^2} \qquad\qquad$ $\psi' = \arc tg\,\dfrac{\beta}{\alpha}$

β ψ'	482 α	h	484 α	h	486 α	h	488 α	h	490 α	h	492 α	h	494 α	h	496 α	h	498 α	h	500 α	h	β ψ'
1	8	482	8	484	8	486	8	488	8	490	8	492	8	494	8	496	8	498	8	500	99
2	15	482	15	484	15	486	15	488	15	490	15	492	16	494	16	496	16	498	16	500	98
3	23	483	23	485	23	487	23	489	23	491	23	493	23	495	23	497	23	499	24	501	97
4	30	483	30	485	31	487	31	489	31	491	31	493	31	495	31	497	31	499	31	501	96
5	38	483	38	485	38	488	38	490	39	492	39	494	39	496	39	498	39	500	39	502	95
6	46	484	46	486	46	488	46	490	46	492	47	494	47	496	47	498	47	500	47	502	94
7	53	485	53	487	54	489	54	491	54	493	54	495	55	497	55	499	55	501	55	503	93
8	61	486	61	488	61	490	62	492	62	494	62	496	62	498	63	500	63	502	63	504	92
9	69	487	69	489	69	491	69	493	70	495	70	497	70	499	71	501	71	503	71	505	91
10	76	488	77	490	77	492	77	494	78	496	78	498	78	500	79	502	79	504	79	506	90
11	84	489	84	491	85	493	85	495	86	497	86	499	86	501	87	503	87	506	87	508	89
12	92	491	92	493	93	495	93	497	93	499	94	501	94	503	95	505	95	507	95	509	88
13	100	492	100	494	101	496	101	498	101	500	102	502	102	504	103	507	103	509	104	511	87
14	108	494	108	496	109	498	109	500	110	502	110	504	110	506	111	508	111	510	112	512	86
15	116	496	116	498	117	500	117	502	118	504	118	506	119	508	119	510	120	512	120	514	85
16	124	498	124	500	125	502	125	504	126	506	126	508	127	510	127	512	128	514	128	516	84
17	132	500	132	502	133	504	134	506	134	508	135	510	135	512	136	514	136	516	137	518	83
18	140	502	141	504	141	506	142	508	142	510	143	512	144	514	144	517	145	519	145	521	82
19	148	504	149	506	150	508	150	511	151	513	151	515	152	517	153	519	153	521	154	523	81
20	157	507	157	509	158	511	159	513	159	515	160	517	161	519	161	522	162	524	162	526	80
21	165	509	166	512	166	514	167	516	168	518	168	520	169	522	170	524	171	526	171	528	79
22	174	512	174	514	175	517	176	519	176	521	177	523	178	525	179	527	179	529	180	531	78
23	182	515	183	517	184	520	184	522	185	524	186	526	187	528	187	530	188	532	189	535	77
24	191	518	192	521	192	523	193	525	194	527	195	529	196	531	196	533	197	536	198	538	76
25	200	522	200	524	201	526	202	528	203	530	204	533	205	535	205	537	206	539	207	541	75
26	209	525	209	527	210	530	211	532	212	534	213	536	214	538	215	540	216	543	216	545	74
27	218	529	219	531	219	533	220	535	221	538	222	540	223	542	224	544	225	546	226	549	73
28	227	533	228	535	229	537	230	539	231	542	232	544	232	546	233	548	234	550	235	553	72
29	236	537	237	539	238	541	239	543	240	546	241	548	242	550	243	552	244	555	245	557	71
30	246	541	247	543	248	545	249	548	250	550	251	552	252	554	253	557	254	559	255	561	70
31	255	545	256	548	257	550	258	552	259	554	260	557	262	559	263	561	264	563	265	566	69
32	265	550	266	552	267	555	268	557	269	559	270	561	272	564	273	566	274	568	275	571	68
33	275	555	276	557	277	560	278	562	279	564	281	566	282	569	283	571	284	573	285	576	67
34	285	560	286	562	287	565	289	567	290	569	291	572	292	574	293	576	295	579	296	581	66
35	295	565	297	568	298	570	299	572	300	575	301	577	303	579	304	582	305	584	306	586	65
36	306	571	307	573	308	576	310	578	311	580	312	583	314	585	315	587	316	590	317	592	64
37	317	577	318	579	319	581	321	584	322	586	323	589	324	591	326	593	327	596	328	598	63
38	328	583	329	585	330	588	322	590	333	592	334	595	336	597	337	600	338	602	340	605	62
39	339	589	340	592	342	594	343	596	344	599	346	601	347	604	349	606	350	609	351	611	61
40	350	596	352	598	353	601	355	603	356	606	357	608	359	611	360	613	362	616	363	618	60
41	362	603	363	605	365	608	366	610	368	613	369	615	371	618	372	620	374	623	375	625	59
42	374	610	375	613	377	615	379	618	380	620	382	623	383	625	385	628	386	630	388	633	58
43	386	618	388	620	389	623	391	625	393	628	394	630	396	633	397	636	399	638	401	641	57
44	399	626	400	628	402	631	404	633	405	636	407	639	409	641	410	644	412	646	414	649	56
45	412	634	413	637	415	639	417	642	418	644	420	647	422	650	424	652	425	655	427	658	55
46	425	643	427	645	428	648	430	651	432	653	434	656	436	659	437	661	439	664	441	667	54
47	439	652	440	654	442	657	444	660	446	662	448	665	450	668	451	671	453	673	455	676	53
48	453	661	455	664	456	667	458	669	460	672	462	675	464	678	466	680	468	683	470	686	52
49	467	671	469	674	471	677	473	680	475	682	477	685	479	688	481	691	483	693	485	696	51
50	482	682	484	684	486	687	488	690	490	693	492	696	494	699	496	701	498	704	500	707	50

$\mathrm{tg}\,\psi'=\dfrac{|a|}{|b|};\quad \mathrm{tg}\,\psi=\dfrac{a}{b}$ $\qquad$ a pos., b pos.: $\psi = \psi'$ $\qquad$ a neg. b neg.: $\psi = 200^{\mathrm{g}} + \psi'$

a pos., b neg.: $\psi = 200^{\mathrm{g}} - \psi'$ $\qquad$ a neg., b pos.: $\psi = 400^{\mathrm{g}} - \psi'$

Tafel V.

Musterbeispiel für einen Verteilungsschlüssel nach dem Darwinschen Schema (p=121; 11 Spalten).

Erläuterungen:

Über die Theorie des Darwinschen Schemas siehe zweiter Teil, S. 147f. Beispiele: Aufgaben 7 bis 10, 12.

Benutzungsregeln für Tafel V:

Beobachtungsreihe (y_ν): $\nu = 0, 1, 2, \ldots 120$.

Das Schema hat 11 Spalten mit den Kennziffern $0, 1, 2, \ldots 10$.

Tafel V gibt für jede Welle $(\mu = 1, 2, \ldots)$ und für jedes ν die Kennziffer der Spalte an, in die y_ν einzutragen ist. Für die letzte Spalte des Schemas (Kennziffer 10) ist das Zeichen $* = 10$ aus Gründen der Raumersparnis benutzt.

Die Tafel gibt den Verteilungsschlüssel für $\mu = 1$ bis 25 vollständig. Werden Wellen $\mu > 25$ (bis zur höchsten Ordnung $\mu = 60$) gebraucht, so läßt sich der dazugehörige Schlüssel mit Hilfe der fettgedruckten Spalten $(\mu = 11\,k)$ ableiten: Man zerlege μ in ein Vielfaches von 11 und den Rest (z. B. $\mu = 47 = 44 + 3$) und addiert die Verteilungszahlen aus den beiden Spalten (44 und 3). Ist die Summe größer als 10, so wird 11 subtrahiert.

Beispiel: Gesucht Verteilungszahl für $\mu = 47$, $\nu = 93$. Spalte 44 gibt für $\nu = 93$ die Zahl 9, Spalte 3 gibt die Zahl 3. Die Summe ist $9 + 3 = 12$; 11 subtrahiert ergibt 1. y_{93} ist demnach in die Spalte 1 einzutragen.

Nach vollständiger Besetzung des Schemas enthält jede der 11 Spalten je 11 Beobachtungswerte. Die Summen der 11 Spalten sind dann nach dem Schema $p = 11$ (s. Tafel I a und Tafel II a) zu analysieren (Welle 1).

Welle $\mu \rightarrow$ **Darwinsches Schema p=121 für 11 Spalten**

v	1	2	3	4	5	6	7	8	9	10	11	12	13	14	15	16	17	18	19	20	21	22	23	24	25	33	44	55
0	0	0	0	0	0	0	0	0	0	0	0	0	0	0	0	0	0	0	0	0	0	0	0	0	0	0	0	0
1	0	0	0	0	0	1	1	1	1	1	1	1	1	1	1	1	2	2	2	2	2	2	2	2	2	3	4	5
2	0	0	1	1	1	1	1	1	2	2	2	2	2	3	3	3	3	3	3	4	4	4	4	4	5	6	8	*
3	0	1	1	1	1	2	2	2	2	3	3	3	4	4	4	4	5	5	5	5	6	6	6	7	7	9	1	4
4	0	1	1	1	2	2	3	3	3	4	4	4	5	5	5	6	6	7	7	7	8	8	8	9	9	1	5	9
5	0	1	1	2	2	3	3	4	4	5	5	5	6	6	7	7	8	8	9	9	*	*	*	0	0	4	9	3
6	1	1	2	2	3	3	4	4	5	5	6	7	7	8	8	9	9	*	*	0	0	1	2	2	3	7	2	8
7	1	1	2	3	3	4	4	5	6	6	7	8	8	9	*	*	0	0	1	2	2	3	4	4	5	*	6	2
8	1	1	2	3	4	4	5	6	7	7	8	9	9	*	0	1	1	2	3	4	4	5	6	6	7	2	*	7
9	1	2	2	3	4	5	6	7	7	8	9	*	0	0	1	2	3	4	5	5	6	7	8	9	9	5	3	1
10	1	2	3	4	5	5	6	7	8	9	*	0	1	2	3	4	4	5	6	7	8	9	*	0	1	8	7	6
11	1	2	3	4	5	6	7	8	9	*	0	1	2	3	4	5	6	7	8	9	*	0	1	2	3	0	0	0
12	1	2	3	4	5	7	8	9	*	0	1	2	3	4	5	6	8	9	*	0	1	2	3	4	5	3	4	5
13	1	2	4	5	6	7	8	9	0	1	2	3	4	6	7	8	9	*	0	2	3	4	5	6	8	6	8	*
14	1	3	4	5	6	8	9	*	0	2	3	4	6	7	8	9	0	1	2	3	5	6	7	9	*	9	1	4
15	1	3	4	5	7	8	*	0	1	3	4	5	7	8	9	0	1	3	4	5	7	8	9	0	1	1	5	9
16	1	3	4	6	7	9	*	1	2	4	5	6	8	9	0	1	3	4	6	7	9	*	0	2	3	4	9	3
17	2	3	5	6	8	9	0	1	3	4	6	8	9	0	1	3	4	6	7	9	*	1	3	4	6	7	2	8
18	2	3	5	7	8	*	0	2	4	5	7	9	*	1	3	4	6	7	9	0	1	3	5	6	8	*	6	2
19	2	3	5	7	9	*	1	3	5	6	8	*	0	2	4	6	7	9	0	2	3	5	7	8	*	2	*	7
20	2	4	5	7	9	0	2	4	5	7	9	0	2	3	5	7	9	0	2	3	5	7	9	0	1	5	3	1
21	2	4	6	8	*	0	2	4	6	8	*	1	3	5	7	9	*	1	3	5	7	9	0	2	4	8	7	6
22	2	4	6	8	*	1	3	5	7	9	0	2	4	6	8	*	1	3	5	7	9	0	2	4	6	0	0	0
23	2	4	6	8	*	2	4	6	8	*	1	3	5	7	9	0	3	5	7	9	0	2	4	6	8	3	4	5
24	2	4	7	9	0	2	4	6	9	0	2	4	6	9	0	2	4	6	8	0	2	4	6	8	0	6	8	*
25	2	5	7	9	0	3	5	7	9	1	3	5	8	*	1	3	6	8	*	1	4	6	8	0	2	9	1	4
26	2	5	7	9	1	3	6	8	*	2	4	6	9	0	2	5	7	*	1	3	6	8	*	2	4	1	5	9
27	2	5	7	*	1	4	6	9	0	3	5	7	*	1	4	6	9	0	3	5	8	*	1	4	6	4	9	3
28	3	5	8	*	2	4	7	9	1	3	6	9	0	3	5	8	*	2	4	7	9	1	4	6	9	7	2	8
29	3	5	8	0	2	5	7	*	2	4	7	*	1	4	7	9	1	3	6	9	0	3	6	8	0	*	6	2
30	3	5	8	0	3	5	8	0	3	5	8	0	2	5	8	0	2	5	8	0	2	5	8	*	2	2	*	7
31	3	6	8	0	3	6	9	1	3	6	9	1	4	6	9	1	4	7	*	1	4	7	*	2	4	5	3	1
32	3	6	9	1	4	6	9	1	4	7	*	2	5	8	0	3	5	8	0	3	6	9	1	4	7	8	7	6
33	3	6	9	1	4	7	*	2	5	8	0	3	6	9	1	4	7	*	2	5	8	0	3	6	9	0	0	0
34	3	6	9	1	4	8	0	3	6	9	1	4	7	*	2	5	9	1	4	7	*	2	5	8	0	3	4	5
35	3	6	*	2	5	8	0	3	7	*	2	5	8	1	4	7	*	2	5	9	1	4	7	*	3	6	8	*
36	3	7	*	2	5	9	1	4	7	0	3	6	*	2	5	8	1	4	7	*	3	6	9	2	5	9	1	4
37	3	7	*	2	6	9	2	5	8	1	4	7	0	3	6	*	2	6	9	1	5	8	0	4	7	1	5	9
38	3	7	*	3	6	*	2	6	9	2	5	8	1	4	8	0	4	7	0	3	7	*	2	6	9	4	9	3
39	4	7	0	3	7	*	3	6	*	2	6	*	2	6	9	2	5	9	1	5	8	1	5	8	1	7	2	8
40	4	7	0	4	7	0	3	7	0	3	7	0	3	7	0	3	7	*	3	7	*	3	7	*	3	*	6	2
41	4	7	0	4	8	0	4	8	1	4	8	1	4	8	1	5	8	1	5	9	1	5	9	1	5	2	*	7
42	4	8	0	4	8	1	5	9	1	5	9	2	6	9	2	6	*	3	7	*	3	7	0	4	7	5	3	1
43	4	8	1	5	9	1	5	9	2	6	*	3	7	0	4	8	0	4	8	1	5	9	2	6	*	8	7	6
44	4	8	1	5	9	2	6	*	3	7	0	4	8	1	5	9	2	6	*	3	7	0	4	8	1	0	0	0
45	4	8	1	5	9	3	7	0	4	8	1	5	9	2	6	*	4	8	1	5	9	2	6	*	3	3	4	5
46	4	8	2	6	*	3	7	0	5	9	2	6	*	4	8	1	5	9	2	7	0	4	8	1	6	6	8	*
47	4	9	2	6	*	4	8	1	5	*	3	7	1	5	9	2	7	0	4	8	2	6	*	4	8	9	1	4
48	4	9	2	6	0	4	9	2	6	0	4	8	2	6	*	4	8	2	6	*	4	8	1	6	*	1	5	9
49	4	9	2	7	0	5	9	3	7	1	5	9	3	7	1	5	*	3	8	1	6	*	3	8	1	4	9	3
50	5	9	3	7	1	5	*	3	8	1	6	0	4	9	2	7	0	5	9	3	7	1	6	*	4	7	2	8
51	5	9	3	8	1	6	*	4	9	2	7	1	5	*	4	8	2	6	0	5	9	3	8	1	6	*	6	2
52	5	9	3	8	2	6	0	5	*	3	8	2	6	0	5	*	3	8	2	7	0	5	*	3	8	2	*	7
53	5	*	3	8	2	7	1	6	*	4	9	3	8	1	6	0	5	*	4	8	2	7	1	6	*	5	3	1
54	5	*	4	9	3	7	1	6	0	5	*	4	9	3	8	2	6	0	5	*	4	9	3	8	2	8	7	6
55	5	*	4	9	3	8	2	7	1	6	0	5	*	4	9	3	8	2	7	1	6	0	5	*	4	0	0	0
56	5	*	4	9	3	9	3	8	2	7	1	6	0	5	*	4	*	4	9	3	8	2	7	1	6	3	4	5
57	5	*	5	*	4	9	3	8	3	8	2	7	1	7	1	6	0	5	*	5	*	4	9	3	9	6	8	*
58	5	0	5	*	4	*	4	9	3	9	3	8	3	8	2	7	2	7	1	6	1	6	0	6	0	9	1	4
59	5	0	5	*	5	*	5	*	4	*	4	9	4	9	3	9	3	9	3	8	3	8	2	8	2	1	5	9
60	5	0	5	0	5	0	5	0	5	0	5	*	5	*	5	*	5	*	5	*	5	*	4	*	4	4	9	3

Welle $\mu \rightarrow$ **Welle 1—25, 33, 44, 55**

v	1	2	3	4	5	6	7	8	9	10	11	12	13	14	15	16	17	18	19	20	21	22	23	24	25	33	44	55
61	6	0	6	0	6	0	6	0	6	0	6	1	6	1	6	1	6	1	6	1	6	1	7	1	7	7	2	8
62	6	0	6	1	6	1	6	1	7	1	7	2	7	2	8	2	8	2	8	3	8	3	9	3	9	*	6	2
63	6	0	6	1	7	1	7	2	8	2	8	3	8	3	9	4	9	4	*	5	*	5	0	5	0	2	*	7
64	6	1	6	1	7	2	8	3	8	3	9	4	*	4	*	5	0	6	1	6	1	7	2	8	2	5	3	1
65	6	1	7	2	8	2	8	3	9	4	*	5	0	6	1	7	1	7	2	8	3	9	4	*	5	8	7	6
66	6	1	7	2	8	3	9	4	*	5	0	6	1	7	2	8	3	9	4	*	5	0	6	1	7	0	0	0
67	6	1	7	2	8	4	*	5	0	6	1	7	2	8	3	9	5	0	6	1	7	2	8	3	9	3	4	5
68	6	1	8	3	9	4	*	5	1	7	2	8	3	*	5	0	6	1	7	3	9	4	*	5	1	6	8	*
69	6	2	8	3	9	5	0	6	1	8	3	9	5	0	6	1	8	3	9	4	0	6	1	8	3	9	1	4
70	6	2	8	3	*	5	1	7	2	9	4	*	6	1	7	3	9	5	0	6	2	8	3	*	5	1	5	9
71	6	2	8	4	*	6	1	8	3	*	5	0	7	2	9	4	0	6	2	8	4	*	5	1	7	4	9	3
72	7	2	9	4	0	6	2	8	4	*	6	2	8	4	*	6	1	8	3	*	5	1	8	3	*	7	2	8
73	7	2	9	5	0	7	2	9	5	0	7	3	9	5	1	7	3	9	5	1	7	3	*	5	1	*	6	2
74	7	2	9	5	1	7	3	*	6	1	8	4	*	6	2	9	4	0	7	3	9	5	1	7	3	2	*	7
75	7	3	9	5	1	8	4	0	6	2	9	5	1	7	3	*	6	2	9	4	0	7	3	*	5	5	3	1
76	7	3	*	6	2	8	4	0	7	3	*	6	2	9	5	1	7	3	*	6	2	9	5	1	8	8	7	6
77	7	3	*	6	2	9	5	1	8	4	0	7	3	*	6	2	9	5	1	8	4	0	7	3	*	0	0	0
78	7	3	*	6	2	*	6	2	9	5	1	8	4	0	7	3	0	7	3	*	6	2	9	5	1	3	4	5
79	7	3	0	7	3	*	6	2	*	6	2	9	5	2	9	5	1	8	4	1	8	4	0	7	4	6	8	*
80	7	4	0	7	3	0	7	3	*	7	3	*	7	3	*	6	3	*	6	2	*	6	2	*	6	9	1	4
81	7	4	0	7	4	0	8	4	0	8	4	0	8	4	0	8	4	1	8	4	1	8	4	1	8	1	5	9
82	7	4	0	8	4	1	8	5	1	9	5	1	9	5	2	9	6	2	*	6	3	*	6	3	*	4	9	3
83	8	4	1	8	5	1	9	5	2	9	6	3	*	7	3	0	7	4	0	8	4	1	9	5	2	7	2	8
84	8	4	1	9	5	2	9	6	3	*	7	4	0	8	5	1	9	5	2	*	6	3	0	7	4	*	6	2
85	8	4	1	9	6	2	*	7	4	0	8	5	1	9	6	3	*	7	4	1	8	5	2	9	6	2	*	7
86	8	5	1	9	6	3	0	8	4	1	9	6	3	*	7	4	1	9	6	2	*	7	4	1	8	5	3	1
87	8	5	2	*	7	3	0	8	5	2	*	7	4	1	9	6	2	*	7	4	1	9	6	3	0	8	7	6
88	8	5	2	*	7	4	1	9	6	3	0	8	5	2	*	7	4	1	9	6	3	0	8	5	2	0	0	0
89	8	5	2	*	7	5	2	*	7	4	1	9	6	3	0	8	6	3	0	8	5	2	*	7	4	3	4	5
90	8	5	3	0	8	5	2	*	8	5	2	*	7	5	2	*	7	4	1	*	7	4	1	9	7	6	8	*
91	8	6	3	0	8	6	3	0	8	6	3	0	9	6	3	0	9	6	3	0	9	6	3	1	9	9	1	4
92	8	6	3	0	9	6	4	1	9	7	4	1	*	7	4	2	*	8	5	2	0	8	5	3	0	1	5	9
93	8	6	3	1	9	7	4	2	*	8	5	2	0	8	6	3	1	9	7	4	2	*	7	5	2	4	9	3
94	9	6	4	1	*	7	5	2	0	8	6	4	1	*	7	5	2	0	8	6	3	1	*	7	5	7	2	8
95	9	6	4	2	*	8	5	3	1	9	7	5	2	0	9	6	4	1	*	8	5	3	1	9	7	*	6	2
96	9	6	4	2	0	8	6	4	2	*	8	6	3	1	*	8	5	3	1	*	7	5	3	0	9	2	*	7
97	9	7	4	2	0	9	7	5	2	0	9	7	5	2	0	9	7	5	3	0	9	7	5	3	0	5	3	1
98	9	7	5	3	1	9	7	5	3	1	*	8	6	4	2	0	8	6	4	2	0	9	7	5	3	8	7	6
99	9	7	5	3	1	*	8	6	4	2	0	9	7	5	3	1	*	8	6	4	2	0	9	7	5	0	0	0
100	9	7	5	3	1	0	9	7	5	3	1	*	8	6	4	2	1	*	8	6	4	2	0	9	7	3	4	5
101	9	7	6	4	2	0	9	7	6	4	2	0	9	8	6	4	3	1	9	7	6	4	2	*	9	6	8	*
102	9	8	6	4	2	1	*	8	6	5	3	1	0	9	7	5	4	2	0	9	8	6	4	3	1	9	1	4
103	9	8	6	4	3	1	0	9	7	6	4	2	1	*	8	7	5	4	2	0	*	8	6	5	3	1	5	9
104	9	8	6	5	3	2	0	*	8	7	5	3	2	0	*	8	7	5	4	2	1	*	8	7	5	4	9	3
105	*	8	7	5	4	2	1	*	9	7	6	5	3	2	0	*	8	7	5	4	2	1	0	9	8	7	2	8
106	*	8	7	6	4	3	1	0	*	8	7	6	4	3	2	0	*	8	7	6	4	3	2	0	*	*	6	2
107	*	8	7	6	5	3	2	1	0	9	8	7	5	4	3	2	0	*	9	8	6	5	4	2	1	2	*	7
108	*	9	7	6	5	4	3	2	0	*	9	8	7	5	4	3	2	1	0	9	8	7	6	5	3	5	3	1
109	*	9	8	7	6	4	3	2	1	0	*	9	8	7	6	5	3	2	1	0	*	9	8	7	6	8	7	6
110	*	9	8	7	6	5	4	3	2	1	0	*	9	8	7	6	5	4	3	2	1	0	*	9	8	0	0	0
111	*	9	8	7	6	6	5	4	3	2	1	0	*	9	8	7	7	6	5	4	3	2	1	0	*	3	4	5
112	*	9	9	8	7	6	5	4	4	3	2	1	0	0	*	9	8	7	6	6	5	4	3	2	2	6	8	*
113	*	*	9	8	7	7	6	5	4	4	3	2	2	1	0	*	*	9	8	7	7	6	5	5	4	9	1	4
114	*	*	9	8	8	7	7	6	5	5	4	3	3	2	1	1	0	0	*	9	9	8	7	7	6	1	5	9
115	*	*	9	9	8	8	7	7	6	6	5	4	4	3	3	2	2	1	1	0	0	*	9	9	8	4	9	3
116	0	*	*	9	9	8	8	7	7	6	6	5	5	4	4	3	3	2	2	1	1	1	1	0	0	7	2	8
117	0	*	*	*	9	9	8	8	8	7	7	6	6	6	5	5	4	4	4	3	3	3	2	2	2	*	6	2
118	0	*	*	*	*	9	9	9	8	8	8	7	7	7	6	6	6	6	5	5	5	5	4	4	4	2	*	7
119	0	0	*	*	*	*	*	*	9	9	9	8	8	8	8	7	7	7	7	7	7	7	6	6	6	5	3	1
120	0	0	0	0	0	*	*	*	*	*	*	*	*	*	*	*	9	9	9	9	9	9	9	9	9	8	7	6

Erläuterungen zu Tafel VI:

Tafel VI a und VI b dienen zur Berechnung von $h^2 = a^2 + b^2$ und $h = \sqrt{a^2 + b^2}$, falls Tafel IV den geforderten Genauigkeitsansprüchen nicht genügt.

Tafel VI c wird in der Periodogrammrechnung vielfach gebraucht, z. B.:

a) bei der Berechnung der Amplituden P und Q der Periodogrammvektoren:

$$P,\ Q = \frac{\sin (x \mp \alpha)\,\dfrac{p}{2}}{(x \mp \alpha)\,\dfrac{p}{2}} \quad \text{(Integralform, s. GuM. S. 96)}$$

$$\text{oder } P,\ Q = \frac{\sin (x \mp \alpha)\,\dfrac{p}{2}}{p \cdot \sin \dfrac{x \mp \alpha}{2}} = \frac{\sin (x \mp \alpha)\,\dfrac{p}{2}}{(x \mp \alpha)\,\dfrac{p}{2}} \cdot \frac{\dfrac{x \mp \alpha}{2}}{\sin \dfrac{x \mp \alpha}{2}}$$

(Summenform, s. GuM S. 98).

Beispiele siehe Aufgabe 12 im zweiten Teil (S. 159—161).

b) bei der Reduktion der (mit dem harmonischen Analysator gewonnenen) Fourierkoeffizienten, die sich auf provisorische Interpolation der Beobachtungswerte durch T r e p p e n z u g $\left(\text{Reduktionsfaktor } q = \dfrac{\dfrac{\mu \pi}{p}}{\sin \dfrac{\mu \pi}{p}} \right)$ oder P o l y g o n z u g $\left(\text{Reduktionsfaktor } q^2 = \left[\dfrac{\dfrac{\mu \pi}{p}}{\sin \dfrac{\mu \pi}{p}} \right]^2 \right)$ gründen.
(Vgl. GuM S. 39—42.)

Tafel VI d dient zur Berechnung von Störungsgliedern der Periodogrammkomponenten von der Form

$$c \cdot \frac{\sin x}{x} \cdot \frac{\sin}{\cos} \alpha \quad \text{(s. Aufgabe 12, S. 162).}$$

Die Amplituden c sind durch den Faktor $\frac{\sin x}{x}$ (x groß) meist sehr stark verkleinert. Der Faktorenbereich 1—30 reicht daher in der Praxis wohl immer aus, um diese kleinen Korrektionen genau genug zu berechnen. Für den Fall, daß die Tafel nicht ausreicht, werden in der letzten Spalte S. 128 noch einmal die trigonometrischen Faktoren gegeben.

Tafel VI e. Die trigonometrischen Funktionen der in Zentesimalgraden ausgedrückten Winkel werden insbesondere bei der Berechnung von Phasendiagrammen viel benutzt. $\sin^2 \alpha$ und $\sin (\cos) 2\alpha$ werden bei der Berechnung von Symmetriemaßzahlen gebraucht (s. Lit. 29, 30 und GuM S. 80f.), $\frac{1}{2 \sin \alpha}$ und $\frac{1}{4 \sin^2 \alpha}$ als Reduktionsfaktoren bei der Benutzung von ersten und zweiten Differenzen einer Beobachtungsreihe zur harmonischen Analyse (GuM S. 73f.).

Anweisung für den Gebrauch der Tafel zur Bestimmung von α aus tg α siehe in der Tafel selbst.

Tafel VI f. Hilfstafeln für statistische Periodogrammuntersuchungen (Expektanz, mittlere Amplituden usw.).

Tafel VI.

Kleinere Hilfstafeln zur Periodogrammanalyse.

Inhalt:

Tafel VI a. Quadrate der Zahlen 0.1 bis 100.9.

Tafel VI b. Quadratwurzeln der Zahlen 1 bis 1009 und 0.1 bis 100.9.

Tafel VI c. Tafel der Funktion $\frac{\sin x}{x}$ und daraus abgeleiteter Funktionen.

Tafel VI d. Produkte der Funktionen sin und cos der in Zentesimalgraden ausgedrückten Winkel des ersten Quadranten mit den Zahlen 1 bis 30.

Tafel VI e. Numerische Werte der Funktionen $\sin \alpha$, $\operatorname{tg} \alpha$, $\sin^2 \alpha$, $\sin 2\alpha$, $\frac{1}{2 \sin \alpha}$, $\frac{1}{4 \sin^2 \alpha}$ für ganze Zentesimalgrade.

Ferner: Tafel zur Berechnung von α aus $\operatorname{tg} \alpha$ auf ganze Zentesimalgrade.

Tafel VI f. Tafel der Funktionen $\frac{1}{\sqrt{n}}$, $\frac{1}{\sqrt{10\,n}}$, $\sqrt{\frac{\pi}{n}}$, $\sqrt{\frac{\pi}{10\,n}}$ ($n = 1$ bis 100), der Funktion e^{-x} ($x = 0.1$ bis 10.0) und der Funktionen e^{-x^2}, e^{x^2}, $e^{-\frac{\pi}{4} x^2}$, $e^{\frac{\pi}{4} x^2}$ ($x = 0.1$ bis 5.0).

$$a^2$$

Einer \ Zehntel	0.0	0.1	0.2	0.3	0.4	0.5	0.6	0.7	0.8	0.9
0	0.00	0.01	0.04	0.09	0.16	0.25	0.36	0.49	0.64	0.81
1	1.00	1.21	1.44	1.69	1.96	2.25	2.56	2.89	3.24	3.61
2	4.00	4.41	4.84	5.29	5.76	6.25	6.76	7.29	7.84	8.41
3	9.00	9.61	10.24	10.89	11.56	12.25	12.96	13.69	14.44	15.21
4	16.00	16.81	17.64	18.49	19.36	20.25	21.16	22.09	23.04	24.01
5	25.00	26.01	27.04	28.09	29.16	30.25	31.36	32.49	33.64	34.81
6	36.00	37.21	38.44	39.69	40.96	42.25	43.56	44.89	46.24	47.61
7	49.00	50.41	51.84	53.29	54.76	56.25	57.76	59.29	60.84	62.41
8	64.00	65.61	67.24	68.89	70.56	72.25	73.96	75.69	77.44	79.21
9	81.00	82.81	84.64	86.49	88.36	90.25	92.16	94.09	96.04	98.01
10	100.00	102.01	104.04	106.09	108.16	110.25	112.36	114.49	116.69	118.81
11	121.00	123.21	125.44	127.69	129.96	132.25	134.56	136.89	139.24	141.61
12	144.00	146.41	148.84	151.29	153.76	156.25	158.76	161.29	163.84	166.41
13	169.00	171.61	174.24	176.89	179.56	182.25	184.96	187.69	190.44	193.21
14	196.00	198.81	201.64	204.49	207.36	210.25	213.16	216.09	219.04	222.01
15	225.00	228.01	231.04	234.09	237.16	240.25	243.36	246.49	249.64	252.81
16	256.00	259.21	262.44	265.69	268.96	272.25	275.56	278.89	282.24	285.61
17	289.00	292.41	295.84	299.29	302.76	306.25	309.76	313.29	316.84	320.41
18	324.00	327.61	331.24	334.89	338.56	342.25	345.96	349.69	353.44	357.21
19	361.00	364.81	368.64	372.49	376.36	280.25	384.16	388.09	392.04	396.01
20	400.00	404.01	408.04	412.09	416.16	420.25	424.36	428.49	432.64	436.81
21	441.00	445.21	449.44	453.69	457.96	462.25	466.56	470.89	475.24	479.61
22	484.00	488.41	492.84	497.29	501.76	506.25	510.76	515.29	519.84	524.41
23	529.00	533.61	538.24	542.89	547.56	552.25	556.96	561.69	566.44	571.21
24	576.00	580.81	585.64	590.49	595.36	600.25	605.16	610.09	615.04	620.01
25	625.00	630.01	635.04	640.09	645.16	650.25	655.36	660.49	665.64	670.81
26	676.00	681.21	686.44	691.69	696.96	702.25	707.56	712.89	718.24	723.61
27	729.00	734.41	739.84	745.29	750.76	756.25	761.76	767.29	772.84	778.41
28	784.00	789.61	795.24	800.89	806.56	812.25	817.96	823.69	829.44	835.21
29	841.00	846.81	852.64	858.49	864.36	870.25	876.16	882.09	888.04	894.01
30	900.00	906.01	912.04	918.09	924.16	930.25	936.36	942.49	948.64	954.81
31	961.00	967.21	973.44	979.69	985.96	992.25	998.56	1004.89	1011.24	1017.61
32	1024.00	1030.41	1036.84	1043.29	1049.76	1056.25	1062.76	1069.29	1075.84	1082.41
33	1089.00	1095.61	1102.24	1108.89	1115.56	1122.25	1128.96	1135.69	1142.44	1149.21
34	1156.00	1162.81	1169.64	1176.49	1183.36	1190.25	1197.16	1204.09	1211.04	1218.01
35	1225.00	1232.01	1239.04	1246.09	1253.16	1260.25	1267.36	1274.49	1281.64	1288.81
36	1296.00	1303.21	1310.44	1317.69	1324.96	1332.25	1339.56	1346.89	1354.24	1361.61
37	1369.00	1376.41	1383.84	1391.29	1398.76	1406.25	1413.76	1421.29	1428.84	1436.41
38	1444.00	1451.61	1459.24	1466.89	1474.56	1482.25	1489.96	1497.69	1505.44	1513.21
39	1521.00	1528.81	1536.64	1544.49	1552.36	1560.25	1568.16	1576.09	1584.04	1592.01
40	1600.00	1608.01	1616.04	1624.09	1632.16	1640.25	1648.36	1656.49	1664.64	1672.81
41	1681.00	1689.21	1697.44	1705.69	1713.96	1722.25	1730.56	1738.89	1747.24	1755.61
42	1764.00	1772.41	1780.84	1789.29	1797.76	1806.25	1814.76	1823.29	1831.84	1840.41
43	1849.00	1857.61	1866.24	1874.89	1853.56	1892.25	1900.96	1909.69	1918.44	1927.21
44	1936.00	1944.81	1953.64	1962.49	1971.36	1980.25	1989.16	1998.09	2007.04	2016.01
45	2025.00	2034.01	2043.04	2052.09	2061.16	2070.25	2079.36	2088.49	2097.64	2106.81
46	2116.00	2125.21	2134.44	2143.69	2152.96	2162.25	2171.56	2180.89	2190.24	2199.61
47	2209.00	2218.41	2227.84	2237.29	2246.76	2256.25	2265.76	2275.29	2284.84	2294.41
48	2304.00	2313.61	2323.24	2332.89	2342.56	2352.25	2361.96	2371.69	2381.44	2391.21
49	2401.00	2410.81	2420.64	2430.49	2440.36	2450.25	2460.16	2470.09	2480.04	2490.01
50	2500.00	2510.01	2520.04	2530.09	2540.16	2550.25	2560.36	2570.49	2580.64	2590.81

$$a^2$$

Einer \ Zehntel	0.0	0.1	0.2	0.3	0.4	0.5	0.6	0.7	0.8	0.9
50	2500.00	2510.01	2520.04	2530.09	2540.16	2550.25	2560.36	2570.49	2580.64	2590.81
51	2601.00	2611.21	2621.44	2631.69	2641.96	2652.25	2662.56	2672.89	2683.24	2693.61
52	2704.00	2714.41	2724.84	2735.29	2745.76	2756.25	2766.76	2777.29	2787.84	2798.41
53	2809.00	2819.61	2830.24	2840.89	2851.56	2862.25	2872.96	2883.69	2894.44	2905.21
54	2916.00	2926.81	2937.64	2948.49	2959.36	2970.25	2981.16	2992.09	3003.04	3014.01
55	3025.00	3036.01	3047.04	3058.09	3069.16	3080.25	3091.36	3102.49	3113.64	3124.81
56	3136.00	3147.21	3158.44	3169.69	3180.96	3192.25	3203.56	3214.89	3226.24	3237.61
57	3249.00	3260.41	3271.84	3283.29	3294.76	3306.25	3317.76	3329.29	3340.84	3352.41
58	3364.00	3375.61	3387.24	3398.89	3410.56	3422.25	3433.96	3455.69	3457.44	3469.21
59	3481.00	3492.81	3504.64	3516.49	3528.36	3540.25	3552.16	3564.09	3576.04	3588.01
60	3600.00	3612.01	3624.04	3636.09	3648.16	3660.25	3672.36	3684.49	3696.64	3708.81
61	3721.00	3733.21	3745.44	3757.69	3769.96	3782.25	3794.56	3806.89	3819.24	3831.61
62	3844.00	3856.41	3868.84	3881.29	3893.76	3906.25	3918.76	3931.29	3943.84	3956.41
63	3969.00	3981.61	3994.24	4006.89	4019.56	4032.25	4044.96	4057.69	4070.44	4083.21
64	4096.00	4108.81	4121.64	4134.49	4147.36	4160.25	4173.16	4186.09	4199.04	4212.01
65	4225.00	4238.01	4251.04	4264.09	4277.16	4290.25	4303.36	4316.49	4329.64	4342.81
66	4356.00	4369.21	4382.44	4395.69	4408.96	4422.25	4435.56	4448.89	4462.24	4475.61
67	4489.00	4502.41	4515.84	4529.29	4542.76	4556.25	4569.76	4583.29	4596.84	4610.41
68	4624.00	4637.61	4651.24	4664.89	4678.56	4692.25	4705.96	4719.69	4733.44	4747.21
69	4761.00	4774.81	4788.64	4802.49	4816.36	4830.25	4844.16	4858.09	4872.04	4886.01
70	4900.00	4914.01	4928.04	4942.09	4956.16	4970.25	4984.36	4998.49	5012.64	5026.81
71	5041.00	5055.21	5069.44	5083.69	5097.96	5112.25	5126.56	5140.89	5155.24	5169.61
72	5184.00	5198.41	5212.84	5227.29	5241.76	5256.25	5270.76	5285.29	5299.84	5314.41
73	5329.00	5343.61	5358.24	5372.89	5387.56	5402.25	5416.96	5431.69	5446.44	5461.21
74	5476.00	5490.81	5505.64	5520.49	5535.36	5550.25	5565.16	5580.09	5595.04	5610.01
75	5625.00	5640.01	5655.04	5670.09	5685.16	5700.25	5715.36	5730.49	5745.64	5760.81
76	5776.00	5791.21	5806.44	5821.69	5836.96	5852.25	5867.56	5882.89	5898.24	5913.61
77	5929.00	5944.41	5959.84	5975.29	5990.76	6006.25	6021.76	6037.29	6052.84	6068.41
78	6084.00	6099.61	6115.24	6130.89	6146.56	6162.25	6177.96	6193.69	6209.44	6225.21
79	6241.00	6256.81	6272.64	6288.49	6304.36	6320.25	6336.16	6352.09	6368.04	6384.01
80	6400.00	6416.01	6432.04	6448.09	6464.16	6480.25	6496.36	6512.49	6528.64	6544.81
81	6561.00	6577.21	6593.44	6609.69	6625.96	6642.25	6658.56	6674.89	6691.24	6707.61
82	6724.00	6740.41	6756.84	6773.29	6789.76	6806.25	6822.76	6839.29	6855.84	6872.41
83	6889.00	6905.61	6922.24	6938.89	6955.56	6972.25	6988.96	7005.69	7022.44	7039.21
84	7056.00	7072.81	7089.64	7106.49	7123.36	7140.25	7157.16	7174.09	7191.04	7208.01
85	7225.00	7242.01	7259.04	7276.09	7293.16	7310.25	7327.36	7344.49	7361.64	7378.81
86	7396.00	7413.21	7430.44	7447.69	7464.96	7482.25	7499.56	7516.89	7534.24	7551.61
87	7569.00	7586.41	7603.84	7621.29	7638.76	7656.25	7673.76	7691.29	7708.84	7726.41
88	7744.00	7761.61	7779.24	7796.89	7814.56	7832.25	7849.96	7867.69	7885.44	7903.21
89	7921.00	7938.81	7956.64	7974.49	7992.36	8010.25	8028.16	8046.09	8064.04	8082.01
90	8100.00	8118.01	8136.04	8154.09	8172.16	8190.25	8208.36	8226.49	8244.64	8262.81
91	8281.00	8299.21	8317.44	8335.69	8353.96	8372.25	8390.56	8408.89	8427.24	8445.61
92	8464.00	8482.41	8500.84	8519.29	8537.76	8556.25	8574.76	8593.29	8611.84	8630.41
93	8649.00	8667.61	8686.24	8704.89	8723.56	8742.25	8760.96	8779.69	8798.44	8817.21
94	8836.00	8854.81	8873.64	8892.49	8911.36	8930.25	8949.16	8968.09	8987.04	9006.01
95	9025.00	9044.01	9063.04	9082.09	9101.16	9120.25	9139.36	9158.49	9177.64	9196.81
96	9216.00	9235.21	9254.44	9273.69	9292.96	9312.25	9331.56	9350.89	9370.24	9389.61
97	9409.00	9428.41	9447.84	9467.29	9486.76	9506.25	9525.76	9545.29	9564.84	9584.41
98	9604.00	9623.61	9643.24	9662.89	9682.56	9702.25	9721.96	9741.69	9761.44	9781.21
99	9801.00	9820.81	9840.64	9860.49	9880.36	9900.25	9920.16	9940.09	9960.04	9980.01
100	10000.00	10020.01	10040.04	10060.09	10080.16	10100.25	10120.36	10140.49	10160.64	10180.81

Tafel VIb

$\sqrt{a}$; Zahlenbereich 1—1000

Zehner \\ Einer	0	1	2	3	4	5	6	7	8	9	
0	0.00	1.00	1.41	1.73	2.00	2.24	2.45	2.65	2.83	3.00	
1	3.16	3.32	3.46	3.61	3.74	3.87	4.00	4.12	4.24	4.36	
2	4.47	4.58	4.69	4.80	4.90	5.00	5.10	5.20	5.29	5.39	
3	5.48	5.57	5.66	5.74	5.83	5.92	6.00	6.08	6.16	6.24	
4	6.32	6.40	6.48	6.56	6.63	6.71	6.78	6.86	6.93	7.00	
5	7.07	7.14	7.21	7.28	7.35	7.42	7.48	7.55	7.62	7.68	
6	7.75	7.81	7.87	7.94	8.00	8.06	8.12	8.19	8.25	8.31	
7	8.37	8.43	8.49	8.54	8.60	8.66	8.72	8.77	8.83	8.89	
8	8.94	9.00	9.06	9.11	9.17	9.22	9.27	9.33	9.38	9.43	
9	9.49	9.54	9.59	9.64	9.70	9.75	9.80	9.85	9.90	9.95	
10	10.00	10.05	10.10	10.15	10.20	10.25	10.30	10.34	10.39	10.44	5
11	10.49	10.54	10.58	10.63	10.68	10.72	10.77	10.82	10.86	10.91	4
12	10.95	11.00	11.05	11.09	11.14	11.18	11.22	11.27	11.31	11.36	4
13	11.40	11.45	11.49	11.53	11.58	11.62	11.66	11.70	11.75	11.79	4
14	11.83	11.87	11.92	11.96	12.00	12.04	12.08	12.12	12.17	12.21	4
15	12.25	12.29	12.33	12.37	12.41	12.45	12.49	12.53	12.57	12.61	4
16	12.65	12.69	12.73	12.77	12.81	12.85	12.88	12.92	12.96	13.00	4
17	13.04	13.08	13.11	13.15	13.19	13.23	13.27	13.30	13.34	13.38	4
18	13.42	13.45	13.49	13.53	13.56	13.60	13.64	13.67	13.71	13.75	3
19	13.78	13.82	13.86	13.89	13.93	13.96	14.00	14.04	14.07	14.11	3
20	14.14	14.18	14.21	14.25	14.28	14.32	14.35	14.39	14.42	14.46	3
21	14.49	14.53	14.56	14.59	14.63	14.66	14.70	14.73	14.76	14.80	3
22	14.83	14.87	14.90	14.93	14.97	15.00	15.03	15.07	15.10	15.13	4
23	15.17	15.20	15.23	15.26	15.30	15.33	15.36	15.39	15.43	15.46	3
24	15.49	15.52	15.56	15.59	15.62	15.65	15.68	15.72	15.75	15.78	3
25	15.81	15.84	15.87	15.91	15.94	15.97	16.00	16.03	16.06	16.09	3
26	16.12	16.16	16.19	16.22	16.25	16.28	16.31	16.34	16.37	16.40	3
27	16.43	16.46	16.49	16.52	16.55	16.58	16.61	16.64	16.67	16.70	3
28	16.73	16.76	16.79	16.82	16.85	16.88	16.91	16.94	16.97	17.00	3
29	17.03	17.06	17.09	17.12	17.15	17.18	17.20	17.23	17.26	17.29	3
30	17.32	17.35	17.38	17.41	17.44	17.46	17.49	17.52	17.55	17.58	3
31	17.61	17.64	17.66	17.69	17.72	17.75	17.78	17.80	17.83	17.86	3
32	17.89	17.92	17.94	17.97	18.00	18.03	18.06	18.08	18.11	18.14	3
33	18.17	18.19	18.22	18.25	18.28	18.30	18.33	18.36	18.38	18.41	3
34	18.44	18.47	18.49	18.52	18.55	18.57	18.60	18.63	18.65	18.68	3
35	18.71	18.73	18.76	18.79	18.81	18.84	18.87	18.89	18.92	18.95	2
36	18.97	19.00	19.03	19.05	19.08	19.10	19.13	19.16	19.18	19.21	3
37	19.24	19.26	19.29	19.31	19.34	19.36	19.39	19.42	19.44	19.47	2
38	19.49	19.52	19.54	19.57	19.60	19.62	19.65	19.67	19.70	19.72	3
39	19.75	19.77	19.80	19.82	19.85	19.87	19.90	19.92	19.95	19.97	3
40	20.00	20.02	20.05	20.07	20.10	20.12	20.15	20.17	20.20	20.22	3
41	20.25	20.27	20.30	20.32	20.35	20.37	20.40	20.42	20.45	20.47	2
42	20.49	20.52	20.54	20.57	20.59	20.62	20.64	20.66	20.69	20.71	3
43	20.74	20.76	20.78	20.81	20.83	20.86	20.88	20.90	20.93	20.95	3
44	20.98	21.00	21.02	21.05	21.07	21.10	21.12	21.14	21.17	21.19	2
45	21.21	21.24	21.26	21.28	21.31	21.33	21.35	21.38	21.40	21.42	3
46	21.45	21.47	21.49	21.52	21.54	21.56	21.59	21.61	21.63	21.66	2
47	21.68	21.70	21.73	21.75	21.77	21.79	21.82	21.84	21.86	21.89	2
48	21.91	21.93	21.95	21.98	22.00	22.02	22.05	22.07	22.09	22.11	3
49	22.14	22.16	22.18	22.20	22.23	22.25	22.27	22.29	22.32	22.34	2
50	22.36	22.38	22.41	22.43	22.45	22.47	22.49	22.52	22.54	22.56	2

$\sqrt{a}$; **Zahlenbereich 1—1000**

Zehner \ Einer	0	1	2	3	4	5	6	7	8	9	
50	22.36	22.38	22.41	22.43	22.45	22.47	22.49	22.52	22.54	22.56	2
51	22.58	22.61	22.63	22.65	22.67	22.69	22.72	22.74	22.76	22.78	2
52	22.80	22.83	22.85	22.87	22.89	22.91	22.93	22.96	22.98	23.00	2
53	23.02	23.04	23.07	23.09	23.11	23.13	23.15	23.17	23.19	23.22	2
54	23.24	23.26	23.28	23.30	23.32	23.35	23.37	23.39	23.41	23.43	2
55	23.45	23.47	23.49	23.52	23.54	23.56	23.58	23.60	23.62	23.64	2
56	23.66	23.69	23.71	23.73	23.75	23.77	23.79	23.81	23.83	23.85	2
57	23.87	23.90	23.92	23.94	23.96	23.98	24.00	24.02	24.04	24.06	2
58	24.08	24.10	24.12	24.15	24.17	24.19	24.21	24.23	24.25	24.27	2
59	24.29	24.31	24.33	24.35	24.37	24.39	24.41	24.43	24.45	24.47	2
60	24.49	24.52	24.54	24.56	24.58	24.60	24.62	24.64	24.66	24.68	2
61	24.70	24.72	24.74	24.76	24.78	24.80	24.82	24.84	24.86	24.88	2
62	24.90	24.92	24.94	24.96	24.98	25.00	25.02	25.04	25.06	25.08	2
63	25.10	25.12	25.14	25.16	25.18	25.20	25.22	25.24	25.26	25.28	2
64	25.30	25.32	25.34	25.36	25.38	25.40	25.42	25.44	25.46	25.48	2
65	25.50	25.51	25.53	25.55	25.57	25.59	25.61	25.63	25.65	25.67	2
66	25.69	25.71	25.73	25.75	25.77	25.79	25.81	25.83	25.85	25.87	1
67	25.88	25.90	25.92	25.94	25.96	25.98	26.00	26.02	26.04	26.06	2
68	26.08	26.10	26.12	26.13	26.15	26.17	26.19	26.21	26.23	26.25	2
69	26.27	26.29	26.31	26.32	26.34	26.36	26.38	26.40	26.42	26.44	2
70	26.46	26.48	26.50	26.51	26.53	26.55	26.57	26.59	26.61	26.63	2
71	26.65	26.66	26.68	26.70	26.72	26.74	26.76	26.78	26.80	26.81	2
72	26.83	26.85	26.87	26.89	26.91	26.93	26.94	26.96	26.98	27.00	2
73	27.02	27.04	27.06	27.07	27.09	27.11	27.13	27.15	27.17	27.18	2
74	27.20	27.22	27.24	27.26	27.28	27.29	27.31	27.33	27.35	27.37	2
75	27.39	27.40	27.42	27.44	27.46	27.48	27.50	27.51	27.53	27.55	2
76	27.57	27.59	27.60	27.62	27.64	27.66	27.68	27.69	27.71	27.73	2
77	27.75	27.77	27.78	27.80	27.82	27.84	27.86	27.87	27.89	27.91	2
78	27.93	27.95	27.96	27.98	28.00	28.02	28.04	28.05	28.07	28.09	2
79	28.11	28.12	28.14	28.16	28.18	28.20	28.21	28.23	28.25	28.27	1
80	28.28	28.30	28.32	28.34	28.35	28.37	28.39	28.41	28.43	28.44	2
81	28.46	28.48	28.50	28.51	28.53	28.55	28.57	28.58	28.60	28.62	2
82	28.64	28.65	28.67	28.69	28.71	28.72	28.74	28.76	28.77	28.79	2
83	28.81	28.83	28.84	28.86	28.88	28.90	28.91	28.93	28.95	28.97	1
84	28.98	29.00	29.02	29.03	29.05	29.07	29.09	29.10	29.12	29.14	1
85	29.15	29.17	29.19	29.21	29.22	29.24	29.26	29.27	29.29	29.31	2
86	29.33	29.34	29.36	29.38	29.39	29.41	29.43	29.44	29.46	29.48	2
87	29.50	29.51	29.53	29.55	29.56	29.58	29.60	29.61	29.63	29.65	1
88	29.66	29.68	29.70	29.72	29.73	29.75	29.77	29.78	29.80	29.82	1
89	29.83	29.85	29.87	29.88	29.90	29.92	29.93	29.95	29.97	29.98	2
90	30.00	30.02	30.03	30.05	30.07	30.08	30.10	30.12	30.13	30.15	2
91	30.17	30.18	30.20	30.22	30.23	30.25	30.27	30.28	30.30	30.32	1
92	30.33	30.35	30.36	30.38	30.40	30.41	30.43	30.45	30.46	30.48	2
93	30.50	30.51	30.53	30.55	30.56	30.58	30.59	30.61	30.63	30.64	2
94	30.66	30.68	30.69	30.71	30.72	30.74	30.76	30.77	30.79	30.81	1
95	30.82	30.84	30.85	30.87	30.89	30.90	30.92	30.94	30.95	30.97	1
96	30.98	31.00	31.02	31.03	31.05	31.06	31.08	31.10	31.11	31.13	1
97	31.14	31.16	31.18	31.19	31.21	31.22	31.24	31.26	31.27	31.29	1
98	31.30	31.32	31.34	31.35	31.37	31.38	31.40	31.42	31.43	31.45	1
99	31.46	31.48	31.50	31.51	31.53	31.54	31.56	31.58	31.59	31.61	1
100	31.62	31.64	31.65	31.67	31.69	31.70	31.72	31.73	31.75	31.76	2

Einer \ Hundertstel	0.00	0.10	0.20	0.30	0.40	0.50	0.60	0.70	0.80	0.90	Diff.
$\sqrt{a}$; Zahlenbereich 1—100 (1—10000)											
0	0.000	0.316	0.447	0.548	0.632	0.707	0.775	0.837	0.894	0.949	
1	1.000	1.049	1.095	1.140	1.183	1.225	1.265	1.304	1.342	1.378	
2	1.414	1.449	1.483	1.517	1.549	1.581	1.612	1.643	1.673	1.703	
3	1.732	1.761	1.789	1.817	1.844	1.871	1.897	1.924	1.949	1.975	
4	2.000	2.025	2.049	2.074	2.098	2.121	2.145	2.168	2.191	2.214	
5	2.236	2.258	2.280	2.302	2.324	2.345	2.366	2.387	2.408	2.429	
6	2.449	2.470	2.490	2.510	2.530	2.550	2.569	2.588	2.608	2.627	
7	2.646	2.665	2.683	2.702	2.720	2.739	2.757	2.775	2.793	2.811	
8	2.828	2.846	2.864	2.881	2.898	2.915	2.933	2.950	2.966	2.983	
9	3.000	3.017	3.033	3.050	3.066	3.082	3.098	3.114	3.130	3.146	
10	3.162	3.178	3.194	3.209	3.225	3.240	3.256	3.271	3.286	3.302	15
11	3.317	3.332	3.347	3.362	3.376	3.391	3.406	3.421	3.435	3.450	14
12	3.464	3.479	3.493	3.507	3.521	3.536	3.550	3.564	3.578	3.592	14
13	3.606	3.619	3.633	3.647	3.661	3.674	3.688	3.701	3.715	3.728	14
14	3.742	3.755	3.768	3.782	3.795	3.808	3.821	3.834	3.847	3.860	13
15	3.873	3.886	3.899	3.912	3.924	3.937	3.950	3.962	3.975	3.987	13
16	4.000	4.012	4.025	4.037	4.050	4.062	4.074	4.087	4.099	4.111	12
17	4.123	4.135	4.147	4.159	4.171	4.183	4.195	4.207	4.219	4.231	12
18	4.243	4.254	4.266	4.278	4.290	4.301	4.313	4.324	4.336	4.347	12
19	4.359	4.370	4.382	4.393	4.405	4.416	4.427	4.438	4.450	4.461	11
20	4.472	4.483	4.494	4.506	4.517	4.528	4.539	4.550	4.561	4.572	11
21	4.583	4.593	4.604	4.615	4.626	4.637	4.648	4.658	4.669	4.680	10
22	4.690	4.701	4.712	4.722	4.733	4.743	4.754	4.764	4.775	4.785	11
23	4.796	4.806	4.817	4.827	4.837	4.848	4.858	4.868	4.879	4.889	10
24	4.899	4.909	4.919	4.930	4.940	4.950	4.960	4.970	4.980	4.990	10
25	5.000	5.010	5.020	5.030	5.040	5.050	5.060	5.070	5.079	5.089	10
26	5.099	5.109	5.119	5.128	5.138	5.148	5.158	5.167	5.177	5.187	9
27	5.196	5.206	5.215	5.225	5.235	5.244	5.254	5.263	5.273	5.282	10
28	5.292	5.301	5.310	5.320	5.329	5.339	5.348	5.357	5.367	5.376	9
29	5.385	5.394	5.404	5.413	5.422	5.431	5.441	5.450	5.459	5.468	9
30	5.477	5.486	5.495	5.505	5.514	5.523	5.532	5.541	5.550	5.559	9
31	5.568	5.577	5.586	5.595	5.604	5.612	5.621	5.630	5.639	5.648	9
32	5.657	5.666	5.675	5.683	5.692	5.701	5.710	5.718	5.727	5.736	9
33	5.745	5.753	5.762	5.771	5.779	5.788	5.797	5.805	5.814	5.822	9
34	5.831	5.840	5.848	5.857	5.865	5.874	5.882	5.891	5.899	5.908	8
35	5.916	5.925	5.933	5.941	5.950	5.958	5.967	5.975	5.983	5.992	8
36	6.000	6.008	6.017	6.025	6.033	6.042	6.050	6.058	6.066	6.075	8
37	6.083	6.091	6.099	6.107	6.116	6.124	6.132	6.140	6.148	6.156	8
38	6.164	6.173	6.181	6.189	6.197	6.205	6.213	6.221	6.229	6.237	8
39	6.245	6.253	6.261	6.269	6.277	6.285	6.293	6.301	6.309	6.317	8
40	6.325	6.332	6.340	6.348	6.356	6.364	6.372	6.380	6.387	6.395	8
41	6.403	6.411	6.419	6.427	6.434	6.442	6.450	6.458	6.465	6.473	8
42	6.481	6.488	6.496	6.504	6.512	6.519	6.527	6.535	6.542	6.550	7
43	6.557	6.565	6.573	6.580	6.588	6.595	6.603	6.611	6.618	6.626	7
44	6.633	6.641	6.648	6.656	6.663	6.671	6.678	6.686	6.693	6.701	7
45	6.708	6.716	6.723	6.731	6.738	6.745	6.753	6.760	6.768	6.775	7
46	6.782	6.790	6.797	6.804	6.812	6.819	6.826	6.834	6.841	6.848	8
47	6.856	6.863	6.870	6.877	6.885	6.892	6.899	6.907	6.914	6.921	7
48	6.928	6.935	6.943	6.950	6.957	6.964	6.971	6.979	6.986	6.993	7
49	7.000	7.007	7.014	7.021	7.029	7.036	7.043	7.050	7.057	7.064	7
50	7.071	7.078	7.085	7.092	7.099	7.106	7.113	7.120	7.127	7.134	7

P. P.

16	
1	1.6
2	3.2
3	4.8
4	6.4
5	8.0
6	9.6
7	11.2
8	12.8
9	14.4

15	
1	1.5
2	3.0
3	4.5
4	6.0
5	7.5
6	9.0
7	10.5
8	12.0
9	13.5

14	
1	1.4
2	2.8
3	4.2
4	5.6
5	7.0
6	8.4
7	9.8
8	11.2
9	12.6

13	
1	1.3
2	2.6
3	3.9
4	5.2
5	6.5
6	7.8
7	9.1
8	10.4
9	11.7

12	
1	1.2
2	2.4
3	3.6
4	4.8
5	6.0
6	7.2
7	8.4
8	9.6
9	10.8

11	
1	1.1
2	2.2
3	3.3
4	4.4
5	5.5
6	6.6
7	7.7
8	8.8
9	9.9

$\sqrt{a}$; Zahlenbereich 1—100 (1—10000)

Hundertstel / Einer	0.00	0.10	0.20	0.30	0.40	0.50	0.60	0.70	0.80	0.90	Diff.
50	7.071	7.078	7.085	7.092	7.099	7.106	7.113	7.120	7.127	7.134	7
51	7.141	7.148	7.155	7.162	7.169	7.176	7.183	7.190	7.197	7.204	7
52	7.211	7.218	7.225	7.232	7.239	7.246	7.253	7.259	7.266	7.273	7
53	7.280	7.287	7.294	7.301	7.308	7.314	7.321	7.328	7.335	7.342	6
54	7.348	7.355	7.362	7.369	7.376	7.382	7.389	7.396	7.403	7.409	7
55	7.416	7.423	7.430	7.436	7.443	7.450	7.457	7.463	7.470	7.477	6
56	7.483	7.490	7.497	7.503	7.510	7.517	7.523	7.530	7.537	7.543	7
57	7.550	7.556	7.563	7.570	7.576	7.583	7.589	7.596	7.603	7.609	7
58	7.616	7.622	7.629	7.635	7.642	7.649	7.655	7.662	7.668	7.675	6
59	7.681	7.688	7.694	7.701	7.707	7.714	7.720	7.727	7.733	7.740	6
60	7.746	7.752	7.759	7.765	7.772	7.778	7.785	7.791	7.797	7.804	6
61	7.810	7.817	7.823	7.829	7.836	7.842	7.849	7.855	7.861	7.868	6
62	7.874	7.880	7.887	7.893	7.899	7.906	7.912	7.918	7.925	7.931	6
63	7.937	7.944	7.950	7.956	7.962	7.969	7.975	7.981	7.987	7.994	6
64	8.000	8.006	8.012	8.019	8.025	8.031	8.037	8.044	8.050	8.056	6
65	8.062	8.068	8.075	8.081	8.087	8.093	8.099	8.106	8.112	8.118	6
66	8.124	8.130	8.136	8.142	8.149	8.155	8.161	8.167	8.173	8.179	6
67	8.185	8.191	8.198	8.204	8.210	8.216	8.222	8.228	8.234	8.240	6
68	8.246	8.252	8.258	8.264	8.270	8.276	8.283	8.289	8.295	8.301	6
69	8.307	8.313	8.319	8.325	8.331	8.337	8.343	8.349	8.355	8.361	6
70	8.367	8.373	8.379	8.385	8.390	8.396	8.402	8.408	8.414	8.420	6
71	8.426	8.432	8.438	8.444	8.450	8.456	8.462	8.468	8.473	8.479	6
72	8.485	8.491	8.497	8.503	8.509	8.515	8.521	8.526	8.532	8.538	6
73	8.544	8.550	8.556	8.562	8.567	8.573	8.579	8.585	8.591	8.597	5
74	8.602	8.608	8.614	8.620	8.626	8.631	8.637	8.643	8.649	8.654	6
75	8.660	8.666	8.672	8.678	8.683	8.689	8.695	8.701	8.706	8.712	6
76	8.718	8.724	8.729	8.735	8.741	8.746	8.752	8.758	8.764	8.769	6
77	8.775	8.781	8.786	8.792	8.798	8.803	8.809	8.815	8.820	8.826	6
78	8.832	8.837	8.843	8.849	8.854	8.860	8.866	8.871	8.877	8.883	5
79	8.888	8.894	8.899	8.905	8.911	8.916	8.922	8.927	8.933	8.939	5
80	8.944	8.950	8.955	8.961	8.967	8.972	8.978	8.983	8.989	8.994	6
81	9.000	9.006	9.011	9.017	9.022	9.028	9.033	9.039	9.044	9.050	5
82	9.055	9.061	9.066	9.072	9.077	9.083	9.088	9.094	9.099	9.105	5
83	9.110	9.116	9.121	9.127	9.132	9.138	9.143	9.149	9.154	9.160	5
84	9.165	9.171	9.176	9.182	9.187	9.192	9.198	9.203	9.209	9.214	6
85	9.220	9.225	9.230	9.236	9.241	9.247	9.252	9.257	9.263	9.268	6
86	9.274	9.279	9.284	9.290	9.295	9.301	9.306	9.311	9.317	9.322	5
87	9.327	9.333	9.338	9.343	9.349	9.354	9.359	9.365	9.370	9.375	6
88	9.381	9.386	9.391	9.397	9.402	9.407	9.413	9.418	9.423	9.429	5
89	9.434	9.439	9.445	9.450	9.455	9.460	9.466	9.471	9.476	9.482	5
90	9.487	9.492	9.497	9.503	9.508	9.513	9.518	9.524	9.529	9.534	5
91	9.539	9.545	9.550	9.555	9.560	9.566	9.571	9.576	9.581	9.586	6
92	9.592	9.597	9.602	9.607	9.612	9.618	9.623	9.628	9.633	9.638	6
93	9.644	9.649	9.654	9.659	9.664	9.670	9.675	9.680	9.685	9.690	5
94	9.695	9.701	9.706	9.711	9.716	9.721	9.726	9.731	9.737	9.742	5
95	9.747	9.752	9.757	9.762	9.767	9.772	9.778	9.783	9.788	9.793	5
96	9.798	9.803	9.808	9.813	9.818	9.823	9.829	9.834	9.839	9.844	5
97	9.849	9.854	9.859	9.864	9.869	9.874	9.879	9.884	9.889	9.894	5
98	9.899	9.905	9.910	9.915	9.920	9.925	9.930	9.935	9.940	9.945	5
99	9.950	9.955	9.960	9.965	9.970	9.975	9.980	9.985	9.990	9.995	5
100	10.000	10.005	10.010	10.015	10.020	10.025	10.030	10.035	10.040	10.045	5

P. P.

9		8		7		6		5	
1	0.9	1	0.8	1	0.7	1	0.6	1	0.5
2	1.8	2	1.6	2	1.4	2	1.2	2	1.0
3	2.7	3	2.4	3	2.1	3	1.8	3	1.5
4	3.6	4	3.2	4	2.8	4	2.4	4	2.0
5	4.5	5	4.0	5	3.5	5	3.0	5	2.5
6	5.4	6	4.8	6	4.2	6	3.6	6	3.0
7	6.3	7	5.6	7	4.9	7	4.2	7	3.5
8	7.2	8	6.4	8	5.6	8	4.8	8	4.0
9	8.1	9	7.2	9	6.3	9	5.4	9	4.5

1. Quadrant $\left(0 < \alpha \leq \frac{\pi}{2}\right)$

$$x = \text{Winkel in Zentesimalgraden } (\pi = 200^{\text{g}}); \quad \alpha = x \cdot \frac{\pi}{200} = x \text{ in Bogenmaß}$$

x	α	$\sin\alpha$	$\dfrac{\sin\alpha}{\alpha}$	$\dfrac{\alpha}{\sin\alpha}$	$\left(\dfrac{\alpha}{\sin\alpha}\right)^2$	x	α	$\sin\alpha$	$\dfrac{\sin\alpha}{\alpha}$	$\dfrac{\alpha}{\sin\alpha}$	$\left(\dfrac{\alpha}{\sin\alpha}\right)^2$
1	0.01571	0.01571	1.0000	1.0000	1.000	51	0.80111	0.71813	0.8964	1.1156	1.245
2	.03142	.03141	0.9998	1.0002	1.000	52	.81681	.72897	.8925	1.1205	1.256
3	.04712	.04711	.9996	1.0004	1.001	53	.83252	.73963	.8884	1.1256	1.267
4	.06283	06279	.9993	1.0007	1.001	54	.84823	.75011	.8843	1.1308	1.279
5	.07854	.07846	.9990	1.0010	1.002	55	.86394	.76041	.8802	1.1362	1.291
6	.09425	.09411	.9985	1.0015	1.003	56	.87965	.77051	.8759	1.1416	1.303
7	.10996	.10973	.9980	1.0020	1.004	57	.89535	.78043	.8716	1.1473	1.316
8	.12566	.12533	.9974	1.0026	1.005	58	.91106	.79016	.8673	1.1530	1.329
9	.14137	.14090	.9967	1.0033	1.007	59	.92677	.79968	.8629	1.1589	1.343
10	0.15708	0.15643	0.9959	1.0041	1.008	60	0.94248	0.80902	0.8584	1.1650	1.357
11	.17279	.17193	.9950	1.0050	1.010	61	.95819	.81815	.8539	1.1712	1.372
12	.18850	.18738	.9941	1.0059	1.012	62	.97389	.82708	.8493	1.1775	1.387
13	.20420	.20279	.9931	1.0070	1.014	63	.98960	.83581	.8446	1.1840	1.402
14	.21991	.21814	.9920	1.0081	1.016	64	1.00531	.84433	.8399	1.1907	1.418
15	.23562	.23345	.9908	1.0093	1.019	65	1.02102	.85264	.8351	1.1975	1.434
16	.25133	.24869	.9895	1.0106	1.021	66	1.03673	.86074	.8303	1.2045	1.451
17	.26704	.26387	.9882	1.0120	1.024	67	1.05243	.86863	.8254	1.2116	1.468
18	.28274	.27899	.9867	1.0134	1.027	68	1.06814	.87631	.8204	1.2189	1.486
19	.29845	.29404	.9852	1.0150	1.030	69	1.08385	.88377	.8154	1.2264	1.504
20	0.31416	0.30902	0.9836	1.0166	1.033	70	1.09956	0.89101	0.8103	1.2341	1.523
21	.32987	.32392	.9820	1.0184	1.037	71	1.11527	.89803	.8052	1.2419	1.542
22	.34558	.33874	.9802	1.0202	1.041	72	1.13097	.90483	.8000	1.2499	1.562
23	.36128	.35347	.9784	1.0221	1.045	73	1.14668	.91140	.7948	1.2581	1.583
24	.37699	.36812	.9765	1.0241	1.049	74	1.16239	.91775	.7895	1.2666	1.604
25	.39270	.38268	.9745	1.0262	1.053	75	1.17810	.92388	.7842	1.2752	1.626
26	.40841	.39715	9724	1.0284	1.058	76	1.19381	.92978	.7788	1.2840	1.649
27	.42412	.41151	.9703	1.0306	1.062	77	1.20951	.93544	.7734	1.2930	1.672
28	.43982	.42578	.9681	1.0330	1.067	78	1.22522	.94088	.7679	1.3022	1.696
29	.45553	.43994	.9658	1.0354	1.072	79	1.24093	.94609	.7624	1.3116	1.720
30	0.47124	0.45399	0.9634	1.0380	1.077	80	1.25664	0.95106	0.7568	1.3213	1.746
31	.48695	.46793	.9609	1.0406	1.083	81	1.27235	.95579	.7512	1.3312	1.772
32	.50265	.48175	.9584	1.0434	1.089	82	1.28805	.96029	.7455	1.3413	1.799
33	.51836	.49546	.9558	1.0462	1.095	83	1.30376	.96456	.7398	1.3517	1.827
34	.53407	.50904	.9531	1.0492	1.101	84	1.31947	.96858	.7341	1.3623	1.856
35	.54978	.52250	.9504	1.0522	1.107	85	1.33518	.97237	.7283	1.3731	1.885
36	.56549	.53583	.9475	1.0554	1.114	86	1.35088	.97592	.7224	1.3842	1.916
37	.58119	.54902	.9446	1.0586	1.121	87	1.36659	.97922	.7165	1.3956	1.948
38	.59690	.56208	.9417	1.0619	1.128	88	1.38230	.98229	.7106	1.4072	1.980
39	.61261	.57501	.9386	1.0654	1.135	89	1.39801	.98511	.7047	1.4191	2.014
40	0.62832	0.58779	0.9355	1.0690	1.143	90	1.41372	0.98769	0.6986	1.4313	2.049
41	.64403	.60042	.9323	1.0726	1.150	91	1.42942	.99002	.6926	1.4438	2.085
42	.65973	.61291	.9290	1.0764	1.159	92	1.44513	.99211	.6865	1.4566	2.122
43	.67544	.62524	.9257	1.0803	1.167	93	1.46084	.99396	.6804	1.4697	2.160
44	.69115	.63742	.9223	1.0843	1.176	94	1.47655	.99556	.6742	1.4831	2.200
45	.70686	.64945	.9188	1.0884	1.185	95	1.49226	.99692	.6681	1.4969	2.241
46	.72257	.66131	.9152	1.0926	1.194	96	1.50796	.99803	.6618	1.5109	2.283
47	.73827	.67301	.9116	1.0970	1.203	97	1.52367	.99889	.6556	1.5254	2.327
48	.75398	.68455	.9079	1.1014	1.213	98	1.53938	.99951	.6493	1.5401	2.372
49	.76969	.69591	.9041	1.1060	1.223	99	1.55509	.99988	.6430	1.5553	2.419
50	.78540	.70711	0.9003	1.1107	1.234	100^{g}	1.57080	1.00000	0.6366	1.5708	2.467

2.—4. Quadrant $\left(\dfrac{\pi}{2} < \alpha \leqq 2\,\pi\right)$

x = Winkel in Zentesimalgraden $(\pi = 200^g)$; $\alpha = x \cdot \dfrac{\pi}{200} = x$ in Bogenmaß

x	α	$\dfrac{\sin\alpha}{\alpha}$	$\dfrac{\alpha}{\sin\alpha}$
101	1.58650	0.6302	1.587
102	1.60221	.6238	1.603
103	1.61792	.6174	1.620
104	1.63363	.6109	1.637
105	1.64934	.6044	1.654
106	1.66504	.5979	1.672
107	1.68075	.5914	1.691
108	1.69646	.5848	1.710
109	1.71217	.5782	1.729
110	1.72788	0.5716	1.749
111	1.74358	.5650	1.770
112	1.75929	.5583	1.791
113	1.77500	.5517	1.813
114	1.79071	.5450	1.835
115	1.80642	.5383	1.858
116	1.82212	.5316	1.881
117	1.83783	.5248	1.905
118	1.85354	.5181	1.930
119	1.86925	.5113	1.956
120	1.88496	0.5046	1.982
121	1.90066	.4978	2.009
122	1.91637	.4910	2.037
123	1.93208	.4842	2.065
124	1.94779	.4773	2.095
125	1.96350	.4705	2.125
126	1.97920	.4637	2.157
127	1.99491	.4569	2.189
128	2.01062	.4500	2.222
129	2.02633	.4432	2.256
130	2.04204	0.4363	2.292
131	2.05774	.4295	2.328
132	2.07345	.4226	2.366
133	2.08916	.4158	2.405
134	2.10487	.4089	2.445
135	2.12058	.4021	2.487
136	2.13628	.3952	2.530
137	2.15199	.3884	2.575
138	2.16770	.3815	2.621
139	2.18341	.3747	2.669
140	2.19911	0.3679	2.718
141	2.21482	.3611	2.770
142	2.23053	.3542	2.823
143	2.24624	.3474	2.878
144	2.26195	.3406	2.936
145	2.27765	.3339	2.995
146	2.29336	.3271	3.057
147	2.30907	.3203	3.122
148	2.32478	.3136	3.189
149	2.34049	.3068	3.259
150	2.35619	0.3001	3.332

x	α	$\dfrac{\sin\alpha}{\alpha}$	$\dfrac{\alpha}{\sin\alpha}$
151	2.37190	0.2934	3.408
152	2.38761	.2867	3.488
153	2.40332	.2800	3.571
154	2.41903	.2734	3.658
155	2.43473	.2667	3.749
156	2.45044	.2601	3.844
157	2.46615	.2535	3.944
158	2.48186	.2470	4.049
159	2.49757	.2404	4.160
160	2.51327	0.2339	4.276
161	2.52898	.2274	4.398
162	2.54469	.2209	4.527
163	2.56040	.2144	4.664
164	2.57611	.2080	4.808
165	2.59181	.2016	4.960
166	2.60752	.1952	5.122
167	2.62323	.1889	5.295
168	2.63894	.1826	5.478
169	2.65465	.1763	5.673
170	2.67035	0.1700	5.882
171	2.68606	.1638	6.106
172	2.70177	.1576	6.345
173	2.71748	.1514	6.604
174	2.73319	.1453	6.882
175	2.74889	.1392	7.183
176	2.76460	.1332	7.510
177	2.78031	.1271	7.866
178	2.79602	.1212	8.254
179	2.81173	.1152	8.680
180	2.82743	0.1093	9.150
181	2.84314	.1034	9.669
182	2.85885	.0976	10.247
183	2.87456	.0918	10.894
184	2.89027	.0860	11.622
185	2.90597	.0803	12.448
186	2.92168	.0747	13.393
187	2.93739	.0690	14.485
188	2.95310	.0635	15.760
189	2.96881	.0579	17.268
190	2.98451	0.0524	19.078
191	3.00022	.0470	21.293
192	3.01593	.0416	24.063
193	3.03164	.0362	27.627
194	3.04734	.0309	32.38
195	3.06305	.0256	39.04
196	3.07876	.0204	49.03
197	3.09447	.0152	65.69
198	3.11018	.0101	99.02
199	3.12588	.0050	199.01
200	3.14159	0.0000	∞

x	α	$\dfrac{\sin\alpha}{\alpha}$
202	3.173	—0.0099
204	3.204	.0196
206	3.236	.0291
208	3.267	.0384
210	3.299	—0.0474
212	3.330	.0563
214	3.362	.0649
216	3.393	.0733
218	3.424	.0815
220	3.456	—0.0894
222	3.487	.0971
224	3.519	.1046
226	3.550	.1118
228	3.581	.1189
230	3.613	—0.1256
232	3.644	.1322
234	3.676	.1385
236	3.707	.1445
238	3.738	.1504
240	3.770	—0.1559
242	3.801	.1613
244	3.833	.1663
246	3.864	.1711
248	3.896	.1757
250	3.927	—0.1801
252	3.958	.1841
254	3.990	.1880
256	4.021	.1916
258	4.053	.1950
260	4.084	—0.1981
262	4.115	.2009
264	4.147	.2036
266	4.178	.2060
268	4.210	.2081
270	4.241	—0.2101
272	4.273	.2118
274	4.304	.2132
276	4.335	.2145
278	4.367	.2155
280	4.398	—0.2162
282	4.430	.2168
284	4.461	.2171
286	4.492	.2172
288	4.524	.2172
290	4.555	—0.2168
292	4.587	.2163
294	4.618	.2155
296	4.650	.2146
298	4.681	.2136
300	4.712	—0.2122

x	α	$\dfrac{\sin\alpha}{\alpha}$
302	4.744	—0.2107
304	4.775	.2090
306	4.807	.2071
308	4.838	.2050
310	4.869	—0.2028
312	4.901	.2004
314	4.932	.1979
316	4.964	.1952
318	4.995	.1923
320	5.027	—0.1892
322	5.058	.1860
324	5.089	.1827
326	5.121	.1792
328	5.152	.1756
330	5.184	—0.1719
332	5.215	.1680
334	5.246	.1641
336	5.278	.1600
338	5.309	.1558
340	5.341	—0.1515
342	5.372	.1471
344	5.404	.1426
346	5.435	.1380
348	5.466	.1334
350	5.498	—0.1286
352	5.529	.1238
354	5.561	.1189
356	5.592	.1140
358	5.623	.1090
360	5.655	—0.1039
362	5.686	.0989
364	5.718	.0937
366	5.749	.0885
368	5.781	.0834
370	5.812	—0.0781
372	5.843	.0729
374	5.875	.0676
376	5.906	.0624
378	5.938	.0571
380	5.969	—0.0518
382	6.000	.0465
384	6.032	.0412
386	6.063	.0360
388	6.095	.0308
390	6.126	—0.0255
392	6.158	.0204
394	6.189	.0152
396	6.220	.0101
398	6.252	.0050
400	6.283	∓ 0.0000

$$2\,\pi < a \leqq 6\,\pi$$

x in Zentesimalgraden; $\quad a = x \cdot \dfrac{\pi}{200}; \quad \dfrac{\sin a}{a}$ in Einheiten der 4. Dezimale

x	$\dfrac{\sin a}{a}$	x	$\dfrac{\sin a}{a}$	x	$\dfrac{\sin a}{a}$	x	$\dfrac{\sin a}{a}$	x	$\dfrac{\sin a}{a}$	x	$\dfrac{\sin a}{a}$	x	$\dfrac{\sin a}{a}$	x	$\dfrac{\sin a}{a}$
402	+ 50	502	+ 1268	602	− 33	702	− 906	802	+ 25	902	+ 706	1002	− 20	1102	− 578
404	99	504	1261	604	66	704	902	804	50	904	703	1004	40	1104	575
406	148	506	1253	606	99	706	897	806	74	906	700	1006	60	1106	573
408	195	508	1243	608	132	708	892	808	99	908	695	1008	79	1108	570
410	+ 243	510	+ 1233	610	− 163	710	− 885	810	+ 122	910	+ 691	1010	− 99	1110	− 566
412	289	512	1222	612	195	712	878	812	147	912	686	1012	118	1112	562
414	335	514	1209	614	226	714	870	814	171	914	680	1014	137	1114	558
416	381	516	1195	616	257	716	861	816	194	916	673	1016	155	1116	552
418	425	518	1180	618	287	718	851	818	217	918	666	1018	175	1118	547
420	+ 468	520	+ 1165	620	− 318	720	− 841	820	+ 240	920	+ 658	1020	− 193	1120	− 540
422	511	522	1147	622	347	722	830	822	263	922	650	1022	211	1122	534
424	553	524	1129	624	376	724	818	824	284	924	641	1024	229	1124	526
426	593	526	1111	626	404	726	805	826	306	926	631	1026	246	1126	519
428	633	528	1091	628	432	728	791	828	327	928	621	1028	263	1128	511
430	+ 672	530	+ 1070	630	− 459	730	− 777	830	+ 348	930	+ 610	1030	− 280	1130	− 502
432	710	532	1048	632	485	732	762	832	369	932	598	1032	297	1132	493
434	746	534	1026	634	511	734	747	834	389	934	587	1034	314	1134	483
436	783	536	1003	636	536	736	730	836	408	936	574	1036	329	1136	473
438	817	538	979	638	561	738	713	838	427	938	561	1038	345	1138	463
440	+ 850	540	+ 954	640	− 585	740	− 696	840	+ 445	940	+ 548	1040	− 360	1140	− 452
442	883	542	928	642	608	742	678	842	464	942	534	1042	374	1142	440
444	914	544	902	644	630	744	659	844	481	944	519	1044	388	1144	429
446	944	546	875	646	652	746	640	846	498	946	505	1046	403	1146	417
448	972	548	847	648	673	748	621	848	514	948	490	1048	416	1148	404
450	+ 1000	550	+ 818	650	− 692	750	− 600	850	+ 529	950	+ 474	1050	− 429	1150	− 391
452	1026	552	790	652	712	752	579	852	544	952	458	1052	441	1152	378
454	1051	554	760	654	730	754	558	854	559	954	441	1054	453	1154	365
456	1076	556	730	656	748	756	537	856	573	956	424	1056	464	1156	351
458	1098	558	700	658	764	758	515	858	586	958	407	1058	475	1158	337
460	+ 1119	560	+ 668	660	− 780	760	− 492	860	+ 599	960	+ 390	1060	− 486	1160	− 323
462	1140	562	637	662	796	762	470	862	611	962	372	1062	496	1162	308
464	1158	564	605	664	810	764	447	864	622	964	354	1064	506	1164	293
466	1176	566	573	666	823	766	423	866	633	966	335	1066	514	1166	278
468	1192	568	540	668	835	768	400	868	642	968	317	1068	523	1168	263
470	+ 1207	570	+ 507	670	− 847	770	− 375	870	+ 652	970	+ 298	1070	− 530	1170	− 247
472	1220	572	474	672	857	772	351	872	661	972	279	1072	538	1172	231
474	1232	574	440	674	867	774	327	874	669	974	260	1074	544	1174	215
476	1244	576	407	676	875	776	302	876	676	976	240	1076	550	1176	199
478	1253	578	373	678	883	778	277	878	682	978	221	1078	556	1178	183
480	+ 1262	580	+ 339	680	− 890	780	− 252	880	+ 688	980	+ 201	1080	− 561	1180	− 167
482	1268	582	305	682	896	782	227	882	693	982	181	1082	565	1182	150
484	1274	584	271	684	901	784	202	884	697	984	161	1084	569	1184	134
486	1279	586	237	686	906	786	177	886	701	986	141	1086	572	1186	117
488	1281	588	203	688	909	788	152	888	704	988	121	1088	575	1188	100
490	+ 1283	590	+ 169	690	− 911	790	− 126	890	+ 706	990	+ 101	1090	− 577	1190	− 84
492	1284	592	135	692	912	792	101	892	708	992	80	1092	578	1192	67
494	1283	594	101	694	913	794	75	894	709	994	60	1094	579	1194	50
496	1281	596	67	696	913	796	50	896	709	996	40	1096	580	1196	33
498	1278	598	33	698	912	798	25	898	708	998	20	1098	580	1198	17
500	+ 1273	600	± 0	700	− 910	800	∓ 0	900	+ 707	1000	± 0	1100	− 579	1200	∓ 0

$$6\,\pi < \alpha < 10\,\pi$$

x in Zentesimalgraden; $\alpha = x \cdot \dfrac{\pi}{200}$; $\dfrac{\sin \alpha}{\alpha}$ in Einheiten der 4. Dezimale

x	$\dfrac{\sin\alpha}{\alpha}$	x	$\dfrac{\sin\alpha}{\alpha}$	x	$\dfrac{\sin\alpha}{\alpha}$	x	$\dfrac{\sin\alpha}{\alpha}$	x	$\dfrac{\sin\alpha}{\alpha}$	x	$\dfrac{\sin\alpha}{\alpha}$	x	$\dfrac{\sin\alpha}{\alpha}$	x	$\dfrac{\sin\alpha}{\alpha}$
1202	+ 17	1302	+ 488	1402	— 14	1502	— 424	1602	+ 12	1702	+ 374	1802	— 11	1902	— 334
1204	33	1304	487	1404	28	1504	422	1604	25	1704	373	1804	22	1904	334
1206	50	1306	485	1406	43	1506	421	1606	37	1706	371	1806	33	1906	332
1208	66	1308	483	1408	57	1508	419	1608	50	1708	370	1808	44	1908	331
1210	+ 83	1310	+ 480	1410	— 71	1510	— 416	1610	+ 62	1710	+ 368	1810	— 55	1910	— 329
1212	98	1312	477	1412	84	1512	414	1612	74	1712	365	1812	66	1912	327
1214	114	1314	473	1414	98	1514	410	1614	86	1714	362	1814	76	1914	325
1216	131	1316	468	1416	112	1516	407	1616	98	1716	359	1816	87	1916	322
1218	146	1318	464	1418	125	1518	403	1618	110	1718	356	1818	98	1918	319
1220	+ 161	1320	+ 459	1420	— 139	1520	— 398	1620	+ 121	1720	+ 352	1820	— 108	1920	— 315
1222	176	1322	453	1422	152	1522	394	1622	133	1722	348	1822	119	1922	312
1224	191	1324	447	1424	165	1524	389	1624	145	1724	343	1824	129	1924	307
1226	206	1326	441	1426	177	1526	383	1626	156	1726	339	1826	138	1926	303
1228	221	1328	434	1428	190	1528	377	1628	167	1728	333	1828	148	1928	299
1230	+ 235	1330	+ 426	1430	— 202	1530	— 371	1630	+ 177	1730	+ 328	1830	— 158	1930	— 294
1232	249	1332	419	1432	214	1532	364	1632	188	1732	322	1832	168	1932	289
1234	263	1334	411	1434	226	1534	357	1634	198	1734	316	1834	176	1934	283
1236	276	1336	402	1436	238	1536	350	1636	208	1736	309	1836	186	1936	278
1238	289	1338	393	1438	249	1538	342	1638	218	1738	303	1838	195	1938	272
1240	+ 302	1340	+ 384	1440	— 260	1540	— 334	1640	+ 228	1740	+ 296	1840	— 203	1940	— 266
1242	314	1342	375	1442	270	1542	326	1642	238	1742	289	1842	212	1942	259
1244	326	1344	365	1444	281	1544	318	1644	247	1744	281	1844	220	1944	252
1246	338	1346	355	1446	291	1546	309	1646	255	1746	273	1846	228	1946	245
1248	350	1348	344	1448	301	1548	300	1648	264	1748	266	1848	236	1948	238
1250	+ 360	1350	+ 333	1450	— 311	1550	— 290	1650	+ 273	1750	+ 257	1850	— 243	1950	— 231
1252	370	1352	322	1452	320	1552	281	1652	281	1752	249	1852	251	1952	223
1254	381	1354	311	1454	328	1554	271	1654	288	1754	240	1854	257	1954	215
1256	391	1356	299	1456	337	1556	261	1656	296	1756	231	1856	265	1956	208
1258	400	1358	288	1458	345	1558	250	1658	304	1758	222	1858	271	1958	199
1260	+ 409	1360	+ 275	1460	— 353	1560	— 240	1660	+ 310	1760	+ 213	1860	— 277	1960	— 191
1262	417	1362	263	1462	360	1562	229	1662	317	1762	203	1862	283	1962	182
1264	425	1364	250	1464	367	1564	218	1664	323	1764	193	1864	288	1964	174
1266	433	1366	237	1466	374	1566	207	1666	329	1766	183	1866	294	1966	165
1268	440	1368	224	1468	380	1568	196	1668	335	1768	173	1868	299	1968	156
1270	+ 446	1370	+ 211	1470	— 386	1570	— 184	1670	+ 340	1770	+ 163	1870	— 303	1970	— 147
1272	453	1372	198	1472	391	1572	172	1672	345	1772	153	1872	308	1972	137
1274	459	1374	184	1474	396	1574	161	1674	349	1774	143	1874	312	1974	128
1276	464	1376	170	1476	401	1576	149	1676	353	1776	132	1876	315	1976	119
1278	468	1378	157	1478	405	1578	137	1678	357	1778	121	1878	319	1978	109
1280	+ 473	1380	+ 143	1480	— 409	1580	— 124	1680	+ 360	1780	+ 111	1880	— 322	1980	— 99
1282	477	1382	129	1482	412	1582	112	1682	364	1782	100	1882	325	1982	90
1284	480	1384	114	1484	416	1584	100	1684	366	1784	89	1884	327	1984	80
1286	483	1386	100	1486	418	1586	88	1686	368	1786	78	1886	329	1986	70
1288	485	1388	86	1488	420	1588	75	1688	370	1788	67	1888	331	1988	60
1290	+ 488	1390	+ 72	1490	— 422	1590	— 63	1690	+ 372	1790	+ 56	1890	— 333	1990	— 50
1292	489	1392	57	1492	424	1592	50	1692	373	1792	45	1892	334	1992	40
1294	489	1394	43	1494	424	1594	38	1694	374	1794	33	1894	334	1994	30
1296	490	1396	29	1496	425	1596	25	1696	375	1796	22	1896	335	1996	20
1298	490	1398	14	1498	425	1598	13	1698	375	1798	11	1898	335	1998	10
1300	+ 490	1400	± 0	1500	— 425	1600	∓ 0	1700	+ 374	1800	± 0	1900	— 335	2000	∓ 0

$$10\,\pi < \alpha < 40\,\pi$$

$$x = a + b \text{ in Zentesimalgraden}; \quad \frac{\sin\alpha}{\alpha} \text{ in Einheiten der 4. Dezimale}$$

b \ a	2000	2400	2800	3200	3600	4000	4400	4800	5200	5600	6000	6400	6800	7200	7600
10	+50	+41	+36	+31	+28	+25	+23	+21	+19	+18	+17	+16	+15	+14	+13
20	97	82	70	61	54	49	44	40	37	35	32	30	29	28	26
30	143	118	102	90	80	71	66	60	55	51	48	45	42	39	38
40	183	153	132	115	103	93	84	78	71	66	62	58	54	51	49
50	220	184	158	139	123	111	101	93	86	79	75	70	66	62	59
60	250	209	180	158	141	127	116	106	98	91	85	80	75	71	67
70	274	229	198	173	155	139	127	117	108	100	93	88	83	78	74
80	291	244	210	185	164	148	135	124	115	107	100	93	88	83	79
90	301	252	217	191	170	154	140	129	119	110	103	97	92	86	82
100	+303	+255	+220	+193	+172	+155	+141	+130	+120	+111	+104	+98	+92	+87	+83
110	298	250	216	190	169	153	139	128	118	110	103	97	91	86	82
120	286	240	207	182	163	147	134	123	114	106	99	93	87	83	78
130	266	224	194	170	152	137	125	115	106	99	92	87	82	77	73
140	241	203	175	154	138	124	113	104	96	90	84	79	74	70	67
150	209	176	152	134	120	108	99	91	84	78	73	69	65	61	58
160	173	146	127	111	100	90	82	76	70	65	61	57	54	51	48
170	133	112	97	86	77	69	63	58	54	50	47	44	41	39	37
180	90	76	66	58	52	47	43	39	37	34	32	30	28	27	25
190	45	38	33	29	26	24	22	20	18	17	16	15	14	13	13
200	±0	±0	±0	±0	±0	±0	±0	±0	±0	±0	±0	±0	±0	±0	±0
210	−45	−38	−33	−29	−26	−24	−22	−20	−18	−17	−16	−15	−14	−13	−13
220	−89	−75	−65	−57	−51	−47	−43	−39	−36	−34	−32	−30	−28	−26	−25
230	−129	−110	−95	−84	−75	−68	−62	−57	−53	−50	−46	−44	−41	−39	−37
240	−167	−142	−123	−109	−97	−88	−81	−74	−69	−64	−60	−56	−53	−50	−48
250	−200	−170	−148	−131	−117	−106	−97	−89	−83	−77	−72	−68	−64	−61	−57
260	−228	−194	−168	−149	−134	−121	−111	−102	−94	−88	−82	−77	−73	−69	−66
270	−250	−212	−185	−163	−147	−133	−121	−112	−104	−97	−91	−85	−80	−76	−72
280	−265	−226	−197	−174	−156	−141	−129	−119	−110	−103	−96	−91	−85	−81	−77
290	−274	−234	−203	−180	−162	−147	−134	−124	−114	−107	−100	−94	−89	−84	−80
300	−277	−236	−205	−182	−163	−148	−135	−125	−116	−108	−101	−95	−90	−85	−81
310	−272	−232	−202	−179	−161	−146	−133	−123	−114	−106	−100	−94	−88	−84	−79
320	−261	−222	−194	−172	−154	−140	−128	−118	−110	−102	−96	−90	−85	−81	−76
330	−243	−208	−181	−161	−144	−131	−120	−111	−103	−96	−90	−84	−80	−75	−72
340	−220	−188	−164	−145	−131	−119	−109	−100	−93	−87	−81	−76	−72	−68	−65
350	−191	−164	−143	−127	−114	−104	−95	−87	−81	−76	−71	−67	−63	−60	−57
360	−158	−135	−118	−105	−94	−86	−79	−73	−67	−63	−59	−55	−52	−49	−47
370	−122	−104	−91	−81	−73	−66	−61	−56	−52	−48	−45	−43	−40	−38	−36
380	−83	−71	−62	−55	−49	−45	−41	−38	−35	−33	−31	−29	−27	−26	−25
390	−42	−36	−31	−28	−25	−23	−21	−19	−18	−17	−16	−15	−14	−13	−12
400	∓0	∓0	∓0	∓0	∓0	∓0	∓0	∓0	∓0	∓0	∓0	∓0	∓0	∓0	∓0

Hilfstafel zur Berechnung von $\dfrac{\sin\alpha}{\alpha}$ für $8000^g < x \leq 12000^g$ $(40\,\pi < \alpha \leq 60\,\pi)$

x	sin α	x	$\frac{1}{\alpha}$	x	$\frac{1}{\alpha}$	x	$\frac{1}{\alpha}$	x	$\frac{1}{\alpha}$
10^g	0.156	8100	$786 \cdot 10^{-5}$	9100	$700 \cdot 10^{-5}$	10100	$630 \cdot 10^{-5}$	11100	$574 \cdot 10^{-5}$
20	.309	8200	776	9200	692	10200	624	11200	568
30	.454	8300	767	9300	685	10300	618	11300	563
40	.588	8400	758	9400	677	10400	612	11400	558
50	.707	8500	749	9500	670	10500	606	11500	554
60	0.809	8600	$740 \cdot 10^{-5}$	9600	$663 \cdot 10^{-5}$	10600	$601 \cdot 10^{-5}$	11600	$549 \cdot 10^{-5}$
70	.891	8700	732	9700	656	10700	595	11700	544
80	.951	8800	723	9800	650	10800	589	11800	540
90	.988	8900	715	9900	643	10900	584	11900	535
100	1.000	9000	707	10000	637	11000	579	12000	531

Multiplikationstafel zur genäherten Berechnung von Störungsgliedern von der Form
$$c \cdot \sin x, \quad c \cdot \cos x$$

sin	1.0	2.0	3.0	4.0	5.0	6.0	7.0	8.0	9.0	10.0	11.0	12.0	13.0	14.0	15.0	cos
2^g	0.0	0.1	0.1	0.1	0.2	0.2	0.2	0.3	0.3	0.3	0.3	0.4	0.4	0.4	0.5	98^g
4	0.1	0.1	0.2	0.3	0.3	0.4	0.4	0.5	0.6	0.6	0.7	0.8	0.8	0.9	0.9	96
6	0.1	0.2	0.3	0.4	0.5	0.6	0.7	0.8	0.8	0.9	1.0	1.1	1.2	1.3	1.4	94
8	0.1	0.3	0.4	0.5	0.6	0.8	0.9	1.0	1.1	1.3	1.4	1.5	1.6	1.8	1.9	92
10	0.2	0.3	0.5	0.6	0.8	0.9	1.1	1.3	1.4	1.6	1.7	1.9	2.0	2.2	2.3	90
12	0.2	0.4	0.6	0.7	0.9	1.1	1.3	1.5	1.7	1.9	2.1	2.2	2.4	2.6	2.8	88
14	0.2	0.4	0.7	0.9	1.1	1.3	1.5	1.7	2.0	2.2	2.4	2.6	2.8	3.1	3.3	86
16	0.2	0.5	0.7	1.0	1.2	1.5	1.7	2.0	2.2	2.5	2.7	3.0	3.2	3.5	3.7	84
18	0.3	0.6	0.8	1.1	1.4	1.7	2.0	2.2	2.5	2.8	3.1	3.3	3.6	3.9	4.2	82
20	0.3	0.6	0.9	1.2	1.5	1.9	2.2	2.5	2.8	3.1	3.4	3.7	4.0	4.3	4.6	80
22	0.3	0.7	1.0	1.4	1.7	2.0	2.4	2.7	3.0	3.4	3.7	4.1	4.4	4.7	5.1	78
24	0.4	0.7	1.1	1.5	1.8	2.2	2.6	2.9	3.3	3.7	4.0	4.4	4.8	5.2	5.5	76
26	0.4	0.8	1.2	1.6	2.0	2.4	2.8	3.2	3.6	4.0	4.4	4.8	5.2	5.6	6.0	74
28	0.4	0.9	1.3	1.7	2.1	2.6	3.0	3.4	3.8	4.3	4.7	5.1	5.5	6.0	6.4	72
30	0.5	0.9	1.4	1.8	2.3	2.7	3.2	3.6	4.1	4.5	5.0	5.4	5.9	6.4	6.8	70
32	0.5	1.0	1.4	1.9	2.4	2.9	3.4	3.9	4.3	4.8	5.3	5.8	6.3	6.7	7.2	68
34	0.5	1.0	1.5	2.0	2.5	3.1	3.6	4.1	4.6	5.1	5.6	6.1	6.6	7.1	7.6	66
36	0.5	1.1	1.6	2.1	2.7	3.2	3.8	4.3	4.8	5.4	5.9	6.4	7.0	7.5	8.0	64
38	0.6	1.1	1.7	2.2	2.8	3.4	3.9	4.5	5.1	5.6	6.2	6.7	7.3	7.9	8.4	62
40	0.6	1.2	1.8	2.4	2.9	3.5	4.1	4.7	5.3	5.9	6.5	7.1	7.6	8.2	8.8	60
42	0.6	1.2	1.8	2.5	3.1	3.7	4.3	4.9	5.5	6.1	6.7	7.4	8.0	8.6	9.2	58
44	0.6	1.3	1.9	2.5	3.2	3.8	4.5	5.1	5.7	6.4	7.0	7.6	8.3	8.9	9.6	56
46	0.7	1.3	2.0	2.6	3.3	4.0	4.6	5.3	6.0	6.6	7.3	7.9	8.6	9.3	9.9	54
48	0.7	1.4	2.1	2.7	3.4	4.1	4.8	5.5	6.2	6.8	7.5	8.2	8.9	9.6	10.3	52
50	0.7	1.4	2.1	2.8	3.5	4.2	4.9	5.7	6.4	7.1	7.8	8.5	9.2	9.9	10.6	50
52	0.7	1.5	2.2	2.9	3.6	4.4	5.1	5.8	6.6	7.3	8.0	8.7	9.5	10.2	10.9	48
54	0.8	1.5	2.3	3.0	3.8	4.5	5.3	6.0	6.8	7.5	8.3	9.0	9.8	10.5	11.3	46
56	0.8	1.5	2.3	3.1	3.9	4.6	5.4	6.2	6.9	7.7	8.5	9.2	10.0	10.8	11.6	44
58	0.8	1.6	2.4	3.2	4.0	4.7	5.5	6.3	7.1	7.9	8.7	9.5	10.3	11.1	11.9	42
60	0.8	1.6	2.4	3.2	4.0	4.9	5.7	6.5	7.3	8.1	8.9	9.7	10.5	11.3	12.1	40
62	0.8	1.7	2.5	3.3	4.1	5.0	5.8	6.6	7.4	8.3	9.1	9.9	10.8	11.6	12.4	38
64	0.8	1.7	2.5	3.4	4.2	5.1	5.9	6.8	7.6	8.4	9.3	10.1	11.0	11.8	12.7	36
66	0.9	1.7	2.6	3.4	4.3	5.2	6.0	6.9	7.7	8.6	9.5	10.3	11.2	12.0	12.9	34
68	0.9	1.8	2.6	3.5	4.4	5.3	6.1	7.0	7.9	8.8	9.6	10.5	11.4	12.3	13.1	32
70	0.9	1.8	2.7	3.6	4.5	5.3	6.2	7.1	8.0	8.9	9.8	10.7	11.6	12.5	13.4	30
72	0.9	1.8	2.7	3.6	4.5	5.4	6.3	7.2	8.1	9.0	10.0	10.9	11.8	12.7	13.6	28
74	0.9	1.8	2.8	3.7	4.6	5.5	6.4	7.3	8.3	9.2	10.1	11.0	11.9	12.8	13.8	26
76	0.9	1.9	2.8	3.7	4.6	5.6	6.5	7.4	8.4	9.3	10.2	11.2	12.1	13.0	13.9	24
78	0.9	1.9	2.8	3.8	4.7	5.6	6.6	7.5	8.5	9.4	10.3	11.3	12.2	13.2	14.1	22
80	1.0	1.9	2.9	3.8	4.8	5.7	6.7	7.6	8.6	9.5	10.5	11.4	12.4	13.3	14.3	20
82	1.0	1.9	2.9	3.8	4.8	5.8	6.7	7.7	8.6	9.6	10.6	11.5	12.5	13.4	14.4	18
84	1.0	1.9	2.9	3.9	4.8	5.8	6.8	7.7	8.7	9.7	10.7	11.6	12.6	13.6	14.5	16
86	1.0	2.0	2.9	3.9	4.9	5.9	6.8	7.8	8.8	9.8	10.7	11.7	12.7	13.7	14.6	14
88	1.0	2.0	2.9	3.9	4.9	5.9	6.9	7.9	8.8	9.8	10.8	11.8	12.8	13.8	14.7	12
90	1.0	2.0	3.0	4.0	4.9	5.9	6.9	7.9	8.9	9.9	10.9	11.9	12.8	13.8	14.8	10
92	1.0	2.0	3.0	4.0	5.0	6.0	6.9	7.9	8.9	9.9	10.9	11.9	12.9	13.9	14.9	8
94	1.0	2.0	3.0	4.0	5.0	6.0	7.0	8.0	9.0	10.0	11.0	11.9	12.9	13.9	14.9	6
96	1.0	2.0	3.0	4.0	5.0	6.0	7.0	8.0	9.0	10.0	11.0	12.0	13.0	14.0	15.0	4
98	1.0	2.0	3.0	4.0	5.0	6.0	7.0	8.0	9.0	10.0	11.0	12.0	13.0	14.0	15.0	2
100	1.0	2.0	3.0	4.0	5.0	6.0	7.0	8.0	9.0	10.0	11.0	12.0	13.0	14.0	15.0	0

Multiplikationstafel zur genäherten Berechnung von Störungsgliedern von der Form
$$c \cdot \sin x, \quad c \cdot \cos x$$

sin	16.0	17.0	18.0	19.0	20.0	21.0	22.0	23.0	24.0	25.0	26.0	27.0	28.0	29.0	30.0	cos	Faktor
2^g	0.5	0.5	0.6	0.6	0.6	0.7	0.7	0.7	0.8	0.8	0.8	0.8	0.9	0.9	0.9	98^g	.0314
4	1.0	1.1	1.1	1.2	1.3	1.3	1.4	1.4	1.5	1.6	1.6	1.7	1.8	1.8	1.9	96	.0628
6	1.5	1.6	1.7	1.8	1.9	2.0	2.1	2.2	2.3	2.4	2.4	2.5	2.6	2.7	2.8	94	.0941
8	2.0	2.1	2.3	2.4	2.5	2.6	2.8	2.9	3.0	3.1	3.3	3.4	3.5	3.6	3.8	92	.1253
10	2.5	2.7	2.8	3.0	3.1	3.3	3.4	3.6	3.8	3.9	4.1	4.2	4.4	4.5	4.7	90	.1564
12	3.0	3.2	3.4	3.6	3.7	3.9	4.1	4.3	4.5	4.7	4.9	5.1	5.2	5.4	5.6	88	.1874
14	3.5	3.7	3.9	4.1	4.4	4.6	4.8	5.0	5.2	5.5	5.7	5.9	6.1	6.3	6.5	86	.2181
16	4.0	4.2	4.5	4.7	5.0	5.2	5.5	5.7	6.0	6.2	6.5	6.7	7.0	7.2	7.5	84	.2487
18	4.5	4.7	5.0	5.3	5.6	5.9	6.1	6.4	6.7	7.0	7.3	7.5	7.8	8.1	8.4	82	.2790
20	4.9	5.3	5.6	5.9	6.2	6.5	6.8	7.1	7.4	7.7	8.0	8.3	8.7	9.0	9.3	80	.3090
22	5.4	5.8	6.1	6.4	6.8	7.1	7.5	7.8	8.1	8.5	8.8	9.1	9.5	9.8	10.2	78	.3387
24	5.9	6.3	6.6	7.0	7.4	7.7	8.1	8.5	8.8	9.2	9.6	9.9	10.3	10.7	11.0	76	.3681
26	6.4	6.8	7.1	7.5	7.9	8.3	8.7	9.1	9.5	9.9	10.3	10.7	11.1	11.5	11.9	74	.3971
28	6.8	7.2	7.7	8.1	8.5	8.9	9.4	9.8	10.2	10.6	11.1	11.5	11.9	12.3	12.8	72	.4258
30	7.3	7.7	8.2	8.6	9.1	9.5	10.0	10.4	10.9	11.4	11.8	12.3	12.7	13.2	13.6	70	.4540
32	7.7	8.2	8.7	9.2	9.6	10.1	10.6	11.1	11.6	12.0	12.5	13.0	13.5	14.0	14.5	68	.4818
34	8.1	8.7	9.2	9.7	10.2	10.7	11.2	11.7	12.2	12.7	13.2	13.7	14.3	14.8	15.3	66	.5090
36	8.6	9.1	9.6	10.2	10.7	11.3	11.8	12.3	12.9	13.4	13.9	14.5	15.0	15.5	16.1	64	.5358
38	9.0	9.6	10.1	10.7	11.2	11.8	12.4	12.9	13.5	14.1	14.6	15.2	15.7	16.3	16.9	62	.5621
40	9.4	10.0	10.6	11.2	11.8	12.3	12.9	13.5	14.1	14.7	15.3	15.9	16.5	17.0	17.6	60	.5878
42	9.8	10.4	11.0	11.6	12.3	12.9	13.5	14.1	14.7	15.3	15.9	16.5	17.2	17.8	18.4	58	.6129
44	10.2	10.8	11.5	12.1	12.7	13.4	14.0	14.7	15.3	15.9	16.6	17.2	17.8	18.5	19.1	56	.6374
46	10.6	11.2	11.9	12.6	13.2	13.9	14.5	15.2	15.9	16.5	17.2	17.9	18.5	19.2	19.8	54	.6613
48	11.0	11.6	12.3	13.0	13.7	14.4	15.1	15.7	16.4	17.1	17.8	18.5	19.2	19.9	20.5	52	.6845
50	11.3	12.0	12.7	13.4	14.1	14.8	15.6	16.3	17.0	17.7	18.4	19.1	19.8	20.5	21.2	50	.7071
52	11.7	12.4	13.1	13.9	14.6	15.3	16.0	16.8	17.5	18.2	19.0	19.7	20.4	21.1	21.9	48	.7290
54	12.0	12.8	13.5	14.3	15.0	15.8	16.5	17.3	18.0	18.8	19.5	20.3	21.0	21.8	22.5	46	.7501
56	12.3	13.1	13.9	14.6	15.4	16.2	17.0	17.7	18.5	19.3	20.0	20.8	21.6	22.3	23.1	44	.7705
58	12.6	13.4	14.2	15.0	15.8	16.6	17.4	18.2	19.0	19.8	20.5	21.3	22.1	22.9	23.7	42	.7902
60	12.9	13.8	14.6	15.4	16.2	17.0	17.8	18.6	19.4	20.2	21.0	21.8	22.7	23.5	24.3	40	8090
62	13.2	14.1	14.9	15.7	16.5	17.4	18.2	19.0	19.9	20.7	21.5	22.3	23.2	24.0	24.8	38	.8271
64	13.5	14.4	15.2	16.0	16.9	17.7	18.6	19.4	20.3	21.1	22.0	22.8	23.6	24.5	25.3	36	.8443
66	13.8	14.6	15.5	16.4	17.2	18.1	18.9	19.8	20.7	21.5	22.4	23.2	24.1	25.0	25.8	34	.8607
68	14.0	14.9	15.8	16.6	17.5	18.4	19.3	20.2	21.0	21.9	22.8	23.7	24.5	25.4	26.3	32	.8763
70	14.3	15.1	16.0	16.9	17.8	18.7	19.6	20.5	21.4	22.3	23.2	24.1	24.9	25.8	26.7	30	.8910
72	14.5	15.4	16.3	17.2	18.1	19.0	19.9	20.8	21.7	22.6	23.5	24.4	25.3	26.2	27.1	28	.9048
74	14.7	15.6	16.5	17.4	18.4	19.3	20.2	21.1	22.0	22.9	23.9	24.8	25.7	26.6	27.5	26	.9178
76	14.9	15.8	16.7	17.7	18.6	19.5	20.5	21.4	22.3	23.2	24.2	25.1	26.0	27.0	27.9	24	.9298
78	15.1	16.0	16.9	17.9	18.8	19.8	20.7	21.6	22.6	23.5	24.5	25.4	26.3	27.3	28.2	22	.9409
80	15.2	16.2	17.1	18.1	19.0	20.0	20.9	21.9	22.8	23.8	24.7	25.7	26.6	27.6	28.5	20	.9511
82	15.4	16.3	17.3	18.2	19.2	20.2	21.1	22.1	23.0	24.0	25.0	25.9	26.9	27.8	28.8	18	.9603
84	15.5	16.5	17.4	18.4	19.4	20.3	21.3	22.3	23.2	24.2	25.2	26.2	27.1	28.1	29.1	16	.9686
86	15.6	16.6	17.6	18.5	19.5	20.5	21.5	22.4	23.4	24.4	25.4	26.3	27.3	28.3	29.3	14	.9759
88	15.7	16.7	17.7	18.7	19.6	20.6	21.6	22.6	23.6	24.6	25.5	26.5	27.5	28.5	29.5	12	.9823
90	15.8	16.8	17.8	18.8	19.8	20.7	21.7	22.7	23.7	24.7	25.7	26.7	27.7	28.6	29.6	10	.9877
92	15.9	16.9	17.9	18.8	19.8	20.8	21.8	22.8	23.8	24.8	25.8	26.8	27.8	28.8	29.8	8	.9921
94	15.9	16.9	17.9	18.9	19.9	20.9	21.9	22.9	23.9	24.9	25.9	26.9	27.9	28.9	29.9	6	.9956
96	16.0	17.0	18.0	19.0	20.0	21.0	22.0	23.0	24.0	25.0	25.9	26.9	27.9	28.9	29.9	4	.9980
98	16.0	17.0	18.0	19.0	20.0	21.0	22.0	23.0	24.0	25.0	26.0	27.0	28.0	29.0	30.0	2	.9995
100	16.0	17.0	18.0	19.0	20.0	21.0	22.0	23.0	24.0	25.0	26.0	27.0	28.0	29.0	30.0	0	1.0000

Trigonometrische Funktionen für ganze Zentesimalgrade

$\alpha^{(g)}$	$\alpha^{(\circ)}$	$\sin\alpha$	$\mathrm{tg}\,\alpha$	$\sin^2\alpha$	$\sin 2\alpha$	$\cos 2\alpha$	$\dfrac{1}{2\sin\alpha}$	$\dfrac{1}{4\sin^2\alpha}$		
1^g	$0{.}9$	0.0157	0.0157	0.0002	0.0314	0.9995	31.83	1013.3	$89{.}1$	99^g
2	1.8	0.0314	0.0314	0.0010	0.0628	0.9980	15.92	253.4	88.2	98
3	2.7	0.0471	0.0472	0.0022	0.0941	0.9956	10.61	112.7	87.3	97
4	3.6	0.0628	0.0629	0.0039	0.1253	0.9921	7.963	63.41	86.4	96
5	4.5	0.0785	0.0787	0.0062	0.1564	0.9877	6.373	40.61	85.5	95
6	5.4	0.0941	0.0945	0.0089	0.1874	0.9823	5.313	28.23	84.6	94
7	6.3	0.1097	0.1104	0.0120	0.2181	0.9759	4.556	20.76	83.7	93
8	7.2	0.1253	0.1263	0.0157	0.2487	0.9686	3.989	15.91	82.8	92
9	8.1	0.1409	0.1423	0.0199	0.2790	0.9603	3.549	12.59	81.9	91
10	9.0	0.1564	0.1584	0.0245	0.3090	0.9511	3.196	10.22	81.0	90
11	9.9	0.1719	0.1745	0.0296	0.3387	0.9409	2.908	8.458	80.1	89
12	10.8	0.1874	0.1908	0.0351	0.3681	0.9298	2.668	7.120	79.2	88
13	11.7	0.2028	0.2071	0.0411	0.3971	0.9178	2.466	6.079	78.3	87
14	12.6	0.2181	0.2235	0.0476	0.4258	0.9048	2.292	5.254	77.4	86
15	13.5	0.2334	0.2401	0.0545	0.4540	0.8910	2.142	4.587	76.5	85
16	14.4	0.2487	0.2568	0.0618	0.4818	0.8763	2.011	4.042	75.6	84
17	15.3	0.2639	0.2736	0.0696	0.5090	0.8607	1.8948	3.590	74.7	83
18	16.2	0.2790	0.2905	0.0778	0.5358	0.8443	1.7922	3.212	73.8	82
19	17.1	0.2940	0.3076	0.0865	0.5621	0.8271	1.7004	2.891	72.9	81
20	18.0	0.3090	0.3249	0.0955	0.5878	0.8090	1.6180	2.618	72.0	80
21	18.9	0.3239	0.3424	0.1049	0.6129	0.7902	1.5436	2.383	71.1	79
22	19.8	0.3387	0.3600	0.1147	0.6374	0.7705	1.4761	2.179	70.2	78
23	20.7	0.3535	0.3779	0.1249	0.6613	0.7501	1.4145	2.001	69.3	77
24	21.6	0.3681	0.3959	0.1355	0.6845	0.7290	1.3582	1.8448	68.4	76
25	22.5	0.3827	0.4142	0.1464	0.7071	0.7071	1.3066	1.7071	67.5	75
26	23.4	0.3971	0.4327	0.1577	0.7290	0.6845	1.2590	1.5850	66.6	74
27	24.3	0.4115	0.4515	0.1693	0.7501	0.6613	1.2150	1.4763	65.7	73
28	25.2	0.4258	0.4706	0.1813	0.7705	0.6374	1.1743	1.3790	64.8	72
29	26.1	0.4399	0.4899	0.1935	0.7902	0.6129	1.1365	1.2917	63.9	71
30	27.0	0.4540	0.5095	0.2061	0.8090	0.5878	1.1013	1.2129	63.0	70
31	27.9	0.4679	0.5295	0.2190	0.8271	0.5621	1.0685	1.1418	62.1	69
32	28.8	0.4818	0.5498	0.2321	0.8443	0.5358	1.0379	1.0772	61.2	68
33	29.7	0.4955	0.5704	0.2455	0.8607	0.5090	1.0092	1.0184	60.3	67
34	30.6	0.5090	0.5914	0.2591	0.8763	0.4818	0.9822	0.9648	59.4	66
35	31.5	0.5225	0.6128	0.2730	0.8910	0.4540	0.9569	0.9157	58.5	65
36	32.4	0.5358	0.6346	0.2871	0.9048	0.4258	0.9331	0.8707	57.6	64
37	33.3	0.5490	0.6569	0.3014	0.9178	0.3971	0.9107	0.8294	56.7	63
38	34.2	0.5621	0.6796	0.3159	0.9298	0.3681	0.8895	0.7913	55.8	62
39	35.1	0.5750	0.7028	0.3306	0.9409	0.3387	0.8696	0.7561	54.9	61
40	36.0	0.5878	0.7265	0.3455	0.9511	0.3090	0.8507	0.7236	54.0	60
41	36.9	0.6004	0.7508	0.3605	0.9603	0.2790	0.8328	0.6935	53.1	59
42	37.8	0.6129	0.7757	0.3757	0.9686	0.2487	0.8158	0.6655	52.2	58
43	38.7	0.6252	0.8012	0.3909	0.9759	0.2181	0.7997	0.6395	51.3	57
44	39.6	0.6374	0.8273	0.4063	0.9823	0.1874	0.7844	0.6153	50.4	56
45	40.5	0.6494	0.8541	0.4218	0.9877	0.1564	0.7699	0.5927	49.5	55
46	41.4	0.6613	0.8816	0.4373	0.9921	0.1253	0.7561	0.5716	48.6	54
47	42.3	0.6730	0.9099	0.4529	0.9956	0.0941	0.7429	0.5519	47.7	53
48	43.2	0.6845	0.9391	0.4686	0.9980	0.0628	0.7304	0.5335	46.8	52
49	44.1	0.6959	0.9691	0.4843	0.9995	0.0314	0.7185	0.5162	45.9	51
50	45.0	0.7071	1.0000	0.5000	1.0000	0.0000	0.7071	0.5000	45.0	50
		$\cos\alpha$	$\mathrm{ctg}\,\alpha$	$\cos^2\alpha$	$\sin 2\alpha$	$-\cos 2\alpha$	$\dfrac{1}{2\cos\alpha}$	$\dfrac{1}{4\cos^2\alpha}$	$\alpha^{(\circ)}$	$\alpha^{(g)}$

Berechnung von α aus $\mathrm{tg}\,\alpha$ auf ganze Zentesimalgrade

α	$\mathrm{tg}\,\alpha$	α
$-0^g{.}5$	-0.0079	0^g
$+0.5$	$+0.0079$	1
1.5	0.0236	2
2.5	0.0393	3
3.5	0.0550	4
4.5	0.0708	5
5.5	0.0866	6
6.5	0.1025	7
7.5	0.1184	8
8.5	0.1343	9
9.5	0.1503	10
10.5	0.1664	11
11.5	0.1826	12
12.5	0.1989	13
13.5	0.2153	14
14.5	0.2318	15
15.5	0.2484	16
16.5	0.2651	17
17.5	0.2820	18
18.5	0.2991	19
19.5	0.3163	20
20.5	0.3336	21
21.5	0.3512	22
22.5	0.3689	23
23.5	0.3869	24
24.5	0.4050	25
25.5	0.4234	26
26.5	0.4421	27
27.5	0.4610	28
28.5	0.4802	29
29.5	0.4997	30
30.5	0.5195	31
31.5	0.5396	32
32.5	0.5600	33
33.5	0.5808	34
34.5	0.6020	35
35.5	0.6237	36
36.5	0.6457	37
37.5	0.6682	38
38.5	0.6911	39
39.5	0.7146	40
40.5	0.7386	41
41.5	0.7632	42
42.5	0.7883	43
43.5	0.8141	44
44.5	0.8406	45
45.5	0.8678	46
46.5	0.8957	47
47.5	0.9244	48
48.5	0.9540	49
49.5	0.9844	50
50.5	1.0158	

Beispiel: Es sei $\mathrm{tg}\,\alpha = 0.774$. Obige Tafel zeigt, daß dieser Wert zwischen $\mathrm{tg}\,41^g{.}5 = 0.7632$ und $\mathrm{tg}\,42^g{.}5 = 0.7883$ liegt. Es ist demnach $\alpha = 42^g$.

Tafel VI e

Berechnung von α aus tg α auf ganze Zentesimalgrade

α	tg α	α
49.5^g	0.9844	50^g
50.5	1.0158	51
51.5	1.0483	52
52.5	1.0818	53
53.5	1.1165	54
54.5	1.1524	55
55.5	1.1896	56
56.5	1.2283	57
57.5	1.2685	58
58.5	1.3103	59
59.5	1.3539	60
60.5	1.3994	61
61.5	1.4469	62
62.5	1.4966	63
63.5	1.5487	64
64.5	1.6034	65
65.5	1.6610	66
66.5	1.7216	67
67.5	1.7856	68
68.5	1.8533	69
69.5	1.9251	70
70.5	2.001	71
71.5	2.082	72
72.5	2.169	73
73.5	2.262	74
74.5	2.362	75
75.5	2.469	76
76.5	2.585	77
77.5	2.711	78
78.5	2.848	79
79.5	2.997	80
80.5	3.162	81
81.5	3.344	82
82.5	3.546	83
83.5	3.772	84
84.5	4.026	85
85.5	4.314	86
86.5	4.645	87
87.5	5.027	88
88.5	5.475	89
89.5	6.008	90
90.5	6.651	91
91.5	7.445	92
92.5	8.449	93
93.5	9.760	94
94.5	11.55	95
95.5	14.12	96
96.5	18.17	97
97.5	25.45	98
98.5	42.43	99
99.5	127.32	100
100.0	∞	

Diese Tafel wird bei der Berechnung von Phasendiagrammen verwendet.
Vorzeichenregel: Die Tafel liefert α im ersten Quadranten.

$$\alpha' = \text{arc tg}\,\frac{|Z|}{|N|}$$

Ist $Z > 0$, $N > 0$, so ist $\alpha = \alpha'$.

„ $Z > 0$, $N < 0$, „ „ $\alpha = 200^g - \alpha'$.

„ $Z < 0$, $N < 0$, „ „ $\alpha = 200^g + \alpha'$.

„ $Z < 0$, $N > 0$, „ „ $\alpha = 400^g - \alpha'$.

Trigonometrische Funktionen für ganze Zentesimalgrade

α(g)	α(°)	sin α	tg α	sin²α	$\dfrac{1}{2\sin\alpha}$	$\dfrac{1}{4\sin^2\alpha}$		
51^g	45.9	0.7181	1.0319	0.5157	0.6963	0.4848	44.1	49^g
52	46.8	0.7290	1.0649	0.5314	0.6859	0.4705	43.2	48
53	47.7	0.7396	1.0990	0.5471	0.6760	0.4570	42.3	47
54	48.6	0.7501	1.1343	0.5627	0.6666	0.4443	41.4	46
55	49.5	0.7604	1.1708	0.5782	0.6575	0.4324	40.5	45
56	50.4	0.7705	1.2088	0.5937	0.6489	0.4211	39.6	44
57	51.3	0.7804	1.2482	0.6091	0.6407	0.4105	38.7	43
58	52.2	0.7902	1.2892	0.6243	0.6328	0.4004	37.8	42
59	53.1	0.7997	1.3319	0.6395	0.6252	0.3909	36.9	41
60	54.0	0.8090	1.3764	0.6545	0.6180	0.3820	36.0	40
61	54.9	0.8181	1.4229	0.6694	0.6111	0.3735	35.1	39
62	55.8	0.8271	1.4715	0.6841	0.6045	0.3655	34.2	38
63	56.7	0.8358	1.5224	0.6986	0.5982	0.3579	33.3	37
64	57.6	0.8443	1.5757	0.7129	0.5922	0.3507	32.4	36
65	58.5	0.8526	1.6319	0.7270	0.5864	0.3439	31.5	35
66	59.4	0.8607	1.6909	0.7409	0.5809	0.3374	30.6	34
67	60.3	0.8686	1.7532	0.7545	0.5756	0.3313	29.7	33
68	61.2	0.8763	1.8190	0.7679	0.5706	0.3256	28.8	32
69	62.1	0.8838	1.8887	0.7810	0.5658	0.3201	27.9	31
70	63.0	0.8910	1.9626	0.7939	0.5612	0.3149	27.0	30
71	63.9	0.8980	2.041	0.8065	0.5568	0.3100	26.1	29
72	64.8	0.9048	2.125	0.8187	0.5526	0.3054	25.2	28
73	65.7	0.9114	2.215	0.8307	0.5486	0.3010	24.3	27
74	66.6	0.9178	2.311	0.8423	0.5448	0.2968	23.4	26
75	67.5	0.9239	2.414	0.8536	0.5412	0.2929	22.5	25
76	68.4	0.9298	2.526	0.8645	0.5378	0.2892	21.6	24
77	69.3	0.9354	2.646	0.8751	0.5345	0.2857	20.7	23
78	70.2	0.9409	2.778	0.8853	0.5314	0.2824	19.8	22
79	71.1	0.9461	2.921	0.8951	0.5285	0.2793	18.9	21
80	72.0	0.9511	3.078	0.9045	0.5257	0.2764	18.0	20
81	72.9	0.9558	3.251	0.9135	0.5231	0.2737	17.1	19
82	73.8	0.9603	3.442	0.9222	0.5207	0.2711	16.2	18
83	74.7	0.9646	3.655	0.9304	0.5184	0.2687	15.3	17
84	75.6	0.9686	3.895	0.9382	0.5162	0.2665	14.4	16
85	76.5	0.9724	4.165	0.9455	0.5142	0.2644	13.5	15
86	77.4	0.9759	4.474	0.9524	0.5123	0.2625	12.6	14
87	78.3	0.9792	4.829	0.9589	0.5106	0.2607	11.7	13
88	79.2	0.9823	5.242	0.9649	0.5090	0.2591	10.8	12
89	80.1	0.9851	5.730	0.9704	0.5076	0.2576	9.9	11
90	81.0	0.9877	6.314	0.9755	0.5062	0.2563	9.0	10
91	81.9	0.9900	7.026	0.9801	0.5050	0.2551	8.1	9
92	82.8	0.9921	7.916	0.9843	0.5040	0.2540	7.2	8
93	83.7	0.9940	9.058	0.9880	0 5030	0.2530	6.3	7
94	84.6	0.9956	10.58	0.9911	0.5022	0.2522	5.4	6
95	85.5	0.9969	12.71	0.9938	0.5015	0.2515	4.5	5
96	86.4	0.9980	15.89	0.9961	0.5010	0.2510	3.6	4
97	87.3	0.9989	21.20	0.9978	0.5006	0.2506	2.7	3
98	88.2	0.9995	31.82	0.9990	0.5002	0.2502	1.8	2
99	89.1	0.9999	63.66	0.9998	0.5001	0.2501	0.9	1
100	90.0	1.0000	∞	1.0000	0.5000	0.2500	0.0	0
		cos α	ctg α	cos²α	$\dfrac{1}{2\cos\alpha}$	$\dfrac{1}{4\cos^2\alpha}$	α(°)	α(g)

n	$\dfrac{1}{\sqrt{n}}$	$\dfrac{1}{\sqrt{10\,n}}$	$\sqrt{\dfrac{\pi}{n}}$	$\sqrt{\dfrac{\pi}{10\,n}}$	n	$\dfrac{1}{\sqrt{n}}$	$\dfrac{1}{\sqrt{10\,n}}$	$\sqrt{\dfrac{\pi}{n}}$	$\sqrt{\dfrac{\pi}{10\,n}}$
1	1.0000	0.31623	1.7725	0.56050	51	0.1400	0.04428	0.2482	0.07849
2	0.7071	0.22361	1.2533	0.39633	52	0.1387	0.04385	0.2458	0.07773
3	0.5774	0.18257	1.0233	0.32360	53	0.1374	0.04344	0.2435	0.07699
4	0.5000	0.15811	0.8862	0.28025	54	0.1361	0.04303	0.2412	0.07627
5	0.4472	0.14142	0.7927	0.25066	55	0.1348	0.04264	0.2390	0.07558
6	0.4082	0.12910	0.7236	0.22882	56	0.1336	0.04226	0.2369	0.07490
7	0.3780	0.11952	0.6699	0.21185	57	0.1325	0.04189	0.2348	0.07424
8	0.3536	0.11180	0.6267	0.19817	58	0.1313	0.04152	0.2327	0.07360
9	0.3333	0.10541	0.5908	0.18683	59	0.1302	0.04117	0.2308	0.07297
10	0.3162	0.10000	0.5605	0.17725	60	0.1291	0.04082	0.2288	0.07236
11	0.3015	0.09535	0.5344	0.16900	61	0.1280	0.04049	0.2269	0.07176
12	0.2887	0.09129	0.5117	0.16180	62	0.1270	0.04016	0.2251	0.07118
13	0.2774	0.08771	0.4916	0.15545	63	0.1260	0.03984	0.2233	0.07062
14	0.2673	0.08452	0.4737	0.14980	64	0.1250	0.03953	0.2216	0.07006
15	0.2582	0.08165	0.4576	0.14472	65	0.1240	0.03922	0.2198	0.06952
16	0.2500	0.07906	0.4431	0.14012	66	0.1231	0.03892	0.2182	0.06899
17	0.2425	0.07670	0.4299	0.13594	67	0.1222	0.03863	0.2165	0.06848
18	0.2357	0.07454	0.4178	0.13211	68	0.1213	0.03835	0.2149	0.06797
19	0.2294	0.07255	0.4066	0.12859	69	0.1204	0.03807	0.2134	0.06748
20	0.2236	0.07071	0.3963	0.12533	70	0.1195	0.03780	0.2118	0.06699
21	0.2182	0.06901	0.3868	0.12231	71	0.1187	0.03753	0.2104	0.06652
22	0.2132	0.06742	0.3779	0.11950	72	0.1179	0.03727	0.2089	0.06606
23	0.2085	0.06594	0.3696	0.11687	73	0.1170	0.03701	0.2074	0.06560
24	0.2041	0.06455	0.3618	0.11441	74	0.1162	0.03676	0.2060	0.06516
25	0.2000	0.06325	0.3545	0.11210	75	0.1155	0.03651	0.2047	0.06472
26	0.1961	0.06202	0.3476	0.10992	76	0.1147	0.03627	0.2033	0.06429
27	0.1925	0.06086	0.3411	0.10787	77	0.1140	0.03604	0.2020	0.06388
28	0.1890	0.05976	0.3350	0.10592	78	0.1132	0.03581	0.2007	0.06346
29	0.1857	0.05872	0.3291	0.10408	79	0.1125	0.03558	0.1994	0.06306
30	0.1826	0.05774	0.3236	0.10233	80	0.1118	0.03536	0.1982	0.06267
31	0.1796	0.05680	0.3183	0.10067	81	0.1111	0.03514	0.1969	0.06228
32	0.1768	0.05590	0.3133	0.09908	82	0.1104	0.03492	0.1957	0.06190
33	0.1741	0.05505	0.3085	0.09757	83	0.1098	0.03471	0.1946	0.06152
34	0.1715	0.05423	0.3040	0.09613	84	0.1091	0.03450	0.1934	0.06116
35	0.1690	0.05345	0.2996	0.09474	85	0.1085	0.03430	0.1922	0.06079
36	0.1667	0.05270	0.2954	0.09342	86	0.1078	0.03410	0.1911	0.06044
37	0.1644	0.05199	0.2914	0.09215	87	0.1072	0.03390	0.1900	0.06009
38	0.1622	0.05130	0.2875	0.09092	88	0.1066	0.03371	0.1889	0.05975
39	0.1601	0.05064	0.2838	0.08975	89	0.1060	0.03352	0.1879	0.05941
40	0.1581	0.05000	0.2802	0.08862	90	0.1054	0.03333	0.1868	0.05908
41	0.1562	0.04939	0.2768	0.08754	91	0.1048	0.03315	0.1858	0.05876
42	0.1543	0.04879	0.2735	0.08649	92	0.1043	0.03297	0.1848	0.05844
43	0.1525	0.04822	0.2703	0.08548	93	0.1037	0.03279	0.1838	0.05812
44	0.1508	0.04767	0.2672	0.08450	94	0.1031	0.03262	0.1828	0.05781
45	0.1491	0.04714	0.2642	0.08355	95	0.1026	0.03244	0.1819	0.05751
46	0.1474	0.04663	0.2613	0.08264	96	0.1021	0.03227	0.1809	0.05721
47	0.1459	0.04613	0.2585	0.08176	97	0.1015	0.03211	0.1800	0.05691
48	0.1443	0.04564	0.2558	0.08090	98	0.1010	0.03194	0.1790	0.05662
49	0.1429	0.04518	0.2532	0.08007	99	0.1005	0.03178	0.1781	0.05633
50	0.1414	0.04472	0.2507	0.07927	100	0.1000	0.03162	0.1772	0.05605

9*

x	e^{-x}	x	e^{-x}
0.1	0.90484	5.1	0.00610
0.2	0.81873	5.2	0.00552
0.3	0.74082	5.3	0.00499
0.4	0.67032	5.4	0.00452
0.5	0.60653	5.5	0.00409
0.6	0.54881	5.6	0.00370
0.7	0.49659	5.7	0.00335
0.8	0.44933	5.8	0.00303
0.9	0.40657	5.9	0.00274
1.0	0.36788	6.0	0.00248
1.1	0.33287	6.1	0.00224
1.2	0.30119	6.2	0.00203
1.3	0.27253	6.3	0.00184
1.4	0.24660	6.4	0.00166
1.5	0.22313	6.5	0.00150
1.6	0.20190	6.6	0.00136
1.7	0.18268	6.7	0.00123
1.8	0.16530	6.8	0.00111
1.9	0.14957	6.9	0.00101
2.0	0.13534	7.0	0.00091
2.1	0.12246	7.1	0.00083
2.2	0.11080	7.2	0.00075
2.3	0.10026	7.3	0.00068
2.4	0.09072	7.4	0.00061
2.5	0.08208	7.5	0.00055
2.6	0.07427	7.6	0.00050
2.7	0.06721	7.7	0.00045
2.8	0.06081	7.8	0.00041
2.9	0.05502	7.9	0.00037
3.0	0.04979	8.0	0.00034
3.1	0.04505	8.1	0.00030
3.2	0.04076	8.2	0.00027
3.3	0.03688	8.3	0.00025
3.4	0.03337	8.4	0.00022
3.5	0.03020	8.5	0.00020
3.6	0.02732	8.6	0.00018
3.7	0.02472	8.7	0.00017
3.6	0.02237	8.8	0.00015
3.9	0.02024	8.9	0.00014
4.0	0.01832	9.0	0.00012
4.1	0.01657	9.1	0.00011
4.2	0.01500	9.2	0.00010
4.3	0.01357	9.3	0.00009
4.4	0.01228	9.4	0.00008
4.5	0.01111	9.5	0.00007
4.6	0.01005	9.6	0.00007
4.7	0.00910	9.7	0.00006
4.8	0.00823	9.8	0.00006
4.9	0.00745	9.9	0.00005
5.0	0.00674	10.0	0.00005

x	e^{-x^2}	e^{x^2}	$e^{-\frac{\pi}{4}x^2}$	$e^{\frac{\pi}{4}x^2}$
0.1	0.99005	1.0100	0.99218	1.0079
0.2	0.96079	1.0408	0.96907	1.0319
0.3	0.91393	1.0942	0.93176	1.0732
0.4	0.85214	1.1735	0.88191	1.1339
0.5	0.77880	1.2840	0.82172	1.2170
0.6	0.69768	1.4333	0.75371	1.3268
0.7	0.61263	1.6323	0.68056	1.4694
0.8	0.52729	1.8965	0.60492	1.6531
0.9	0.44486	2.2479	0.52932	1.8892
1.0	0.36788	2.7183	0.45594	2.1933
1.1	0.29820	3.3535	0.38661	2.5866
1.2	0.23693	4.2207	0.32272	3.0987
1.3	0.18452	5.4195	0.26519	3.7709
1.4	0.14086	7.0993	0.21451	4.6617
1.5	0.10540	9.4877	0.17082	5.8541
1.6	0.07730	12.936	0.13391	7.4680
1.7	0.05558	17.993	0.10333	9.6775
1.8	0.03916	25.534	0.07850	12.739
1.9	0.02705	36.966	0.05870	17.035
2.0	0.01832	54.598	0.04321	23.141
2.1	0.01216	82.269	0.03132	31.932
2.2	0.00791	126.47	0.02234	44.760
2.3	0.00504	198.34	0.01569	63.736
2.4	0.00315	317.35	0.01085	92.194
2.5	0.00193	518.01	0.00738	135.47
2.6	0.00116	862.64	0.00495	202.21
2.7	0.00068	1465.6	0.00326	306.60
2.8	0.00039	2540.2	0.00212	472.26
2.9	0.00022	4491.8	0.00135	738.93
3.0	0.00012	8103.1	0.00085	1174.5
3.1	0.00007	14913	0.00053	1896.3
3.2	0.00004	28001	0.00032	3110.3
3.3	0.00002	53636	0.00019	5182.2
3.4	0.00001	$1.048 \cdot 10^5$	0.00011	8771.0
3.5	—	$2.090 \cdot 10^5$	0.00007	15080
3.6	—	$4.251 \cdot 10^5$	0.00004	26338
3.7	—	$8.820 \cdot 10^5$	0.00002	46728
3.8	—	$1.867 \cdot 10^6$	0.00001	84216
3.9	—	$4.033 \cdot 10^6$	0.00001	$1.542 \cdot 10^5$
4.0	—	$8.886 \cdot 10^6$	—	$2.868 \cdot 10^5$
4.1	—	$1.997 \cdot 10^7$	—	$5.417 \cdot 10^5$
4.2	—	$4.581 \cdot 10^7$	—	$1.040 \cdot 10^6$
4.3	—	$1.072 \cdot 10^8$	—	$2.027 \cdot 10^6$
4.4	—	$2.558 \cdot 10^8$	—	$4.014 \cdot 10^6$
4.5	—	$6.229 \cdot 10^8$	—	$8.075 \cdot 10^6$
4.6	—	$1.548 \cdot 10^9$	—	$1.650 \cdot 10^7$
4.7	—	$3.922 \cdot 10^9$	—	$3.426 \cdot 10^7$
4.8	—	$1.014 \cdot 10^{10}$	—	$7.224 \cdot 10^7$
4.9	—	$2.675 \cdot 10^{10}$	—	$1.548 \cdot 10^8$
5.0	—	$7.200 \cdot 10^{10}$	—	$3.368 \cdot 10^8$

Zweiter Teil

Aufgaben zur Harmonischen Analyse und Periodogrammrechnung.

I. Harmonische Analyse.

Durch die *Harmonische Analyse* wird eine Beobachtungsfunktion oder Beobachtungsreihe von bestimmter Länge (Analysenintervall) in eine Folge von Sinuswellen zerlegt, deren Wellenlängen aliquote Teile des Analysenintervalls sind. Die nachfolgenden Rechenbeispiele beschränken sich auf den in der rechnerischen Praxis fast ausschließlich vorkommenden Fall, daß die Beobachtungsfunktion in Form einer Zahlenfolge (Ordinatenfolge) mit gleichabständigen Abszissen gegeben ist. Die direkte Analyse graphisch gegebener stetiger Funktionen ist nur mit Hilfe mechanischer Apparaturen (Harmonischer Analysatoren, Planimetern) nach besonderen Gebrauchsanweisungen möglich. Der auf arithmetische Verfahren angewiesene Rechner kann durch Entnahme gleichabständiger Ordinaten aus einer vorgelegten Kurve jederzeit eine Wertereihe herstellen, wobei der Ordinatenabstand bis zu einem gewissen Grade willkürlich ist. Bei der Wahl des Ordinatenabstandes hat der Rechner nur darauf zu achten, daß die Ordinaten so dicht liegen, daß die so entstandene Wertefolge alle irgendwie beachtlichen Schwankungen der Kurve wiedergibt. Andererseits sollen die Ordinaten nicht dichter liegen, als mit Rücksicht auf den eben genannten Zweck nötig ist — diese Forderung wird im Interesse der Einfachheit der Rechnung erhoben, da die technischen Schwierigkeiten einer Analyse mit der Länge der zu analysierenden Folge wachsen. Ist die Beobachtungsfunktion durch nichtäquidistante Ordinaten belegt, so empfiehlt es sich, durch Interpolation (eventuell graphisch) eine gleichabständige Folge herzustellen, was immer möglich ist, wenn die gegebenen Werte überall dicht genug liegen. (Bezüglich lückenhafter Reihen verweise ich auf GuM S. 158f.)

Die Grundformeln für die vollständige harmonische Analyse sind verschieden, je nachdem die Anzahl p der (gleichabständigen) Ordinaten gerade oder ungerade ist. Sie lauten:

1. p *ungerade* $= 2\,n + 1$ Beobachtungsreihe: $y_0, y_1, \ldots y_{2n}$

$$y_\nu = a_0 + a_1 \cos \nu\alpha + a_2 \cos 2\,\nu\alpha + \cdots + a_n \cos n\,\nu\alpha \left.\begin{array}{l} \\ \\ \end{array}\right| \quad \alpha = \frac{2\pi}{2\,n+1}$$
$$+ b_1 \sin \nu\alpha + b_2 \sin 2\,\nu\alpha + \cdots + b_n \sin n\,\nu\alpha$$

$$A_0 - (2\,n+1)\,a_0 = \sum_{\nu=0}^{2n} y_\nu; \quad A_\mu = \frac{2n+1}{2}\,a_\mu = \sum_{\nu=0}^{2n} y_\nu \cos \mu\,\nu\alpha; \quad B_\mu = \frac{2n+1}{2}\,b_\mu = \sum_{\nu=0}^{2n} y_\nu \sin \nu\,\mu\alpha\,(\mu = 1, 2, \ldots n).$$

2. p *gerade* $= 2\,n$ Beobachtungsreihe: $y_0, y_1, \ldots y_{2n-1}$

$$y_\nu = a_0 + a_1 \cos \nu\alpha + a_2 \cos 2\,\nu\alpha + \cdots + a_{n-1} \cos (n-1)\,\nu\alpha + a_n \cos n\,\nu\alpha \left.\begin{array}{l} \\ \\ \end{array}\right| \quad \alpha = \frac{2\pi}{2\,n}$$
$$+ b_1 \sin \nu\alpha + b_2 \sin 2\,\nu\alpha + \cdots + b_{n-1} \sin (n-1)\,\nu\alpha$$

$$A_0 = 2\,n\,a_0 = \sum_{\nu=0}^{2n-1} y_\nu; \quad A_\mu = n\,a_\mu = \sum_{\nu=0}^{2n-1} y_\nu \cos \mu\,\nu\alpha; \quad B_\mu = n\,b_\mu = \sum_{\nu=0}^{2n-1} y_\nu \sin \mu\,\nu\alpha \quad (\mu = 1, 2, \ldots n-1)$$

$$A_n = 2\,n\,a_n = \sum_{\nu=0}^{2n-1} y_\nu \cos n\,\nu\alpha = \sum_{\nu=0}^{2n-1} (-1)^\nu\,y_\nu.$$

In der nachstehenden Beispielsammlung werden Aufgaben aller in der Praxis vorkommender Typen gelöst. Der Typus einer solchen Analysenaufgabe ist im wesentlichen durch die zahlentheoretischen Eigenschaften der Zahl p bestimmt. Die Rechenarbeit der Analyse wächst im allgemeinen mit dem Quadrat von p, da bei Verdoppelung von p sich nicht nur die Zahl der zu berechnenden Koeffizienten verdoppelt, sondern auch die Zahl der in diesen Koeffizienten enthaltenen Summanden. Daneben treten aber Erleichterungen der Rechnung auf, wenn p sehr viele Teiler hat, da dann viele Multiplikationen durch Additionen ersetzt werden können. Wenn p eine Primzahl ist, wird dies nicht möglich sein, dafür aber der Rechnungsgang an Einfachheit und Übersichtlichkeit gewinnen. Wenn p sehr groß ist, wird die Mühe einer vollständigen Analyse oft der Bedeutung des Ergebnisses nicht mehr angepaßt sein — es wird dann genügen, sich entweder mit einer Abschätzung der Fourierkoeffizienten oder der Amplituden $h_\mu = \sqrt{a_\mu^2 + b_\mu^2}$ zufrieden zu geben oder nur einen besonders interessierenden Teil des Wellenspektrums zu studieren. Die Zahl der Möglichkeiten, vor die sich der Rechner gestellt sieht, ist also außerordentlich groß. Aus dieser Zahl sind im folgenden die wichtigsten Typen herausgegriffen — die Behandlung der Aufgaben ist nach Möglichkeit so durchgeführt, daß die *Tafeln* in vollem Umfange benutzt werden können — wo sie nicht ausreichen, wird dem Leser die Anweisung zu ihrer Erweiterung gegeben.

Aufgabe 1. p sei eine Primzahl, z. B. $p = 13$. Man ordne die 13 Beobachtungswerte $y_0, y_1, \ldots y_{12}$ zweispaltig, wie in Tabelle 1, an (einfache Faltung) und bilde die Summen C_ν und die Differenzen S_ν nebeneinanderstehender Werte. Diese C und S bilden die Grundlage für die Berechnung der Fourierkoeffizienten sämtlicher Wellen. Zunächst ist

$$A_0 = p\,a_0 = \sum_0^{12} y_\nu = \sum_0^6 C_\nu.$$

Tabelle 1. Faltungschema $p = 13$.

ν	Faltung		C_ν	S_ν
0	y_0	—	$C_0 = y_0$	—
1	y_1	y_{12}	$C_1 = y_1 + y_{12}$	$S_1 = y_1 - y_{12}$
2	y_2	y_{11}	$C_2 = y_2 + y_{11}$	$S_2 = y_2 - y_{11}$
3	y_3	y_{10}	$C_3 = y_3 + y_{10}$	$S_3 = y_3 - y_{10}$
4	y_4	y_9	$C_4 = y_4 + y_9$	$S_4 = y_4 - y_9$
5	y_5	y_8	$C_5 = y_5 + y_8$	$S_5 = y_5 - y_8$
6	y_6	y_7	$C_6 = y_6 + y_7$	$S_6 = y_6 - y_7$

Der Gang der Berechnung der übrigen Koeffizienten ist aus dem Schema $p = 13$ der Tafel Ia, S. 2, ersichtlich: Die C und S werden für jede Welle in besonderer Reihenfolge hingeschrieben und mit den in der Tafel angegebenen Vorzeichen versehen. Die Tafel gibt für jede Welle unter den Rubriken C und S *Indizes und Vorzeichen* dieser Größen in der Reihenfolge, in der sie mit den cos- und sin-Faktoren verbunden werden. Die C_ν werden mit den Faktoren $|\cos \nu\alpha|$, die S_ν mit den Faktoren $\sin \nu\alpha$, die in der gleichen Zeile stehen, multipliziert und spaltenweise addiert. Die Produktsummen $C \cdot |\cos|$ ergeben die $A_\mu = \frac{p}{2}\,a_\mu$, die Produktsummen $S \cdot \sin$ die $B_\mu = \frac{p}{2}\,b_\mu$. Eine Endkontrolle der Rechnung ergibt sich, wenn man die Produktsummen der C mit den a-Faktoren und die Produktsummen der S mit den b-Faktoren bildet, die unter der Bezeichnung „Endkontrolle" in der Tafel aufgeführt sind. Die erste dieser Kontrollsummen muß mit der Summe $\sum_0^6 A_\mu$, die zweite mit der Summe $\sum_1^6 B_\mu$ bis auf kleine Abrundungsfehler in der letzten Dezimale übereinstimmen. Die Multiplikation der C und S mit den zugehörigen trigonometrischen Faktoren kann entweder direkt mit der Rechenmaschine oder, wenn die C und S (wie dies meistens der Fall ist) kleine Zahlen sind, mit Hilfe der in Tafel IIIa unter $p = 26\ (2 \times 13)$ (S. 56/57) enthaltenen Multiplikationstabellen ausgeführt werden.

Numerisches Beispiel. Beobachtungsreihe: Wasserstände St. Pauli-Landungsbrücken 1912, Jan. 1, um 0, 2, 4, ... 22, 24 Uhr, abgerundet auf ganze Dezimeter. Das Analysenintervall umfaßt 26 Stunden, da jeder der 13 Werte einen zweistündigen Zeitraum repräsentiert. Die Reihe lautet: 45, 47, 40, 34, 29, 35, 45, 50, 43, 37, 31, 30, 40.

Vollständige Analyse.

ν	Fal-tung		C_ν	S_ν	Endkontrolle a	Endkontrolle b	W. 1 C	W. 1 S	W. 2 C	W. 2 S	W. 3 C	W. 3 S	W. 4 C	W. 4 S	W. 5 C	W. 5 S	W. 6 C	W. 6 S	$\lvert\cos\nu\alpha\rvert$	$\sin\nu\alpha$
0	45	—	45	—	7.0	—	45	—	45	—	45	—	45	—	45	—	45	—	1.000	—
1	47	40	87	7	0.5	4.118	87	7	95	5	66	8	65	−3	78	8	70	−10	0.885	0.465
2	40	30	70	10	0.5	−0.124	70	10	87	7	78	−8	95	5	65	3	66	8	0.568	0.823
3	34	31	65	3	0.5	1.318	65	3	78	8	87	7	66	−8	70	−10	95	5	0.121	0.993
4	29	37	66	−8	0.5	−0.262	−66	−8	−70	10	−65	−3	−87	7	−95	−5	−78	−8	0.355	0.935
5	35	43	78	−8	0.5	0.725	−78	−8	−66	8	−95	−5	−70	−10	−87	7	−65	3	0.749	0.663
6	45	50	95	−5	0.5	−0.443	−95	−5	−65	3	−70	10	−78	8	−66	8	−87	7	0.971	0.239
a			506		(545.5)		−4.4		50.6		−4.0		5.7		−3.4		−4.8		$p\,a_0 + \frac{p}{2}\Sigma a_\mu$ $= 545.7 = \Sigma A_\mu$	
b						(30.1)		0.5		31.4		0.4		−3.4		−1.9		3.1	$\frac{p}{2}\Sigma b_\mu = 30.1$ $= \Sigma B_\mu$	

Das Analysenschema zeigt die Faltung der Werte und die Bildung der C und S gemäß Tabelle 1, sowie die Umordnung der C und S nach Tafel Ia. Aus Tafel Ia sind ferner die Kontrollfaktoren und die trigonometrischen Faktoren entnommen. In den beiden letzten Zeilen stehen unter a die Ergebnisse $p a_0$ ($= 506$) und $\frac{p}{2} a_\mu$ ($\mu = 1 \dots 6$) und unter b die $\frac{p}{2} b_\mu$, ferner die Quersummen dieser Werte und zur Kontrolle die Produktsummen $a \cdot C$ bzw. $b \cdot S$ (in Klammern). Nebenstehend sind die Ergebnisse noch einmal zusammengestellt und die a_μ und b_μ von ihren Faktoren befreit worden. In der letzten Spalte der Endergebnisse sind auch die Amplituden $h_\mu = \sqrt{a_\mu^2 + b_\mu^2}$ der harmonischen Wellen gebildet worden, wobei Tafel IV benutzt wurde.

Das Endergebnis zeigt das starke Überwiegen der zweiten Harmonischen, deren Wellenlänge 13 Stunden beträgt. In ihm prägt sich das Vorhandensein der halbtägigen Mondflut (Wellenlänge etwa 12,4 Stunden) deutlich aus.

Endergebnis.

μ	$p a_0$	$\frac{p}{2} a_\mu$	$\frac{p}{2} b_\mu$	a_μ	b_μ	h_μ
0	506	—	—	38.92	—	—
1	—	—4.4	0.5	—0.68	0.08	0.68
2	—	50.6	31.4	7.78	4.83	9.16
3	—	—4.0	0.4	—0.62	0.06	0.62
4	—	5.7	—3.4	0.88	—0.52	1.02
5	—	—3.4	—1.9	—0.52	—0.29	0.60
6	—	—4.8	3.1	—0.74	0.48	0.88

Aufgabe 2. Das Analysenintervall p sei ungerade und das Produkt zweier Primzahlen, z. B. $p = 15$. Man beginnt wie in Aufgabe 1 mit der einfachen Faltung der 15 Werte und der Bildung der Hilfsgrößen C und S. Tafel Ia ($p = 15$) ergibt nun aber nicht die Umordnungen für die Berechnung der Komponenten *sämtlicher* Wellen, sondern nur für die mit p *inkommensurablen* Ordnungen. Von den möglichen Wellen (1 bis 7) werden also vorerst nur die Ordnungen 1, 2, 4 und 7 erfaßt. Die Kontrollfaktoren, deren Produktsummen mit den C bzw. S mit den Summen $\frac{p}{2} (a_1 + a_2 + a_4 + a_7)$ bzw. $\frac{p}{2} (b_1 + b_2 + b_4 + b_7)$ übereinstimmen sollen, sind in der Tafel unter der Rubrik „Teilkontrolle" gegeben, während die unter „Endkontrolle" stehenden Faktoren erst zu benutzen sind, wenn das *Gesamtergebnis* vorliegt.

Die noch fehlenden Wellen werden berechnet, indem man die Beobachtungsreihe nach einem Buys-Ballotschen *Schema* (GuM S. 132f.) in Zeilen von der Länge der in p enthaltenen Primfaktoren anordnet (hier also in Zeilen von je 3 und je 5 Werten):

$$
\begin{array}{ccc}
y_0 & y_1 & y_2 \\
y_3 & y_4 & y_5 \\
y_6 & y_7 & y_8 \\
y_9 & y_{10} & y_{11} \\
y_{12} & y_{13} & y_{14} \\
\hline
u_0 & u_1 & u_2
\end{array}
\qquad
\begin{array}{ccccc}
y_0 & y_1 & y_2 & y_3 & y_4 \\
y_5 & y_6 & y_7 & y_8 & y_9 \\
y_{10} & y_{11} & y_{12} & y_{13} & y_{14} \\
\hline
v_0 & v_1 & v_2 & v_3 & v_4
\end{array}
$$

Die Folge der Spaltensummen u_ν bzw. v_ν bezeichnet man als (3- bzw. 5gliedrige) *Summenreihen*. Ihre Analyse nach dem Schema $p = 3$ bzw. $p = 5$ ergibt dann die fehlenden Wellen. Die Quersumme der Folgen u und v muß mit der Gesamtsumme der 15 Beobachtungswerte und mit der Summe der C aus der früheren Rechnung übereinstimmen. Durch sie ist das absolute Glied $p a_0 = A_0$ bestimmt.

Die Analyse der Summenreihe u nach dem Schema $p = 3$ (Welle 1) ergibt die fehlende Welle 5 der Originalreihe. Die Analyse der Summenreihe v nach dem Schema $p = 5$ (Welle 1 und 2) ergibt die fehlenden Wellen 3 und 6. Nach Erledigung aller dieser Rechnungen ist dann noch die Gesamtkontrolle aller Wellen mit Hilfe der unter $p = 15$ (Endkontrolle) aufgeführten Faktoren möglich.

Numerisches Beispiel. Deklination des Planeten Merkur, abgerundet auf ganze Grade, in Abständen von 24 Tagen, vom 31. Dezember 1934 bis zum 2. Dezember 1935 (Beobachtungsintervall $15 \cdot 24 = 360$ Tage):
—25, —17, —9, —14, —4, +15, +26, +21, +20, +21, +5, —11, —13, —8, —21

a) Direkte Analyse (Welle 1, 2, 4 und 7) nach Schema $p = 15$:

ν	Faltung	C_ν	S_ν	Teilkontrolle a	Teilkontrolle b	W. 1 C	W. 1 S	W. 2 C	W. 2 S	W. 4 C	W. 4 S	W. 7 C	W. 7 S	$\lvert\cos \nu\alpha\rvert$	$\sin \nu\alpha$
0	—25	—	—25	—	4.0	—	—25	—	—25	—	—25	—	—25	—	1.000	—
1	—17	—21	—38	+4	0.5	2.353	—38	+4	+41	—1	—15	+7	—17	+1	0.914	0.407
2	— 9	— 8	—17	—1	0.5	1.123	—17	—1	—38	+4	+41	—1	—15	—7	0.669	0.743
3	—14	—13	—27	—1	—1.0	1.176	—27	—1	+47	—5	—27	+1	+47	—5	0.309	0.951
4	— 4	—11	—15	+7	0.5	0.451	+15	+7	+17	—1	+38	+4	—41	+1	0.105	0.995
5	+15	+ 5	+20	+10	—2.0	1.732	—20	+10	—20	—10	—20	+10	—20	+10	0.500	0.866
6	+26	+21	+47	+5	—1.0	—1.902	—47	+5	+27	—1	—47	—5	+27	—1	0.809	0.588
7	+21	+20	+41	+1	0.5	0.053	—41	+1	+15	—7	+17	+1	+38	+4	0.978	0.208
a				(—174.5)		—166.0		+29.8		—47.1		+8.7				$\frac{p}{2}\Sigma a_\mu = -174.6$
b					(+18.1)		+18.7		—14.0		+13.1		+0.3			$\frac{p}{2}\Sigma b_\mu = +18.1$

$\Sigma C_\nu = -14$

135

b) Bildung und Analyse der Summenreihen

−25	−17	−9
−14	−4	+15
+26	+21	+20
+21	+5	−11
−13	−8	−21
(u_ν) −5	−3	−6

ν	Faltung		C_ν	S_ν	W. 1 C	W. 1 S	$\lvert\cos\nu\alpha\rvert$	$\sin\nu\alpha$
0	−5	—	−5	—	−5	—	1.000	—
1	−3	−6	−9	+3	+9	+3	0.500	0.866
a					−0.5			
b						+2.6		
			$\Sigma C_\nu =$ −14		(W. 5)			

−25	−17	−9	−14	−4
+15	+26	+21	+20	+21
+5	−11	−13	−8	−21
(v_ν) −5	−2	−1	−2	−4

ν	Faltung		C_ν	S_ν	Kontrolle a	Kontrolle b	W. 1 C	W. 1 S	W. 2 C	W. 2 S	$\lvert\cos\nu\alpha\rvert$	$\sin\nu\alpha$
0	−5	—	−5	—	3.0	—	−5	—	−5	—	1.000	—
1	−2	−4	−6	+2	0.5	1.539	−6	+2	−3	−1	0.309	0.951
2	−1	−2	−3	+1	0.5	−0.363	+3	+1	+6	+2	0.809	0.588
a			−14.0		(−19.5)		−4.5		−1.0		$p\,a_0 + \dfrac{p}{2}\Sigma a_\mu$ $= -19.5$	
b						(+2.7)		+2.5		+0.2	$\dfrac{p}{2}\Sigma b_\mu = +2.7$	
							(W. 3)		(W. 6)			

c) Zusammenstellung der Ergebnisse und Endkontrolle.

μ	C_μ	S_μ	Endkontrolle a	Endkontrolle b	$p\,a_\mu$	$\dfrac{p}{2}a_\mu$	$\dfrac{p}{2}b_\mu$	a_μ	b_μ	h_μ
0	−25	—	8.0	—	−14.0	—	—	−0.93	—	—
1	−38	+4	0.5	4.757	—	−166.0	+18.7	−22.13	+2.49	22.27
2	−17	−1	0.5	−0.106	—	+29.8	−14.0	+3.97	−1.87	4.39
3	−27	−1	0.5	1.539	—	−4.5	+2.5	−0.60	+0.33	0.68
4	−15	+7	0.5	−0.223	—	−47.1	+13.1	−6.28	+1.75	6.52
5	+20	+10	0.5	0.866	—	−0.5	+2.6	−0.07	+0.35	0.36
6	+47	+5	0.5	−0.363	—	−1.0	+0.2	−0.13	+0.03	0.13
7	+41	+1	0.5	0.555	—	+8.7	+0.3	+1.16	+0.04	1.16
Σ	−14		(−194.5)	(+23.2)	−194.6		+23.4			

Die Amplituden zeigen, daß Welle 1 (Periode $= 360^{\rm d}$), also eine Jahresschwankung, bedeutend überwiegt. Auch eine halbjährige Periode ist vorhanden (Welle 2), doch tritt ihre Amplitude gegen die der Welle 4 etwas zurück, deren Länge ($90^{\rm d}$) der siderischen Umlaufszeit des Planeten Merkur ($88^{\rm d}$) sehr nahekommt.

Bezüglich der *Kontrollen* sei noch auf folgendes hingewiesen: Die unter der Bezeichnung „*Endkontrolle*" gegebenen Faktoren der Tafel I gelten stets mit Einschluß des Absolutgliedes $p a_0 = A_0$, die unter „*Teilkontrolle*" gegebenen dagegen nicht. Somit ist oben im ersten Rechnungsgang (a) die Kontrolle ohne das Absolutglied ausgeführt, bei der Analyse der Summenreihe v (Schema $p = 5$) dagegen mit Einschluß dieses Gliedes, da ja die benutzten Kontrollfaktoren sich auf die Endkontrolle des Schemas $p = 5$ beziehen. Bei der Analyse der u-Folge ($p = 3$) ist eine Kontrolle überflüssig, da nur eine Welle zu berechnen ist.

Aufgabe 3. p ist eine gerade, nicht durch 4 teilbare Zahl, z. B. $p = 14$. Bei jedem geraden p wird eine *doppelte* Faltung vorgenommen, die einer Anordnung der Beobachtungswerte in 4 Spalten entspricht. Für $p = 14$ ergibt sich das in Tabelle 2 gezeigte Faltungsschema:

Tabelle 2. Faltungsschema $p = 14$.

ν	Faltung				I—III	II—IV	$c_\nu = (\text{I—III}) - (\text{II—IV})$	$s_\nu = (\text{I—III}) + (\text{II—IV})$
	I	II	III	IV				
0	y_0	—	y_7	—	$y_0 - y_7$	—	$c_0 = y_0 - y_7$	—
1	y_1	y_6	y_8	y_{13}	$y_1 - y_8$	$y_6 - y_{13}$	$c_1 = y_1 - y_6 - y_8 + y_{13}$	$s_1 = y_1 + y_6 - y_8 - y_{13}$
2	y_2	y_5	y_9	y_{12}	$y_2 - y_9$	$y_5 - y_{12}$	$c_2 = y_2 - y_5 - y_9 + y_{12}$	$s_2 = y_2 + y_5 - y_9 - y_{12}$
3	y_3	y_4	y_{10}	y_{11}	$y_3 - y_{10}$	$y_4 - y_{11}$	$c_3 = y_3 - y_4 - y_{10} + y_{11}$	$s_3 = y_3 + y_4 - y_{10} - y_{11}$

Es werden zunächst die Spaltendifferenzen I—III und II—IV gebildet, deren Differenzen dann die Hilfsgrößen c_ν und deren Summen die Hilfsgrößen s_ν ergeben. Tafel I b ($p = 14$) ergibt sodann die zur Berechnung der inkommensurablen Wellen (1, 3, 5) notwendigen Umordnungen der c_ν und s_ν nach Vorzeichen und Index. Die Komponenten $\frac{p}{2} a_\mu$ erhält man wie früher aus den Produktsummen $c_\nu \cdot \cos \nu\alpha$, die $\frac{p}{2} b_\mu$ aus den Produktsummen $s_\nu \cdot \sin \nu\alpha$. Die Quersummen der Ergebnisse werden wieder durch die Produktsummen der c und s mit den unter „Teilkontrolle" stehenden Faktoren kontrolliert. Die noch fehlenden Wellen werden wiederum aus Summenreihen berechnet: Die Anordnung der 14 Werte in zwei Zeilen zu je 7 Werten ergibt eine 7gliedrige Summenreihe u_ν, deren Analyse nach dem Schema $p = 7$ neben dem absoluten Glied pa_0 die mit dem Faktor $\frac{1}{2} p$ behafteten Komponenten der Wellen 2, 4 und 6 (als Welle 1, 2 und 3) ergibt. Schließlich ergibt eine Anordnung der Werte in 7 Zeilen zu je 2 Werten die zweigliedrige Summenreihe v_ν, deren Analyse nach dem einfachen Schema $p = 2$ die Komponenten pa_0 (als Kontrolle noch einmal) und pa_7 (übereinstimmend mit pa_1 im Schema $p = 2$) ergibt.

Die Endkontrolle für sämtliche Wellen läßt sich bei geradem p mit den Hilfsgrößen c und s nicht durchführen. Hierzu sind vielmehr die auf Grund einer *einfachen* Faltung (s. Tabelle 3) zu ermittelnden Hilfsgrößen C und S zu benutzen, die in der gleichen Weise wie die C und S bei ungeradem p gebildet werden, von denen aber nur die C mit geradem und die S mit ungeradem Index benötigt werden. Die Kontrollsummen aller A_μ (mit Einschluß von A_0 und A_7) und aller B_μ ergeben sich dann auf die unter „Endkontrolle" im Schema $p = 14$ angedeutete Weise.

Tabelle 3. Einfache Faltung $p = 14$.

ν	Faltung		C_ν	S_ν
0	y_0	—	$C_0 = y_0$	—
1	y_1	y_{13}	—	$S_1 = y_1 - y_{13}$
2	y_2	y_{12}	$C_2 = y_2 + y_{12}$	—
3	y_3	y_{11}	—	$S_3 = y_3 - y_{11}$
4	y_4	y_{10}	$C_4 = y_4 + y_{10}$	—
5	y_5	y_9	—	$S_5 = y_5 - y_9$
6	y_6	y_8	$C_6 = y_6 + y_8$	—
7	y_7	—	—	—

Numerisches Beispiel. Abweichungen der Polhöhe im Meridian von Greenwich (x-Koordinate der Polbahn nach den Ergebnissen des Internationalen Breitendienstes) von 1901.0 bis 1907.5 in halbjährigen Abständen, ausgedrückt in Hundertsteln der Bogensekunde. Analysenintervall 14 Einheiten = 7 Jahre. Die Beobachtungswerte sind:

$$-1, \quad +11, \quad -11, \quad +21, \quad -15, \quad +11, \quad -5, \quad 0, \quad +8, \quad -9, \quad +9, \quad -12, \quad +4, \quad -1$$

a) Direkte Analyse (Welle 1, 3, 5).

ν	Faltung				I—III	II—IV	C_ν	s_ν	Teilkontrolle		W. 1		W. 3		W. 5		$\cos \nu\alpha$	$\sin \nu\alpha$
	I	II	III	IV					a	b	c	s	c	s	c	s		
0	-1	—	0	—	-1	—	-1	—	3.0	—	-1 —		-1 —		-1 —		1.000	—
1	$+11$	-5	$+8$	-1	$+3$	-4	$+7$	-1	0.5	2.191	$+7$	-1	$+9$	$+5$	$+15$	$+9$	0.901	0.434
2	-11	$+11$	-9	$+4$	-2	$+7$	-9	$+5$	-0.5	0.241	-9	$+5$	-15	-9	-7	-1	0.623	0.782
3	$+21$	-15	$+9$	-12	$+12$	-3	$+15$	$+9$	0.5	0.627	$+15$	$+9$	$+7$	-1	$+9$	-5	0.223	0.975
a									$(+12.5)$		$+3.0$		-0.7		$+10.2$		$\frac{p}{2} \Sigma a_\mu = +12.5$	
b										$(+4.7)$	$+12.3$		-5.8		-1.8		$\frac{p}{2} \Sigma b_\mu = +4.7$	

b) Analyse der Summenreihe u (p = 7).

$$
\begin{array}{c|c|c|c|c|c|c}
-1 & +11 & -11 & +21 & -15 & +11 & -5 \\
0 & +8 & -9 & +9 & -12 & +4 & -1 \\
\hline
(u_\nu)\ -1 & +19 & -20 & +30 & -27 & +15 & -6
\end{array}
$$

ν	Faltung		C_ν	S_ν	Kontrolle		W. 1		W. 2		W. 3		$|\cos\nu\alpha|$	$\sin\nu\alpha$
					a	b	C	S	C	S	C	S		
0	− 1	—	−1	—	4.0	—	−1 —		−1 —		−1 —		1.000	—
1	+ 19	− 6	+ 13	+ 25	0.5	2.191	+ 13	+ 25	+ 3	− 57	− 5	+ 35	0.623	0.782
2	−20	+ 15	−5	−35	0.5	−0.241	+ 5	− 35	−13	+ 25	−3	+ 57	0.223	0.975
3	+ 30	−27	+ 3	+ 57	0.5	0.627	−3	+ 57	+ 5	+ 35	−13	+ 25	0.901	0.434
a			+ 10.0		(+ 1.5)		+ 5.5		+ 2.5		−16.5		$p\,a_0 + \dfrac{p}{2}\Sigma a_\mu = +1.5$	
b						(+ 98.9)	+ 10.2		−5.0		+ 93.8		$\dfrac{p}{2}\Sigma b_\mu = +99.0$	
							(W. 2)		(W. 4)		(W. 6)			

c) Analyse der Summenreihe v (p = 2).

$$
\begin{array}{c|c}
-1 & +11 \\
-11 & +21 \\
-15 & +11 \\
-5 & 0 \\
+8 & -9 \\
+9 & -12 \\
+4 & -1 \\
\hline
(v_\nu)\ -11 & +21
\end{array}
\qquad
\begin{aligned}
p a_0 &= -11 + 21 = +10 \\
p a_1 &= -11 - 21 = -32 \ (\text{W. 7})
\end{aligned}
$$

Zusammenstellung der Endkontrolle.

μ	Einfache Faltung		C_μ	S_μ	Endkontrolle		$p\,a_\mu$	$\dfrac{p}{2}a_\mu$	$\dfrac{p}{2}b_\mu$	a_μ	b_μ	h_μ
					a	b						
0	− 1	—	−1	—	8.0	—	+ 10.0	—	—	+ 0.71	—	—
1	+ 11	−1	—	+ 12	—	4.381	—	+ 3.0	+ 12.3	+ 0.43	+ 1.76	1.81
2	−11	+ 4	−7	—	1.0	—	—	+ 5.5	+ 10.2	+ 0.79	+ 1.46	1.66
3	+ 21	−12	—	+ 33	—	1.254	—	− 0.7	− 5.8	−0.10	−0.83	0.84
4	−15	+ 9	−6	—	1.0	—	—	+ 2.5	− 5.0	+ 0.36	−0.71	0.80
5	+ 11	−9	—	+ 20	—	0.482	—	+ 10.2	− 1.8	+ 1.46	−0.26	1.48
6	− 5	+ 8	+ 3	—	1.0	—	—	−16.5	+ 93.8	−2.36	+ 13.40	13.61
7	0	—	—	—	—	—	−32.0	—	—	−2.29	—	2.29
					(−18.0)	(+ 103.6)	−18.0		+ 103.7			

Die größten Amplituden haben die bei weitem dominierende Welle 6 (Periode 1 Jahr 2 Monate; Chandlersche Periode) und die nur schwach ausgeprägte Welle 7 (jährliche Periode).

Aufgabe 4. Das Analysenintervall ist eine durch 4 teilbare Zahl, z. B. p = 24. Auch hier wird eine doppelte Faltung der Beobachtungsreihe vorgenommen, die sich aber von der früheren dadurch unterscheidet, daß als Argument der trigonometrischen Faktoren auch 90° (bzw. 270°) vorkommt, und daß die sin-Faktoren sich von den cos-Faktoren nur durch ihre Reihenfolge unterscheiden. Die Hilfsgrößen c_ν und s_ν werden gemäß Tabelle 4 abgeleitet.

Tabelle 4. Doppelte Faltung, p = 24.

ν	Faltung I	II	III	IV	I—III	II—IV	$c_\nu = $ (I—III) — (III—IV)	$s_\nu = $ (I—III) + (III—IV)
0	y_0	—	y_{12}	—	$y_0 - y_{12}$	—	$c_0 = y_0 - y_{12}$	—
1	y_1	y_{11}	y_{13}	y_{23}	$y_1 - y_{13}$	$y_{11} - y_{23}$	$c_1 = y_1 - y_{11} - y_{13} + y_{23}$	$s_1 = y_1 + y_{11} - y_{13} - y_{23}$
2	y_2	y_{10}	y_{14}	y_{22}	$y_2 - y_{14}$	$y_{10} - y_{22}$	$c_2 = y_2 - y_{10} - y_{14} + y_{22}$	$s_2 = y_2 + y_{10} - y_{14} - y_{22}$
3	y_3	y_9	y_{15}	y_{21}	$y_3 - y_{15}$	$y_9 - y_{21}$	$c_3 = y_3 - y_9 - y_{15} + y_{21}$	$s_3 = y_3 + y_9 - y_{15} - y_{21}$
4	y_4	y_8	y_{16}	y_{20}	$y_4 - y_{16}$	$y_8 - y_{20}$	$c_4 = y_4 - y_8 - y_{16} + y_{20}$	$s_4 = y_4 + y_8 - y_{16} - y_{20}$
5	y_5	y_7	y_{17}	y_{19}	$y_5 - y_{17}$	$y_7 - y_{19}$	$c_5 = y_5 - y_7 - y_{17} + y_{19}$	$s_5 = y_5 + y_7 - y_{17} - y_{19}$
6	—	y_6	—	y_{18}	—	$y_6 - y_{18}$	—	$s_6 = y_6 - y_{18}$

Bei der Berechnung der Komponenten der zu p inkommensurablen Wellen (bei p = 24 Welle 1, 5, 7, 11) ergeben sich infolge der genannten besonderen Umstände weitere Rechnungserleichterungen, die eine gemeinsame Berechnung der im Spektrum symmetrisch liegenden Wellenpaare (1, 11) und (5, 7) ermöglichen. Da als cos- und sin-Faktoren, abgesehen von der Reihenfolge ihrer Anwendung, die gleichen numerischen Werte auftreten, sind nur die Größen $\cos \nu\alpha$ in Tafel I c aufgeführt, was natürlich zur Folge hat, daß in den Umordnungstabellen im allgemeinen nebeneinanderstehende c und s verschiedene Indizes aufweisen, jedoch ist die Summe der Indizes immer $\frac{p}{4}$. Die Produktsummen werden in zwei getrennten Gängen gebildet, die mit A und B bezeichnet sind, und aus deren Ergebnissen die Komponenten symmetrischer Wellen durch Addition und Subtraktion erhalten werden. Die anzuwendende Operationsart zeigt das Zeichen $\pm$ an: das obere Vorzeichen bezieht sich stets auf die Welle niederer Ordnung. So gilt z. B. für die Berechnung der Wellen 1 und 11 für die cos-Komponente A $\pm$ B, für die sin-Komponente B $\pm$ A. Diese Regel ist auf alle p anwendbar, die ein *gerades* Vielfaches von 4 sind. Ist p ein *ungerades* Vielfaches von 4, so gilt für die cos- und sin-Komponente gleichmäßig die Additionsregel A $\pm$ B. Das numerische Beispiel wird die Anwendung des Schemas noch deutlicher machen. — Die kommensurablen Wellen werden, wie in den früheren Beispielen, nach Bildung der Summenreihen auf kleinere Schemata zurückgeführt. Hier sind zu bilden:

Summenreihe u (p = 12): W. 1 und 5 ergeben W. 2 und 10,
Summenreihe v (p = 8): W. 1 und 3 ergeben W. 3 und 9,
Summenreihe w (p = 6): W. 1 ergibt W. 4,
Summenreihe r (p = 4): W. 0, 1 und 2 ergeben W. 0, 6 und 12,
Summenreihe s (p = 3): W. 1 ergibt W. 8.

Als weitere Erleichterung ist noch zu merken, daß man die Summenreihe w nicht durch Anordnung der 24 Originalwerte in 4 Zeilen, sondern einfacher durch Anordnung der 12gliedrigen u-Folge in 2 Zeilen erhält, ebenso ist Reihe s aus Reihe w und Reihe r aus Reihe v ableitbar. — Für die Endkontrolle sind wiederum die Hilfsgrößen C und S aus einer *einfachen* Faltung zu ermitteln, wobei wie in Aufgabe 3 nur die C mit geraden und die S mit ungeraden Indizes benötigt werden.

Numerisches Beispiel. Jahresmittel der Sonnenfleckenrelativzahlen von 1890 bis 1913, auf ganze Einheiten abgerundet. Analysenintervall 24 Jahre:

Beobachtungsreihe (in 2 Zeilen angeordnet) und Summenreihen:

7	36	73	85	78	64	42	26	27	12	10	3	(y_ν)
5	24	42	64	54	62	48	44	19	6	4	1	
12	60	115	149	132	126	90	70	46	18	14	4	(u_ν)

12	60	115	149	132	126	(u_ν)	102	130	161	(w_ν)
90	70	46	18	14	4		167	146	130	
102	130	161	167	146	130	(w_ν)	269	276	291	(s_ν)

7	36	73	85	78	64	42	26	(y_ν)	88	110	131	132	(v_ν)
27	12	10	3	5	24	42	64		102	94	88	91	
54	62	48	44	19	6	4	1					
88	110	131	132	102	94	88	91	(v_ν)	190	204	219	223	(r_ν)

139

a) direkte Analyse (y) p = 24.

ν	Faltung				I—III	II—IV	c_ν	s_ν
	I	II	III	IV				
0	7	—	5	—	2	—	2	—
1	36	3	24	1	12	2	10	14
2	73	10	42	4	31	6	25	37
3	85	12	64	6	21	6	15	27
4	78	27	54	19	24	8	16	32
5	64	26	62	44	2	—18	20	—16
6	—	42	—	48	—	—6	—	—6

ν	Teil-kontrolle		W. 1 / W. 11		W. 5 / W. 7		$\cos \nu\alpha$
0	a) 4.0 c_0		2	—6	2	—6	1.000
2	—		25	32	—25	—32	0.866
4	2.0 c_4		16	37	16	37	0.500
	(40.0)	A	31.6 ± 40.2		—11.6 ∓ 15.2		
1	b) 2.450 s_1		10	—16	20	14	0.966
3	—		15	27	—15	—27	0.707
5	2.450 s_5		20	14	10	—16	0.259
	(—4.9)	B	±25.4	7.3	±11.3	—9.7	
a			57.0	6.2	—0.3	—22.9	$\frac{p}{2}\Sigma a_\mu = 40.0$
b			47.5	—32.9	—24.9	+5.5	$\frac{p}{2}\Sigma b_\mu = -4.8$
			(W. 1)	(W. 11)	(W. 5)	(W. 7)	

b) Analyse der Summenreihe u (p = 12).

ν	Faltung				I—III	II—IV	c_ν	s_ν
	I	II	III	IV				
0	12	—	90	—	—78	—	—78	—
1	60	126	70	4	—10	122	—132	112
2	115	132	46	14	69	118	—49	187
3	—	149	—	18	—	131	—	131

ν		W. 1 / W. 5		$\cos \nu\alpha$
0		—78	131	1.000
2		—49	112	0.500
	A	—102.5	187.0	
1		—132	+187	0.866
	B	∓114.3	±161.9	
a		—216.8	+11.8	
b		+348.9	+25.1	
		(W. 2)	(W. 10)	

c) Analyse der Summenreihe v (p = 8).

ν	Faltung				I—III	II—IV	c_ν	s_ν
	I	II	III	IV				
0	88	—	102	—	—14	—	—14	—
1	110	132	94	91	16	41	—25	57
2	—	131	—	88	—	43	—	43

ν		W. 1 / W. 3		$\cos \nu\alpha$
0		—14	43	1.000
	A	—14.0	±43.0	
1		—25	57	0.707
	B	∓17.7	40.3	
a		—31.7	+3.7	
b		+83.3	—2.7	
		(W. 3)	(W. 9)	

e) Analyse der Summenreihe r (p = 4).

$$p\,a_0 = 836 \quad (W.\ 0)$$

$$\left.\begin{array}{l} \dfrac{p}{2}\,a_1 = -29 \\[1ex] \dfrac{p}{2}\,b_1 = -19 \end{array}\right\} \quad (W.\ 6)$$

$$p\,a_2 = -18 \quad (W.\ 12)$$

d) Analyse der Summenreihe w (p = 6).

ν	Faltung				I—III	II—IV	W. 1 c_ν	s_ν	$\sin \nu\alpha$	$\cos \nu\alpha$
	I	II	III	IV						
0	102	—	167	—	—65	—	—65	—	1.000	—
1	130	161	146	130	—16	31	—47	15	0.500	0.866
a							—88.5			
b							13.0			
							(W. 4)			

f) Analyse der Summenreihe s (p = 3).

ν	Faltung		C_ν	S_ν	W. 1 C	S	$|\cos \nu\alpha|$	$\sin \nu\alpha$
0	269	—	269	—	269	—	1.000	—
1	276	291	567	—15	—567	—15	0.500	0.866
a					—14.5			
b					—13.0			
					(W. 8)			

Zusammenstellung und Endkontrolle.

μ	Faltung		C_μ	S_μ	Endkontrolle		$p\,a_\mu$	$\frac{p}{2}\,a_\mu$	$\frac{p}{2}\,b_\mu$	a_μ	b_μ	h_μ
					a	b						
0	7	—	7	—	13.0	—	836.0	—	—	34.83	—	—
1	36	1	—	35	—	7.596	—	57.0	47.5	4.75	3.96	6.19
2	73	4	77	—	1.0	—	—	—216.8	348.9	—18.07	29.07	34.23
3	85	6	—	79	—	2.414	—	— 31.7	83.3	— 2.64	6.94	7.42
4	78	19	97	—	1.0	—	—	— 88.5	13.0	— 7.37	1.08	7.45
5	64	44	—	20	—	1.303	—	— 0.3	—24.9	— 0.02	—2.07	2.07
6	42	48	90	—	1.0	—	—	— 29.0	—19.0	— 2.42	—1.58	2.89
7	26	62	—	—36	—	0.767	—	— 22.9	5.5	— 1.91	0.46	1.96
8	27	54	81	—	1.0	—	—	— 14.5	—13.0	— 1.21	—1.08	1.62
9	12	64	—	—52	—	0.414	—	3.7	— 2.7	0.31	—0.22	0.38
10	10	42	52	—	1.0	—	—	11.8	25.1	0.98	2.09	2.31
11	3	24	—	—21	—	0.132	—	6.2	—32.9	0.52	—2.74	2.79
12	5	—	5	—	1.0	—	—18.0	—	—	— 0.75	—	0.75
					(493.0)	(430.7)	493.0		430.8			

Das Gesamtergebnis zeigt das Dominieren der 2. Harmonischen (Wellenlänge 12 Jahre), die der großen Sonnenfleckenperiode (etwa 11.4 Jahre) benachbart ist.

Die bisher durchgeführten Aufgaben enthalten alle Besonderheiten, die bei strengen Analysen auftreten. Die Rechnung ist in allen Fällen so angelegt, daß sich von selbst auch dann der kürzeste Rechnungsgang ergibt, wenn nur einzelne Wellen berechnet werden sollen, was in der Praxis häufiger vorkommt als vollständige Analysen. Für die gemeinsame Berechnung sämtlicher Wellen lassen sich hingegen häufig die Schemata auf einen engeren Raum zusammendrängen. Diese Möglichkeiten sind aber für verschiedene p sehr unterschiedlich, so daß es im Rahmen dieser Anleitung nicht möglich ist, ihnen weiter nachzugehen (siehe GuM. S. 65—66, Schema für $p = 12$).

Die Tafeln vermitteln in Verbindung mit der durch die Aufgaben 1 bis 4 gegebenen Anleitung alle Unterlagen zur vollständigen Analyse aller Beobachtungsreihen mit einer Gliederzahl bis zu $p = 40$. Für die meisten in der Praxis vorkommenden Aufgaben reicht das vollständig aus. Zwar sind sehr häufig die zu analysierenden Intervalle mit weit mehr Beobachtungswerten besetzt, aber da es in solchen Fällen (besonders bei Periodogrammanalysen) meist nur auf die Berechnung von Wellen niederer Ordnung ankommt, zudem das Maximum der erreichbaren Genauigkeit fast niemals gefordert wird, ist es meistens statthaft, die Gliederzahl der Reihen durch Glättung (z. B. durch Mittelbildung über mehrere benachbarte Ordinaten) so zu verkürzen, daß die Anwendung der Tafeln möglich wird. So läßt sich z. B. eine Reihe von 360 täglichen Beobachtungen eines Naturvorgangs (Jahresreihe) durch Bildung von Dekadenmitteln in eine Reihe von 36 Gliedern verwandeln, deren Analyse die längeren Wellen der Originalreihe getreu genug wiedergibt. Bei der Untersuchung von kurzen Wellen in langen Beobachtungsreihen, die ja durch derartige Glättungen mehr oder weniger unterdrückt werden, tritt an Stelle dieser Maßnahme die Unterteilung des Beobachtungsmaterials in eine Folge von kurzen Abschnitten, die dann einzeln analysiert werden. Hierbei ist jedoch zu beachten, daß das sich ergebende Wellenspektrum entsprechend weniger dicht ist als das der Originalreihe im kurzwelligen Bereich sein würde. Trotzdem ist die Ermittlung der Bestimmungsgrößen isolierter Kurzperioden aus den Analysenergebnissen der Teilreihen mit Hilfe der „Phasendiagramme" möglich — Beispiele dafür werden im nächsten Abschnitt gegeben.

Ist in Einzelfällen die Berechnung der harmonischen Komponenten langer Beobachtungsreihen vollständig oder für zusammenhängende Spektralteile im kurzperiodischen Wellenbereich notwendig, so gibt es dafür mancherlei Möglichkeiten — die einfachste ist die, daß der Rechner das Analysenschema für den gegebenen Fall selbst aufstellt, nach dem Muster, das ihm durch die Schemata für $p \leq 40$ in Tafel I, a—c geliefert wird. Die einfachen Regeln, die für die Bildung dieser Schemata gelten, kann der Leser leicht kontrollieren, indem er für ausgewählte Fälle die harmonischen Komponenten explizit als trigonometrische Produktsummen hinschreibt und die Zusammenfassung der Glieder mit den gleichen Faktoren selbst vornimmt.

Durch eine weitere Methode, die in ihren Grundzügen in GuM S. 66f. beschrieben ist, ist es möglich, die Analyse längerer Reihen in aller Strenge auf die kurzer Reihen zurückzuführen, und zwar immer dann, wenn die Gliederzahl der langen Reihe ein Vielfaches derjenigen ganzen Zahlen ist, für die ein

Analysenschema vorliegt. Man zerspaltet die ursprüngliche Reihe in mehrere von größerem Ordinatenabstand und daher kleinerer Gliederzahl, die ineinandergreifen, analysiert diese Teilreihen einzeln und setzt die Fourierkonstanten der Gesamtreihe aus denen der Teilreihen zusammen, was stets durch lineare Kombinationen möglich ist. Dies Verfahren lohnt sich aber nur in solchen Fällen, in denen diese Kombinationen besonders einfach sind. Dadurch wird eine Zahl von Möglichkeiten zur Durchführung strenger Analysen großer Reihen gegeben, die zwar nicht allumfassend ist, aber für die meisten praktischen Zwecke völlig ausreicht.

Die Theorie des Verfahrens der übergreifenden Teilreihen muß hier aus Gründen der praktischen Anwendung allgemeiner gestaltet werden, als dies in den GuM geschehen ist. Sie wird durchgeführt für zwei Beispiele, die einer Zerlegung in zwei und in drei Teilreihen entsprechen — die Verallgemeinerung auf Zerlegung in beliebig viele Teilreihen wird dem Leser dann keine Schwierigkeiten mehr machen.

Aufgabe 5. Die harmonische Analyse einer Beobachtungsreihe von $p = 60$ Werten ist auf die Analyse zweier übergreifender Teilreihen von je 30 Werten zurückzuführen.

Theorie. Sei $y_0, \ldots y_{59}$ die Gesamtreihe (R), so bestehen die Teilreihen aus den Gliedern mit geradem Index (R') und mit ungeradem Index (R''). Die Reihe R'' möge zudem nicht mit y_1, sondern mit einem beliebigen anderen Gliede beginnen und zyklisch fortgesetzt werden. Über das Anfangsglied soll noch verfügt werden. Es ist sodann:

$$(R') \qquad y_0, \ y_2, \ y_4, \cdots\cdots\cdots\cdots\cdots y_{58} \qquad (30 \text{ Werte})$$

$$(R'') \qquad y_r, \ y_{r+2}, \cdots y_{57}, \ y_{59}, \ y_1, \ y_3, \cdots y_{r-2} \qquad (30 \text{ Werte})$$

$$(r \text{ ungerade}) \qquad\qquad (y_{61} = y_1; \ y_{63} = y_3; \ \text{usw.})$$

$$\sum_{\nu=0}^{59}{}' y_\nu \cos \mu \nu \alpha = \sum_{\nu=0}^{29}{}' y_{2\nu} \cos 2\mu\nu\alpha + \sum_{\nu=0}^{29}{}' y_{2\nu+r} \cos (2\nu+r)\mu\alpha \qquad \left(\alpha = \frac{2\pi}{60} = 6° \right)$$

$$= \sum_{\nu=0}^{29}{}' y_{2\nu} \cos 2\mu\nu\alpha + \cos \mu r \alpha \sum_{\nu=0}^{29}{}' y_{2\nu+r} \cos 2\mu\nu\alpha$$

$$- \sin \mu r \alpha \sum_{\nu=0}^{29}{}' y_{2\nu+r} \sin 2\mu\nu\alpha$$

$$\sum_{\nu=0}^{59}{}' y_\nu \sin \mu \nu \alpha = \sum_{\nu=0}^{29}{}' y_{2\nu} \sin 2\mu\nu\alpha + \cos \mu r \alpha \sum_{\nu=0}^{29}{}' y_{2\nu+r} \sin 2\mu\nu\alpha$$

$$+ \sin \mu r \alpha \sum_{\nu=0}^{59}{}' y_{2\nu+r} \cos 2\mu\nu\alpha .$$

Bezeichnet man also die nach dem Schema $p = 30$ berechneten Fourierkoeffizienten der Reihen R' bzw. R'' mit a'_μ, b'_μ bzw. a''_μ, b''_μ und die Summenausdrücke mit

$$p a'_0 = A'_0, \ \frac{p}{2} a'_1 = A'_1, \ \cdots \frac{p}{2} a'_{14} = A'_{14}, \ p a'_{15} = A'_{15}; \ \frac{p}{2} b'_\mu = B'_\mu$$

$$p a''_0 = A''_0, \ \frac{p}{2} a''_1 = A''_1, \ \cdots \frac{p}{2} a''_{14} = A''_{14}, \ p a''_{15} = A''_{15}; \ \frac{p}{2} b''_\mu = B''_\mu \qquad\qquad (p = 30)$$

so ergibt sich

$$\sum_{\nu=0}^{59}{}' y_\nu \cos \mu \nu \alpha = A'_\mu + A''_\mu \cos \mu r \alpha - B''_\mu \sin \mu r \alpha$$

$$\sum_{\nu=0}^{59}{}' y_\nu \sin \mu \nu \alpha = B'_\mu + B''_\mu \cos \mu r \alpha + A''_\mu \sin \mu r \alpha .$$

Diese Formeln gelten zunächst bis $\mu = 15$, darüber hinaus aber auch bis $\mu = 30$, wenn man auf Grund der Symmetrieeigenschaften der trigonometrischen Funktionen berücksichtigt, daß

$$A'_{30-\mu} = A'_\mu; \quad B'_{30-\mu} = -B'_\mu$$

$$A''_{30-\mu} = A''_\mu; \quad B''_{30-\mu} = -B''_\mu .$$

Jetzt ist noch über den Anfangsindex r der Reihe R'' zu entscheiden. r muß ungerade (d. h. mit der Zahl der Teilreihen inkommensurabel) sein, damit R'' die Lücken von R' ausfüllt, ferner wird man r so wählen, daß $r\alpha$ und seine Vielfachen $\mu r \alpha$ möglichst einfache cos- und sin-Werte besitzen. Zu bevorzugen sind allgemein: $r\alpha = 180°$ oder $90°$ (Faktoren 0 und 1) $60°$ bzw. $120°$ (Faktoren 0, 1, $\frac{1}{2}$ und 0.866) und $45°$ (Faktoren 0, 1 und 0.707). In unserem Beispiel ($p = 60$) ist $\alpha = 6°$, es ist also zweckmäßig, $r = 15$

zu setzen, womit $r\alpha = 90°$ wird. Damit wird das in Tafel I d, S. 20, gegebene Rechenschema für $p = 60$ ohne weiteres verständlich, das die Fourierkonstanten durch Addition oder Subtraktion der Konstanten der beiden Teilreihen

$$(R') \quad y_0, \ y_2, \ y_4, \dots\dots\dots\dots y_{58}$$

$$(R'') \quad y_{15}, \ y_{17}, \ y_{19}, \ \dots \ y_{59}, \ y_1, \ y_3, \ \dots \ y_{13}$$

liefert.

Numerisches Beispiel. Luftdruckbeobachtungen in Myggbukta (Grönland) 1937 Sept. 24 bis Nov. 22 Morgentermin, Abweichungen von 1000 mb, in ganzen mb (Intervallänge 60 Tage). Die Beobachtungen lauten, angeordnet in 4 Zeilen zu 15 Werten

9,	8,	8,	—14,	3,	2,	—5,	4,	18,	18,	13,	12,	1,	13,	19
16,	5,	14,	18,	9,	1,	—10,	—10,	—10,	0,	16,	17,	20,	24,	20
24,	19,	9,	6,	2,	10,	20,	23,	20,	19,	22,	15,	—6,	—12,	7
19,	13,	—5,	10,	27,	27,	16,	10,	3,	9,	24,	20,	28,	23,	7

Analyse der beiden Teilreihen R' ($y_0 \dots y_{58}$) und R'' ($y_{15} \dots y_{13}$) nach dem Schema $p = 30$ (Tafel I b). Hier werden nur die Endergebnisse und die Endkontrollrechnung aufgeführt:

μ	Reihe R'					Reihe R''					Endkontrolle	
	Faltung		C'_μ	S'_μ	A'_μ	B'_μ	Faltung		C''_μ	S''_μ	A''_μ	B''_μ	a	b

μ	Faltung		C_ν	S_ν	Endkontrolle		A_μ	B_μ	a_μ	b_μ	h_μ
					a	b					
7	4	3	—	1	—	2.605	— 0.3	—14.6	—0.01	—0.49	0.49
8	18	10	28	—	1	—	—11.6	13.1	—0.39	0.44	0.59
9	18	16	—	2	—	1.963	—52.3	—22.4	—1.74	—0.75	1.90
10	13	27	40	—	1	—	—64.0	54.6	—2.13	1.82	2.80
11	12	27	—	—15	—	1.540	—56.0	39.3	—1.87	1.31	2.28
12	1	10	11	—	1	—	108.7	19.6	3.62	0.65	3.68
13	13	— 5	—	18	—	1.235	44.5	—29.0	1.48	—0.97	1.77
14	19	13	32	—	1	—	—56.3	24.0	—1.88	0.80	2.04
15	16	19	—	—3	—	1.000	—13.0	87.0	—0.43	2.90	2.93
16	5	7	12	—	1	—	27.9	27.5	0.93	0.92	1.31
17	14	—12	—	26	—	0.810	— 1.7	—47.3	—0.06	—1.58	1.58
18	18	— 6	12	—	1	—	—50.9	—30.9	—1.70	—1.03	1.99
19	9	15	—	—6	—	0.649	—53.4	20.4	—1.78	0.68	1.90
20	1	22	23	—	1	—	—27.0	35.5	—0.90	1.18	1.48
21	—10	19	—	—29	—	0.510	0.1	—11.7	0.00	—0.39	0.39
22	—10	20	10	—	1	—	25.0	6.1	0.83	0.20	0.85
23	—10	23	—	—33	—	0.384	— 3.3	16.4	—0.11	0.55	0.56
24	0	20	20	—	1	—	24.8	—113.7	0.83	—3.79	3.88
25	16	10	—	6	—	0.268	3.9	51.1	0.13	1.70	1.71
26	17	2	19	—	1	—	14.2	—36.4	0.37	—1.21	1.27
27	20	6	—	14	—	0.158	20.5	—59.8	0.68	—1.99	2.10
28	24	9	33	—	1	—	16.2	—4.1	0.54	—0.14	0.56
29	20	19	—	1	—	0.052	13.8	—49.2	0.46	—1.64	1.70
30	24	—	24	—	1	—	14.0	—	0.23	—	0.23
					(601.0)	(—332.0)	600.8	—332.0			

Aufgabe 6. Die harmonische Analyse einer Beobachtungsreihe von $p = 45$ Werten ist auf die Analyse dreier übergreifender Teilreihen von je 15 Werten zurückzuführen.

Theorie. Die Gesamtreihe (R) sei $y_0 \ldots y_{44}$. Die Indizes der Teilreihen (R', R'', R''') sind dann bzw. $\equiv 0, 1, 2 \pmod 3$. (R') beginne mit y_0, (R'') mit y_r und (R''') mit y_{2r}. Über r wird noch verfügt werden. Die Teilreihen sind demnach:

$$(R') \qquad y_0, \quad y_3, \quad y_6, \quad \cdots y_{42}$$
$$(R'') \qquad y_r, \quad y_{r+3}, \quad y_{r+6}, \quad \cdots y_{r-3}$$
$$(R''') \qquad y_{2r}, \quad y_{2r+3}, \quad y_{2r+6}, \quad \cdots y_{2r-3}.$$

Die Entwicklung der Koeffizienten erfolgt dann nach der Regel:

$$\sum_{\nu=0}^{44} y_\nu \cos \mu\nu\alpha = \sum_{\nu=0}^{14} y_{3\nu} \cos 3\mu\nu\alpha + \cos \mu r\alpha \sum_{\nu=0}^{14} y_{3\nu+r} \cos 3\mu\nu\alpha + \cos 2\mu r\alpha \sum_{\nu=0}^{14} y_{3\nu+2r} \cos 3\mu\nu\alpha$$

$$- \sin \mu r\alpha \sum_{\nu=0}^{14} y_{3\nu+r} \sin 3\mu\nu\alpha - \sin 2\mu r\alpha \sum_{\nu=0}^{14} y_{3\nu+2r} \sin 3\mu\nu\alpha$$

$$\sum_{\nu=0}^{44} y_\nu \sin \mu\nu\alpha = \sum_{\nu=0}^{14} y_{3\nu} \sin 3\mu\nu\alpha + \cos \mu r\alpha \sum_{\nu=0}^{14} y_{3\nu+r} \sin 3\mu\nu\alpha + \cos 2\mu r\alpha \sum_{\nu=0}^{14} y_{3\nu+2r} \sin 3\mu\nu\alpha$$

$$+ \sin \mu r\alpha \sum_{\nu=0}^{14} y_{3\nu+r} \cos 3\mu r\alpha + \sin 2\mu r\alpha \sum_{\nu=0}^{14} y_{3\nu+2r} \cos 3\mu\nu\alpha$$

$$\left(\alpha = \frac{2\pi}{45} = 8° \right).$$

Führt man für die Summenausdrücke die Bezeichnungen $A_\mu \ldots A_\mu'''$; $B_\mu \ldots B_\mu'''$ ein, mit der gleichen Bedeutung wie in Aufgabe 5, so erhält man:

$$A_\mu = A_\mu' + A_\mu'' \cos \mu r\alpha + A_\mu''' \cos 2\mu r\alpha - B_\mu'' \sin \mu r\alpha - B_\mu''' \sin 2\mu r\alpha$$
$$B_\mu = B_\mu' + B_\mu'' \cos \mu r\alpha + B_\mu''' \cos 2\mu r\alpha + A_\mu'' \sin \mu r\alpha + A_\mu''' \sin 2\mu r\alpha.$$

Diese Formeln gelten zunächst bis $\mu = 7$, darüber hinaus aber auch bis $\mu = 22$, wenn man, wiederum auf Grund der Symmetrieeigenschaften der trigonometrischen Funktionen, bedenkt, daß

$$A'_{15-\mu} = A'_\mu; \quad B'_{15-\mu} = -B'_\mu; \quad A'_{15+\mu} = A'_\mu; \quad B'_{15+\mu} = B'_\mu$$
$$A''_{15-\mu} = A''_\mu; \quad B''_{15-\mu} = -B''_\mu; \quad A''_{15+\mu} = A''_\mu; \quad B''_{15+\mu} = B''_\mu$$
$$A'''_{15-\mu} = A'''_\mu; \quad B'''_{15-\mu} = -B'''_\mu; \quad A'''_{15+\mu} = A'''_\mu; \quad B'''_{15+\mu} = B'''_\mu.$$

Für r, den Anfangsindex der zweiten Teilreihe, gilt wiederum die Vorschrift, daß r mit der Anzahl 3 der Teilreihen inkommensurabel sein muß, damit bei der Reihenschachtelung jeder Beobachtungswert, und jeder nur einmal, erfaßt wird. Damit ferner die Rechnung möglichst einfach bleibt, ist wieder zu fordern, daß $r\alpha$ ein möglichst einfacher Teiler von 360° sei. Eine einfache Überlegung zeigt, daß bei Zerlegung in drei Teilreihen die Werte $r\alpha = 120°$ und $r\alpha = 40°$ dieser Bedingung am besten entsprechen. In Tafel I d ist deshalb für diese beiden Fälle je ein Musterschema angegeben, und zwar in einer Form, die den Leser in die Lage setzt, das Rechenschema auch für andere Intervallängen von gleichem Typus aufzustellen. Für $p = 45$ ($\alpha = 8°$) ist nur $r\alpha = 40°$ ($r = 5$) verwendbar.

Numerisches Beispiel. Jahressumme des Niederschlags für Simla (Indien) in englischen Zoll (inch) für die Jahre 1875—1919 (Intervallänge 45 Jahre).

Beobachtungsreihe, angeordnet in 3 Zeilen zu je 15 Werten:

(R)		91	79	61	59	71	88	57	58	71	58	67	61	60	68	66
		78	79	56	60	110	67	49	51	52	43	59	72	40	54	62
		51	102	48	54	62	80	62	59	54	79	60	58	86	60	71

Auflösung in drei übergreifende Teilreihen ($r = 5$):

(R')	91	59	57	58	60	78	60	49	43	40	51	54	62	79	86
(R'')	88	71	61	66	56	67	52	72	62	48	80	54	58	71	61
(R''')	67	68	79	110	51	59	54	102	62	59	60	60	79	71	58

Ergebnisse der Analyse der Teilreihen nach dem Schema $p' = 15$ (Tafel I a):

μ	Teilreihe R'		Teilreihe R''		Teilreihe R'''		μ	Teilreihe R'		Teilreihe R''		Teilreihe R'''	
	A'_μ	B'_μ	A''_μ	B''_μ	A'''_μ	B'''_μ		A'_μ	B'_μ	A''_μ	B''_μ	A'''_μ	B'''_μ
0	$+927.0$	—	$+967.0$	—	$+1039.0$	—	4	$+0.2$	-8.9	$+19.1$	-15.8	$+25.7$	-52.5
1	$+104.2$	$+11.2$	$+38.3$	-0.6	$+18.0$	$+35.1$	5	$+3.0$	-17.3	-15.5	$+39.0$	$+34.0$	$+29.4$
2	$+15.6$	-90.4	$+34.4$	$+5.2$	-0.6	$+24.8$	6	$+37.1$	$+3.8$	$+78.8$	$+14.7$	$+58.3$	-7.9
3	$+49.4$	-19.4	$+25.2$	$+6.7$	-112.8	$+23.3$	7	$+9.4$	$+6.9$	-3.8	$+4.3$	-39.6	$+67.4$

Kombination der Ergebnisse der Teilreihenanalysen nach Tafel I d, S. 23: Die Hilfsgrößen C...L, c...l sind lineare Kombinationen der A bzw. B mit gleichem Index — die zugehörigen Faktoren sind jeweils in den mit (1)...(6) bezifferten Spalten angegeben. Für die Indizes $\mu = 0, 3, 6$ wird ein einfacheres Kombinationsschema verwendet, das ohne Schwierigkeit verständlich ist. Zum Beispiel ist:

$$E_4 = A'_4 + 0.174\,A''_4 - 0.940\,A'''_4 \quad [\text{Faktorenschema (2)}]$$
$$l_7 = 0.342\,B''_7 - 0.643\,B'''_7 \quad [\text{Faktorenschema (6)}]$$
$$F_6 = A'_6 - \tfrac{1}{2}\,(A''_6 + A'''_6)$$
$$k_3 = q \cdot (B''_3 - B'''_3) \qquad (q = 0.866).$$

Auf diese Weise erhält man:

μ	1	2	4	5	7	μ	1	2	4	5	7
A'_μ	104.2	15.6	0.2	3.0	9.4	B'_μ	11.2	-90.4	-8.9	-17.3	6.9
A''_μ	38.3	34.4	19.1	-15.5	-3.8	B''_μ	-0.6	5.2	-15.8	39.0	4.3
A'''_μ	18.0	-0.6	25.7	34.0	-39.6	B'''_μ	35.1	24.8	-52.5	29.4	67.4
D_μ	136.7	41.8	19.3	-3.0	-0.4	d_μ	16.8	-82.1	-30.1	17.7	21.9
E_μ	93.9	22.1	-20.6	-3.7	46.0	e_μ	-21.8	-112.8	37.7	-38.2	-55.7
G_μ	82.0	-17.2	1.9	43.6	-17.4	g_μ	38.7	-76.3	-34.3	-31.4	54.5
H_μ	41.4	21.5	37.6	23.5	-41.4	h_μ	34.2	27.8	-61.9	54.0	69.2
I_μ	43.9	33.7	27.6	-3.6	-17.3	i_μ	11.4	13.6	-33.5	48.5	27.3
L_μ	1.5	12.2	-10.0	-27.2	24.2	l_μ	-22.8	-14.2	28.4	-5.6	-41.9

μ	0	3	6	μ	3	6	μ	0	3	6	μ	3	6
A'_μ	927.0	49.4	37.1	B'_μ	—19.4	3.8	C_μ	2933.0	— 38.2	174.2	c_μ	10.6	10.6
A''_μ	967.0	25.2	78.8	B''_μ	6.7	14.7	F_μ	—76.0	93.2	—31.5	f_μ	—34.4	0.4
A'''_μ	1039.0	—112.8	58.3	B'''_μ	23.3	—7.9	K_μ	—62.4	119.5	17.8	k_μ	—14.4	19.6

Endergebnis: $A_0 = 45\, a_0$; $A_\mu = 22{,}5\, a_\mu$; $B_\mu = 22{,}5\, b_\mu$.

μ	0	1	2	3	4	5	6	7	8	9	10	11
A_μ	2933.0	102.5	8.5	107.6	—26.5	38.0	—11.9	73.3	—69.6	174.2	51.0	—54.1
B_μ	—	59.2	—79.1	85.1	—44.3	— 4.2	—17.4	—38.4	19.5	—10.6	5.8	—10.1

μ	12	13	14	15	16	17	18	19	20	21	22	
A_μ	78.8	—31.4	104.8	—76.0	105.3	69.6	—38.2	81.2	—80.2	—51.1	24.5	
B_μ	153.9	88.5	—40.2	62.4	—65.7	—103.6	10.6	7.5	—41.8	18.2	78.7	

Die Endkontrolle kann in gleicher Weise wie bei allen ungeraden p durchgeführt werden, indem die Hilfsgrößen C und S nach einfacher Faltung der Gesamtreihe berechnet werden. Hier ist zu beachten, daß die Koeffizienten der Kontrollgleichung für die C_μ: $\frac{1}{2}(p+1)$, $\frac{1}{2}$, $\frac{1}{2}$, ..., für die S_μ dagegen abwechselnd $\frac{1}{2}\,\mathrm{ctg}\,\mu\,\frac{\alpha}{4}$ und $-\frac{1}{2}\,\mathrm{tg}\,\mu\,\frac{\alpha}{4}$ lauten $\left(\alpha = \frac{2\pi}{p} = 8°\right)$.

Die fünf Rechenschemata für p = 42, 60, 72; 45, 48 sind jeweils typisch für eine ganze Folge von Intervallängen — für jeden Typus ist neben der Zahl (n) der Teilreihen die Größe $r\alpha$ charakteristisch. Die Übertragung des Rechenschemas auf ein anderes p des gleichen Typus erfordert einige Aufmerksamkeit. Im Falle n = 2 ($r\alpha = 180°$, $90°$, $45°$) ist die Gesetzmäßigkeit der Schemata unmißverständlich und ohne Schwierigkeit auf andere p vom gleichen Typus (siehe die Bemerkung am Schlusse jedes Schemas) übertragbar.

Die Schemata für n = 3 ($r\alpha = 120°$, $40°$) sind etwas komplizierter. Die Bildung der Hilfsgrößen C, D, E, c, d, e im Falle $r\alpha = 120°$ bzw. C, D, ... K, c, d, ... k im Falle $r\alpha = 40°$ läßt sich ohne weiteres für beliebiges p des betreffenden Typus ausführen, bei $r\alpha = 40°$ ist nur darauf zu achten, daß die C, F, K, c, f, k aus den Teilreihenkoeffizienten mit durch 3 teilbarem Index nach einem gesonderten Schema berechnet werden. Besondere Aufmerksamkeit erfordert nur die Zusammensetzung der endgültigen Koeffizienten A_μ, B_μ aus den Hilfsgrößen. Den Indizes μ werden in jedem Falle Hilfsindizes ν zugeordnet, die durch „Faltung" entstehen und jeweils bis zur höchsten Ordnung der Teilreihenanalyse laufen, und zwar vorwärts, zurück und wieder vorwärts. Ist (bei geradem p') die höchste Ordnung gerade, so wird diese bei dem Umkehrpunkt nur einmal gezählt (siehe $\nu = 8$ im Schema p = 48); ist die höchste Ordnung ungerade (siehe $\nu = 7$ im Schema p = 45), so wird sie doppelt gezählt. $\nu = 0$ (beim zweiten Umkehrpunkt) wird in jedem Falle einfach gezählt. Ist die Bildung der gefalteten Indizes vorgenommen, dann können die Hilfsgrößen leicht in der Reihenfolge hingeschrieben werden, so wie sie zur Bildung der A_μ und B_μ notwendig sind. Die Indizes sind in jeder Zeile ν, im übrigen werden die Hilfsgrößen in Zyklen hingeschrieben, die im Schema $r\alpha = 120°$ drei und im Schema $r\alpha = 40°$ neun Werte umfassen. Zum Beispiel lautet der Zyklus der A_μ im Schema $r\alpha = 120°$: C, D—e, D+e; C, D—e, D+e; ..., dagegen im Schema $r\alpha = 40°$: C, D—h, E—i, F—k, G—l, G+l, F+K, E+i, D+h; C, ... Sodann ist nur noch darauf zu achten, daß im zweiten Drittel des Schemas (in dem die ν in umgekehrter Folge laufen), die Vorzeichen der mit *kleinen* lateinischen Buchstaben bezeichneten Hilfsgrößen umzukehren sind, ferner, daß die letzteren mit dem Index 0 nicht vorkommen, so daß an den betreffenden Stellen der Schemata Striche gesetzt worden sind.

Die Zahl der Schemata, die eine Zurückführung der Analyse großer Reihen auf Teilreihen ermöglichen, ließe sich noch vermehren, doch wird ihre Handhabung immer komplizierter, je weitgehender die Teilung ist[1]. Von einiger Bedeutung wäre vielleicht noch ein Schema mit $r\alpha = 72°$ bei einer Aufspaltung in 5 Teilreihen, das für alle p brauchbar wäre, die durch 5, aber nicht durch 25 teilbar sind. Der Leser möge sich der Aufgabe unterziehen, ein solches Schema aufzustellen und auf den Fall p = 45 zu spezialisieren. Als Rechenbeispiel könnte das der Aufgabe 6 verwendet werden, deren Ergebnisse als Kontrolle für die Richtigkeit von Schema und Rechnung dienen würden.

---

[1] Vgl. Aufgabe 13, wo eine Aufspaltung in 6 Teilreihen vorkommt.

Mit Tafel I d ist es somit möglich, eine ganze Anzahl von Analysenfällen p> 40 streng zu erledigen; mit Aufspaltung in zwei Reihen kann man so bis p = 80, mit Aufspaltung in drei Reihen bis p = 120 vordringen. Will man noch darüber hinaus gehen, so kann man die Rechnung häufig in mehreren Schritten erledigen. So läßt sich z. B. der Fall p = 360 (der etwa bei der strengen Analyse von Jahresreihen vorkommen könnte) folgendermaßen erledigen: 360 ist durch 8, aber nicht durch 16 teilbar, mithin ist bei Aufspaltung in zwei Teilreihen zu je 180 Werten das Schema vom Typus $r\alpha = 45°$ anwendbar Die beiden Teilreihen würden ihrerseits wieder in zwei Reihen aufzuspalten sein, die — da 180 durch 4, aber nicht durch 8 teilbar ist — nach dem Schema vom Typus $r\alpha = 90°$ behandelt werden müßten. Die neuen Teilreihen (von je 90 Werten) könnten nun auf zwei verschiedene Weisen analysiert werden: 1. da $90 \equiv 2$ (mod 4), wäre eine Aufspaltung in zwei Reihen von 45 Gliedern möglich und das Schema $r\alpha = 180°$ zu benutzen. Die 45gliedrigen Reihen wären nach dem Schema Tafel I d, S. 23 zu analysieren. 2. Da $90 \equiv 9$ (mod 27), könnte man eine Aufspaltung in 3 Teilreihen zu je 30 Gliedern vornehmen und die Rechnung nach dem Schema vom Typus $r\alpha = 40°$ durchführen.

In der Tafel I d, S. 24 sind alle diejenigen Fälle aufgeführt, die sich für $40 < p \leq 360$ mit Hilfe von Teilreihenbildung nach den vorhandenen Vorschriften erledigen lassen.

Alle bisherigen Aufgaben bezogen sich auf die strenge und vollständige Analyse von Beobachtungsreihen. Wie schon weiter oben erwähnt, tritt sehr häufig der Fall ein, daß eine *genäherte* Berechnung des Wellenspektrums oder einzelner Wellen oder Wellenbereiche dem Bearbeiter genügt, und daß daher der Wunsch besteht, die — besonders bei großem p — sehr mühsame strenge Rechnung zu vermeiden. Nachfolgend werden einige Aufgaben behandelt, die sich auf verschiedene solcher Näherungsmethoden beziehen.

Eine der bequemsten Methoden dieser Art ist die des *„Darwinschen Schemas"* (siehe GuM S. 138f und S. 142f.), die gestattet, alle oder fast alle Wellen nach einem einheitlichen kurzperiodischen Analysenschema genähert zu berechnen. Sei p' die Analysenperiode des Schemas, so wird gefordert, daß p' ungerade und möglichst klein sei, damit die Wellenberechnung möglichst einfach werde, andererseits sollte p' nicht kleiner als 9 sein, damit die Genauigkeit nicht zu stark herabgedrückt wird. Geeignet sind etwa alle p' zwischen den Grenzen 9 und 19. Die größte Einheitlichkeit wird gewährleistet, wenn p' eine Primzahl ist (p' = 11, 13, 17, 19).

Die Anwendung des Darwinschen Schemas ist praktisch für alle Intervallängen p möglich, die ein ungerades Vielfaches von p' darstellen (p = r p'). Größte Einheitlichkeit der Rechnung ist gegeben, wenn r = p' und eine Primzahl ist (p = 121, 169, 289, 361). Sind r und p' beliebige ungerade Zahlen, so läßt sich ein einheitliches Schema für alle Wellen nur dann aufstellen, wenn r alle Primfaktoren enthält, die auch in p' enthalten sind. Hat dagegen p' einen Primfaktor s, der nicht in r vorkommt, so sind alle Wellen, deren Ordnungen Vielfache von s sind, nach einem Schema von der Spaltenzahl $\frac{p}{s}$ zu berechnen.

Aufgabe 7. p ist das Quadrat einer Primzahl p'. Es sei $p = 11 \cdot 11 = 121$. Das Verfahren des Darwinschen Schemas besteht darin, jeden der p Beobachtungswerte in eine von 11 — mit 0, 1, ... 10 bezifferten — Spalten einzuordnen, und zwar für jede der zu berechnenden Wellen (Ordnung 1, 2, ... 60) nach einem besonderen Verteilungsschlüssel. Nach der Verteilung enthält jede der 11 Spalten je 11 Werte, deren Summen $Y_0, Y_1, \ldots Y_{10}$ genannt werden mögen. So entsteht für jede Welle eine Summenreihe (Y-Reihe) von 11 Gliedern, deren Analyse nach Welle 1 des Schemas p' = 11 den cos- und sin-Koeffizienten der betreffenden Welle liefert. Den Verteilungsschlüssel für die μ-te Welle berechnet man nach der Formel:

$$n_\nu^{(\mu)} = \left[\frac{1}{2} + \frac{\mu \nu}{r} - k \cdot p'\right] = \left[\frac{1}{2} + \frac{1}{11} \mu \nu - 11 k\right].$$

Hierin bedeutet k p' das größte Vielfache von p' = 11, das in der Zahl $\frac{1}{2} + \frac{\mu \nu}{r}$ enthalten ist, die eckige Klammer bedeutet, daß die größte ganze Zahl zu nehmen ist, die $\leq \frac{1}{2} + \frac{\mu \nu}{r} - k p'$ ist. So erhält man etwa für $\mu = 14$; $\nu = 39$:

$$n_{39}^{(14)} = \left[\tfrac{1}{2} + 49,63\,\overline{63} \cdots - 44\right] = \left[6,13\,\overline{63} \cdots\right] = 6.$$

Bei der Umordnung der Beobachtungswerte für die 14. Welle ist demnach der Wert y_{39} in die Spalte mit der Ordnungszahl 6 einzuordnen.

Mit Hilfe einer Rechenmaschine läßt sich jedes derartige Verteilungsschema sehr schnell und bequem berechnen. In Tafel V, S. 111—113 ist es für den vorliegenden Fall und für die Wellen 1 bis 25 explizit dargestellt — für die Spaltennummer 10 ist aus Platzersparnisgründen das Zeichen ✳ eingeführt. Ein *numerisches Beispiel* für die genäherte Analyse einer 121gliedrigen Beobachtungsreihe ist im nächsten Abschnitt (S. 154f.) durchgeführt worden.

Die Verteilungsschlüssel für die fehlenden Wellen ($\mu = 26$ bis 60) lassen sich auch ohne Rechenmaschine leicht ableiten, und zwar nach folgender Anweisung: Man addiere zu den Verteilungszahlen der Spalte μ—11 nacheinander die Zahlen 0, 1, 2, ..., 10, 0, 1, ... und subtrahiere 11, wenn das Ergebnis ≥ 11 ist. Dann erhält man den Verteilungsschlüssel für die Spalte μ (vgl. auch Erläuterung zu Tafel V).

Aus Raummangel mußte in Tafel V auf die Wiedergabe der Verteilungsschlüssel für andere Fälle des Darwinschen Schemas verzichtet werden.

Aufgabe 8. p ist ein beliebiges ungerades Vielfache einer Primzahl p′, z. B. $p = 15 \cdot 11$ ($r = 15$, $p′ = 11) = 165$. Die oben erwähnten Ausnahmefälle treten ein für die Wellen von der Ordnung 11, 22, 33, ... 77. Diese Wellen lassen sich streng berechnen, indem man ein Buys-Ballotsches Schema von 11 Zeilen zu je 15 Werten bildet und somit eine 15gliedrige Summenreihe $Y_0, Y_1, ... Y_{14}$ erzeugt, deren vollständige Analyse nach dem Schema $p = 15$ unmittelbar die verlangten sieben Wellen ergibt. Alle übrigen Wellen erhält man genähert nach einem Darwinschen Schema von 11 Spalten. Der Verteilungsschlüssel ist

$$n_\nu^{(\mu)} = \left[\frac{1}{2} + \frac{\mu\,\nu}{15} - k \cdot 11\right].$$

Auf ein numerisches Beispiel soll hier verzichtet werden.

Aufgabe 9. p′ sei keine Primzahl, z. B. $p′ = 9$. r sei eine beliebige ungerade Zahl, z. B. $r = 3$, also $p = r\,p′ = 27$.

In diesem Falle gibt es ein einheitliches Schema $p′ = 9$, da p′ nur den auch in r enthaltenen Primfaktor 3 besitzt. Die Wellen $\mu = 3$, 6, 9, 12 lassen sich als 1. bis 4. Welle der Summenreihe eines Buys-Ballotschen Schemas von 3 Zeilen zu je 9 Werten nach dem Analysenschema für 9gliedrige Reihen streng berechnen. Alle übrigen Wellen sind nach einem Darwinschen Schema von ebenfalls 9 Spalten genähert zu berechnen. Der Verteilungsschlüssel ist

$$n_\nu^{(\mu)} = \left[\frac{1}{2} + \frac{\mu\,\nu}{3} - k \cdot 9\right].$$

In Tabelle 5 ist er für die mit 3 nicht kommensurablen Wellen ausführlich wiedergegeben.

Numerisches Beispiel. Mittlere erdmagnetische Charakterzahlen für das Jahr 1930 und für jeden Tag der Sonnenrotationsperiode von 27 Tagen. Die numerischen Werte sind so erhalten, daß die täglichen

Tabelle 5. (Verteilungsschlüssel des Darwinschen Schemas.) (p = 27, Spaltenzahl 9.)

ν \ μ	1	2	4	5	7	8	10	11	13	y_ν
0	0	0	0	0	0	0	0	0	0	98
1	0	1	1	2	2	3	3	4	4	93
2	1	1	3	3	5	5	7	7	0	87
3	1	2	4	5	7	8	1	2	4	85
4	1	3	5	7	0	2	4	6	8	77
5	2	3	7	8	3	4	8	0	4	57
6	2	4	8	1	5	7	2	4	8	34
7	2	5	0	3	7	1	5	8	3	37
8	3	5	2	4	1	3	0	2	8	93
9	3	6	3	6	3	6	3	6	3	133
10	3	7	4	8	5	0	6	1	7	126
11	4	7	6	0	8	2	1	4	3	114
12	4	8	7	2	1	5	4	8	7	130
13	4	0	8	4	3	8	7	3	2	114
14	5	0	1	5	6	1	2	6	7	105
15	5	1	2	7	8	4	5	1	2	80
16	5	2	3	0	1	7	8	5	6	70
17	6	2	5	1	4	0	3	8	2	59
18	6	3	6	3	6	3	6	3	6	60
19	6	4	7	5	8	6	0	7	1	43
20	7	4	0	6	2	8	4	1	6	37
21	7	5	1	8	4	2	7	5	1	31
22	7	6	2	1	6	5	1	0	5	54
23	8	6	4	2	0	7	5	3	1	88
24	8	7	5	4	2	1	8	7	5	122
25	8	8	6	6	4	4	2	2	0	106
26	0	8	8	7	7	6	6	5	5	92

Charakterzahlen für 13 aufeinanderfolgende Sonnenrotationsperioden von 1930 Jan. 20 bis 1931 Jan. 5 in ein Buys-Ballotsches Schema von 13 Zeilen zu je 27 Werten eingeordnet und die Spaltenmittel gebildet wurden. Die in Hundertsteln der Einheit ausgedrückten mittleren Charakterzahlen

(Charakterzahl $=0.0$ für erdmagnetisch ruhige, $=2.0$ für maximal gestörte Tage) sind, angeordnet in 3 Zeilen zu je 9 Werten:

98	93	87	85	77	57	34	37	93
133	126	114	130	114	105	80	70	59
60	43	37	31	54	88	122	106	92

Ordnet man die in der letzten Spalte von Tabelle 5 noch einmal aufgeführten Beobachtungswerte für die Wellen μ nach obigem Schlüssel in die vorgesehenen Spalten ein und bildet die Spaltensummen (jede Spalte enthält $r = 3$ Werte), so ergeben sich folgende 9 Summenreihen:

μ \ ν	0	1	2	3	4	5	6	7	8
1	283	249	128	352	358	255	162	122	316
2	317	260	214	194	114	161	275	362	328
4	172	229	227	290	299	258	280	230	240
5	282	147	311	184	329	233	276	249	214
7	263	293	252	304	196	247	219	214	237
8	283	264	222	246	243	271	268	192	236
10	234	253	245	285	244	205	278	232	249
11	209	243	284	262	241	193	315	252	226
13	291	162	253	284	235	268	167	361	204

deren Quersummen mit der Gesamtsumme der Beobachtungswerte $= 2225$ (Kontrolle!) übereinstimmen müssen, und die nun nach dem Schema $p = 9$ (Welle 1) zu analysieren sind. Nachfolgend sind die Ergebnisse der Analyse zusammengestellt, daneben sind die strengen nach dem Schema $p = 27$ berechneten Fourierkoeffizienten und Amplituden zum Vergleich aufgeführt:

μ	Analysiert nach Darwinschema					Streng analysiert		
	A_μ	B_μ	a_μ	b_μ	h_μ	a_μ	b_μ	h_μ
1	$-\ 73.9$	$+162.6$	$-\ 5.5$	$+12.0$	13.2	$-\ 5.4$	$+12.4$	13.5
2	$+374.6$	-275.7	$+27.7$	-20.4	34.5	$+28.3$	-21.5	35.5
3	—	—	—	—	—	$+\ 3.8$	$+\ 3.2$	5.0
4	-197.8	$+\ 12.7$	-14.7	$+\ 0.9$	14.7	-13.6	$+\ 0.2$	13.6
5	-102.3	$-\ 28.9$	$-\ 7.6$	$-\ 2.1$	7.9	$-\ 9.3$	$-\ 2.6$	9.7
6	—	—	—	—	—	$+\ 6.9$	$+\ 1.5$	7.0
7	$+\ 72.1$	$+129.6$	$+\ 5.3$	$+\ 9.6$	11.0	$+\ 1.5$	$+\ 6.8$	7.0
8	$-\ 2.1$	$+\ 18.9$	$-\ 0.2$	$+\ 1.4$	1.4	$-\ 0.9$	0.0	0.9
9	—	—	—	—	—	$+\ 3.5$	$-\ 0.8$	3.6
10	$-\ 2.0$	$+\ 34.8$	$-\ 0.1$	$+\ 2.6$	2.6	$+\ 0.5$	$+\ 0.8$	0.9
11	$-\ 34.9$	$+\ 13.0$	$-\ 2.6$	$+\ 1.0$	2.8	$+\ 0.8$	$-\ 0.8$	1.1
12						$+\ 0.4$	$+\ 0.3$	0.5
13	$-\ 20.1$	$-\ 43.4$	$-\ 1.5$	$-\ 3.2$	3.5	$-\ 0.7$	$-\ 3.0$	3.1

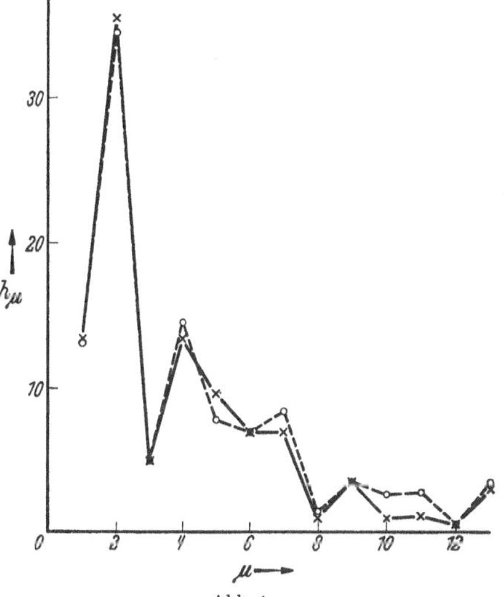

Abb. 1.

Vergleicht man die strengen und genäherten Ergebnisse, so muß man berücksichtigen, daß es sich hier um einen extrem ungünstigen Fall handelt, da sowohl die Spaltenzahl des Darwinschen Schemas (9) extrem klein ist, als auch die Zahl der in jeder Spalte enthaltenen Werte ($r = 3$) so gering ist, daß ein statistischer Fehlerausgleich kaum zu erwarten ist. In der Tat zeigt auch besonders das Ergebnis der Welle 7 erhebliche Abweichungen, die darauf zurückzuführen sind, daß die Fehler sich infolge ungünstiger Verteilung der Beobachtungswerte stark aufsummieren. Zeichnet man (s. Abb. 1) das Amplitudendiagramm für beide Rechnungen auf (strenge Analyse ausgezogen, Analyse nach Darwinschema gestrichelt), so erhält man trotzdem ein übereinstimmendes Bild von der periodischen Struktur der Beobachtungsreihe.

Der Leser möge im Anschluß an dieses Beispiel noch folgende Aufgabe selbständig lösen:

Aufgabe 10. Die 45gliedrige Beobachtungsreihe der Aufgabe 6 ist nach einem Darwinschen Schema von 9 Spalten genähert zu analysieren ($p' = 9$, $r = 5$). Die mit 3 kommensurablen Wellen $\mu = 3, 6, \dots 21$ werden auf Grund eines Buys-Ballotschen Schemas von 3 Zeilen nach der Vorschrift für $p = 15$ streng analysiert.

Weitere Annäherungsverfahren zeichnen sich dadurch aus, daß trigonometrische Faktoren ganz vermieden werden und lediglich Additionen, Subtraktionen und Divisionen durch ganze Zahlen im Rechnungsgang vorkommen.

Folgende Methode (von FISCHER-HINNEN, beschrieben ApV S. 41 f.) setzt voraus, daß die Beobachtungsfunktion als stetige und glatte Kurve gegeben ist, läßt sich aber bei geringeren Genauigkeitsansprüchen auch auf äquidistante Ordinaten übertragen, wenn die Ordinatenfolge die Interpolation durch einen glatten Kurvenzug ohne sehr kurzperiodische Schwankungen verträgt.

Theorie. Die Länge des Beobachtungsintervalls sei p. Anstatt der Fourierkoeffizienten a_μ, b_μ werden zunächst Hilfsgrößen a'_μ, b'_μ nach folgender Vorschrift berechnet:

$$a'_\mu = \frac{1}{2\mu}\left(y(0) \quad - y(2\alpha_\mu) + y(4\alpha_\mu) - y(6\alpha_\mu) \pm \cdots - y((2\mu-2)\alpha_\mu) \right)$$

$$b'_\mu = \frac{1}{2\mu}\left(y(\alpha_\mu) - y(3\alpha_\mu) + y(5\alpha_\mu) - y(7\alpha_\mu) \pm \cdots - y((2\mu-1)\alpha_\mu) \right)$$

$$\alpha_\mu = \frac{p}{4\mu}.$$

Die Zahl der zu kombinierenden Ordinaten ist 2μ für die Welle μ, es ist demnach

$$a'_1 = \frac{1}{2}\left(y_0 - y_{\frac{p}{2}} \right); \qquad\qquad b'_1 = \frac{1}{2}\left(y_{\frac{p}{4}} - y_{\frac{3p}{4}} \right)$$

$$a'_2 = \frac{1}{4}\left(y_0 - y_{\frac{p}{4}} + y_{\frac{p}{2}} - y_{\frac{3p}{4}} \right); \qquad b'_2 = \frac{1}{4}\left(y_{\frac{p}{8}} - y_{\frac{3p}{8}} + y_{\frac{5p}{8}} - y_{\frac{7p}{8}} \right) \text{ usw.}$$

Bei kurvenmäßig gegebener Funktion lassen sich die erforderlichen Ordinaten der Kurve entnehmen; ist eine diskrete (äquidistante) Reihe gegeben, so wird entweder linear interpoliert (provisorische Interpolation durch Polygonzug), oder es wird das gebrochene Argument jeweils durch das benachbarte ganzzahlige ersetzt (Interpolation durch Stufenzug). Im letzteren Falle wird das arithmetische Mittel der Nachbarordinaten gewählt, wenn das Argument genau in der Mitte zwischen zwei ganzen Zahlen liegt.

Sind alle Hilfsgrößen berechnet, so ist allgemein:

$$a'_\mu = a_\mu + a_{3\mu} + a_{5\mu} + \cdots$$
$$b'_\mu = b_\mu - b_{3\mu} + b_{5\mu} \mp \cdots.$$

Diese Formeln gelten streng unter der Annahme, daß die Fourierkoeffizienten a_μ, b_μ der Entwicklung der stetigen (bzw. stückweise stetigen) graphischen oder interpolierten Funktion angehören. Die Reihen sind demnach streng genommen unendlich. Die Möglichkeit der näherungsweisen Auflösung dieser Gleichungen nach den Unbekannten a_μ, b_μ beruht darauf, daß es unter normalen Umständen (glatter Funktionsverlauf!) ohne wesentliche Fehler erlaubt sein wird, die Reihenentwicklung bei einer gewissen Ordnung abzubrechen. Sind p Beobachtungswerte gegeben und nach einem der genannten Verfahren interpoliert, so wird man bis zur Ordnung $\frac{1}{2}$ p (p gerade) bzw. $\frac{1}{2}$(p—1) (p ungerade) gehen. Die Formeln wären dann streng und endlich unter der Voraussetzung, daß die a'_μ, b'_μ einer trigonometrisch interpolierten Kurve entnommen wären. Die übrigbleibenden Fehler des Verfahrens beruhen also darauf, daß diese Interpolationsart durch eine andere ersetzt wird. Die Auflösung der Gleichungen ist sehr einfach, da die rechten Seiten der Gleichungen höherer Ordnung ($\mu > $ p/3) sich auf ihr erstes Glied beschränken. Die Auflösung wird daher am bequemsten sukzessive von der höchsten Ordnung abwärts vorgenommen.

Aufgabe 11. Es sei p = 24. Als Beispiel werde das der Aufgabe 4 benutzt. Die Hilfsgrößen sind:

$$a'_1 = \frac{1}{2}\left(y(0) - y(12) \right)$$

$$a'_2 = \frac{1}{4}\left(y(0) - y(6) + y(12) - y(18) \right)$$

$$a'_3 = \frac{1}{6}\left(y(0) - y(4) + y(8) \quad - y(12) + y(16) - y(20) \right)$$

$$\cdots\cdots\cdots\cdots\cdots\cdots\cdots\cdots\cdots\cdots\cdots\cdots\cdots\cdots$$

$$a'_{11} = \frac{1}{22}\left(y(0) - y\left(1\tfrac{1}{11}\right) + y\left(2\tfrac{2}{11}\right) - y\left(3\tfrac{3}{11}\right) \pm \cdots + y\left(21\tfrac{9}{11}\right) - y\left(22\tfrac{10}{11}\right) \right)$$

$$a'_{12} = \frac{1}{24}\left(y(0) - y(1) \quad + y(2) \quad - y(3) \quad \pm \cdots + y(22) \quad - y(23) \right)$$

$$b'_1 = \frac{1}{2}\left(y(6) - y(18)\right)$$

$$b'_2 = \frac{1}{4}\left(y(3) - y(9) + y(15) - y(21)\right)$$

$$b'_3 = \frac{1}{6}\left(y(2) - y(6) + y(10) - y(14) + y(18) - y(22)\right)$$

$$\cdots\cdots\cdots\cdots$$

$$b'_{11} = \frac{1}{22}\left(y\left(\tfrac{6}{11}\right) - y\left(1\tfrac{7}{11}\right) + y\left(2\tfrac{8}{11}\right) - y\left(3\tfrac{9}{11}\right) \pm \cdots + y\left(22\tfrac{4}{11}\right) - y\left(23\tfrac{5}{11}\right)\right).$$

Die Berechnung der Hilfsgrößen wurde numerisch auf zwei Arten vorgenommen: 1. Interpolation durch Stufenzug, 2. Interpolation durch Polygonzug. Die erstere Methode ist einfacher, aber ungenauer. Die Hilfsgrößen sind für beide Methoden identisch für alle Ordnungen, bei denen gar nicht oder nur auf Mitte interpoliert wird, das sind die Ordnungen $\mu = 1, 2, 3, 4, 6, 12$. Bricht man die Reihenentwicklung bei der 12. Ordnung (für b bei der 11. Ordnung, da ja $b_{12} = 0$ ist) ab, so ergeben sich die Endformeln

$$a_{12} = a'_{12}$$
$$a_{11} = a'_{11} \qquad\qquad b_{11} = b'_{11}$$
$$\cdots\cdots\cdots \qquad\qquad \cdots\cdots\cdots$$
$$a_5 = a'_5 \qquad\qquad b_5 = b'_5$$
$$a_4 = a'_4 - a_{12} \qquad\qquad b_4 = b'_4$$
$$a_3 = a' - a_9 \qquad\qquad b_3 = b'_3 + b_9$$
$$a_2 = a'_2 - (a_6 + a_{10}) \qquad\qquad b_2 = b'_2 + (b_6 - b_{10})$$
$$a_1 = a' - (a_3 + a_5 + a_7 + a_9 + a_{11}) \qquad b_1 = b' + (b_3 - b_5 + b_7 - b_9 + b_{11})$$

nach denen folgende Ergebnisse erhalten werden[1]:

μ	1. Stufenzug				2. Polygonzug				3. Vergleichswerte (Aufgabe 4)	
	a'_μ	b'_μ	a_μ	b_μ	a'_μ	b'_μ	a_μ	b_μ	a_μ	b_μ
1	$+\ 1.0$	$-\ 3.0$	$+\ 5.7$	$+\ 6.9$	$+\ 1.0$	$-\ 3.0$	$+\ 4.4$	$+\ 5.3$	$+\ 4.8$	$+\ 4.0$
2	-19.5	$+32.8$	-17.3	$+28.4$	-19.5	$+32.8$	-17.5	$+30.0$	-18.1	$+29.1$
3	$-\ 2.3$	$+\ 7.2$	$-\ 2.9$	$+\ 7.0$	$-\ 2.3$	$+\ 7.2$	$-\ 2.5$	$+\ 7.1$	$-\ 2.6$	$+\ 6.9$
4	$-\ 8.1$	$+\ 1.0$	$-\ 7.3$	$+\ 1.0$	$-\ 8.1$	$+\ 1.0$	$-\ 7.3$	$+\ 1.0$	$-\ 7.4$	$+\ 1.1$
5	$-\ 0.3$	$-\ 2.4$	$-\ 0.3$	$-\ 2.4$	$+\ 0.1$	$-\ 1.9$	$+\ 0.1$	$-\ 1.9$	0.0	$-\ 2.1$
6	$-\ 2.4$	$-\ 1.6$	$-\ 2.4$	$-\ 1.6$	$-\ 2.4$	$-\ 1.6$	$-\ 2.4$	$-\ 1.6$	$-\ 2.4$	$-\ 1.6$
7	$-\ 2.0$	$+\ 1.8$	$-\ 2.0$	$+\ 1.8$	$-\ 1.4$	$+\ 0.4$	$-\ 1.4$	$+\ 0.4$	$-\ 1.9$	$+\ 0.5$
8	$-\ 0.8$	$-\ 0.9$	$-\ 0.8$	$-\ 0.9$	$-\ 0.8$	$-\ 0.8$	$-\ 0.8$	$-\ 0.8$	$-\ 1.2$	$-\ 1.1$
9	$+\ 0.6$	$-\ 0.2$	$+\ 0.6$	$-\ 0.2$	$+\ 0.2$	$-\ 0.1$	$+\ 0.2$	$-\ 0.1$	$+\ 0.3$	$-\ 0.2$
10	$+\ 0.2$	$+\ 2.8$	$+\ 0.2$	$+\ 2.8$	$+\ 0.4$	$+\ 1.2$	$+\ 0.4$	$+\ 1.2$	$+\ 1.0$	$+\ 2.1$
11	$-\ 0.1$	$-\ 1.7$	$-\ 0.1$	$-\ 1.7$	$+\ 0.2$	$-\ 1.2$	$+\ 0.2$	$-\ 1.2$	$+\ 0.5$	$-\ 2.7$
12	$-\ 0.8$	$-$	$-\ 0.8$	$-$	$-\ 0.8$	$-$	$-\ 0.8$	$-$	$-\ 0.8$	$-$

II. Periodogrammanalyse.

Die Periodogrammanalyse (eingeführt 1896 durch A. Schuster) hat sich seit ihren Anfängen zum mächtigsten und unentbehrlichen Hilfsmittel der Periodenforschung entwickelt. Die Harmonische Analyse bleibt ihre Grundlage im Aufbau der Formeln, ihr Ziel ist aber nicht, wie dort, die interpolatorische Darstellung einer Beobachtungsreihe durch Sinuswellen, sondern die Auffindung versteckter Wellen und die Diskussion ihres Realitätswertes. Die Methoden der Periodogrammanalyse sind vielseitig und lassen sich den Bedürfnissen des jeweils vorliegenden Falles weitgehend anpassen. Es läßt sich daher kaum ein allgemein anwendbares Rechenschema aufstellen; der Rechner wird erst nach mannigfachen Erfahrungen imstande sein, in jedem Falle den Weg einzuschlagen, der am kürzesten zum Ziele führt. Die nachfolgenden Beispiele beziehen sich auf eine Reihe von typischen und in der Praxis häufig vorkommenden Aufgaben; bei ihrer Lösung werden nacheinander die wichtigsten Spezialmethoden zur Anwendung kommen, die der Forscher beherrschen muß. Alle Beispiele, mit Ausnahme des ersten (Aufgabe 12), sind der geophysikalischen und astronomischen Praxis entnommen.

---

[1] Bei der linearen Interpolation (Polygonzug) sind die gebrochenen Argumente auf ganze Zehntel abgerundet worden.

Aufgabe 12. Analyse einer aus Sinuswellen zusammengesetzten Wertereihe. Eine äquidistante Reihe von 121 Ordinaten (Argument $\nu = 0, 1, 2, \ldots 120$) wurde nach der Formel

$$(1) \qquad y_\nu = 80 + 12 \sin\left(\frac{2\pi}{90}\nu + 48°\right) + 38 \sin\left(\frac{2\pi}{25}\nu + 237°\right) + 22 \sin\left(\frac{2\pi}{20}\nu + 150°\right) + 8 \sin\frac{2\pi}{7}\nu$$

streng berechnet und, auf ganze Einheiten abgerundet, in Tabelle 6 niedergelegt.

Die Aufgabe lautet, das periodische Gesetz der Reihe abzuleiten, d. h. die 13 Konstanten (das absolute Glied und Amplitude, Frequenz und Phase der vier Wellen) möglichst genau zu bestimmen, wobei über die Zahl der vorhandenen Wellen a priori nichts bekannt sein soll.

Hierbei ist zu bemerken, daß die Periodogrammethode in einem solchen Falle weder die kürzeste ist, noch die strengsten Ergebnisse liefert. Ist a priori bekannt, daß eine Reihe streng aus wenigen Sinuswellen zusammengesetzt ist und zufällige Fehler nur in geringem Maße enthält (hier lediglich als Abrun-

Tabelle 6.

Aufgabe 12, Wertereihe, angeordnet in Spalten zu je 24 Werten.

68	50	25	76	106	110
64	32	27	70	98	
58	20	32	62	94	
48	19	36	57	89	
38	27	36	58	79	
35	39	36	63	64	
41	50	40	69	48	
55	58	51	70	38	
73	65	67	67	36	
88	76	82	61	43	
98	92	91	59	53	
106	111	92	64	62	
116	127	90	74	69	
129	135	88	86	74	
144	134	90	95	84	
155	125	95	98	100	
157	116	99	98	120	
148	108	97	101	137	
133	103	89	110	147	
117	96	79	121	147	
104	83	71	131	140	
94	65	69	133	131	
83	46	72	123	124	
69	31	76	116	118	

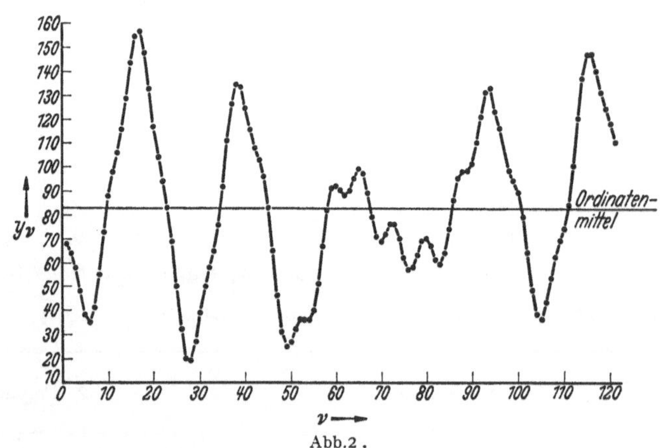

Abb. 2.

dungsfehler in der letzten Stelle), so ist eine algebraische Methode kürzer und genauer [vgl. GuM S. 248f. und ApV S. 85f, 95f., (numerisches Beispiel)]. Hier soll es nun darauf ankommen, die Wirkungsweise der Periodogrammrechnung (die immer dann anzuraten ist, wenn über die Art des Gesetzes keine Vorkenntnisse bestehen) in einem Falle zu zeigen, der die Richtigkeit aller Schlüsse jederzeit zu kontrollieren gestattet. Der Leser möge sich nicht daran stoßen, daß hier zum Teil langwierige Untersuchungen angestellt werden, um zu Ergebnissen zu gelangen, die infolge der verhältnismäßig einfachen Gestalt der Reihe fast trivial erscheinen — in weniger einfachen Fällen wird diese Mühe nicht zu umgehen sein.

Ferner sei vorweg bemerkt, daß die Genauigkeit der Rechnungen bei Periodogrammuntersuchungen nicht auf die Spitze getrieben werden sollte. In allen Fällen, in denen das Periodogramm die gegebene Methode ist, sind unperiodische Beimengungen in solchem Maße vorhanden, daß der Genauigkeit der zu erwartenden Ergebnisse natürliche, oft sehr weite Grenzen gesetzt sind. Somit soll auch hier, obwohl die erreichbare Genauigkeit groß ist, nicht genauer gerechnet werden, als im Ernstfall nötig und — mit Rücksicht auf Arbeitsersparnis — erwünscht ist.

A. Erste Orientierung. Aus dem Anblick der graphischen Aufzeichnung der Wertereihe (Abb. 2) lassen sich in diesem einfach gelagerten Falle bereits einige rohe Schlüsse ziehen, die man zu einer Abkürzung des Analyseverfahrens benutzen könnte. Wichtig ist es immer, die Anzahl und die ungefähre Länge der vorhandenen Perioden zu kennen. Hierüber gibt im vorliegenden Falle schon der Kurvenanblick einige Auskunft. Der Mittelwert der 121 Ordinaten ist 82.95, womit ein roher Näherungswert des absoluten Gliedes gegeben ist. Die Hauptmaxima der um diesen Mittelwert schwankenden Kurve liegen bei $\nu = 16, 37, 64, 93, 115$, die stark schwankenden Differenzen dieser Reihe ergeben eine mutmaßliche Hauptperiode von der mittleren Länge 25, die offenbar durch eine benachbarte Periode gestört wird, wie durch die ausgeprägte Schwebungserscheinung angezeigt wird. Ferner ist — besonders gut sichtbar im mittleren Teil der Kurve, in dem die Ausschläge der großen Wellen infolge der Schwebung klein sind, — eine kurze Welle von geringer Amplitude sichtbar, deren Länge man aus den partiellen Maxima

152

des mittleren Teiles zu etwa 7 Abszisseneinheiten abschätzt. Schließlich ist aus dem mittleren (säkularen) Gang der Reihe (die äußeren Teile der Kurve liegen im Durchschnitt sichtlich höher als die Mitte) auf eine lange Welle zu schließen, deren Länge von der Gesamtlänge des Intervalls nicht sehr verschieden sein kann. Eine genauere Abschätzung der Länge dieser Welle scheint erst nach Eliminierung der beiden Hauptwellen möglich.

B. Das Spektrum der Amplituden. Der erfahrene Rechner würde nach diesem oberflächlichen Befund schon jetzt versuchen, durch *Phasendiagramme* — etwa mit Versuchsperioden von den Längen 25 und 7 (oder benachbarten) die vermuteten mittleren und kurzen Wellen genauer zu bestimmen, um dann nach ihrer Eliminierung die vermutete lange Welle und etwa noch verbleibende Reste zu untersuchen. Wird aber angenommen, daß der Kurvenanblick keinen sicheren Befund erlaubt, so werden die genäherten Periodenlängen aus einem *Spektrum* (Amplitudendiagramm) ermittelt werden müssen. Das Spektrum enthält für eine Folge von Versuchsperioden (bzw. -frequenzen) die nach Art der Fourierkoeffizienten berechneten Amplituden oder deren Quadrate (Intensitäten). Die Abszissen (Versuchsperioden) können beliebig gewählt werden, müssen aber im ganzen untersuchten Spektralbereich mindestens so dicht liegen wie die Fourierperioden des Untersuchungsintervalls. Die Amplituden der Fourierglieder der Beobachtungsreihe selbst können daher als ausreichend dichtes Spektrum dienen. Die Genauigkeit der Berechnung der Amplituden braucht nicht groß zu sein — im Interesse der Arbeitsersparnis sind daher rohe Näherungsmethoden zu bevorzugen. Je nach Vorhandensein von Hilfsmitteln können verschiedene Wege eingeschlagen werden:

a) Periodograph. Der photomechanische Periodograph des Verfassers liefert mühelos auf photographischem Wege ein Spektrum der Wertereihe. Abb. 3 zeigt es (Fourierentwicklung von 120 Werten).

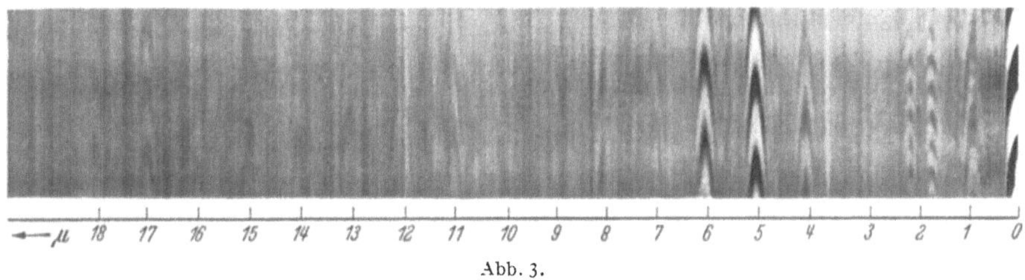

Abb. 3.

Maximale Amplituden, kenntlich durch besonders hervortretende Parabelscharen, treten auf bei den Ordnungen 1, 5, 6 und (weniger deutlich) 17 der Entwicklung — verdächtig sind also die Umgebungen der Versuchsperioden 120, 24, 20 und 7 [wahre Perioden nach Formel (1): 90, 25, 20 und 7].

b) Harmonischer Analysator. Ein solches Instrument (etwa der H. A. von MADER-OTT, der GuM S. 52f. beschrieben ist) wird vielen Rechnern zur Verfügung stehen. Nach Aufzeichnen der Kurve lassen sich mit ihm die Fourierkoeffizienten a_μ, b_μ (bei dem Instrument von MADER-OTT bis zur 25. Ordnung) mechanisch bestimmen, mit einer für den vorliegenden Zweck völlig ausreichenden Genauigkeit. Das Spektrum wird durch die Folge $h_\mu = \sqrt{a_\mu^2 + b_\mu^2}$ dargestellt (vgl. Abb. 4).

c) Berechnung des Spektrums. Stehen keine mechanischen Hilfsmittel zur Verfügung, so müssen die Ordinaten des Spektrums durch Rechnung ermittelt werden. Das kann auf verschiedene Weise geschehen:

1. Strenge Berechnung der Fourierkoeffizienten — etwa nach dem Schema für 120 Ordinaten (Tafel I d) — bis zur gewünschten Ordnung.

2. Berechnung der Komponenten nach ganzzahligen oder rational gebrochenen Versuchswellen nach dem Buys-Ballotschen Schema (GuM S. 132f.), wobei darauf zu achten ist, daß die Versuchswellen mindestens so dicht liegen sollen wie die Fourierperioden. Im vorliegenden Falle, wo bis 121 Ordinaten verfügbar sind, wird man etwa folgende Wellenauswahl zu bearbeiten haben:

Ganzzahlig: p = 120, 60, 40, 30, 24, 20, 17, 15, 13, 12, 11, 10, 9, 8, 7, 6, 5, 4 . . . .

Die dazugehörigen Frequenzen sind:

= 1, 2, 3, 4, 5, 6, (7), 8, (9), 10, (11), 12, (13), 15, (17), 20, 24, 30, . . .
(die eingeklammerten sind abgerundet).

Gebrochene Versuchswellen sind also zwischen folgende ganzzahlige p einzuschalten:

Eine zwischen 9 und 8 (etwa zweite Welle von p = 17)
Eine zwischen 8 und 7 (etwa zweite Welle von p = 15)

Zwei zwischen 7 und 6 (etwa dritte Welle von p = 19 und 20)

Drei zwischen 6 und 5 (etwa vierte Welle von p = 21, 22, 23)

Vier zwischen 5 und 4 (etwa fünfte Welle von p = 21, 22, 23, 24)

Damit wäre das Spektrum bis zur 30. Ordnung abwärts dicht genug belegt, was im vorliegenden Fall mehr als ausreichend ist, da die letzte vorkommende Periode etwa der 17. Ordnung entspricht. Werden aus irgendwelchen Gründen noch kürzere Perioden vermutet, so muß das Spektrum natürlich weiter berechnet werden (höchste Ordnung hier die sechzigste). Doch wird man — namentlich wenn Persistenz der Wellen nicht mit Sicherheit zu erwarten ist — vorziehen, die kleinen Wellen aus kürzeren Intervallen zu berechnen.

Die Technik des Verfahrens möge hier nur an zwei Beispielen gezeigt werden, einer ganzzahligen und einer gebrochenen Versuchswelle: So ergibt das Schema für die Welle p = 11 (Ordnung $\mu = 11$) durch Anordnung aller 121 Werte in 11 Zeilen zu je 11 Werten:

68	64	58	48	38	35	41	55	73	88	98
106	116	129	144	155	157	148	133	117	104	94
83	69	50	32	20	19	27	39	50	58	65
76	92	111	127	135	134	125	116	108	103	96
83	65	46	31	25	27	32	36	36	36	40
51	67	82	91	92	90	88	90	95	99	97
89	79	71	69	72	76	76	70	62	57	58
63	69	70	67	61	59	64	74	86	95	98
98	101	110	121	131	133	128	116	106	98	94
89	79	64	48	38	36	43	53	62	69	74
84	100	120	137	147	147	140	131	124	118	110
890	901	911	915	914	913	912	913	919	925	924

Die Summenreihe zeigt schon auf den ersten Blick geringe Schwankung. Da die größte Differenz 35 beträgt, ist der obere Grenzwert für die Amplitude 17.5 : 11 = 1.6; der erfahrene Rechner wird daraufhin die weitere Analyse der Summenreihe unterlassen, da das Ergebnis belanglos sein wird. Soll die Rechnung trotzdem durchgeführt werden, so geschieht sie nach dem Schema p = 11 (siehe: Tafel Ia). Das Ergebnis ist: $\frac{121}{2} a_{11} = -30.7$; $\frac{121}{2} b_{11} = -28.0$; nach Tafel IV: $\frac{121}{2} h_{11} = 41.3$; $h_{11} = 0.7$.

Die meisten ganzzahligen Wellen lassen sich mit 120 Werten berechnen. Ausnahmen sind: p = 17 und 7 mit 119 Werten, p = 13 und 9 mit 117 Werten und p = 11 mit 121 Werten. Die geringfügige Ungleichmäßigkeit der Gewichte ist ein hier belangloser Schönheitsfehler.

Als Beispiel für eine gebrochene Welle wähle ich p = 4.8 (5. Welle von p = 24). Die Summenreihe für p = 24 erhalte ich aus Tabelle 6 durch zeilenweise Summierung (wobei der 121. Wert in der letzten Spalte fortgelassen wird). Die Analyse dieser Reihe ergibt für die Fourierkoeffizienten der fünften Welle: a = -1.6, b = -3.1; nach Tafel IV also h = 3.5. Da in der Summenreihe je 5 Summanden addiert waren, ist also dies Ergebnis noch durch 5 zu dividieren. Man erhält demnach h = 0.7.

3. Berechnung der Komponenten nach dem *Darwinschen Schema* (siehe Aufgabe 7—10 und GuM S. 138f.). Die unter Ziffer 1 und 2 beschriebenen Verfahren haben den Vorteil größtmöglicher Strenge, der hier jedoch wenig ins Gewicht fällt, dagegen den großen Nachteil, daß verschiedene Rechenschemata zur Anwendung gelangen. Das *Darwin-Börgen*sche Schema bietet die Möglichkeit zur Benutzung eines einheitlichen Schemas für alle Wellen — die Ergebnisse sind allerdings nur Näherungen, die aber hier hinreichend genau sind.

121 Werte lassen sich bequem nach einem Darwin-Börgenschen Schema von 11 Spalten analysieren. Die Zuordnung der Werte y_ν ($\nu = 0, 1, 2, \ldots 120$) zu den 11 mit $0, 1, 2, \ldots 9, 10$ ($10 = *$) bezeichneten Spalten ist für die Bildung der Summenreihen der Wellen 1 bis 25 in Tafel V gegeben. Man schreibe die 121 Werte der Tabelle 6 auf zwei Laufzettel (0 bis 60; 61 bis 120) senkrecht untereinander, so daß sie mit den 61 bzw. 60 Zeilen der Tafel V koinzidieren. Dann halte man die Laufzettel nacheinander neben die mit 1—25 bezifferten Spalten für die einzelnen Wellen und addiere jedesmal die bei gleicher Nummer stehenden Werte, wobei man am bequemsten so vorgeht, daß man die zu addierenden Werte einer Hilfsperson in die Rechenmaschine diktiert. Man erhält so für jede Welle 11 Summen zu je 11 Summanden, deren Quersumme (als Kontrolle!) jedesmal mit der Gesamtsumme aller 121 Werte übereinstimmen muß. Die 25 Summenreihen werden sodann gemeinsam nach dem Schema p = 11 (Grundwelle) analysiert.

In Tabelle 7 sind die ersten 20 dieser Summenreihen (die hier im Notfall ausreichen) ausführlich wiedergegeben. In der letzten Spalte stehen oben die cos-, unten die sin-Faktoren, mit denen zeilen-, weise alle 20 Spalten zu multiplizieren sind. Im Falle einer derartigen Massenanalyse nach gleichem Schema ist es am bequemsten, eine der gebräuchlichsten Multiplikationstafeln zu benutzen (CRELLE,

Tabelle 7.

| Sp. | Welle | | | | | | | | | | cos |
---	1	2	3	4	5	6	7	8	9	10	
0	934	964	951	929	726	939	924	851	915	892	1.000
1	1162	725	742	922	594	798	784	927	897	844	0.841
2	869	962	683	1034	513	723	985	920	889	956	0.415
3	914	1171	955	949	573	636	872	880	894	855	−0.142
4	825	811	1191	949	783	621	877	913	993	988	−0.655
5	653	689	1119	940	1009	770	1013	911	899	865	−0.959
6	925	1137	804	781	1159	925	868	906	830	972	−0.959
7	712	1169	613	869	1301	1074	931	973	936	871	−0.655
8	1111	673	720	881	1282	1177	1002	907	989	973	−0.142
9	896	634	1049	802	1140	1226	813	911	940	901	0.415
10 = ✱	1036	1102	1210	981	957	1148	968	938	855	920	0.841

| Sp. | Welle | | | | | | | | | | sin |
---	11	12	13	14	15	16	17	18	19	20	
0	890	890	974	866	969	915	930	797	903	936	—
1	901	912	846	947	939	923	1027	1088	955	792	0.541
2	911	935	894	1029	805	906	965	679	895	1012	0.910
3	915	866	969	933	1000	899	940	939	900	872	0.990
4	914	957	917	826	952	917	938	1057	847	912	0.756
5	913	848	835	817	824	903	848	722	912	883	0.282
6	912	958	930	945	944	916	849	1066	981	981	−0.282
7	913	839	1009	977	917	900	826	975	953	848	−0.756
8	919	978	859	1012	884	926	869	770	942	802	−0.990
9	925	873	862	857	944	911	920	1130	862	990	−0.910
10 = ✱	924	981	942	828	859	921	925	814	887	909	−0.541

ZIMMERMANN u. a.), zeilenweise die Multiplikationen mit gleichem Faktor auszuführen und die Produkte in entsprechende Tabellen einzutragen. Die Spaltensummen der so erhaltenen Produkttabellen ergeben dann direkt die (mit $121/2 = 60.5$ multiplizierten) genäherten Fourierkoeffizienten a_μ und b_μ. Eine gute Kontrolle der Rechnung, auf die man unter keinen Umständen verzichten soll, ergibt sich, wenn man die Summenwerte der Tabelle 7 zeilenweise addiert und die so erhaltene Quersummenspalte ebenfalls mit den cos- und sin-Faktoren kombiniert. Das Ergebnis muß dann mit der Quersumme der cos- bzw. sin-Komponenten übereinstimmen.

Das so erhaltene und geprüfte Analysenergebnis ist für Welle 1—25 das folgende: (Auf die Wiedergabe der Summenreihen für Welle 21—25 ist aus Gründen der Raumersparnis verzichtet worden):

Tabelle 8.

Welle (μ)	$\frac{121}{2}\,a_\mu$	$\frac{121}{2}\,b_\mu$	$\frac{121}{2}\,h_\mu$	h_μ	Welle (μ)	$\frac{121}{2}\,a_\mu$	$\frac{121}{2}\,b_\mu$	$\frac{121}{2}\,h_\mu$	h_μ
1	708	− 144	725	12	14	− 5	− 8	9	0
2	−148	189	240	4	15	21	24	32	1
3	47	173	180	3	16	26	− 22	34	1
4	190	351	399	7	17	314	251	401	7
5	−991	−1901	2140	35	18	−141	−130	192	3
6	392	−1568	1616	27	19	− 75	− 74	105	2
7	−111	− 72	133	2	20	− 46	− 29	54	1
8	52	− 69	86	1	21	− 6	− 32	33	1
9	− 41	− 55	69	1	22	− 39	− 33	51	1
10	− 92	− 50	105	2	23	− 72	− 25	76	1
11	− 21	− 28	35	1	24	− 40	− 6	40	1
12	61	− 34	70	1	25	− 35	− 24	42	1
13	− 6	− 11	12	0					

155

$\dfrac{121}{2}\, h_\mu$ ist aus den beiden vorhergehenden Spalten nach Tafel IV genähert entnommen; h_μ selbst ergibt sich dann durch Teilung durch $121/2 = 60.5$. Das so gewonnene Amplitudenspektrum ist in Abb. 4 aufgezeichnet; es zeigt maximale Amplituden bei $n = 1$, 5, 6 und 17 (vgl. das photographische Spektrum Abb. 3).

C. Untersuchung der Hauptperioden. Nachdem die periodenverdächtigen Stellen des Spektrums erkannt worden sind, erfolgt die Spezialuntersuchung dieser Stellen nach besonderen Methoden (Phasendiagramm, Epizykeldiagramm, Summenfunktion). In Wahl und Anlage der Methode ist hier dem Rechner ein ziemlich großer Spielraum gelassen; die geschickteste Auswahl des Weges erfordert daher eine gewisse Übung und Vertrautsein mit den Möglichkeiten.

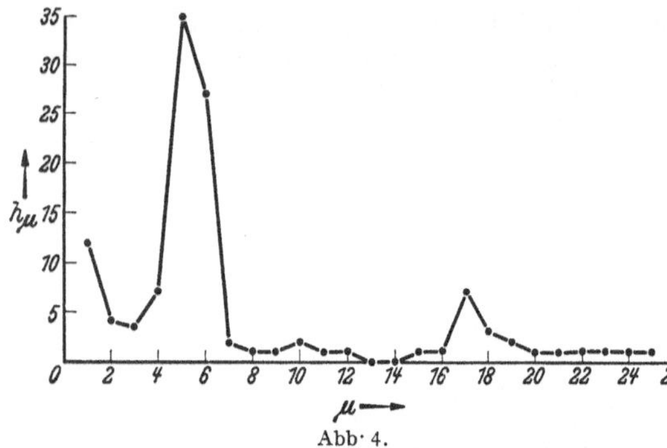

Abb. 4.

Es ist zweckmäßig, bei der Feinuntersuchung der verdächtigen Spektralteile mit denjenigen Wellen zu beginnen, die sich im Spektrum durch die größten Amplituden auszeichnen. Das ist hier das Wellenband bei $n = 5$ und 6, dem nach (A) zwei benachbarte Perioden entsprechen, die eine „Schwebung" erzeugen. Diesen beiden Ordnungszahlen entsprechen Versuchsperioden von der Länge 24 und 20; da die größte Amplitude bei $p = 24$ ($n = 5$) liegt, so ist es zweckmäßig, mit dieser Versuchswelle anzufangen.

Die Methode des *Phasendiagramms* (GuM S. 107 f.) beruht darauf, daß ein (die zu untersuchende Periode ganzzahlig enthaltendes) kleineres Beobachtungsintervall nach dieser Welle analysiert und stetig durch die gesamte Wertereihe hindurch verschoben wird. Trägt man die (auf einen festen Nullpunkt bezogene) Phase der für jede Intervallage ermittelten Welle als Funktion der Intervallage auf, so läßt sich aus dem Phasengang auf die wahre Periodenlänge schließen. Ist in der Nähe der Versuchswelle nur eine einzige Periode vorhanden, so ist der Phasenverlauf linear; bei zwei benachbarten Perioden (Schwebung) wird der lineare Verlauf durch eine Schwankung von der Schwebungsperiode deformiert. Es ist daher nötig (siehe auch GuM S. 123), daß die Verschiebung des Untersuchungsintervalls mindestens eine Schwebungslänge umfasse, damit eine Eliminierung dieser Deformation möglich sei. Da nach dem bisherigen Befund die Länge der Schwebung von der Gesamtlänge der Reihe nicht sehr verschieden sein kann, wird es notwendig sein, das verschiebbare Intervall möglichst klein zu wählen. So kommen wir dazu, Teilintervalle von 24 Zeiteinheiten Länge zu wählen: da 121 Werte verfügbar sind, läßt sich ein solches Intervall durch 97 Zeiteinheiten von seiner Anfangslage aus verschieben. — Die gleichen Intervalle können ferner zur Bestimmung der etwa 7 Zeiteinheiten umfassenden kurzen Welle ($n = 17$) benutzt werden, indem man sie außer nach der ersten Ordnung ($p = 24$) auch nach der dritten Ordnung ($p = 8$) analysiert. $p = 7$ liegt in der Mitte zwischen den Perioden der dritten und vierten Ordnung ($p = 8$ und 6) des 24er Intervalls, wird also durch ein Phasendiagramm mit der dritten Welle noch erfaßt.

Das einzuschlagende Verfahren ist also das einer *progressiven Analyse* eines verschiebbaren Intervalls von der Länge 24 nach der ersten und dritten Welle. Nach GuM S. 112—113 sind zunächst die Komponenten dieser Welle für das erste Teilintervall (Ausgangsintervall) zu bilden nach den Formeln:

$$\left.\begin{array}{ll} \dfrac{n}{2}\, a_1(0) = \displaystyle\sum_{\nu=0}^{23} y_\nu \cos 15^\circ \nu & \dfrac{n}{2}\, a_3(0) = \displaystyle\sum_{\nu=0}^{23} y_\nu \cos 45^\circ \nu \\[3ex] \dfrac{n}{2}\, b_1(0) = \displaystyle\sum_{\nu=0}^{23} y_\nu \sin 15^\circ \nu & \dfrac{n}{2}\, b_3(0) = \displaystyle\sum_{\nu=0}^{23} y_\nu \sin 45^\circ \nu \end{array}\right\} \qquad (n = 24).$$

Bildet man nun (nach Tabelle 6, in der vorsorglich die Beobachtungswerte schon in Spalten zu je 24 Werten angeordnet sind) die Differenzen

$$d_0 = y_{24} - y_0; \; d_1 = y_{25} - y_1; \; \ldots; \; d_{96} = y_{120} - y_{96}$$

so ist allgemein:

$$\left.\begin{array}{l} \dfrac{n}{2}\, a_1(\mu) = \dfrac{n}{2}\, a_1(\mu-1) + d_{\mu-1} \cos 15^\circ (\mu-1) \\[3ex] \dfrac{n}{2}\, b_1(\mu) = \dfrac{n}{2}\, b_1(\mu-1) + d_{\mu-1} \sin 15^\circ (\mu-1) \;\; \text{usw.} \end{array}\right\} \qquad (2)$$

Die trigonometrischen Faktoren sind für die erste Welle die für p = 24, für die dritte Welle die für p = 8, beginnend mit cos (sin) 0°. Die Differenzenreihe:

$$d_0 = -18; \quad d_1 = -32; \quad d_2 = -38; \quad \ldots; \quad d_{95} = +2; \quad d_{96} = +4$$

möge der Leser aus Tabelle 6 vollständig entnehmen.

In der folgenden Aufstellung (Tabelle 9) ist die progressive Analyse für die ersten 12 Intervallverschiebungen vollständig ausgeführt:

Tabelle 9.

μ	d	Welle 1 $\frac{n}{2}\cos$	$\frac{n}{2}\sin$	$\frac{n}{2}h$	ψ'	ψ	Welle 3 $\frac{n}{2}\cos$	$\frac{n}{2}\sin$	$\frac{n}{2}h$	ψ'	ψ
0		−362.6	−513.5	620	39	239	+75.4	+45.0	87	66	66
	−18	− 18.0	—				−18.0	—			
1		−380.6	−513.5	640	41	241	+57.4	+45.0	73	57	57
	−32	− 30.9	− 8.3				−22.6	−22.6			
2		−411.5	−521.8	660	42	242	+34.8	+22.4	41	64	64
	−38	− 32.9	− 19.0				—	−38.0			
3		−444.4	−540.8	700	44	244	+34.8	−15.6	38	73	127
	−29	− 20.5	− 20.5				+20.5	−20.5			
4		−464.9	−561.3	730	44	244	+55.3	−36.1	66	63	137
	−11	− 5.5	− 9.5				+11.0	—			
5		−470.4	−570.8	740	44	244	+66.3	−36.1	75	68	132
	+ 4	+ 1.0	+ 3.9				− 2.8	− 2.8			
6		−469.4	−566.9	740	44	244	+63.5	−38.9	75	65	135
	+ 9	—	+ 9.0				—	− 9.0			
7		−469.4	−557.9	730	44	244	+63.5	−47.9	80	59	141
	+ 3	− 0.8	+ 2.9				+ 2.1	− 2.1			
8		−470.2	−555.0	730	44	244	+65.6	−50.0	82	59	141
	− 8	+ 4.0	− 6.9				− 8.0	—			
9		−466.2	−561.9	730	44	244	+57.6	−50.0	76	55	145
	−12	+ 8.5	− 8.5				− 8.5	− 8.5			
10		−457.7	−570.4	730	43	243	+49.1	−58.5	76	45	145
	− 6	+ 5.2	− 3.0				—	− 6.0			
11		−452.5	−573.4	730	43	243	+49.1	−64.5	81	42	158
	+ 5	− 4.8	+ 1.3				− 3.5	+ 3.5			
12		−457.3	−572.1	730	43	243	+45.6	−61.0	76	41	159

usw.... (ψ' und ψ in Zentesimalgraden).

Die erste Spalte gibt die Intervallnummer ($\mu = 0$: Anfangsintervall), die zweite die Differenzen d_μ. Die dritte und vierte Spalte beginnt mit den Wellenkomponenten $\frac{n}{2}a_1(0)$ und $\frac{n}{2}b_1(0)$ für das Ausgangsintervall, darunter folgen gemäß der Rekursionsformel (2) abwechselnd die mit den trigonometrischen Formeln (nach Tafel III, p = 24, S. 76/77) multiplizierten Differenzen und die durch schrittweise Hinzufügung dieser Produkte erhaltenen Wellenkomponenten für die nächste Intervallage. Sodann folgt für jede Intervallage die Amplitude $\frac{n}{2}h$ und die ohne Rücksicht auf das Vorzeichen berechnete Phase ψ' — beide abgerundet aus Tafel IV entnommen (ohne Interpolation; die Genauigkeit ist für den vorliegenden Zweck völlig ausreichend). Die mit ψ überschriebene Spalte enthält schließlich die endgültige Phase (tg $\psi_\mu = a_\mu/b_\mu$) mit Berücksichtigung des Quadranten. Die rechte Hälfte der Tabelle enthält dieselbe Rechnung für die dritte Welle; die trigonometrischen Faktoren sind hier 0, $\frac{1}{2}\sqrt{2}$ oder 1 — für die Bildung der Produkte d_μ cos (sin) 45° kann Tafel IIa (S. 32/33) benutzt werden.

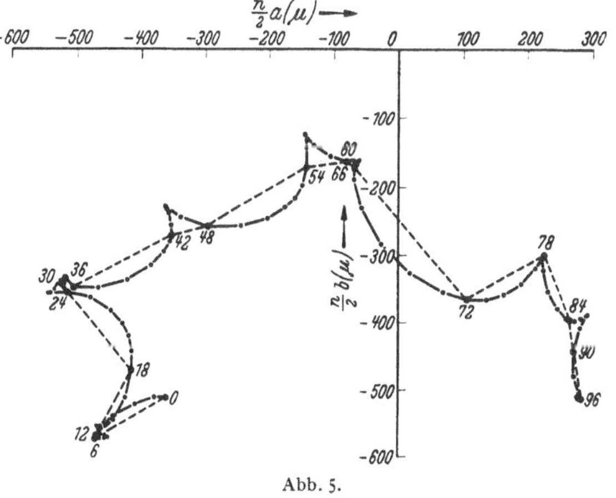

Abb. 5.

Die Intervallverschiebung beträgt hier jeweils eine Einheit. Diese dichteste Intervallfolge braucht jedoch in der Praxis nicht genommen zu werden und ist hier nur zu Demonstrationszwecken gewählt: setzt man die in Tabelle 9 begonnene Rechnung bis zum Ende fort, so erhält man die 97 Wertepaare $\left(\frac{n}{2}a(\mu); \frac{n}{2}b(\mu)\right)$, die in Abb. 5 für den Fall der ersten Welle (p = 24) als Punktfolge eingezeichnet sind.

Man erkennt hier deutlich den durch zwei benachbarte Wellen erzeugten epizykloidenartigen Verlauf der Punktfolge, der durch die Wirkung der „Störungsvektoren" (GuM S. 102) „gekräuselt" erscheint. Für die eigentliche Analyse ist es vollkommen ausreichend, die Wellenkomponenten (und daraus h und ψ) für eine weniger dichte Auswahl von Intervallen zu berechnen. In Tabelle 10 ist dies für Verschiebungen um je 6 Einheiten ausgeführt, indem die Summen nicht nach jedem Schritt, sondern jeweils erst nach Hinzufügung von 6 Verschiebungsgliedern gezogen wurden. Hierbei sei noch bemerkt, daß eine durchgreifende Kontrolle der ganzen Rechnung dadurch möglich ist, daß man die Komponenten des Endintervalls noch einmal, unabhängig von der obigen Fortschreibungsmethode, aus den Beobachtungswerten dieses letzten Intervalls direkt berechnet, wobei man nur darauf zu achten hat, daß die richtigen Phasen benutzt werden. Das Ergebnis muß mit dem der progressiven Analyse bis auf wenige Einheiten der letzten Stelle übereinstimmen. Die Vornahme dieser Kontrolle ist unerläßlich, bei längeren Reihen sollte man mehrere derartige Kontrollen einschieben.

Tabelle 10.

μ	Welle 1					Welle 3				
	cos	sin	h	ψ'	ψ	cos	sin	h	ψ'	ψ
0	−362.6	−513.5	620	39	239	+75.4	+45.0	87	66	66
6	−469.4	−566.9	740	44	244	+63.5	−38.9	75	65	135
12	−457.3	−572.1	730	43	243	+45.6	−61.0	76	41	159
18	−413.3	−473.4	632	46	246	−60.1	−62.3	86	49	249
24	−518.4	−356.1	640	61	261	−30.7	−22.7	38	60	260
30	−522.1	−334.5	620	64	264	−78.1	−0.1	78	100	300
36	−506.2	−350.8	620	62	262	−63.4	+4.6	63	95	305
42	−353.2	−270.1	443	59	259	−39.2	+95.2	103	25	375
48	−294.8	−256.7	392	54	254	+13.8	+8.6	16	64	64
54	−143.5	−170.6	224	45	245	+39.3	+64.7	76	34	34
60	−78.9	−161.2	180	29	229	+57.7	−42.3	72	60	140
66	−67.9	−168.3	181	24	224	+79.0	−47.2	92	66	134
72	+105.4	−365.6	381	18	182	−27.7	−126.1	129	14	214
78	+223.5	−300.6	375	41	159	−22.2	−52.4	56	25	225
84	+267.1	−395.5	479	38	162	−87.1	−28.9	92	80	280
90	+271.5	−442.2	518	35	165	−24.7	+14.7	29	66	334
96	+279.7	−509.2	580	32	168	−49.3	+74.1	88	37	363
Kontr.	+279.6	−509.2				−49.3	+74.1			

In Abb. 5 ist das aus der Tabelle 10 hervorgehende Epizykeldiagramm gestrichelt mit eingetragen, um zu zeigen, daß die Punktfolge von 6 zu 6 Einheiten den allgemeinen Verlauf des Diagramms deutlich genug wiedergibt. Aus dem Anblick des Diagramms entnimmt man (vgl. GuM S. 123, Fußnote), daß die beiden Schwebungsperioden zu beiden Seiten der Versuchsperiode p = 24 liegen müssen, da die Epizykelschleifen (die hier nur angedeutet sichtbar sind) offenbar nach außen zeigen. Die Bewegung im Deferenten ist langsam und rückläufig, die im Epizykel schneller und rechtläufig; es ist also eine Periode zu erwarten, die wenig größer als 24 ist und eine zweite, die um einen merklich größeren Betrag unter 24 liegt. Die genauen Werte der Perioden sind mit Hilfe des Phasen- und Amplitudendiagramms zu ermitteln, das in Abb. 6 für p = 24 als Funktion von μ aufgetragen ist. Die Amplituden zeigen eine deutliche Sinusschwankung, deren Periode leicht zu ungefähr 96 Einheiten abgeschätzt werden kann, da die Abszissendifferenz zwischen Maximum und Minimum etwa 48 beträgt. Diese Amplitudenschwankung hat nach GuM S. 121—22 die gleiche Periode wie die Schwebung zwischen den beiden gesuchten Wellen. Dieselbe Schwankung

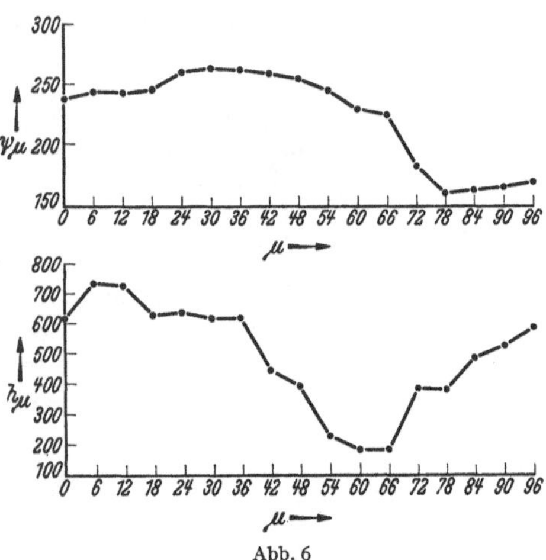

Abb. 6

ist auch beim Phasendiagramm festzustellen, das einen absteigenden linearen Verlauf mit überlagerter sinusähnlicher Schwankung zeigt (GuM S. 122). Da die Periode der Schwankung, wie soeben festgestellt, etwa 96 beträgt, dürfte die Phasendifferenz zwischen der letzten Intervallage und der ersten

$(\psi_{96} - \psi_0 = -71$ Zentesimalgrade) von der Schwebung fast völlig unbeeinflußt sein und daher zur Ableitung der Deferentengeschwindigkeit geeignet sein. Diese ist demnach in guter Näherung:

$$-\frac{71^g}{96} = -0^g{.}7396 \text{ (Zentesimalgrade)} = -0°{.}6656 \text{ je Einheit} \quad (1^g = 0°{.}9).$$

Aus der Frequenz der Versuchsperiode, $\Omega = \dfrac{2\pi}{24} = 16^g{.}667 = 15°$ ergibt sich daher die Frequenz der gesuchten Periode [die wir mit dem Index 2 kennzeichnen wollen, da sie die zweite in der Folge der 4 Perioden der Formel (1) ist], nach der Formel:

$$T_2 - 15° = \pm 0°{.}6656$$

zu $T_2 = 14°{.}3344$. Die Periode selbst ist daher $\dfrac{2\pi}{T_2} = p_2 = 25.1$ [wahrer Wert nach Formel (1): $p_2 = 25$]. Eine größere Genauigkeit ist vorerst nicht zu erwarten, da nur *eine* Schwebung vorliegt und daher die Eliminierung des von der benachbarten Periode herrührenden Epizykels nur unvollkommen gelingt.

Aus der genäherten Schwebungsperiode 96 ergibt sich die zweite unbekannte Periode $(p_3 > p_2)$ nach GuM S. 122 mit Hilfe der Gleichung

$$\sigma = \frac{2\pi}{|T_3 - T_2|} = \frac{p_2 p_3}{|p_2 - p_3|} = 96; \quad T_3 = T_2 + \frac{2\pi}{96} = 18°{.}084 = 20^g{.}094 = \frac{2\pi}{p_3} \qquad (2\pi = 360° = 400^g)$$

zu $p_3 = 19.9$ [wahrer Wert nach Formel (1): $p_3 = 20$].

Nun sind noch Amplitude und Anfangsphase zu ermitteln, jedoch können auch hierfür vorerst nur genäherte Werte erlangt werden, da die verfügbaren Daten noch mit den „Störungsgliedern" behaftet sind. Erst nach Beendigung der vorläufigen Analyse lassen sich diese Störungen berechnen und eliminieren.

Eine Abschätzung der Amplituden der beiden Hauptperioden gelingt am bequemsten aus dem Amplitudendiagramm, das (nach graphischer Glättung, s. Abb. 6) ein Maximum 700 und ein Minimum 200 zeigt. Der Radius des Deferenten ist demnach rund $\frac{1}{2}(700 + 200) = 450$, der des Epizykels $\frac{1}{2}(700 - 200) = 250$. Die Amplituden der beiden Wellen, c_2 und c_3, ergeben sich danach aus den Gleichungen:

$$\frac{n}{2} c_2 P_2 = 450; \qquad \frac{n}{2} c_3 P_3 = 250 \qquad (n = 24).$$

$$P_2 = \frac{\sin \dfrac{n}{2}(\Omega - T_2)}{\dfrac{n}{2}(\Omega - T_2)} = 0.997; \quad P_3 = \frac{\sin \dfrac{n}{2}(\Omega - T_3)}{\dfrac{n}{2}(\Omega - T_3)} = 0.932.$$

P_2 und P_3, bzw. ihre reziproken Werte, sind aus Tafel VIc mit $x = 12 \cdot |\Omega - T_2| = 8^g{.}875$ bzw $x = 12 \cdot |\Omega - T_3| = 41^g{.}124$ entnommen. Mit $n = 24$ ergibt sich dann:

$$c_2 = 37.6 \text{ (wahrer Wert } c_2 = 38)$$
$$c_3 = 22.4 \text{ (wahrer Wert } c_3 = 22)$$

Bei der Abschätzung der *Anfangsphasen* der zu untersuchenden Wellen ist es am sichersten, diejenige Stelle des Phasendiagramms zu benutzen, die dem Amplitudenmaximum entspricht, da die Genauigkeit der Phasen um so größer ist, je größer die zugehörigen Amplituden sind. Das Amplitudenmaximum liegt hier etwa an der Stelle $\mu = 9$ des Diagramms, und da sich Amplituden und Phasen immer auf die Mitte des jeweiligen Teilintervalls von 24 Einheiten Länge beziehen, haben wir, um den Schwingungszustand am Anfang der Beobachtungsreihe zu erhalten, die beiden Periodogrammvektoren (Periodenuhren), durch deren gemeinsame Drehung die Epizykloide (Abb. 6) entsteht, unter Berücksichtigung der ihnen zukommenden Drehgeschwindigkeiten und des Drehungssinnes erstens um 9 Einheiten zurückzudrehen, um auf die Mitte des Anfangsintervalls $(\mu = 0)$ zu gelangen, sodann noch einmal um 12 Einheiten, um den Phasenwert für den Anfang der Reihe selbst zu erhalten. Insgesamt ist also, vom Zeitpunkt der Maximalamplitude aus gerechnet, jeder Vektor um 21 Einheiten rückwärts zu drehen.

Für $\mu = 9$ ist nun die Phase (nach Tabelle 9) $\psi = 244^g = 220°$. Da im Amplitudenmaximum beide Phasen, die des Deferenten und die des Epizykels, gleichgerichtet sind, gilt dieser Wert für beide Periodenuhren. Nun ist die Bewegungsgeschwindigkeit pro Einheit der Verschiebung für die große Welle $(p_2 = 25)$ rückläufig und beträgt rund $T_2 - 15° = -0°{.}67$, die der kleineren Welle $(p_3 = 20)$ ist rechtläufig und beträgt rund $T_3 - 15° = +3°{.}0$. Als Anfangsphasen erhalten wir daher, bei Rückwärtsdrehung um 21 Einheiten:

$$= 220° + 21 \cdot 0°{.}67 = 234° \text{ (wahrer Wert } 237°)$$
$$= 220° - 21 \cdot 3°{.}0 = 157° \text{ (wahrer Wert } 150°)$$

Als Näherung für die beiden Hauptwellen ergibt sich daher die Formel

$$37.6 \sin \left(\frac{2\pi}{25.1}\nu + 234°\right) + 22.4 \sin \left(\frac{2\pi}{19.9}\nu + 157°\right).$$

D. Untersuchung der kurzen Periode. Für die Bestimmung der kurzen, nach dem Spektrum in der Nähe von $p = 7$ zu erwartenden Periode (p_4) benutzen wir das in Tabelle 10 rechts unter „Welle 3" gegebene Phasendiagramm für die Versuchsperiode 8 (dritte Harmonische des Analysenintervalls 24). Das Phasendiagramm (Abb. 7) ist linear aufsteigend; die Abweichungen zeigen nur kurzperiodische Schwankungen, so daß hier eine lineare Ausgleichung nach der Methode der kleinsten Quadrate angezeigt ist, falls man sich nicht mit einer graphischen Ausgleichung begnügen will. Die strenge Ausgleichung ergibt als Phasenänderung für die Einheit der Verschiebung:

$$7.116 \text{ Zentesimalgrade} = 6°.404$$

und 84.1 Zentesimalgrade $= 75°.7$ für die mittlere Phase des Ausgangsintervalls, mithin

$$75°.7 - 12 \cdot 6°.404 = -1°.1 \text{ (wahrer Wert } 0°)$$

als Anfangsphase. Die Periode der kurzen Welle ergibt sich aus der Frequenz der Versuchsperiode $\Omega_4 = \frac{2\pi}{8} = 45°$ nach der Gleichung

$$T_4 - 45° = 6°.404; \quad T_4 = 51°.404$$

zu $p_4 = \frac{2\pi}{T_4} = 7.003$ (wahrer Wert $p_4 = 7$)

Die Amplituden, die in Abb. 7 ebenfalls aufgezeichnet sind, streuen infolge der Störungen sehr stark, sie ergeben im Mittel $\frac{1}{2}$nh $= 74$, also h $= 6.17 = c_4 P_4$; da

$$P_4 = \frac{\sin \frac{n}{2}(45° - T_4)}{\frac{n}{2}(45° - T_4)} = \frac{\sin 76.85}{76°.85} =$$

$$= \frac{\sin 85^g.39}{85^g.39} = 0.726 \text{ (nach Tafel VI c)}$$

so erhält man $c_4 = 8.5$ (wahrer Wert $c_4 = 8$).

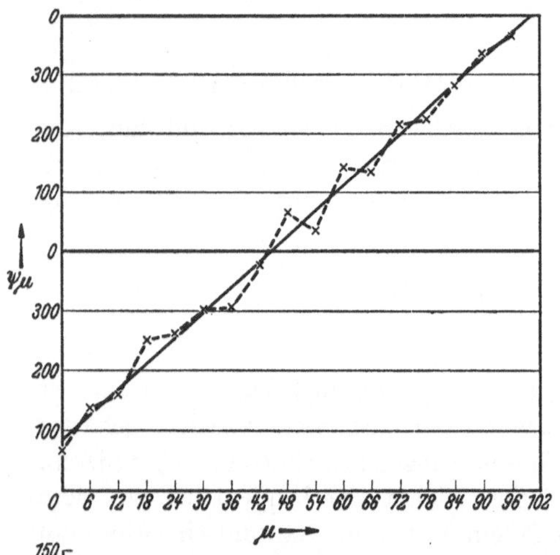

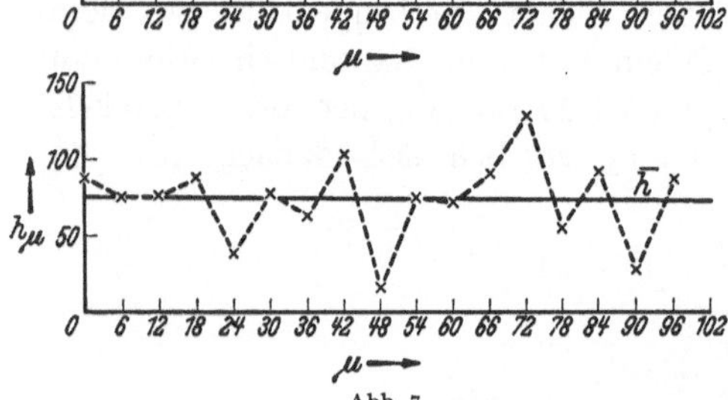

Abb. 7.

E. Untersuchung der langen Periode. Da die lange Periode von der Größenordnung der Länge der Wertereihe selbst ist, ist die Methode des Phasendiagramms wenig erfolgversprechend. Eine brauchbare Näherung für die Konstanten dieser Periode läßt sich aber schon durch ein primitives Glättungsverfahren erzielen, wenn man darauf achtet, daß durch die Glättung die Anteile der übrigen Perioden möglichst stark verkleinert werden, so daß die lange Periode deutlich sichtbar wird. Bildet man z. B. die Mittelwerte der in den obigen Untersuchungen benutzten 17 Teilintervalle von der Länge 24, so erhält man die Folge: 92.5 87.4 87.0 82.7 75.3 75.5 74.3 66.6 67.9 76.0 74.6 74.3 86.1 92.1 87.5 88.9 91.7, die in Abb. 8 aufgezeichnet ist, und in der die drei kürzeren Perioden mehr oder weniger stark unterdrückt sind. Der Kurvenverlauf zeigt eine ausgesprochene Sinusschwankung, deren wahrer Verlauf etwa durch die freihändig eingezeichnete glatte Kurve dargestellt

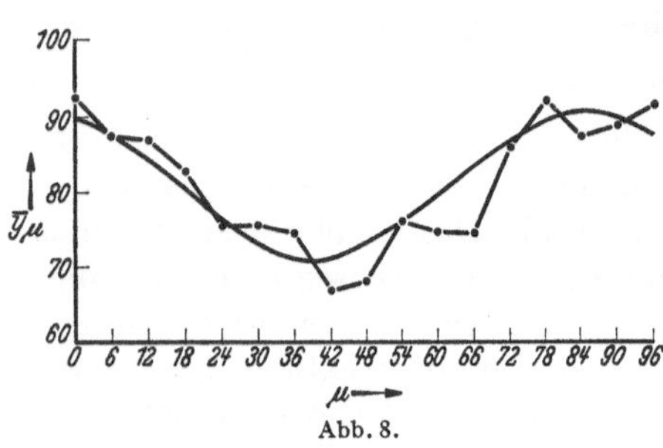

Abb. 8.

werden dürfte. Ein Minimum bei $\mu = 39$ und ein Maximum bei $\mu = 84$ verrät eine Periode von der ungefähren Wellenlänge 90 (der wahre Wert ist ebenfalls 90, doch ist die Abschätzung infolge der starken Streuung unsicher). Auch für Phase und Amplitude gewinnt man nur rohe Werte. Als Anfangsphase folgt aus der Minimumphase 270° für das Intervall $\mu = 39$ der Wert $270° - 4° \cdot (39 + 12) = 66°$ (wahrer Wert 48°). Die Amplitude der glatten Welle ist etwa 10, doch ist noch die Wirkung der Glättung zu berücksichtigen. Der Glättungsfaktor folgt aus der Wellenfrequenz 4° und der Länge des Glättungsintervalls 24 zu

$$\frac{\sin \frac{24}{2} \cdot 4°}{\frac{24}{2} \cdot 4°} = \frac{\sin 48°}{48°} = \frac{\sin 53^g.3}{53°.3} = 0.887 \quad \text{(nach Tafel VI c)}.$$

Danach würde die Amplitude sich auf 11.3 vergrößern (wahrer Wert 12).

Würde es sich bei dieser Aufgabe um ein Problem der Forschung handeln, bei dem mit einer merklichen Verfälschung der gegebenen Daten durch Beobachtungsfehler und sonstige unperiodische Beimengungen immer gerechnet werden muß, so würde man sich mit diesen rohen Ergebnissen zufrieden geben und nur noch die Probe machen, ob die Zusammensetzung der gefundenen Wellen eine befriedigende Darstellung der gegebenen Reihe liefert, was immer dann der Fall ist, wenn die sich ergebenden Diffrenzen keine systematischen Gänge zeigen und größenordnungsmäßig als Einwirkung der vermuteten Fehlerquellen deutbar sind. Im vorliegenden Falle würde natürlich der Versuch, durch ein zweites Näherungsverfahren genauere Ergebnisse zu erzielen, Erfolg haben. So könnte man z. B. die lange Welle bedeutend genauer bestimmen, wenn man die obige Folge der 24er-Mittelwerte von den Einflüssen der drei anderen Perioden befreit, was schon mit ziemlich großer Genauigkeit möglich sein wird, da diese ja mit stark verminderter Amplitude in die Rechnung eingehen. Als Beispiel für eine derartige Rechnung sei diese Mittelwertverbesserung hier ausführlich wiedergegeben.

Der Einfluß jeder Sinuswelle auf den Mittelwert des mit y_μ beginnenden 24er-Intervalls ist durch die Formel (vgl. GuM S. 36)

$$\frac{c}{24} \sum_{\nu=\mu}^{\mu+23} \sin (\nu T + \beta) = c \cdot \frac{\sin (\frac{1}{2} T \cdot 24)}{24 \cdot \sin \frac{1}{2} T} \sin [\tfrac{1}{2} T (2 \mu + 23) + \beta]$$

bestimmt, wobei T die Frequenz, β die Anfangsphase und c die Amplitude der Welle bedeutet. Aus unserer Untersuchung entnehmen wir für die drei zu eliminierenden Wellen die abgerundeten Konstanten:

$$p_2 = 25, \quad T_2 = 14^\circ\!.4 = 16^g, \quad \beta_2 = 234^\circ = 260^g, \quad c_2 = 38$$
$$p_3 = 20, \quad T_3 = 18^\circ = 20^g, \quad \beta_3 = 157^\circ = 174^g, \quad c_3 = 22$$
$$p_4 = 7, \quad T_4 = 51^\circ\!.43 = 57^g\!.14, \quad \beta_4 = -1^\circ = -1^g, \quad c_4 = 8.$$

Die drei Korrektionen, die an die rohen Mittelwerte anzubringen sind, lauten mithin für das μ-te Intervall:

(p_2)
$$-38 \cdot \frac{\sin (8^g \cdot 24)}{24 \sin 8^g} \sin (444^g + 16^g \mu) = -1.58 \sin (44^g + 16^g \mu)$$

(p_3)
$$-22 \cdot \frac{\sin (10^g \cdot 24)}{24 \sin 10^g} \sin (404^g + 20^g \mu) = +3.44 \sin (4^g + 20^g \mu)$$

(p_4)
$$-8 \cdot \frac{\sin (28^g\!.57 \cdot 24)}{24 \sin 28^g\!.57} \sin (656^g + 57^g\!.14 \mu) = +0.75 \sin (256^g + 57^g\!.14 \mu).$$

Die Faktoren lassen sich bequem aus Tafel VI c ableiten. So ist z. B.

$$\frac{\sin (8^g \cdot 24)}{24 \cdot \sin 8^g} = \frac{\sin 192^g}{192^g} \cdot \frac{8^g}{\sin 8^g} = 0.0416 \cdot 1.0026 = 0.0417.$$

Die Winkel sind aus Zweckmäßigkeitsgründen in Zentesimalgraden (^{g}) ausgedrückt, da das Argument des Sinusfaktors bei Einsetzen der Folge $\mu = 0, 6, 12, 18, \ldots 96$ den Phasenraum $2 \pi = 360^\circ = 400^g$

Tabelle 11.

	p = 25		p = 20		p = 7		Korr.	M	M (corr)
0	44	—1.0	4	+0.2	256	—0.6	—1.4	92.5	91.1
6	140	—1.3	124	+3.2	199	0.0	+1.9	87.4	89.3
12	236	+0.8	244	—2.2	142	+0.6	—0.8	87.0	86.2
18	332	+1.4	364	—1.8	85	+0.7	+0.3	82.7	83.0
24	28	—0.7	84	+3.3	27	+0.3	+2.9	75.3	78.2
30	124	—1.5	204	—0.2	370	—0.3	—2.0	75.5	73.5
36	220	+0.5	324	—3.2	313	—0.7	—3.4	74.3	69.9
42	316	+1.5	44	+2.2	256	—0.6	+3.1	66.6	69.7
48	12	—0.3	164	+1.8	199	0.0	+1.5	67.9	69.4
54	108	—1.6	284	—3.3	142	+0.6	—4.3	76.0	71.7
60	204	+0.1	4	+0.2	84	+0.7	+1.0	74.6	75.6
66	300	+1.6	124	+3.2	27	+0.3	+5.1	74.3	79.4
72	396	+0.1	244	—2.2	370	—0.3	—2.4	86.1	83.7
78	92	—1.6	364	—1.8	313	—0.7	—4.1	92.1	88.0
84	188	—0.3	84	+3.3	256	—0.6	+2.4	87.5	89.9
90	284	+1.5	204	—0.2	199	0.0	+1.3	88.9	90.2
96	380	+0.5	324	—3.2	141	+0.6	—2.1	91.7	89.6

vielfach durchlaufen wird — es ist aber für die Rechnung bequemer, Vielfache von 400 als solche von 360 abzuziehen. — In Tabelle 11 ist nun die Rechnung ausgeführt: für jede der drei Periodizitäten sind zwei Spalten vorgesehen. Die erste enthält das Argument des Sinusfaktors in Zentesimalgraden, die zweite die vollständige Korrektion, die man bequem und mit hinreichender Genauigkeit aus Tafel VI d entnimmt. Die drei letzten Spalten der Tabelle enthalten die Summe der drei Korrektionen, die rohen Mittelwerte (M) und die korrigierten Mittelwerte. In Abb. 9 sind die korrigierten Werte aufgezeichnet, die nunmehr eine fast glatte Sinuswelle ergeben, deren Verlauf man Periodenlänge, Phase und Amplitude direkt entnehmen kann. Die letztere ist noch wegen des Glättungsfaktors (s. S. 160) zu korrigieren. Auch das absolute Glied der Beobachtungsreihe (wahrer Wert 80) läßt sich aus dem Mittelwert zwischen Maximum und Minimum nunmehr mit größerer Sicherheit bestimmen. Die geringen Abweichungen, die Abb. 9 noch von einer idealen Sinuskurve zeigt, beruhen darauf, daß bei der Berechnung der Korrektionen die genäherten Phasen statt der exakten benutzt worden sind.

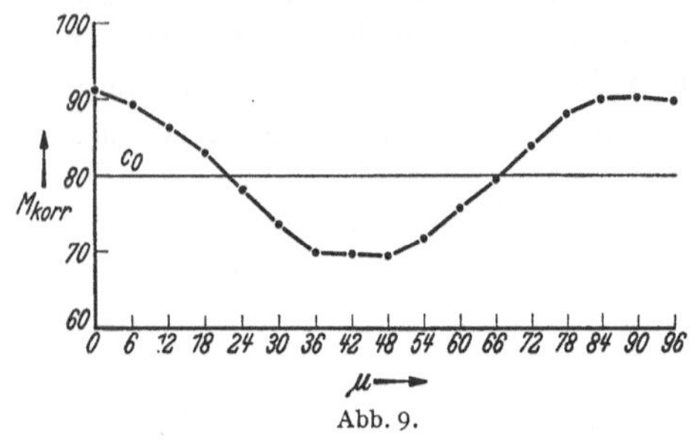

Abb. 9.

Aus der mittleren Ordinate 80 liest man aus Abb. 9 ab, daß die beiden Nullstellen der Sinuskurve bei $\mu = 22$ und 67 liegen. Daraus folgt die halbe Periode zu 45, die ganze also zu 90, übereinstimmend mit dem wahren Wert. Die Frequenz ist daher $T_1 = 4°$, aus der Nullstelle 22, deren Phase 180° beträgt, schließt man daher auf die Anfangsphase $\beta_1 = 180° - 4° (22 + 12) = 48°$ (ebenfalls mit dem wahren Wert übereinstimmend. Die Amplitude ergibt sich aus der halben Differenz der extremen Ordinaten zu $10.4 = c_1 \cdot 0.8872$ (Glättungsfaktor), woraus $c_1 = 11.7$ folgt (wahrer Wert 12).

F. Weitere Verbesserungen der Konstanten. Falls, wie im vorliegenden Fall, die Möglichkeit zu einer weiteren Verbesserung der Ergebnisse vorhanden ist, kann man auch die Phasendiagrammuntersuchungen auf Grund des genäherten Gesamtergebnisses weiter verbessern, da es möglich ist, die verschiedenen „Störungen" zu berechnen und in Abzug zu bringen. Die Grundlage für die Berechnung der Störungsglieder bilden die Formeln:

$$a (T, \mu) = c \left\{ P \cdot \sin \left[(T - \Omega) \left(\frac{P}{2} + \mu \right) + \beta \right] + Q \cdot \sin \left[(T + \Omega) \left(\frac{P}{2} + \mu \right) + \beta \right] \right\}$$

$$b (T, \mu) = c \left\{ P \cdot \cos \left[(T - \Omega) \left(\frac{P}{2} + \mu \right) + \beta \right] - Q \cdot \sin \left[(T + \Omega) \left(\frac{P}{2} + \mu \right) + \beta \right] \right\}$$

$$P = \frac{\sin (T - \Omega) \frac{P}{2}}{(T - \Omega) \frac{P}{2}}; \qquad Q = \frac{\sin (T + \Omega) \frac{P}{2}}{(T + \Omega) \frac{P}{2}}$$

für die Anteile einer Welle $c \cdot \sin (T \nu + \beta)$ von der Periode $p = \frac{2\pi}{T}$, bzw. der Frequenz T an dem Aufbau der a- und b-Konstanten für die Versuchsfrequenz Ω $\left(\text{Versuchsperiode } \frac{2\pi}{\Omega} \right)$ und das μ-te Intervall der progressiven Analyse. Jeder Ausdruck besteht aus einem P-Glied (Hauptglied) und einem Q-Glied (Störungsglied). Sind durch eine vorläufige Analyse die Konstanten sämtlicher vorhandener Periodizitäten bekannt, so können nun die a- und b-Komponenten irgendeiner progressiven Analyse von den störenden Gliedern befreit werden, und zwar sind jeweils die Q-Glieder sämtlicher Wellen und die P-Glieder der bei der Spezialuntersuchung nicht interessierenden Wellen abzuziehen, so daß lediglich die P-Glieder der zu untersuchenden Wellen übrig bleiben. Die Technik des Verfahrens ist genau die gleiche wie bei der Berechnung der Mittelwertskorrekturen in (E): die Faktoren P und Q werden aus Tafel VI c entnommen, die Produkte P(Q) · sin (cos) sodann aus Tafel VI d. Die Korrektionen erhalten dann das umgekehrte Vorzeichen. Der Leser möge sich die Mühe machen, dies Verbesserungsverfahren auf die Phasendiagrammuntersuchungen des obigen Beispiels anzuwenden.

Aufgabe 13. Als nächstes Beispiel für eine Periodogrammuntersuchung wählen wir eine geophysikalische Beobachtungsreihe, in der aus theoretischen Gründen bestimmte Perioden zu erwarten sind, so daß auch hier das Ergebnis durch seine Übereinstimmung mit der Theorie überprüfbar sein wird. Andererseits werden hier die Periodizitäten durch Störungen unperiodischen Charakters überlagert sein. Es handelt sich um eine Reihe von Wasserstandsbeobachtungen, die im März 1912 an den St. Pauli-Landungsbrücken durchgeführt wurde. Die Beobachtungsergebnisse beginnen mit 1912, März 1 um 0 Uhr MEZ, das Beobachtungsintervall ist zweistündig, die Zahl der Beobachtungen beträgt 361, so daß also 30 Beobachtungstage mit je 12 Werten vorliegen; die letzte Beobachtung fällt auf den 31. März

1912 um 0 Uhr. Die Wasserstände sind in ganzen Zentimetern angegeben und um 250 cm vermindert worden. Die Beobachtungswerte sind in nachstehender Tabelle in 60 Zeilen zu je 6 Einzelwerten aufgeführt:

Tabelle 12.

ν	y_ν	$y_{\nu+1}$	$y_{\nu+2}$	$y_{\nu+3}$	$y_{\nu+4}$	$y_{\nu+5}$	ν	y_ν	$y_{\nu+1}$	$y_{\nu+2}$	$y_{\nu+3}$	$y_{\nu+4}$	$y_{\nu+5}$
0	179	261	239	174	115	62	180	82	190	230	170	109	52
6	141	244	279	211	148	91	186	36	166	228	213	155	94
12	108	220	273	211	147	87	192	73	200	273	233	167	105
18	42	172	265	266	195	133	198	50	145	228	217	151	91
24	78	185	268	251	181	118	204	37	141	231	227	157	94
30	60	110	224	275	205	142	210	35	50	151	188	126	68
36	84	129	250	302	233	167	216	2	49	161	208	146	90
42	107	79	211	286	236	168	222	44	53	173	263	211	151
48	106	58	189	275	247	178	228	95	83	206	284	229	166
54	116	60	172	278	285	214	234	105	50	171	254	227	158
60	154	100	224	308	299	230	240	97	50	184	269	243	171
66	167	108	169	272	300	229	246	108	49	126	216	213	142
72	164	103	146	269	322	253	252	80	21	97	214	259	187
78	185	122	97	232	300	243	258	122	63	129	229	262	194
84	175	114	81	223	301	257	264	129	71	127	246	300	234
90	187	124	68	178	263	238	270	168	109	127	249	312	246
96	169	106	50	155	250	248	276	175	107	55	183	261	216
102	178	115	58	138	235	246	282	146	83	29	153	248	242
108	175	112	56	114	218	241	288	168	104	46	148	242	245
114	171	107	49	60	170	219	294	172	108	50	134	231	251
120	160	99	42	31	155	212	300	179	114	56	97	209	268
126	161	101	46	32	149	212	306	203	138	79	79	192	256
132	171	111	54	11	127	207	312	200	133	74	25	135	217
138	196	134	79	31	126	210	318	213	151	98	63	180	277
144	211	150	93	41	53	159	324	302	233	169	111	98	210
150	219	175	120	69	45	156	330	272	225	163	108	73	188
156	234	220	161	106	55	93	336	271	271	206	145	90	124
162	192	239	187	131	78	48	342	254	331	312	249	191	163
168	168	246	217	154	95	44	348	282	341	306	240	177	127
174	100	201	225	163	105	50	354	251	356	366	298	229	165
							360	(218)					

Der 361. Wert ($y_{360} = 218$) ist eingeklammert, da er nur bei einem Teil der Untersuchung verwendet wird.

Die Periodogrammuntersuchung soll sich nur auf ein kurzes Stück des Wellenspektrums beziehen, das aus theoretischen Gründen besonders interessant erscheint, nämlich auf das Spektralband, das die Perioden der halbtägigen Mondflut und der halbtägigen Sonnenflut enthält. Die letztere hat eine Länge von genau 12 Stunden, also 6 Zeiteinheiten unserer Beobachtungsreihe. Da die Beobachtungsreihe 360 Zeiteinheiten umfaßt (unter Ausschluß des eingeklammerten Wertes), wird demnach die halbtägige Sonnentide durch die Welle 60. Ordnung erfaßt. Da ferner der mittlere halbe Mondtag 12.4206 Stunden $= 6.2103$ Einheiten beträgt, ist die Frequenz der Mondtide $360/6.2103 = 57.968$, im Spektrum unserer Beobachtungsreihe wird demnach die halbtägige Mondtide ganz in der Nähe des 58. Gliedes der Fourierentwicklung liegen. Beide theoretisch zu erwartenden Wellen werden demnach im Spektrum unserer Reihe als zwei deutlich getrennte Spitzen erscheinen. Um diesen Sachverhalt zu zeigen, soll hier das Spektrum in der Umgebung dieser beiden vermuteten Wellen berechnet werden, und zwar soll die Rechnung auf das Band beschränkt werden, das die 9 Wellen von der 56. bis zur 64. Welle umfaßt. Zur Illustration der nachfolgenden Rechnungsergebnisse dient das photographische Spektrum in Abb. 10.

Die *Berechnung des Spektralbandes* kann wieder auf verschiedene Arten erfolgen. So läßt sich z. B. eine genäherte Rechnung mit Hilfe eines *Darwinschen Schemas* durchführen, wenn man den 361. Wert hinzunimmt. Da $361 = 19 \cdot 19$, wird man zweckmäßig ein Schema von 19 Spalten zu je 19 Werten zugrunde legen. Die Einordnung der 361 Werte $y_\nu (\nu = 0, 1, \ldots 360)$ in die 19 Spalten ($n = 0, 1, \ldots 18$) erfolgt für die μ-te Welle nach dem Verteilungsschlüssel

$$n_\nu^{(\mu)} = \left[\frac{1}{2} + \frac{1}{19}\mu\nu - 19k\right] \qquad \text{(vgl. Aufg. 7)}.$$

Die Spaltensummen werden nach dem Schema für $p = 19$ analysiert, und zwar nach der Grundwelle (Welle 1).

Als Näherungsmethode käme ferner die nach FISCHER-HINNEN in Frage (s. Aufgabe 11), die von allen hier behandelten Methoden am schnellsten zum Ziele führt.

Auch eine *strenge* Rechnung läßt sich verhältnismäßig schnell für den erforderlichen kurzen Spektralbereich ausführen. Rechnungsgang und Ergebnisse seien hier kurz wiedergegeben:

Die geringsten Schwierigkeiten macht die Welle 60. Die Beobachtungen (ohne y_{360}) sind in Tabelle 12 schon in einem Buys-Ballotschen Schema von 6 Spalten angeordnet. Man hat die 6 Spaltensummen zu bilden und nach Schema $p=6$ (Welle 1) zu analysieren. Die Summenreihe ist:

$$8909 \quad 8490 \quad 9443 \quad 10960 \quad 11461 \quad 10347,$$

das Ergebnis der Analyse:

$$180\,a_{60}=-3085, \quad a_{60}=-17.1$$
$$180\,b_{60}=-3356, \quad b_{60}=-18.6$$

Die übrigen Wellen des Spektralbandes lassen sich dann nach dem Prinzip der Aufspaltung in Teilreihen berechnen, für das in Aufgabe 5 und 6 zwei Beispiele gegeben worden sind. Hier wird es vorteilhaft sein, da alle benötigten Wellen in der Umgebung der 60. Harmonischen liegen, sich einer Aufspaltung in 6 Teilreihen zu je 60 Werten zu bedienen — diese Aufspaltung ist in den 6 *Spalten* der Tabelle 12 bereits besorgt. Die 6 Teilreihen $y_\nu^{(\varrho)}=y_{6\nu+\varrho}$ ($\nu=0\ldots59$; $\varrho=0\ldots5$) werden zu diesem Zweck nach dem Schema $p=60$ analysiert, und zwar werden hier nur die ersten 4 Wellen gebraucht, wie weiter unten gezeigt wird. Die Analyse wird nach dem gleichen Verfahren wie in Aufgabe 5 durchgeführt (Zerlegung der 60er-Reihen in zwei 30er-Reihen). Die Ergebnisse sind folgende:

$$A_\mu^{(\varrho)}=\sum_{\nu=0}^{59} y_\nu^{(\varrho)}\cos\mu\nu\alpha'; \qquad B_\nu^{(\varrho)}=\sum_{\nu=0}^{59} y_\mu^{(\varrho)}\sin\mu\nu\alpha'; \qquad (\alpha'=6°; \quad \mu=1,2,3,4)$$

ϱ	$A_1^{(\varrho)}$	$B_1^{(\varrho)}$	$A_2^{(\varrho)}$	$B_2^{(\varrho)}$	$A_3^{(\varrho)}$	$B_3^{(\varrho)}$	$A_4^{(\varrho)}$	$B_4^{(\varrho)}$
0	1043.2	256.2	$-$ 248.5	$-$2154.4	104.0	$-$338.4	100.1	$-$1257.2
1	990.1	220.9	2252.6	$-$1312.7	155.6	$-$348.1	1133.8	$-$ 631.3
2	854.5	$-$ 71.9	2715.1	1561.9	185.9	$-$ 70.6	593.2	$-$ 607.9
3	880.6	$-$221.1	177.2	3037.1	$-$167.4	$-$ 10.5	791.0	$-$ 528.7
4	875.4	17.9	$-$2194.7	1475.8	$-$281.1	$-$ 81.4	599.7	10.9
5	852.1	165.9	$-$2324.8	$-$ 738.6	$-$232.0	$-$271.0	$-$457.1	104.7

Da die in den Tafeln vorgesehenen Rechnungskontrollen wegen der Beschränkung auf die vier ersten Wellen nicht anwendbar sind, ist eine Kontrolle in der Weise eingeführt worden, daß die Quersummen der 60 Zeilen der Tabelle 12 gebildet und ebenfalls nach Welle 1—4 analysiert wurden. Die Summen der A- bzw. B-Koeffizienten der Teilreihen stimmen mit den entsprechenden Koeffizienten der Quersummenreihe überein.

Aus den obigen Analysenergebnissen setzt man dann die gewünschten Fourierkoeffizienten der Gesamtreihe folgendermaßen zusammen:

$$180\,a_\mu=A_\mu=\sum_{\nu=0}^{359} y_\nu\cos\nu\mu\alpha=\sum_{\nu=0}^{59} y_{6\nu}\cos 6\nu\mu\alpha+\sum_{\nu=0}^{59} y_{6\nu+1}\cos(6\nu+1)\mu\alpha+\cdots$$

$$\cdots+\sum_{\nu=0}^{59} y_{6\nu+5}\cos(6\nu+5)\mu\alpha; \qquad (\alpha=1°)$$

$$=\sum_{\nu=0}^{59} y_\nu^{(0)}\cos\nu\mu\alpha'+\sum_{\nu=0}^{59} y_\nu^{(1)}\{\cos\nu\mu\alpha'\cdot\cos\mu\alpha-\sin\nu\mu\alpha'\cdot\sin\mu\alpha\}$$

$$+\cdots+\sum_{\nu=0}^{59} y_\nu^{(5)}\{\cos\nu\mu\alpha'\cdot\cos 5\mu\alpha-\sin\nu\mu\alpha'\cdot\sin 5\mu\alpha\}$$

$$(\alpha'=6°)$$

$$=A_\mu^{(0)}+A_\mu^{(1)}\cos\mu\alpha+\cdots+A_\mu^{(5)}\cos 5\mu\alpha$$
$$-B_\mu^{(1)}\sin\mu\alpha-\cdots-B_\mu^{(5)}\sin 5\mu\alpha; \qquad \text{ebenso:}$$

$$180\,b_\mu=B_\mu=B_\mu^{(0)}+B_\mu^{(1)}\cos\mu\alpha+\cdots+B_\mu^{(5)}\cos 5\mu\alpha$$
$$+A_\mu^{(1)}\sin\mu\alpha+\cdots+A_\mu^{(5)}\sin 5\mu\alpha. \qquad (\alpha=1°)$$

Diese Formeln sind nun für $\mu=56\ldots59$, $61\ldots64$ anzusetzen, wobei noch zu beachten ist, daß

$$A_{60\pm\sigma}^{(\varrho)}=A_\sigma^{(\varrho)}; \qquad B_{60\pm\sigma}^{(\varrho)}=\pm B_\sigma^{(\varrho)} \qquad (\sigma=1,2,3,4).$$

Verfährt man nach dieser Vorschrift, so erhält man schließlich als Komponenten und Amplituden der gesuchten Wellen:

μ	56	57	58	59	60	61	62	63	64
a_μ	—11.6	+2.1	+ 1.5	+0.5	—17.1	+1.7	—3.2	+1.4	—0.1
b_μ	+14.1	+6.7	+88.9	—3.0	—18.6	+4.3	+1.9	+0.8	+2.6
h_μ	18.3	7.0	88.9	3.0	25.3	4.6	3.7	1.6	2.6

In diesem Spektralteil treten demnach die halbtägige Mondtide und die halbtägige Sonnentide deutlich hervor, die erstere ($\mu = 58$) überwiegt die letztere ($\mu = 60$) um das $3\frac{1}{2}$fache. Relativ große Amplituden sind noch bei $\mu = 56$ und 57 zu finden; hier dürften die von der Exzentrizität der Mondbahn herrührenden „elliptischen Tiden" sich bemerkbar machen (siehe auch Abb. 10).

Die weitere Untersuchung wird mit Hilfe der Phasendiagramme ausgeführt. Die exakte Rechnung wird mehrere Näherungen erfordern, da in kleinen Intervallen, wie sie bei der Bildung der Phasendiagramme benutzt werden, die dicht benachbarten Perioden sich nur schwer trennen lassen. Die günstigste Versuchsperiode für diese Rechnung ist p = 6, da alle zu untersuchenden Perioden in der Nähe dieses für die Analyse sehr bequemen ganzzahligen Wertes liegen. Es muß ferner darauf Rücksicht genommen werden, daß die Gezeitenkurve außer diesen halbtägigen Tiden eine Anzahl von ganztägigen Tiden enthält, deren Frequenzen in der Umgebung von

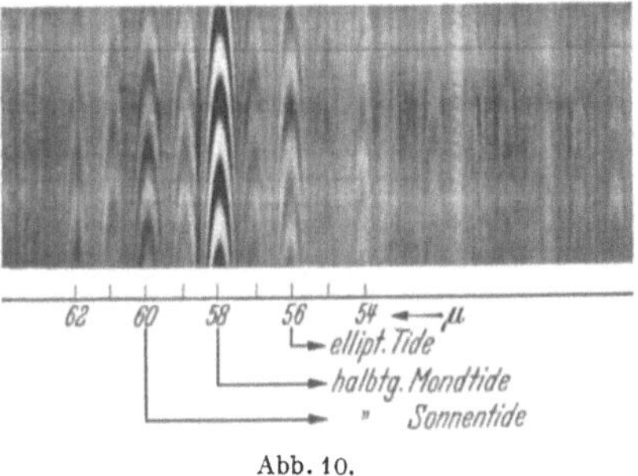

Abb. 10.

$\mu = 30$ liegen. (Der Leser möge das Spektralband an dieser Stelle berechnen). Um die Wirkung der ganztägigen Wellen im Phasendiagramm möglichst vollständig zu vernichten, ist es angebracht, das Analysenintervall als ein *gerades* Vielfaches der Versuchsperiode p = 6 zu wählen.

Aus diesen Gründen wurden zunächst die Komponenten der Versuchswelle für jede der 60 Zeilen der Beobachtungsliste nach Schema p = 6, Welle 1, berechnet und aus den Ergebnissen übergreifende Summen über je *vier* aufeinanderfolgende Werte gebildet.

Tabelle 13.

n	A_n	B_n	$\overline{A}_n$	$\overline{B}_n$
1	— 10.5	+ 279.7		
2	—116.0	+ 245.9		
3	—159.5	+ 224.3	— 587.5	+ 844.3
4	—301.5	+ 94.4	— 823.0	+ 698.0
5	—246.0	+ 133.4	—1010.5	+ 440.8
6	—303.5	— 11.3	—1062.5	+ 198.3
7	—311.5	— 18.2	—1140.0	+ 5.2
8	—279.0	— 98.7	—1163.0	— 282.3
9	—269.0	—154.1	—1113.0	— 502.2
10	—253.5	—231.2	—1052.0	— 661.5
11	—250.5	—177.5	— 944.0	— 781.0
12	—171.0	—218.2	836.0	909.2
13	—161.0	—282.3	— 645.5	— 958.6
14	— 63.0	—280.6	— 448.5	—1095.5
15	— 53.5	—314.4	— 253.0	—1144.9
16	+ 24.5	—267.6	— 51.0	—1158.8
17	+ 41.0	—296.2	+ 86.0	—1144.9
18	+ 74.0	—266.7	+ 240.0	—1082.5
19	+ 100.5	—252.0	+ 380.0	—1016.7
20	+ 164.5	—201.8	+ 525.0	— 916.2
21	+ 186.0	—195.7	+ 639.0	— 834.8
22	+ 188.0	—185.3	+ 767.0	— 729.2
23	+ 228.5	—146.4	+ 837.0	— 633.9
24	+ 234.5	—106.5	+ 902.5	— 411.4
25	+ 251.5	+ 26.8	+ 947.5	— 144.7
26	+ 233.0	+ 81.4	+ 895.5	+ 203.5
27	+ 176.5	+ 201.8	+ 733.0	+ 569.8
28	+ 72.0	+ 259.8	+ 484.5	+ 823.6
29	+ 3.0	+ 280.6	+ 149.0	+ 976.9
30	—102.5	+ 234.7	— 164.0	+ 999.4
			— 474.5	+ 865.2

n	A_n	B_n	$\overline{A}_n$	$\overline{B}_n$
31	—136.5	+ 224.3		
32	—238.5	+ 125.6	— 705.0	+ 758.7
33	—227.5	+ 174.1	— 841.0	+ 637.4
34	—238.5	+ 113.4	— 971.0	+ 517.9
35	—266.5	+ 104.8	— 965.0	+ 398.4
36	—232.5	+ 6.1	—1027.5	+ 201.8
37	—290.0	— 22.5	—1098.0	— 29.4
38	—309.0	—117.8	—1113.5	— 226.0
39	—282.0	— 91.8	—1125.0	— 374.1
40	—244.0	—142.0	—1110.0	— 507.5
41	—275.0	—155.9	— 983.0	— 545.6
42	—182.0	—155.9	909.0	737.8
43	—208.0	—284.0	— 839.0	— 824.4
44	—174.0	—228.6	— 742.0	— 959.5
45	—178.0	—291.0	— 683.0	—1082.5
46	—123.0	—278.9	— 479.5	—1071.3
47	— 4.5	—272.8	— 288.5	—1170.0
48	+ 17.0	—327.3	— 60.0	—1170.8
49	+ 50.5	—291.8	+ 140.0	—1172.5
50	+ 77.0	—280.6	+ 285.0	—1165.6
51	+ 140.5	—265.9	+ 453.5	—1038.3
52	+ 185.5	—200.0	+ 648.5	— 872.1
53	+ 245.5	—125.6	+ 796.5	— 771.6
54	+ 225.0	—180.1	+ 935.0	— 424.3
55	+ 279.0	+ 81.4	+1002.0	— 114.3
56	+ 252.5	+ 110.0	+ 932.0	+ 239.1
57	+ 175.5	+ 227.8	+ 707.5	+ 669.5
58	+ 0.5	+ 250.3	+ 463.0	+ 885.1
59	+ 34.5	+ 297.0	+ 126.5	+ 1059.1
60	— 84.0	+ 284.0		

Tabelle 13 gibt unter A_n, B_n die noch mit $\frac{1}{2}\,p=3$ multiplizierten Fourierkonstanten der Grundwelle der 60 Zeilen des Beobachtungsschemas. Unter $\overline{A}_n$, $\overline{B}_n$ sind die übergreifenden Summen von je vier aufeinanderfolgenden A_n, B_n aufgeführt.

Zunächst wird es notwendig sein, sich über die Beschaffenheit der halbsonnentägigen Welle ($\mu=60$) ein Bild zu machen. Dazu muß der Einfluß der großen Mondwelle, die im Verlauf der $\overline{A}_n$, $\overline{B}_n$ deutlich sichtbar ist, so vollständig wie möglich ausgeschaltet werden. Aus dem Abstand der Maxima und Minima dieser Welle im Zuge der $\overline{A}_n$, $\overline{B}_n$ ermittelt man die Periode dieser Welle zu ungefähr 31 Verschiebungseinheiten. Es ist also erforderlich, die Folge $\overline{A}_n$, $\overline{B}_n$ durch Bildung von übergreifenden Summen zu je 31 Einzelwerten erneut zu glätten. Das Ergebnis liefert folgende 27 Wertpaare für die Summen über je 31 Werte ($\overline{\overline{A}}_\varrho$, $\overline{\overline{B}}_\varrho$):

Tabelle 14.

ϱ	$\overline{\overline{A}}_\varrho$	$\overline{\overline{B}}_\varrho$	ϱ	$\overline{\overline{A}}_\varrho$	$\overline{\overline{B}}_\varrho$	ϱ	$\overline{\overline{A}}_\varrho$	$\overline{\overline{B}}_\varrho$
1	—5728.0	—6387.2	10	—6134.5	—7649.1	19	—7345.0	—7876.7
2	—6111.5	—6713.6	11	—6137.5	—7564.3	20	—7335.5	—7914.0
3	—6253.5	—7013.2	12	—6234.0	—7565.2	21	—7306.0	—7956.4
4	—6270.5	—7252.2	13	—6468.5	—7552.2	22	—7208.0	—7746.8
5	—6306.0	—7479.9	14	—6695.0	—7478.6	23	—7108.5	—7749.7
6	—6279.5	—7711.1	15	—6932.5	—7489.8	24	—7124.0	—7065.9
7	—6241.5	—7802.9	16	—7078.5	—7515.7	25	—7312.0	—6599.9
8	—6238.5	—7808.2	17	—7178.5	—7605.7	26	—7582.0	—6284.6
9	—6169.5	—7692.3	18	—7273.5	—7754.6	27	—7940.0	—6049.1

In Abb. 11 sind diese Wertepaare als Punktfolge in einem (B, A)-Koordinatensystem aufgetragen (Epizykeldiagramm). Das Diagramm läßt folgende Schlüsse zu:

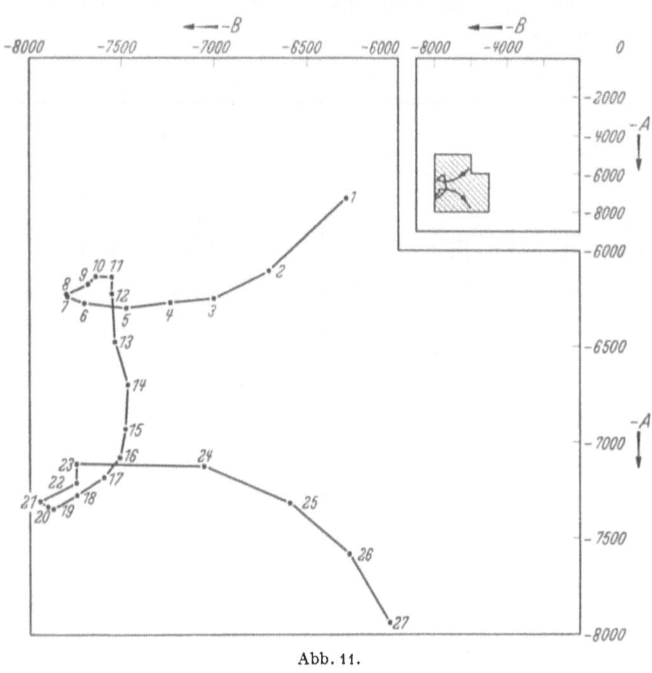

Abb. 11.

1. Die Punktfolge schwankt um einen mittleren Punkt des Diagramms, der nahezu konstant ist und somit eine Periodizität anzeigt, die mit der Versuchsperiode fast genau übereinstimmt.

2. Um diesen Punkt (Endpunkt des Deferenten) führt die Punktfolge epizykelartige Schwankungen aus, die von den Glättungsresten anderer Perioden herrühren. Der kurzperiodische Epizykel, der zwei vollständige Schleifen zeigt und einer Bewegung im negativen Umlaufsinn entspricht, könnte von der in der Nähe von $\mu=56$ angezeigten Schwingung herrühren. Außerdem ist eine langsamere Umwanderung des Mittelpunktes in positivem Sinne angezeigt, die aber nicht von Resten der großen Mondperiode ($\mu=58$) herrühren kann, da diese der Theorie zufolge (Frequenz < Versuchsfrequenz, siehe GuM S. 110) ebenfalls eine negativ drehende Epizykelbewegung liefern müßten. Es kann sich also nur um Störungen der Sonnenperiode von anderer Art handeln, deren Untersuchung nicht hierher gehört.

3. Das Aussehen des Diagramms läßt vermuten, daß der Deferent nicht ganz konstant ist, sondern außer einer Amplitudenänderung eine geringe Phasenverschiebung im positiven Sinne zeigt. Das würde darauf hindeuten, daß die halbsonnentägige Periode etwas kleiner als 12 Stunden ist. Diese Vermutung wird durch die Theorie bestätigt, denn da im März die Zeitgleichung (mittlere minus wahre Zeit) von $+12$ auf $+4$ Minuten abnimmt, ist der wahre Sonnentag im Untersuchungszeitraum durchschnittlich $23^\mathrm{h}59^\mathrm{m}73$ lang. Der Versuch, diese kleine Differenz aus dem obigen Analysenergebnis zu bestimmen, muß aber scheitern, da die in (2) erwähnten Reststörungen das Ergebnis zu stark beeinflussen würden. Zur Untersuchung dieser Frage wäre eine viel längere Beobachtungsreihe nötig.

Für die Folge ist es demnach angebracht, die Sonnenperiode zu genau $12^h = 6$ Einheiten anzusetzen und ihre Elemente den Fourierkoeffizienten für $\mu = 60$ gleichzusetzen. Subtrahiert man die Konstanten (s. oben)

$$12\,a_{60} = -205.7; \quad 12\,b_{60} = -223.7$$

von den für ein Intervall von der Länge 24 gültigen Komponenten $\overline{A}_n$, $\overline{B}_n$, so entsteht folgende von der Sonnenwelle befreite Restfunktion:

Tabelle 15.

r	$\overline{A}'_r$	$\overline{B}'_r$	h'_r	ψ'_r	r	$\overline{A}'_r$	$\overline{B}'_r$	h'_r	ψ'_r	r	$\overline{A}'_r$	$\overline{B}'_r$	h'_r	ψ'_r
1	−382	+ 1068	113	378	20	+ 973	− 506	110	131	39	− 777	− 322	84	275
2	−617	+ 922	111	362	21	+ 1043	− 410	112	124	40	− 703	− 514	86	260
3	−805	+ 664	104	344	22	+ 1108	− 188	112	111	41	− 633	− 601	86	252
4	−857	+ 422	96	329	23	+ 1153	+ 79	116	95	42	− 536	− 736	92	240
5	−934	+ 229	96	315	24	+ 1101	+ 427	118	76	43	− 477	− 859	98	232
6	−957	− 59	96	296	25	+ 939	+ 794	122	56	44	− 274	− 848	89	220
7	−907	− 278	95	281	26	+ 690	+ 1047	124	37	45	− 83	− 946	95	205
8	−846	− 438	95	270	27	+ 355	+ 1201	125	18	46	+ 146	− 947	96	190
9	−738	− 557	92	259	28	+ 42	+ 1223	122	2	47	+ 346	− 949	101	178
10	−630	− 686	93	247	29	− 269	+ 1089	111	385	48	+ 491	− 942	106	169
11	−440	− 735	86	235	30	− 499	+ 982	110	370	49	+ 659	− 815	105	156
12	−243	− 872	90	217	31	− 635	+ 861	108	359	50	+ 854	− 648	108	142
13	− 47	− 921	92	203	32	− 765	+ 742	107	349	51	+ 1002	− 548	114	132
14	+ 155	− 935	95	190	33	− 759	+ 722	104	348	52	+ 1141	− 201	116	111
15	+ 292	− 921	96	181	34	− 822	+ 426	93	331	53	+ 1208	+ 109	121	94
16	+ 446	− 859	96	170	35	− 892	+ 194	91	313	54	+ 1128	+ 463	121	75
17	+ 586	− 793	99	159	36	− 908	− 2	91	299	55	+ 913	+ 893	127	52
18	+ 731	− 692	100	148	37	− 919	− 150	93	290	56	+ 669	+ 1109	129	35
19	+ 845	− 611	104	140	38	− 904	− 284	94	281	57	+ 332	+ 1283	132	16

Die Komponenten $\overline{A}'_r$, $\overline{B}'_r$ sind auf Ganze abgerundet, nach Tafel IV sind die Amplituden und Phasen stark abgerundet entnommen worden: die Amplituden (h'_r) sind zur Abkürzung durch zehn geteilt worden, die Phasen $\psi'_r = \mathrm{arc\ tg}\ \overline{A}'_r / \overline{B}'_r$ in Zentesimalgraden ausgedrückt. Die Amplituden schwanken um einen konstanten Mittelwert, die Phasen um einen absteigenden linearen Verlauf mit einer Schwebungswelle von rund 30 Einheiten Periode, die dem Zusammenwirken zwischen der großen Mondwelle und der dritten, in der Nähe von $\mu = 56$ im Spektrum vermuteten Welle zuzuschreiben ist.

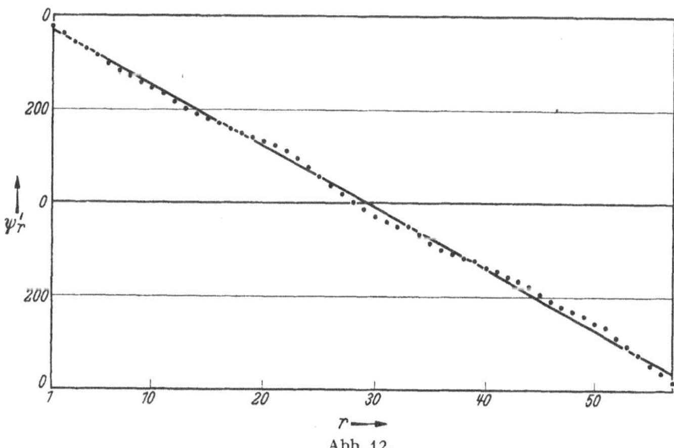

Abb. 12.

Das Phasendiagramm (Abb. 12) läßt sich zur genaueren Bestimmung der Hauptperiode leicht graphisch ausgleichen: die Abnahme der Phase beträgt für die Ausgleichungsgerade in den 56 Verschiebungsintervallen rund 735 Zentesimalgrade, also, da jede Verschiebung 6 Einheiten umfaßt,
$$\frac{735^g}{56 \cdot 6} = 2^g{.}1875 = 1°{.}9688 \text{ pro Zeiteinheit.}$$
Da die Versuchsfrequenz $\Omega = 60°$ ist, erhalten wir für die Frequenz der untersuchten Welle:

$$T = \Omega + \frac{d\psi'}{dt} = 60° - 1°{.}9688 = 58°{.}0312,$$

mithin für die große Mondperiode: $p = \dfrac{2\pi}{T} = 6.2036$ Einheiten $= 12^h{.}4072$. Der theoretische Wert beträgt $12^h{.}4206$, es bleibt also eine Abweichung von $0^h{.}0134 = 0.8$ Minuten ($1^0/_{00}$).

167

Um die dritte Periode zu bestimmen, müssen wir den Einfluß der großen Mondtide so weit wie möglich aus dem Periodogramm entfernen. Der Mittelwert der h_r' in Tabelle 15 ergibt sich zu 104. Die mittleren Phasen lassen sich auf Grund obiger graphischer Ausgleichung durch die lineare Funktion

$$\overline{\psi_r'} = 370^g - (r-1) \cdot 13^g\!,\!125$$

darstellen. Rundet man die $\overline{A_r'}$, $\overline{B_r'}$, wie dies für die h_r' schon getan worden ist, auf volle Zehner ab und vermindert sie um die Komponenten des „Mondvektors"

$$104 \cdot \sin \overline{\psi_r'}; \quad 104 \cdot \cos \overline{\psi_r'}$$

so erhält man die in Tabelle 16 zusammengestellten Restkomponenten:

Tabelle 16.

r	α_r	β_r	$\alpha_r^{(c)}$	$\beta_r^{(o)}$	r	α_r	β_r	$\alpha_r^{(o)}$	$\beta_r^{(o)}$	r	α_r	β_r	$\alpha_r^{(o)}$	$\beta_r^{(o)}$
1	+ 9	+ 14	+ 13	+ 3	20	— 1	—17	+ 3	—5	39	+ 15	+ 14	—10	0
2	+ 3	+ 11	+ 13	+ 3	21	+ 1	—28	+ 2	—5	40	+ 12	+ 13	—10	0
3	0	0	+ 12	+ 2	22	+ 7	—29	+ 1	—5	41	+ 4	+ 19	— 9	0
4	+ 6	— 7	+ 12	+ 2	23	+ 16	—23	0	—5	42	— 4	+ 17	— 9	0
5	+ 7	— 6	+ 11	+ 1	24	+ 19	— 8	— 1	—5	43	—17	+ 13	— 8	0
6	+ 8	—13	+ 11	+ 1	25	+ 15	+ 12	— 2	—4	44	—17	+ 19	— 8	0
7	+ 12	—13	+ 10	0	26	+ 5	+ 23	— 3	—4	45	—21	+ 8	— 7	+ 1
8	+ 13	— 9	+ 10	0	27	—11	+ 27	— 4	—3	46	—19	+ 3	— 7	+ 1
9	+ 15	— 2	+ 9	—1	28	—22	+ 21	— 5	—3	47	—18	— 5	— 6	+ 2
10	+ 13	+ 2	+ 9	—1	29	—30	+ 5	— 6	—2	48	—21	—17	— 6	+ 2
11	+ 16	+ 12	+ 8	—2	30	—32	— 4	— 7	—2	49	—18	—20	— 5	+ 3
12	+ 17	+ 8	+ 8	—2	31	—26	—11	— 8	—1	50	—10	—22	— 5	+ 3
13	+ 14	+ 10	+ 7	—3	32	—20	—13	— 8	—1	51	— 2	—32	— 4	+ 4
14	— 2	+ 10	+ 7	—3	33	— 2	— 2	— 9	0	52	+ 10	—18	— 4	+ 4
15	+ 6	+ 10	+ 6	—4	34	+ 5	—14	— 9	0	53	+ 19	— 8	— 3	+ 5
16	+ 2	+ 9	+ 6	—4	35	+ 8	—19	—10	0	54	+ 18	+ 5	— 3	+ 6
17	— 2	+ 5	+ 5	—5	36	+ 11	—18	—10	0	55	+ 6	+ 29	— 2	+ 7
18	+ 3	+ 8	+ 5	—5	37	+ 12	—12	—10	0	56	— 4	+ 35	— 2	+ 8
19	— 6	— 8	+ 4	—5	38	+ 11	— 2	—10	0	57	—21	+ 39	— 1	+ 9

Die Restkomponenten α_r, β_r zeigen eine deutliche, aber etwas unregelmäßige Schwankung mit vier ausgeprägten Wellen. Um die damit angezeigte Restwelle mit Hilfe eines Phasendiagramms möglichst

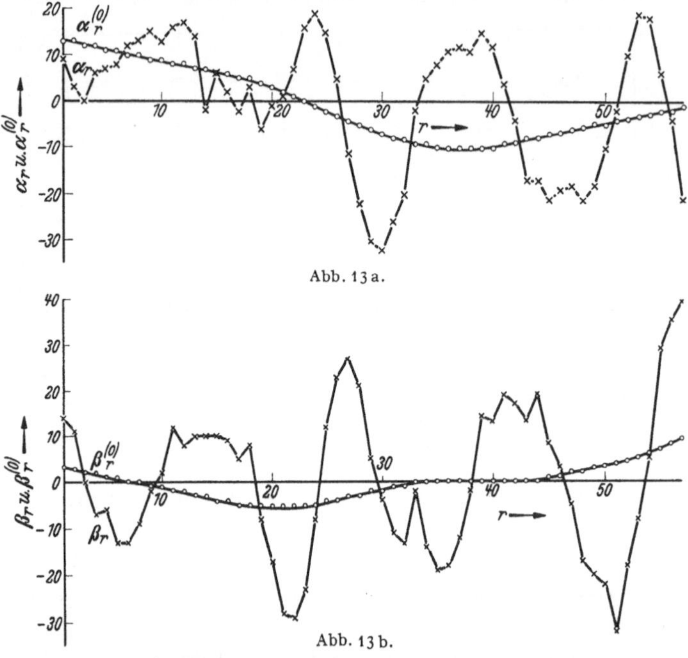

Abb. 13a.

Abb. 13b.

genau herauszuarbeiten, ist es nötig, die α_r, β_r von den langperiodischen Änderungen zu befreien, die sich infolge der ungenauen Elimination der Sonnenperiode noch bemerkbar machen. In Abb. 13 ist dieser zeitliche Gang graphisch bestimmt und eingetragen worden — ihm sind die Korrektionen $\alpha_r^{(o)}$, $\beta_r^{(o)}$ in Tabelle 16 entnommen worden, die nun von den α_r, β_r abzuziehen sind.

In Tabelle 17 sind die reduzierten Restkomponenten $\alpha_r - \alpha_r^{(o)}$, $\beta_r - \beta_r^{(o)}$ zusammengestellt, aus ihnen sind nach Tafel IV Amplituden h_r und Phasen ψ_r ermittelt.

Tabelle 17.

r	$\alpha_r - \alpha_r^{(o)}$	$\beta_r - \beta_r^{(o)}$	h_r	ψ_r	r	$\alpha_r - \alpha_r^{(o)}$	$\beta_r - \beta_r^{(o)}$	h_r	ψ_r	r	$\alpha_r - \alpha_r^{(o)}$	$\beta_r - \beta_r^{(o)}$	h_r	ψ_r
1	− 4	+ 11	12	378	20	− 4	−12	13	220	39	+ 25	+ 14	29	68
2	−10	+ 8	13	343	21	− 1	−23	23	203	40	+ 22	+ 13	26	66
3	−12	− 2	12	289	22	+ 6	−24	25	184	41	+ 13	+ 19	23	38
4	− 6	− 9	11	237	23	+ 16	−18	24	154	42	+ 5	+ 17	18	18
5	− 4	− 7	8	233	24	+ 20	− 3	20	109	43	− 9	+ 13	16	361
6	− 3	−14	14	213	25	+ 17	+ 16	23	52	44	− 9	+ 19	21	372
7	+ 2	−13	13	190	26	+ 8	+ 27	28	18	45	−14	+ 7	16	330
8	+ 3	− 9	10	180	27	− 7	+ 30	31	385	46	−12	+ 2	12	311
9	+ 6	− 1	6	111	28	−17	+ 24	30	361	47	−12	− 7	14	266
10	+ 4	+ 3	5	59	29	−24	+ 7	25	318	48	−15	−19	24	243
11	+ 8	+ 14	16	33	30	−25	− 2	25	295	49	−13	−23	26	233
12	+ 9	+ 10	14	47	31	−18	−10	21	268	50	− 5	−25	26	213
13	+ 7	+ 13	15	31	32	−12	−12	17	250	51	+ 2	−36	36	196
14	− 9	+ 13	16	361	33	+ 7	− 2	7	118	52	+ 14	−22	26	164
15	0	+ 14	14	0	34	+ 14	−14	20	150	53	+ 22	−13	26	134
16	− 4	+ 13	14	381	35	+ 18	−19	26	152	54	+ 21	− 1	21	103
17	− 7	+ 10	12	361	36	+ 21	−18	28	145	55	+ 8	+ 22	23	22
18	− 2	+ 13	13	390	37	+ 22	−12	25	132	56	− 2	+ 27	27	395
19	−10	− 3	10	281	38	+ 21	− 2	21	106	57	−20	+ 30	36	363

Der Verlauf der Amplituden und Phasen ist in Abb. 14 eingezeichnet. Die Amplituden sind erheblichen, aber unregelmäßigen Schwankungen unterworfen und zeigen einen allmählichen Anstieg. Die Phasen lassen sich gut einem linearen Verlauf anpassen: graphische Ausgleichung ergibt einen Abfall von 1750 Zentesimalgraden bei einer Verschiebung um 56 · 6 = 336 Einheiten. Es ist demnach

$$\frac{d\psi}{dt} = \frac{-1570^g}{336} = -4^g6726 = -4°2053;$$

$$T = 60° - 4°2053 = 55°7949$$

$$p = \frac{2\pi}{T} = 6.452 \text{ Einheiten} = 12^h904.$$

Diese Periode stimmt fast genau mit der „Elliptischen Tide 2. Ordnung" überein, die 12^h905 beträgt[1]).

Dieser Tide ist offenbar der relativ hohe Amplitudenwert im Spektrum bei $\mu = 56$ zuzuschreiben. Da auch bei $\mu = 57$ noch ein verhältnismäßig großer Amplitudenwert vorliegt, ist es wahrscheinlich, daß auch noch eine weitere Periode mit einer Frequenz zwischen 56 und 57 (vielleicht die große elliptische Tide mit $T = 56.88$) eine Rolle spielt. Der Leser möge versuchen, die Restkomponenten nach Befreiung von den von der letztbestimmten Schwingung herrührenden Anteilen daraufhin zu untersuchen.

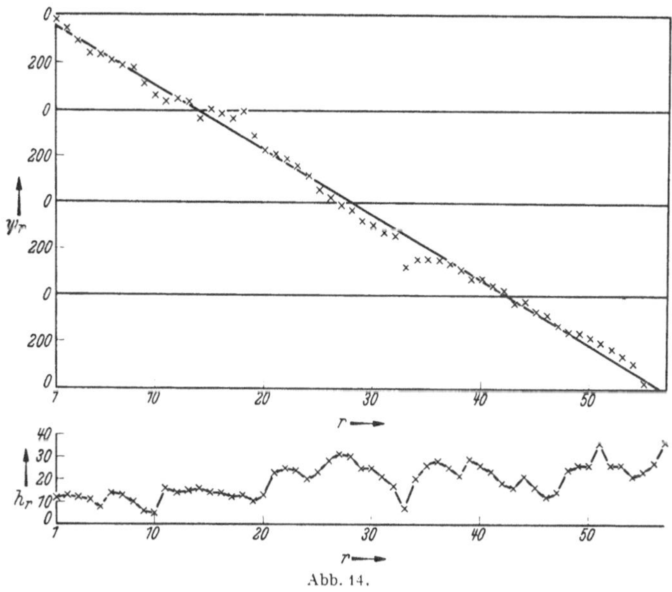

Abb. 14.

Damit ist die erste Näherung der Periodogrammuntersuchung abgeschlossen. Die Verbesserung der Ergebnisse kann nach den bei der vorigen Aufgabe angegebenen Richtlinien erfolgen.

Aufgabe 14. Als Beispiel für eine *nichtpersistente* Periodizität behandeln wir die bekannte *Sonnenfleckenperiode*, deren Länge im Durchschnitt rund $11\frac{1}{2}$ Jahre beträgt, sich aber im Laufe der Beobach-

---

[1]) Vgl. O. Krümmel: Handbuch der Ozeanographie, II. Teil, S. 265. Stuttgart 1923.

tungszeit mehrfach sprunghaft geändert hat. Zugrunde gelegt werden die auf ganze Einheiten abgerundeten Sonnenfleckenrelativzahlen von 1749 bis 1928 (180 Jahresmittelwerte). Die Beobachtungsreihe lautet, in 15 Zeilen zu je 12 Werten angeordnet:

Tabelle 18.

81	83	48	48	31	12	10	10	32	48	54	63
86	61	45	36	21	11	38	70	106	101	82	66
35	31	7	20	92	154	126	85	68	38	23	10
24	83	132	131	118	90	67	60	47	41	21	16
6	4	7	14	34	45	43	48	42	28	10	8
2	0	1	5	12	14	35	46	41	30	24	16
7	4	2	8	17	36	50	62	67	71	48	28
8	13	57	122	138	103	86	63	37	24	11	15
40	62	98	124	96	66	64	54	39	21	7	4
23	55	94	96	77	59	44	47	30	16	7	37
74	139	111	102	66	45	17	11	12	3	6	32
54	60	64	64	52	25	13	7	6	7	36	73
85	78	64	42	26	27	12	10	3	5	24	42
64	54	62	48	44	19	6	4	1	10	47	57
104	81	64	38	26	14	6	17	44	64	69	77

Die Berechnung des Spektrums (siehe das photographische Spektrum Abb. 15) bleibe dem Leser vorbehalten. Hier soll nur die Diskussion der großen $11\tfrac{1}{2}$jährigen Periode mit Hilfe des Phasendiagramms

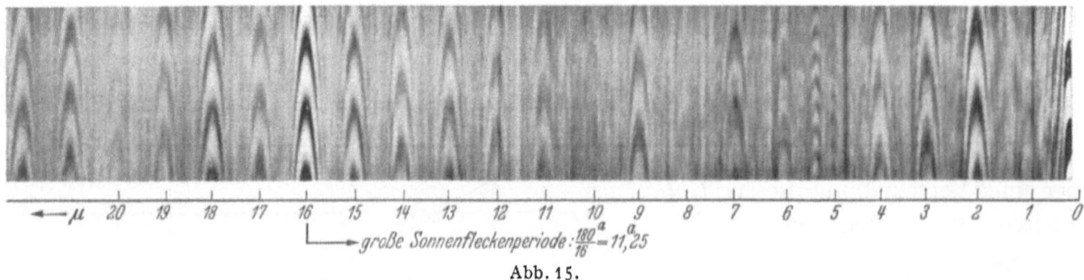

Abb. 15.

und verwandter Hilfsmittel ausgeführt werden. Als Versuchsperiode werde p = 12 Jahre angesetzt. Auf progressive Analyse in übergreifenden Intervallen soll der Einfachheit halber verzichtet werden. Als Grundlage der Rechnung dienen also lediglich die voneinander unabhängigen Analysenergebnisse, die man erhält, wenn man jede der 15 Zeilen der Tabelle 18 nach dem Schema p = 12 (Welle 1) analysiert. Es ergeben sich folgende Komponenten $A_r = 6\,a_r$, $B_r = 6\,b_r$:

Tabelle 19.

r	A_r	B_r	H_r	ψ_r	ΣA_r	ΣB_r	r	A_r	B_r	H_r	ψ_r	ΣA_r	ΣB_r
1	+ 198	+ 5	198	98	+ 198	+ 5	9	— 86	+ 266	280	380	—810	+ 350
2	+ 88	—203	221	174	+ 286	—198	10	— 36	+ 211	214	389	—846	+ 561
3	—327	+ 34	329	307	— 41	—164	11	+ 176	+ 307	354	33	—670	+ 868
4	— 93	+ 296	310	381	—134	+ 132	12	+ 149	+ 124	194	56	—521	+ 992
5	—137	— 27	139	288	—271	+ 105	13	+ 176	+ 117	211	63	—345	+1109
6	— 85	— 94	127	247	—356	+ 11	14	+ 166	+ 94	191	67	—179	+1203
7	—117	—171	207	238	—473	—160	15	+ 239	— 45	243	112	+ 60	+1158
8	—251	+ 244	351	349	—724	+ 84							

Die Amplituden $H_r = 6\,h_r$ und die in Zentesimalgraden ausgedrückten Phasen sind wieder der Tafel IV entnommen. Unter ΣA_r; ΣB_r sind ferner die Komponenten des „Summationsvektors" (GuM S. 114f.) aufgeführt, die sich aus der fortschreitenden Summation der A_r bzw. B_r ergeben. (Es ist $\Sigma A_r = \sum_{\nu=1}^{r} A_\nu$; $\Sigma B_r = \sum_{\nu=1}^{r} B_\nu$).

Das Phasendiagramm (Abb. 16) zeigt deutlich, daß drei Zeitabschnitte zu unterscheiden sind, die jeder für sich lineare Phasenänderung zeigen. Mit Rücksicht darauf, daß die Intervallverschiebung von einem Punkt zum nächsten 12 Jahre beträgt, ergibt sich die jährliche Phasenänderung nach einer graphischen Ausgleichung für die drei Abschnitte:

$$\text{Abschnitt 1:} \quad \frac{d\psi}{dt} = 8^{g}\!.4722 = 7°.6250$$

$$\text{Abschnitt 2:} \quad \frac{d\psi}{dt} = -2^{g}\!.0833 = -1°.7850$$

$$\text{Abschnitt 3:} \quad \frac{d\psi}{dt} = 1^{g}\!.9643 = 1°.7679.$$

Da die Versuchsfrequenz $\Omega = \dfrac{2\,\pi}{12} = 30°$ beträgt, erhalten wir für die Frequenzen der gesuchten Periode und die Perioden selbst nach den Formeln

$$T - \Omega = \frac{d\psi}{dt}; \qquad p = \frac{360°}{T}$$

die Werte:

$$\text{Abschnitt 1:} \quad T_1 = 37°.6250; \quad p_1 = 9^{a}\!.568$$

$$\text{Abschnitt 2:} \quad T_2 = 28°.1250; \quad p_2 = 12^{a}\!.800$$

$$\text{Abschnitt 3:} \quad T_3 = 31°.7679; \quad p_3 = 11^{a}\!.332$$

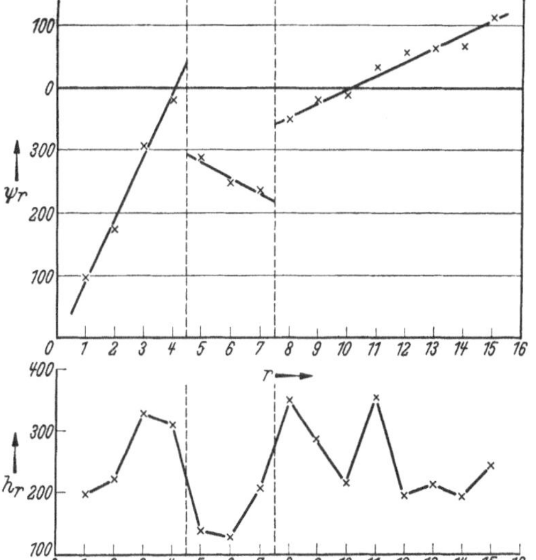

Abb. 16.

Das Diagramm der Amplituden (Abb. 16) ist wenig aufschlußreich; es zeigt nur, daß die Amplituden im mittleren Zeitraum stark verkleinert sind.

Der nach Tabelle 19 (ΣB_r, ΣA_r) gezeichnete Summationsvektorenzug (Abb. 17) läßt die drei Abschnitte sehr deutlich hervortreten: Er setzt sich aus drei Kreisbögen mit verschiedener Krümmung zusammen. Auch der Phasensprung zwischen den Abschnitten ist deutlich durch die plötzliche Richtungsänderung des Vektorenzuges an zwei Stellen (r = 4 und r = 7) hervorgehoben.

Aufgabe 15. Als letzte Aufgabe soll ein Problem behandelt werden, in dem die Anwendung des Begriffes der *Expektanz* möglich ist. Die Expektanz dient zur Entscheidung der Frage, ob eine gefundene Periode als „reell" angesprochen werden darf oder nicht. Die Anwendung des Expektanzbegriffes wird außerordentlich schwierig, wenn die behandelten Beobachtungsreihen aus Einzelwerten bestehen, die statistisch voneinander abhängig sind, sich also etwa durch mehr oder weniger glatte Kurvenzüge verbinden lassen. Einem Rechner, der mit den statistischen Grundlagen der Expektanztheorie nicht vollständig vertraut

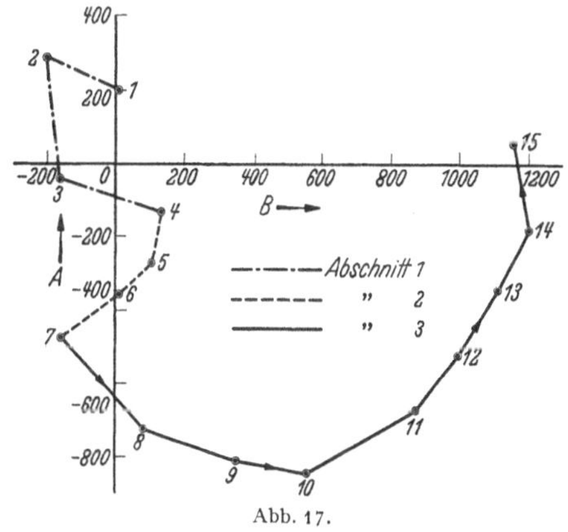

Abb. 17.

ist (siehe GuM Kap. IV) und der nicht bereits über genügend praktische Erfahrung verfügt, muß von Expektanzüberlegungen in solchen schwierigen Fällen abgeraten werden, da die Ergebnisse sehr irreführend sein können. Lediglich in Fällen wie dem nachstehenden kann auch der ungeübte Rechner ohne Schwierigkeit zu schlüssigen Ergebnissen gelangen.

Gegeben sind die 240 Monatsmittel des Luftdrucks in Breslau für die 20 Jahre von 1891 bis 1910 Vermutet wird eine *jährliche Periode* (p = 12). Durch Berechnung der Expektanz soll die Frage ihrer Existenz geprüft werden.

Die Beobachtungswerte erfüllen die Bedingung der statistischen Unabhängigkeit a priori. Die „zufällige" Streuung der Einzelwerte ist so groß, daß eine Jahresschwankung aus dem Verlauf der Werte selbst nicht abgelesen werden kann. Die Beobachtungswerte (in mm über 700.0) lauten, angeordnet in 20 Zeilen zu je 12 Werten (Tabelle 20).

Tabelle 20.

Jahr	Januar	Februar	März	April	Mai	Juni	Juli	August	Sept.	Oktober	Nov.	Dez.
1891	50.7	60.0	43.4	47.6	45.6	48.4	47.6	47.4	52.1	49.3	49.4	50.9
1892	45.4	44.1	49.8	47.9	49.0	48.4	48.3	48.5	50.5	46.0	55.3	47.2
1893	49.6	44.7	49.5	51.9	49.1	48.1	46.7	49.7	47.1	48.0	47.7	52.7
1894	52.1	49.0	49.0	48.4	46.2	46.7	48.6	48.3	49.8	47.6	53.3	49.8
1895	41.0	46.9	43.7	47.8	50.1	49.4	47.6	48.7	53.1	46.1	53.4	44.8
1896	55.9	56.8	44.6	49.2	48.8	47.8	48.4	47.8	47.3	47.3	51.7	48.8
1897	47.0	51.5	43.6	46.5	45.4	50.0	46.5	48.3	49.1	54.7	55.9	52.6
1898	56.4	45.5	44.3	47.0	45.4	48.4	48.1	51.3	57.1	49.0	49.8	50.9
1899	46.6	49.6	49.0	45.6	47.4	48.0	49.6	50.0	45.5	52.5	53.5	49.7
1900	47.2	42.6	46.5	47.6	47.9	47.7	49.1	49.7	52.1	49.3	47.6	49.8
1901	53.4	48.4	44.2	47.8	50.0	49.5	48.9	49.1	50.3	48.8	50.0	42.5
1902	49.3	49.2	44.9	49.2	46.0	46.5	48.1	48.0	51.4	50.2	53.3	50.4
1903	52.8	51.8	50.6	42.0	46.8	47.6	47.0	47.3	52.4	45.6	47.6	49.3
1904	52.7	41.5	50.1	48.4	49.8	49.2	50.1	49.3	52.1	51.2	48.4	47.3
1905	53.8	51.7	47.0	44.9	50.5	48.2	48.3	48.2	48.8	46.2	44.9	54.8
1906	50.4	44.6	44.4	50.5	45.9	48.2	48.9	49.2	51.0	51.1	48.2	46.1
1907	52.9	47.3	50.4	44.1	47.5	47.5	47.0	49.3	52.9	47.2	52.7	47.2
1908	52.3	46.3	48.6	45.5	49.6	49.5	47.9	47.9	51.4	56.2	52.0	51.4
1909	52.8	49.2	41.9	48.6	51.4	46.5	46.1	48.9	49.6	49.8	46.1	45.3
1910	46.3	46.4	52.6	45.9	45.8	46.4	45.4	47.9	50.9	53.1	41.4	46.3

Jede der 20 Zeilen der Tabelle 20 wurde nun nach dem Schema $p = 12$ (Welle 1) analysiert. Die Ergebnisse $A_r = 6\,a_r$, $B_r = 6\,b_r$ sind:

Tabelle 21.

r	A_r	B_r	r	A_r	B_r
1	$+13.7$	-7.5	11	-5.2	-3.1
2	-4.9	-5.8	12	$+6.0$	-14.3
3	$+3.1$	$+2.4$	13	$+10.7$	-4.5
4	$+9.9$	-7.2	14	-7.5	-6.3
5	-15.2	-7.9	15	$+10.5$	$+0.4$
6	$+16.3$	$+1.1$	16	-6.5	-9.6
7	$+8.0$	-21.8	17	$+5.3$	-10.6
8	$+1.2$	-21.0	18	$+4.5$	-17.0
9	$+2.9$	-10.2	19	-0.6	-2.5
10	-9.2	-10.9	20	-1.8	-2.6
		Summe		$+41.2$	-158.9

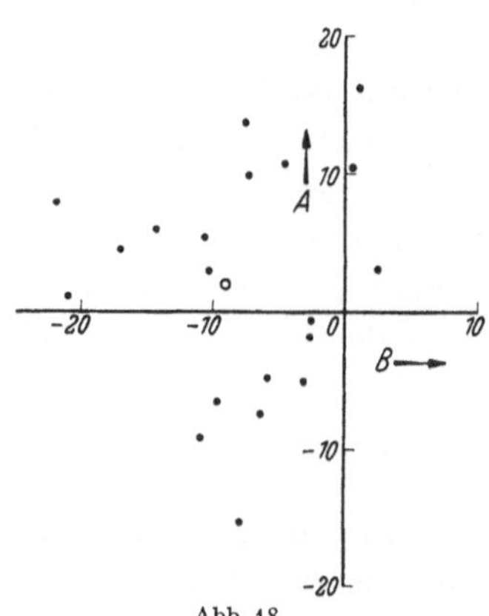

Abb. 18.

Der Mittelwert aller Beobachtungen ist 48.7. Bildet man sämtliche Differenzen Beob. minus Mittel $= \delta_\nu$, so ist, mit $n = 240$, der wahrscheinlichste Wert der Streuung der Beobachtungen um den Mittelwert:

$$\mu = \sqrt{\frac{\Sigma \delta_\nu^2}{n-1}} = \pm\, 2.998 \sim \pm\, 3.0.$$

Die Expektanz (quadratischer Mittelwert aller bei zufälliger Anordnung der Ausgangswerte zu erwartender Periodenamplituden) ist dann (siehe GuM S. 182)

$$E = \frac{2\mu}{\sqrt{n}} = \frac{6}{\sqrt{240}} = 0.3873.$$

Die Amplitude H der jährlichen Periode erhält man aus den Summen der A_r und B_r. Es ist:

$$A = +41.2, \quad B = -158.9; \quad \sqrt{A^2 + B^2} = 164.15 = 120\,H; \quad H = 1.368.$$

Die Amplitude der jährlichen Periode übertrifft die Expektanz demnach um das 3.532-fache. Die Wahrscheinlichkeit, daß diese Amplitude zufällig ist, beträgt $e^{-(3.532)^2} = 1 : 261\,709$ (vgl. Tafel VI f.).

Die jährliche Periode kann demnach als reell angesehen werden.

In Abb. 18 sind die Wertepaare B_r, A_r der Tabelle 21 als Punkte in ein Koordinatensystem eingetragen worden. Der kleine Kreis entspricht der Lage des Schwerpunkts der „Punktwolke". Die exzentrische Lage der Punktwolke ist deutlich erkennbar und veranschaulicht die Bedeutung der obigen Rechnung sinngemäß.

Literaturverzeichnis.

A. Abhandlungen.

(Ergänzung des Literaturverzeichnisses in GuM.)

1. Abason, E.: Le stade actuel des méthodes analytiques et graphiques pour l'analyse des harmoniques des fonctions périodiques. Congrès intern. d'electricité. Paris 1932.
2. Adler, H.: Ein Spezialplanimeter zur Bestimmung von Effektivwerten. Elektrotechn. Z. 1931, H. 45.
3. — Neue Potenzplanimeter zur Bestimmung von $\oint y^2 \, dx$ und $\oint \sqrt{y} \, dx$. Z. Vermessungsw., Stuttg. 1932, Bd. 61, H.21.
4. Anderson, O.: Die Korrelationsrechnung in der Konjunkturforschung. Ein Beitrag zur Analyse von Zeitreihen. Bonn 1929.
5. Alter, D.: A simple form of periodogram. Ann. Math. Statist. Bd. VIII, Nr. 2, 1937.
6. Baer, H.: Genauigkeitsuntersuchungen am harmonischen Analysator Mader-Ott. Z. Instrumentenkde. 57. Jg. (1937) H. 6.
7. Bartels, J.: Tides in the atmosphere. The scientific monthly, Bd. 35, S. 110—130.
8. Baur, F.: Zur Theorie der linearen Mehrfachkorrelation. Z. angew. Math. Mech. Bd. 9 (1929) S. 231.
9. Békésy, G. v.: Über die photoelektrische Fourieranalyse eines gegebenen Kurvenzuges. Elektr. Nachr.-Techn. 1937.
10. Blake, A.: Criteria for the reality of apparent seismic periodicites. Eastern section Seism. Soc. Amer. Bd. 10, S. 17.
11. Brodovitskij, K.: Sur l'analyse statistique du rythme des régularités latentes de fond, ... C. R. Acad. Sci. URSS. Bd. XVIII (1938) S. 2.
12. Castriota: Sul problema delle onde bariche. Ann. uffic. presagi III. Roma 1930.
13. — Oscillationi bariche e punti di simmetria. Ann. uffic. presagi IV. Roma 1932.
14. Gösele, L.: Untersuchungen über die Möglichkeit einer langfristigen Erntevorhersage in Deutschland. Sitzgsber. Sächs. Akad. Bd. 87 (1935).
15. Gregory, Sir R.: Weather recurrences and weather cycles. Month. Weath. Rev. Bd. 58, S. 483.
16. Jatho, A.: Entwurf einer begleitenden Wellenzerlegung und deren Anwendung auf die periodischen Vorgänge in der Sonnen- und Erdatmosphäre. Ann. Hydrogr., Berlin 1938, H. 8/9.
17. Klingelhöfer, H.: Der harmonische Analysator Henrici-Coradi. Z. Instrumentenkde. Bd. 54, H. 7.
18. Koehler, K. u. A. Walther: Fouriersche Analyse von Funktionen mit Sprüngen, Ecken und ähnlichen Besonderheiten. Arch. Elektrotechn. Bd 25 (1931) H. 10.
19. Lettau, H.: Theoretische Ableitung und physikalischer Nachweis einer 36tägigen Luftdruckwelle. Veröff. Geoph. Inst. Leipzig V, 2.
20. Lindblad, T.: Zur Theorie der Korrelation bei mehrdimensionalen zufälligen Variablen. Acta Soc. Sci. Fennicae (A) 2. 1937.
21. Mildner, P.: Zur Deutung des Korrelationskoeffizienten. Meteor. Z. 1934, H. 3.
22. Model, F.: Symmetriepunkt und Wetterkartensymmetrie. Veröff. Geoph. Inst. Leipzig IX, 2. 1938.
23. Ott, A.: Systematische Entwicklung der Planimeter und Integrimeter aus der einfachsten Grundform. Meßtechn. 1937, H. 3.
24. Pfau, R.: Die 10tägige Luftdruckwelle im Sommer 1934 und ihre Dämpfungserscheinungen. Veröff. Geoph. Inst. Leipzig IX, 3. 1938.
25. Savur, S. R.: The use of a median in tests of significance. Proc. Ind. Acad. Sci. (A) Bd. 5 (1937) S. 564.
26. — A general coefficient of statistical relationship. Current Sci. Bd. 6 (1937) S. 18.
27. Schmidt, A.: Über die Methode von A. Schuster zur analytischen Darstellung numerisch gegebener Funktionen auf der Kugelfläche. Terr. Magn. Bd. 42 (1937) Nr. 4.
28. Stumpff, K.: Perioden und Symmetrieen im Luftdruckgang und ihre Bedeutung für die Wettervorhersage. Forsch. u. Fortschr. Bd. 14 (1938) H. 10.
29. — Untersuchungen über die Symmetrieeigenschaften von Luftdruckkurven. Veröff. Meteor. Inst. Berlin III, 1. 1938.
30. — Untersuchungen über die Morphologie von Luftdruckkurven. Meteor. Z. 1938, H. 7.
31. Schwerdtfeger, W.: Zur Theorie polarer Temperatur- und Luftdruckwellen. Veröff. Geoph. Inst. Leipzig IV, 5 1931.
32. Vercelli, F.: Cimanalisi e applicazioni. Pavia 1928.
33. — Analisi delle periodicitá nei diagrammi. Roma 1931.
34. — Metodi pratici per l'analisi delle curve oscillanti. Roma 1934.
35. Wahl, E.: Neue Untersuchungen über die Perioden der Polbewegung. Astronom. Nachr. Bd. 267 (1939).
36. Walker, G. T.: On periodicity. Quart. J. Roy. Met. Soc. Bd. 51 (1925).
37. Walther, A.: Mathematische Geräte zum Integrieren. Z. VDI Bd. 80 (1936) Nr. 47.
38. Wiener, N.: Generalized harmonic analysis. Acta math., Stockh. Bd. 55 (1930).
39. Wold, H.: A study in the analysis of stationary time series. Akademisk Avhandlung. Uppsala 1938.

B. Tafeln.

(Die mit einem Stern bezeichneten Tafeln sind bei der Herstellung der vorstehenden Tafelsammlung benutzt worden.)

1. BARLOW Tables (Comrie u. a.): London: C. Bell 1929f.
2. BEATTIE, R.: Harmonic analysis diagrams. Electrician Bd. 67 (1911).
3. CRELLE, A. L.: Rechentafeln (neue Ausgabe). Berlin: W. de Gruyter & Co. 1930.
4. GRAVELIUS-FOERSTER: Fünfstellige Trigonom.-Log.-Tafeln. Dezimaltheilung des Quadranten. Berlin: G. Reimer 1886.
*5. HAYASHI, K.: Fünfstellige Funktionstafeln. Berlin: Julius Springer 1930.
*6. — Sieben- und mehrstellige Tafeln der Kreis- und Hyperbelfunktionen. Berlin: Julius Springer 1927.
7. HUSSMANN, A.: Rechnerische Verfahren zur harmonischen Analyse und Synthese. Berlin: Julius Springer 1938.
8. JAHNKE-EMDE: Funktionentafeln. 3. Aufl. Leipzig: J. B. Teubner 1938.
9. LOHSE: Tafeln für numerisches Rechnen. (Neu bearb. v. P. V. NEUGEBAUER.) Berlin: Wilhelm Engelmann 1935.
*10. PETERS, J.: Sechsstellige Tafeln der trigonometrischen Funktionen. Numerische Werte. Berlin: F. Dümmler 1929.
*11. POLLAK, L. W.: Rechentafeln zur Harmonischen Analyse. Berlin: Johann Ambrosius Barth 1926.
12. RUNGE-EMDE: Rechnungsformular zur Zerlegung einer empirisch gegebenen periodischen Funktion in Sinuswellen. Braunschweig: F. Vieweg & Sohn.
13. TEREBESI, P.: Rechenschablonen für harmonische Analyse und Synthese. Berlin: Julius Springer 1930.
14. TIBBETT, L. H. C.: Random sampling numbers. Tract. for computers 15. Cambridge 1927.
15. TURNER, H. H.: Tables for facilitating the use of harmonic analysis. London: Humphrey Milford 1913.
*16. ZIMMERMANN, H.: Rechentafeln (10. Aufl.). Berlin: W. Ernst & Sohn 1929.
17. ZIPPERER, L.: Tafeln zur harmonischen Analyse. Berlin: Julius Springer 1922.

Berichtigungen zu: Grundlagen und Methoden der Periodenforschung.

S. 67 oben: statt $\left(\alpha = \dfrac{2\pi}{2x}\right)$ lies $\left(\alpha = \dfrac{2\pi}{24}\right)$

S. 68 oben: in dem Formelschema

$$\text{statt } \overline{b_6} = a_6'' \text{ lies } \overline{b_6} = -a_6''$$

S. 70. Mitte: im Formelschema

$$\text{statt } B_2 = h_1 - h_3 \text{ lies } B_3 = h_1 - h_3$$

S. 115 Zeile 8: statt ...des Hauptvektors *zu* klein ... lies ... des Hauptvektors klein ....

S. 199 oben: in der Formel $E_\varphi^2 = \ldots$

$$\text{statt } T \sin^2 \psi \text{ lies } T \sin 2\psi.$$

S. 202 oben: in Formel $k = \ldots$

$$\text{statt } \Sigma u^2 \text{ lies } \Sigma u_\nu^2.$$

S. 285 Zeile 11 v. u.: statt Umlaufszeiten lies Winkelgeschwindigkeiten.
Zeile 8 v. u.: lies $V : U = m : n = p : \omega$.
letzte Zeile:

$$\text{lies } p = \frac{V}{U}\, \omega.$$

Literaturverzeichnis:

Nr. 50 statt A difference-periodogram lies The d.-p.-.
Nr. 54 statt invest. in period. lies invest. of period.
Nr. 146 Verf. sind: LABROUSTE H. und MME. LABROUSTE (wie 147).
Nr. 173 statt McNISH, A. S. lies McNISH, A. G.
Nr. 229 zu streichen (= 243, Verf. A. SCHUSTER).
Nr. 296 statt Roma 1933 lies Roma 1923.
Nr. 299 muß heißen: On periodicity. III. Criteria for reality. Mem. Roy. Met. Soc. Bd. 3 (1930) Nr. 25.

Grundlagen und Methoden der Periodenforschung

Von

Dr. phil. **Karl Stumpff**

a. o. Professor an der Universität Berlin,
Observator am Meteorologischen Institut der Universität Berlin

Mit 41 Abbildungen im Text. VII, 332 Seiten. 1937
RM 39.—; gebunden RM 42.—

Inhaltsübersicht:

Reihenentwicklung und näherungsweise Darstellung empirischer Funktionen. — Praxis der Harmonischen Analyse und Synthese. — Das Periodogramm. — Die statistische Behandlung von Periodenproblemen. — Andere analytische Methoden der Periodenbestimmung. — Die physikalischen Hilfsmittel der Periodenforschung. — Literatur-, Namen- und Sachverzeichnis.

Die Erweiterung der Grundlagen der Periodenforschung hat zu einer fortschreitenden Verbesserung der Methoden in theoretischer und praktischer Hinsicht geführt. Seit dem Erscheinen der „Analyse periodischer Vorgänge" des Verfassers im Jahre 1927 ist die Entwicklung unaufhaltsam fortgeschritten.

Das dem Meteorologischen Institut der Universität Berlin angegliederte und vom Verfasser geleitete „Institut für Periodenforschung" verfolgt seit 1934 die Aufgabe, die Grundlagen und Methoden der Periodenforschung zusammenzufassen, zu erweitern, zu verbessern und sie insbesondere der Erforschung meteorologischer Perioden nutzbar zu machen. Eine erneute und wegen der Fortschritte der letzten zehn Jahre weit über den Rahmen der obenerwähnten „Analyse periodischer Vorgänge" hinausgreifende Zusammenfassung dieser Grundlagen und Methoden erschien daher gerechtfertigt. Das neue Werk soll das alte nicht überflüssig machen — es ist in ihm oft auf die Ausführungen der „Analyse periodischer Vorgänge" Bezug genommen worden —, sondern es vielmehr ergänzen.

Der gesamte Stoff ist in sechs Kapiteln behandelt, von denen die ersten beiden sich mit Grundlagen, Theorie und Praxis der Harmonischen Analyse beschäftigen. Die beiden nächsten Kapitel behandeln die analytischen und statistischen Grundlagen der Periodogrammrechnung. Das fünfte Kapitel gibt einen kurzen Überblick über diejenigen analytischen Methoden der Periodenbestimmung, die sich neben der Periodogrammrechnung Geltung verschafft haben. Das letzte Kapitel enthält eine Beschreibung der wichtigsten physikalischen Hilfsmittel und Meßmethoden der Periodenforschung, soweit sie nicht, wie die mechanischen Harmonischen Analysatoren und Hollerith-Lochkartenverfahren, schon in den früheren Kapiteln im Zusammenhang mit den dort beschriebenen numerischen Methoden aufgeführt worden sind.

Das Lehrbuch bietet nicht nur dem theoretisch interessierten Leser Anregung zum weiteren Ausbau der Grundlagen und Methoden der Periodographie, sondern auch der Praktiker findet in ihm alles, was zu einer richtigen und zweckmäßigen Anwendung dieser Methoden auf die in den verschiedensten Forschungsgebieten auftauchenden Periodenprobleme notwendig ist.

Zu beziehen durch jede Buchhandlung